Vorrichtungen

Rationelle Planung und Konstruktion

Herausgegeben vom Verein Deutscher Ingenieure
VDI-Gesellschaft Produktionstechnik (ADB)

Die Deutsche Bibliothek – CIP-Einheitsaufnahme

Vorrichtungen : rationelle Planung und Konstruktion / hrsg. vom Verein Deutscher Ingenieure,
VDI-Gesellschaft Produktionstechnik (ADB). – Düsseldorf : VDI-Verl., 1992
   ISBN 978-3-642-51855-3
NE: Gesellschaft Produktionstechnik

ISBN 978-3-642-51855-3   ISBN 978-3-642-51854-6 (eBook)
DOI 10.1007/978-3-642-51854-6

Vorwort

Das vorliegende Buch „Rationelle Planung und Konstruktion von Vorrichtungen", Methoden, Hilfsmittel und Lösungsbeispiele, dokumentiert die Arbeitsergebnisse des VDI-Ausschusses „Vorrichtungen-CAD/CAM Anwendungen" sowie die Überarbeitung des Taschenbuches T 83 „Methoden und Hilfsmittel zur rationellen Planung von Vorrichtungen", Herausgeber VDI-Verlag 1980, und des Buches „Methoden und Hilfsmittel zur rationellen Vorrichtungskonstruktion", Herausgeber VDI-Verlag 1983.

Ziel des vorliegenden Buches ist es, durch eine Systematisierung die Grundlagen für Rationalisierungsmaßnahmen in der Vorrichtungsplanung und -Konstruktion zu schaffen. Dazu haben wir auch ein Kapitel über den Einsatz von CAD in der Vorrichtungskonstruktion einfließen lassen.

In diesem Buch konnte auf bereits bewährte Maßnahmen in der Industrie und auf Forschungsarbeiten an Hochschulen zurückgegriffen werden. Allgemeingültige Empfehlungen wurden zusammengestellt, aus denen sich Anregungen und Anleitungen für betriebliche Lösungen herleiten lassen.

Der besseren Übersicht wegen wurden nur Beispiele aus der spanenden Fertigung benutzt.

Bei der Erarbeitung dieses Buches wirkten folgende Herren mit:

W. Bockelmann	DE-STA-CO, Frankfurt
S. Bretag	DE-STA-CO, Frankfurt
J. Diedersdorfer	J. M. Voith GmbH, Heidenheim
H. Dorfmüller	VDI-Gesellschaft Produktionstechnik (ADB), Düsseldorf
O. Ehrenfeld	Heidelberger Druckmaschinen AG, Wiesloch
J. Feulner	Römheld GmbH, Friedrichshütte
W. Halder	E. Halder KG, Achstetten
C. Kerst	Werkzeugmaschinenlabor der RWTH, Aachen
K. Konstanzer	Zahnradfabrik Friedrichshafen
R. Kohlert	Linde AG, Aschaffenburg
G. Lehmann	Pfaff GmbH, Kaiserslautern
E. Linke	MAN Roland, Offenbach
J. Nickl	MTU, München
H. Pelz	MTU, München
R. Rauthe	TRW Ehrenreich, Düsseldorf
G. J. Schimitzek	Carl Zeiss, Oberkochen
H. Schmölders	Schlafhorst AG u. Co, Mönchengladbach
J. Stork	Clark Material Handling, Mülheim
R. Weitzdörfer	TEVES GmbH, Frankfurt

Allen Mitarbeitern des VDI-Ausschusses „Vorrichtungen", die zusätzlich zu ihrer beruflichen Inanspruchnahme ihre Zeit und Arbeitskraft eingesetzt haben, sei ebenso gedankt, wie den Unternehmen und den Instituten der Hochschule, die ihre Mitarbeiter für diese Arbeit freistellten.

Otto Ehrenfeld
Obmann des VDI-Ausschusses
„Vorrichtungen – CAD/CAM-Anwendungen"

V

Inhalt

VIII

0. Einleitung

Eine Vorrichtung dient vorrangig dazu, eine von der Produktkonstruktion gestellte und von der Arbeitsplanung interpretierte Fertigungsaufgabe technisch zu ermöglichen. Durch den Einsatz von Vorrichtungen wird zusätzlich eine verbesserte Ausnutzung aller Fertigungsmittel und damit eine Optimierung des Bearbeitungsablaufes erreicht.

Da bei der Konstruktion von Vorrichtungen der Konstruktionsaufwand nicht unerheblich ist, muß es das Bestreben eines jeden Betriebes sein, dem Vorrichtungskonstrukteur sowie dem Vorrichtungsplaner Hilfsmittel und Unterlagen zur Verfügung zu stellen, mit denen er eine optimale Planung und Konstruktion von Vorrichtungen erreichen kann.

Hier sollen die zur Unterstützung des Vorrichtungsplanungs- und Konstruktionsprozesses einsetzbaren Methoden und Hilfsmittel dargestellt werden. Diese Methoden und Hilfsmittel sind entsprechend den Konstruktionsphasen Planen, Konzipieren, Entwerfen und Ausarbeiten (Bild 0-1) geordnet, wobei für diese Tätigkeiten typische Rationalisierungsmöglichkeiten aufgezeigt werden.

Ausgehend von der Werkstückzeichnung und dem Fertigungsplan, die die notwendigen Informationen für die Planung und Konstruktion von Vorrichtungen liefern, muß man sich zunächst für eine bestimmte Vorrichtungsart (z. B. Spezialvorrichtung, Wiederverwendung einer bereits vorhandenen Vorrichtung, Standardvorrichtung oder Baukastenvorrichtung) entscheiden.

Die anschließende Aufgabe besteht darin, z. B. für eine Spezialvorrichtung, eine optimale Konstruktion zu erarbeiten. Dazu ist es auch notwendig, einen engen Kontakt mit der Produktkonstruktion und der Arbeitsvorbereitung zu halten, da oft durch Änderungen am Produkt (fertigungsgerechte Teilegestaltung) oder am Fertigungsplan, die von der Vorrichtungsplanung- bzw. Vorrichtungskonstruktion vorgeschlagen werden, eine einfachere Fertigung des Bauteiles ermöglicht werden kann.

In der Planungsphase wird dem Vorrichtungskonstrukteur mittels Bildzeichensprache eine wertvolle Hilfe vermittelt, die für die Entwurfsphase wichtig ist. Darüberhinaus werden dem Vorrichtungskonstrukteur Cirka-Herstellkosten vorgegeben, die bei der Wahl der Ausführung der Vorrichtung, z. B. „mechanische oder hydraulische Spannung", „ein oder mehrere Werkstücke gespannt" usw., als Richtlinie dienen. Dabei sind nicht nur die Herstellkosten zu berücksichtigen, sondern auch die Folgekosten, die beim Einsatz der Vorrichtung anfallen. Ebenfalls in der Entwurfsphase müssen Überlegungen angestellt werden, in welchem Umfang auf Norm- und Standardteile zurückgegriffen werden kann. Liegt die Ausführung der Vorrichtung fest, so stellt sich schließlich in der Ausarbeitungsphase die Frage nach einer möglichst schnellen und kostensparenden Art der Zeichnungserstellung.

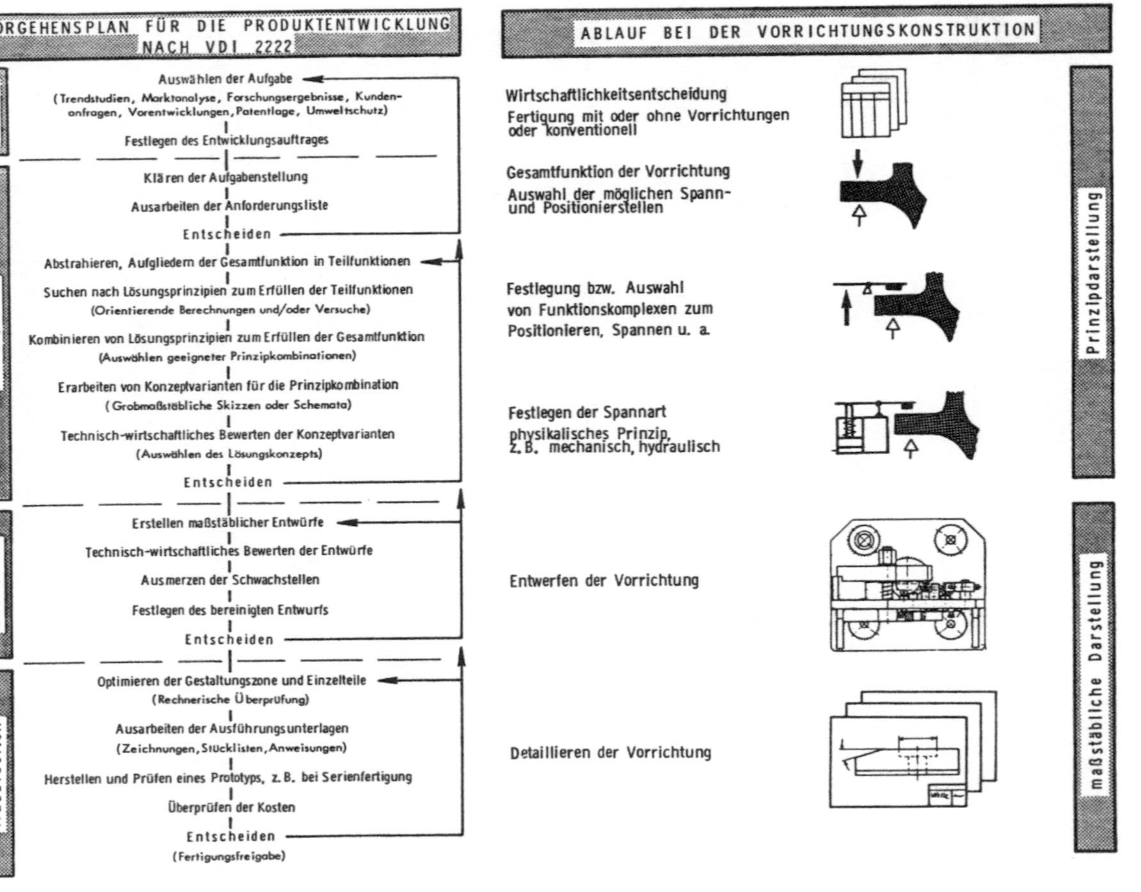

Bild 0-1. Ablauf der Vorrichtungskonstruktion.

1. Aufgaben und Ziele des Vorrichtungseinsatzes

Zu den Zielsetzungen der modernen Produktionstechnik gehören die Erhöhung der Flexibilität und die Verkürzung der Durchlaufzeiten. Rahmenbedingungen sind hierbei die laufend wechselnden Fertigungsverfahren und der verstärkte Einsatz von NC-Bearbeitungszentren mit Palettenwechslern bzw. -bahnhöfen sowie flexiblen Fertigungszellen oder Fertigungssystemen. Diese kapitalintensiven Maschinen erfordern für einen hohen Maschinennutzungsgrad eine optimal durchorganisierte Umgebung. Dies gilt nicht nur für die Belange der Fertigungsplanung und -organisation, sondern auch für die wirtschaftlich erreichbare Qualität der produzierten Bauteile. Hierfür sind die geeignete Auswahl des Fertigungsverfahrens, der Bearbeitungsmaschine, aber auch der Fertigungsmittel Vorrichtungen und Werkzeuge verantwortlich.

Um diese Aufgaben zu erfüllen werden wachsende Anforderungen an die Planung und Vorrichtungskonstruktion gestellt, wie z. B.

- stabile, verwindungsfreie Werkstückspannung,

- Freiraum für größtmöglichen Bearbeitungsinhalt,

- Einsatz von kurzen stabilen Werkzeugen,

- gewissenhafte Prüfung des Kollisionsbereiches Werkstück – Vorrichtung – Werkzeug – Maschine,

- die Teile dürfen beim Einlegen (bei Horizontalbearbeitung) nicht herausfallen,

- Sicherung gegen falsches Einlegen,

- Spänefluß,

- Handling des Werkstückes,

- Arbeitsraum der Maschine,

- Arbeitssicherheit.

Alle diese Kriterien stellen wachsende Anforderungen an die Planung der eingesetzten Vorrichtungen. Unter dem Begriff der Vorrichtungsplanung werden sowohl die Konstruktion neuer Vorrichtungen als auch die Aufgaben im Bereich der Wiederverwendung vorhandener Vorrichtungen und die Einsatzplanung von Standard- bzw. Baukastensystemen zusammengefaßt.

Eine konsequente Ausführung geeigneter Planungs- und Dispositionsmethoden für Vorrichtungen setzt eine sorgfältige Analyse ihrer Aufgaben als Fertigungsmittel und der damit verbundenen Zielvorstellungen voraus. Nahezu jede Einflußnahme auf Gestaltung des Fertigungsprozesses kann der Anlaß für die Anwendung von Vorrichtungen sein. Dies wird durch verschiedene Definitionen verdeutlicht, die Vorrichtungen entweder technologisch-funktional beschreiben oder die wirtschaftlich orientierte Zielsetzungen des Vorrichtungseinsatzes hervorheben.

Bei einer Analyse der verschiedenen Gründe, die zum Einsatz von Vorrichtungen führen können, lassen sich drei Hauptmotive ermitteln (Bild 1-1).

Durch den Vorrichtungseinsatz wird eine verbesserte Ausnutzung aller Fertigungsmittel und damit eine Optimierung des Fertigungsablaufes erreicht. Durch die Auswahl geeig-

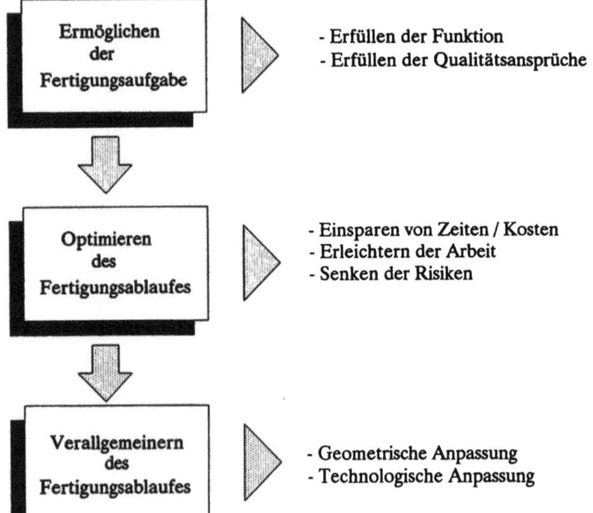

Bild 1-1. Aufgaben und Ziele des Vorrichtungseinsatzes.

neter Vorrichtungen kann der zeitliche Ablauf des Fertigungsprozesses entscheidend beeinflußt werden. So läßt sich u. U. der Anteil an Rüst- und Nebenzeiten drastisch senken. Außer der Verkürzung der Fertigungszeit soll eine Arbeitsvereinfachung für den Werker an der Maschine erreicht werden. In der Konstruktionsphase sind daher Überlegungen anzustellen, wie sich die einzelnen Arbeitsschritte während des Spannvorganges möglichst sicher und kräfteschonend ausführen lassen.

Es sollten z. B. schwere Werkstücke (s. a. Arbeitsstättenverordnung) vor allem bei erhöhter Handhabungsfrequenz möglichst nicht von Hand eingelegt werden. In diesem Fall sind außer Vorrichtungen für schwere Werkstücke auch Einrichtungen zum Heben und Fördern vorzusehen. Je einfacher die Betätigungsweise einer Vorrichtung ist, umso geringere Anforderungen werden an das Bedienungspersonal gestellt. Daher besteht die Möglichkeit, auch mit ungelernten bzw. angelernten Kräften hochwertigere Werkstücke herzustellen.

Eine Verallgemeinerung des Fertigungsablaufes ist schließlich durch eine Anpassung der Vorrichtungen an eine Vielfalt von Fertigungsaufgaben möglich. Durch eine geeignete Konstruktion der Vorrichtungen kann eine große Anzahl formgleicher oder ähnlicher Werkstücke gefertigt und somit eine Erweiterung des Einsatzspektrums von Vorrichtungen erreicht werden.

Auf der anderen Seite können Vorrichtungen durch ihre Teilefunktionen zu einer erweiterten technologischen Nutzung der Maschinen beitragen. Die Aufgabe einer rationellen Vorrichtungsplanung umfaßt die Auswahl der jeweils optimalen Methode oder Maßnahme aus dem Spektrum der zur Verfügung stehenden Lösungen. Wesentliche Schwerpunkte liegen in der Entscheidung über die Beschaffungsart:

– Wiederverwendung oder ggf. Anpassung einer vorhandenen Vorrichtung,

– Standardvorrichtung,

4

– Neukonstruktion,

– Einsatz von Baukastensystemen.

Darüberhinaus müssen durch eine Systematisierung der Vorrichtungskonstruktion und die möglichst weitgehende Standardisierung der Bauelemente Möglichkeiten einer gesteigerten Wiederverwendung und schnelleren Bereitstellung erschlossen werden.

Die Grundlagen für die Erarbeitung der genannten Maßnahmen, Methoden und Hilfsmittel sowie die zugehörigen Einsatz- und Anwendungskriterien wurden im vorgenannten VDI Arbeitsausschuß „Vorrichtungen – CAD/CAM Anwendungen" untersucht und zusammengetragen sowie die beiden im Vorwort erwähnten Bücher überarbeitet und in dem vorliegenden Buch „Planung und Konstruktion von Vorrichtungen" „Lösungsbeispiele – Relativkosten" dokumentiert.

ZENTRISCH
positionieren und spannen

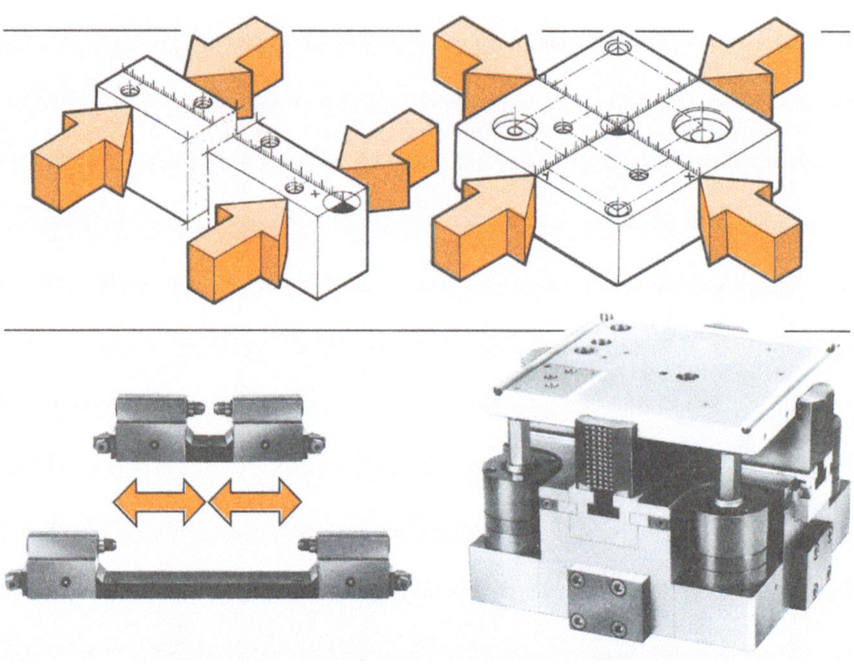

auf neue Art

Zentrisch Positionieren und Spannen mit Zwei- oder Drei-Backenfuttern auf stationären Vorrichtungen ist nicht neu. In vielen Fällen ist jedoch die Unterbringung der relativ großvolumigen Futterkörper auf Vorrichtungen nicht möglich. Oft sind auch die kleinen Spannwege ein Hindernis.

Wir sind neue Wege gegangen!

Die Funktionsträger sind bei unserer Neuentwicklung in Einzelelemente aufgelöst worden und können sowohl als Zwei- oder Mehrbacken-Ausführung miteinander verbunden werden. Innen- und Außenspannung ist möglich. Bei der Mehrbacken-Ausführrung spannen jeweils zwei Backen unabhängig voneinander zentrisch. Die Spannweite kann durch ein Verbindungsglied festgelegt werden. Die Spannhübe sind bei den verschiedenen Größen so gewählt worden, daß auch Rohteile mit großen Toleranzen sowohl manuell als auch automatisch be- und entladen werden können. Die Betätigung der Einheiten kann wahlweise mechanisch oder hydraulisch erfolgen.

2. Begriffsabgrenzung bei Vorrichtungen

Es ist gemeinsame Aufgabe aller Vorrichtungen, die Lage eines Werkstückes oder eines Werkzeuges festzulegen. Die Festlegung der Lage des Werkzeuges, d.h. eine Werkzeugführung, entfällt in den meisten Fällen bei den heutigen NC-Bearbeitungszentren. Die Werkzeugführung wird in der Regel nur noch bei den herkömmlichen Maschinen, wie z.B. bei Reihen-, Radialbohrmaschinen usw., benötigt. Vorrichtungen lassen sich nach ihrem Verwendungszweck, nach der Art des Einsatzes und nach ihrem konstruktiven Aufbau unterscheiden.

Im Hinblick auf ihren Verwendungszweck, d.h. bezüglich der Art der in der Vorrichtung aufgenommenen Werkstücke, lassen sich Vorrichtungen in die Gruppen

- Standardvorrichtungen für ein breites Werkstückspektrum,

- flexible Spezialvorrichtungen für bestimmte Teilefamilien,

- Spezialvorrichtungen für Werkstücke bestimmter geometrischer Form und Größe

einteilen.

Bezüglich der Anzahl der in einer Vorrichtung gleichzeitig eingelegten Werkstücke können Vorrichtungen in die Gruppen

- Vorrichtungen für ein Werkstück,

- Vorrichtungen für mehrere gleiche oder verschiedene Werkstücke

eingeteilt werden.

Bei diesen Vorrichtungen unterscheidet man wieder in

- Handspannung,

- Kraftspannung.

Für eine zusätzliche Kennzeichnung wird die Benennung der Vorrichtung nach der Art des Fertigungsverfahrens vorgenommen:

- Fertigungsvorrichtungen (Bohr-, Fräs-, Schleif-, Räum-, Läpp-, Dreh-, Schweißvorrichtungen, Aufspannvorrichtungen für Bearbeitungszentren u.a.),

- Meß- und Prüfvorrichtungen,

- Montagevorrichtungen.

Berücksichtigt man ferner den Aufbau, d.h. den Standardisierungsgrad der verwendeten Bauelemente in einer Vorrichtung, so lassen sich Vorrichtungen den folgenden qualitativ unterschiedlichen Bauweisen zuordnen:

- Vorrichtungen, die unter Verwendung von nicht-, teil-, vollstandardisierten und genormten Bauelementen neukonstruiert und gefertigt werden,

- Baukastenvorrichtungen, die unter vorwiegender Verwendung von vollstandardisierten und genormten Baukastenelementen erstellt werden.

Unabhängig von ihrem Verwendungszweck, von der Art des Einsatzes und von der Bauweise bestehen alle genannten Vorrichtungen aus Bauelementen, die gleichartige Funktionen erfüllen.

2.1 Funktionen der Vorrichtungen für spanende Fertigungsverfahren

Die Vorrichtung für spanende Fertigungsverfahren als eigenständiges Teilsystem der Fertigungseinrichtung hat die Hauptaufgabe, eine definierte Lage zwischen Werkstück und Werkzeug bzw. Werkzeugmaschine herzustellen und die auftretenden Bearbeitungskräfte aufzunehmen bzw. weiterzuleiten.

Eine Vorrichtung besteht im allgemeinen aus verschiedenen Bauelementen, die durch den Vorrichtungskörper und den Verbindungselementen zu dem Betriebsmittel Vorrichtung verbunden werden. Die Vorrichtungselemente erfüllen unterschiedliche Funktionen und werden als Funktionsträger bezeichnet. Die in Bild 2-1 u. 2-2 gezeigte Vorrichtung wird zur Bearbeitung eines Werkstückes (Hebel) auf einem horizontalen Bearbeitungszentrum eingesetzt. In dieser Vorrichtung werden zwei Werkstücke durch Umspannen komplett von einer Seite bearbeitet. Bild 2-3 zeigt die Hydraulikverrohrung an der Vorrichtungsrückseite.

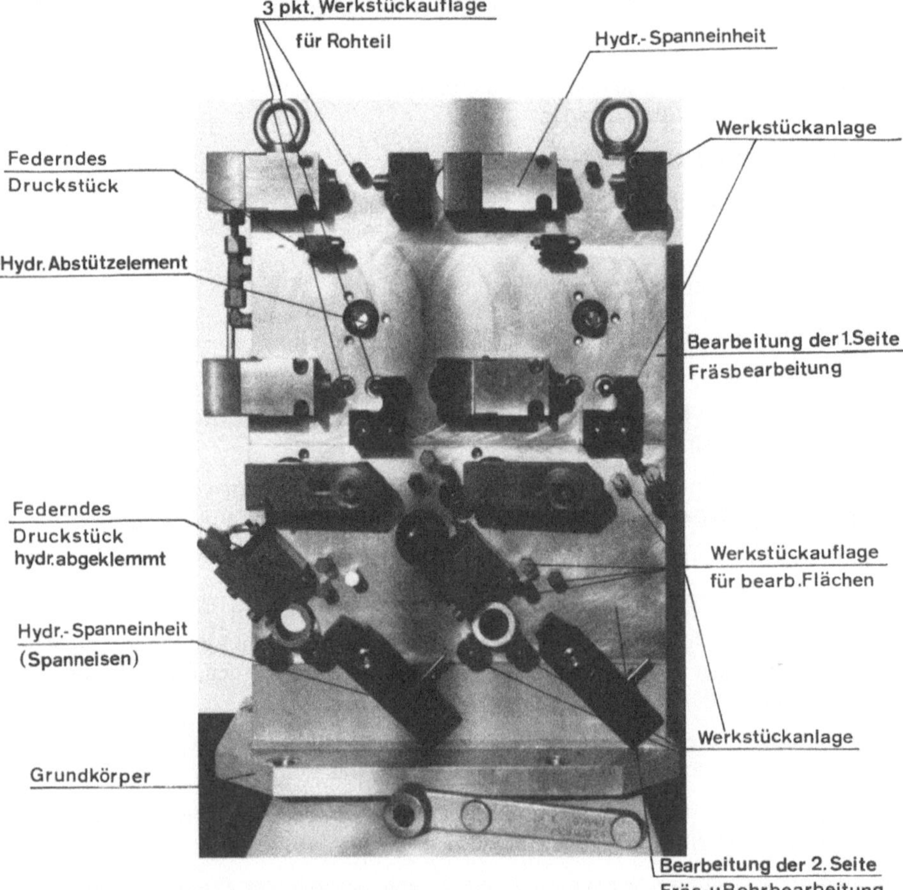

Bild 2-1. Vorrichtung für horizontales Bearbeitungszentrum (ohne Werkstück). In dieser Vorrichtung werden zwei Werkstücke durch Umspannen bearbeitet.

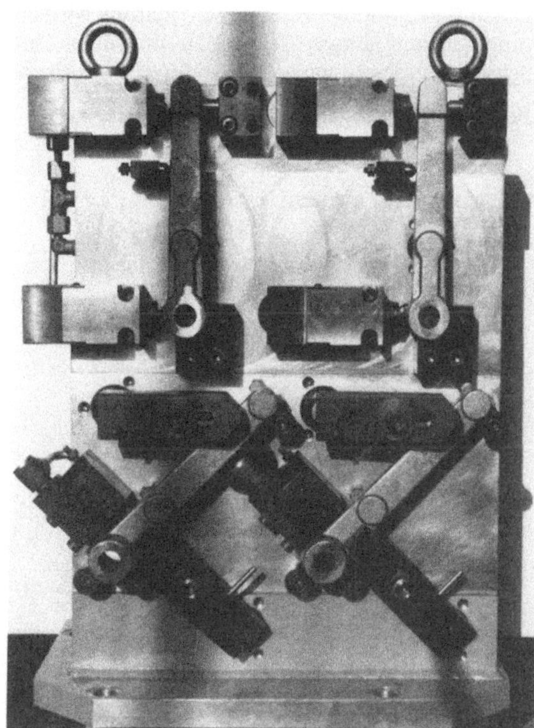

Bild 2-2. Vorrichtung für horizontales
Bearbeitungszentrum (mit Werkstück).

Bild 2-3. Vorrichtung für horizontales
Bearbeitungszentrum, Hydraulikverrohrung
(Vorrichtungsrückseite).

Die in Bild 2-4 u. 2-5 gezeigte Vorrichtung wird ebenfalls auf einem horizontalen Bearbeitungszentrum eingesetzt, jedoch mit dem Unterschied, daß die Werkstücke durch Schwenken der Vorrichtung beiderseits bearbeitet werden.

Beide Vorrichtungen bestehen aus

– Grundkörper

– Positionierelementen

– Anlage

– Auflage

– Spannelementen

– Spanneisen

– Schwenkspanner.

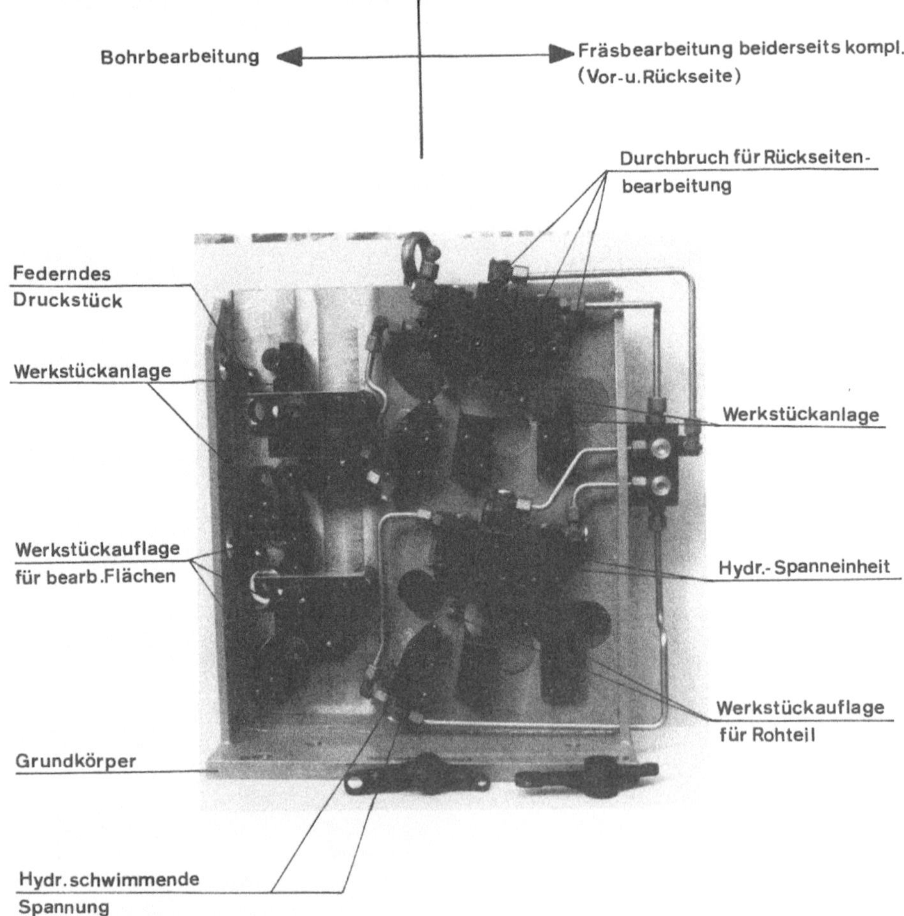

Bild 2-4. Vorrichtung für horizontales Bearbeitungszentrum (ohne Werkstück). In dieser Vorrichtung werden zwei Werkstücke durch Umspannen bearbeitet.

Diese beiden Vorrichtungen bestehen zu 80% aus werkseigenen Normelementen.

Aus der vorstehend formulierten Gesamtfunktion einer Vorrichtung läßt sich folgende Definition für den Begriff Vorrichtung herleiten. Eine Vorrichtung für spanende Fertigungsverfahren legt die räumliche Relativlage von Werkstück und (Werkzeug) bzw. Werkzeugmaschine fest, sichert diese Lage gegen Verschieben und Verdrehen und nimmt die Spannkräfte auf. Die wachsenden Schnittleistungen wirken sich durch steigende Bearbeitungskräfte auf die Werkstücke und ihre Vorrichtungen aus. Zur spanenden Bearbeitung müssen Werkstücke einerseits fest gespannt werden, um den Zerspanungskräften Widerstand zu leisten, andererseits dürfen die Spannkräfte das Werkstück nicht deformieren, um Bearbeitungsqualitätsverluste zu minimieren.

Aus den Schnittstellen der Vorrichtung und der funktionalen Wirkkette Werkzeug – Werkstück – Vorrichtung lassen sich unabhängig von dem Verwendungszweck, von der Fertigungsaufgabe, von der Vorrichtungsart und von der Bauweise der Vorrichtung die folgenden charakteristischen Funktionen herleiten und definieren.

Aus dem Zusammenwirken von Werkstück und Vorrichtung ergeben sich die drei unterschiedlichen Funktionen

– Positionieren des Werkstückes,

– Spannen des Werkstückes,

– Stützen des Werkstückes (im Bedarfsfall).

Zur Festlegung der räumlichen Lage ist das Werkstück zu positionieren. Unter Positionieren sind alle Vorgänge zu verstehen, die die räumliche Lage eines Werkstückes in der Vorrichtung festlegen:

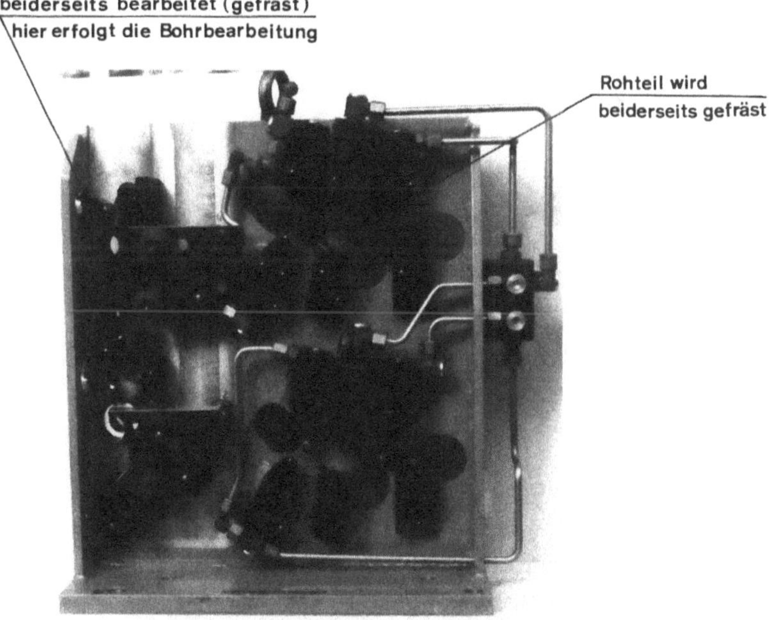

Bild 2-5. Vorrichtung für horizontales Bearbeitungszentrum (je eine Spannung mit Werkstück).

- Auflage,

- Anlage,

- Fixierung, z. B. in (einer) beim vorangegangenen Arbeitsgang erzeugten Bohrung(en).

Zur Sicherung dieser Relativlage gegen Verschieben und Verdrehen ist das Werkstück zu spannen. Mit Spannen wird die Tätigkeit bezeichnet, die die räumliche Lage eines Werkstückes gegen Verschieben und Verdrehen sichert. Entspannen, d. h. die Spannung lösen, ist die zu Spannung inverse Tätigkeit. Man unterscheidet

- mechanische Spannung (von Hand),

- Kraftspannung (z. B. hydraulisch, pneumatisch).

Zum Vermeiden von Deformationen infolge hoher Schnittkräfte in Verbindung mit niedrigen statischen und dynamischen Festigkeitskennwerten ist das Werkstück zu stützen durch

- mechanische Abstützung (von Hand) oder

- automatische Abstützung (z. B. hydraulisch, pneumatisch).

Unter Stützen sind alle Maßnahmen zu verstehen, die dazu dienen, einen funktionssicheren Kraftfluß zwischen Werkzeug, Werkstück und Vorrichtung zu gewährleisten und/oder das Werkstück vor Deformationen infolge von Bearbeitungskräften, Eigengewicht, Massen- und Spannkräften und den daraus resultierenden Bearbeitungsfehlern zu schützen. Die Funktion Stützen ist den Funktionen Positionieren und Spannen qualitativ und zeitlich nachgeordnet. Diese Funktion darf nicht die räumliche Lage des Werkstückes festlegen.

Die automatische Unterstützung kann als Folgeschaltung, z. B. mit einem Zuschaltventil, gesteuert werden. Hier hat man die Möglichkeit, die Unterstützung hydraulisch abzuklemmen. Wenn man auf eine Unterstützung spannen will bzw. muß, so wird diese mittels Hochdruckteil abgeklemmt, d. h. die Klemmkraft ist größer als die auf die Unterstützung wirkende Spannkraft.

Aus dem Zusammenwirken Werkstück – Vorrichtung – Werkzeug folgt im Bedarfsfall die Funktion Führen. Unter Führen sind alle Vorgänge zu verstehen, die dazu dienen, ein Werkzeug, ein Werkstück oder ein Vorrichtungsteil auf einer vorgegebenen Bahn zu bewegen. Das Führen von Werkzeugen entfällt in der Regel bei NC-Bearbeitungszentren. Die Werkzeuge werden bei Reihen-Radialbohrmaschinen, Transferstraßen usw. noch geführt.

Die genannten Funktionen werden in einer Vorrichtung durch die Funktionsträger realisiert, die untereinander bzw. mit dem Vorrichtungskörper zu verbinden sind. Unter Verbinden versteht man alle Operationen, die eine starre oder bewegliche, lösbare oder unlösbare, kraft-, form- oder stoffschlüssige Verbindung zwischen Funktionsträgern herstellen, um die aus dem Spannen und aus der Bearbeitung resultierenden Kräfte aufnehmen bzw. weiterleiten zu können.

Alle aufgeführten Funktionen sind in Vorrichtungen zur Erfüllung von bestimmten Aufgabenstellungen in unterschiedlicher Quantität und Qualität erforderlich (Bild 2-6). Diese Funktionen bzw. Operationen realisierenden Funktionsträger gelten entsprechend als

Positionierelemente, wie z. B.

– Anschläge,

– Auflagen,

– Aufnahmen,

– Zentrier- bzw. Fixierbolzen,

– Anlageleisten oder als

Spannelemente, wie z. B.

– Spanneisen,

– Spannschieber,

– Schwenkspanner,

– magnetische Spannblöcke oder als

Stützelemente, wie z. B.

– einstellbare mechanische Stützen,

– hydraulische Stützen oder als

Führungselemente, wie z. B.

– Bohrbuchsen,

– Bohrstangenlager,

– Geradführungen,

– Kopierschablonen und Kopierkörper oder als

Verbindungselemente, wie z. B.

– Gestelle,

– Körper,

– Rahmen,

– Winkel,

– Leisten,

– Platten.

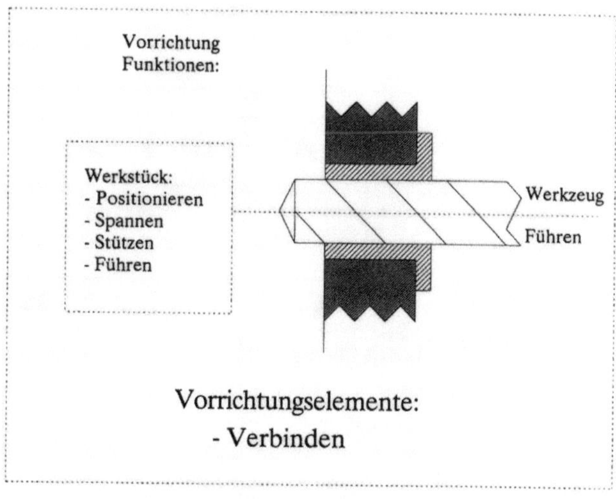

Bild 2-6.
Funktionen der Vorrichtung.

Der Geltungsbereich der Vorrichtungsfunktionen läßt sich gegenüber den Funktionen der Werkstückhandhabung abgrenzen. Die entsprechenden Schnittstellen zeigt Bild 2-7.

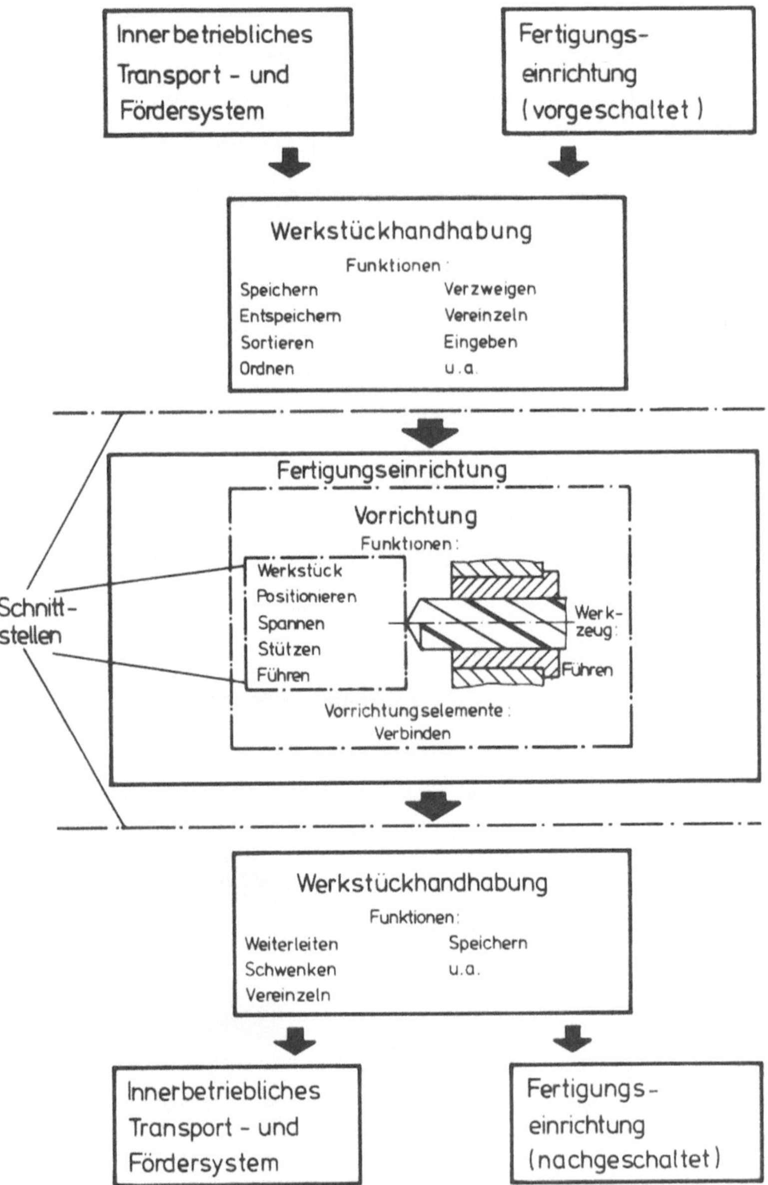

Bild 2-7. Schnittstellen der Vorrichtung zu benachbarten Systemen.

14

2.2 Aufbau der Vorrichtungen

Der Aufbau einer Vorrichtung hängt wesentlich von den unterschiedlichen Arten und von der Anzahl der in einer Vorrichtung zusammengefaßten Vorrichtungsfunktionen ab. Entsprechend der Fertigungsaufgabe kann der Vorrichtungsaufbau in folgende Komplexitätsebenen eingeteilt werden (Bild 2-8 u. 2-9):

- Vorrichtung
- Funktionsträger (Baugruppen)
  - Positionierelemente,
  - Spannelemente,
  - Stützelemente,
  - Führungselemente,
- Teilfunktionsträger
  - Grundkörper, Grundplatten,
  - Anlageprismen, Anlagebolzen, Auflagen,
  - Spanneisen,
  - Stützschrauben usw.

Die Funktionsträger realisieren die Vorrichtungsfunktionen, wie z.B. Positionieren, Spannen. Die Teilfunktionsträger sind Bestandteile von Funktionsträgern, wie beispielsweise die Stütz- und Befestigungsschrauben eines Spanneisens.

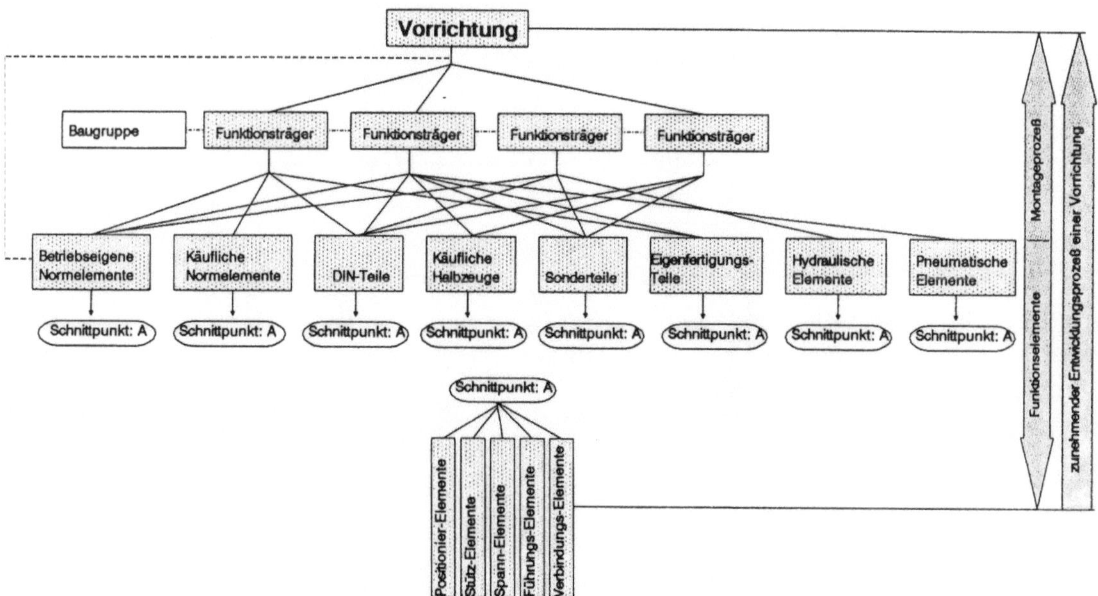

Bild 2-8. Konstruktionskatalog für Vorrichtungen. Vorrichtungsstruktur.

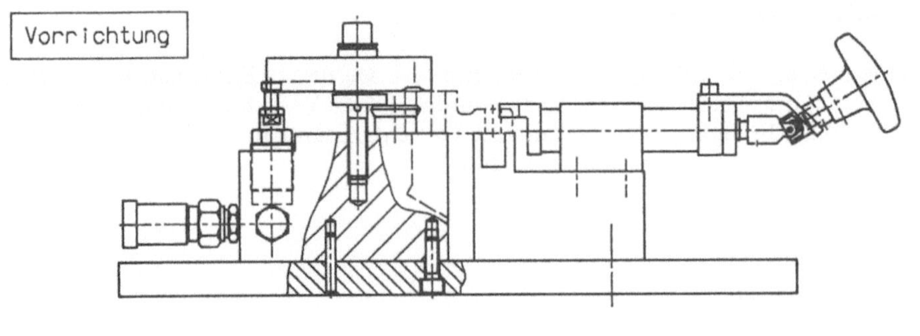

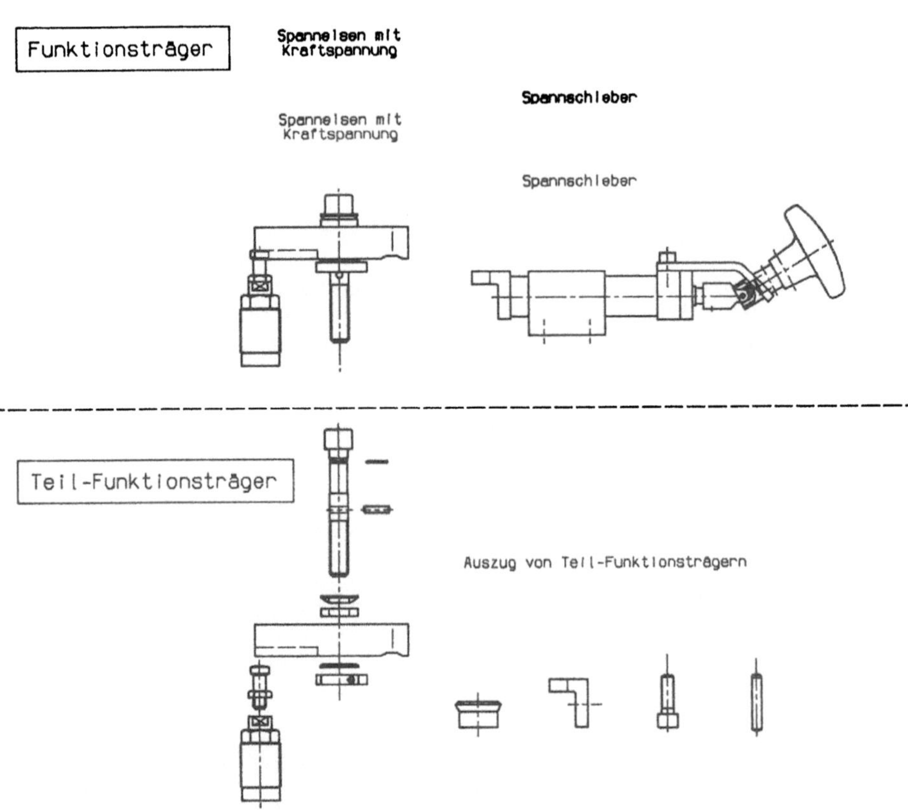

Bild 2-9. Vorrichtungsstruktur.

3. Betriebsmittelbezogene Anforderungen an die Produktkonstruktion

3.1 Zielsetzung

Durch den zunehmenden Einsatz neuer Fertigungstechnologien (z. B. CNC-Technologie, Bearbeitungszentren, flexible Fertigungssysteme) und durch den steigenden Kostendruck, ist heute mehr denn je eine enge Zusammenarbeit zwischen Produktkonstruktion und Betriebsmittelplanung sowie Betriebsmittelkonstruktion notwendig (Bild 3-1).

In den Fällen, in denen neue Bauteile, Baugruppen oder ein neues Produkt konstruiert werden, ist es empfehlenswert, deren Zeichnungen vorab zur Information der Arbeitspla-

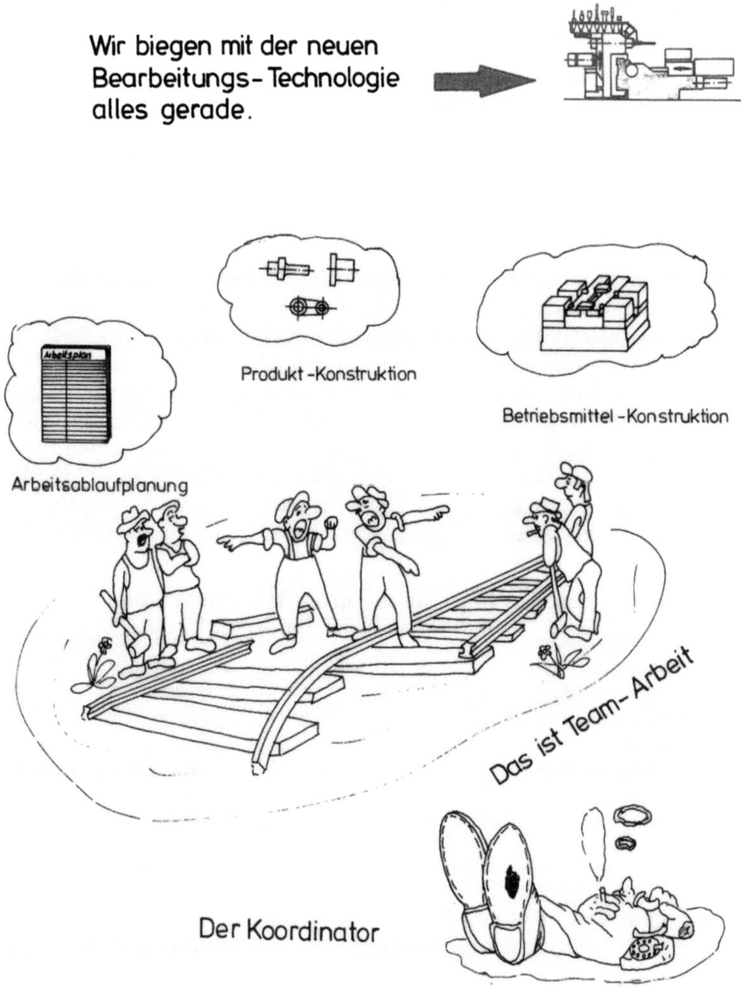

Bild 3-1. Team-Arbeit.

nung, der Betriebsmittelplanung, der Betriebsmittelkonstruktion und, wenn erforderlich, auch der Programmierung vorzulegen. Diese Bereiche können dann Änderungen an den Teilen vorschlagen, um diese fertigungsgerecht zu gestalten und somit eine optimale Fertigung der Teile sicherzustellen.

Bei diesen Werkstückänderungen (z. B. Toleranzänderungen, Bemaßungsumstellungen, Anbringen von Spannlaschen, Spannocken, Spanntaschen, Spannstegen, Hilfsvorrichtungen usw.) müssen alle Kosten betrachtet werden, die durch diese Maßnahmen beeinflußt werden. So müssen z. B. die für eine optimale Fertigung angebrachten Spannlaschen nach der Bearbeitung entfernt werden, wenn diese am Fertigprodukt stören oder im Kollisionsbereich zu anderen Teilen liegen.

Durch diese Zusammenarbeit zwischen Fertigungsplanung, Betriebsmittelplanung und -konstruktion kann

- die Vielfalt und Anzahl der Betriebsmittel verringert werden,

- die Qualität der Teile und somit der Produkte verbessert werden (z. B. durch verzugsfreies Spannen) oder auch

- eine wirtschaftlichere Fertigung ermöglicht werden (z. B. daß mit höheren Schnittwerten gefahren oder das Werkstück durch die Fertigung auf einem Bearbeitungszentrum möglichst komplett bearbeitet werden kann).

Diese Vorteile können durch eine entsprechende konstruktive Gestaltung der Werkstücke erzielt werden, wobei sich jedoch keine negativen Auswirkungen auf die Funktion und die Gestalt der Bauteile ergeben dürfen.

Die genannten Forderungen führen oft zu Entscheidungskonflikten bei der Suche nach der optimalen Teilegestalt. Sowohl die Produktkonstruktion als auch die Planung greifen in schwierigen Fällen zu dem Mittel der Probefertigung. Ein Werkstück wird in mehreren Alternativausführungen in die Vorserienfertigung geschleust und beim Durchlauf besonders beobachtet. Diese Methode führt zwar mit größerer Sicherheit zum Ziel, verführt aber zu einer bequemen Denkweise. Abgesehen von den zusätzlichen Kosten für Fertigung und Betriebsmittel wird diese Art der Werkstückoptimierung zu einer Verlagerung der Konstruktionsverantwortung führen. Die Teilegestaltung muß schon beim Entwurf des Produktes auf Herstellbarkeit überprüft werden. An die Produktkonstruktion sind deshalb die in Tabelle 3-1 genannten Anforderungen zu stellen.

Tabelle 3-1 Anforderungen an die Produktkonstruktion.

Produktspezifische Anforderungen	Herstellungstechnische Anforderungen
Funktion und Leistung Aussehen Geräuschverhalten Wartung Kosten	Fertigung Qualitätssicherung Fügetechnik und Montage Arbeitssicherheit Ökologie Transport und Versand

Zur optimalen Erfüllung dieser Anforderungen muß die Produktkonstruktion über entsprechende Informationen verfügen, d. h. es muß ein Informationssystem vorhanden sein.

18

Es erweist sich als Vorteil, wenn den Produktkonstrukteuren regelmäßig die Gelegenheit geboten wird, sich die Fertigung in Hinsicht auf die neuesten Fertigungsverfahren und -maschinen anzusehen. Wenn die Zusammenarbeit und der Informationsfluß zwischen Fertigungsplanung, Betriebsmittelplanung, NC-Programmierung, Betriebsmittel- und Produktkonstruktion gut funktioniert, erhält der Konstrukteur frühzeitig Kenntnis über neue Möglichkeiten (z. B. CNC-Bearbeitungszentren), die dem Fertigungsbereich zur Verfügung stehen. Nur dadurch kann er fertigungsgerecht konstruieren und wird seiner Verantwortung gerecht, die darauf beruht, daß in der Konstruktion ein wesentlicher Anteil an den Kosten für ein Produkt festgelegt wird.

Die wichtigsten Informationen, die die Produktkonstruktion aus der Fertigung haben sollte, sind:

- Hinweise für fertigungsgerechtes Gestalten von Werkstücken (z. B. Hilfsbohrungen, Spannocken),

- Daten über vorhandene Standardwerkzeuge und -prüfmittel,

- Daten über kostenverursachende Faktoren der Fertigung (z. B. Toleranzangaben, Werkstoffauswahl, Formgebungsverfahren).

Im folgenden sollen die Punkte, die einen wesentlichen Einfluß auf die Teilegestaltung im Hinblick auf die Vorrichtungskonstruktion haben, näher analysiert und dargestellt werden.

3.2 Einflüsse durch Toleranzen

Alle vom Produktkonstrukteur vorgegebenen Toleranzen (Maß-, Form-, Lagetoleranzen) sollten vorweg auf ihre Funktionsnotwendigkeit hin überprüft werden.

Um hohe Genauigkeiten einhalten zu können, ist oft eine aufwendige und kostspielige Vorbearbeitung notwendig (z. B. Vorfräsen, Spannung lösen, Fertigfräsen und evtl. noch Läppen). Auch der Kontrollaufwand ist nicht unerheblich. Bei hohen Anforderungen an die Fertigungsqualität ist in vielen Fällen eine 100%ige Kontrolle notwendig.

Die Machbarkeit von Form- und Lagetoleranzen, Passungen und Oberflächengüte muß sehr kritisch untersucht werden. Machbar ist alles! Die Frage ist aber, mit welchem Aufwand. Sollen z. B. zwei Flächen mit einer Abstandstoleranz von $\pm$ 0,04 mm bei einer maximalen Unebenheit von 0,02 mm gefertigt werden, so bleiben für den Abstand und die Unparallelität nur noch $\pm$ 0,02 mm Toleranz übrig (Bild 3-2).

Der Produktkonstrukteur sollte deshalb keine zu engen Toleranzen (Angsttoleranzen) eintragen. Sie sollten so ausgelegt sein, daß das Bauteil der Funktion des Produktes gerecht wird. Zu enge Toleranzen ziehen in der Fertigung einen größeren Aufwand nach sich und verursachen somit höhere Fertigungskosten.

Der Einfluß der Form- und Lagetoleranzen auf die Fertigung – in Extremfällen sogar auf die Zerspanungstechnologie – ist im Zeitalter der Fertigungsstreuung durch Verlagerung nach auswärtigen Fertigungsstätten nicht mehr zu vernachlässigen. Selbst straff organisierte Betriebe sind durch neueste Entwicklungen in den Normungsgremien zu Toleranzerläuterungen gezwungen, die an juristische Absicherungen grenzen.

Der Produktkonstrukteur kann durch die Festlegung eines bestimmten Tolerierungsgrundsatzes (DIN 7167 bzw. DIN ISO 8015) die Fertigung beeinflussen. Wendet er den

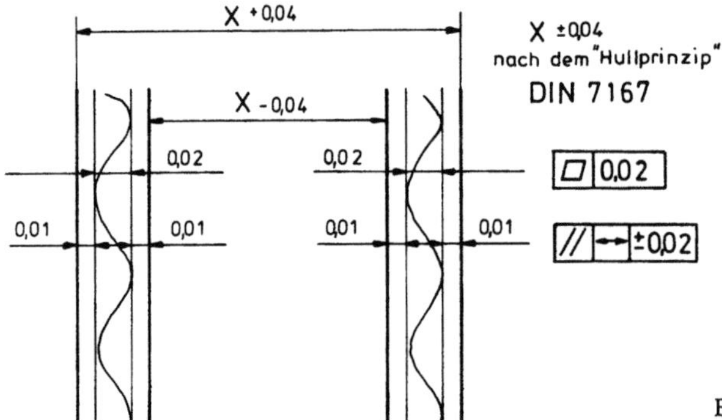

Bild 3-2. Abhängigkeit der Maßtoleranz von der Form- und Lagetoleranz.

Tolerierungsgrundsatz nach DIN 7167 ohne besondere Zeichnungseintragung an, gilt für Kugeln, Zylinder und ebene, parallele Flächen das sogenannte „Hüllprinzip". DIN ISO 8015 beschreibt das „Unabhängigkeitsprinzip", bei dem jede in der Zeichnung angegebene Anforderung für Maß-, Form- und Lagetoleranzen unabhängig voneinander eingehalten werden muß, falls nicht eine besondere Beziehung angegeben wird.

Zur Illustration des Gesagten sollen bei dem in Bild 3-3 dargestellten Werkstück in Abhängigkeit der Toleranz des Maßes X die unterschiedlichsten Fertigungskosten dargestellt werden. Die toleranzabhängigen Fertigungskosten in DM sind in Bild 3-4 und die Fertigungskosten in % in Bild 3-5 dargestellt.

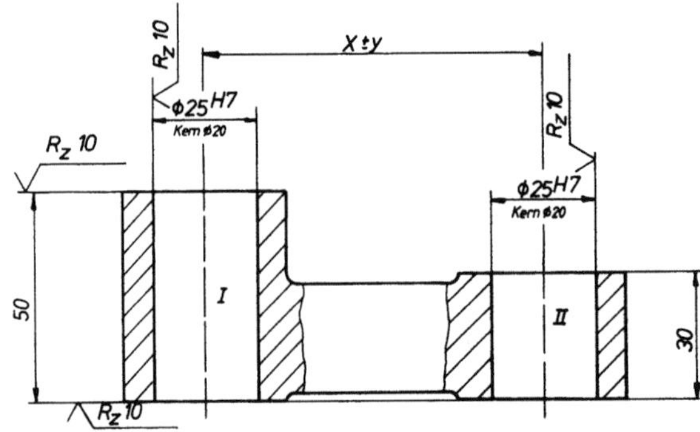

Bild 3-3. Zugstange aus GG-25.

Aufgrund der Stichmaßtoleranzen von $\pm$ 0,02 mm bzw. $\pm$ 0,05 mm muß das Teil auf einem Bearbeitungszentrum mit einem Anschaffungswert von DM 380.000 bearbeitet werden, wodurch sich Kosten bei Toleranz X $\pm$ 0,02 mm von DM 3,28 pro Stück, bei Toleranz X $\pm$ 0,05 mm von DM 2,95 pro Stück ergeben.

Bei einer Stichmaßtoleranz von X $\pm$ 0,1 mm kann ein Bearbeitungszentrum mit einem Anschaffungswert von DM 270.000 eingesetzt werden, das Werkstückkosten von DM 1,98 pro Stück nach sich zieht.

Die Bohrzyklen (Bild 3-6) sind aufgrund der neuesten Werkzeugtechnologie in der Anzahl der Arbeitsgänge gleich, lediglich muß bei der Toleranz X $\pm$ 0,02 m die Bohrung auf Paßmaß ausgespindelt werden, im Gegensatz zu X $\pm$ 0,05 mm bzw. $\pm$ 0,1 mm, wo gerieben wird. Bei der Kostenbetrachtung Toleranz X $\pm$ 0,02 mm wurde die Ausschußgefahr nicht berücksichtigt.

20

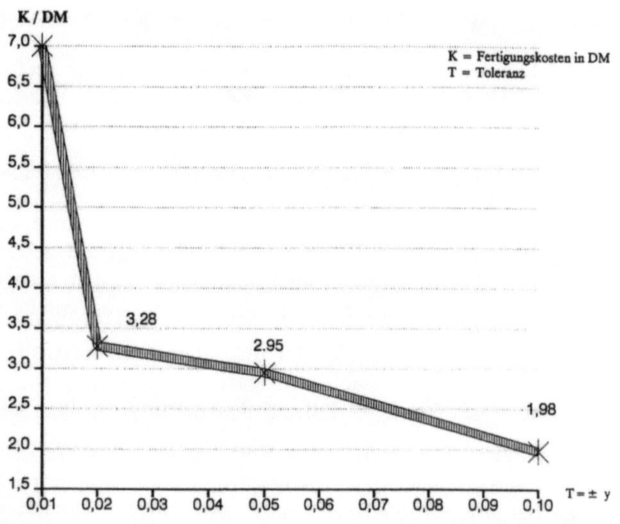

Bild 3-4. Toleranzabhängige
Fertigungskosten (Basis 1990).

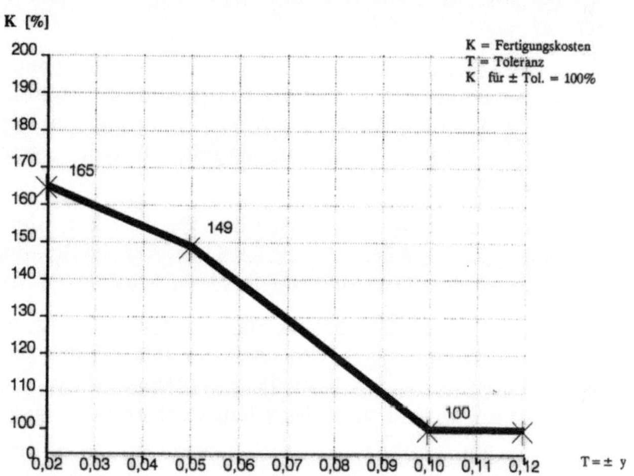

Bild 3-5. Toleranzabhängige
Fertigungskosten in %
(Basis 1990).

| Stichmaß-toleranz | Arbeitsgänge (Bohrzyklen) | | | | Kosten in DM | |
y	Bohrung I		Bohrung II		Maschinen-anschaffg.	Werkstück-kosten
±0,02	Stirnsenken 2 Schneider 1 Schneider	$\phi\,23{,}60$ $\phi 24{,}50$ $\phi 25^{H7}$	Stirnsenken 2 Schneider 1 Schneider	$\phi\,23{,}60$ $\phi 24{,}50$ $\phi 25^{H7}$	380.000	3,28
±0,05	Stirnsenken 2 Schneider Reiben	$\phi 23{,}60$ $\phi\,24{,}60$ $\phi 25^{H7}$	Stirnsenken 2 Schneider Reiben	$\phi\,23{,}60$ $\phi 24{,}60$ $\phi 25^{H7}$	380.000	2,95
±0,10	Stirnsenken 2 Schneider Reiben	$\phi 23{,}60$ $\phi 24{,}60$ $\phi 25^{H7}$	Stirnsenken 2 Schneider Reiben	$\phi 23{,}60$ $\phi 24{,}60$ $\phi 25^{H7}$	270.000	1,98

Bild 3-6. Bohrzyklen zur
Zugstange nach Bild 3-3.
Bei der Ermittlung der Werkstückkosten wurde eine Jahres-
belegung der Maschine von
rund 3000 Stunden zugrunde
gelegt. Kostenstand: 1990

3.3 Beispiele für eine fertigungsgerechte Teilegestaltung

Im folgenden werden Beispiele für eine fertigungsgerechte Teilegestaltung dargestellt, die bereits mit Erfolg in einigen Betrieben eingesetzt werden.

3.3.1 Anbringen von Fangbohrungen und Spannhilfsflächen

In der Großserienfertigung wird das Anbringen von Fangbohrungen und Spannhilfsflächen bzw. Nocken, z. B. bei Kurbel- oder Getriebegehäusen (Bild 3-7), zur Bearbeitung auf einer Transferstraße oder flexiblen Fertigungszentren mit Erfolg praktiziert. Die Fangbohrungen werden zur Fixierung der Werkstücke benötigt.

Bei reinem Werkstücktransfer auf einer Transferstraße wird das Werkstück nach dem Weitertransport zur nächsten Bearbeitungsstation in den beiden Bohrungen fixiert und von oben gespannt, so daß die Bearbeitung erfolgen kann.

Beim Palettentransport nach Bild 3-8 wird das Werkstück auf der Palette positioniert und dann zur nächsten Bearbeitungsstation transportiert. Nachdem die Palette auf der Bearbeitungsstation fixiert und gespannt ist, wird das Werkstück gespannt und zur Bearbeitung freigegeben.

Bei der Bearbeitung auf einem Vorrichtungswagen (Bild 3-9) wird das Werkstück in die Vorrichtung eingelegt und an der Einlegestation gespannt. Der Vorrichtungswagen läuft mit dem gespannten Werkstück von einer zur anderen Bearbeitungsstation. Der Vorrichtungswagen wird an der Bearbeitungsstation fixiert, gespannt und zur Bearbeitung des Werkstückes freigegeben [1].

In den ersten beiden Fällen wird das Werkstück an der jeweiligen Bearbeitungsstation gespannt. Dies hat den Vorteil, daß die Art der Spannung individuell an die Station angepaßt werden kann und nur in dieser Station auf Werkzeugkollision zu achten ist.

Im letzten Fall wird das Werkstück in der Einlegestation gespannt und bleibt in der gleichen Aufspannung, bis es nach der Bearbeitung in der Einlegestation wieder entspannt und entnommen wird. Diese Aufspannart mit dem Vorrichtungswagen wendet man dort an, wo am Werkstück keine Fixierbohrungen angebracht werden können.

Die dargestellten Aufspannungen sind für ein sehr großes Werkstückspektrum anwendbar, wobei jedoch vorausgesetzt werden muß, daß große Fertigungsstückzahlen vorliegen müssen. Die meisten Firmen haben jedoch nicht diese großen Serien, wie z. B. Automobilindustrie und deren Zulieferer, so daß der Einsatz einer Transferstraße oder teilebezogener Sondermaschinen nicht immer gerechtfertigt ist.

Bei kleineren monatlichen Stückzahlen (bis etwa 200) ergeben sich andere Möglichkeiten für eine optimale fertigungsgerechte Teilegestaltung. Die Teilefamilienfertigung und die Wiederverwendung von Vorrichtungen rückt hier in den Vordergrund. [2, 3, 4].

3.3.2 Anbringen von Spannlaschen und Spannocken

Bei vielen Teilen ist es sehr schwierig eine Aufspannung zu realisieren, die sicherstellt, daß die Teile durch die Spannkräfte nicht verspannt werden und auch möglichst viele Seiten ohne Umspannen für die Bearbeitung zur Verfügung stehen. Für die konventionelle Bearbeitung derartiger Teile (z. B. Hebel) werden kostenintensive, teilebezogene Vorrichtungen benötigt.

DE-STA-CO
SPANNTECHNIK

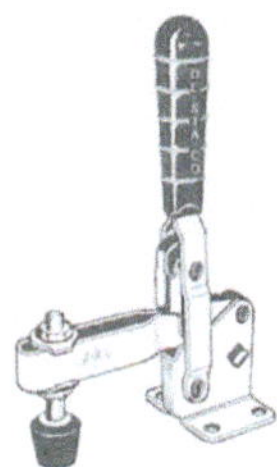

Manuell – Pneumatisch – Hydraulisch

DE-STA-CO Metallerzeugnisse GmbH, Industriestraße 23, D-6374 Steinbach/Ts., Telefon 0 61 71/7 05-0, Telefax 0 61 71/70 51 20

Das bewährte Konstruktionsteam für die Fertigung am Bodensee

Wir tragen zur Lösung Ihrer Fertigungsprobleme bei, indem wir unsere fast 25-jährige Erfahrung in die Konstruktionen einbringen können.

Gestützt auf praxisbezogene Literatur von Fachmänner, die wir zu dem vorliegenden Werk beglückwünschen möchten, bieten wir unseren Kunden Lösungen an, die eine langjährige Zusammenarbeit auf unseren Fachgebieten, mit intensivem fachlichem Austausch ermöglichen.

Unsere Fachgebiete:

Vorrichtungen, Betriebsmittel, Arbeitsplatzgestaltungen, Hebezeuge, Montage, Transferstraßen, Automation, Sondermaschinen.

Konventionelle oder rationelle CAD Zeichnungen nach Kundenwunsch.

KTW Konstruktion-Technik K. Weißhaupt GmbH
Aistegstr. 34, 7990 Friedrichshafen 1
Tel.: (07541) 32071 – Fax: (07541) 75770
ISDN (07541) 930051

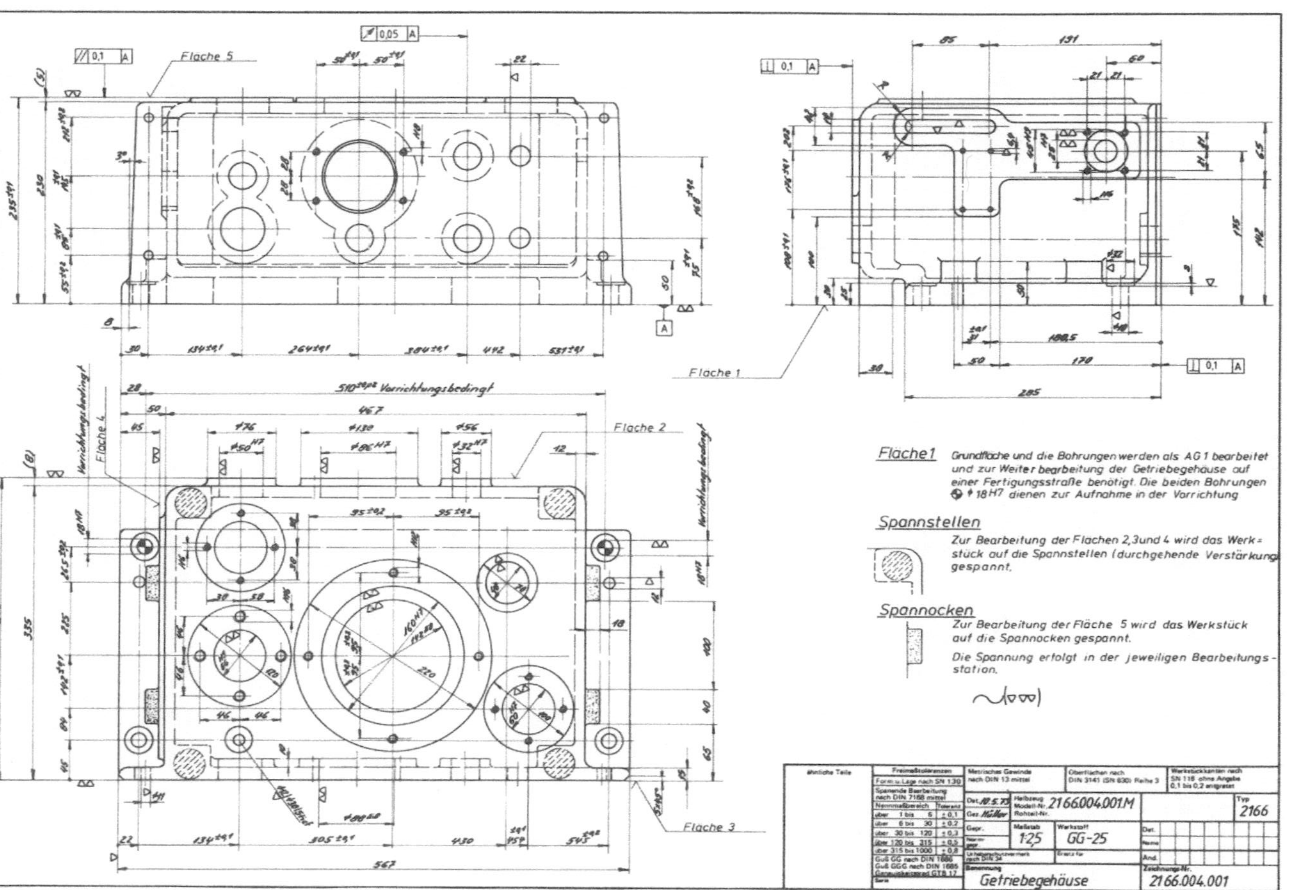

Bild 3-7. Getriebegehäuse mit Fangbohrungen und Spannocken.

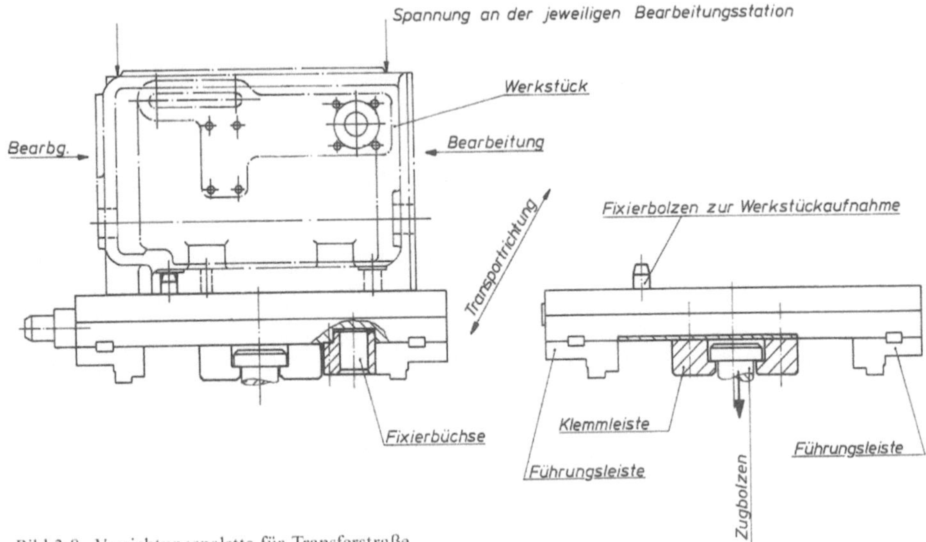

Bild 3-8. Vorrichtungspalette für Transferstraße.

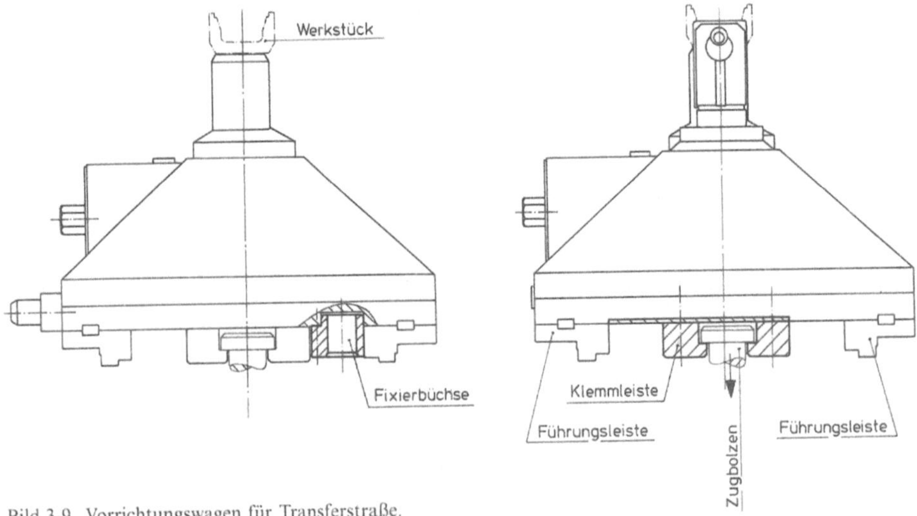

Bild 3-9. Vorrichtungswagen für Transferstraße.

Durch das Anbringen von Spannlaschen (Bild 3-10) können für die Aufspannung der Werkstücke die einzelnen Funktionsträger, die Bestimm- und Spanneinheiten, so angeordnet werden, wie es für die Bedeutung der Teile am günstigsten ist. Die Lage der Spannlaschen am Werkstück wird im optimalen Fall so gewählt, daß sie beim fertigbearbeiteten Teil nicht stören und dementsprechend nicht entfernt werden müssen. In den Fällen, in denen die Laschen entfernt werden müssen, kann dies ohne größeren Aufwand durch Absägen und evtl. anschließendes Verputzen geschehen.

24

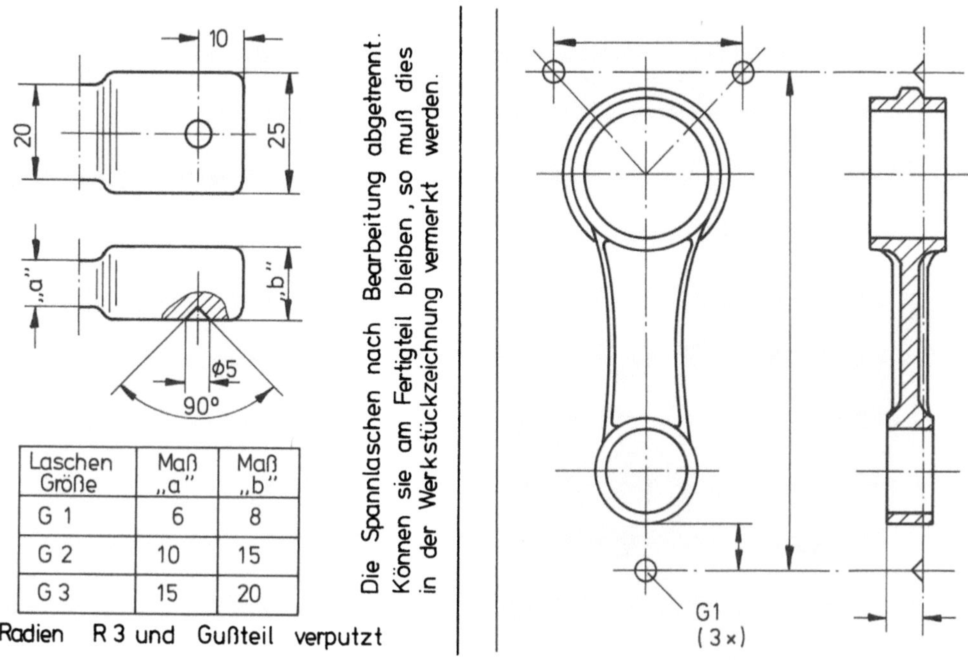

Bild 3-10. Spannlaschen für Gußteile und Beispiel einer Zeichnungsdarstellung für Spannlaschen.

Müssen die Werkstücke, bedingt durch ihre Größe oder Labilität, an mehr als drei Stellen gespannt werden, kann man weitere Spannlaschen vorsehen (Bild 3-11), die dann mit einer Abstützeinheit gehalten werden.

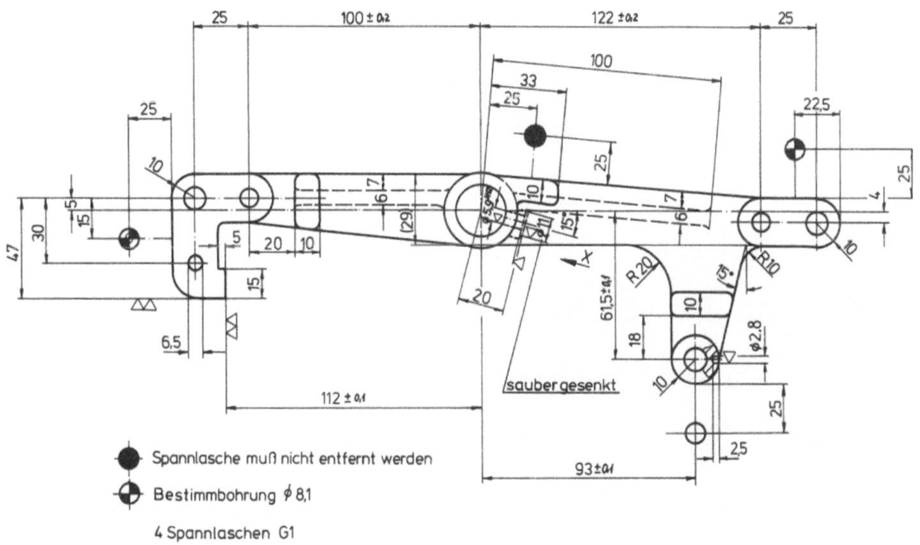

Bild 3-11. Kippschalthebel mit vier Spannlaschen.

Ein großer Vorteil der Aufspannung mittels Spannlaschen liegt in dem geringen Umbauungsgrad der Vorrichtung und dementsprechend in den freigehaltenen Bearbeitungsbereichen. Rohteile können dadurch auf einem Bearbeitungszentrum in einer Aufspannung komplett bearbeitet werden (Bilder 3-12 bis 3-14).

Die Werkstücke können durch eine Bohrung in der Spannlasche gespannt werden (Bild 3-15). Die Anordnung der Paßschrauben kann sowohl auf dem Werkstück oder der

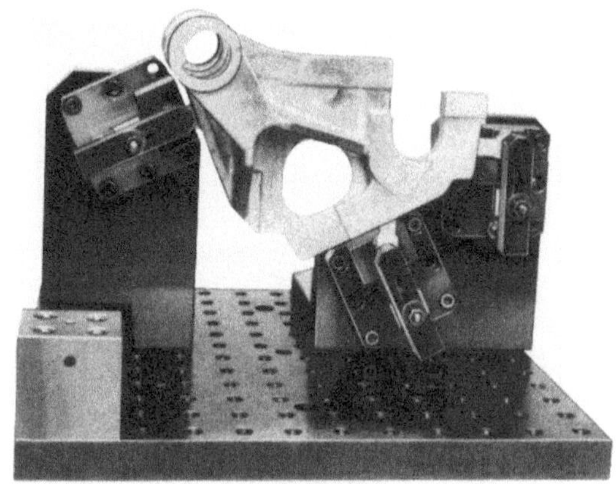

Bild 3-12. Spannvorrichtung (Werkstück wird auf den Spannlaschen gespannt).

Bild 3-13. Spannvorrichtung mit Werkstück.

Bild 3-14. Spannvorrichtung ohne Werkstück.

26

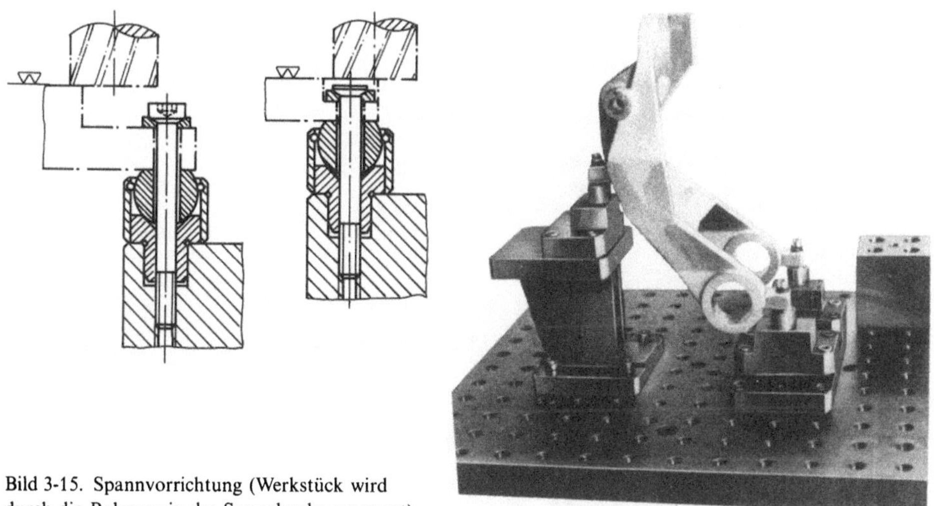

Bild 3-15. Spannvorrichtung (Werkstück wird durch die Bohrung in der Spannlasche gespannt).

Spannlasche als auch versenkt erfolgen. Dabei kann bereits beim Gießen in der Spannlasche eine Zentrierung vorgesehen werden, so daß die Durchgangsbohrung ohne Anreißen und Verwendung einer Bohrlehre gebohrt werden kann (Bild 3-10). Dabei wird der Bohrdurchmesser um 0,1 bis 0,2 mm größer als der Durchmesser der Paßschrauben gebohrt.

Bei dieser Art der Aufspannung werden die Funktionsträger auf einer Grundplatte je nach der Geometrie der Werkstücke angeordnet. Nach der Fertigung eines Loses können die Vorrichtungselemente für andere Werkstücke verwendet werden, so daß die Kosten für die Fertigungsmittel sehr niedrig sind.

Für die Bearbeitung von 25 unterschiedlichen Werkstücken auf einem CNC-Bearbeitungszentrum sind in Bild 3-16 die Vorrichtungskosten für teilebezogene Vorrichtungen und für Funktionsträgervorrichtungen gegenübergestellt.

Den Vorteil des Aufbaus von sogenannten „Teilefamilien" soll Bild 3-17 zeigen. Zunächst wird der Beschaffungszeitraum für teilespezifische Vorrichtungen zur kompletten Bearbeitung von 25 verschiedenen Werkstücken dargestellt. Der Zeitraum reicht von der Planung bis zur Bereitstellung für die Fertigung und setzt einen optimalen Durchlauf ohne Störfaktoren voraus. Zum Vergleich werden Zeitwerte gegenübergestellt für den Einsatz bereits vorhandener Vorrichtungen für ähnliche Werkstücke einer Teilefamilie. Die Durchlaufzeiten bei der Betriebsmittelkonstruktion können durchaus um ca. 60% und bei der Betriebsmittelkalkulation um ca. 35% verkürzt werden. Dem Einsatz derartiger Vorrichtungen mit Mehrfachbelegung sind allerdings Grenzen gesetzt. Die Umstell- bzw. Umrüstkosten dürfen den Herstellkosten-Vorteil nicht übersteigen. Selbst bei Kostenausgleich spielen noch andere Faktoren eine Rolle. In den meisten Fällen wird die schnelle Verfügbarkeit des Betriebsmittels höher gewichtet als dessen Kosten. Durch Herstellung einer oder mehrerer zusätzlicher Vorrichtungen können in Grenzfällen Kosten eingespart werden. Die Kosten zusätzlicher, gleicher Vorrichtungen liegen bekanntlich niedriger als die der Erstvorrichtung, da Konstruktion, Planung und Kalkulation bereits durchgeführt sind.

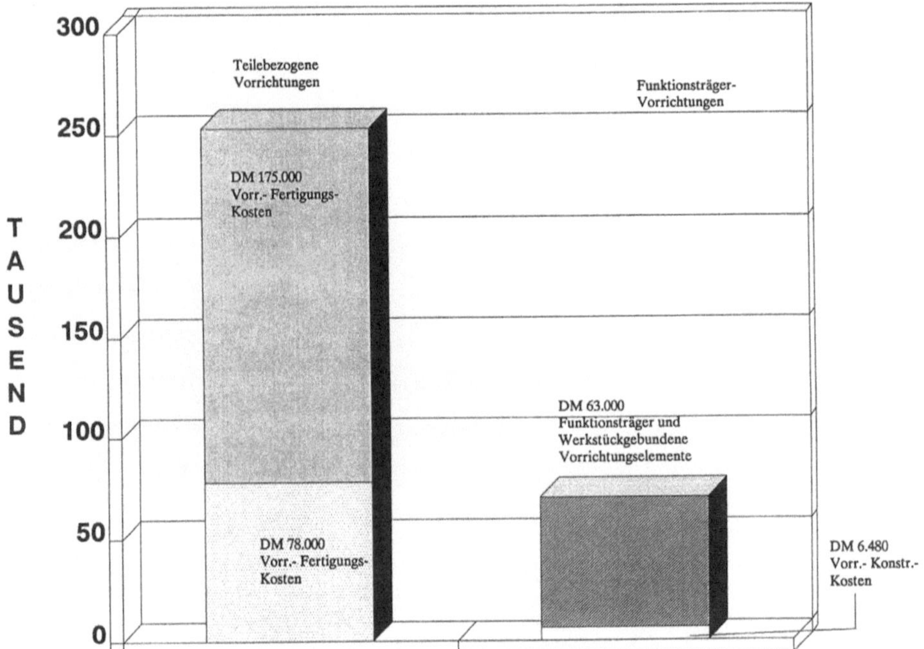

Bild 3-16. Kosten von Vorrichtungen in DM für die komplette Bearbeitung von 25 verschiedenen Werkstücken auf einem horizontalen CNC-Bearbeitungszentrum.

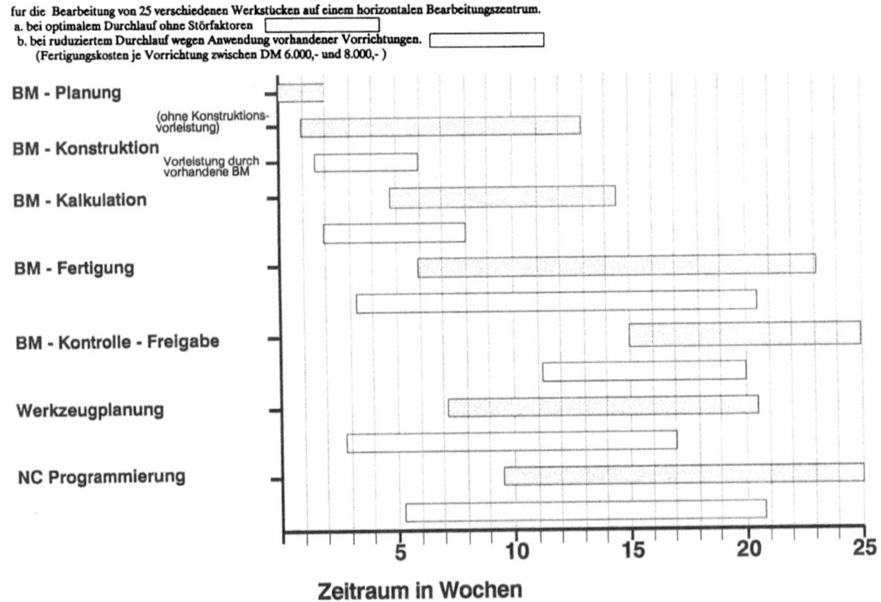

Bild 3-17. Betriebsmittel-Beschaffungszeitraum von der Planung bis zur Bereitstellung.

28

Spannocken bieten eine weitere Möglichkeit zur Vereinfachung von Vorrichtungen. Dabei wird angestrebt, daß durch eine standardisierte Lage der Spannocken Teile unterschiedlicher Geometrie in einer verstellbaren Vorrichtung gespannt werden können. Dabei erweist es sich als vorteilhaft, wenn zwei Nocken auf einer Geraden liegen. Bei der in Bild 3-18 in einem Schemabild gezeigten Vorrichtung ergibt sich ein Verstellbereich für die Spannocken in der X-Achse von 96 bis 260 mm und in der Y-Achse von 50 bis 230 mm. Dieser wird firmenspezifisch für das jeweilige Teilespektrum ausgelegt.

Bei der ersten Aufspannung wird das Werkstück auf drei Punkten unter den rohen Nocken aufgelegt und an den Nocken seitlich gespannt. Die Nocken werden bei dieser Aufspannung mitbearbeitet und bei der zweiten Aufspannung als Auflage verwendet, wobei dann an den Nocken übergreifend auf die Auflage gespannt wird.

Bild 3-19 zeigt einen Winkelhebel, der nach Überarbeitung für eine fertigungsgerechte Teilefertigung mit Nocken versehen wird. Die Entscheidung darüber, ob die Spannocken am Werkstück verbleiben können oder entfernt werden müssen, trifft der Produktkonstrukteur und dokumentiert dies auf der Werkstückzeichnung. Bei dem gezeigten Beispiel stören die Spannocken am Endprodukt und müssen nach der Fertigung des Werkstückes entfernt werden.

Werkstücke aus der Feinwerktechnik eignen sich besonders für das Spannen mit Nocken oder Laschen. Das Anbringen der drei obligatorischen Spannhilfen stößt bei kleinen Werkstücken auf eine Grenze. Es sollte dann die Möglichkeit einer Einzelspannlasche genutzt werden, die mit zusätzlichen Positioniermerkmalen ausgestattet wird. Die in Bild 3-20 dargestellte Keilform der Spannlasche erlaubt das Spannen mit entsprechend geformten Keilbacken. Der dadurch bewirkte Niederzugeffekt erlaubt die Einleitung solider Spannkräfte. Selbstverständlich kann die Spannlasche auch mit parallelen Spannflächen versehen werden. In jenem Fall werden die Backen des Spannmittels mit eigenem Niederzugeffekt ausgebildet. Bild 3-21 stellt einen Zweibacken-Spannstock mit auswechselbaren Backen dar. Das gespannte Werkstück kann praktisch von fünf Seiten bearbeitet werden. Viele Feinwerkteile werden im sogenannten Feingießverfahren (Keramikformen nach Wachsmodellen) hergestellt. In diese Fällen bietet es sich an, den Abguß gleich als Spannlasche auszubilden. Die Keilform wird hinreichend genau gegossen, um ein sicheres Spannen in den Keilbacken zu erreichen. Anderenfalls muß die Keilform durch Zerspanen erreicht werden. Der genauen Positionierung wegen muß die Höhe der Spannlasche sowieso bearbeitet werden. Je nach Richtung der Spannlasche kann auch eine Stirnseite wegen der Positionsfestlegung des Werkstückes bearbeitet werden.

Um das Absägen der Nocken auf einer Bandsäge zu erleichtern, kann der Sägeschnitt gerade erfolgen und braucht sich nicht unbedingt nach der Augenform des Werkstückes zu richten. Für die Bearbeitung des Teiles ohne Spannocken fielen Vorrichtungskosten von rund DM 7.500 an, im Vergleich zu rund DM 1.400 für die Fertigung mit Spannocken.

Bei der Aufspannung der Teile mit Hilfe von Spannocken ist es auch möglich, zwei oder mehr Werkstücke zusammen mit drei Spannocken zu versehen (Bild 3-22).

Eine Untersuchung von 150 verschiedenen Werkstücken mit Spannocken (Bild 3-18), die in einer Einheitsvorrichtung gefertigt wurden, zeigte enorme Einsparungen an Vorrichtungsbedarf und -kosten gegenüber teilebezogenen Vorrichtungen (Bild 3-23).

Bei dieser Untersuchung wurden von einem Durchschnitt von 3 teilebezogenen Vorrichtungen und von folgender Bearbeitung ausgegangen:

- 1. Seite: Fräsen auf Fräsmaschine,
- 2. Seite: Fräsen auf Fräsmaschine sowie Bohren und evtl. Fräsbearbeitung auf einem vertikalen BZ.

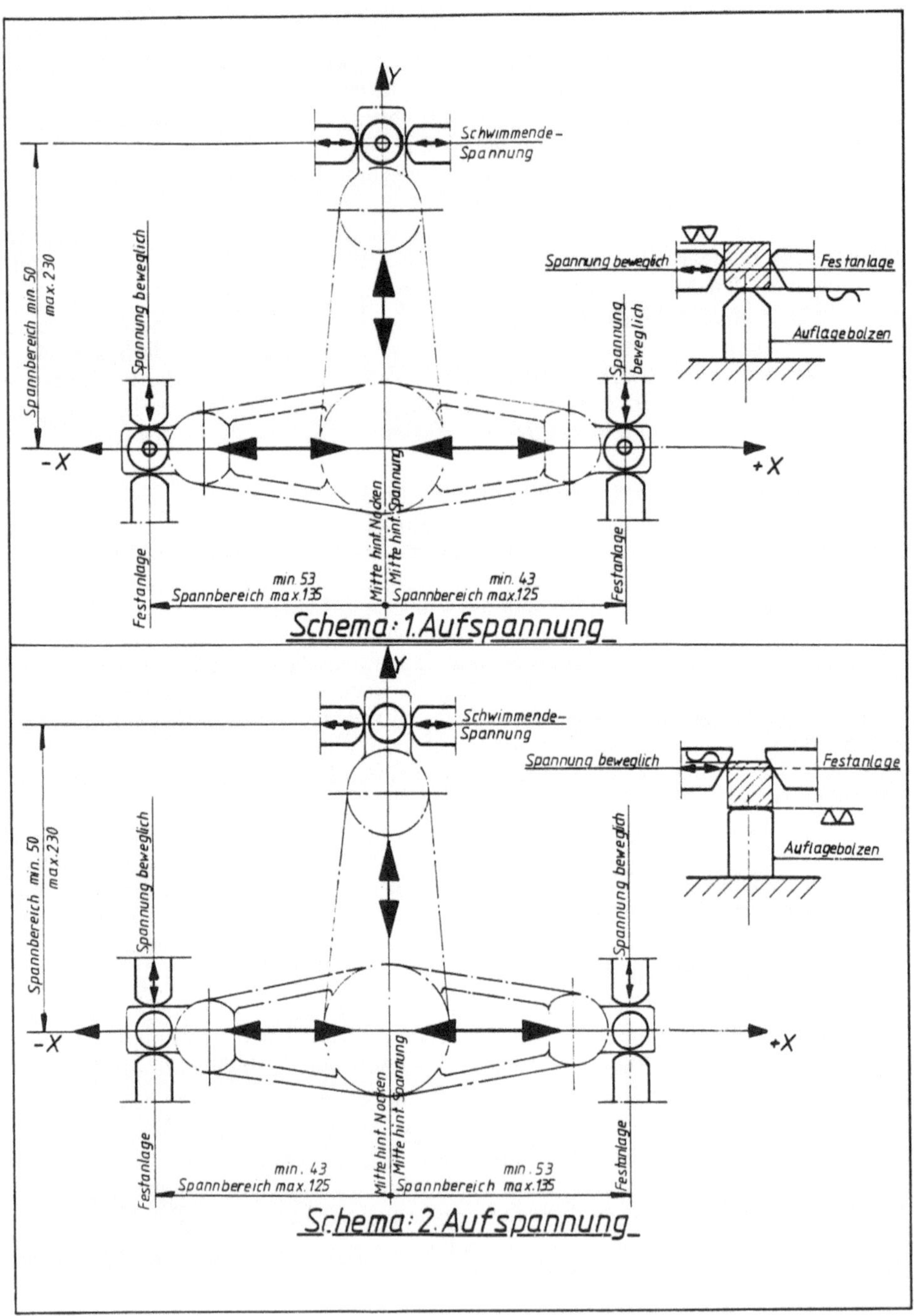

Bild 3-18. Spannocken an einem Schmiedeteil.

30

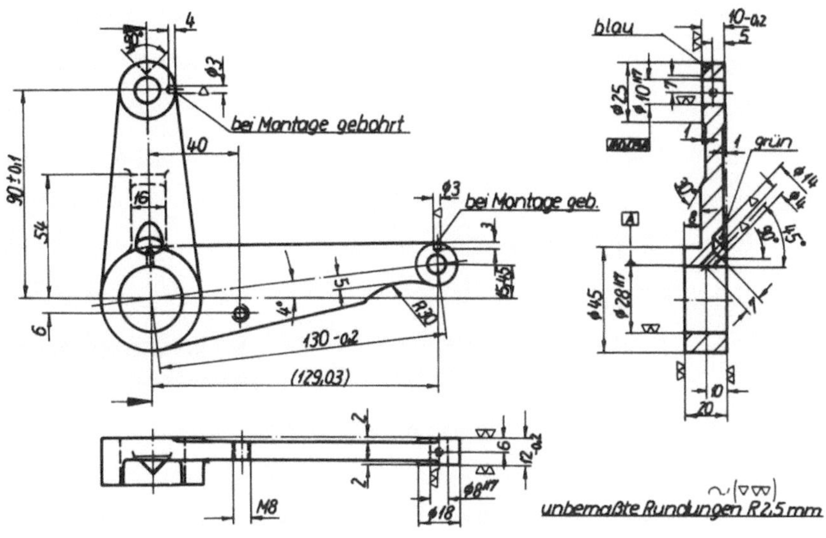

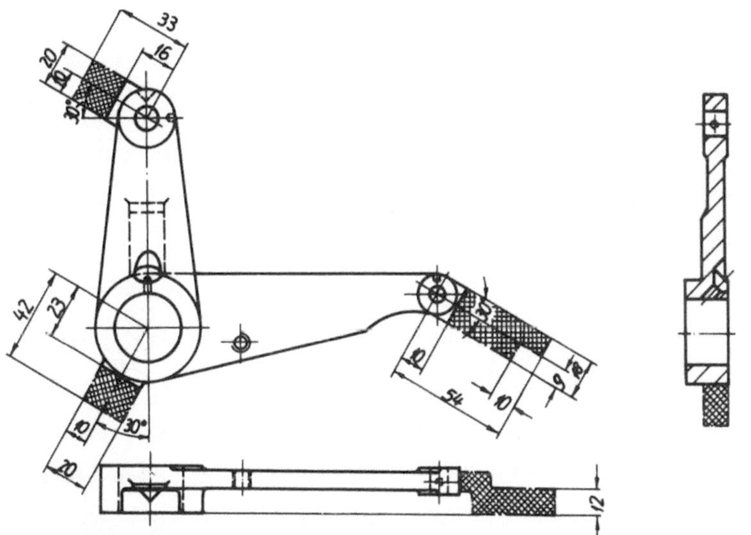

Bild 3-19. Winkelhebel mit Spannocken.

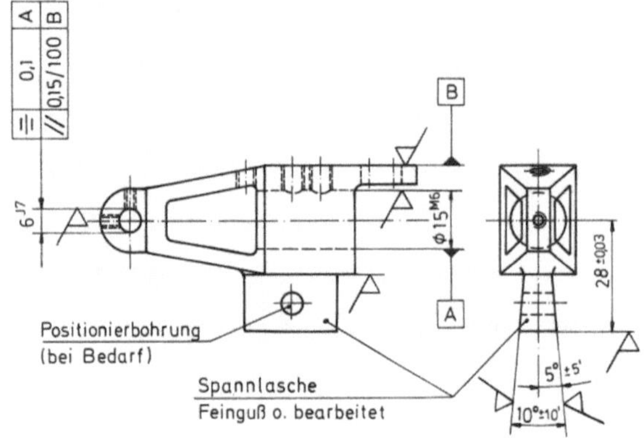

Bild 3-20. Werkstück mit positionierbarer Spannlasche.

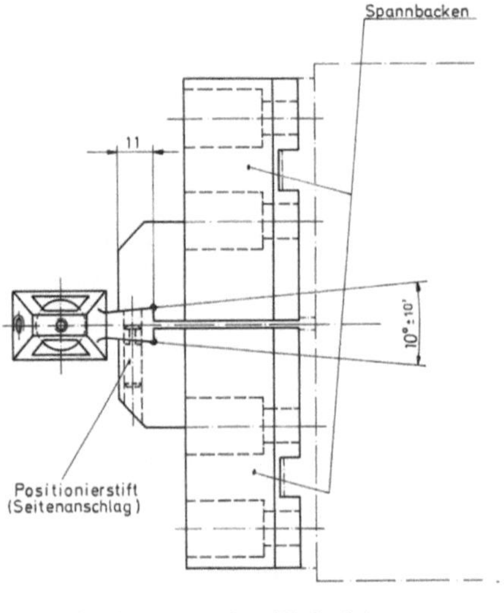

Bild 3-21. Spannung eines Werkstücks mit positionierbarer Spannlasche in einem Zweibackenfutter.

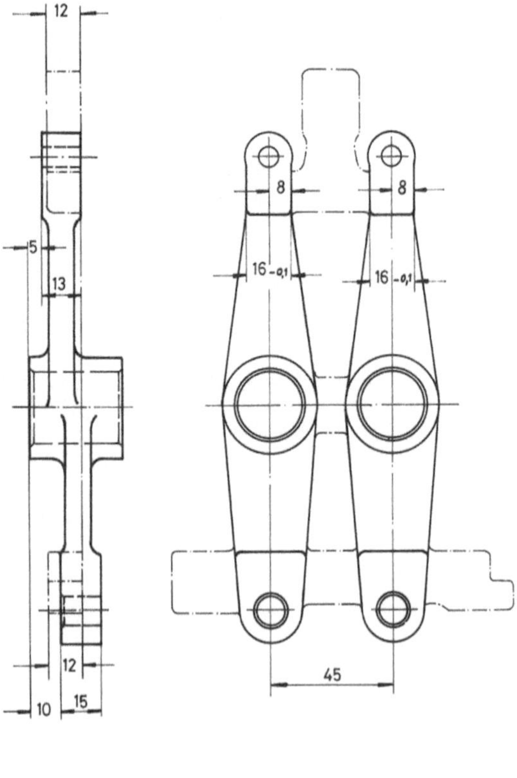

Bild 3-22. Nockenspannung von zwei zusammengegossenen Werkstücken.

Gegenüberstellung von 150 verschiedenen Werkstücken

- Teilebezogene Vorrichtungen (durchschnittlich 3 Vorrichtungen pro Werkstück)
- Einheits - Vorrichtungen
Bearbeitung:
1. Seite fräsen auf Fräsmaschine
2. Seite fräsen auf Fräsmaschine
Bohren und noch eventuelle Fräsarbeiten auf einem vertikalen Bearbeitungszentrum

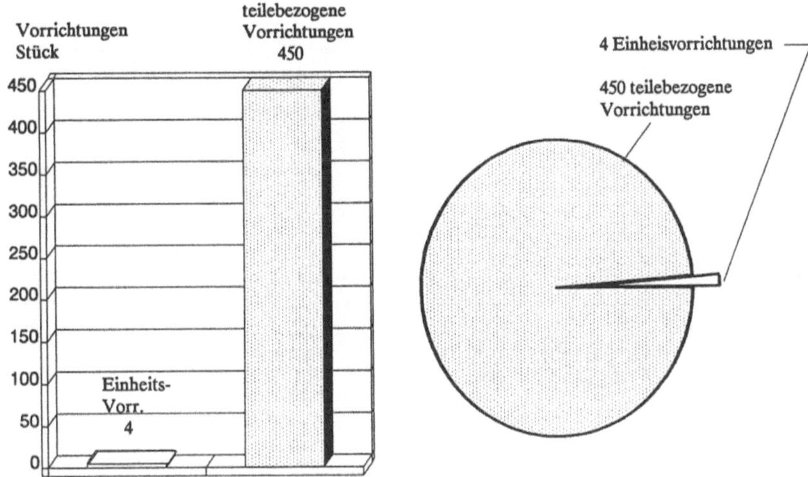

Vorrichtungsbedarf für 150 verschiedene Werkstücke

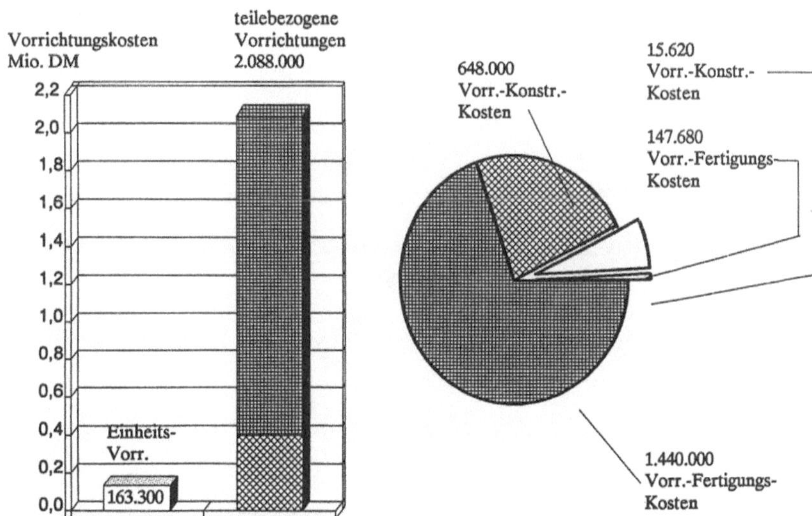

Bild 3-23. Vorrichtungskosten für 150 verschiedene Werkstücke.

Die Spannocken können auch so angebracht werden, daß das Werkstück in einer teilebezogenen Vorrichtung auf einem horizontalen CNC-Bearbeitungszentrum in einer Aufspannung rundum komplett bearbeitet werden kann. Ausgenommen sind Bearbeitungen, die nicht in der Bearbeitungsrichtung liegen, für diese Restbearbeitung ist eine weitere Aufspannung erforderlich (Bild 3-24). Hierfür werden dann in der Regel einfachere Vorrichtungen benötigt, da ja bearbeitete Flächen oder Bohrungen zur Aufnahme vorhanden sind. Somit können im Vergleich zu einer konventionellen Bearbeitung u. U. mehrere Aufspannungen eingespart werden.

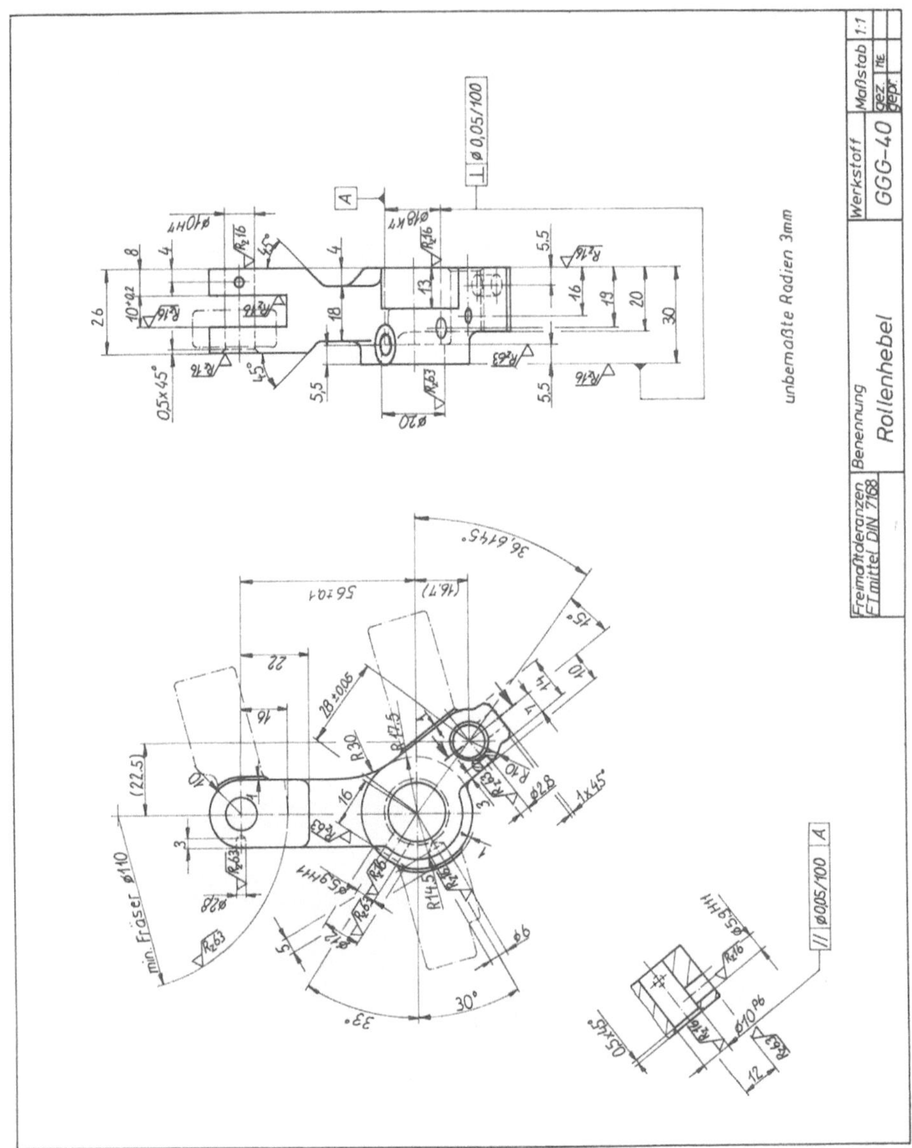

Bild 3-24. Rollenhebel für einfache und für Nockenspannung.

34

ferra V40/III   V50/III
Modulares Baukasten - Spannsystem

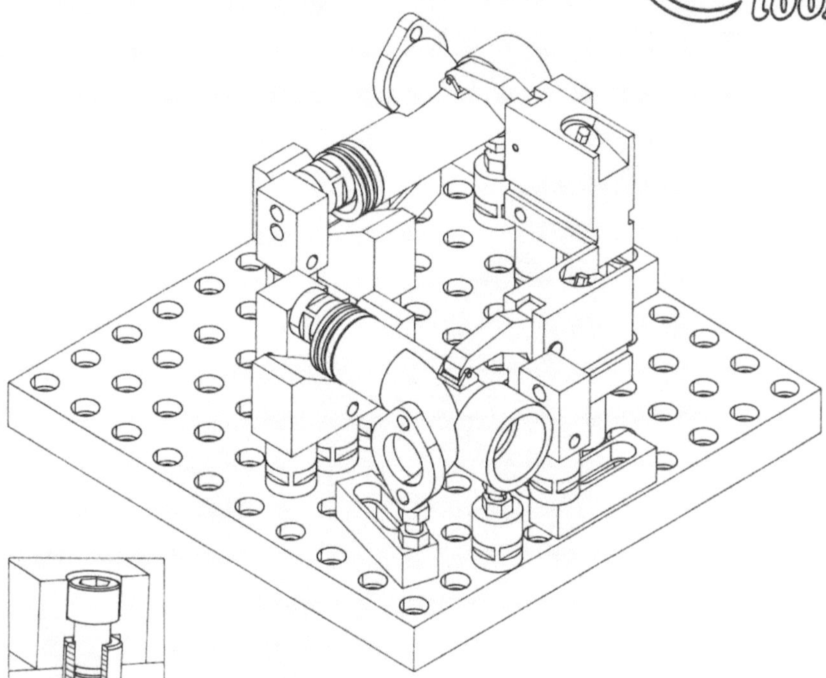

- Positionierung mit gehärteten und geschliffenen Präzisionsbuchsen.

- Spannen und Zentrieren in einer Achse.

- Rastergrundplatten aus Vergütungsstahl.

- Rasterabstände:
  V40/III   40mm ± 0.01   Gewinde M12
  V50/III   50mm ± 0,01   Gewinde M16

- Platzsparende Befestigung mit dem Spannbolzen.

- Keine durchgebohrten Auflageflächen.

**Spannen Sie unsere CAD-Vorrichtungskonstruktion ein.
Wir spannen Ihr Werkstück.**

ferra - tools
Am Schiffbeker Berg 6-8, 2000 Hamburg 74
Tel. : 040 / 73 17 55   Fax : 040 / 73 17 59

Die Vorteile einer Komplettbearbeitung in einer Aufspannung liegen klar auf der Hand.
Es wird die Möglichkeit genutzt, Flächen und Bohrungen gemeinsam zu fertigen, wenn
sie untereinander in der Winkligkeit und Parallelität abhängig sind. Somit werden Fehler
durch mehrmaliges Aufspannen vermieden und die Ausschußquote sinkt auf ein Minimum. Eine 100%ige Kontrolle der Werkstücke entfällt und somit genügen nur
Fischkontrollen, d. h. es wird von Zeit zu Zeit ein Werkstück aus dem Kasten genommen
(gefischt) und kontrolliert.

Weitere Untersuchungen von jeweils 120 verschiedenen Werkstücken, die mit Spannok-
ken versehen sind, aber auf verschiedenen Maschinen bearbeitet werden, werden im
anschließenden Text erläutert.

Bild 3-25 zeigt den Vorrichtungsbedarf und die Vorrichtungskosten bei einer Komplettbearbeitung auf einem CNC-Bearbeitungszentrum

– auf einer Einheitsvorrichtung,

– mit teilebezogenen Vorrichtungen.

Bei den teilebezogenen Vorrichtungen wurden im Durchschnitt 1,1 Vorrichtungen pro
Werkstück zugrundegelegt.

Bild 3-26 stellt den Vorrichtungsbedarf und die Vorrichtungskosten bei der Bearbeitung
auf herkömmlichen Maschinen dar, wobei ca. 3 Vorrichtungen pro Werkstück angesetzt
wurden.

Für diese in den Bildern 3-25 und 3-26 benötigten Betriebsmittel ist ein Beschaffungszeitraum, wie in Bild 3-27 dargestellt, notwendig. Es muß hierbei besonders beachtet werden,
daß bei genügend vorhandenen Einheitsvorrichtungen der Beschaffungszeitraum entfällt, d. h. neue Teile (versehen mit Nocken) sofort bearbeitet werden können.

Bild 3-28 zeigt ein Sortiment von unterschiedlichen Teilen, die einen Eindruck über die
Einsatzbreite dieser Spanntechnik vermitteln. Bei den in Bild 3-29 dargestellten Hebeln
wurde der Verbindungssteg mit verlängerten Auflagen versehen. Die Spannung erfolgt
gegenüber diesen Auflagen außerhalb der Bearbeitungsfläche. Die Auflagen können in
diesem Fall am Werkstück verbleiben und müssen nicht entfernt werden.

Gegenüberstellung von 120 verschiedenen Werkstücken

- Teilebezogene Vorrichtungen (durchschnittlich 1,1 Vorrichtungen pro Stück)
- Einheits - Vorrichtungen
Bearbeitung: kpl. auf CNC Bearbeitungszentrum

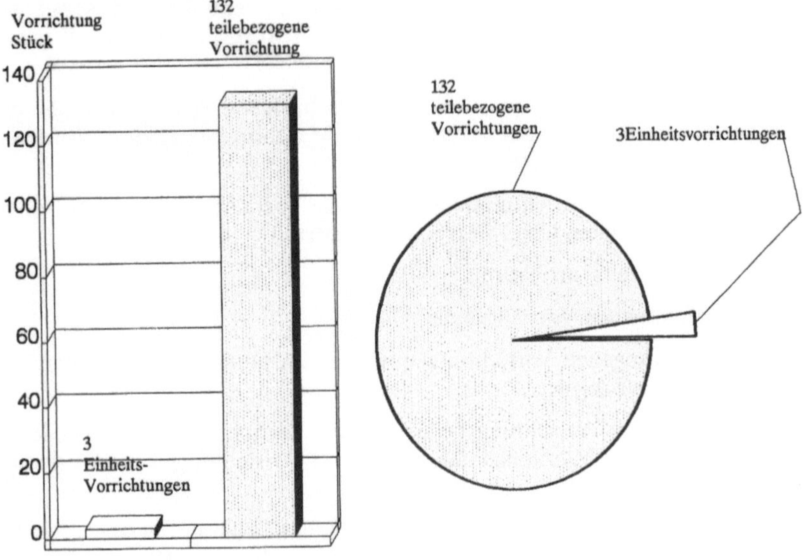

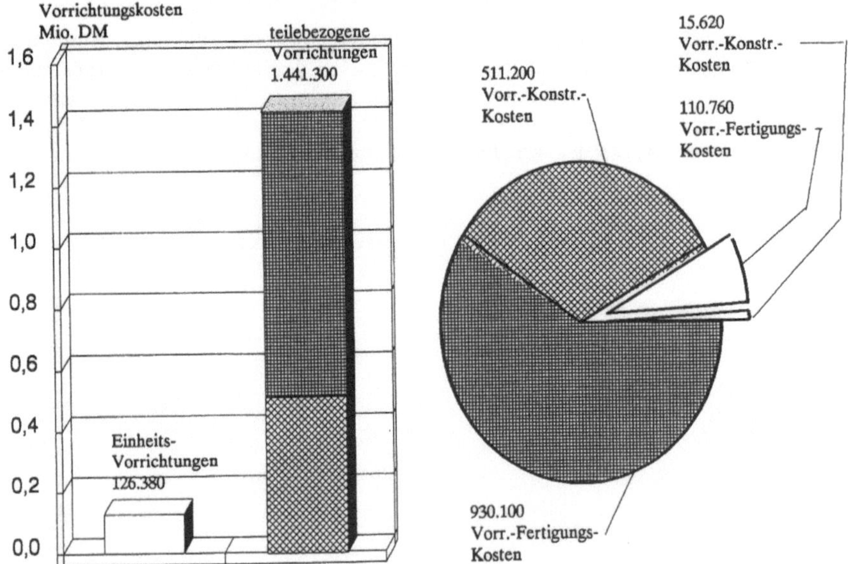

Bild 3-25. Vorrichtungsbedarf und -kosten für 120 verschiedene Werkstücke (Bearbeitung auf CNC-Zentrum).

Gegenüberstellung von 120 verschiedenen Werkstücken

- Teilebezogene Vorrichtungen (durchschnittlich 3 Vorrichtungen pro Werkstück)
- Einheits - Vorrichtungen
Bearbeitung:
1. Seite fräsen auf Fräsmaschine
2. Seite fräsen auf Fräsmaschine
Bohren und noch eventuelle Fräsarbeiten auf einem vertikalen Bearbeitungszentrum

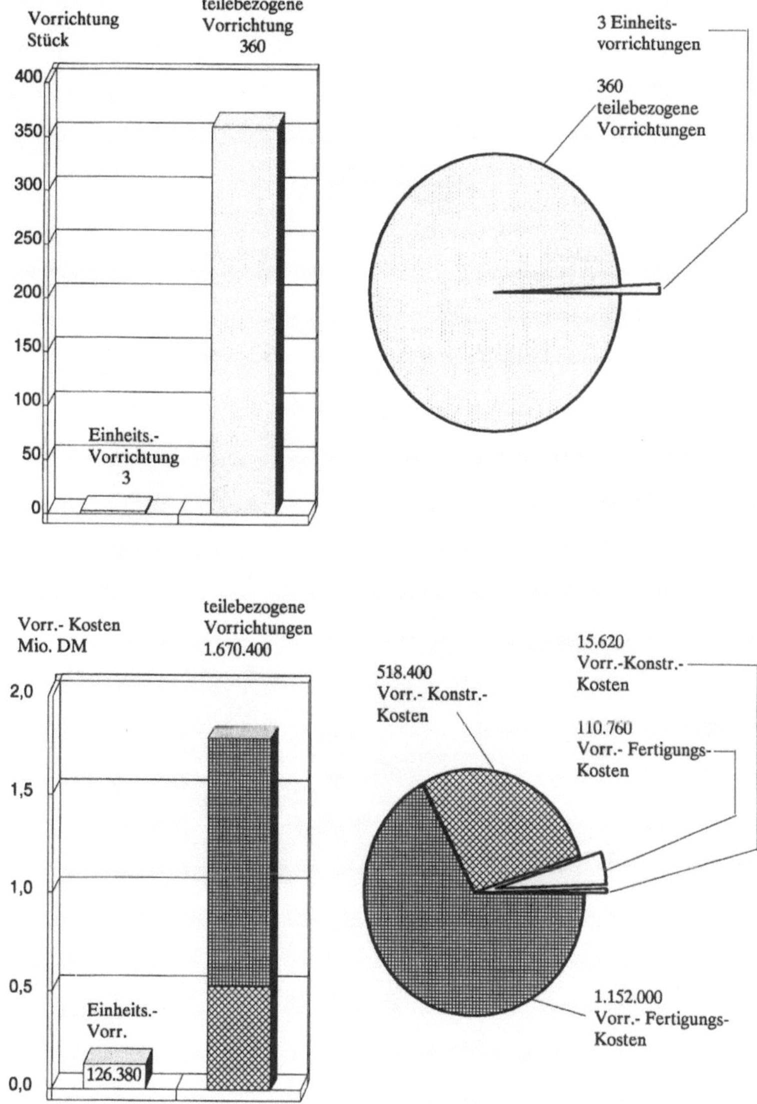

Bild 3-26. Vorrichtungsbedarf und -kosten für 120 verschiedene Werkstücke (Bearbeitung auf Einzelmaschinen).

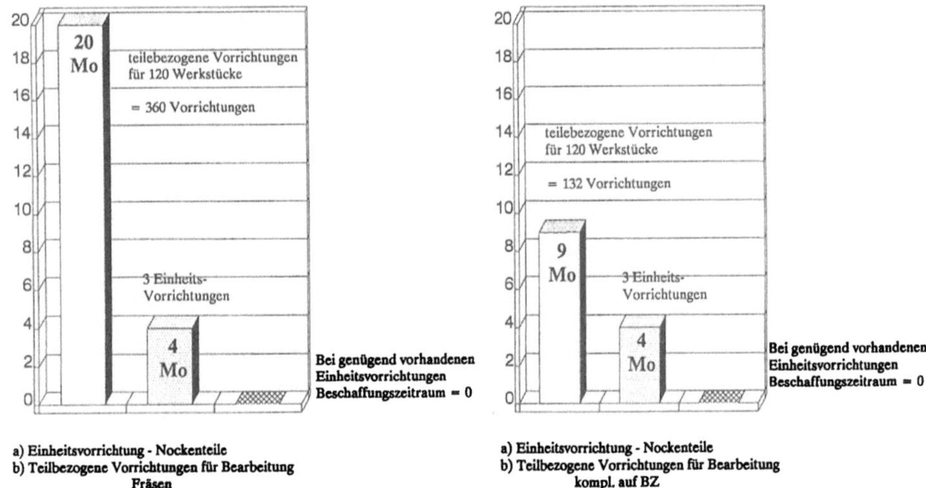

Bild 3-27. Betriebsmittel-Beschaffungszeitraum für 120 verschiedene Werkstücke.

Bild 3-28. Sortiment von Hebeln mit Spannocken.

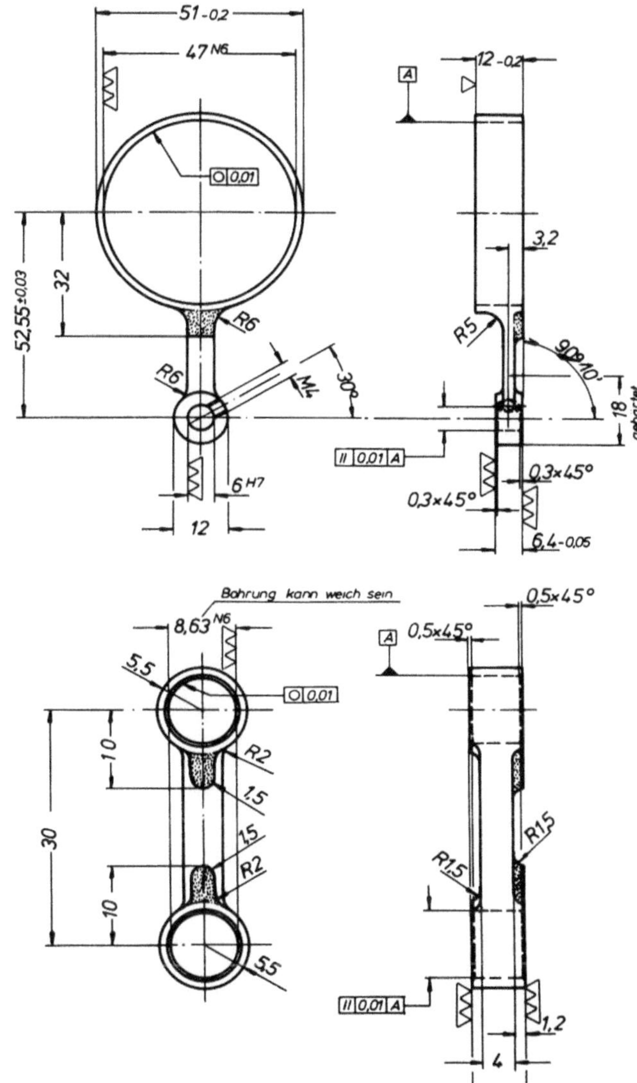

Bild 3-29. Verlängerte Auflagen an Verbindungsstegen von Hebeln.

3.3.3 Anbringen von Einheitsspannleisten

Bei der Fertigung von Werkstücken mit Hilfe von Einheitsspannleisten Bild 3-30 werden
an das Werkstück zwei Leisten angegossen, die zum Spannen des Teiles in einer Grundvorrichtung für Leistengußteile Bild 3-31 dienen. Auf einem horizontalen Bearbeitungszentrum kann dann eine Rundumbearbeitung des Teiles erfolgen.

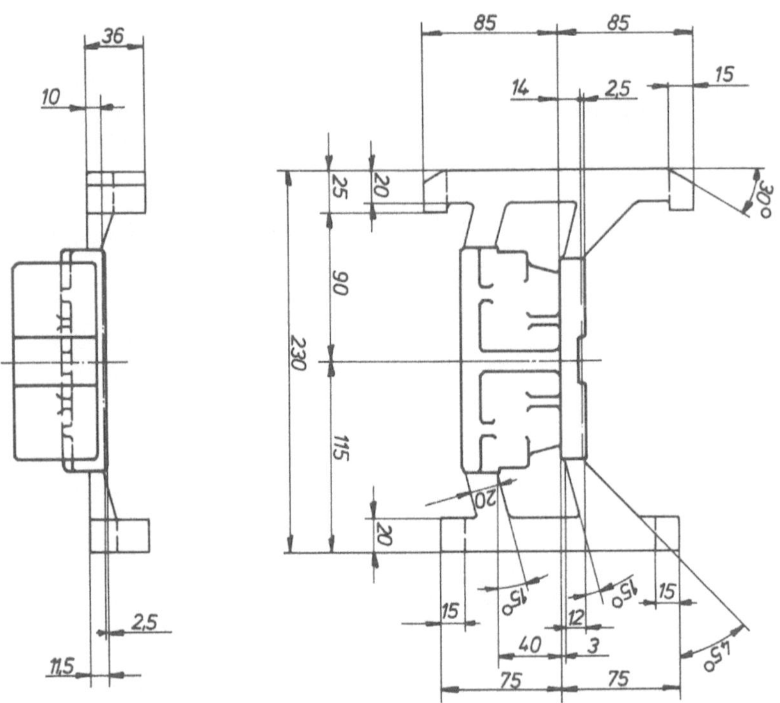

Bild 3-30. Leistenguß-Rohling für Gleitbacken.

Die hier gezeigte Grundvorrichtung ist für eine Leistengröße von 230 mm ausgebildet
und ist mit hydraulischer Spannung versehen. Die Leistengröße ist vom jeweiligen Teilespektrum abhängig, hier kann man sich auf 2–3 Größen festlegen, d. h. es werden für das
gesamte Teilespektrum nur 2–3 Grundvorrichtungen benötigt. Die Leisten haben an der
Anlageseite der Vorrichtung vier erhobene Flächen von 20 × 20 mm, die geläppt werden
und als Anlage in der Vorrichtung dienen.

Da bei dieser Art der Teilefertigung ein relativ großer Gußanfall entsteht, ist diese
Spannart nur bei Kleinserien anzuwenden (bis max. 30 Stück pro Monat). Abhängig von
der jeweiligen Werkstückgröße und Bearbeitungsaufgabe kann es auch sinnvoll sein, zwei
Werkstücke als Leistenteil zu gießen (Bild 3-32).

40

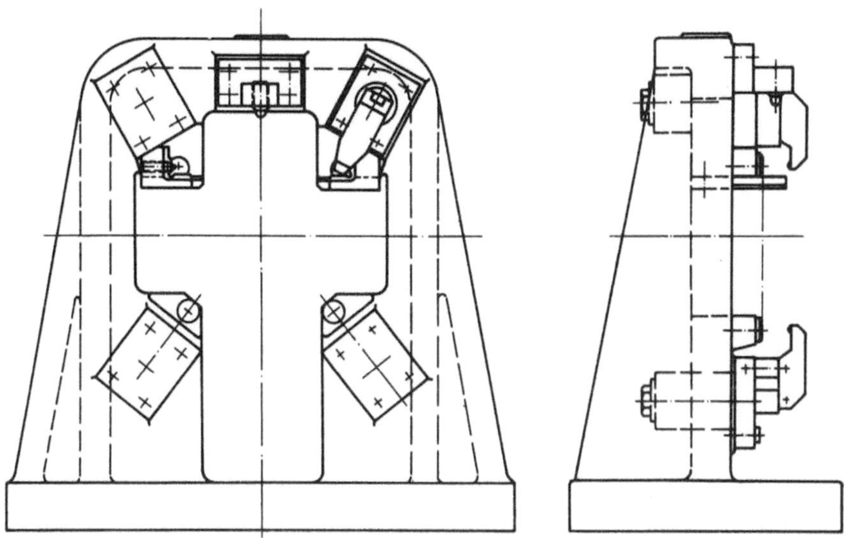

Bild 3-31. Grundvorrichtung für Leistenguß (Leistengröße 230 mm) mit hydraulischer Spannung.

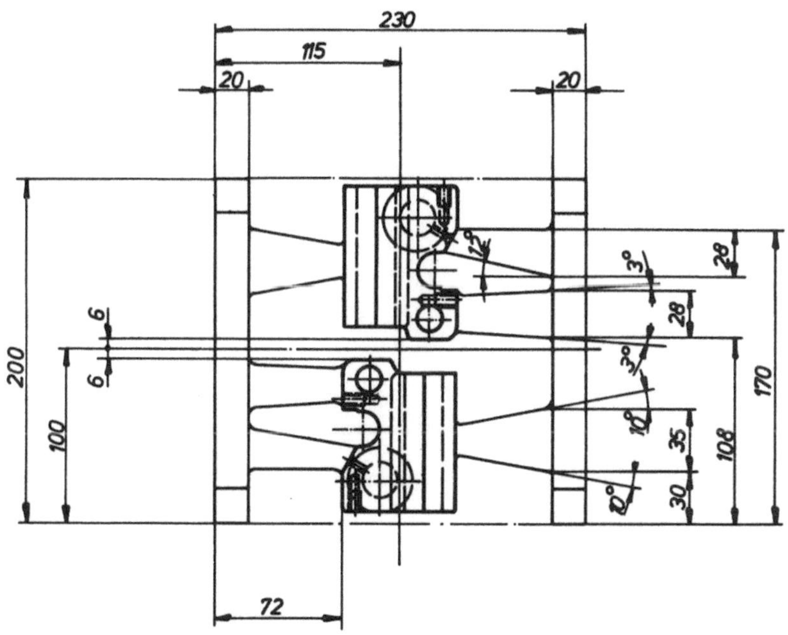

Bild 3-32. Leistenguß-Rohling für zwei Werkstücke.

3.3.4 Anbringen von Zentrierungen

Bei dem in Bild 3-33 dargestellten Kurbelhebel wurde nach einer Überprüfung der Informationszeichnung eine fertigungsgerechte Änderung vorgeschlagen. Sie wurde vom Produktkonstrukteur übernommen.

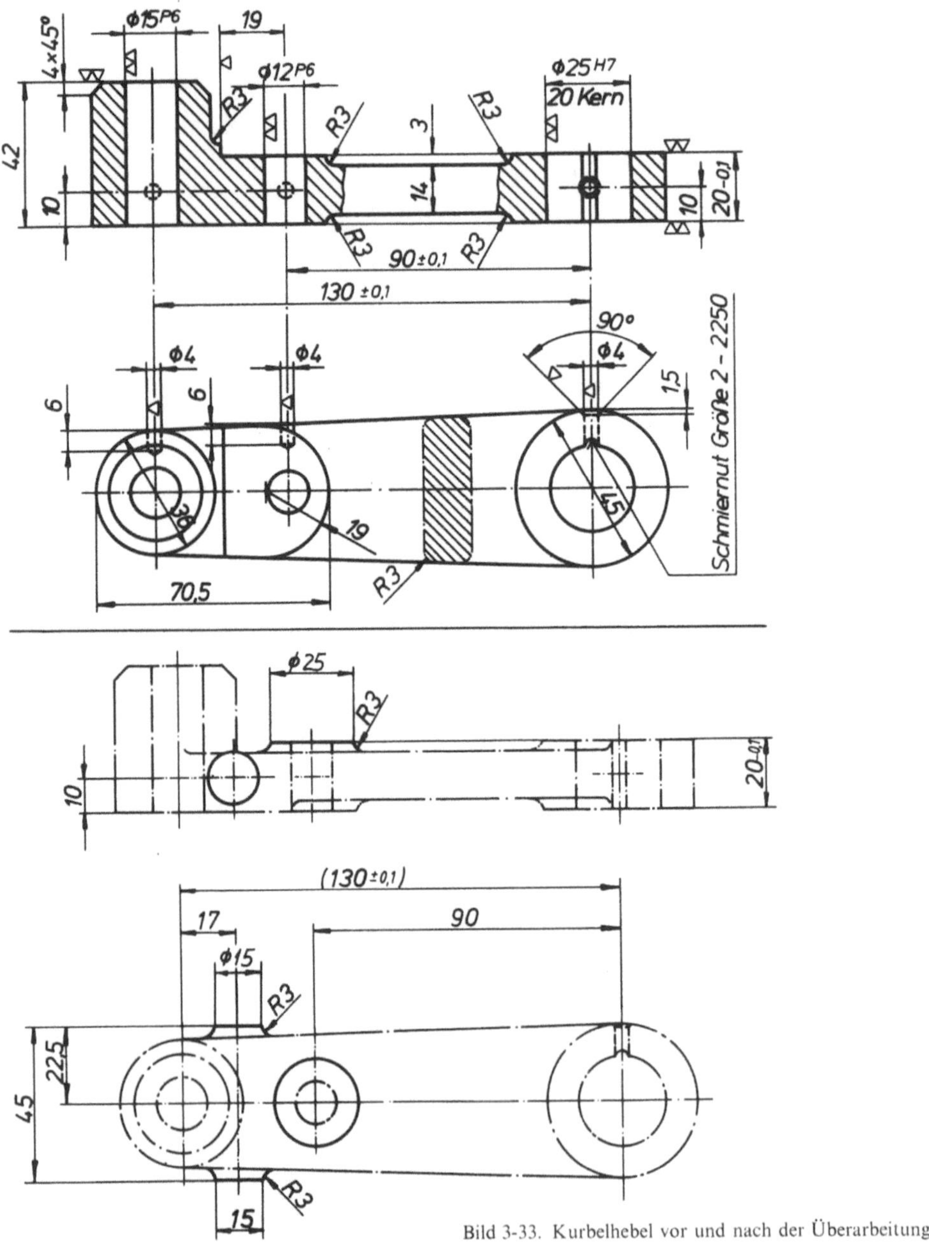

Bild 3-33. Kurbelhebel vor und nach der Überarbeitung.

– Die Fläche bei der Bohrung mit dem Durchmesser 12 mm P6 wurde in ein Auge mit dem Durchmesser 25 mm geändert. Somit muß beim Fräsen des Auges gegenüber der Fläche nicht seitlich verfahren werden.

– Zusätzlich wurden zwei Augen mit dem Durchmesser 15 mm angegossen, so daß das Werkstück zentriert und die Bearbeitung zwischen Spitzen auf einer vorhandenen Einrichtung erfolgen kann.

Die Anordnung der Zentrierung ist aus einer besonderen Zeichnung (Bild 3-34), die mit dem Auftrag in die Fertigung geht, ersichtlich und wird nur für den Arbeitsgang „Werkstück zentrieren" benötigt.

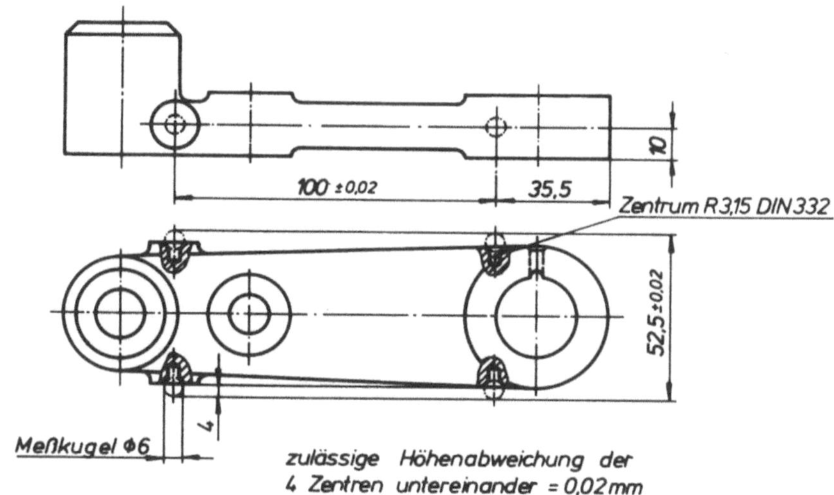

Bild 3-34. Zentrierzeichnung für einen Kurbelhebel.

Bild 3-35. Aufnahmevorrichtung zum Zentrieren des Werkstücks nach Bild 3-34.

Zum Anbringen der Zentrierbohrungen wird das Werkstück in einer hierfür erstellten Zentriervorrichtung (Bild 3-35), aus Gießharz eingelegt, gehalten und auf einer Zentriermaschine – Sondereinrichtung mit 4 Spindeln – (Bild 3-36) zentriert.

43

Bild 3-36. Zentriermaschine mit Vorrichtung

Zur Bearbeitung des Werkstückes auf einer Fräsmaschine wird das Werkstück zum Fräsen der geraden Flächen in einen Zentrierschraubstock zwischen Spitzen gespannt (Bild 3-37). Die Bearbeitung der zweiten Seite (Fräsen und Bohren) erfolgt auf einem vertikalen Bearbeitungszentrum in den gleichen Spannbacken. Das Werkstück wird nur um 180° gedreht neu gespannt. Die Restbearbeitung, die in einer anderen Bearbeitungsrichtung liegt, muß dann in einer einfachen teilespezifischen Vorrichtung erfolgen. Die gleiche Bearbeitung hätte man in einer Aufspannung auf einem horizontalen Bearbeitungszentrum ausführen können. Darauf wurde hier verzichtet, da die geforderte Genauigkeit auch trotz des Umspannens erreicht wurde und somit die Bearbeitung auf einer Maschine mit niedrigerem Stundensatz möglich war.

Um mit einem kleinen Sortiment von Spannbacken auszukommen, ist es sinnvoll, sich auf einige, dem Teilespektrum angemessene, Zentrierabstände zu beschränken.

Ein weiteres Beispiel einer Zentrierspannung bietet der Lagerbock (Bild 3-38). Die Anordnung der Zentrierungen ist im Bild dargestellt. Aufgrund der geforderten Genauigkeit müssen die voneinander abhängigen Flächen und Bohrungen in einer Aufspannung bearbeitet werden. Dieses Werkstück wird in einer verstellbaren Spitzenspannvorrichtung (Bild 3-39) komplett in einer Aufspannung auf einem horizontalen Bearbeitungszentrum bearbeitet. Diese Spitzenspannvorrichtung ist für ein bestimmtes Teilspektrum ausgelegt und ist verstellbar (Spitzenabstand in y-Richtung von 34 bis 250 mm). In x-Richtung beträgt der Verstellweg von der Mitte jeweils 65 mm nach rechts und nach links. Die Kosten der Vorrichtung belaufen sich auf ca. DM 13.600.

Zur Bearbeitung des Lagerbockes (ohne Zentrierungen) mit teilespezifischen Vorrichtungen belaufen sich die Betriebsmittelkosten auf ca. DM 18.500.

Da mit der Spitzenspannvorrichtung 30 verschiedene Werkstücke bearbeitet werden, müssen bei einem Vergleich die Vorrichtungskosten anteilig berücksichtigt werden.

Vorrichtungsanteil bei der Spitzenspannung pro Werkstück:

$$\frac{\text{Herstellkosten}}{\text{Werkstückzahl}} = \frac{13.600}{30} = 453{,}00 \text{ pro Werkst.}$$

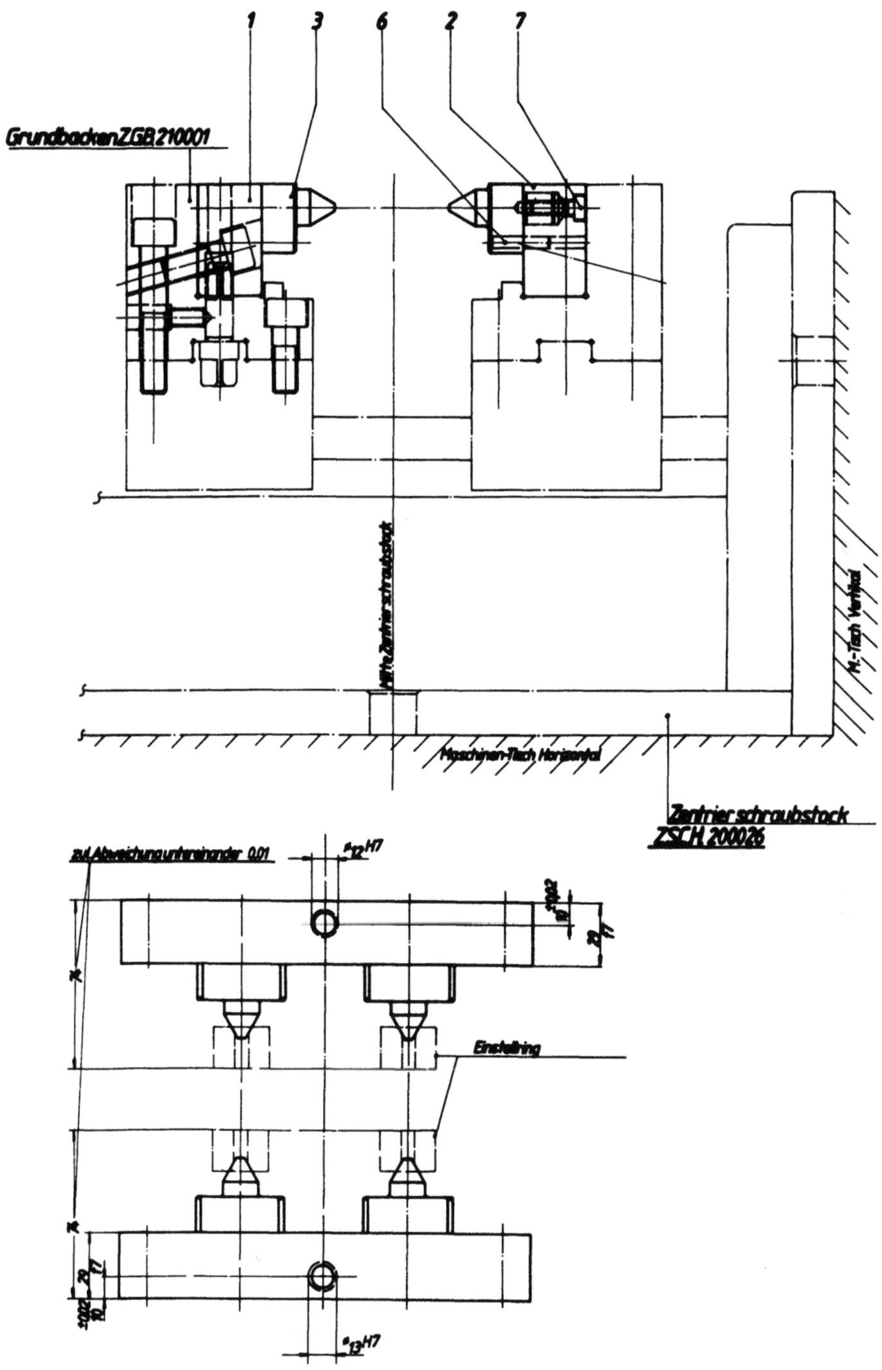

Bild 3-37. Zentrierschraubstock mit Wechsel-Spannbacken.

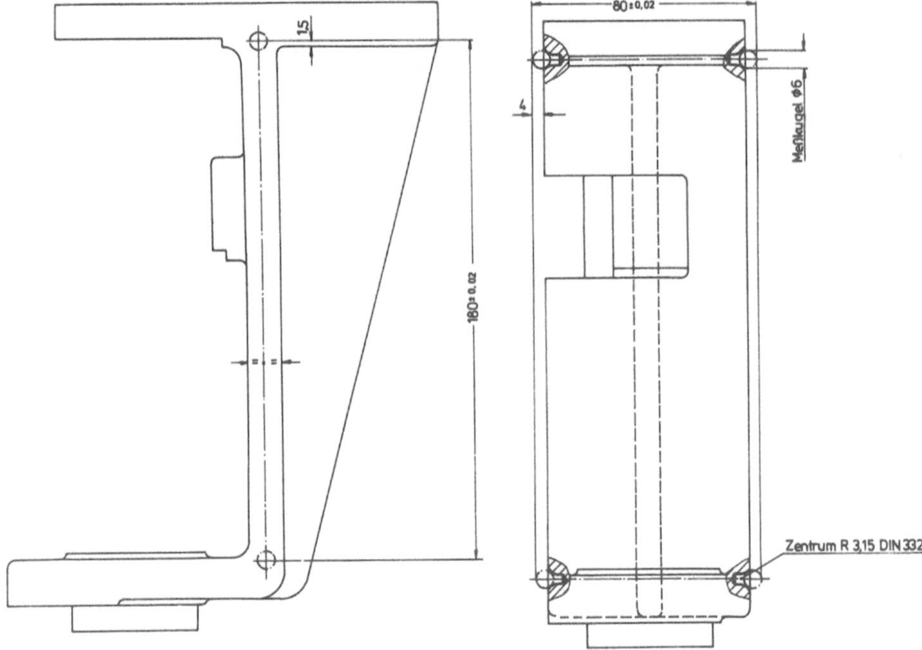

Bild 3-38. Spannzentrierungen an einem Lagerbock.

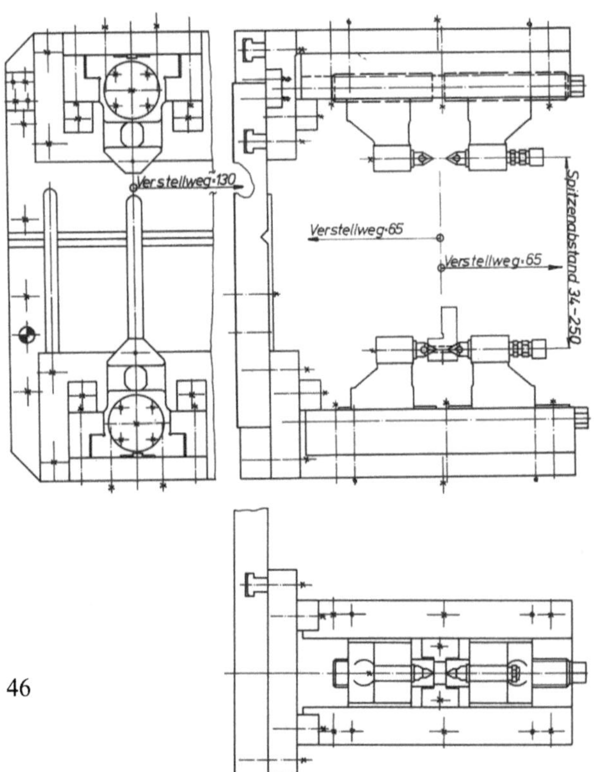

Bild 3-39. Spitzenspannvorrichtung
zum Lagerbock nach Bild 3-38.

46

In unserem Falle ist der Kostenvergleich:

a) Anteilkosten Spitzenspannvorrichtung   DM   453,–

    Zentriervorrichtung   DM   250,–

    Fertigungskosten auf Zentriermaschine   DM   17,–

    Aufwand für das Zentrieren   DM   720,–

b) Teilespezifische Vorrichtungen   DM 18.500,–

d. h. ein Verhältnis von 1 zu 25,7.

Abschließend wird eine andere Variante der Anbringung von Positionierhilfen vorgestellt, die letztlich einer Zentrierung gleichkommt. Ein Gelenkzapfenkreuz wird in einem hydraulischen Schwenkfutter von vier Seiten auf einer Drehmaschine bearbeitet. Um beim Spannen zwischen den beiden Backen eine der Grundstellungen des Werkstückes zu erreichen, wurde auf einer Seite ein Positionierkreuz angegossen (Bild 3-40). Die Unterbacke ist diesem Kreuz gemäß ausgearbeitet und richtet beim Spannen das Gelenkkreuz formschlüssig aus. Die formschlüssige Positionierung und Spannung sorgt gleichzeitig für eine sichere Übertragung der Drehkräfte und einer genauen Umschaltung in 90-Grad-Schritten (Bild 3-41).

Bild 3-40. Gelenkzapfenkreuz mit angegossenen Positionierhilfen.

Bild 3-41. Gelenkzapfenkreuz im Spannfutter.

3.3.5 Anbringen von Spannschlitzen

Zur Bearbeitung von Gehäusen und ähnlichen Teilen auf einem Bearbeitungszentrum können an Stellen, an denen das Spanneisen nicht stört, Spannschlitze angebracht werden (Bild 3-42).

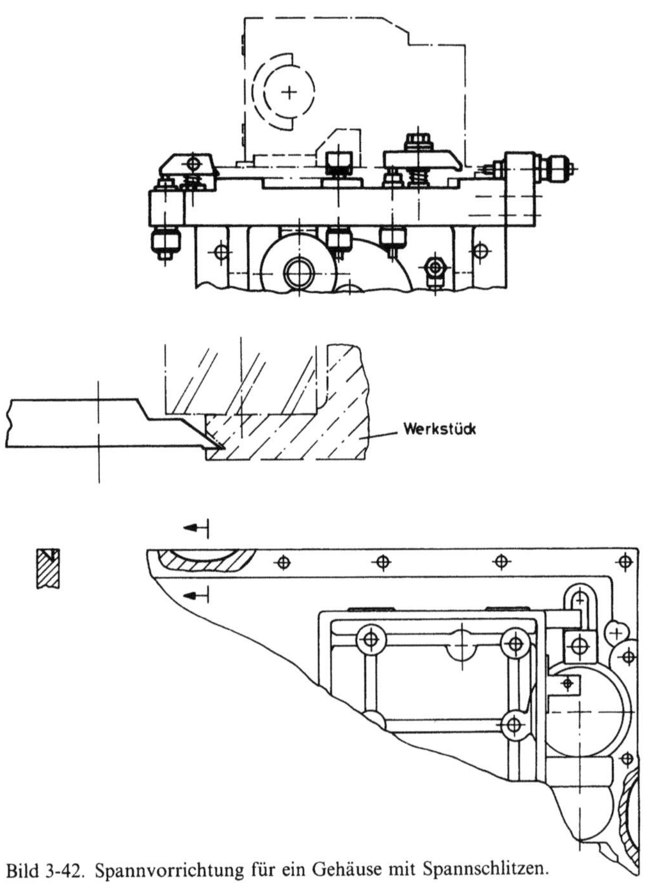

Bild 3-42. Spannvorrichtung für ein Gehäuse mit Spannschlitzen.

Vor dem Hintergrund der aufgeführten Möglichkeiten zur spannmittelgerechten Teilegestaltung sollen im folgenden anhand einiger Beispiele diese Möglichkeiten noch näher analysiert werden.

Bei der in Bild 3-43 dargestellten Lagerbüchse sind die geforderten Genauigkeiten sehr hoch. Zum einen sind die Toleranzen der einzelnen Durchmesser sehr eng (62 mm K6, 95 mm H7, u. a.), zum anderen werden durch die zulässigen Lauffehler von 0.02 mm sehr hohe Anforderungen an die Fertigung und damit auch an die Aufspannung gestellt.

Die dargestellte Buchse wurde so geändert, daß die Funktion erhalten blieb und die Genauigkeit, d. h. die zueinander geforderten Lauffehler, ohne Schwierigkeiten gehalten werden konnte.

48

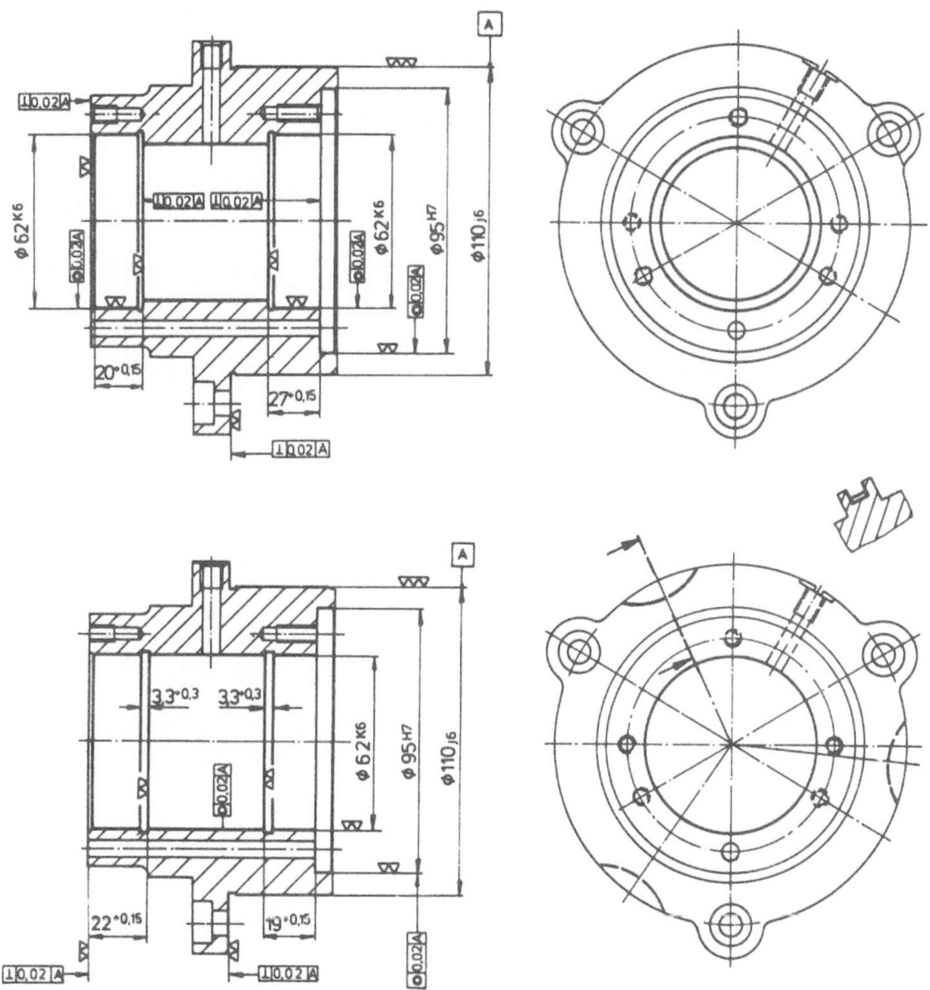

Bild 3-43. Lagerbuchse vor und nach der Modifikation.

Die Anlagefläche für das Kugellager wurde durch Sicherungsringe ersetzt und am Abschraubflansch wurden drei Spannschlitze angebracht. Somit konnte das Werkstück in einer Aufspannung in einer Drehvorrichtung (Bild 3-44) am Durchmesser 96 mm aufgenommen, in den Spannschlitzen stirnseitig gespannt, bearbeitet und der zulässige Lauffehler von 0,02 mm eingehalten werden. Der Nabendurchmesser wurde auf Passung 96 mm h8 zur Aufnahme in der Vorrichtung gedreht. Diese Passung erscheint nicht in der Werkstückzeichnung, sondern nur in der Arbeitsanweisung, da es sich hier um eine fertigungsbedingte Hilfspassung handelt. In der hierfür vorgesehenen Drehvorrichtung mit Kraftspannung können auch ähnliche Teile mit einem Aufnahmedurchmesser von 96 mm bearbeitet werden.

Bei dem Werkstück in Bild 3-45 wurden 3 Spanntaschen eingegossen. Damit kann die Fertigbearbeitung, d. h. die zueinander mit einer Laufgenauigkeit angegebenen Sitze und

49

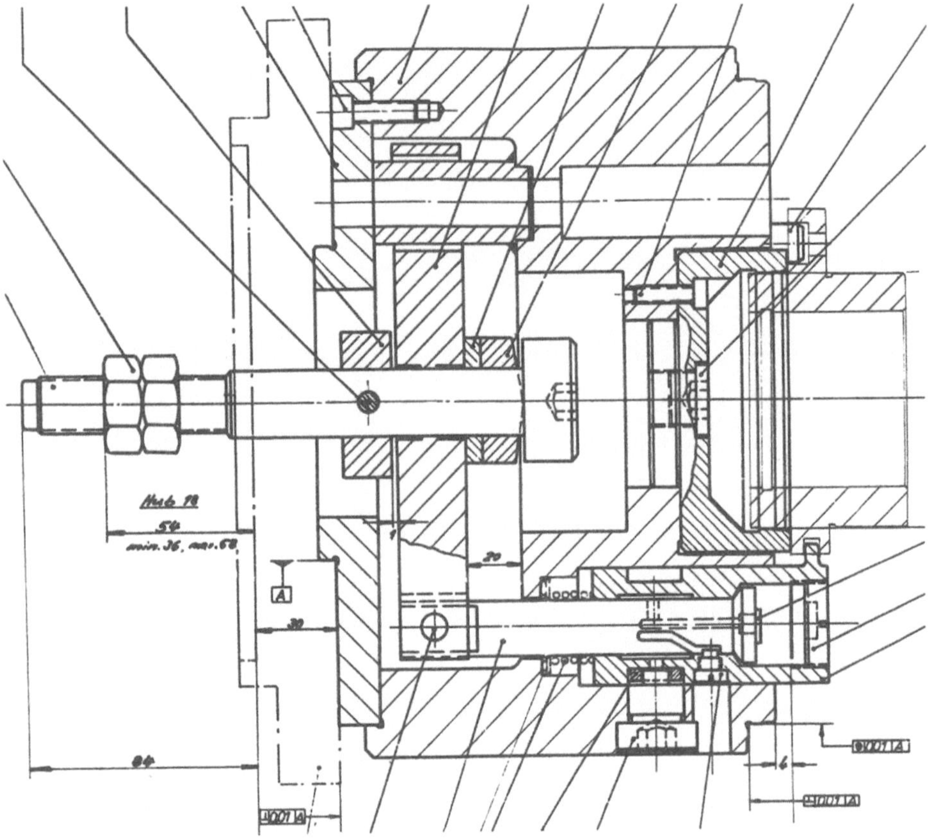

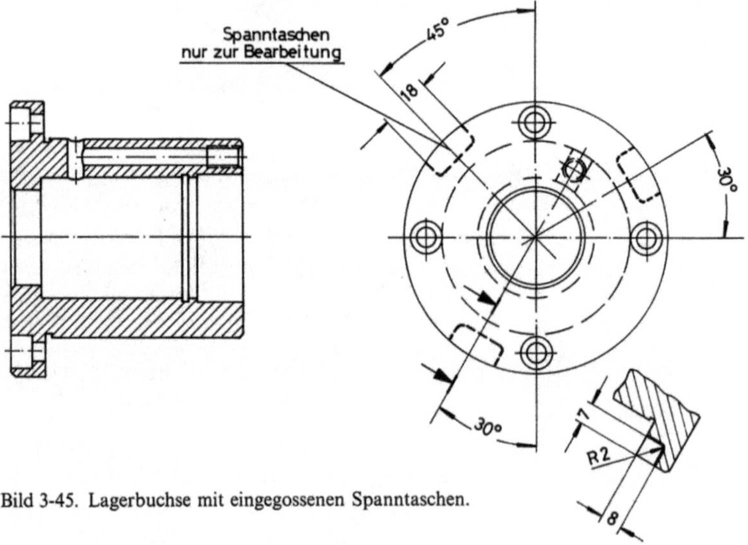

Bild 3-44. Drehvorrichtung für Werkstücke mit Spannschlitzen.

Bild 3-45. Lagerbuchse mit eingegossenen Spanntaschen.

50

Anlageflächen, in einer Aufspannung stirnseitig in den Spanntaschen gespannt und fertigbearbeitet werden.

Um eine Fläche, z. B. Seitenteile, Platten usw., überfräsen zu können, ist es sinnvoll, ebenfalls Spanntaschen einzugießen. Bild 3-46 zeigt je eine Spannung mit hydraulischem Schwenkspanner auf eine Festauflage sowie eine Spannung auf ein hydraulisches Abstützelement, das vor dem Spannen abgeklemmt wird. Hierfür ist die nachstehende Folgespannung notwendig:

- Schwenkspanner schwenken,

- Spannen auf Festauflage,

- Abstützelement abklemmen,

- Schwenkspanner schwenken,

- Spannen auf Abstützelemente.

Der oft gebrauchte Einwand, daß derartige Spanntaschen an außenliegenden Teilen des Produktes unschön aussehen, kann zutreffen. Es ist aber auch denkbar, daß diese Vertiefungen mit Gießharz ausgefüllt und anschließend lackiert werden.

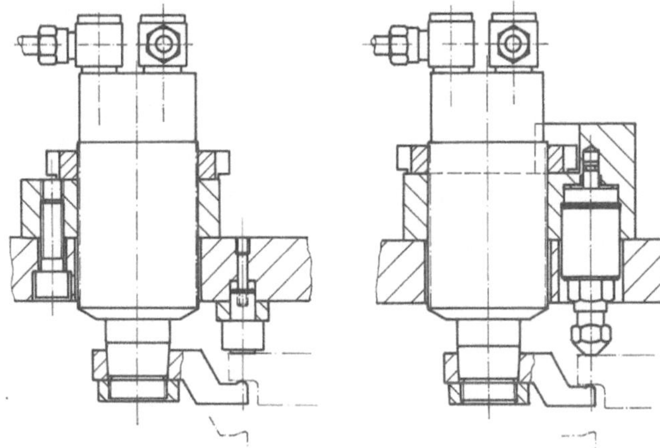

Bild 3-46. Hydraulischer Schwenkspanner für Spannung auf Abstützelementen (links) oder auf Festauflage (rechts).

3.3.6 Anbringen bzw. Benutzung von Befestigungsbohrungen

Die Nutzung der im Werkstück vorhandenen Befestigungsbohrungen zum Spannen bei der Bearbeitung ist noch wenig verbreitet (Bild 3-47). Sollte es spanntechnisch erforderlich sein, können zusätzliche Spannbohrungen angebracht werden. Deren Lage kann die Notwendigkeit erzwingen, sie nach der Fertigung wieder verschließen zu müssen. In den meisten Fällen aber dürften derartige Bohrungen nicht stören.

Der entscheidende Vorteil dieser Methode wäre die Möglichkeit des Einsatzes von Werkstückträgern, deren Form so gestaltet ist, daß ihre Grundmaße trotz verschiedener Werkstücke stets gleichbleiben, also in einer Spannvorrichtung untergebracht werden können. Die gleiche Grundform derartiger Vorrichtungen für verschiedene Werkstücke erleichtert auch den Einsatz von Handhabungseinrichtungen (Roboter), die mit einem einzigen Greifmechanismus verschiedene gespannte Werkstücke transportieren können.

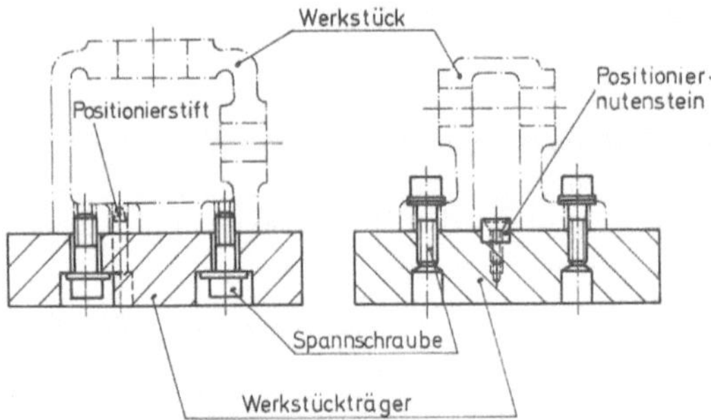

Bild 3-47. Einsatz von Werkstückträgern.

Das Anziehen der Spannschrauben erfolgt entweder einzeln mit Kraftspannhilfe (Schrauber) oder bei lohnenden Serien mit Mehrfachschraubköpfen. Aufgrund der relativ hohen Spannzeiten sollte diese Methode nur dann angewandt werden, wenn die Spannzeit in die Hauptzeit fällt, d. h. bei Mehrpalettenbetrieb.

Da die Werkstücke in vielen Spannfällen so beansprucht sind, wie sie es auch im Produkt wären, kann in den meisten Fällen davon ausgegangen werden, daß die Zerspanungskräfte durch einfaches Aufschrauben ausreichend aufgenommen werden. Aber auch dieser Methode sind Grenzen gesetzt. Die Bearbeitungskräfte können durchaus höher sein als die normale Beanspruchung des Werkstückes innerhalb der Produktgruppenbefestigung. In diesem Falle könnten die Gewinde der Spannbohrungen beschädigt werden, was besonders bei Aluminiumteilen zu beachten wäre.

3.3.7 Adhäsive Befestigung von Werkstücken auf Trägern

Die im Abschnitt 3.3.6 geschilderten Werkstückträger (Paletten) können auch zum Tragen von anderweitig befestigten Werkstücken benutzt werden. Insbesondere sollte die Befestigung durch Kleben beachtet werden. Dieses Verfahren wird bei besonders empfindlichen Werkstücken interessant und sollte nur für Feinbearbeitung mit geringen Schnittkräften angewendet werden. Wenn Spannmarkierungen auf der Oberfläche nicht statthaft sind oder das Werkstück seiner Form wegen (z. B. Dünnwandigkeit) nicht ohne Verformung gespannt werden kann, bietet das Kleben oft den letzten Ausweg.

Das Werkstück muß eine genügend große Grundfläche für den festhaltenden Klebefilm besitzen. Dabei sollte beachtet werden, daß Klebeflächen ihre größte Kraftübertragung bei einer Beanspruchung auf Druck oder Scherung entwickeln. Die Beanspruchung hat auch in dem Kraftangriffsverhältnis eine Grenze. Der Abstand des Kraftangriffspunktes von der Klebefuge sollte nicht größer sein als das kleinste Außenmaß der Auflagefläche (Bild 3-48). Zur Unterstützung der Klebekraft empfehlen sich zusätzliche Stifte, Anschlagleisten, Paßfedern bzw. Paßfedernuten.

Die Haftkraft einer Klebeverbindung hängt ab von der Sauberkeit (Fettfreiheit) der Kontaktflächen, der Klebefilmdicke und nicht zuletzt von der Qualität des Klebers. Der Kleber muß einerseits eine hohe Klebekraft besitzen und andererseits durch Lösungsmittel bzw. Temperaturerhöhung lösbar sein. Dies wiederum schreibt zwingend vor, daß die bei der Zerspanung aufgetretene Temperatur die Klebefestigkeit nicht beeinflussen darf. Wird mit Kühlschmiermittel gearbeitet, muß der Kleber gegen dessen Komponenten resistent sein. Werkstück und Vorrichtung müssen von Kleberresten leicht zu reinigen sein.

52

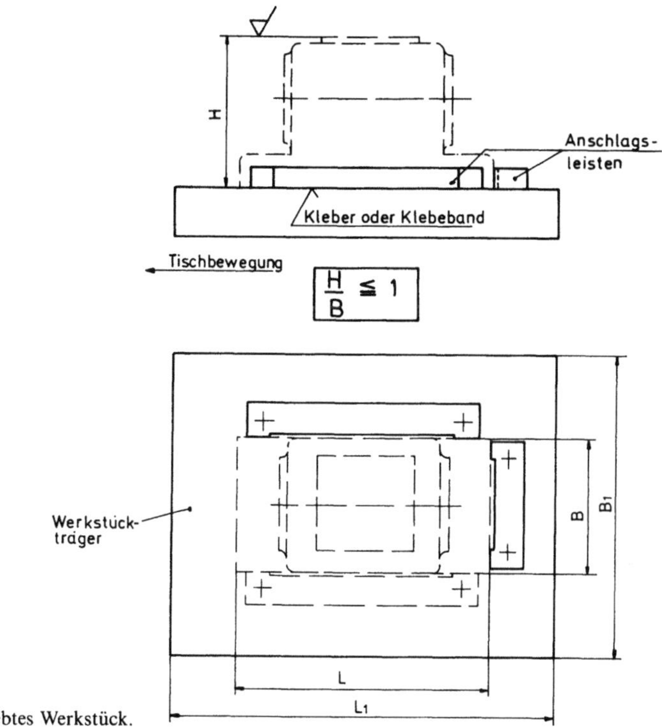

Bild 3-48. Auf Trägerplatte geklebtes Werkstück.

Die geringen Erfahrungen auf dem Gebiete der Klebetechnik für das Festhalten von Werkstücken beim Zerspanen machen in Zukunft weitere Untersuchungen notwendig und zwingen Anwender zu intensiven Versuchen auf diesem Gebiet. Alle folgenden Angaben sind Werte, die in speziellen Anwendungsfällen Erfolge brachten, aber kaum allgemein auf andere Situationen übertragbar sind.

Es gibt Kleber auf der Basis natürlicher Harze, gemischt mit Wachsen oder Pechen sowie synthetische Harze. Alle benötigen zum Erhärten (Abbinden) eine bestimmte Zeit. Dieser Abbindeprozeß kann durch Temperaturen oberhalb der Raumtemperatur beschleunigt werden.

Beispiel: Ein Kleber mit einer Schmelztemperatur von 80 °C entwickelt seine Endfestigkeit bei 20...25 °C. Der plastische, streichfähige Zustand – offene Phase genannt – reicht nur von 80...65 °C, d. h. bei 65 °C beginnt der Kleber abzubinden und erreicht bei 25 °C seine Endfestigkeit. Dies bedingt eine Schrumpfung des Klebevolumens. Ein besonders labiles Werkstück könnte also verspannt werden. Dies beweist wiederum die Notwendigkeit von Versuchen, wenn man sich zum Klebeverfahren entschließt.

Der Klebefilm kann auch im Form einer Klebefolie aufgebracht werden. Der Film befindet sich auf einer Fettpapierschicht und kann nach Auflegen auf die Haftfläche des Werkstückes durch Abziehen des Fettpapiers freigelegt werden. Das Werkstück kann an den Anschlägen positioniert und dann auf die fettfreie, saubere Trägerplatte angedrückt werden.

Eine der adhäsiven Klebekraft ähnliche Haltekraft kann auch durch Vakuum erzeugt werden. Hierbei gelten ähnliche Bedingungen der Werkstückgestaltung. Es muß eine genügend große Fläche zum „Ansaugen" des Werkstückes vorhanden sein. Außerdem muß darauf geachtet werden, daß die Randabdichtung um das Vakuumspanngebiet herum noch innerhalb der Spannfläche liegt.

Eine weitere, eigenwillige Art der Werkstückbefestigung auf Trägerplatten erfolgt durch Anwendung von niedrigschmelzenden Metallegierungen. Die Werkstückpalette muß mit einem Würfelraster zur Aufnahme des Gießmetalls versehen sein. Eingesetzt wird eine Wismut-Zinn-Blei-Legierung, die in heißem Wasser zum Schmelzen gebracht werden kann. Das positionierte Werkstück wird auf eine Palette gedrückt und das Schmelzgut von unten zwischen Werkstückhaftfläche und Rasterhohlräume gegossen (Bild 3-49). Es ist hierbei zweckmäßig, auf die Oberfläche der Halteplatte und des Werkstückes vorher einen Haftlack aufzusprühen oder eine Haftfolie zu verwenden (Lieferanten sind z. B. Loh-Services in Wetzlar, Kluyskens in Hamburg bzw. Firma Hek GmbH in Lübeck). Es können nach Absprache mit den Lieferanten auch Sonderlegierungen je nach Verwendungszweck bezogen werden.

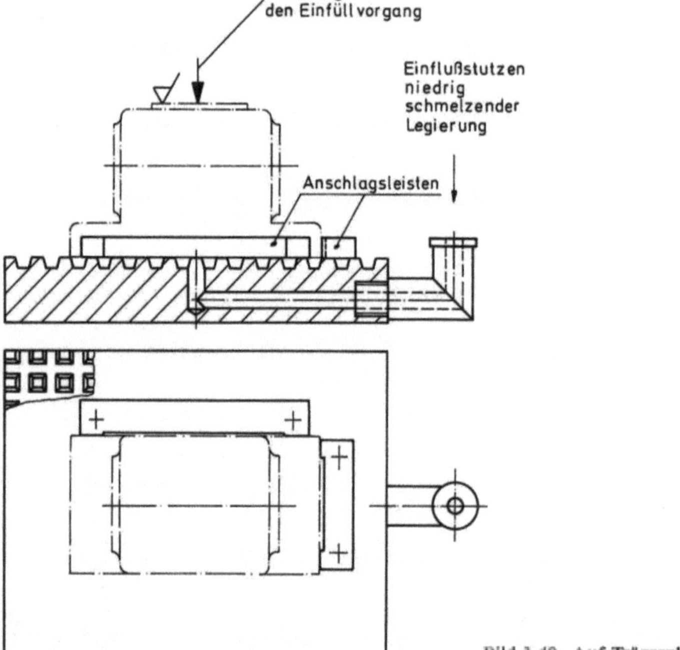

Bild 3-49. Auf Trägerplatte aufgegossenes Werkstück

Bei nicht ferromagnetischen Werkstoffen kann sowohl geklebt werden, wie auch bei kleinen Teilen durch Vereisung mittels Peltiereffekt gespannt werden. Auch über eine Mischung von Bienenwachs und anderen Zusätzen mit feinen Graugußspänen können Werkstücke für die Feinstbearbeitung spannungsarm gespannt werden. Das zuletzt genannte Spannwachs wurde im Institut für Konstruktion und Fertigung in der Feinwerktechnik der TU Stuttgart bei Prof. Jung entwickelt.

54

3.3.8 Eingießen von Werkstücken

Sind die Bestimmungspunkte für die Werkstückgeometrie zur Aufnahme des Werkstük-
kes ungeeignet (z. B. unsicheres Einlegen des Werkstückes, ungenügende Wiederholgenauigkeit, unzulässige Einkerbungen durch Spanndrücke) kann das Werkstück in standardisierte Blöcke (Zinn-Wismut Legierungen 42% Zinn, 58% Wismut) gegossen
werden. Nach erfolgter Bearbeitung wird der Eingießblock durch ein spezielles Schnitt-
werkzeug gespalten und das Werkstück befreit. Die Kosten der Eingießvorrichtung sind
zwar hoch, werden aber bei entsprechender Bauteilstückzahl durch das schnellere und
sichere Handling des Bauteiles sowie durch die wesentlich billigeren Folgevorrichtungen
ausgeglichen [5] (Bild 3-50).

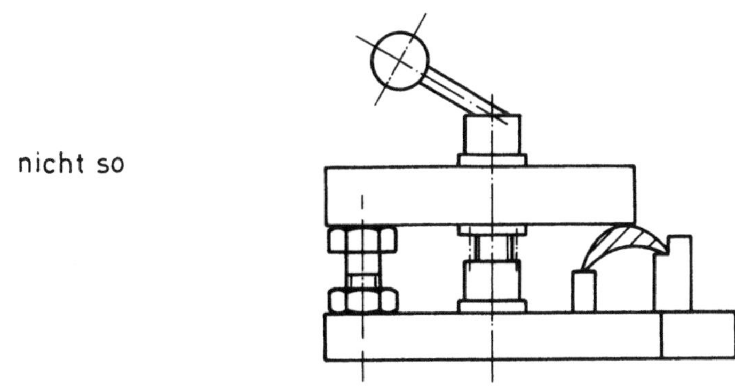

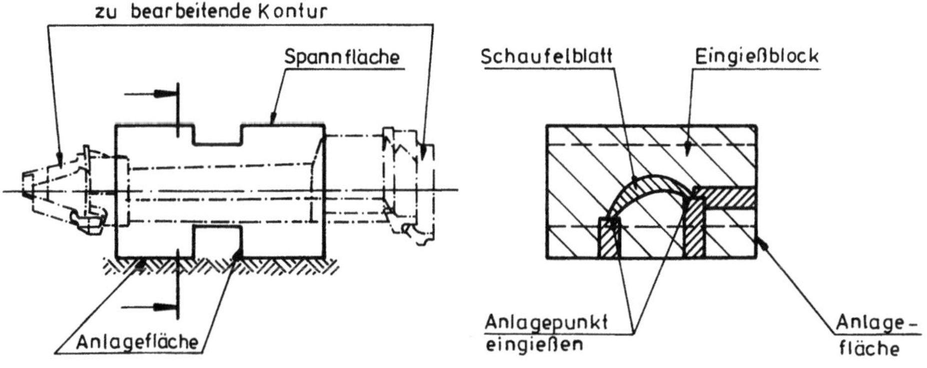

Bild 3-50. Eingegossene Turbinenlaufschaufel.

3.4 Herstellkosten für das Werkstück

Werden bei Teilen für die Fertigung Spannlaschen oder ähnliche Hilfsmittel angebracht
(vgl. Kap. 3.3.2 und 3.3.3), so müssen diese Spannhilfsmittel nach der Beendigung des
Arbeitsvorgangs wieder entfernt werden. In diesen Fällen ist über eine Wirtschaftlich-
keitsanalyse die Grenzstückzahl zu anderen Herstellungsverfahren zu ermitteln.

Dem Betriebsmittelkonstrukteur soll zur optimalen Gestaltung der Vorrichtung eine Entscheidungshilfe gegeben werden. Dabei ist zu unterscheiden zwischen einer Neuplanung (in diesem Fall wird für ein neues, bisher noch nicht gefertigtes Werkstück eine neue Vorrichtung erstellt) und einer Umplanung. Im letzten Fall handelt es sich um Werkstücke, die bereits über mehrere Jahre gefertigt werden und für die aufgrund der Entwicklung des Monatsbedarfs eine Umsetzung auf andere Maschinen ansteht.

Bei einem Schalthebel wurde beispielsweise aufgrund einer monatlichen Stückzahl von 60 Werkstücken eine Fertigung mit Spannlaschen vorgesehen. Diese mußten jedoch wegen Kollision mit anderen Teilen entfernt werden. Im Laufe von drei Jahren erhöhte sich die monatliche Stückzahl auf 400 Stück/Monat, da dieses Teil auch bei anderen Typen eingebaut wird. Da die monatliche Grenzstückzahl für eine Fertigung mit Spannlaschen bei 290 Stück lag, wurde die Fertigung auf eine teilebezogene Vorrichtung umgestellt.

Dies beweist, daß eine vorausschauende Stückzahlplanung bei der Betriebsmittelplanung von großer Bedeutung sein kann. Spontane Marktentwicklungen können aber nicht ausgeschlossen werden. Deswegen lohnt sich eine ständige Beobachtung der Stückzahlentwicklung.

Die Herstellkosten sind also von folgenden Kriterien abhängig:

- Monatsbedarf, evtl. zu erwartender Jahresbedarf,

- Abgußmöglichkeiten,

- Materialkosten,

- eingesetzte Werkzeugmaschinen,

- Auftragswiederholkosten je Los,

- Vorrichtungskosten.

Das Bild 3-51 weist die Herstellungskosten und den rentablen Grenzmonatsbedarf verschiedener Fertigungsvarianten für jeweils das gleiche Werkstück aus. Dabei wurde unterschieden zwischen Leistenguß, Spannlaschenguß, konventioneller Bearbeitung und einem Fertigungsprozeß, bei dem die Bearbeitung bis zum Bohren mit Hilfe von Spannlaschen durchgeführt wird und das anschließende Bohren in einer Bearbeitungsvorrichtung auf einer Rundtischbohrmaschine mit starrem Bohrkopf erfolgt.

3.5 Weitere Beispiele für eine fertigungsgerechte Teilegestaltung

In Bild 3-52 sind weitere Richtlinien aufgeführt, die bei der Teilegestaltung berücksichtigt werden sollten, jedoch keinen direkten Einfluß auf die Ausführung der Vorrichtung haben.

So sollten Bohrungen nicht in schrägen, gebogenen oder abgesetzten Flächen beginnen und/oder enden. Beim Einsatz von NC-Maschinen führen schräge, gebogene oder abgesetzte Flächen oft zum Bruch des Bohrers bzw. verursachen höhere Kosten durch das notwendige vorherige Anflächen mit einem Plansenker.

Bei der Gestaltung von Teilen muß auch für einen ausreichenden Werkzeugauslauf gesorgt werden (besonders beim Schleifen).

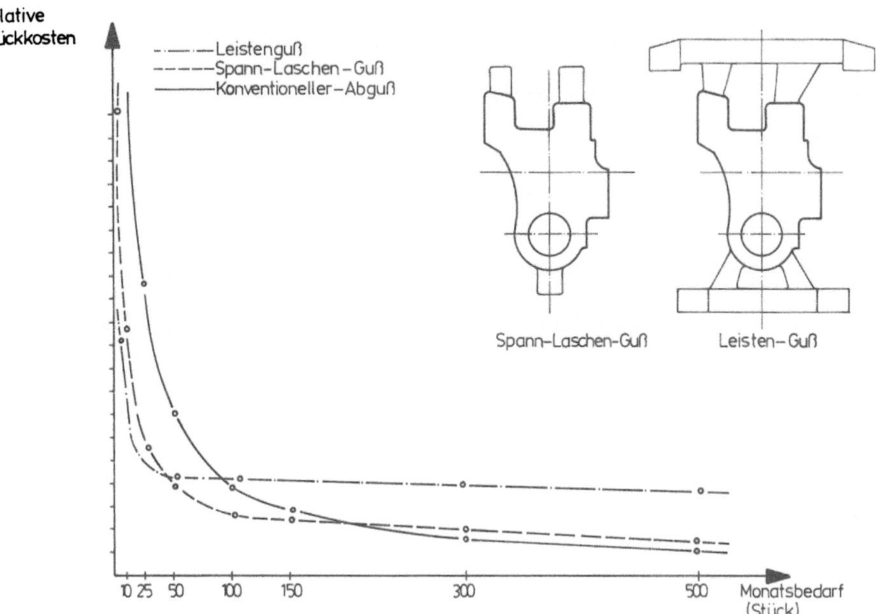

Bild 3-51. Herstellkosten verschiedener Fertigungsvarianten.

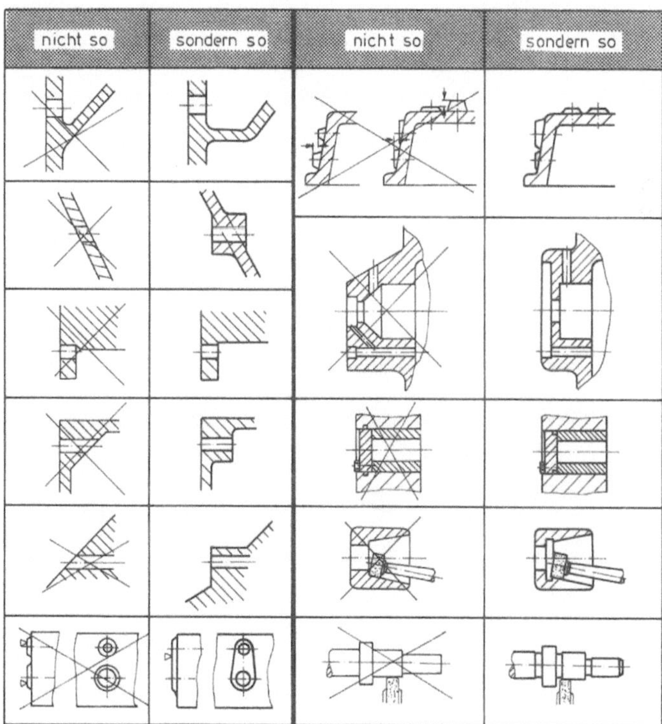

Bild 3-52. Richtlinien
für eine fertigungsgerechte
Konstruktion.

Dicht beieinanderliegende Flächen sollten die gleiche Höhe haben, da dann das Werkzeug nur einmal angestellt werden muß und sich die Schnittzeit verringert, weil das Werkzeug gleichzeitig über alle Flächen laufen kann. Liegen die zu bearbeitenden Flächen (z. B. Augen) sehr nahe beieinander, so sollten sie zu einer Fläche zusammengefaßt werden.

Nuten sollten nach Möglichkeit in die Welle verlegt werden, da sich eine Nut in einer Welle leichter herstellen und messen läßt. Außerdem wird die Montage einfacher und ein kleinerer Runddichtring benötigt.

Da bei Bearbeitungszentren mit Werkzeugmagazin die Werkzeugplätze in ihrer Anzahl begrenzt sind, sollte auch darauf geachtet werden, daß möglichst viele Bearbeitungsmerkmale, wie Bohrungen (Durchgangs-, Paß- Gewindebohrungen), Ansenkungen usw., vereinheitlich werden. Dabei ist zu berücksichtigen, daß jeder Werkzeugwechsel, auch wenn er sehr schnell vor sich geht, Zeit benötigt.

4. Planung

Grundsätzlich stehen für die Beschaffung der Vorrichtung alternative Möglichkeiten zur Verfügung. Aufgabe der Vorrichtungsplanung muß es sein, die technisch und wirtschaftlich optimale Beschaffungsart festzulegen (Bild 4-1).

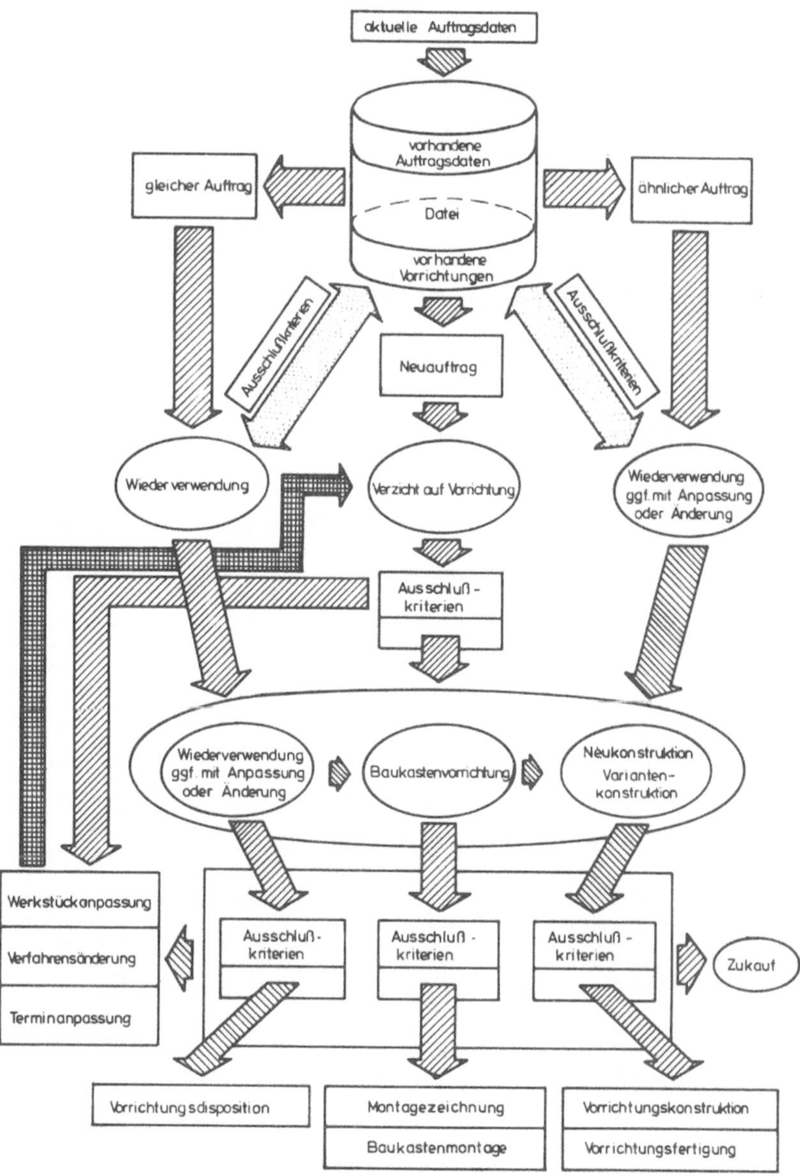

Bild 4-1. Schema zur Ermittlung der Beschaffungsart von Vorrichtungen.

4.1 Prinzipielle Möglichkeiten

Nach einer Analyse oder Aufgabenstellung werden die zu realisierenden Vorrichtungsfunktionen ermittelt (Bild 4-2).

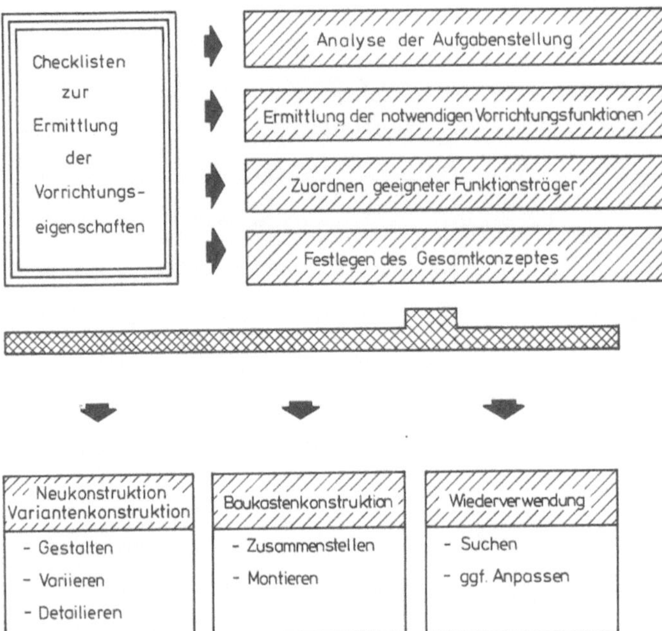

Bild 4-2. Anwendung
der Checklisten bei der
Vorrichtungsplanung.

Nachdem geeignete Funktionsträger zugeordnet wurden, legt man das Gesamtkonzept
für die Vorrichtung fest. Dabei kommen die Beschaffungsarten

– Neukonstruktion,

– Baukastenkonstruktion,

– Wiederverwendung (auch mit Anpassung oder mit Änderung) oder

– der Verzicht auf den Vorrichtungseinsatz

in Betracht.

Je nach Aufgabenstellung können einzelne Beschaffungsarten unmittelbar ausgeschlossen sein (z. B. Baukastenvorrichtungen bei sehr kleinen oder sehr großen Werkstücken).
Wesentliche Entscheidungskriterien für die Beschaffungsart sind die

– technische Realisierbarkeit,

– Terminsituation,

– Kostensituation,

– Belastung der betroffenen Abteilungen.

Zur Festlegung des Gesamtkonzeptes kann die Checkliste in Bild 4-3 dienen (Seite 62/63).

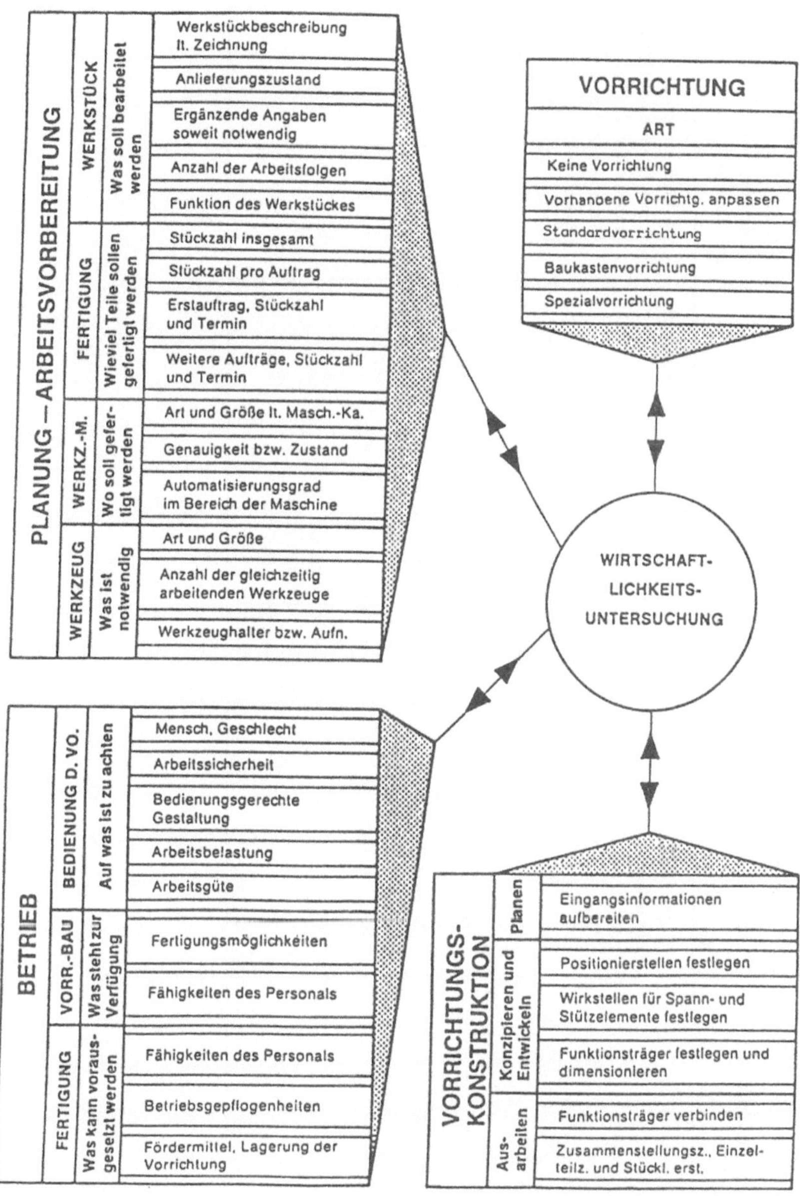

Bild 4-4. Beispiel zur Ermittlung der Vorrichtungsart und zum Ablauf der Vorrichtungskonstruktion.

Ein Beispiel für die Ermittlung der Vorrichtungsart und des sich daraus ergebenden Informationsflusses zeigt Bild 4-4.

Tabelle 1 Checkliste zur Ermittlung von Vorrichtungseigenschaften.

	Zwischenzustände des Werkstückes	Bearbeitungskomplex			Betriebsorganisatorische Informationen
		Bearbeitungsverfahren	Bearbeitungsmaschine	Werkzeug	
Einflußgrößen auf die Vorrichtungs funktion	– Positionierstelle parallel senkrecht beliebig – Spannflächen – sonstige Bezugsflächen und Punkte – funktionale Abmessungen Toleranzen Passungen – Bearbeitungsqualitäten Oberflächengüte Rauhtiefe	– Kenzzeichnung der Bearbeitungschritte und darin enthaltene Arbeitschritte – Art des Bearbeitungsverfahrens – verursachte Schwingungen – notwendige Anzahl der Spannlagen – Schwenknotwendigkeit der Vorrichtungen – Kippnotwendigkeit der Vorrichtungen	– Maschinentyp – Arbeitsposition – Anzahl der Arbeitspositionen – Anschluß an die Maschine durch Festhalten mit Handkraft feste Anlage Spannen Magnetkraft Reibschluß – Anschlußmaße an die Maschine z. B. Kegeldurchmesser Gewindedurchmesser Nutbreiten und Nutabstände	– Werkzeugart	– Stückzahl/Losgröße – Termindaten des Auftrags – geplanter/geforderter Automatisierungsgrad – geplante Kosten für den Vorrichtungsbereich

Tabelle 1 (Fortsetzung).

	Zwischenzustände des Werkstückes	Bearbeitungskomplex			Betriebsorganisatorische Informationen
		Bearbeitungsverfahren	Bearbeitungsmaschine	Werkzeug	
Einflußgrößen auf die Vorrichtungsgeometrie	– geometrische Form des Werkstückes Aus } bezogen auf gangs- } die auszuführende form } rende Bear- End- } beitungsauf- form } gabe – Behandlungsstelle (alternativ) – Positionierstelle – parallel senkrecht beliebig – Spannflächen – sonstige Bezugsflächen und Punkte – funktionale Abmessungen Toleranzen Passungen – Werkstückgewicht – Werkstückvolumen	– Anzahl und Lage der Bearbeitungsflächen – Kinematik der Bearbeitung – Schwenknotwendigkeit der Vorrichtung – Kippnotwendigkeit der Vorrichtung	– Größe des Arbeitsraumes klein } durch } definierte mittel } Grenzen } festgelegt – Anschluß an die Maschine durch feste Anlage Spannen Magnetkraft Reibschluß – Anschlußmaße an die Maschine durch Kegeldurchmesser Gewindedurchmesser Nutbreiten und Nutabstände	– Werkzeugart – Wirkrichtung der Bearbeitungskräfte – Werkzeugführung feststehende Führung bewegliche Führung ohne Führung	
Einflußgrößen auf die Vorrichtungstechnologie	– Werkstückabmessungen Toleranzen Passungen – Werkstückoberflächen Ebenheit Oberflächengüte	– Art des Bearbeitungsverfahrens – Spantransport – verursachte Schwingungen – notwendige Anzahl der Spannlagen	– Maschinentyp – Automatisierungsgrad konventionell NC-Maschinen Bearbeitungszentrum	– Werkzeugart – Zerspankräfte Größe, Wert dynamische Einflüsse – Schneidstoff – Schmier- und Kühlstoffe	– Stückzahl/Losgröße – Termindaten des Auftrages – geplanter/geforderter Automatisierungsgrad – geplante Kosten für den Vorrichtungsbereich

Bild 4-3. Checkliste zur Ermittlung von Vorrichtungseigenschaften.

4.1.1 Schema zur Ermittlung der Beschaffungsart

ˈDas folgende Schema sollte bei der Beschaffung von Vorrichtungen Anwendung finden:

a) Analyse der Aufgabenstellung,

b) Ermittlung der Lösungsmöglichkeiten (s. a. Bild 4-1, 4-4), d. h.

   Neukonstruktion,

   Baukastenkonstruktion,

   Wiederverwendung.

c) Ermittlung der zeitlichen Einsparung durch die Lösungsmöglichkeiten,

d) Ermittlung der Wirtschaftlichkeit, d. h.

   Festlegung des noch zulässigen Aufwandes,

   Errechnung des Amortisationszeitraumes der einzelnen Lösungsmöglichkeiten [3],

   Bildung einer Rangreihe der Wirtschaftlichkeit,

e) Beurteilung der Terminsituation, d. h.

   Gegenüberstellung der Beschaffungszeiten für Eigen- und Fremdfertigung.

4.1.2 Kostenplanung bei der Vorrichtungsauswahl

Außer der technischen und terminlichen Realisierbarkeit sind die Kosten das wesentlichste Entscheidungskriterium beim Vorrichtungseinsatz. Die Kostenvorplanung sollte mit hinreichender Genauigkeit ohne großen Aufwand auszuführen sein [6]. Bei Vorrichtungen aus dem Baukasten oder aus Normelementen ist die Addition von Preisen und die Abschätzung des Montageaufwandes mit Standardzeiten unproblematisch und kann auch weitgehend rechnergestützt geschehen.

Des weiteren bietet sich an, die betrieblichen Unterlagen über sich wiederholende Baugruppen und besonders über den Funktionsträgerkatalog mit Angaben wie Relativkosten oder Fertigungszeiten zu versehen. Da die Kosten weitgehend firmenspezifisch und von den Einrichtungen und der Stückzahl abhängig sind, ist in diesem Buch nur ein Firmenbeispiel angeführt (Bild 4-5).

Die Summierung der Kosten von bereits bekannten oder ähnlichen Funktionsträgern einer Vorrichtung führt zu einer relativ genauen Kostenvorschätzung.

Es muß darauf hingewiesen werden, daß die Gestehungskosten einer ständigen Änderung unterliegen und daher alle 2 bis 3 Jahre eine Überprüfung verlangen.

Bei der Darstellung von Kosten ist es vorteilhaft, diese in Form von Fertigungsstunden und Materialkosten mit Abrechnungsjahr festzuhalten.

Die einfachste und schnellste Methode, die Kosten für eine Vorrichtung zu schätzen, ist der Vergleich mit bereits ausgeführten, in Umfang und Technik ähnlichen Vorrichtungen, die man über ein Klassifizierungssystem findet.

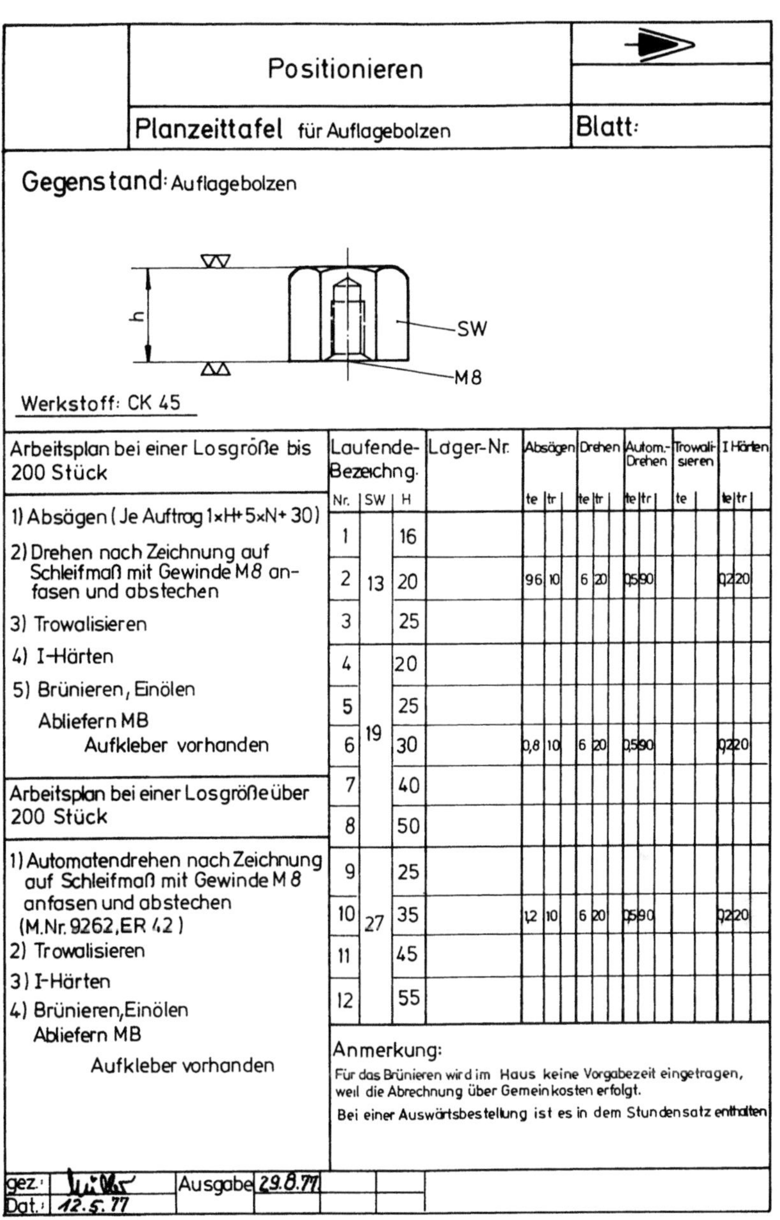

Arbeitsplan bei einer Losgröße bis 200 Stück	Laufende-Bezeichng.			Lager-Nr.	Absägen		Drehen		Autom.-Drehen		Trowali-sieren	I Härten	
	Nr.	SW	H		te	tr	te	tr	te	tr	te	te	tr
1) Absägen (Je Auftrag 1×H+5×N+30)	1		16										
2) Drehen nach Zeichnung auf Schleifmaß mit Gewinde M8 anfasen und abstechen	2	13	20		96	10	6	20	0,590			0,220	
3) Trowalisieren	3		25										
4) I-Härten	4		20										
5) Brünieren, Einölen	5		25										
Abliefern MB	6	19	30		0,8	10	6	20	0,590			0,220	
Aufkleber vorhanden	7		40										
	8		50										
Arbeitsplan bei einer Losgröße über 200 Stück	9		25										
1) Automatendrehen nach Zeichnung auf Schleifmaß mit Gewinde M8 anfasen und abstechen (M.Nr. 9262, ER 42)	10	27	35		1,2	10	6	20	0,590			0,220	
2) Trowalisieren	11		45										
3) I-Härten	12		55										
4) Brünieren, Einölen													
Abliefern MB													
Aufkleber vorhanden													

Anmerkung:

Für das Brünieren wird im Haus keine Vorgabezeit eingetragen, weil die Abrechnung über Gemeinkosten erfolgt.

Bei einer Auswärtsbestellung ist es in dem Stundensatz enthalten

gez.: [Signatur] Ausgabe 29.8.77
Dat.: 12.5.77

Bild 4-5. Planzeittafel für Auflagebolzen.

4.1.3 Beispiel von Vorrichtungsplanungen

Der in Bild 4-6 dargestellte Ablaufplan ist auf einen Betrieb mit etwa 6000 Beschäftigten, einer Klein- bzw. Mittelserienfertigung sowie einem Vorrichtungsbestand von etwa 45000 Vorrichtungen zugeschnitten.

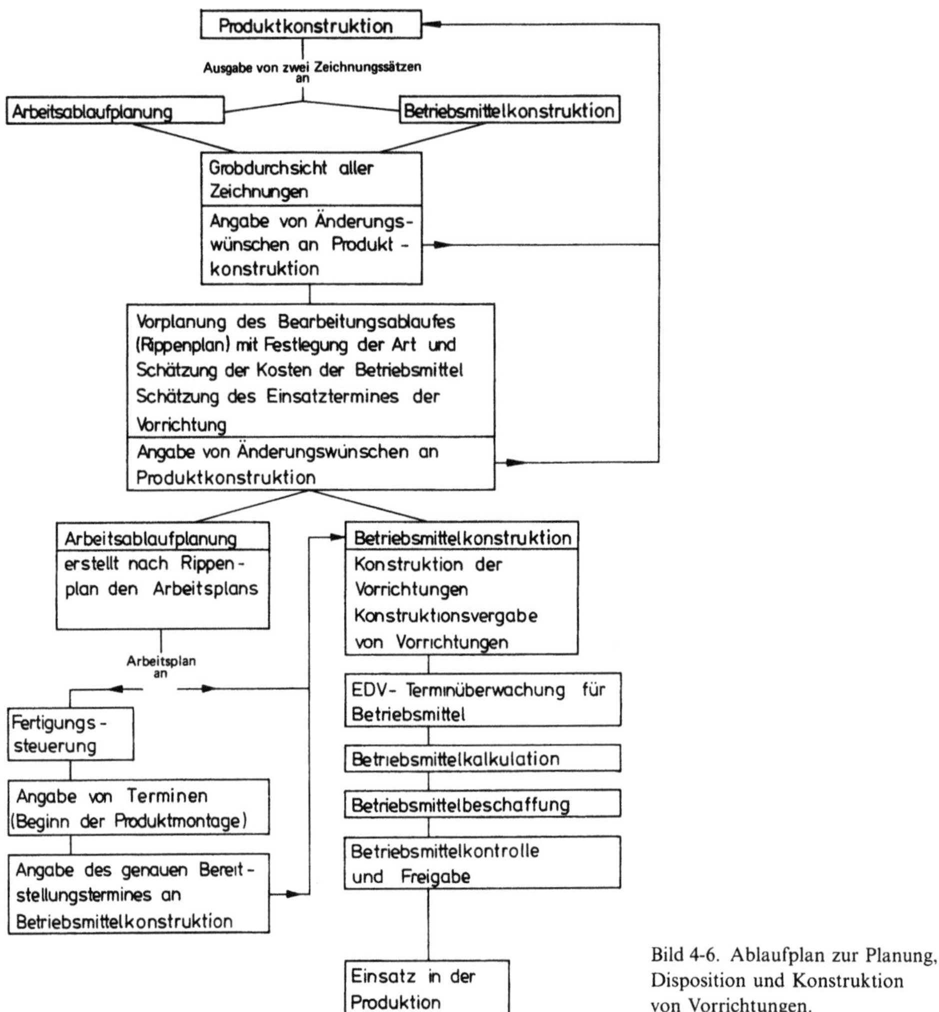

Bild 4-6. Ablaufplan zur Planung, Disposition und Konstruktion von Vorrichtungen.

Ein gut funktionierendes Terminwesen ist für die Vorrichtungskonstruktion von besonderer Bedeutung, da in der Regel erst nach der Arbeitsplanerstellung mit der Konstruktion der Vorrichtung begonnen werden kann. Die Terminermittlung und die Fertigstellung der Vorrichtung läßt sich jedoch bei frühzeitiger Kooperation zwischen Arbeitsablaufplanung und Betriebsmittelkonstruktion durch Erstellung eines Rippenplanes (Betriebsspezifischer Begriff für Konzept zur Vorplanung) (Bild 4-7 und 4-8)

66

H | 5 | 0 | 0 | 4 | 0 | 0 | 1 | | 1 | | 15.2.90 | Antrieb

Typ	Gruppe	Teil	T F	Dringlichkeitsvermerke / F Termin	Bl 1 von Bl 2	Objekt
Lagerbock			GF FL	HA RO 3.10.89		
Werkstückbenennung		Sachb P 11 21	Pt11 11	P 14 Erst Datum	Stck/Mon	Rohling ja/nein

AG	Bearbtg Masch Typ	Besprechungsvermerke über Bearbt u Betriebsmittelausführung	Sachb/AG Pt1 21 / ert Werkst Änderung	KB Vergabe Datum	Kosten Konstruktion Vorr	Lehren	Fertigung Vorr	Lehren
20	GFG 350	An roher Schulter angelegt, am Flansch ⌀180 gespannt. Nabenseite kpl. vordrehen Naben ⌀85 auf ⌀86⁻⁰‧¹ halten. Spannbacken BV 12826	GF		200,-		700,-	
40	GFG 350	Auf Nabe ⌀86⁻⁰‧¹ aufgenommen und gegen Schulter gespannt. ⌀61 auf ftg Maß Bohrung ⌀90J6 mit 2 Schnitten auf ⌀89 HB vordrehen ⌀68J7 mit 2 Schnitten auf ⌀67 HB vordrehen Klauenspannvorr. BV 12827	GF		1600,-		3500,-	
60	BZH 07	Auf Nabe ⌀86⁻⁰‧¹ aufgenommen, gegen Schulter ⌀86/180 gespannt. Kpl. bohren BV 12828	GF		1800,-		4000,-	
		Aufsteckllehre BP 26852	FL			1000,-		1800,-

H | 5 | 0 | 0 | 4 | 0 | 0 | 1 |

Typ	Gruppe	Teil	T F	Dringlichkeitsvermerke / F Termin	Bl 2 von Bl 2	Objekt
Werkstückbenennung		Sachb P 11 21	Pt11 11	P 14 Erst Datum	Stck/Mon	Rohling ja/nein

AG	Bearbtg Masch Typ	Besprechungsvermerke über Bearbt u Betriebsmittelausführung	Sachb/AG Pt1 21 / ert Werkst Änderung	KB Vergabe Datum	Kosten Konstruktion Vorr	Lehren	Fertigung Vorr	Lehren
80	GFG 350	Auf Nabe ⌀86⁻⁰‧¹ aufgekommen und gegen Schulter gespannt. Bohrung ⌀68 u. ⌀90 mit Stirnseite ⌀90/129 fertig drehen. BV 12827 von AG 40	GF		—		—	
		BP 26853 f.Maß 112,25±0,2	FL		250,-		600,-	
100	GFG 350	In Bohrung ⌀68 u. 90 aufgenommen und mit Steckscheibe gespannt. Nabe ⌀85 mit Stirnseite ⌀85/180 ftg drehen BV 12829	GF		500,-		1500,-	
		BP 26854 für Rund- u. Planlauf	FL		1000,-		1900,-	
		BP 26855 f.Maß 115,75⁻⁰‧²	FL		250,-		600,-	
					4100,-	2500,-	10300,-	4300,-
					6600,-		**14600,-**	

Bild 4-7. Rippenplan.

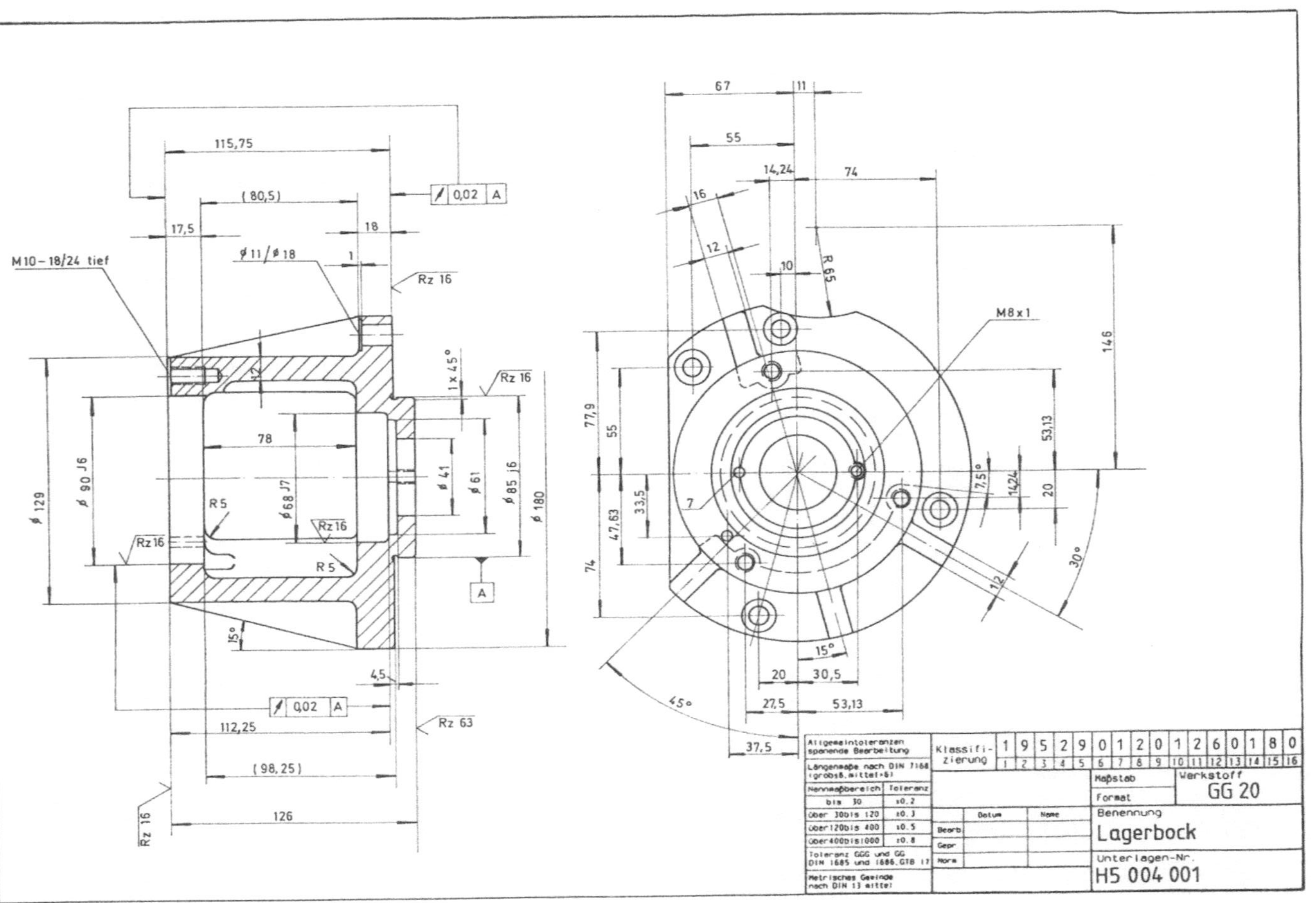

Bild 4-8. Werkstück zum Rippenplan (Bild 4-7).

weitgehend verkürzen, d. h. der Beginn der Vorrichtungskonstruktion ist terminlich von der Fertigstellung des Arbeitsplanes losgelöst. Der Rippenplan kann manuell bzw. rechnerunterstützt erstellt werden und hat den Vorteil, daß im Vorfeld evtl. Werkstückänderungen für eine optimale Fertigungstechnologie (fertigungsgerechte Teilegestaltung) wie z. B. Anbringen von Spannocken, Spannschlitze, Hilfsflächen, Hilfsbohrungen usw. vorgenommen und mit der Produktkonstruktion abgesprochen werden können. Bei der

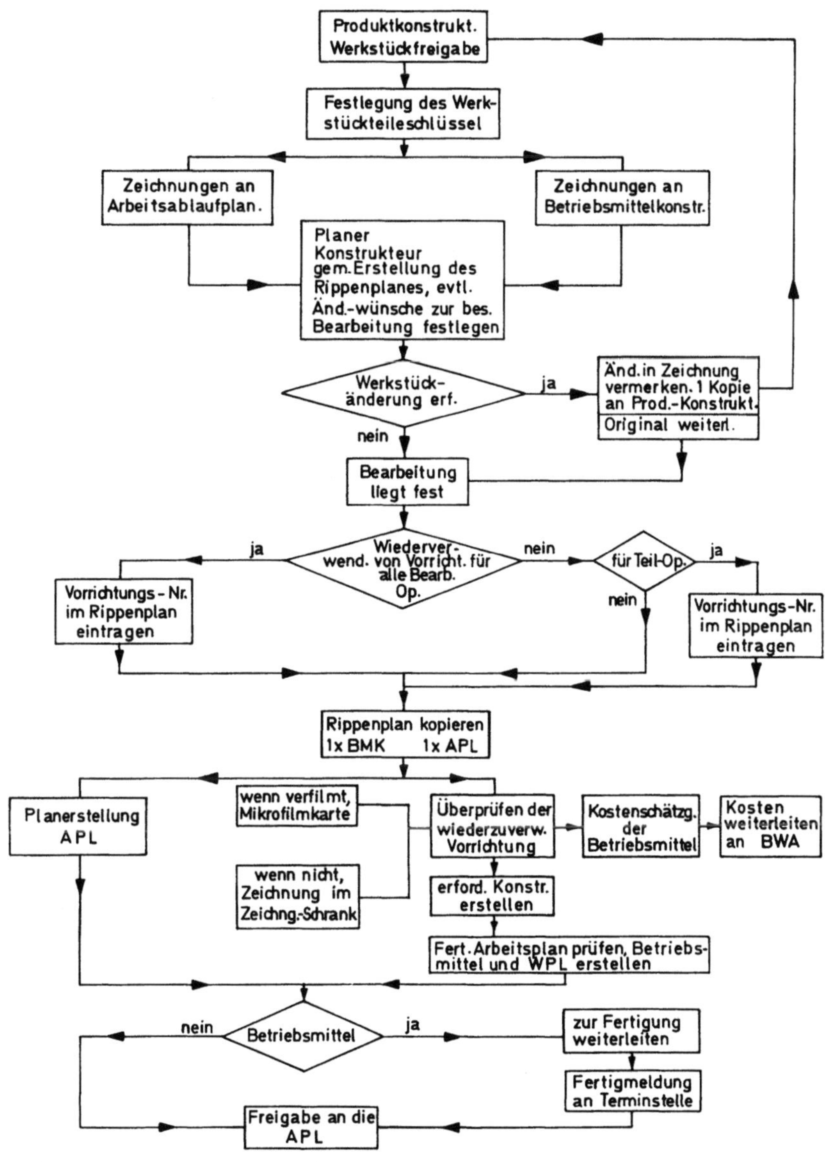

Bild 4-9. Ablaufplan zur Wiederverwendung von Vorrichtungen.

69

Rippenplanung werden dann die geschätzten Kosten für Konstruktion und Fertigung der Betriebsmittel festgehalten. Aufgrund der Rippenplanung und den geschätzten Kosten für Konstruktion und Fertigung der Betriebsmittel ist es möglich, die Gesamtdurchlaufzeit zu verkürzen und eine exakte Terminermittlung dem Vertrieb zu geben. Ausgehend von der unter Kap. 4.1 dargelegten Situation ergibt sich in Zukunft die Notwendigkeit, eine vermehrte Wiederverwendung von Vorrichtungen (möglichst EDV-unterstützt) anzustreben (Bild 4-9).

4.1.4 Struktur eines Pflichtenheftes für Vorrichtungen

Im Pflichtenheft werden wesentliche Produktmerkmale und Produktanforderungen im Sinne einer Produktdefinition festgelegt, ohne die für die Einhaltung des Pflichtenheftes zuständigen Bereiche mehr als notwendig einzuschränken. Üblich sind sowohl interne Pflichtenhefte (Abgleich der Interessen in einem Unternehmen) als auch Pflichtenhefte, welche die Interessen des Marktes (Lieferanten) einbeziehen. Im folgenden sind die charakteristischen Bestandteile eines Pflichtenheftes beispielhaft aufgeführt.

Aufgabenstellung

Konstruktion, Bau und Lieferung einer kompletten und betriebsbereiten Einrichtung zum Spannen von Werkstücken auf „Maschine".

Leistungsumfang

- Positionierung und Spannung

- Energieversorgung

- Steuerung

- Sicherheitseinrichtungen

- Abnahme

- Dokumentation

- Einweisung.

Eingabe

- XXX Anzahl Werkstücke pro Jahr im „Zustand" nach Zeichnungen

Ausgabe

- Werkstücke im „Zustand bearbeitet" mit Fertigungstiefe lt. Arbeitsplan

- Einhaltung der geforderten Fertigungstoleranzen.

Materialfluß

- Einbindung der „Vorrichtung" in den „internen Fertigungsablauf"

- „Werkstückeingabeart" (Palette, Rüstplatz, Pendelbestückung – manuell, mechanisiert)

- „Werkstückausgabeart" (wie oben, evtl. zusätzlicher Prüfvorgang).

70

Spezielle Auslegungskriterien, z. B.

- Hydraulische Spannung der Werkstücke mit Standardelementen, entsprechend den auftretenden Bearbeitungskräften
- Flexibler Aufbau für Werkstückgrößen von – bis
- Druckölzuführung auf der Vorrichtung durch gebohrte Kanäle
- Druckversorgung mit Abkuppelmöglichkeit vom Druckerzeuger
- Anschlagmöglichkeit für Transport ist vorzusehen
- Korrosionsschutz (Material oder Oberflächenschutz)
- Standardelemente aus dem Programm eines Herstellers
- Folgende Fabrikate sind vorzuziehen:
  hydr. Spannelemente:
  pneum. Spannelemente:
  mech. Spannelemente:
- Druckerzeuger:
  Ventile:
  Steuerung:
  Näherungsschalter:
  Normteile:
- Hausnormteile haben Vorrang!
- Am Druckerzeuger/Steuerung sind potentialfreie Kontakte zur Maschinenbeeinflussung vorzusehen.

Technische Rahmenbedingungen z. B.

Betriebsspannung: 380 V, 50 Hz
Druckluftnetz: 6 bar
Umgebungstemperatur: 15–46 °C
Luftfeuchtigkeit: 80–90 %
verwendete Kühlmittel: synth.

Abnahme

In Anwesenheit des Anwenders werden in der aufgebauten Vorrichtung sämtliche für die Leistungsfähigkeit und Sicherheit erforderlichen Funktionen überprüft und protokolliert. Alle Lastzustände sind hierbei zu berücksichtigen.

Abnahmemaße: Maschinenanschluß, Positionierstellen Abnahmeteile mit geprüftem Ausgangszustand.

Technische Ausfallrate

Es ist für die ersten XX Monate nach Inbetriebnahme eine technische Ausfallrate von z. B. max. 5 % nach DIN 3423 zu gewährleisten. Ersatzteilversorgung ist innerhalb von XX Stunden für die verwendeten Norm- und Katalogteile zu garantieren; innerhalb von XX Tagen für Sonderteile. Verschleißteilbevorratung.

Dokumentation

Alle Konstruktionszeichnungen und Teilelisten sind in einer Dokumentationsunterlage zusammenzustellen und bei Abnahme zur Verfügung zu stellen, z. B. Wartungsanleitung, Schmierplan, Hydr. Schaltplan, Elekt.-Schaltplan.

Die Einweisung des Bedien- und Instandhaltungspersonals ist Bestandteil des Leistungsumfanges.

4.2 Wiederverwendung von Vorrichtungen

Grundsätzlich sollte man bei der Vorrichtungsplanung überlegen, ob eine Vorrichtung wiederverwendet, eine vorhandene Vorrichtung zur Wiederverwendung angepaßt oder durch Änderung des Werkstückes eine vorhandene Vorrichtung eingesetzt werden kann. Treffen diese Kriterien nicht zu, muß auf eine andere Beschaffungsart zurückgegriffen werden.

4.2.1 Kriterien zur Wiederverwendung von Vorrichtungen

Jedes Unternehmen sollte die Wiederverwendung vorhandener Vorrichtungen anstreben. Mit der Erhöhung der Wiederverwendungsquote von Vorrichtungen sind folgende Ziele erreichbar:

- Die Durchlaufzeiten bei der Vorrichtungsbeschaffung verkürzen sich, da bei einer Wiederverwendung nur ein Teil von Vorrichtungen beschafft werden muß,

- die Lösungsvielfalt bei der Vorrichtungskonstruktion verringert sich, d.h. wenn keine Wiederverwendung möglich ist, kann bei der Vorrichtungsneukonstruktion auf bewährte Funktionsträger zurückgegriffen werden,

- bereits vorhandene Vorrichtungen können durch kleine Änderungen und evtl. Auswechselteile für das neue Werkstück umgebaut werden,

- es ergibt sich eine Verkürzung der Lieferzeiten bei geänderten bzw. neuen Produkten durch den frühzeitigen Einsatz von Vorrichtungen.

Zur Erreichung dieser Ziele sind einige firmenspezifische Voraussetzungen notwendig:

- Eine Werkstückverschlüsselung nach Ähnlichkeitsmerkmalen in Teilefamilien und eine *Klassifizierung der Vorrichtungen* nach einem Klassifizierungsschlüssel, u.U. abgestimmt auf den Werkstückschlüssel (diese Klassifizierung sollte unmittelbar nach der Konstruktion der Vorrichtung geschehen) sollten vorhanden sein,

- auf die Daten des Vorrichtungsbestandes muß ein schneller und sicherer Zugriff gewährleistet sein; die Daten des Vorrichtungsbestandes müssen EDV-technisch abgespeichert sein, denn je nach Größe des Vorrichtungsbestandes ist die manuelle Handhabung nicht mehr rentabel bzw. nicht mehr möglich,

- zu einer Zuordnung von Vorrichtungen müssen Daten über die Bearbeitungsaufgabe und den Ausgangs- und Endzustand bekannt sein; diese können dem Arbeitsplan in Verbindung mit der Werkstückzeichnung entnommen werden.

4.2.2 Beispiele zur Wiederverwendung von Vorrichtungen

Im folgenden Beispiel wird ein Spannbackensatz (Bild 4-10) und eine Drehvorrichtung (Bild 4-11) zum Drehen, hierbei handelt es sich um 6 ähnliche Lagerbüchsen, vorgestellt.

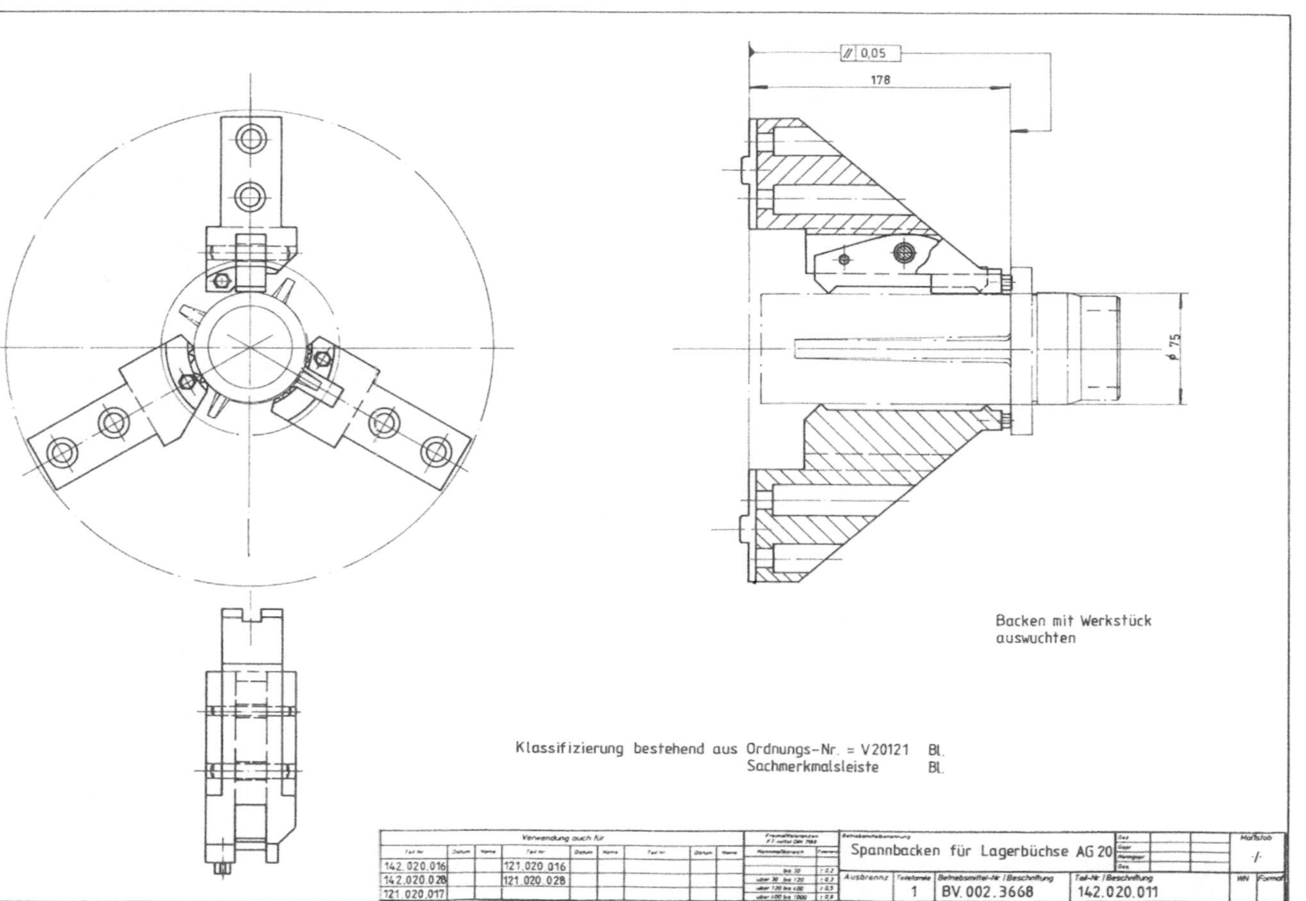

Bild 4-10. Spannvorrichtung für Dreibackenfutter.

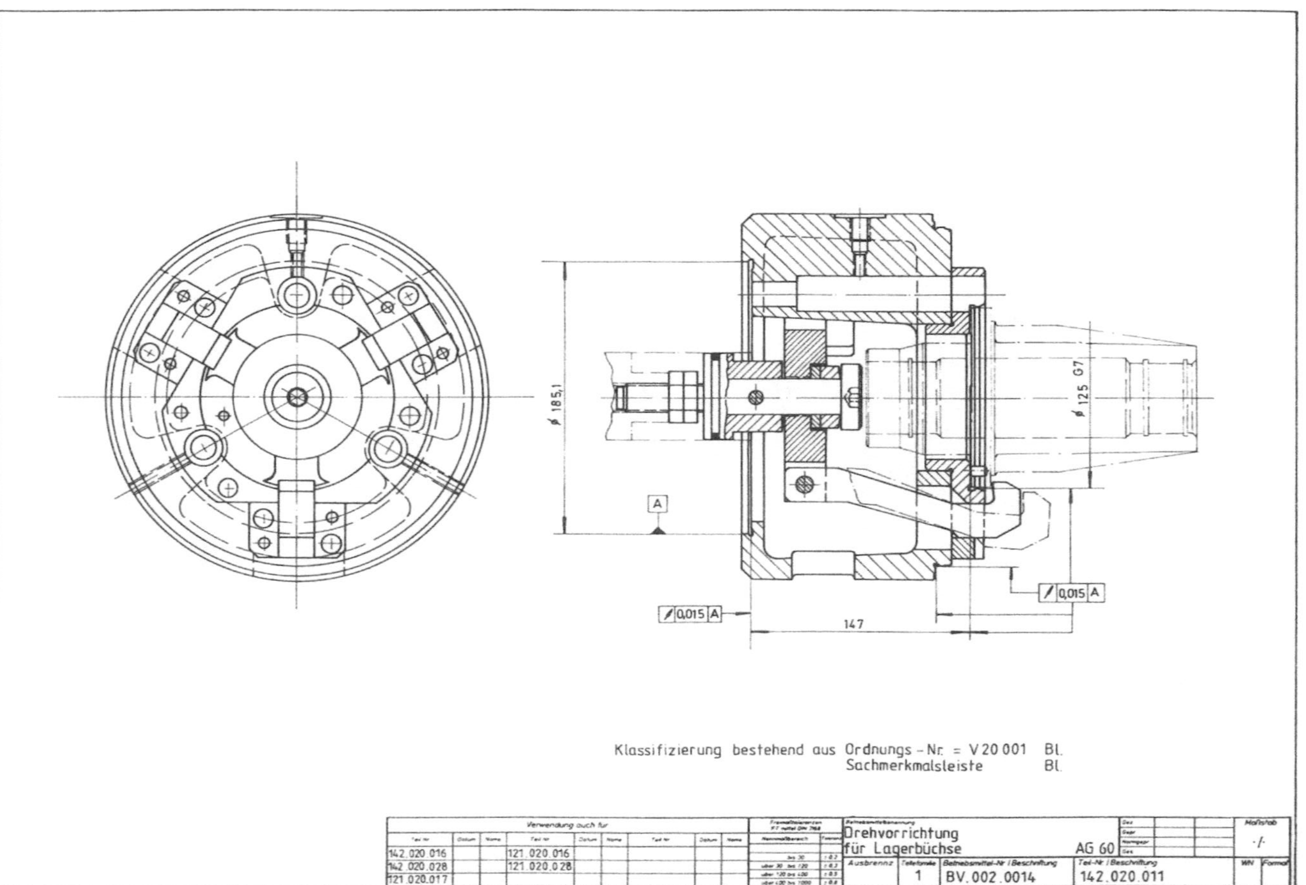

Bild 4-11. Drehvorrichtung.

Aufgrund des Teileschlüssels (Bild 4-12) (Werkstückverschlüsselung nach Ähnlichkeit in Teilefamilien) und der Vorrichtungsklassifizierung über einen Ordnungsnummernkatalog (Bild 4-13) und der dazugehörigen Sachmerkmalsleiste (Bild 4-14) können auch für nach Jahren hinzukommende, neue Werkstücke passende Vorrichtungen gefunden werden, wenn sich in der Fertigungstechnik nichts geändert hat.

Bei den in Bild 4-15 und 4-16 gezeigten Werkstücken (Lagerbüchsen) werden aufgrund des Teileschlüssels und der Vorrichtungsklassifizierung die Drehoperationen in den Vorrichtungen (Bild 4-10 und 4-11) vorgenommen.

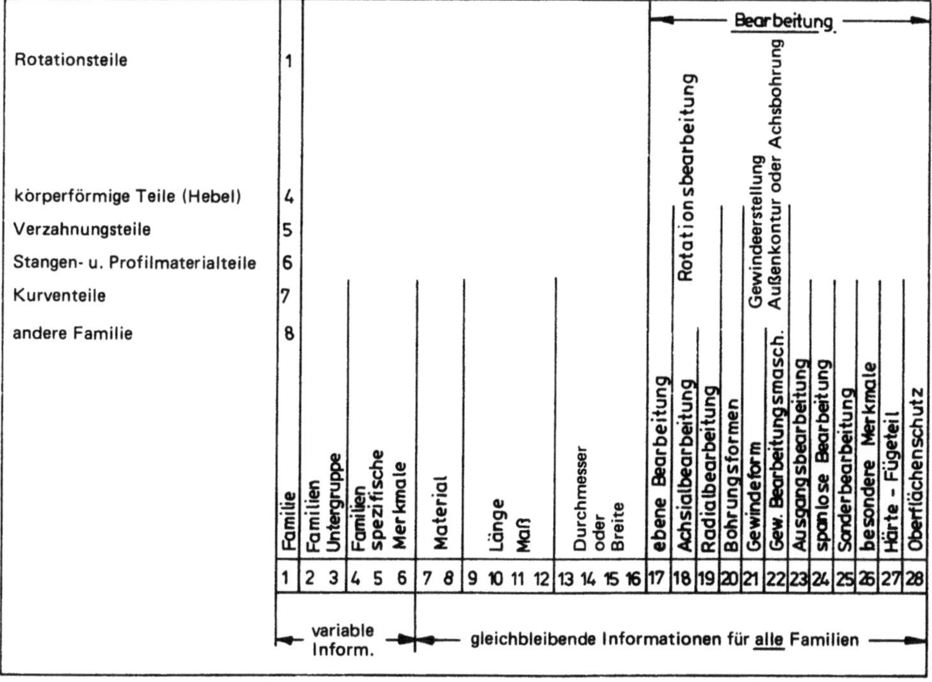

Bild 4-12. Teileschlüssel.

INHALTSVERZEICHNIS

Bild 4-13. Ordnungsnummern-Katalog.

```
BMDV          B E T R I E B S M I T T E L - D A T E N          13.07.90 08:25

Sach-Nr BV.002.0014/    Typ           Nr           Index 0000

Status  _          Nennm ____ ___ Iso-T __ __  O.Abm _ _ ___  U.Abm _ _ ___

-------------------------------------------------------------------------------

Ordnungs-Nr: V20001          Unterlnr: ___________    Art     : _

Benennung  : Klauenspannvorr.  Kurzbez : für Büchse   Werkstoff: GG-20

Suchinfo   : 142.020.011       Merkmal : Kraftspannung

A-Teile-Nr : __.___.___/___    Anf-Stk : 2____        Änder.Dat: 17.01.87

Anforderer : ________________  Verbr.MB: 12222        Anl.-Ort : HL 14

S a c h m e r k m a l s l e i s t e :

*Aufn. *Außen *Stich *Exz. *Aufl.*Anschluß*Anschluß *F*T*zu Sachnr. *Teilnummer*

*  D1  *  D2  *  S1  * EX  * H1 *Z:AM :IN*  ZA      *O*F*od.Bemerkg.*         *

*  !   *  !   *  !   *  !  *  ! ** * *        * * *          *  !   !  *

125.0  250.0          147.0   185   M 20                     142.020.011

Bemerkung    :
```

Bild 4-14. Sachmerkmalsleiste.

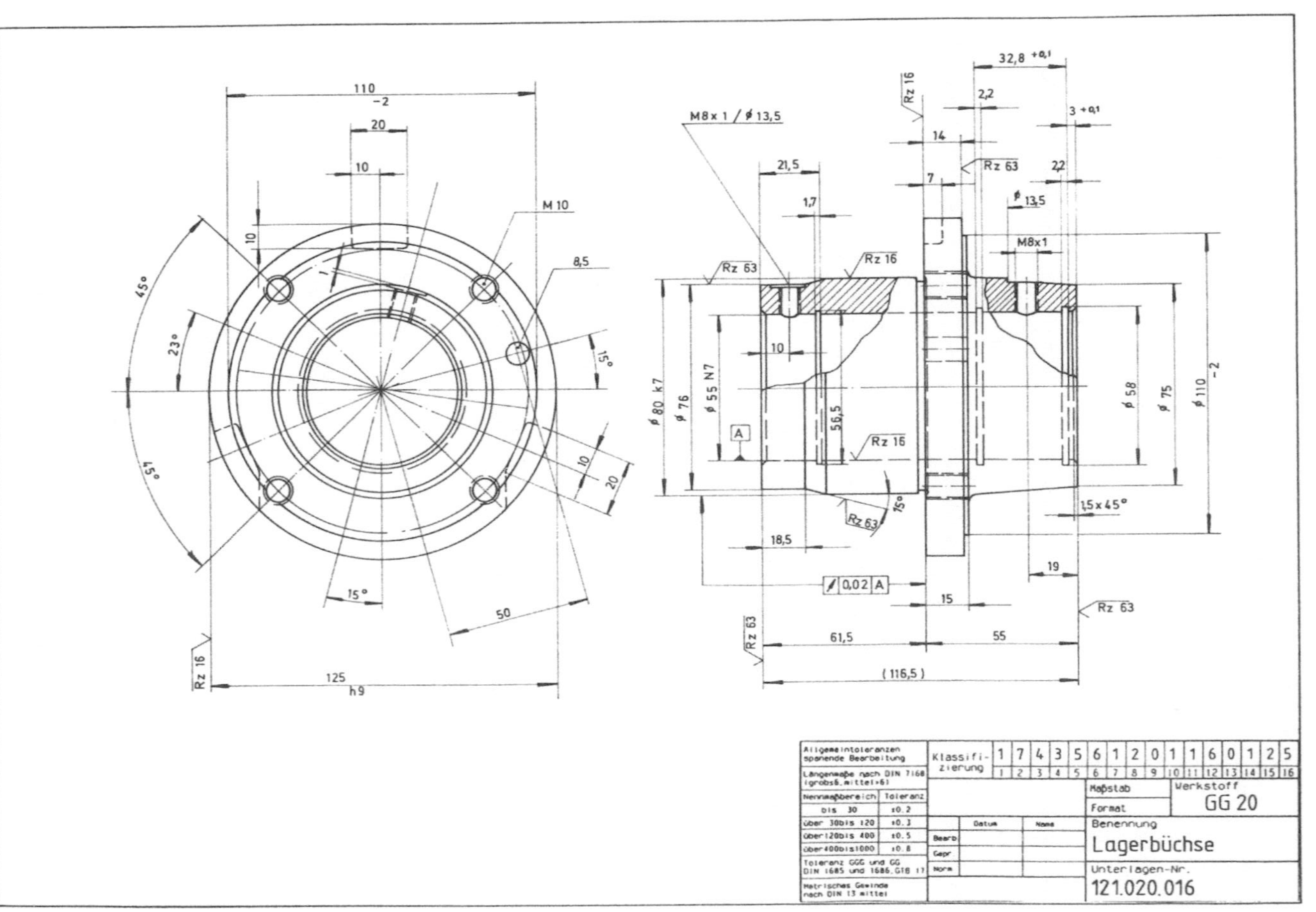

Bild 4-15. Klassifiziertes Werkstück.

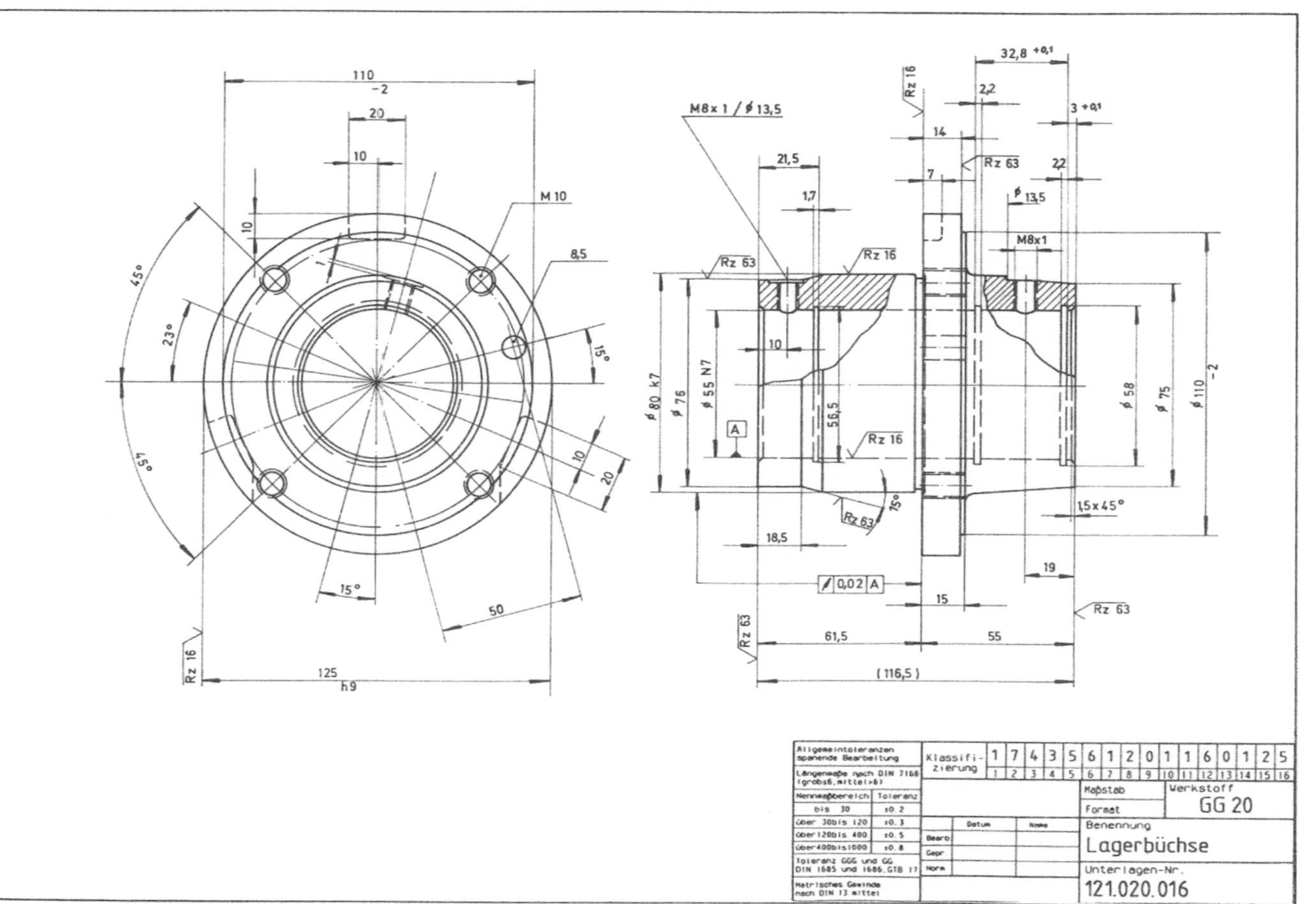

Bild 4-16. Klassifiziertes Werkstück.

4.2.3 Werkstück- und Vorrichtungsklassifizierung (mit Beispielen)

Beispiel 1 zu Vorrichtungs- und Werkstückklassifizierungen

Ein Klassifizierungssystem soll eine Übersicht über vorhandene Vorrichtungen ermöglichen, deren ordnungsgemäßes Lagern und Auffinden gewährleisten sowie Hilfe beim Neuentwurf von Vorrichtungen geben. Auch für Vorrichtungen gelten die allgemeinen Anforderungen an ein Klassifizierungssystem, wie Eindeutigkeit und langfristige Erweiterungsfähigkeit. Mit Hilfe der Klassifizierung müssen die sich über Jahre aufbauenden Bestände an Vorrichtungen und zugehörigen Unterlagen aktivieren lassen, womit gemeint ist, daß das Ordnungssystem entsprechend lange funktionsfähig bleiben muß. Das bedeutet, daß auch neue Entwicklungen zu berücksichtigen sind. Eine einmal vergebene Klassifizierungsnummer muß so eindeutig sein, daß langfristig ein gezielter Rückgriff möglich ist.

Folgende Gesichtspunkte sind zu berücksichtigen:

- Gliederung aller Vorrichtungen nach einer Ordnungsnummer (z.B. Ordnungsnummern-Katalog/Betriebsmittel) (Bild 4-13) sowie nach Werkstückklassifizierung (Teilefamilien) (Bild 4-12) um entsprechend der Bearbeitungsaufgabe Standardbaugruppen anwenden zu können,

- Einfluß von Produktverlagerung und Fremdfertigung auf die Vorrichtung,

- das System soll Hinweise auf die Maschinenauswahl (Größe, Anschlußmaße, Spindel- und Tischgrößen) geben,

- Einsatz von Normbauelementen, Wiederverwendbarkeit von Vorrichtungsteilen,

- Angabe von Zubehör zur Vorrichtung (z.B. Aufspannwinkel),

- Erfassung des Platzbedarfes und Lageraufwandes.

Diese oben aufgeführten, signifikanten Daten werden in die Sachmerkmalsleiste eingegeben, rechnerunterstützt verwaltet und können somit jederzeit ausgedruckt oder am Bildschirm angezeigt werden; in Bild 4-14 ausgelegt für die Drehvorrichtung (Bild 4-11).

Wie kommt man zu einer Ordnungsnummer?
Die Hauptordnungsnummer ist nach den einzelnen Bearbeitungsverfahren aus dem Inhaltsverzeichnis zu entnehmen und wird ergänzt durch die einzelnen Untergliederungen (Bild 4-17).

Spalte ohne Nr. (übergeordnet) sagt etwas über das jeweilige Betriebsmittel aus

  z.B. V = Vorrichtungen
    P = Prüfmittel
    W = Werkzeuge,

Spalte 1 u. 2	sagt etwas über das jeweilige Bearbeitungsverfahren aus,
Spalte 3	sagt etwas über die Betriebsmittelart aus,
Spalte 4	sagt etwas über spez. Informationen über Betriebsmittel aus,
Spalte 5	sagt etwas darüber aus, ob es Fertigungs- oder Montagebetriebsmittel sind.

Die Spalte 5 ist bei allen Bearbeitungsverfahren gleich.

80

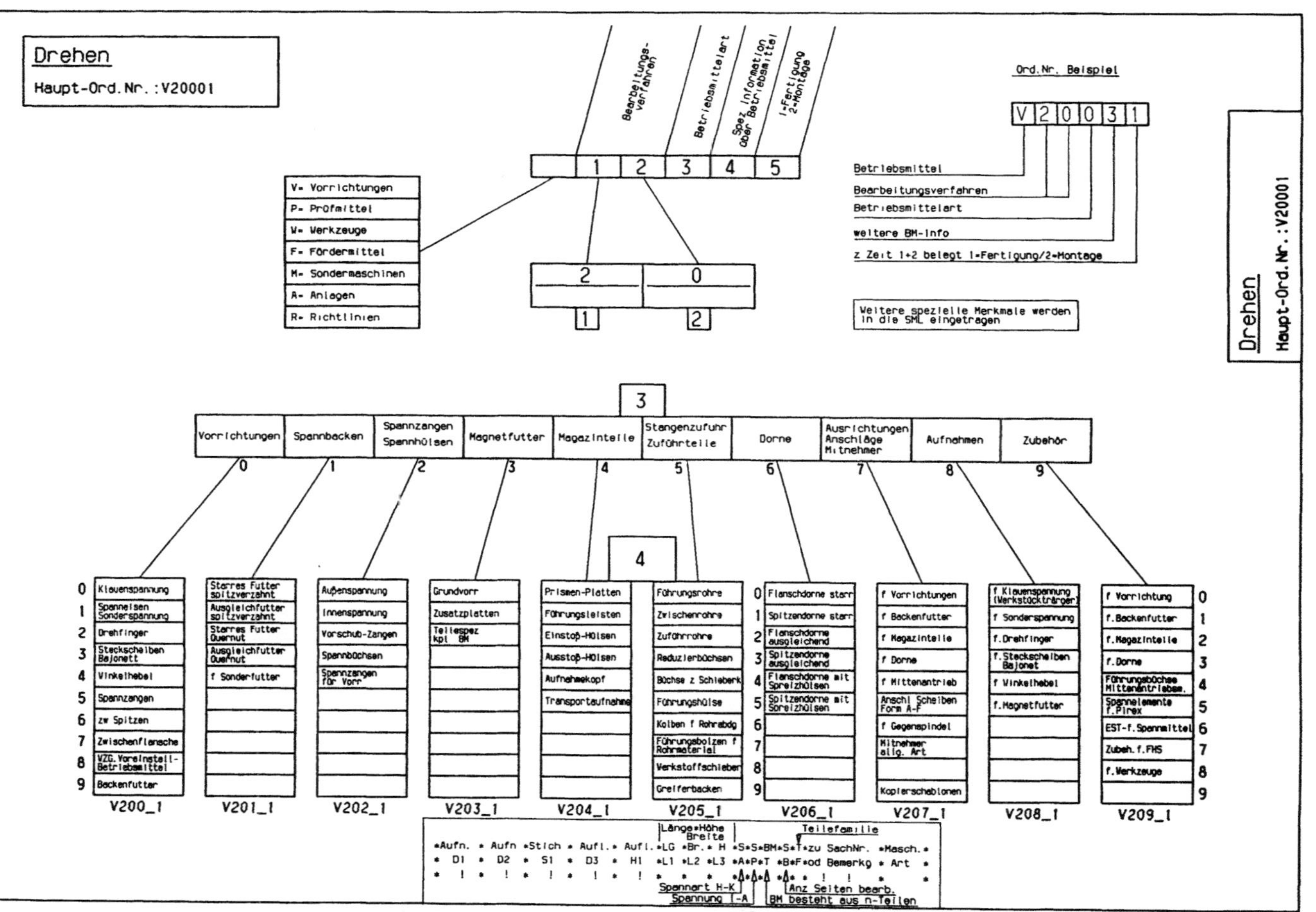

Bild 4-17. Hauptordnungsnummern für das Drehen mit Untergliederungen.

81

Beispiel: Festlegung der Ordnungsnummer nach Bild 4-17 für die Drehvorrichtung BV 002.0014 (Bild 4-11) und für die Spannvorrichtung für 3 Backenfutter BV 002.3668 (Bild 4-10).

Die BV-Nr. ist eine der Ordnungsnummer zugeordnete neue Zählnummer und wird vom Rechnersystem automatisch vergeben.

Ordnungsnummer für BV 002.014 = V 20.0.0.1

V = Vorrichtung (übergeordnet)
20 = Hauptordnungsnummer Drehen (Spalte 1 u. 2)
 0 = Vorrichtung   (Spalte 3)
 0 = Klauenspannung   (Spalte 4)
 1 = für Fertigung   (Spalte 5)

Ordnungsnummer für BV 002.3668 = V.20.1.2.1

V = Vorrichtung (übergeordnet)
20 = Hauptordnungsnummer Drehen (Spalte 1 u. 2)
 1 = Spannbacken   (Spalte 3)
 3 = für starres Futter u. Quernut (Spalte 4)
 1 = für Fertigung   (Spalte 5)

Die Ordnungsnummer und die Sachmerkmalsleiste ergeben zusammen die Vorrichtungsklassifizierung.

Weitere Beispiele über Hauptordnungsnummern und der jeweiligen Sachmerkmalsleiste zeigen die Bilder 4-18 bis 4-20.

Bild 4-18 = kombinierte Bearbeitung z. B. für Bearbeitungszentren mit der Hauptordnungsnummer V 30 001
Bild 4-19 = Schleifen mit der Hauptordnungs-Nr. V 50 001
Bild 4-20 = Pressen, Richten, Schränken mit der Hauptordnungs-Nr. V 60 001.

Durch die Klassifizierung der Vorrichtungen ist es kaum möglich, den gesamten Zeichnungsinhalt numerisch wiederzugeben. Es müssen deshalb Vorrichtungsmerkmale erarbeitet werden, die möglichst einfach zu erfassen und zu erkennen sind. Die Anzahl der Vorrichtungsmerkmale darf dabei eine bestimmte Größe nicht übersteigen, da sonst die Erstellung und die Handhabung des Klassifizierungssystems zu zeitintensiv wird.

Um zu entscheiden, welche Vorrichtungsmerkmale von Bedeutung sind, muß man folgende Kriterien gegeneinander abwägen:

- Zielsetzung,

- erforderliche Aussagen,

- Benutzerkreis.

Zu diesen Kriterien kann man eine Anforderungsmatrix erstellen. Zunächst werden die einzelnen Unternehmensbereiche den zu lösenden Aufgaben gegenübergestellt. In der unteren Hälfte der Matrix werden dann zu jeder Aufgabenstellung die benötigten Schlüsselaussagen qualitativ angegeben (Bild 4-21).

Die betrieblichen Unterschiede in bezug auf Umfang und Zusammensetzung des Vorrichtungsspektrums werden im allgemeinen so unterschiedlich sein, daß man die Vorrichtungsklassifizierung zu einem bestimmten Grad unternehmensbezogen aufbauen muß.

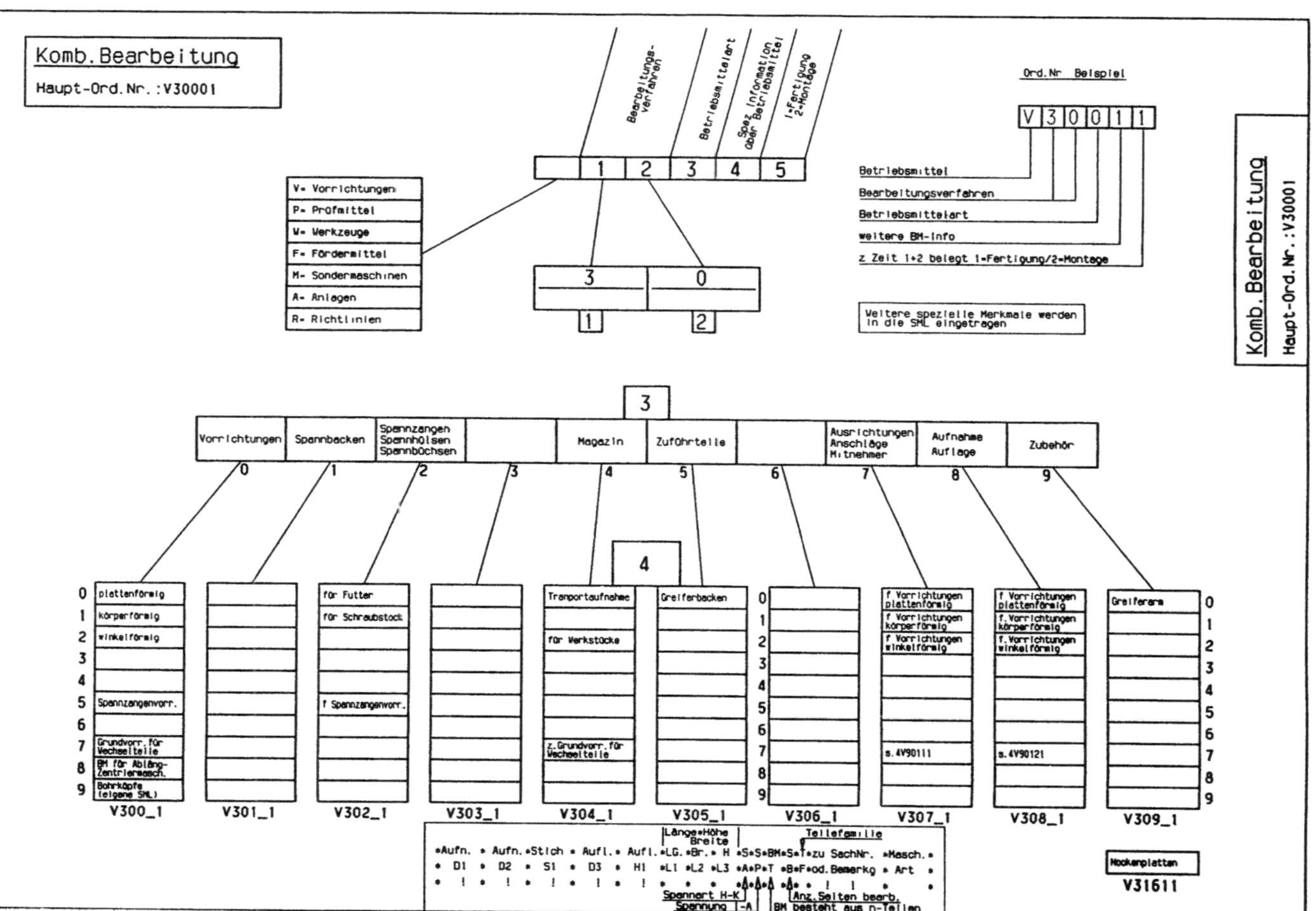

Bild 4-18. Hauptordnungsnummern für kombinierte Bearbeitung mit Untergliederungen.

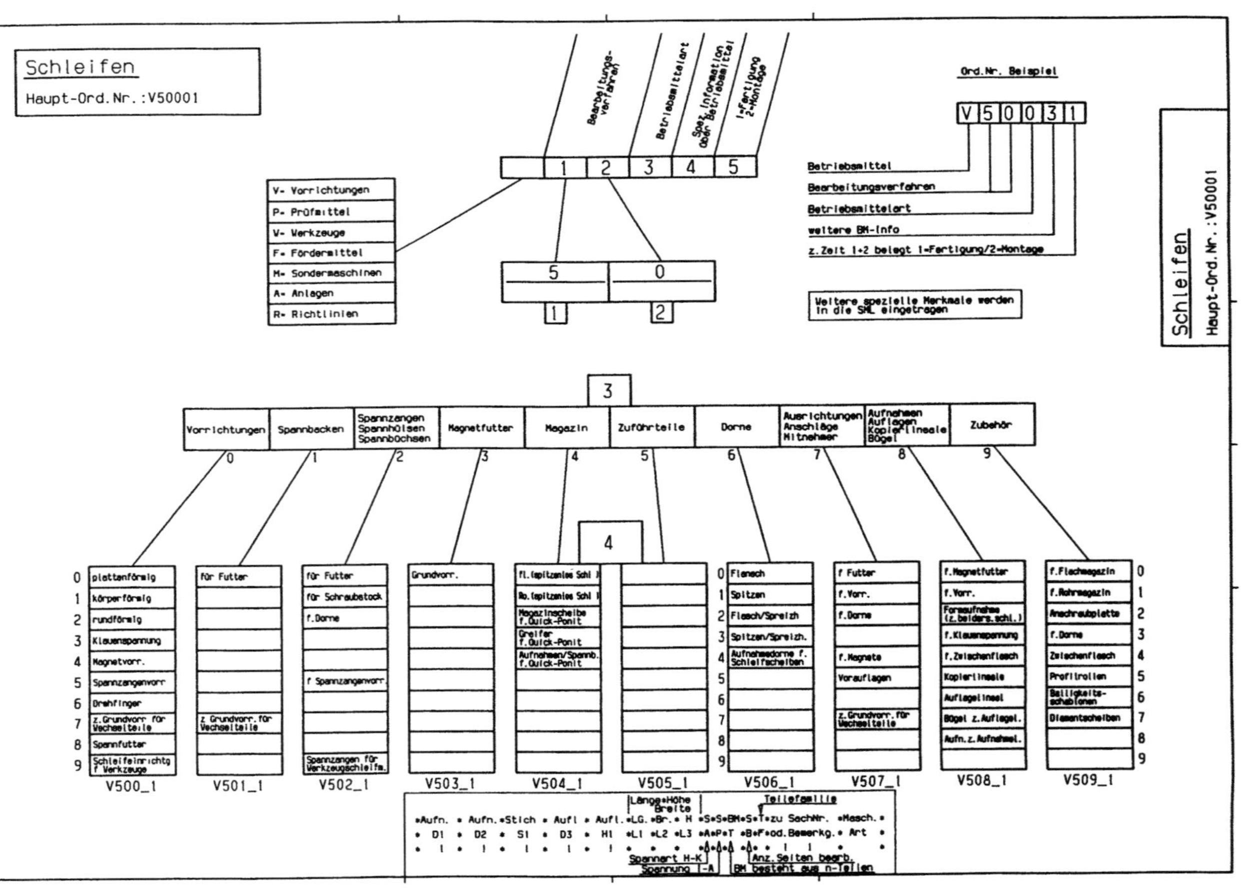

Bild 4-19. Hauptordnungsnummern für das Schleifen mit Untergliederungen.

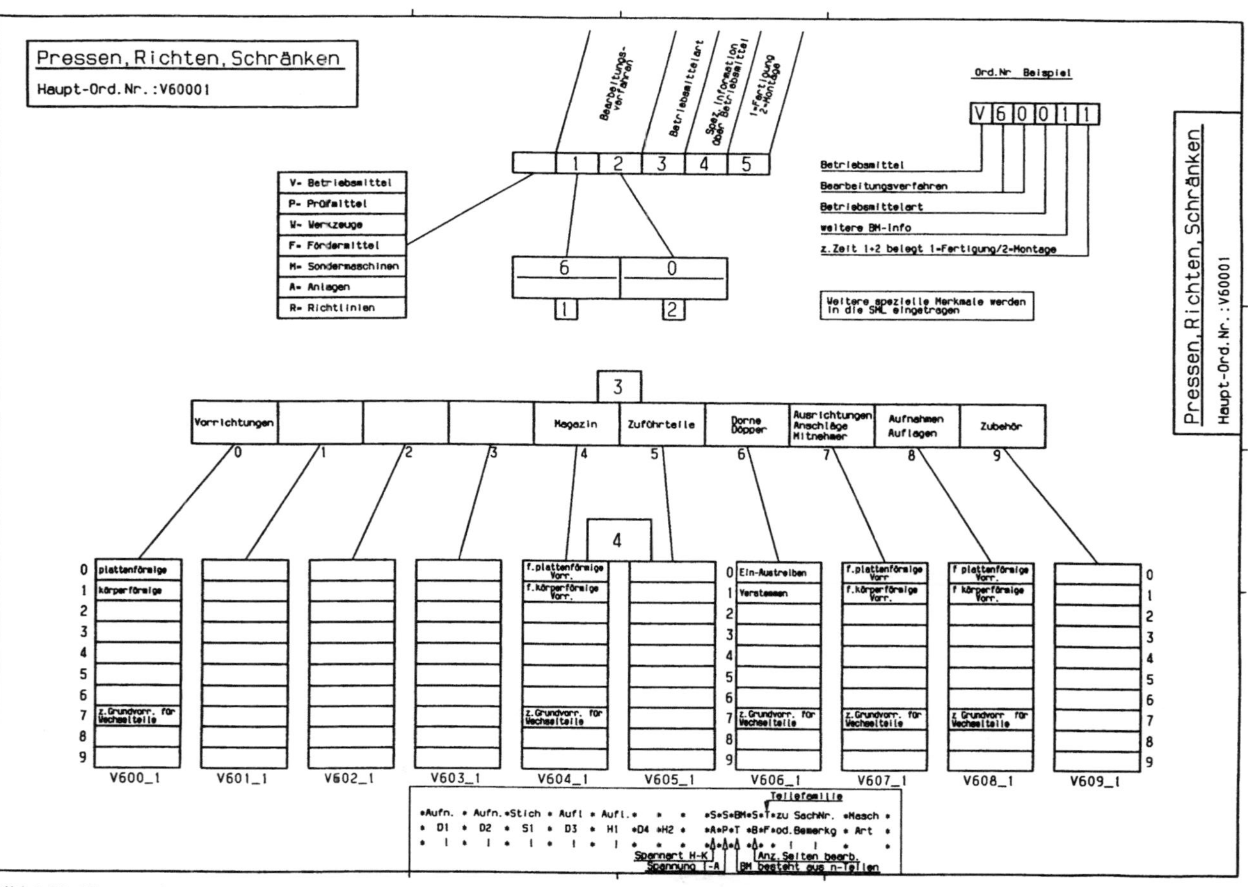

Bild 4-20. Hauptordnungsnummern für Pressen, Richten, Schränken mit Untergliederungen.

Zielgruppe / Zielsetzung / erforderliche Aussagen	Wiederverwendung ausgeführter Konstruktionen	Nutzung vorhandener Betriebsmittelzeichnungen	Standardisierung von Konstruktionsmerkmalen	Rückgriff auf standardisierte Planungswerte	Erfassung des Platzbedarfes und des Lageraufwandes	Hinweise auf Bearbeitungsmaschine	Information: ist für Werkstück Vorrichtung vorhanden	
Arbeitsablaufplanung	X					X	X	
Betriebsmittelkonstruktion	X	X	X			X	X	
Betriebsmittelterminstelle								
Betriebsmittelkalkulation				X				
Betriebsmittelnormenstelle			X					
Betriebsmittellager					X			
Maschineneinkauf						X		
Vorrichtungsnummer								
Werkstücknummer								
Werkstückklassifizierung								
Aufnahmeraumbegrenzung								
Bearbeitungsraumbegrenzung								
Bearbeitungshöhenunterschied								
Vorrichtungsausführung								
Anzahl der gesp. Werkstücke								
Vorrichtungszustand								
Standort der Vorrichtung								
Bedienung der Vorrichtung								
Anzahl der Vorrichtungen								
Verwendung für weitere Werkstücke								
Maschinenklassifizierung								
Vorrichtungsgröße								
überstehende Vorrichtungsteile								
Wartung der Vorrichtung								
Vorrichtungskosten								
Datum, Vorrichtungsfertigstellung								
Konstruktionszeit								
Datum, Konstruktionsfertigstellung								

Bild 4-21.
Anforderungsmatrix.

Klassifizierungsmerkmale können dabei sein:

Basisdaten, wie

– die Werkstücknummer und

– die Vorrichtungsnummer.

Einteilungsmerkmale der Vorrichtung, wie

– der Vorrichtungsaufbau und

– die Vorrichtungsart.

86

Geometrische Merkmale, wie

– die Vorrichtungsgröße,

– über die Vorrichtung hinausragende Vorrichtungsteile,

– der vorrichtungsabhängige Bearbeitungsraum und

– der vorrichtungsabhängige Aufnahmeraum für Werkstücke.

Technologische Merkmale, wie

– die Werkstückklassifizierung,

– die Maschinenklassifizierung und

– zusätzliche Einrichtungen für die Vorrichtung.

Einsatz- und Verwendungsmerkmale, wie

– die Verwendung der Vorrichtung für weitere Werkstücke,

– die Bedienung der Vorrichtung und

– die Wartung der Vorrichtung.

Werkstückklassifizierung zu Beispiel 1

Die Werkstückklassifizierung wird anhand des Teileschlüssels (Bild 4-12) vorgenommen. Der Teileschlüssel besteht in diesem Fall auch hier wieder firmenspezifisch aus 28 Stellen. Um eine ähnliche oder die Wiederverwendung einer bereits vorhandenen Vorrichtung zu finden, übernimmt man vom Teileschlüssel die Stellen 1–6. Durch die Angabe Form (Stelle 1–16) und die typischen Abmessungen (Stelle 9–16) des Werkstückes kann man schon die erste Vorauswahl der Vorrichtung treffen, da sich bei den Vorrichtungen bestimmte Formen für ähnliche Familiengruppen wiederholen.

Beispiel: Bild 4-22 zeigt die Klassifizierung einer Lagerbüchse (Bild Nr. 4-23).

Die Klassifizierung wird nach einer firmenspezifischen Werkstücksystematik bestimmt

1	2	3	4	5	6	7	8	9	10	11	12	13	14	15	16
Rotationsteil	Lagerbüchse		Glatte Axialbohrung mit Einstichen	Achs. Bohrungen außerhalb der Drehmitte Gewinde beide Seiten	Axiale Bohrungen Abgesetzt und Gewinde	Material GG		Länge- Maß				Ø oder Breite-Maß			
1	7	4	3	5	6	1	2	0	2	2	9	0	1	2	5

Bild 4-22. Klassifizierung einer Lagerbüchse (Unterlagen-Nr. 142020011).

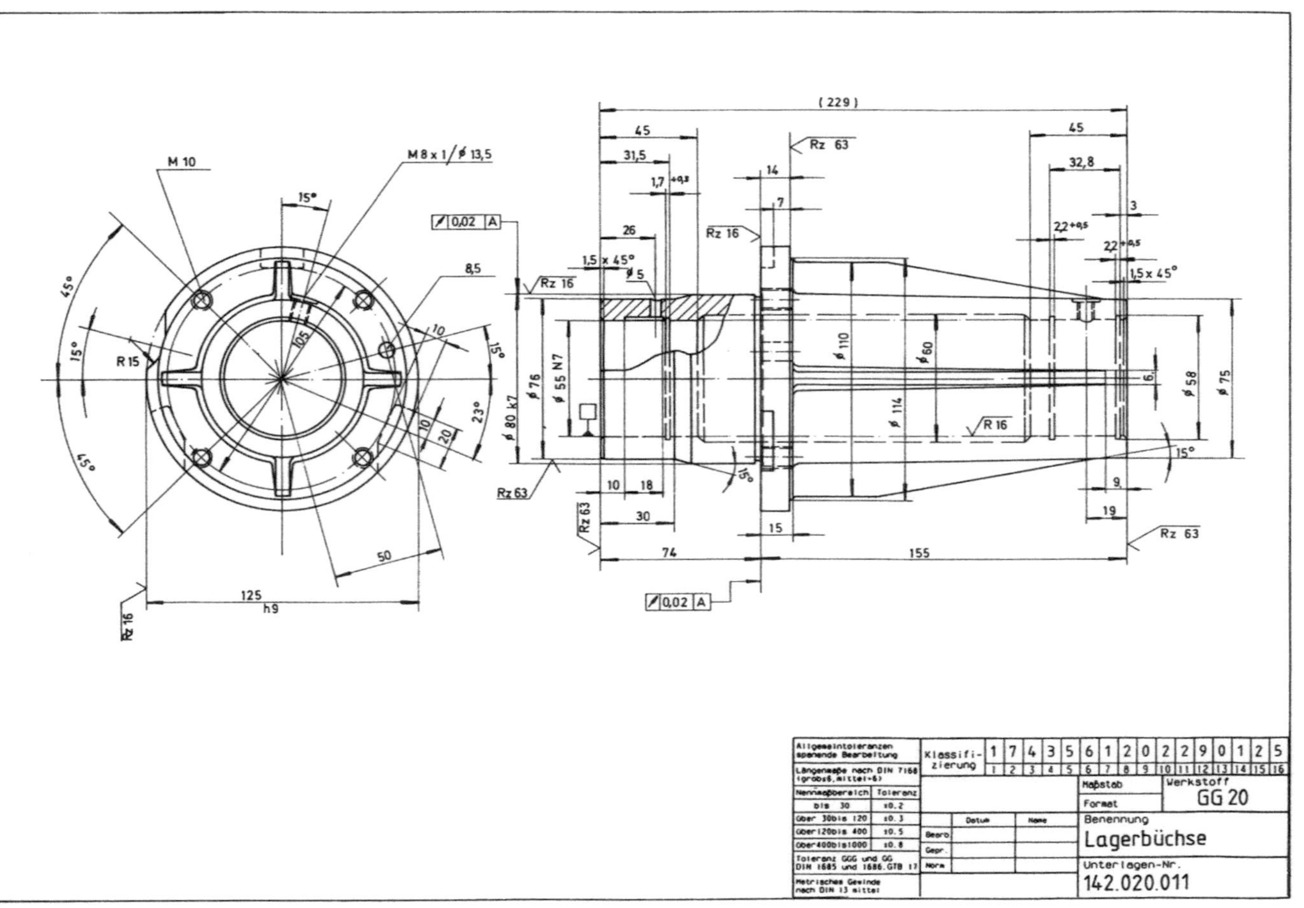

Bild 4-23. Klassifizierte Lagerbüchse nach Bild 4-22.

Beispiel 2 zu Vorrichtungs- und Werkstückklassifizierungen

Diese BM-Klassifizierung bedient sich der Vorteile der EDV, die darin liegen, eine Fülle von Daten in kürzester Zeit nach vorgegebenen, aber je nach Aufgabenstellung veränderbaren, Klassifizierungskriterien zu ordnen. Die daraus gewonnenen Informationen können bei der Planung und Neukonstruktion von BM Verwendung finden. Konstrukteure, externe Mitarbeiter, Fertigungsplaner und Nachwuchskräfte können damit

– Zeit und Kosten sparen durch Wiederverwendung von bewährten Betriebsmitteln,

– Know how erhalten zur schnellen Lösungsfindung,

– Konstruktionszeiten verkürzen durch Anlehnung an vorhandene Konstruktionen,

– Informationen über Kosten erhalten zur Kostenvorschätzung.

Als Hilfsmittel zur BM-Klassifizierung stehen zur Verfügung:

– EDV-Anlage,

– Klassifizierungsschlüssel,

– Zuordnungsprogramm,

– Zeichnungsarchiv, Mikro-Film, CAD-System.

Die Aufgabe des Suchlaufes des Zuordnungsprogrammes kann sein, ein bestimmtes oder mehrere ähnliche BM oder bestimmte Funktionsträger zu finden, die den geforderten Kriterien entsprechen.
Der BM-Klassifizierungsschlüssel (Bilder 4-24 und 4-25) setzt sich aus den verschlüsselten Klassifizierungskriterien zusammen, die sich in Basisdaten und DM-Konstruktionsmerkmale gliedern.

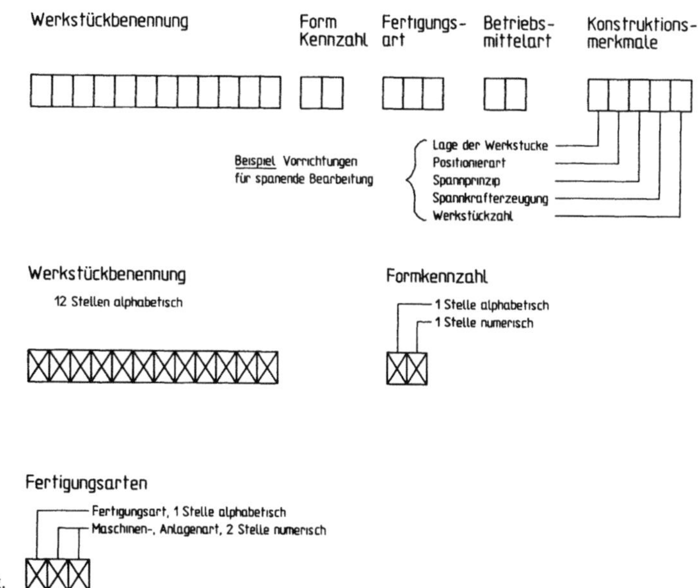

Bild 4-24.
Betriebsmittel-Klassifizierung.

Eingabeformular zur Klassifizierung von BM

BM-Nr.   Werkstück-Nr.:

Zugangsjahr:

Werkstückbenennung

Form- und Größenkennzahl

Fertigungsart

Betriebsmittelart

Konstruktionsmerkmale

Bild 4-25. Eingabeformular zur Klassifizierung von Betriebsmitteln.

Basisdaten bestehen aus:

– Werkstückschlüssel (Bild 4-26 und 4-27),

– Fertigungsart (Bild 4-28)

– Betriebsmittelart (Bild 4-29).

Für jeden Begriff in der Spalte „Werkstückbenennung" wird eine Tabelle mit Formkenn-
zahlen erstellt.

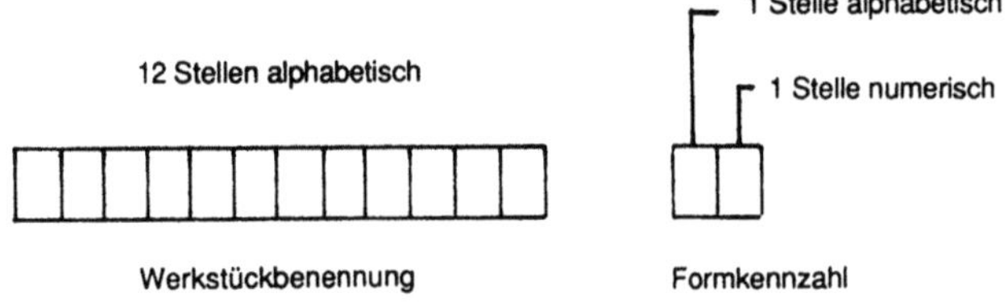

Bild 4-26. Schlüssel für Werkstückerkennung.

Formkennzahlen		Gegengewicht
A 0	Gegengewicht füt V-Stapler	1.5 to – Typ 350
A 1	Gegengewicht für V-Stapler	2 - 3 to – Typ 360
A 2	Gegengewicht für V-Stapler	3.5 -4 to – Typ 370
A 3		
A 4		
A 5		
B	frei	
C	frei	
D 0	Gegengewicht für E-Stapler	1.5 to – Typ 170
D 1	Gegengewicht für E-Stapler	2 - 3 to – Typ 180
D 2		
D 3		
D 4		
E	frei	
F	frei	
G 0		
G 1		50kg
G 2		100kg
G 3		300kg

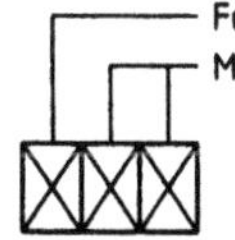

a. Drehen
b. Bohren
c. Fräsen
d. BAZ- und Komplettbearbeitung
e. Schleifen, Honen, Läppen
f. Hobeln, Stoßen, Räumen
g. Zahnradbearbeitung
h. Sägen, Trennen
i. Abtragen, Nacharbeiten, Entgraten

Bild 4-28. Fertigungsartenschlüssel.

a, Werkzeuge spanend
b, Werkzeuge und Vorrichtungen spanlose
c, Vorrichtungen für spanende Bearbeitung
d, Schweiß- und Lötvorrichtungen
e, Meß- und Prüfvorrichtungen
f, Hebevorrichtungen und Anschlagmittel
g, Montage- und Haltevorrichtungen
h, Transport- und Lagervorrichtungen
i, Vorrichtungen für die Oberflächen-
   und Wärmebehandlung
j, Standardvorrichtung

Bild 4-29. Betriebsmittelartenschlüssel.

Der Inhalt einer Formkennzahl wird beschrieben durch Bilder, physikalische Größen wie Länge, Breite, Höhe, $\varnothing$, Gewicht sowie Texte. Da nicht immer sichergestellt ist, daß formähnliche Werkstücke gleiche Benennung erhalten, sollte bei der Klassifizierung die im Schlüssel für Werkstückerkennung schon festgelegte Benennung gewählt werden. D. h. das Werkstück wird nach vorrichtungsspezifischen Gesichtspunkten klassifiziert.

Nach dem BM-Artenschlüssel (Bild 4-29) richtet sich auch die Zusammensetzung des Konstruktionsmerkmale-Schlüssel. Dieser muß bei Vorrichtungen für die spanende Bearbeitung (siehe Beispiel) anders strukturiert sein als bei z. B. Hebevorrichtungen und Anschlagmitteln.

Betriebsmittelkonstruktionsmerkmale bestehen z. B. bei Spannvorrichtungen aus:

- Lage des Werkstückes (Bild 4-30),

- Positionierart des Werkstückes (Bild 4-31),

- Spannprinzip für das Werkstück (Bild 4-32),

- Spannkrafterzeugung (Bild 4-33),

- Werkstückanzahl (Bild 4-34).

Die Struktur des Konstruktionsmerkmaleschlüssels ist je BM-Art verschieden.

Auf dem Dateneingabeformular (Bild 4-25) sind beim Klassifizieren anzugeben:

- BM – Ident.-Nr.,

- Zugangsjahr,

- Werkstücknummer,

- BM-Klassifizierungsnummer.

Als Ergebnis des Suchlaufes sollen eine oder mehrere ähnliche

- BM – Ident.-Nr.,

- Zugangsjahr,

- Werkstücknummer

am Bildschirm angezeigt oder ausgedruckt werden.

Mit diesen Daten kann dann über verknüpfte Datenbanken, Zeichnungsarchiv, CAD-System oder Mikrofilm-Lochkarten weitergearbeitet werden.

Die Klassifizierung erfordert Zeitaufwand und verursacht damit Kosten. Deshalb erscheint es sinnvoll und wirtschaftlich, zu prüfen, ob eine durchgängige oder nur teilweise Klassifizierung aller Betriebsmittel erforderlich ist. Die Entscheidung richtet sich letztendlich nach der Aufgabenstellung. Es gibt z. B. viele BM, die eine Ident.-Nr. erhalten, bei denen sich aber eine Klassifizierung für die Zukunft nicht lohnt.

Beispiel 3 zu Vorrichtungs- und Werkstückklassifizierungen

Klassifizierungssysteme sind, wie die Praxis zeigt, in den meisten Fällen nach firmenspezifischen Gesichtspunkten aufgebaut. Eines dieser Systeme (SMV) wurde speziell für die Betriebsmittelkonstruktion für Flugzeugtriebwerks-Teile strukturiert und erstellt.

Lage der Werkstücke

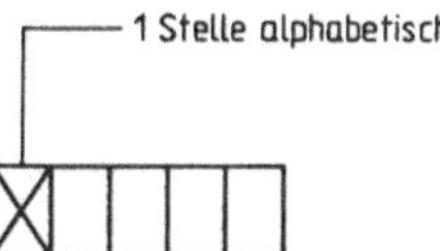

a, Werkstück flach auf Vorrichtung und den Maschinentisch

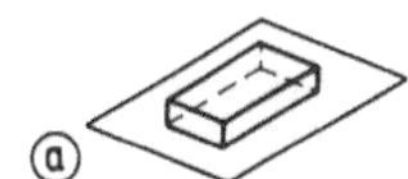

b, Werkstück hochkant gegen einen
Winkel

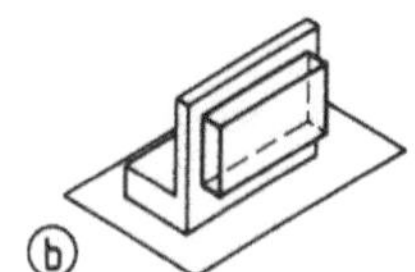

c, Werkstück flach auf Vorrichtung
und drehbar um eine horizontale
Achse

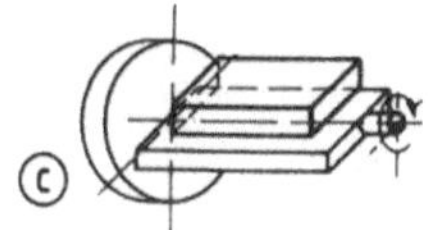

d, Werkstück flach auf Vorrichtung
und drehbar um eine vertikale
Achse

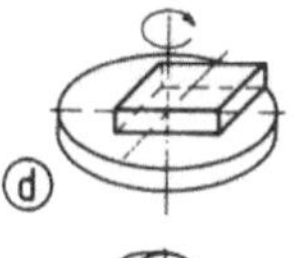

e, Werkstück hochkant gegen Vorrichtung und drehbar um eine
horizontale Achse

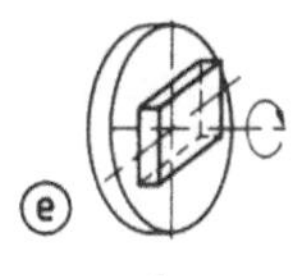

f, Werkstück hochkant gegen Winkel
und drehbar um eine vertikale Achse

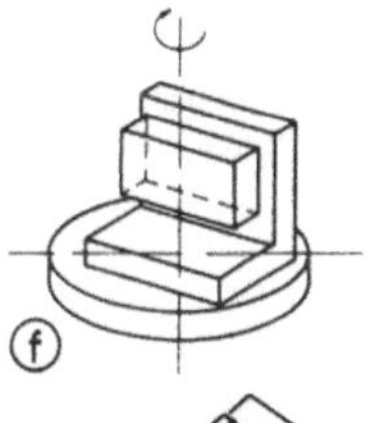

g, Werkstück ist um eine oder zwei
Achsen im Raum gedreht und auf dem
Maschinentisch befestigt

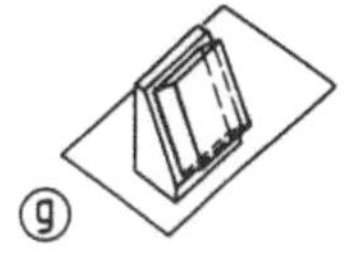

h, Werkstück ist um eine oder zwei
Achsen im Raum gedreht und wird
zusätzlich um eine horizontale oder
vertikale Achse gedreht.

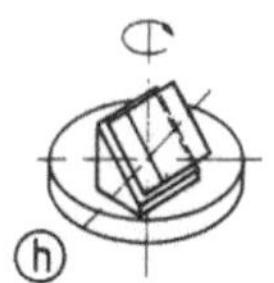

Bild 4-30. Konstruktionsmerkmaleschlüssel (Lage der Werkstücke).

Positionierart

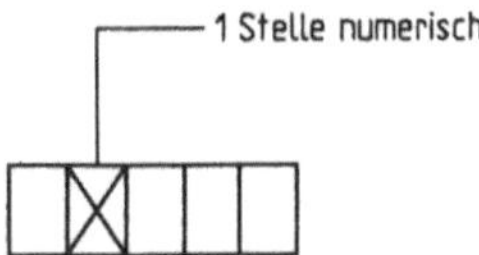

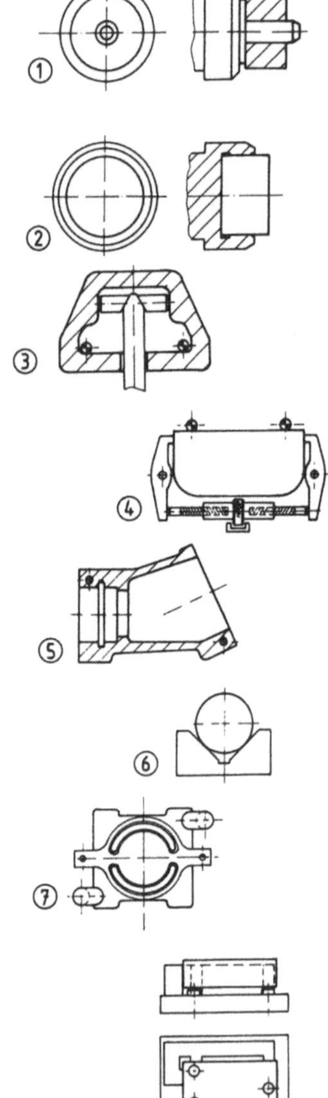

1. Positionieren nach einer
   kreisförmigen Innenkontur

2. Positionieren nach einer
   kreisförmigen Außenkontur

3. Positionieren nach einer
   unregelmäßigen Innenkontur

4. Positionieren nach einer
   unregelmäßigen Außenkontur

5. Positionieren in Aufnahme-
   stiften

6. Positionieren in einem
   Prisma

7. Positionieren in einem
   Raumeck

8. Positionieren nach einer
   Schablone

Bild 4-31. Konstruktionsmerkmaleschlüssel (Positionierart).

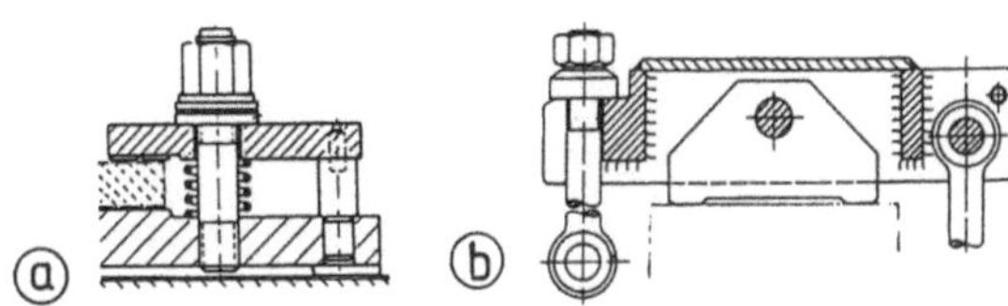

Spannprinzip

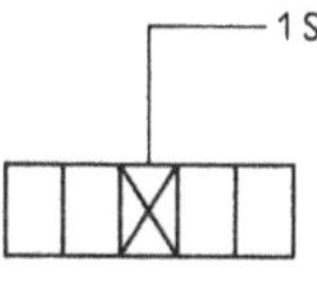

a, Spanneisen

b, Spannbügel

c, Spannhaken

d, Spannhebel

e, Niederzugspannung

f, Keilspannung

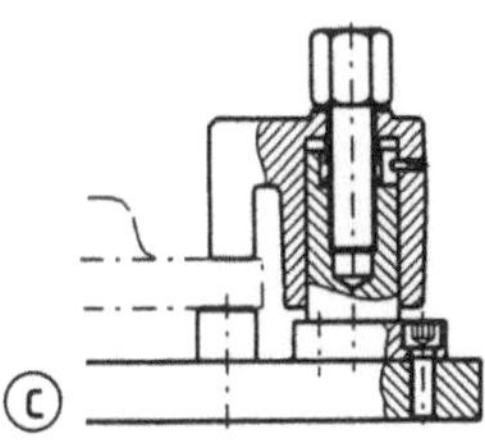

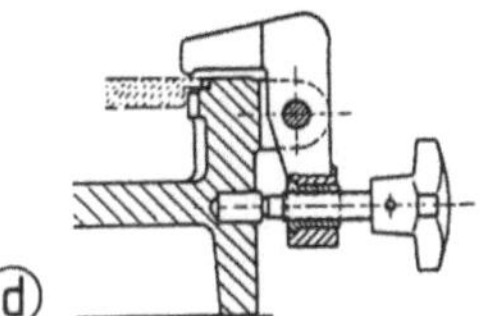

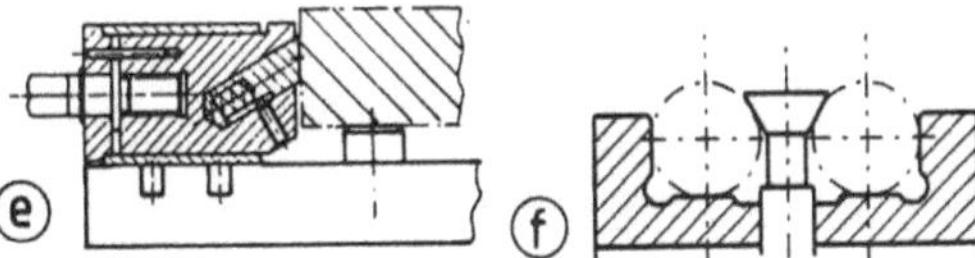

Bild 4-32. Konstruktionsmerkmaleschlüssel (Spannprinzip).

Spannkrafterzeugung

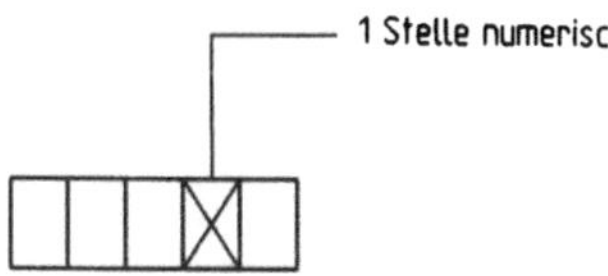

1. von Hand
2. hydraulisch manuell
3. hydraulisch kraftmotorisch
4. kombiniert von Hand und hydraulisch
5. pneumatisch
6. Elektromotor und Gewindespindel
7. magnetisch permanent
8. magnetisch elektrisch

Bild 4-33. Konstruktionsmerkmaleschlüssel.

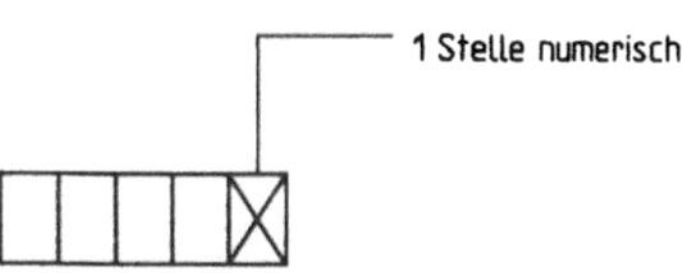

0	für keine Belegung/ keine Angaben
1	für ein Stück
2	für zwei Stück
3	für drei Stück
4	für vier Stück
5	5 – 10 Stück
6	11 – 20 Stück
7	21 – 50 Stück
8	50 – 100 Stück
9	> 100 Stück

Bild 4-34. Werkstückanzahl.

Das Klassifizierungssystem – Sachmerkmalsverwaltung (SMV) – ist gegliedert nach
Teileklassen und Ordnungsnummern mit dem Ziel, daß jeweils eine oder mehrere Sachnummern dem Anwender zur Auswahl zur Verfügung stehen (Bild 4-35).

Die *Teilekasse* (TK) gibt an, ob der Benutzer z. B. im Bereich Betriebsmittel (BM) oder
Werkzeuge (WZ) usw. Standardelemente benötigt (Bild 4-36).

Die *Ordnungsnummern* sind gegliedert nach

– *Bauteil* (Stator, Rotor, Schaufeln....),

– *Bearbeitungs-Verfahren / Grob* (spanlos, spanabhebend,.....),

– *Bearbeitungs-Verfahren / Fein* (Drehen, Fräsen, Schleifen....) (siehe Strukturaufbau,
  Bild 4-35).

In dem nachfolgenden Beispiel ist der Ablauf aufgezeigt für ein benötigtes Betriebsmittel
(Spannvorrichtung) geeignet für

– Gehäuse (Einzelteil mit Gehäusehöhe 100 mm),

– zum Innendrehen mit einem Vorrichtungs Aussendurchmesser von 900 – 1000 mm,

– Zeichnungserstellung in CAD.

Vorgehensweise in Schritten:

1. Teileklasse **TK-BM**
   für SBM Vergleichszeichnungen (Maske 1, Bild 4-36),

2. Ordnungsnummer **00**
   für Stator-Gehäuse-Einzelteil (Maske 2, Bild 4-37),

3. Ordnungsnummer **0000**
   für Spanabhebend-Drehen (Maske 3, Bild 4-38),

4. Ordnungsnummer **000000**
   für Innen-Drehen (Maske 4, Bild 4-39),

5. Sachnummer (Maske 5, Bild 4-40)

Übersicht der verfügbaren Sach-Nummer mit den Kriterien

ADM – Aussendurchmesser (mm)
GH   – Gehäusehöhe   (mm)
BA   – Betriebsmittelart
PR   – Projekt
OR   – Original (CAD/Konv.)
AL   – Ablage
KS   – Kosten in Konstruktionsstunden
FS   – Kosten in Fertigungsstunden

6. Mögliche Eingrenzungen der verfügbaren Sach.-Nr. (Maske 6, Bild 4-41)

   Beispiel:
   Art des Originals und Aussendurchmesser

   Ergebnis:
   siehe Maske 7 (Bild 4-42).

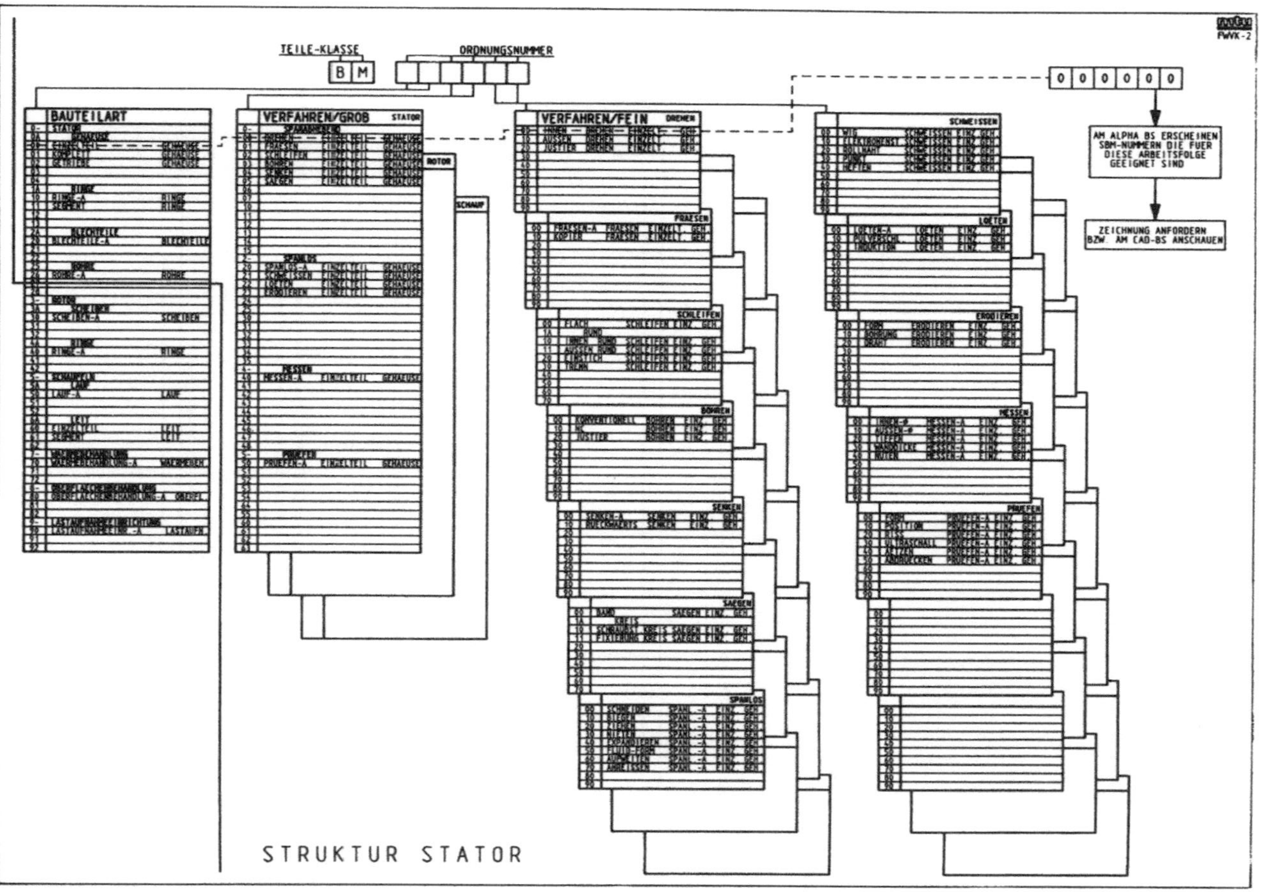

Bild 4-35. Klassifizierungssystem.

```
========== ORDNUNGSNUMMERN ============        DATUM: 910218
=============== ANZEIGEN ================

ORDNUNGSNR. TK  BENENNUNG/STICHWORT. WEITERE BESCHREIBUNG
----------------------------------------------------------------------------
  -          BM   SBM-VERGLEICHSZEICHNUNGEN
  -          HA   HALBZEUGE
  -          HI   HILFSSTOFFE
  -          NO   NORMTEILE
  -          RI   ASDFGH
  -          WZ   WERKZEUGE
  -          ZU   ZUSATZWERKSTOFFE UND BETRIEBSSTOFFE




FUNKTION SACHNR./ORDNUNGSNR.   TK STICHWORT / MKZB    AUSWAHL J/N SPR
 TS 11   ------------------------ bm ----------------------      -   D
 -- --   --------------------------------------
```

Bild 4-36. Maske 1.

```
========== ORDNUNGSNUMMERN ============        DATUM: 910218
=============== ANZEIGEN ================        SEITE:      1
FORTSETZUNG PF8
ORDNUNGSNR. TK  BENENNUNG/STICHWORT. WEITERE BESCHREIBUNG
----------------------------------------------------------------------------
  -   0      BM   ...............STATOR...........................
  -   0A     BM   .....GEHAEUSE.....
  -   00     BM   EINZELTEIL..............................GEHAEUSE
  -   01     BM   KOMPLETT................................GEHAEUSE
  -   02     BM   GETRIEBE................................GEHAEUSE
  -   03     BM   .
  -   1A     BM   .....RINGE.....
  -   10     BM   RINGE-ALLG............................RINGE.STA
  -   11     BM   SEGMENT...............................RINGE.STA
  -   12     BM   .
  -   2A     BM   .....BLECHTEILE.....
  -   20     BM   BLECHTEILE-ALLG......................BLECHTEILE
  -   21     BM   .
  -   25     BM   .....ROHRE.....
  -   26     BM   ROHRE-A..................................ROHRE

FUNKTION SACHNR./ORDNUNGSNR.   TK STICHWORT / MKZB    AUSWAHL J/N SPR
 TS 11   00------------------- BM --------------------      -   D
 -- --   --------------------------------------
```

Bild 4-37. Maske 2.

```
========== ORDNUNGSNUMMERN ============        DATUM: 910218
=============== ANZEIGEN ================        SEITE:      1
FORTSETZUNG PF8
ORDNUNGSNR. TK  BENENNUNG/STICHWORT. WEITERE BESCHREIBUNG
----------------------------------------------------------------------------
  -   00     BM   EINZELTEIL...........................GEHAEUSE
  -   000    BM   ...............SPANABHEBEND..................
  -   0000   BM   DREHEN..........................EINZ.GEHAEUSE
  -   0001   BM   FRAESEN.........................EINZ.GEHAEUSE
  -   0002   BM   SCHLEIFEN.......................EINZ.GEHAEUSE
  -   0003   BM   BOHREN..........................EINZ.GEHAEUSE
  -   0004   BM   SENKEN..........................EINZ.GEHAEUSE
  -   0005   BM   SAEGEN..........................EINZ.GEHAEUSE
  -   0006   BM   .
  -   002    BM   ...............SPANLOS.....................
  -   0020   BM   SPANLOS-ALLG....................EINZ.GEHAEUSE
  -   0021   BM   SCHWEISSEN......................EINZ.GEHAEUSE
  -   0022   BM   LOETEN..........................EINZ.GEHAEUSE
  -   0023   BM   ERODIEREN.......................EINZ.GEHAEUSE
  -   0024   BM   .

FUNKTION SACHNR./ORDNUNGSNR.   TK STICHWORT / MKZB    AUSWAHL J/N SPR
 TS 11   0000                   BM --------------------      -   D
 -- --   --------------------------------------
```

Bild 4-38. Maske 3.

```
=========== ORDNUNGSNUMMERN ===========        DATUM: 910218
=============== ANZEIGEN ===============
DFS064 08:50:45 NO SUCH TRANSACTION CODE
ORDNUNGSNR. TK  BENENNUNG/STICHWORT. WEITERE BESCHREIBUNG
-----------------------------------------------------------------------
-  0000     BM   DREHEN.......................................EINZ.GEHAEUSE
-  000000   BM   INNEN...............................DREHEN...EINZ.GEHAEUSE
-  000010   BM   AUSSEN..............................DREHEN...EINZ.GEHAEUSE
-  000020   BM   JUSTIER.............................DREHEN...EINZ.GEHAEUSE




FUNKTION SACHNR./ORDNUNGSNR.   TK STICHWORT / MKZB    AUSWAHL J/N SPR
  TS 15   000000               BM ---------------------        n   D
  -- --   -----------------------------------------------
```
Bild 4-39. Maske 4.

```
========== GESAMTUEBERSICHT ===========        DATUM: 910218
============== ANZEIGEN ================

000000      BM INNEN..............................DREHEN...EINZ.GEHAEUSE    4

SACHNUMMER        |ADM |GH  |BA  |PR    |OR  |AL  |KS  |FS  |
------------------|----|----|----|------|----|----|----|----|
31-40081-2355     | 500|    |SPV |ALLG  |CAD |F31 |    |    |
3A0129F006        | 920| 100|AUF |V2500 |CAD |V25F|    |    |
000000            |1200| 400|SPV |PW2037|CAD |STDL|    |    |
8A0709F002        |1200| 400|SPV |PW2037|KONV|    |    |    |




FUNKTION SACHNR./ORDNUNGSNR.   TK STICHWORT / MKZB    AUSWAHL J/N SPR ABTL
  TS 15   000000               BM ---------------------        J   D  ----
  -- --   -----------------------------------------------
```
Bild 4-40. Maske 5.

```
======== AUSWAHL DER MERKMALE =========        DATUM: 910218
============== ERFASSEN ================

000000      BM INNEN..............................DREHEN...EINZ.GEHAEUSE

   MKZB B  WERT-UNTERGRENZE    WERT-OBERGRENZE
----------------------------------------------------------------
1  adm  -  0900-------------    1000-------------
2  or-- -  cad-------------     cad-------------
3  ---- -  -------------        -------------
4  ---- -  -------------        -------------
5  ---- -  -------------        -------------
6  ---- -  -------------        -------------

1  ADM   AUSSENDURCHMESSER      MM       - FS   FERTIGUNGSSTUNDEN    STD
2  GH    GEHAEUSEHOEHE          MM
3  BA    BETRIEBSMITTELART
4  PR    PROJEKT
5  OR    ORIGINAL (CAD/KONV)
-  AL    ABLAGE (CAD-FILE)
-  KS    KONSTRUKTIONSSTUNDEN STD
FUNKTION SACHR./ORDNUNGSNR.    TK STICHWORT / MKZB    AUSWAHL J/N SPR ABTL
  TS 15   000000               BM ---------------------        J   D  ----
  -- --   -----------------------------------------------
```
Bild 4-41. Maske 6.

```
========== GESAMTUEBERSICHT ===========        DATUM: 910218
============== ANZEIGEN ================

000000     BM INNEN.............................DREHEN...EINZ.GEHAEUSE    1

SACHNUMMER          |ADM |GH  |BA  |PR    |OR  |AL  |KS  |FS  |
------------------- |----|----|----|------|----|----|----|----|
3A0129F006          | 920| 100|AUF |V2500 |CAL |V25F|    |    |




FUNKTION SACHNR./ORDNUNGSNR.   TK STICHWORT / MKZB     AUSWAHL J/N SPR AUTI
  TS 15   000000                  BM ---------------------         J   D  --
  -- --   ------------------------ -
```

Bild 4-42. Maske 7.

An diesem Beispiel sollte demonstriert werden, daß mit nur wenigen Schritten und der
richtigen Eingrenzung eine geeignete Spannvorrichtung zur Verfügung steht. Jetzt beginnt
für den Konstrukteur die eigentliche Arbeit. Er muß versuchen, ob diese Vorrichtung
(F006) geeignet ist für sein neues Bauteil und welche Anpassungen erforderlich sind.
Durch diese Vorgehensweise können erhebliche Konstruktionskosten eingespart und die
Durchlaufzeiten um ein Vielfaches reduziert werden.

Beispiel 4 zu Vorrichtungs- und Werkstückklassifizierungen

Nach *E. Hahn* [7] werden die Vorrichtungen hinsichtlich der Einsatzmöglichkeit und dem
Verwendungszweck gegliedert. Diese Klassifizierung läuft auf eine starre Zuordnung der
Vorrichtung zu verschiedenen Komplexstufen eines Erzeugnisses hinaus (Bild 4-43).

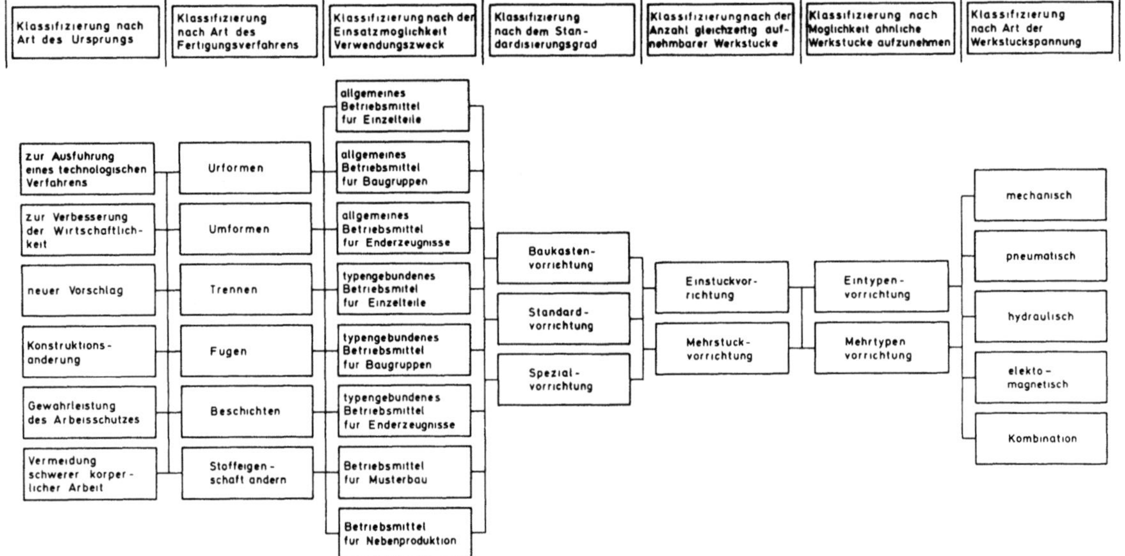

Bild 4-43. Klassifizierungskriterien für Vorrichtungen.

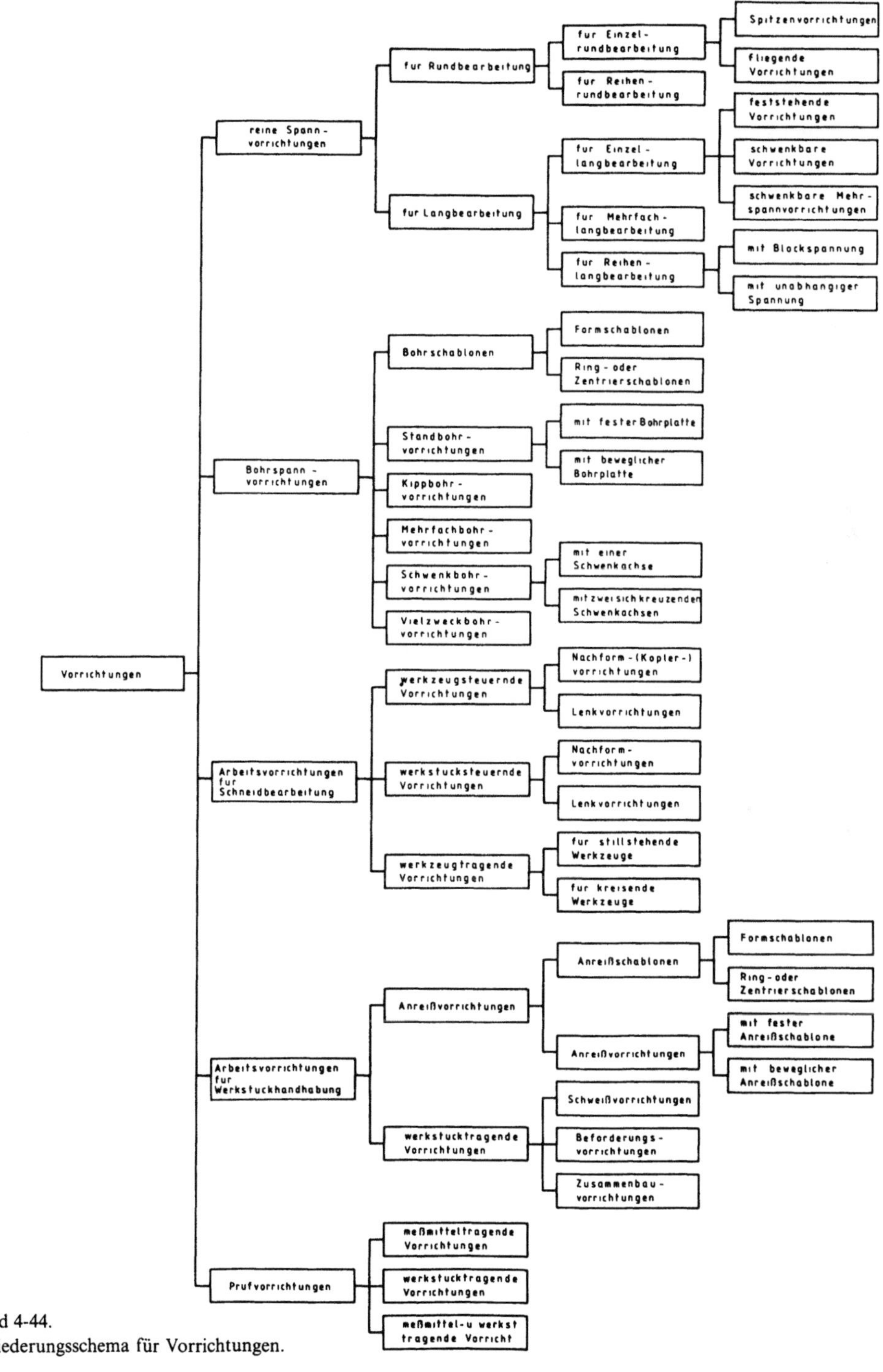

Bild 4-44.
Gliederungsschema für Vorrichtungen.

Beispiel 5 zu Vorrichtungs- und Werkstückklassifizierungen

Nach *H. Mauri* [8] liegt bei der Vorrichtungsklassifizierung der Schwerpunkt der Vorrichtungscharakterisierung nicht mehr so ausschließlich auf der Angabe des Fertigungsverfahrens, vielmehr werden die Vorrichtungsfunktionen und die markanten Konstruktionsmerkmale in den Vordergrund gestellt (Bild 4-44).

4.2.4 EDV-unterstützte Lösungsfindung – Programmsystem

Um einer Bearbeitungsaufgabe eine Vorrichtung zuordnen zu können, muß anhand des Klassifizierungssystems ein Rechen- bzw. Zuordnungsprogramm für den Rechner erstellt werden. Das für die Zuordnung eingesetzte Programmsystem muß so konzipiert sein, daß der Benutzer lediglich einfache Entscheidungen treffen und im Dialog mit dem Rechner eingeben muß (Bild 4-45).

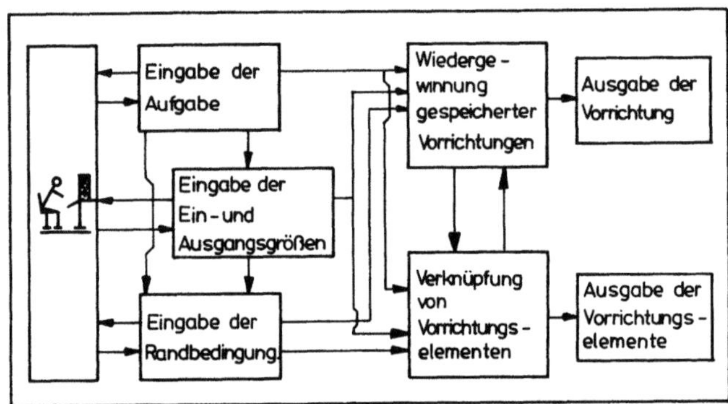

Bild 4-45. Struktur eines Dialogprogrammes zur Lösungsfindung.

Die Ergebnisse der Vorrichtungszuordnung werden in einem Protokoll dokumentiert. Aus dem betrieblichen Vorrichtungsbestand werden alle Vorrichtungen, die den Klassifizierungsmerkmalen genügen, ermittelt und mit den aktuellen Daten ausgedruckt. Ausgehend von diesen Daten läßt sich eine Auswahl der möglichen Vorrichtung treffen. Bei negativen Ergebnissen sollten automatisch entsprechende Hinweise kommen, aus denen hervorgeht, daß keine Vorrichtung gefunden wurde (mit der Angabe, welches Kriterium nicht erfüllbar ist). Damit ist die Möglichkeit gegeben, sich durch eine Abänderung der Vorrichtungskriterien eine ähnliche Vorrichtung ausdrucken zu lassen. Durch kleine Änderungen wäre manche Vorrichtung wieder verwendbar. Die Angabe der nicht erfüllten Kriterien sollte jedoch in engen Grenzen bleiben (z. B. max. nur 3 bis 4 Änderungskriterien ausdrucken).

Die Realisierung der Vorrichtungsauswahl mit Hilfe einer EDV-Anlage erfolgt im Dialogbetrieb. Zum einen kann das Programmsystem in Stapelverarbeitung, zum anderen im direkten Dialog zwischen dem Rechner und dem Benutzer ausgelegt werden. Bei entsprechendem Aufbau und entsprechender Strukturierung eignen sich beide Möglichkeiten. Eine Verarbeitung im Dialogbetrieb ist jedoch günstiger. Der Sachbearbeiter kann je nach der Aufgabenstellung korrigierend in den Ablauf eingreifen.

Der Ablaufplan in Bild 4-46 zeigt eine Möglichkeit der Vorrichtungszuordnung auf. Der Ablauf wurde für die Bereiche Konstruktion, Arbeitsablaufplanung, Lagerhaltung und Verschrottung aufgestellt.

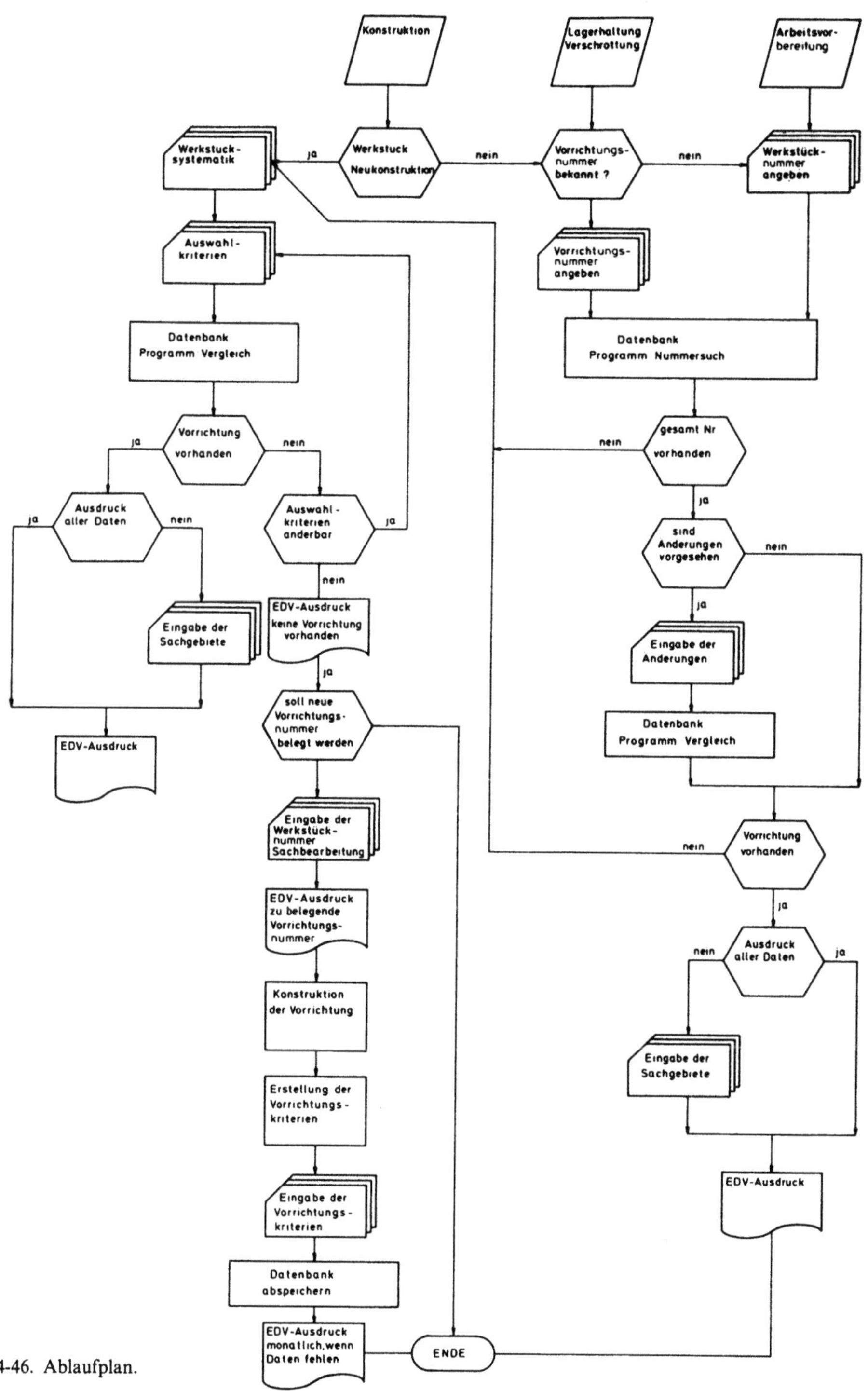

Bild 4-46. Ablaufplan.

4.2.5 Zeichnungsverwaltung in der Betriebsmittel-Konstruktion

Einsatz von Mikrofilm

Da sich der Wert einer Rationalisierungsmaßnahme nach der Relation zwischen Aufwand und Nutzen richtet, ist es sinnvoll, eine Maßnahme wie die Einführung der Zeichnungsverfilmung genauestens daraufhin zu untersuchen, ob den notwendigen Investitionen entsprechende Einsparungen gegenüberstehen.

Mögliche Zielsetzungen bei der Einführung der Mikroverfilmung sind u. a.

- Reduzierung von Raum und Ablageschränken,

- kurzfristiges Zugreifen des Sachbearbeiters (Duplikat-Mikrofilmkarte ist bei der jeweiligen Bearbeitungsgruppe),

- schnellere Bereitstellung für externe Abteilungen (z. B. NC-Programmierer zur Erstellung der NC-Programme),

- Einsparung von Papierkosten,

- Einsparung von Personalkosten,

- Wege-, Warte-, Suchzeitminimierung.

Der Mikrofilm ist organisatorisch betrachtet ein Verfahren zur Rationalisierung des Informations- und des Kommunikationswesens. Technisch gesehen ist der Mikrofilm ein Verfahren zur Herstellung von Verkleinerungen, z. B. in der Betriebsmittelkonstruktion der Vorrichtungszeichnungen in beliebiger Größe.

Bei einer Maschinenfabrik mit 8500 Beschäftigten ist man mit der Mikroverfilmung seit 1975 mit Erfolg soweit gegangen, daß die Original-Vorrichtungszeichnungen nach dem Einsatz der Vorrichtungen in der Fertigung verfilmt und die Originalzeichnungen vernichtet wurden.

Bei der Betriebsmittelkonstruktion konnte man diesen Schritt gehen, da die Vorrichtungszeichnungen weniger häufig als z. B. Produktteilezeichnungen Änderungen unterliegen. Wenn sich bei einer Produktzeichnung z. B. nur der Vermerk von lackiert in brünniert ändert, muß ein neuer Mikrofilm erstellt werden. Diese Änderungen hat aber auf die Vorrichtungszeichnung keinen Einfluß und muß somit nicht neu verfilmt werden. Muß, wenn das Original vernichtet ist, eine Änderung vorgenommen werden, wird eine Transparentrückvergrößerung erstellt und die Änderungen werden auf dieser eingezeichnet und dann wieder neu verfilmt. Durch diese Vorgehensweise kann der Platzbedarf auf ein Minimum reduziert werden.

Bild 4-47 zeigt den Ablauf vom Entwurf bis zum Archiv.

Elektronisches Zeichnungs-Archivierungs-System

Solche Systeme sind als generell einsetzbare Informations- und Archivierungs-Systeme ausgelegt und sind auf gängigen Betriebssystemen lauffähig. Sie verwalten formatierte und nicht formatierte Datenbestände, wie z. B.

- Textdokumente,
- CAD-Daten,
- Daten von Datenbanken,
- Desktop-Publishing-Dokumente.

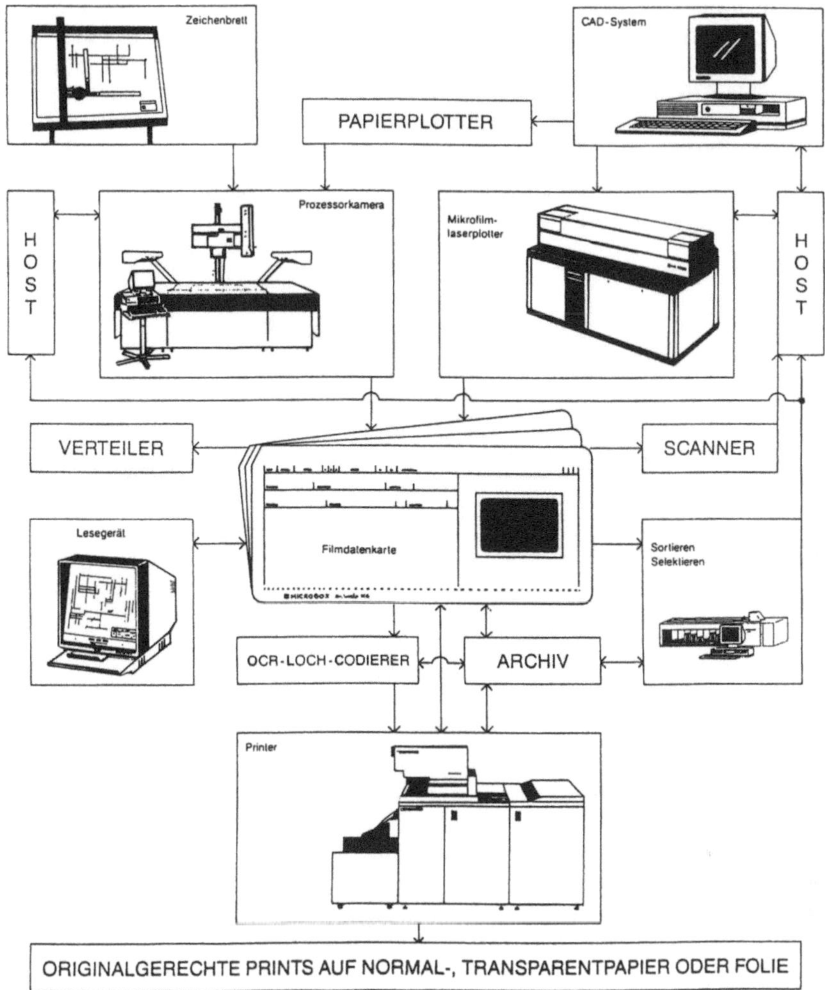

Bild 4-47. Ablauf vom Entwurf bis zum Archiv.

Zum Einlesen, Archivieren und Ausgeben der Informationen benötigen diese Systeme eine Zentraleinheit mit Bildschirm, optische und/oder magnetische Speicherplatten, Scanner und Drucker. Ein derartiges System wird z. B. in einer Maschinenfabrik mit ca. 8500 Mitarbeitern und mehreren dazugehörigen, aber nicht am gleichen Ort befindlichen, Zweigwerken zur Zeichnungsarchivierung eingesetzt. Dieses System soll die Mikroverfilmung mittelfristig weitgehend ablösen. Zielsetzung des Einsatzes ist das verbesserte und schnellere Wiederfinden aller archivierten Zeichnungen. Weitere Vorteile für die praktische Arbeit liegen in der Verkürzung der Wegzeiten z. B. zu den Zweigwerken (Postwege), gute und schnelle Reproduzierbarkeit mit aktuellem Stand und dem Wegfall von Routinearbeiten.

Vorgehensweise: Die Zeichnungen werden mittels Scanner in das Betriebssystem eingelesen. Dabei wird die Zeichnung in einzelne Rasterpunkte (Bildpunkte) zerlegt. Diese

Informationen werden vom Betriebssystem verarbeitet und auf einem Speichermedium abgespeichert. Zum Aufruf der Informationen (Zeichnung) holt sich das Betriebssystem die gewünschten Daten vom Speichermedium, bereitet sie auf und gibt sie an die gewünschte Ausgabestation (Bildschirm/Drucker) weiter. Die Qualität der Wiedergabe ist abhängig vom Original. Durch die Qualität und leichte Reproduzierbarkeit kann das teure Aufbewahren der Originalzeichnungen entfallen.

Bild 4-48 zeigt eine Minimalversion aus Workstation, Netzwerkanschlüssen, kombiniertem Scanner/Drucker/Kopierer und einem Laufwerk für optische Speicherplatten.

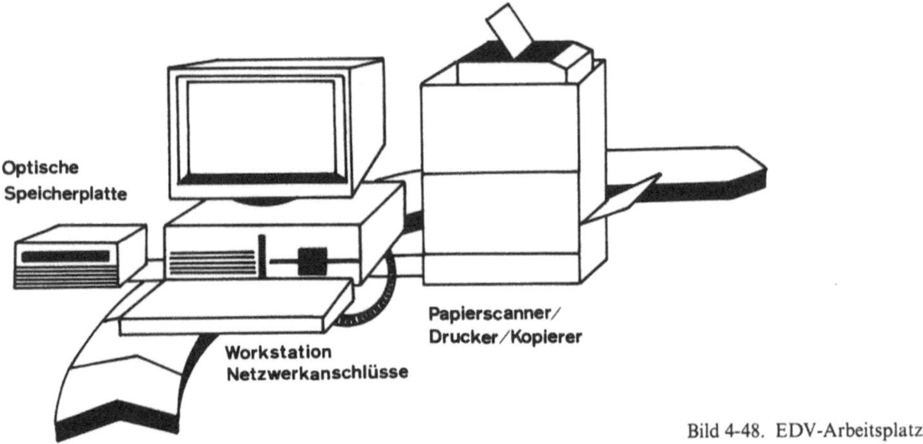

Bild 4-48. EDV-Arbeitsplatz.

Bild 4-49 zeigt eine mögliche Großversion mit zahlreichen Workstations im Netzwerk (Token Ring), Juke Box für mehrere Plattenlaufwerke, Server für Anschluß von systemfremden Rechnern (PC, Zentralrechner), mehrerer verteilten Papierscannern/Laserdruckern und/oder Mikrofilmlochkarten-scannern/oder -plottern.

Mit einem solchen System arbeiten heißt am Bildschirm arbeiten. Am Bildschirm der Workstation werden folgende Tätigkeiten ausgeführt:

– Scannen,

– Klassifizieren,

– Speichern,

– Recherchieren,

– Duplizieren,

– Formatieren,

– Ordnen,

– Verteilen,

– Kommunizieren.

Alles geschieht am Arbeitsplatz oder vom Arbeitsplatz aus. Niemand muß mehr in die Registratur, ins Archiv, zum Kopierer oder zur Ablage. Lediglich die digitalisierten Informationen verlassen den Raum. In Bruchteilen von Sekunden sind sie an ihrem

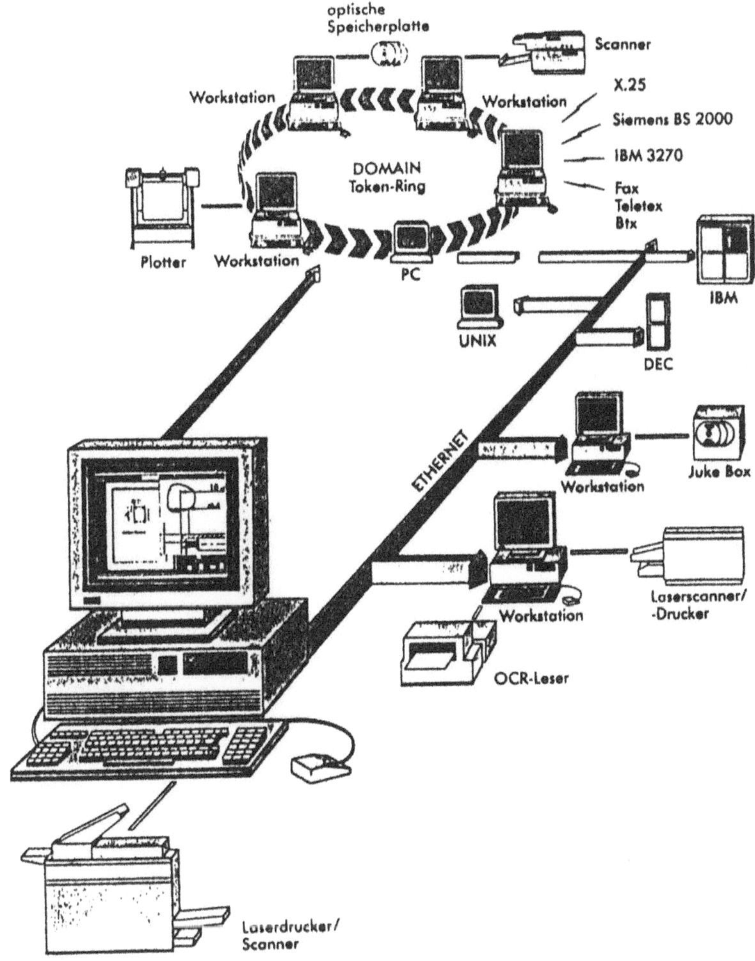

Bild 4-49. EDV-Arbeitsplatz mit Peripherie.

Bestimmungsort. Und von dort wieder genauso schnell zurück. Kein Suchen, keine vergeblichen Wege, kein Schlange stehen, kein Warten. Alle Arbeiten zur Reproduktion von Dokumenten entfallen.

4.3 Einsatz von Bildzeichen

Die Art, der Aufbau und die Dimensionierung von Vorrichtungen leiten sich von den gestellten Bearbeitungsaufgaben ab. Entsprechend der Vielfalt der Aufgabenstellungen an Vorrichtungen ergibt sich eine große Palette von unterschiedlichen Ausführungen. Dabei kann in der Regel ein Lösungsprinzip durch eine Vielzahl von konstruktiven Varianten verwirklicht werden. Bei der Konzeption und beim Entwurf von Vorrichtungen bietet sich der Einsatz von Bildzeichen an. Sie bieten die Möglichkeit, die prinzipiellen Funktionen übersichtlich zu dokumentieren und darzustellen.

Durch Bildzeichen lassen sich die möglichen Lösungen schnell und einfach darstellen und die Varianten charakterisieren. Damit wird dem Vorrichtungskonstrukteur und dem Arbeitsvorbereiter ein System an die Hand gegeben, mit dessen Hilfe er jeweils die günstigste Lösung ermitteln kann [9].

Ein weiteres Ziel, das durch den Einsatz von Bildzeichen erreicht werden kann, ist eine Verbesserung der Kommunikation zwischen der Planung, der Betriebsmittelkonstruktion und der Arbeitsvorbereitung.

Bei der Entwicklung von Bildzeichen wird davon ausgegangen, daß vielen Vorrichtungslösungen ein gemeinsames Prinzip zugrunde liegt. Es wurden Bildzeichen geschaffen, die Ordnung in diese Lösungsprinzipien bringen können. Mit wenigen Zeichen wird eine klare Aussage über die Anordnung der Positionier-, Spann- und Stützelemente ermöglicht. Bei Bildzeichen, die ähnliche Vorrichtungseigenschaften beschreiben, wurde auf einen gleichen Aufbau geachtet, so daß sie sich gut einprägen lassen.

Mit Hilfe von Bildzeichen können in der Werkstückzeichnung die Lage und evtl. auch die Art der Funktionsträger bei der zu konstruierenden Vorrichtung eingezeichnet werden. Dazu sind Bildzeichen für die Funktionen Positionieren, Spannen und Stützen vorgesehen.

Darüber hinaus ist es notwendig, weitere Informationen in standardisierter Form in der Werkstückzeichnung festzulegen. Für die Auslegung von Vorrichtungen ist es wichtig zu wissen, wo bearbeitet werden soll, wo die Positionier- und Spannflächen für die einzelnen Bearbeitungsoperationen liegen und welche Flächen für Auflagen und Anschläge zur Verfügung stehen. Mit Bildzeichen ist es möglich, die für die Ausführung der Vorrichtung relevanten Kriterien zu erfassen.

Bildzeichen sollen jedoch keine Aussage über die geometrische Ausführung des im folgenden Konstruktionsschritt zu wählenden Vorrichtungsfunktionsträgers machen. Sie sollen auch Lösungen, die erst in einem späteren Konstruktionsschritt zu erarbeiten sind, nicht vorwegnehmen.

Wenn derartige Bildzeichen, Bild 4-50 zeigt eine Kurzfassung, zur Verfügung stehen, können die Positionierstellen am Werkstück und die Wirkstellen für die Spann- und Stützelemente leicht gekennzeichnet werden, so daß im anschließenden Schritt die Funktionsträger festgelegt und dimensioniert werden können (Bild 4-51).

In Bild 4-52 ist dargestellt, wie sich die Bildzeichen im Rahmen eines Vorrichtungsentwurfes verwenden lassen. Dabei wurde darauf Wert gelegt, daß während des Entwurfsprozesses die Vorrichtung schrittweise immer mehr konkretisiert wurde und so von der Aufgabenstellung über eine Prinzipdarstellung der fertige Entwurf entsteht.

Die Anwendung der Bildzeichen ist für folgende Aufgaben geeignet:

- Zur Charakterisierung der notwendigen Vorrichtungsfunktionen,

- für Ordnungszwecke bei der Systematisierung von Vorrichtungen und Spannmitteln,

- für statistische Untersuchungen,

- als Kurzsprache zwischen Planung, Vorrichtungskonstruktion und Arbeitsvorbereitung.

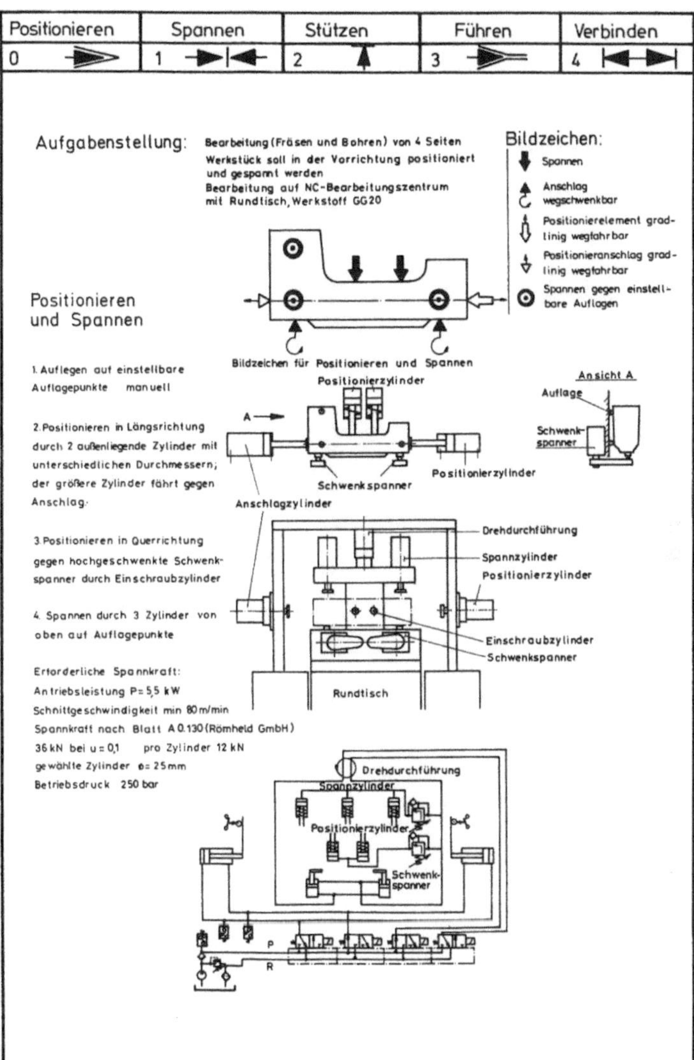

Bild 4-50. Bildzeichen – Grundformen.

Positionieren	Spannen	Stützen	Führen	Verbinden
0	1	2	3	4

	Ansicht	Draufsicht
Positionieren		
Spannen		
Positionieren und Spannen		
Abstützen		
Spannen und Abstützen		
Aufnahme mit Formstück (z.B. Prisma)		
Spannen in zwei Kraftrichtungen (z.B. Niederzug)		
Farben auf Fertigungszeichnung		
zu bearbeitende Stellen	rot	
Positionierstellen	gelb	
Spannstellen (Wirkstellen oder Spannelement)	grün	
Stützstellen	blau	

Bild 4-51. Lösungsbeispiel: Entwicklung einer Spannvorrichtung.

Folgende Vorteile ergeben sich durch die Anwendung von Bildzeichen im Vorrichtungsbau:

– Wegfall bzw. Einschränkung von Verlustzeiten in der Fertigungsmittelplanung, Arbeitsvorbereitung und in der Vorrichtungskonstruktion, die durch zeitraubende Rückfragen enstehen,

– die Vorbestimmung der Positionier-, Spann- und Stützmöglichkeiten neuer Werkstücke spielt eine bedeutende Rolle bei der Gruppenbildung von Werkstücken (Teilefamilienfertigung) um eine Gruppenvorrichtung zu entwickeln,

110

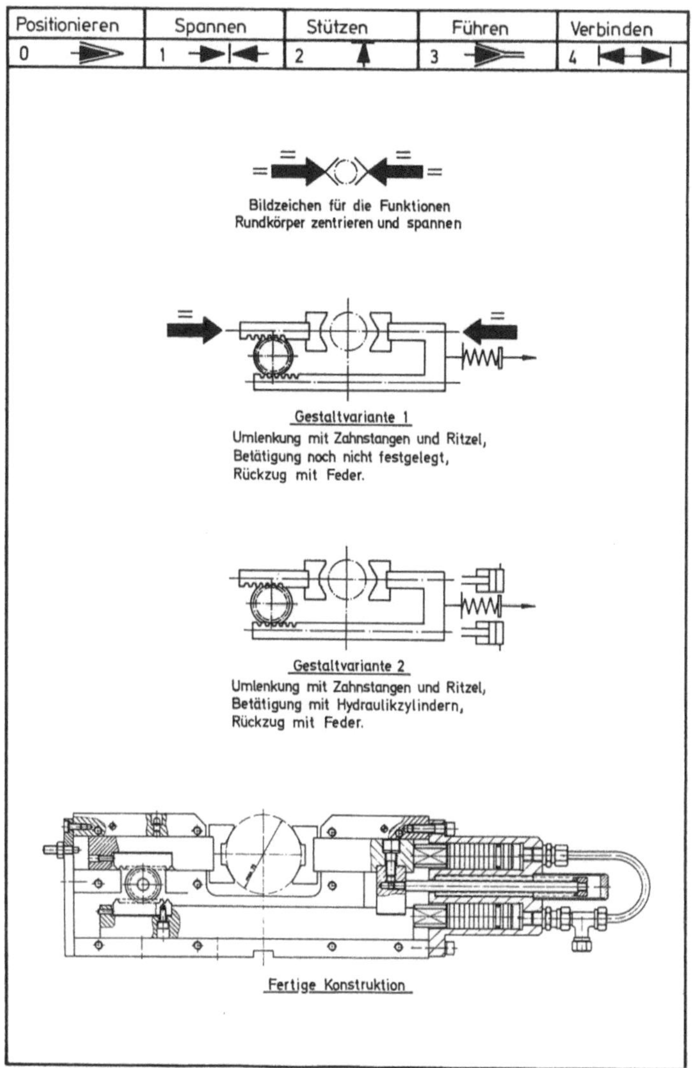

Bild 4-52. Lösungsbeispiel: Rundkörper zentrieren und spannen.

- mit Hilfe der Bildzeichen kann der Wiederholungsgrad des Bestimm- und Spannprinzips vorhandener Vorrichtungen für ein bestimmtes Werkstücksortiment ermittelt werden. Dadurch ergeben sich Möglichkeiten zur Zusammenfassung mehrerer Vorrichtungen mit dem gleichen Positionier-, Spann- und Stützprinzip zu einer Vorrichtung mit einem höheren Auslastungsgrad,

- die Bildzeichen können auch für statistische Analysen verwendet werden und z.B. durch den Hinweis auf Standardisierungsmöglichkeiten wirtschaftliche Vorteile bringen [10].

Erweiterte Bildzeichen sind in den Bildern 4-53, Blatt 1 bis 6, dargestellt.

Positionieren	Spannen	Stützen	Führen	Verbinden
0	1	2	3	4

Bildzeichen	Erläuterungen	
	1.1. Positionieren gegen feste Auflage- und Anlage-elemente	
	Element mit einer Auflage bzw. Anlagefläche — Ansicht — — Draufsicht —	
	Element mit mehreren Auflage- bzw. Anlageflächen (Formstück z. B. Prisma) — Ansicht — — Draufsicht —	
	Positionieren gegen Element mit einer Auflage- bzw. Anlagefläche — Ansicht — — Draufsicht —	
	Positionieren gegen Element mit mehreren Auflage- bzw. Anlageflächen (Formstück z. B. Prisma) — Ansicht — — Draufsicht —	
	1.2. Positionieren gegen einstellbare Auflage- bzw. Anlageelemente	
	Einstellbares Element mit einer Auflage bzw. Anlage-fläche — Ansicht — — Draufsicht —	
	Einstellbares Element mit mehreren Auflage- bzw. Anlageflächen (Formstück z. B. Prisma) — Ansicht — — Draufsicht —	

Bild 4-53. Bildzeichen für Vorrichtungsfunktionen. Blatt 1: Positionieren.

112

Positionieren	Spannen	Stützen	Führen	Verbinden
0	1	2	3	4

Bildzeichen	Erläuterungen	
	Positionieren gegen einstellbares Element mit einer Auflage- bzw. Anlagefläche — Ansicht — — Draufsicht —	
	Positionieren gegen einstellbares Element mit mehreren Auflage- bzw. Anlageflächen (Formstück z. B. Prisma) — Ansicht — — Draufsicht —	
	1.3. Positionieren gegen Auflage- bzw. Anlageelemente, die ihre Lage ändern können	
	Element, das geradlinig wegbewegt werden kann — Ansicht — — Draufsicht —	
	Element, das weggeschwenkt werden kann — Ansicht — — Draufsicht —	
	1.4. Zentrisch positionieren	
	Außen zentrieren mit je einer Auflage bzw. Anlagefläche	
	Innen zentrieren mit je einer Auflage bzw. Anlagefläche	
	Außen zentrieren mit mehreren Auflage- bzw. Anlageflächen (Formstück z. B. Prisma)	
	Innen zentrieren mit mehreren Auflage- bzw. Anlageflächen (Formstück z. B. Prisma)	

Bild 4-53. Bildzeichen für Vorrichtungsfunktionen. Blatt 2: Positionieren.

113

Positionieren	Spannen	Stützen	Führen	Verbinden
0	1	2	3	4

Bildzeichen	Erläuterungen	
	2.1. Spannen gegen feste Auflage- bzw. Anlageelemente	
	Element mit einer Auflage- bzw. Anlagefläche — Ansicht — — Draufsicht —	
	Element mit mehreren Auflage- bzw. Anlageflächen (Formstück z. B. Prisma) — Ansicht — — Draufsicht —	
	Spannen gegen Element mit einer Auflage- bzw. Anlagefläche — Ansicht — — Draufsicht —	
	Spannen gegen Element mit mehreren Auflage- bzw. Anlageflächen (Formstück z. B. Prisma) — Ansicht — — Draufsicht —	
	2.2. Spannen gegen einstellbare Auflage- bzw. Anlageelemente	
	Einstellbares Element mit einer Auflage- bzw. Anlagefläche — Ansicht — — Draufsicht —	
	Einstellbares Element mit mehreren Auflage- bzw. Anlageflächen (Formstück z. B. Prisma) — Ansicht — — Draufsicht —	

Bild 4-53. Bildzeichen für Vorrichtungsfunktionen. Blatt 3: Spannen.

114

Positionieren	Spannen	Stützen	Führen	Verbinden
0 ➤	1 ►◄	2 ▲	3 ➤	4 ►◄

Bildzeichen	Erläuterungen	
	Spannen gegen einstellbares Element mit einer Auflage- bzw. Anlagefläche — Ansicht — — Draufsicht —	
	Spannen gegen einstellbares Element mit mehreren Auflage- bzw. Anlageflächen — Ansicht — — Draufsicht —	
	2.3. Spannen gegen selbsttätig einstellbare Auflage- bzw. Anlageelemente	
	Selbsttätig einstellbares Element mit einer Auflage- bzw. Anlagefläche — Ansicht — — Draufsicht —	
	Spannen gegen selbsttätig einstellbares Auflage- bzw. Anlageelement — Ansicht — — Draufsicht —	
	2.4. Spannelemente, die ihre Lage ändern können	
	Element, das geradlinig zum Spannpunkt bewegt wird — Ansicht — — Draufsicht —	
	Element, das zum Spannpunkt hingeschwenkt wird — Ansicht — — Draufsicht —	

Bild 4-53. Bildzeichen für Vorrichtungsfunktionen. Blatt 4: Spannen.

Positionieren	Spannen	Stützen	Führen	Verbinden
0	1	2	3	4

Bildzeichen	Erläuterungen	
	2.5. Zentrisch spannen	
	Außen zentrieren und spannen mit je einer Auflage- bzw. Anlagefläche	
	Innen zentrieren und spannen mit je einer Auflage- bzw. Anlagefläche	
	Außen zenrtrieren und spannen mit mehreren Auflage- bzw. Anlageflächen (Formstück z. B. Prisma)	
	Innen zentrieren und spannen mit mehreren Auflage- bzw. Anlageflächen (Formstück z. B. Prisma)	

Bild 4-53. Bildzeichen für Vorrichtungsfunktionen. Blatt 5: Spannen.

Positionieren	Spannen	Stützen	Führen	Verbinden
0	1	2	3	4

Bildzeichen	Erläuterungen	
	Stützen	
	Elemente, die nach Einlegen des Werkstückes manuell eingestellt werden und dann Reaktionskräfte aufnehmen — Ansicht — — Draufsicht —	
	Elemente, die sich durch Auflage des Werkstückes selbsttätig einstellen und dann Reaktionskräfte aufnehmen — Ansicht — — Draufsicht —	
	Elemente, die sich erst nach Einlegen des Werkstückes selbsttätig einstellen und dann Reaktionskräfte aufnehmen — Ansicht — — Draufsicht —	

Bild 4-53. Bildzeichen für Vorrichtungsfunktionen. Blatt 6: Stützen.

Eine firmenspezifische Auswahl von Bildzeichen für die Vorrichtungsplanung mit Anwendungsbeispielen ist in Bild 4-54 u. 4-55 gezeigt.

116

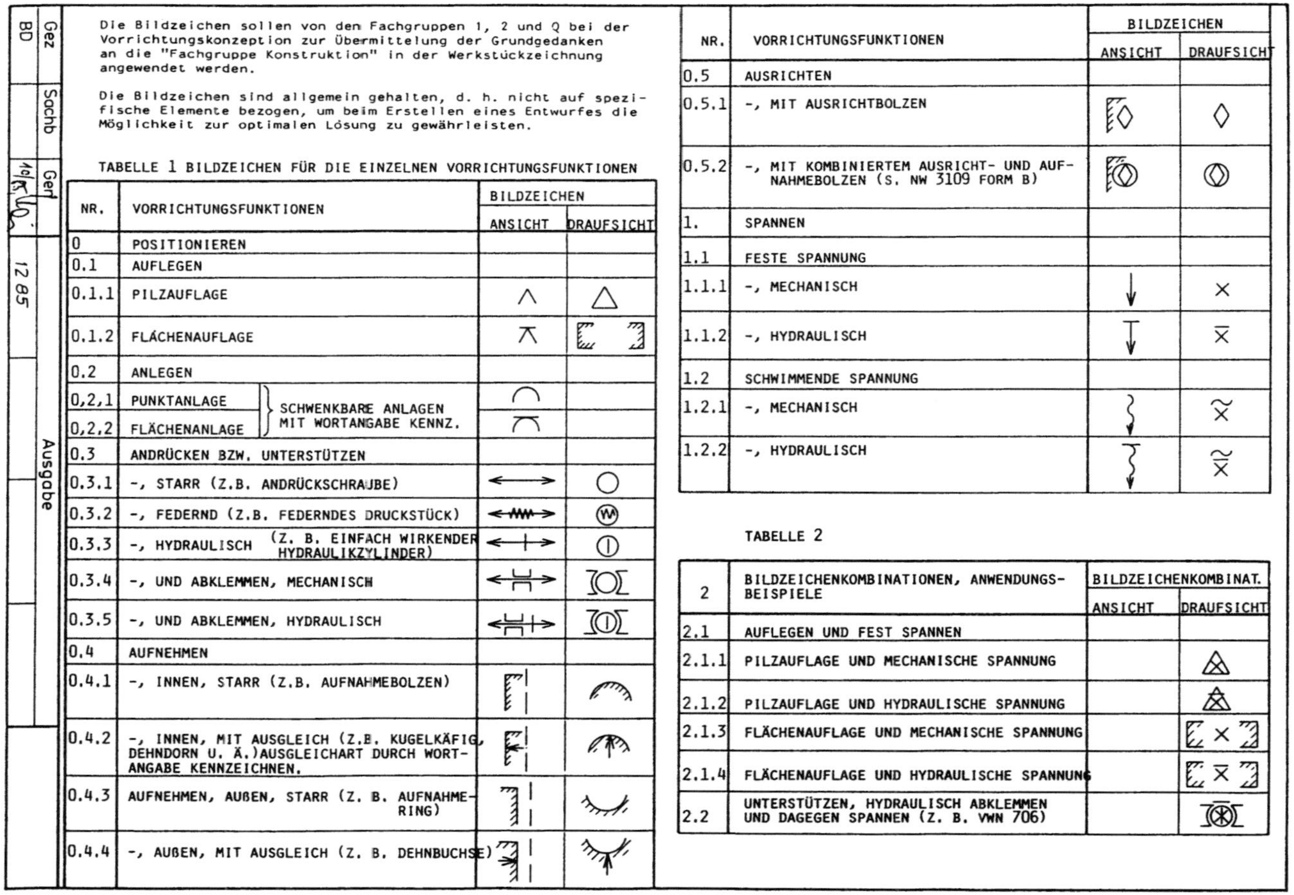

Die Bildzeichen sollen von den Fachgruppen 1, 2 und Q bei der Vorrichtungskonzeption zur Übermittelung der Grundgedanken an die "Fachgruppe Konstruktion" in der Werkstückzeichnung angewendet werden.

Die Bildzeichen sind allgemein gehalten, d. h. nicht auf spezifische Elemente bezogen, um beim Erstellen eines Entwurfes die Möglichkeit zur optimalen Lösung zu gewährleisten.

TABELLE 1 BILDZEICHEN FÜR DIE EINZELNEN VORRICHTUNGSFUNKTIONEN

NR.	VORRICHTUNGSFUNKTIONEN	BILDZEICHEN	
		ANSICHT	DRAUFSICHT
0	POSITIONIEREN		
0.1	AUFLEGEN		
0.1.1	PILZAUFLAGE		
0.1.2	FLÄCHENAUFLAGE		
0.2	ANLEGEN		
0.2.1	PUNKTANLAGE } SCHWENKBARE ANLAGEN		
0.2.2	FLÄCHENANLAGE } MIT WORTANGABE KENNZ.		
0.3	ANDRÜCKEN BZW. UNTERSTÜTZEN		
0.3.1	-, STARR (Z.B. ANDRÜCKSCHRAUBE)		
0.3.2	-, FEDERND (Z.B. FEDERNDES DRUCKSTÜCK)		
0.3.3	-, HYDRAULISCH (Z. B. EINFACH WIRKENDER HYDRAULIKZYLINDER)		
0.3.4	-, UND ABKLEMMEN, MECHANISCH		
0.3.5	-, UND ABKLEMMEN, HYDRAULISCH		
0.4	AUFNEHMEN		
0.4.1	-, INNEN, STARR (Z.B. AUFNAHMEBOLZEN)		
0.4.2	-, INNEN, MIT AUSGLEICH (Z.B. KUGELKÄFIG, DEHNDORN U. Ä.)AUSGLEICHART DURCH WORTANGABE KENNZEICHNEN.		
0.4.3	AUFNEHMEN, AUßEN, STARR (Z. B. AUFNAHMERING)		
0.4.4	-, AUßEN, MIT AUSGLEICH (Z. B. DEHNBUCHSE)		
0.5	AUSRICHTEN		
0.5.1	-, MIT AUSRICHTBOLZEN		
0.5.2	-, MIT KOMBINIERTEM AUSRICHT- UND AUFNAHMEBOLZEN (S. NW 3109 FORM B)		
1.	SPANNEN		
1.1	FESTE SPANNUNG		
1.1.1	-, MECHANISCH		
1.1.2	-, HYDRAULISCH		
1.2	SCHWIMMENDE SPANNUNG		
1.2.1	-, MECHANISCH		
1.2.2	-, HYDRAULISCH		

TABELLE 2

2	BILDZEICHENKOMBINATIONEN, ANWENDUNGS-BEISPIELE	BILDZEICHENKOMBINAT.	
		ANSICHT	DRAUFSICHT
2.1	AUFLEGEN UND FEST SPANNEN		
2.1.1	PILZAUFLAGE UND MECHANISCHE SPANNUNG		
2.1.2	PILZAUFLAGE UND HYDRAULISCHE SPANNUNG		
2.1.3	FLÄCHENAUFLAGE UND MECHANISCHE SPANNUNG		
2.1.4	FLÄCHENAUFLAGE UND HYDRAULISCHE SPANNUNG		
2.2	UNTERSTÜTZEN, HYDRAULISCH ABKLEMMEN UND DAGEGEN SPANNEN (Z. B. VWN 706)		

Gez BD — Sachb — Gepr — Ausgabe 12 85

117

Bild 4-54. Bildzeichen für die Vorrichtungskonzeption. Quelle: Heidelberger Druckmaschinen AG.

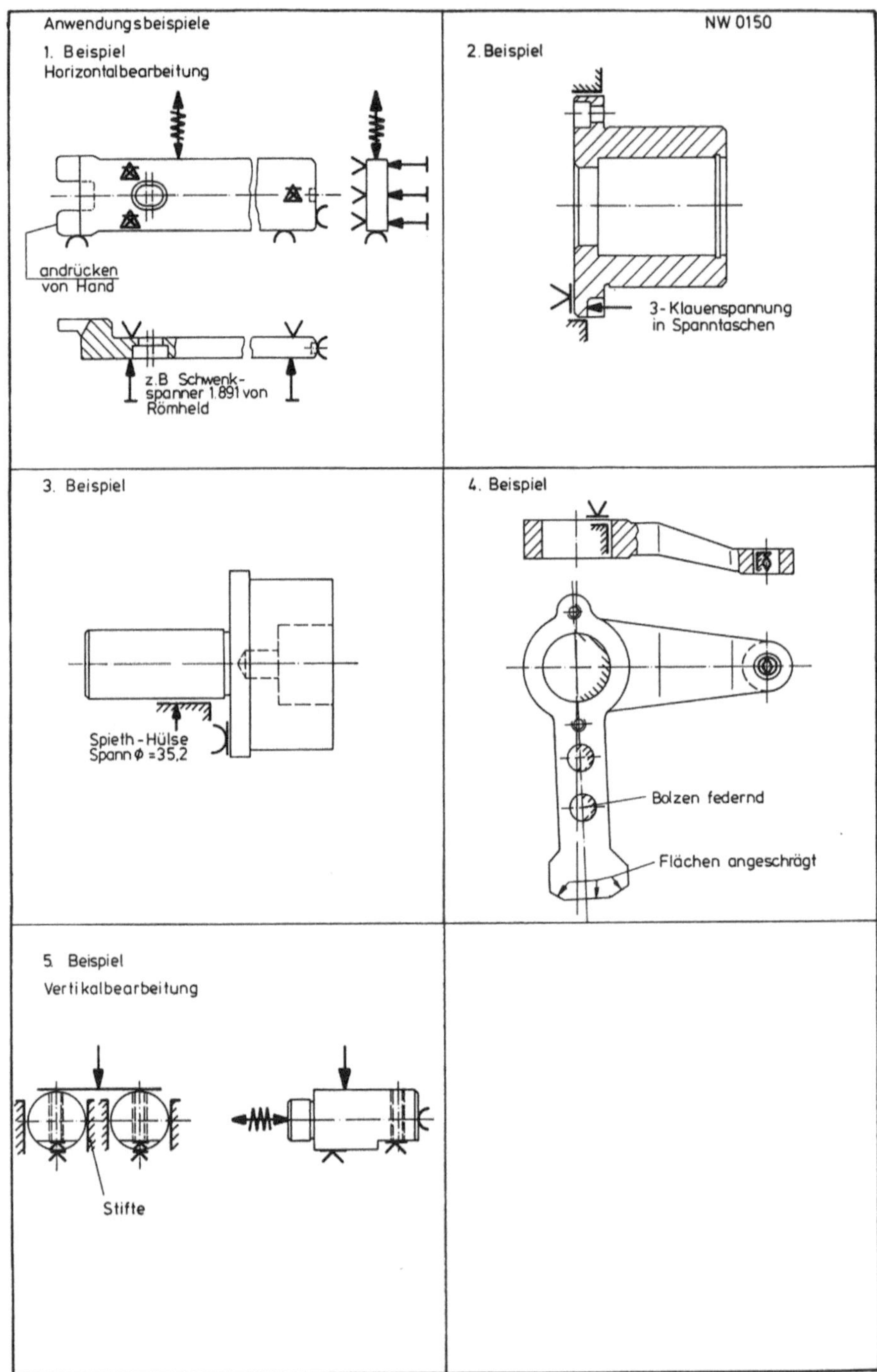

Bild 4-55. Anwendungsbeispiele.

118

5. Konstruktion von Vorrichtungen

5.1 Analyse des Konstruktionsprozesses

Der Konstruktionsprozeß verläuft für alle Vorrichtungen nach der in Bild 5-1 gezeigten Tätigkeitsfolge [11]. Voraussetzung für den Beginn eines Konstruktionsablaufes ist die Analyse und Aufbereitung der Eingangsinformationen für die folgenden Konstruktionsschritte. Außer den Forderungen und den Kenndaten der Aufgabenstellung im Fertigungsplan, den aktuell formulierten Schnittstellenbedingungen und den Restriktionen liefert die Fertigungszeichnung des zu bearbeitenden Werkstückes die wichtigsten Eingangsinformationen für den Konstruktionsprozeß der Vorrichtung. Für umfangreichere Vorrichtungen empfiehlt sich die Erstellung eines Pflichtenheftes (s. Kapitel 4.1.4).

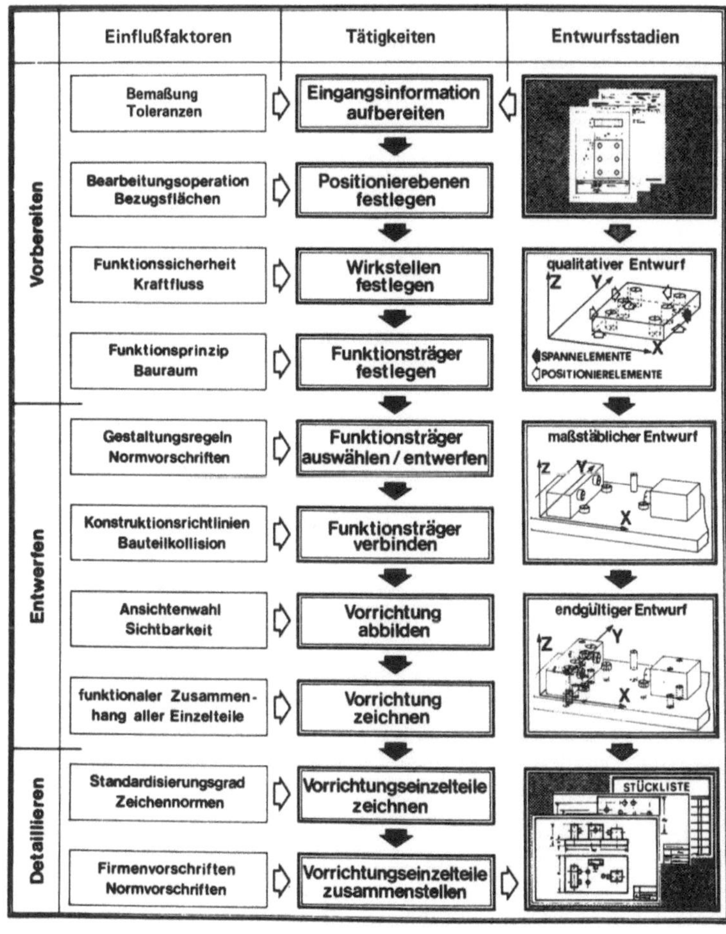

Bild 5-1. Tätigkeitsfolge und Entwurfsstadien in der Vorrichtungskonstruktion.

Zu Beginn legt der Konstrukteur das Werkstück in der Bearbeitungslage unter Berücksichtigung der Bearbeitungsoperationen fest. Dann ermittelt er die erforderliche Anzahl und die Raumlage der max. drei Positionierebenen des Werkstückes (Bild 5-1).

Im folgenden Arbeitsschritt legt man die Positionier-, Spann- und Stützstellen der Vorrichtung fest, d. h. es werden die Stellen an der Oberfläche des Werkstückes ermittelt, an denen bestimmte Funktionsträger auf das Werkstück in vorgeschriebener Richtung mittelbar oder unmittelbar einwirken sollen. Diese Einzeltätigkeiten werden zu dem Tätigkeitskomplex „Wirkstellen festlegen" zusammengefaßt (Bild 5-1).

Die für eine Lagebestimmung des Werkstückes wichtigste Funktion ist das Positionieren. Zuerst werden daher die Positionierstellen in jeder Positionierebene so festgelegt, daß die geforderte räumliche Lage des Werkstückes unter Berücksichtigung von Maß- und Toleranzangabe erreicht wird. Danach legt man unter Berücksichtigung der auftretenden Kräfte, wie z. B. Bearbeitungskraftkomponenten, Maße des Werkstückes u. a., die Anzahl, die Lage und die Wirkrichtung der erforderlichen Spannelemente fest. Ferner werden im Bedarfsfall die Stützstellen festgelegt, wenn beispielsweise durch die Anordnung der Positionierstellen keine sichere Lagefixierung des Werkstückes zu erreichen ist, oder wenn sich das Werkstück während des Bearbeitungsprozesses verformt und dadurch fehlerhaft bearbeitet würde. Ebenso sind nach Bedarf Führungsstellen zu ermitteln, um beispielsweise Führungsbüchsen für Werkzeuge anordnen zu können.

In dem nächsten Konstruktionsschritt wird für jede Wirkstelle der zugehörige Funktionsträger festgelegt, d. h. alle qualitativen und – soweit möglich – quantitativen Gestaltungsmerkmale und Kenngrößen, wie z. B. das physikalische Funktionsprinzip des Funktionsträgers, die Form und Ausdehnung der Wirkfläche und die Einstellwege bei Stützelementen. Damit ist die geometrische, qualitative und quantitative Wirkstellenbeschreibung abgeschlossen.

Alle Funktionsträger werden dann in einem weiteren Konstruktionsschritt durch die Gestaltung des Vorrichtungskörpers (Gestell, Rahmen oder Platte) miteinander verbunden. Der Vorrichtungskörper ist im einfachen Fall eine rechteckige Platte mit Winkeln und Seitenteilen. In komplizierten Fällen ist er ein aus mehreren geometrischen Grundkörpern wie Prismen, Zylindern, Kegeln zusammengesetztes geometrisches Gebilde.

Alle Elemente des Vorrichtungskörpers werden entweder lösbar oder nichtlösbar verbunden. Der maßstäbliche Entwurf ist fertiggestellt, wenn alle Funktionsträger zu einer Vorrichtung verbunden sind.

In der beschriebenen Weise ist sozusagen ein räumliches Modell der Vorrichtung entstanden, das nun (u. U. mit dem Werkstück) in den erforderlichen Ansichten abgebildet werden kann. Dabei ist anzumerken, daß in der nicht rechnergestützten Konstruktion die Transformation und Abbildung des gesamten Vorrichtungsmodells schrittweise für einzelne Funktionsträger nacheinander oder gleichzeitig mit Hilfe des räumlichen Vorstellungsvermögens des Konstrukteurs (während der Skizzierung oder beim Zeichnen) direkt ausgeführt werden, da der Konstrukteur gewohnt ist, seine Entwürfe zweidimensional zu entwickeln und zu zeichnen.

In der rechnergestützten Konstruktion (CAD – Computer aided design) hat diese Einschränkung jedoch keine Bedeutung. Es ist daher zweckmäßig, die zeitlich parallel ablaufenden und qualitativ unterschiedlichen Tätigkeiten und Komplexe der nicht automatisierten Konstruktion getrennt aufzuführen.

Anschließend wird der endgültige Entwurf der Vorrichtung gezeichnet (Bild 5-1), d. h.

der funktionale Zusammenhang aller Funktionsträger in der Zusammenstellungszeichnung dargestellt. Der endgültige Entwurf erfüllt nur dann die Aufgabenstellung, wenn während des Konstruktionsprozesses alle Restriktionen und Schnittstellenbedingungen beachtet wurden. In der nun folgenden Detaillierungsphase werden alle zu fertigenden oder abzuändernden (teilstandardisierten) Funktionsträger gezeichnet und sämtliche verwendete Einzelteile in einer Mengenübersicht in Form von Stücklisten zusammengestellt. Mit der Erstellung aller Konstruktionsunterlagen ist der Konstruktionsprozeß abgeschlossen und die Vorrichtung wird nach der Kalkulation und der Freigabe durch die Abteilung Arbeitsvorbereitung, gefertigt.

5.2 Entwurf von Vorrichtungen mit Hilfe der Konstruktionssystematik

Eine für den Rechnereinsatz notwendige Maßnahme, die Standardisierung von häufig auftretenden Einzelteilen und Baugruppen, bringt auch bei der konventionellen Konstruktion deutliche Rationalisierungserfolge. Unabhängig davon, ob es sich um Bohr-, Fräs-, Dreh-, Schleif-, oder sonstige Vorrichtungen handelt, sind bei diesen Betriebsmitteln immer wieder die gleichen Funktionen zu finden. Diese Funktionen, die von Einzelteilen und/oder Baugruppen realisiert werden, sind im wesentlichen: Positionieren, Spannen, Stützen, Führen und Verbinden.

Die Aufgabe besteht darin, für diese Funktionen eine begrenzte Anzahl standardisierter

- Positionierelemente bzw. Baugruppen,

- Spannelemente   bzw. Baugruppen,

- Stützelemente   bzw. Baugruppen,

- Führungselemente bzw. Baugruppen,

- Verbindungselemente

zu erarbeiten, zu dokumentieren und den an der Betriebsmittelbereitstellung beteiligten Bereichen in einer anwendungsfreundlichen Form zur Verfügung zu stellen.

Dazu soll als erstes die Erarbeitung von standardisierten Vorrichtungselementen mit Hilfe der Konstruktionssystematik am Beispiel von Spannelementen gezeigt werden.

Dabei kann zunächst die Funktion „Spannen von Werkstücken" als „Fügen von Stoffen" aufgefaßt werden. Nach der Art und Qualität des Zusammenhaltes ergeben sich dann folgende Spannprinzipien:

- **Stoffschluß**, – **Formschluß**, – **Reibschluß** – **Kraftschluß**.

Stoffschluß heißt, daß die gefügten Einzelteile bezüglich der Beanspruchungssrichtung starr miteinander verbunden sind. Erreicht werden kann Stoffschluß durch Adhäsion oder Kohäsion. Er findet bei der Vorrichtungskonstruktion aufgrund der Forderung nach schnell lösbaren Verbindungen nur in Spezialfällen Anwendung, z. B. beim Spannen mit Eingießlegierungen zur Bearbeitung von labilen Teilen, wie Turbinenschaufeln usw.

Beim **Formschluß** wird die Bewegung zweier Einzelteile zueinander dadurch verhindert, daß entgegen der Beanspruchungsrichtung durch entsprechendes Gestalten der Wirkflächen ein sehr großer Widerstand aufgebaut wird.

Beim **Reibschluß** Bild 5-2 wird die Fixierung der Lage zweier Bauelemente mit Hilfe von äußeren Kräften F_N erreicht, die Reibungskräfte F_R zwischen den Elementen (in diesem Fall zwischen Werkstück und Vorrichtung) hervorrufen. Um Reibschluß zu erhalten, muß eine Normalkraft F_N senkrecht zu der Beanspruchungsrichtung wirken. Um sicheres Spannen zu erreichen, muß zusätzlich gewährleistet sein, daß die Reibkraft F_R größer ist als die angreifende Kraft F_B.

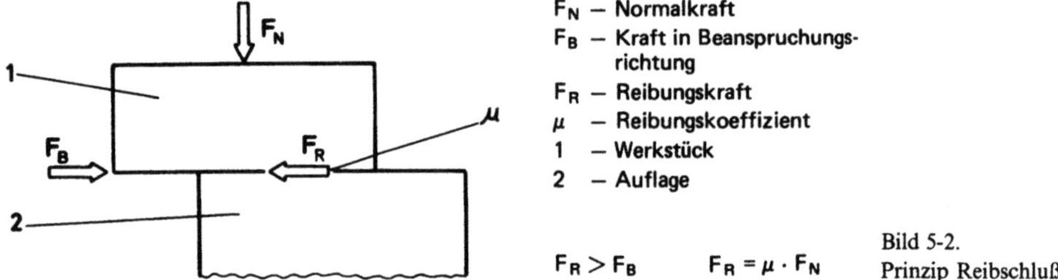

Bild 5-2.
Prinzip Reibschluß.

Kraftschluß liegt vor, wenn die äußeren Kräfte entgegengesetzt zur Beanspruchungsrichtung wirken. Zur Erzeugung der äußeren Kräfte können die gleichen physikalischen Effekte herangezogen werden wie beim Reibschluß. Im folgenden sollen die am häufigsten genutzten Effekte zur Erzeugung der Kraft F_N näher beschrieben werden.

In Bild 5-3 sind die physikalischen Effekte aufgeführt, welche zur Erzeugung einer Normalkraft F_N bei Vorrichtungen in Frage kommen könnten.

Das **Boyle-Mariotte-Gesetz** wird in Vorrichtungen angewendet, beim Spannen mit Druckübertragungsmedien wie Luft, Öl oder plastisch formbaren Medien. Es lassen sich folgende Vorteile erzielen:

- Erzeugung großer Kräfte,

- einfache Kraftübersetzung,

- einfache Änderung der Kraftrichtung,

- konstante Spannkraft, durch Anzeigeneinrichtung kontrollierbar,

- ausgleichendes Spannverhalten bei Mehrfachspannung,

- hohe Lebensdauer,

- Automatisierung von Arbeitsgängen.

An praktischen Ausführungsformen unterscheidet man hauptsächlich Druckluftspanner, Vakuumspanner, hydraulische Spanner und pneumatisch-hydraulische Spanner.

Druckluftspanner werden mit komprimierter Luft betrieben und in Form von Spannzylindern, Schwenkspannern und mit entsprechender Kraftübersetzung mittels Kniehebelgelenken als Pneumatik-Kraftspanner eingesetzt.

Vakuumspanner nutzen den atmosphärischen Druck der Luft zum Spannen aus. Sie eignen sich für Werkstücke mit vorzugsweise ebener Auflagefläche (z. B. flächige Teile), vorwiegend auch für solche aus nichtmetallischen Werkstoffen.

Hydraulische Spanner sind Kraftspanner, die aus einem hydrodynamischen System mit Drucköl gespeist werden. Der Vorteil der hydraulischen Spanner besteht darin, daß mit

122

Erzeugen der Normalkraft		
Effekt	**Prinzipskizze**	**Gesetz**
Auftrieb	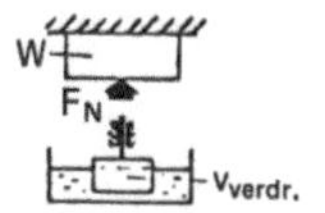 W F_N $V_{verdr.}$	$F_N = V_v \cdot g \cdot (\rho_{Me} - \rho_{Ml})$
Boyle-Mariotte-Gesetz Druck bzw. Vakuum	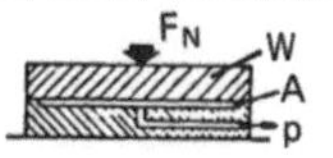 F_N W A p	$F_N = A \cdot p$
Zentrifugalkraft	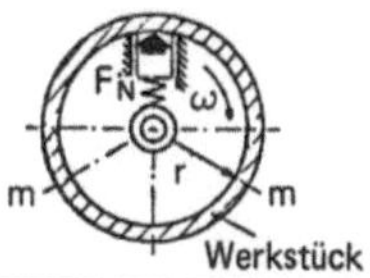 F_N ω m r m Werkstück	$F_N = k \cdot m \cdot r \cdot \omega^2$
Impulssatz	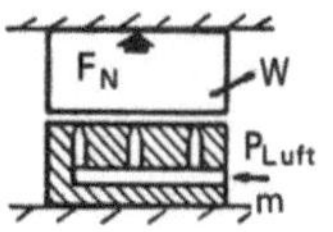 F_N W P_{Luft} m	$F_N = f(m,\vec{v})$
Wärmedehnung	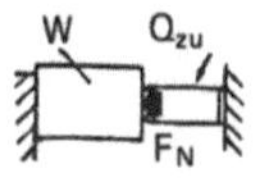 W Q_{zu} F_N	$F_N = \alpha \cdot \Delta T \cdot E \cdot A$
Gravitation	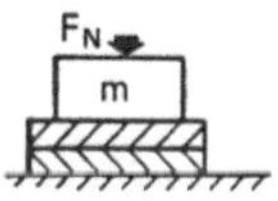 F_N m	$F_N = m \cdot g$
Hooke-Gesetz	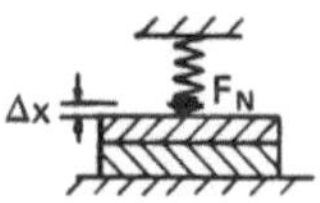 Δx F_N	$F_N = c \cdot \Delta x$
Coulomb I	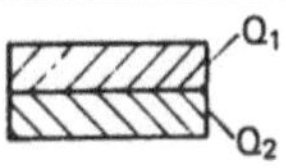 Q_1 Q_2	$F_N = \dfrac{1}{\epsilon_o \cdot \epsilon_r} \cdot \dfrac{Q_1 \cdot Q_2}{4 \cdot \pi \cdot l^2}$
Coulomb II	 ϕ_1 N S N S ϕ_2	$F = C \cdot \dfrac{\phi_1 \cdot \phi_2}{l^2}$ $C = \dfrac{1}{4\pi\mu_o\mu_r}$

Bild 5-3. Physikalische Effekte zur Erzeugung von Normalkräften beim Spannen.

wesentlichen höheren Drücken als bei Druckluftspannern gearbeitet werden kann, d. h.
mit kleineren Spannelementen können größere Spannkräfte erzeugt werden.

Der Effekt der Zentrifugalkraft wird vor allem bei **Fliehkraftspannern** zur Drehbearbeitung von Werkstücken verwendet.

Das **Hook'sche Gesetz** findet in der Vorrichtungskonstruktion in der Form mechanischer
Spanner weitaus das größte Anwendungsgebiet und zwar in Form von Schrauben,
Federn, Kombination von Schrauben und Federn und Klammern.

Das Spannen mit **Schrauben** wird in der Vorrichtungskonstruktion am häufigsten verwendet, und zwar direkt oder indirekt z. B. in Kombination mit dem Hebel-Effekt.

Federspanner werden da eingesetzt, wo nur kleine Spannkräfte nötig sind und/oder wo
sie aus Sicherheitsaspekten als Energiespeicher benötigt werden. Weitere Anwendungen
sind federnde Druckstücke oder Spannfedereinsätze. Ein Vorteil der Kombination von
Schraube und Feder besteht in der Möglichkeit, die Spannkraft der jeweiligen Spannaufgabe einfach anzupassen.

Bei der Nutzung des **Coulomb I-Effektes** muß der Werkstoff elektrostatisch aufladbar
sein. Geringe Werkstückhöhe im Verhältnis zur Auflagefläche und geringes Gesamtgewicht sind für das Spannen von Vorteil.

Der **Coulomb II-Effekt**, das magnetische Spannen, ist nur für Werkstücke aus ferromagnetischem Werkstoff geeignet. Es werden Dauermagnete und Elektromagnete verwendet.
Beide Arten können als Positionier- oder Spannelemente benützt werden. Sie finden

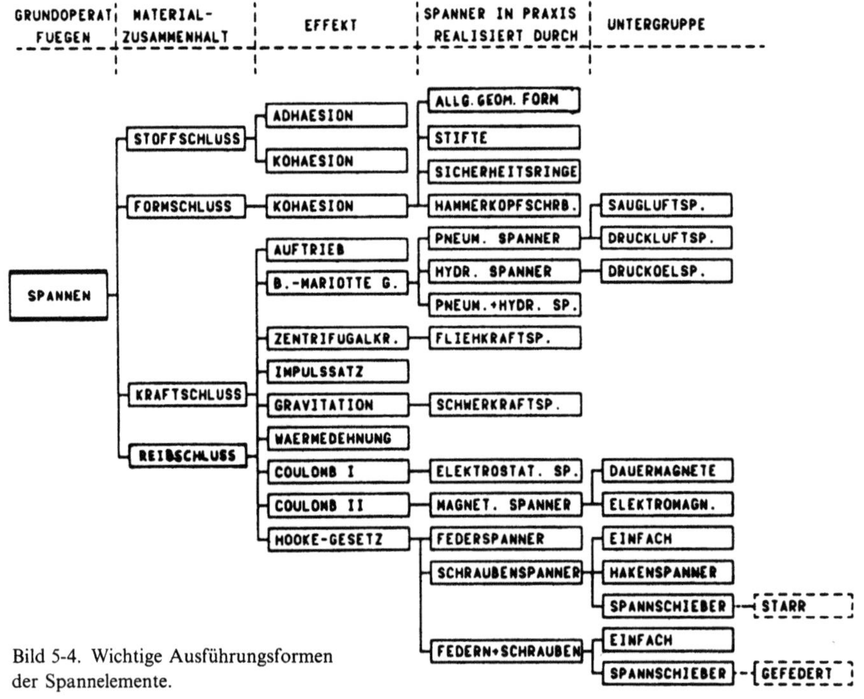

Bild 5-4. Wichtige Ausführungsformen
der Spannelemente.

124

Anwendung in Form von magnetischen Spannflächen bei Schleif-, Fräs-, Hobel und Drehmaschinen.

In Bild 5-4 sind die wichtigsten Ausführungsformen der Spannelemente einander gegenübergestellt.

Wird als Spaneffekt auf den Kraft- oder Reibschluß zurückgegriffen, muß in vielen Fällen die vorhandene Kraft in ihrer Richtung umgelenkt oder in ihrer Größe angepaßt werden. Diese Grundoperationen können durch den Hebel-, Keil- oder Fluid-Effekt realisiert werden (Bild 5-5).

Beim Keil-Effekt erfolgt während des Vergrößern/Verkleinerns immer auch eine Richtungsänderung der Kraft.

Die verschiedenen Formen eines Hebels (Gestaltsvarianten) erhält man durch Lage-, Form-, Abmessungs- oder Zahlwechsel (Bild 5-6). Die in Bild 5-7 gezeigten Hebelverhältnisse (Änderungen der Richtung und/oder der Größe der Kraft) können je nach Hebeltyp auf die Beispiele in Bild 5-6 übertragen werden und somit eine passende Hebelform, die die gewünschte Funktion erfüllt, ausgesucht werden.

An einem Beispiel soll dies näher erläutert werden:

Gewählt wird der Hebel Typ 2 (Bild 5-7) mit b > a, d.h., die Kraft F soll vergrößert werden. Kombiniert man Gestaltvariante 2.4 aus Bild 5-6, so ergibt sich daraus der in Bild 5-8 dargestellte Hebel. Aus Bild 5-6 gehen zwei Hauptformen des Hebels hervor, der gerade Hebel und der Winkelhebel. Der gerade Hebel stellt die einfachste Form eines Hebels dar und wird in der Praxis als Spanneisen angewendet. Winkelhebel sind Gestaltsvarianten des geraden Hebels, die vorrangig zur Kraftumlenkung eingesetzt werden. Es treten die gleichen Hebelverhältnisse wie beim geraden Hebel auf.

Ebenfalls zu den Hebeln zählen Zahnräder und Kniehebelspanner. Zahnräder und Zahnstangen werden meist in Zusammenhang mit Druckluft oder Druckölspannern verwendet, um ein schnelles Spannen zu ermöglichen. Dabei kann eine Kraftumlenkung und/oder eine Vergrößerung bzw. Verkleinerung der Kraft erfolgen.

Kniehebelspanner (Schnellspanner) bestehen aus mehreren einfachen Hebeln, die zu einem Getriebe zusammengefügt sind (Bild 5-9). Sie haben folgende Vorteile:

- weite und schnelle Öffnung des Spanners, Spannstelle wird zur Werkstückentnahme freigelegt,

- einfache Handhabung,

- bei geringem Kraftaufwand ergeben sich hohe Spannkräfte,

- die Selbsthemmung in der Spannstellung (Über Totpunkt-Verriegelung) verhindert das Öffnen des Spanners durch die Bearbeitungskraft. Die Bearbeitungskraft darf die vom Hersteller angegebene max. Haltekraft nicht überschreiten.

Der **Keil** wird sowohl als geradliniger Spannkeil als auch in seiner abgewandelten Form als Schraube, Exzenter oder Kurve eingesetzt.

Die **Schraube** läßt sich in allen möglichen Varianten als Spannelement, Übertragungs- oder Verbindungsteil sowie zur Richtungs- oder Größenänderung einer Kraft einsetzen.

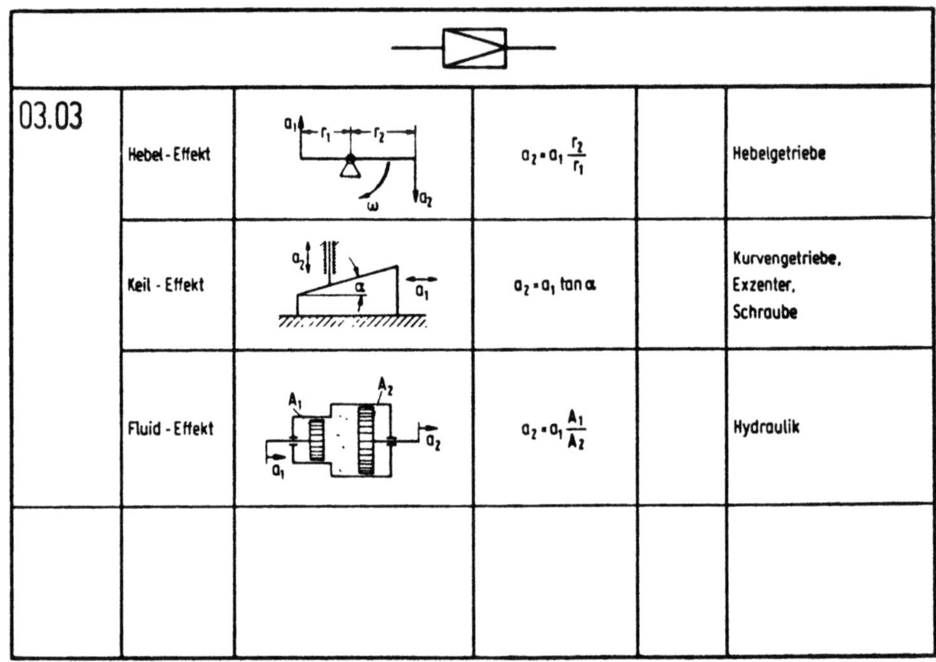

Bild 5-5. Prinzipkatalog Vergrößern – Verkleinern (Auszug).

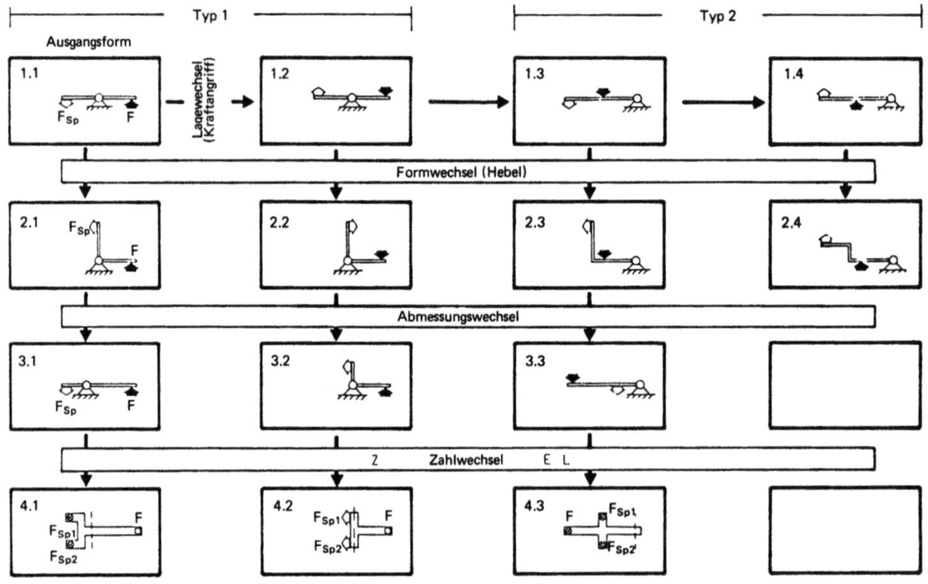

Bild 5-6. Gestaltungsvarianten eines Hebels.

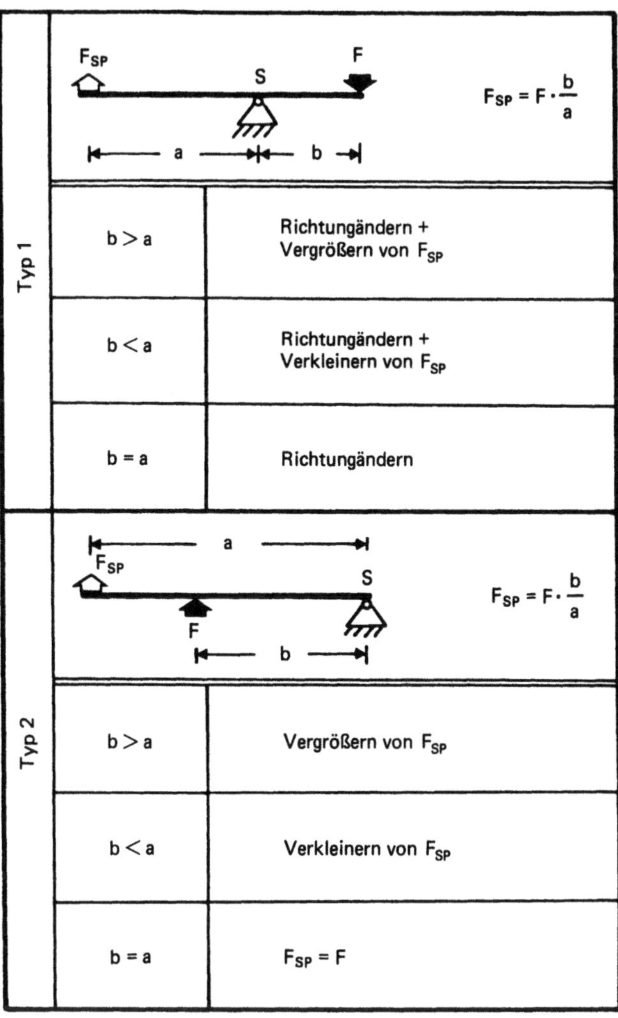

Bild 5-7. Hebelverhältnisse beim geraden Hebel.

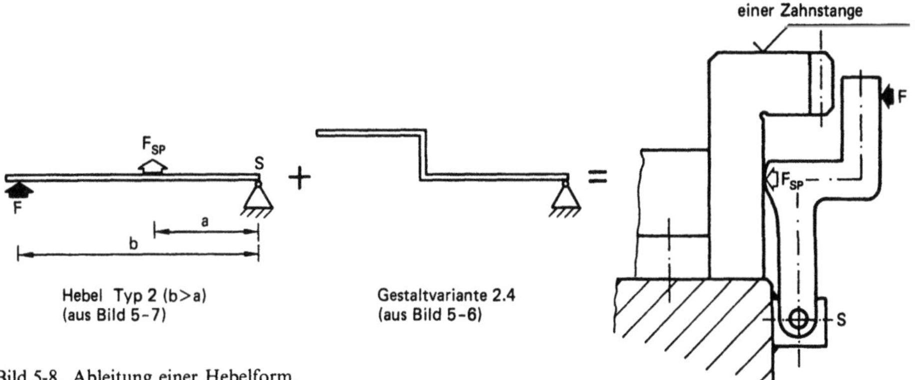

Bild 5-8. Ableitung einer Hebelform.

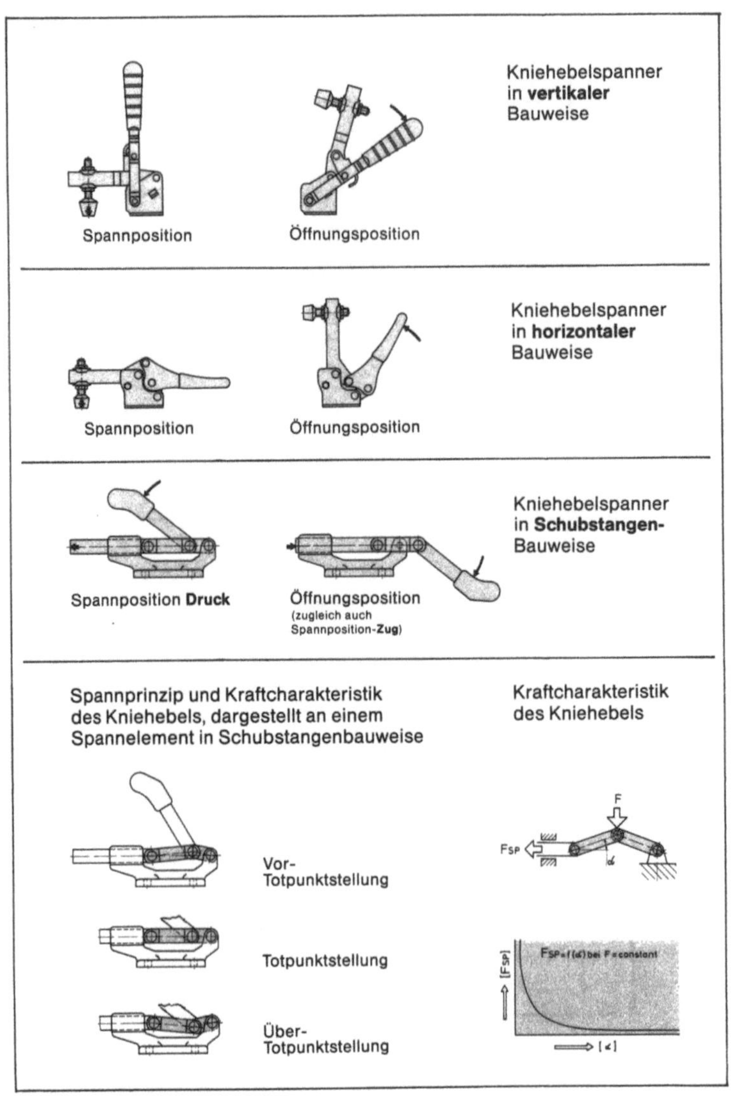

Bild 5-9.
Kniehebelspanner,
Spannprinzip und
Bauweise.

Spannkurven ermöglichen bei verhältnismäßig kurzen Bedienzeiten die Erzeugung großer Spannkräfte.

Charakteristisch für die Spannkurve ist der schnelle Spannvorgang. Die praktische Anwendung einer Spannkurve in Verbindung mit einem Niederzugelement wird in Bild 5-10 dargestellt. Die günstigste Form ist die Spirale, die durch die lineare Zunahme des Spannweges und eine Kurvensteigung < 6° ein sicheres Spannen ermöglicht (Bild 5-11).

Eine besondere Form von Spannkurve findet Anwendung in Schnellspannern, deren Gesamthub sich aus Schnell- und Spannhub zusammensetzt. Den Schnellhub erzeugt man durch eine große Kurvensteigung > 6°, wogegen der Spannhub mit einer Steigung < 6° versehen ist.

128

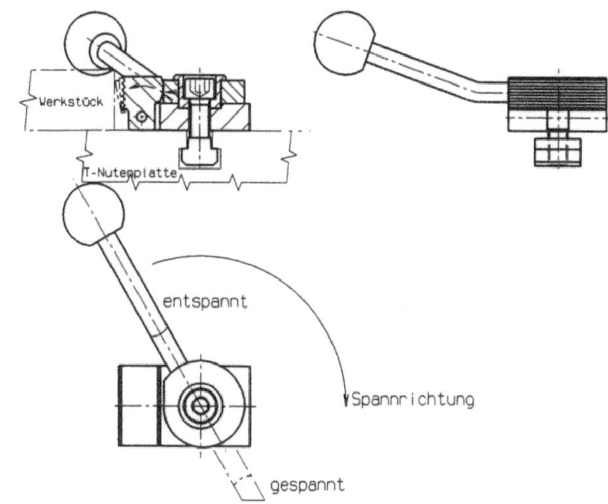

Bild 5-10. Niederzugspanner mit Spannspirale.

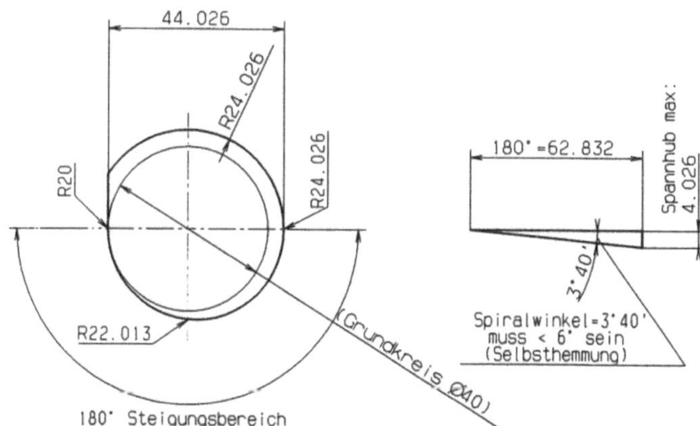

Bild 5-11. Geometrie einer
Spannspirale.

Die praktische Anwendung des **Fluid-Effektes** erfolgt in der Hydraulik und Pneumatik. Zum Einsatz kommt hier das hydrostatische System. Es bedeutet, daß das Übertragungsmedium in einem geschlossenen Raum gehalten wird, ohne durch das Leitungssystem zu strömen.

Angesichts der vielfältigen Konstruktionsmöglichkeiten eines Spannelementes empfiehlt sich zu untersuchen, welche Möglichkeit besteht, die gewählte Kraft der jeweiligen Spannaufgabe anzupassen. (Bild 5-12). So z.B., ob eine Kraft, die durch hydraulische bzw. pneumatische Spanner erzeugt wurde, mit Hilfe des Hebeleffektes geändert werden kann.

Dazu sind im Bild 5-13 die Effekte zur Krafterzeugung und jene zur Kraftanpassung aufgetragen, wobei angegeben wird, ob eine Kombination prinzipiell möglich ist. Es ist z.B. ersichtlich, daß für elektrostatische Spanner eine Anpassung der Kraft über den Hebel-, Keil- oder Fluid-Effekt nicht sinnvoll ist, sondern in diesem Fall eine Regelung der Kapazität erfolgt.

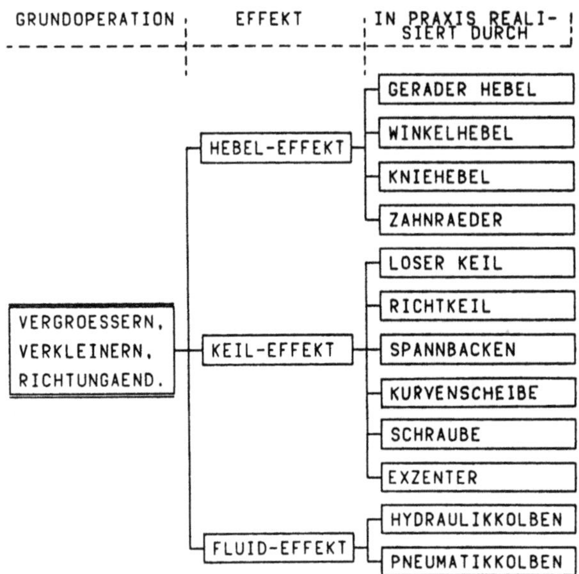

Bild 5-12. Übersicht über Spanneffekte und deren praktische Ausführung.

EFFEKT / KRAFTERZEUGUNG — EFF. VERGRÖSSERN, VERKLEIN., RICHTG-ÄND.	HEBEL – EFFEKT				KEIL – EFFEKT						FLUID – EFFEKT	
	1	2	3	4	5	6	7	8	9	10	11	12
	GERADER HEBEL	WINKEL-HEBEL	KNIEHEBEL-SPANNER	ZAHN-RÄDER	LOSER KEIL	RICHT-KEIL	SPANN-BACKEN	KURVEN-SCHEIBE	SCHRAUBE	SPANN-EXZENTER	HYDRAULIK-KOLBEN	PNEUMATIK-KOLBEN
1 SPANNEN DURCH AUFTRIEB	X (1.1)	X (1.2)	/ (1.3)	X (1.4)	X (1.5)	X (1.6)	/	/	/	/	X	X
2 PNEUMAT. SPANNER	X (2.1)	X (2.2)	X (2.3)	X (2.4)	X (2.5)	X (2.6)	/	X	/	X	/	/
3 HYDRAUL. SPANNER	X (3.1)	X (3.2)	X (3.3)	X (3.4)	X (3.5)	X (3.6)	/	X	/	X	/	/
4 PNEUMAT.+HYDRAUL. SPANNER	X (4.1)	X (4.2)	X (4.3)	X (4.4)	X (4.5)	X (4.6)	/	X	/	X	/	/
5 FLIEHKRAFTSPANNER	X (5.1)	X (5.2)	/ (5.3)	/ (5.4)	X (5.5)	X (5.6)	/	/	/	/	/	/
6 SPANNEN MIT HILFE DES IMPULSES	X (6.1)	X (6.2)	/ (6.3)	X (6.4)	X (6.5)	X (6.6)	/	/	/	X	X	X
7 SCHWERKRAFTSPANNER	X	X	/	/	X	X	/	/	/	X	X	X
8 SPANNEN DURCH WÄRMEDEHNUNG	X	X	/	X	X	X	/	/	/	X	X	X
9 ELEKTROSTATISCHE SPANNER	/	/	/	/	/	/	/	/	/	/	/	/
10 MAGNETISCHE SPANNER	X	X	/	/	X	X	/	/	/	X	/	/
11 FEDERSPANNER	X	X	X	X	X	X	/	/	X	X	/	/
12 SCHRAUBENSPANNER	X	X	X	X	X	X	X	/	/	X	X	X
13 FEDERN + SCHRAUBEN	X	X	X	X	X	X	X	/	/	X	X	X

X = MÖGLICHE KOMBINATION
/ = NICHT SINNVOLLE KOMBINATION

Bild 5-13. Kombinationsmöglichkeiten kraftschlüssiger und reibschlüssiger Spanner.

130

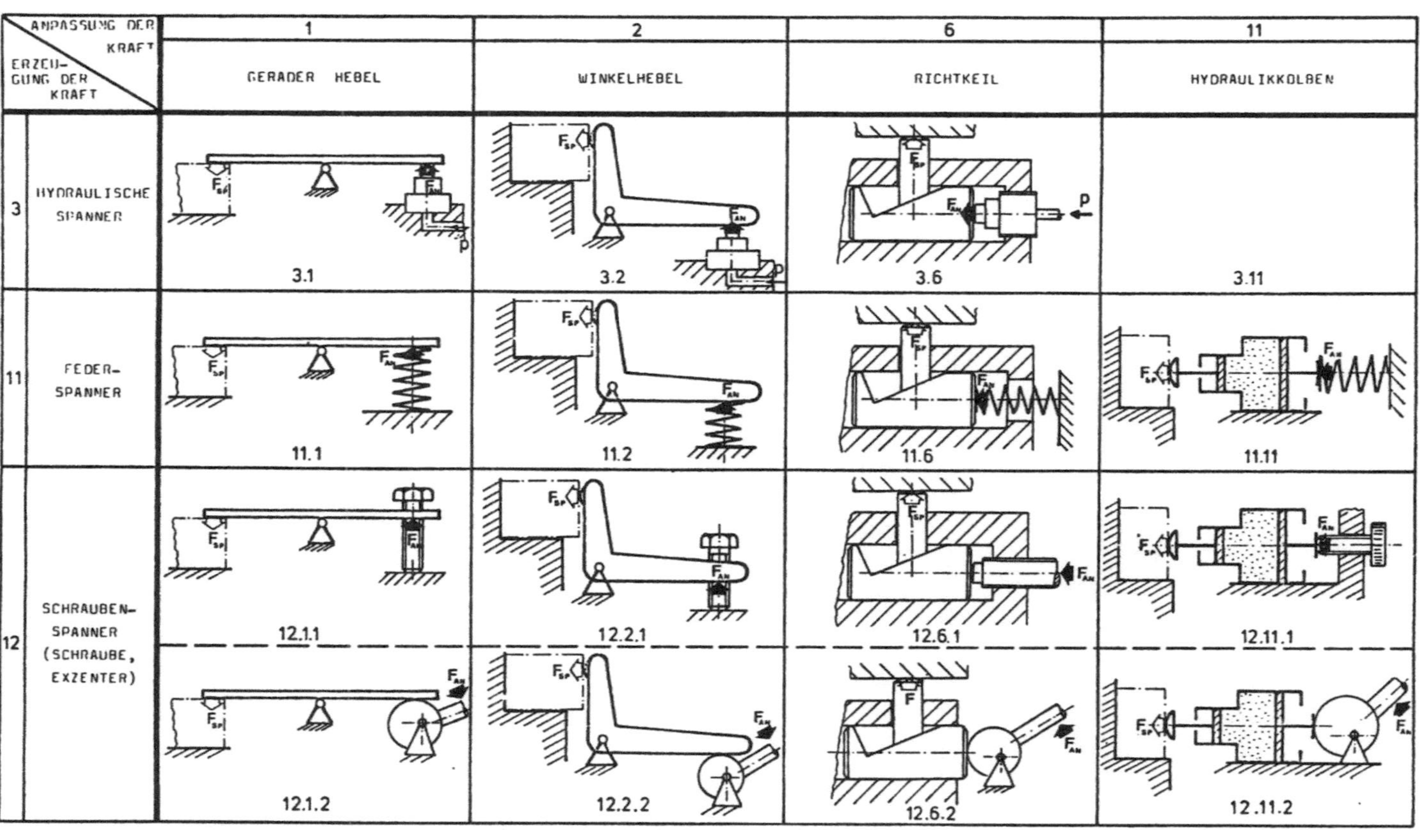

Bild 5-14. Prinzipskizzen von Spannern, resultierend aus Tabelle Bild 5-13.

131

Um aus der großen Zahl von Lösungsmöglichkeiten eine Auswahl treffen zu können, wurden folgende Forderungen aufgestellt:

- das Spannelement soll möglichst vielseitig einsetzbar sein,

- der Spannvorgang soll schnell erfolgen,

- die Spannung soll sicher sein,

- möglichst einfache Auslegung des Spannelements, d. h. wirtschaftliche Herstellung.

Die Spannelemente, die diese Forderung erfüllen, sind in Bild 5-14 zusammengefaßt. Dabei ist das Funktionsprinzip mit Hilfe von Prinzipskizzen erläutert worden. Wie ersichtlich, ist dabei die Gruppe der Spanneisen mit den dazugehörigen Spann- und Stützelementen am häufigsten vertreten.

5.3 Konstruktion von Funktionsträgern

Der Konstruktionsprozeß von Funktionsträgern sollte anhand eines Positionierelementes (Auflagebolzen) exemplarisch nachvollzogen werden. Bei der Konstruktion der Positionierelemente legt man der entwickelten Struktur dieses Funktionsträgers folgend die drei Teilfunktionsträger Wirkfläche, Funktionsträgerkörper und Befestigungs- bzw. Verbindungsart geometrisch fest [12]. Der Konstruktionsprozeß dieser passiven Funktionsträger ist in erster Linie ein Gestaltungsprozeß, bei dem mit Hilfe von Gestaltungsregeln systematisch Lösungen geometrisch variiert werden. Durch die Anwendung der Gestaltungsregel Formwechsel [13] lassen sich qualitativ unterschiedliche Flächen- und damit auch Wirkflächenvarianten – entwickeln.

Für die Vorrichtungskonstruktion sind normalerweise die Werkstückkonturen – und damit die Formen der Wirkflächen – werkstückseitig fest vorgegeben. In der Mehrzahl sind diese Wirkflächen eben oder um eine Achse gekrümmt (Zylinder, Bohrung), oder sie lassen sich vereinfacht auf diese Formen zurückführen. Dies bedeutet, daß die Berühr- oder Kontaktflächen, nur durch einen Form- bzw. Abmessungswechsel der Wirkflächen der Funktionsträger zu variieren sind. Über die Berühr- und Kontaktflächen werden alle auftretenden Kräfte übertragen.

Da im allgemeinen die Größe der Kräfte festliegt, läßt sich eine Überschreitung der zulässigen Belastung der Kontaktflächen nur durch die Variation der Flächengröße erreichen. Die Größe der Kontaktfläche wird nicht nur durch die Abmessungen der Wirkflächen bestimmt, sondern hängt auch in hohem Maße von der Krümmung der beteiligten Wirkflächen ab.

So ergibt beispielsweise die Kombination von zylindrischer und ebener Wirkfläche eine rechteckige (linienförmige) Kontaktfläche, deren Länge von der Zylinder- oder Flächenlänge und dessen Breite von der Zylinderkrümmung (Zylinderradius) abhängt. Dieser Zusammenhang muß bei der Festlegung der Wirkflächenform für einen Funktionsträger Berücksichtigung finden.

Die Wirkflächenpaarung sollte für die Positionierung des Werkstückes so punktförmig wie möglich und für eine beschädigungsfreie Kraftübertragung so flächenförmig wie nötig sein, um einerseits das Werkstück möglichst fehlerfrei positionieren zu können und andererseits die zulässige Belastung der Wirkflächenpaarung nicht zu überschreiten.

Der Funktionsträger kann in einer Vielzahl von Körpervarianten gestaltet werden, die man jedoch aus wirtschaftlichen Gründen hinsichtlich ihrer Form auf handelsübliche Varianten und Abmessungen beschränken sollte. Zuletzt wird die Befestigung bzw. Verbindung des Funktionsträgers festgelegt und gestaltet.

Grundsätzlich sind Verbindungen zwischen zwei Elementen durch folgende Merkmale gekennzeichnet [13]:

starr oder beweglich
lösbar oder unlösbar
kraft-, form- oder stoffschlüssig.

Aus der Kombination dieser Merkmale ergeben sich Verbindungsvarianten, wie z. B. Schraub-, Preß-, Schweiß-, Klebeverbindungen. Durch Anzahl- und Lagewechsel einer bestimmten Variante innerhalb der verfügbaren Verbindungsfläche des Funktionsträgers wird dann die Verbindung dieses Elementes zum benachbarten Vorrichtungselement festgelegt.

Die entwickelten Gestaltvarianten der Funktionsträger lassen sich in Form eines Variantenkataloges übersichtlich einordnen [11] (Bild 5-15).

	punktförmig	ballig	schneiden-förmig	eben	kegelig	prismatisch
Wirkflächen-varianten	1.1	1.2	1.3	1.4	1.5	1.6
	zylindrisch	quadratisch	rechteckig	sechseckig	L-förmig	U-förmig
Funktionsträger-körpervarianten	2.1	2.2	2.3	2.4	2.5	2.6
	Schrauben	Pressen	Nieten	Schweißen	Löten	Kleben
Verbindungs-varianten	3.1	3.2	3.3	3.4	3.5	3.6
	Befestigungsgewinde				Gewinde- und Paßstifte	
Anzahl bzw. Anordnungs-varianten	4.1	4.2	4.3	4.4	4.5	4.6

Bild 5-15. Gestaltvariantenkatalog für Positionierelemente.

Beispielsweise ergibt die Kombination der Varianten 1.4 mit 2.1 und 3.2 des Variantenkataloges Bild 5-15 das Positionierelement nach Bild 5-16. Dieser Funktionsträger ist mit dem Auflagebolzen nach DIN 6321 identisch.

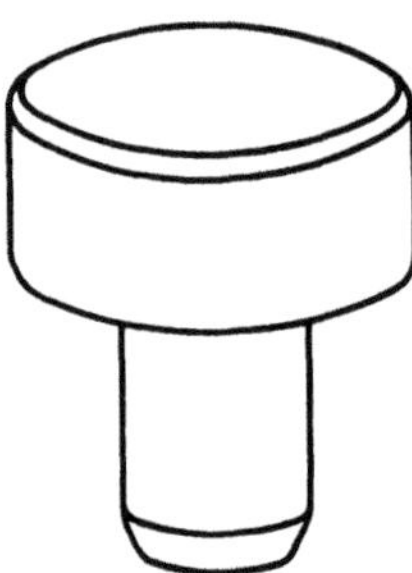

Bild 5-16. Positionierelement (Auflagebolzen nach DIN 6321).

Aus solchen Verknüpfungen von Gestaltvarianten resultiert ein Lösungsspektrum, aus dem unter Berücksichtigung der Aufgabenstellung, den Schnittstellenbedingungen und Restriktionen, die jeweils optimale Lösung bestimmt werden kann.

In Kapitel 10 ist dargestellt, wie ein Funktionsträgerkatalog, der einem Konstrukteur als Hilfsmittel für den systematischen Rückgriff auf vorgegebene Teilfunktionen dienen kann, aufgebaut und gepflegt werden sollte. Desweiteren finden sich in diesem Kapitel Auszüge aus einem derartigen Funktionsträgerkatalog.

5.4 Baukastensysteme für den Vorrichtungsbau

5.4.1 Einsatz von Vorrichtungsbaukastensystemen

Vorrichtungsbaukästen sind Bestandteil universeller Spanntechnik und Module flexibler Fertigung. Bedingt durch die hohe Zahl wechselnder Fertigungsaufgaben fallen, besonders in Unternehmen mit vorwiegender Einzel-, Mittel-, Kleinserien-, Ersatz- und Prototypteilfertigung, sehr hohe Vorrichtungskosten und -bestände an. Durch den Rückgang der Losgrößen werden die Produkte mit immer höheren Betriebsmittelkosten sowie durch einen erheblichen Lager-, Verwaltungs- und Wartungsaufwand belastet.

Dies hat zur Entwicklung von Vorrichtungsbaukastensystemen geführt, mit denen aus standardisierten Bauelementen Vorrichtungen aufgebaut werden können. Die lösbaren Verbindungen bieten die Möglichkeit der Wiederverwendung der Baukörper. Die Baukastenvorrichtungen werden im Gegensatz zu teilespezifischen Vorrichtungen nach dem Einsatz wieder zerlegt, wodurch einerseits eine Wiederverwendung der Vorrichtungselemente erreicht und andererseits der erhebliche Aufwand für Konstruktion, Fertigung, Lagerung und Verwaltung reduziert wird.

Baukastenvorrichtungen zeichnen sich durch bestimmte Eigenschaften aus, die beim Einsatz beachtet werden müssen (Bild 5-17). Faßt man die wichtigsten Eigenschaften der Baukastenvorrichtungen zusammen, so lassen sich folgende Einsatzkriterien ableiten:

– große Intervalle der Auftragswiederholung,

– häufige Änderungen der Werkstücke oder der eingesetzten Maschinen,

– kurze Auftragsdurchlaufzeit,

134

	Kostensituation	Terminsituation	Technologie
Vorteile	-Materialeinsparung Werkstoff für Vor-richtungen: -Einsparung an Fer-tigungskapazität -Einsparung durch Reduzierung von Lagerkosten -Einsparung von Kosten zur Vorrich-tungsplanung und -konstruktion Kostengünstige Einsatzmöglichkeit mehrerer gleicher Vorrichtungen, auch für kleine Los-größen	-Schnelle Verfügbar-keit -Fertigungsanlauf -Zweitvorrichtung bei Fertigungseng-pässen -Überbrückung bei Ausfall oder Ände-rung der Sondervor-richtung -Schnelle Änderung der Vorrichtung bei Prototypen bzw. Nullserien -Ersatzteilfertigung für ausgelaufene Produkte -Schnelle Liefermög-lichkeiten von Ergän-zungselementen und schnelles Ersetzen beschädigter oder verschlissener Bau-kastenelemente	-Aufgrund der hohen Genauigkeit Einsatz zu Prüfzwecken (Prüfvorrichtung) Einfache Anpassung bei Werkstückände-rungen.
Nachteile	-Hohe Anschaffungs-kosten -Hohe Bereitstel-lungskosten bei Wiederverwendung	-Montagezeit bei Wiederverwendung	-Begrenzte Steifig-keit (Reduzierte Schnittwerte) -Begrenzte Werk-stückgröße -Unhandlich wegen großer Masse der Elemente -Hoher Umbauungsgrad dadurch mehr Auf-spannung Freiheitsgrad der Werkzeuge einge-schränkt Verwendung längerer Werkzeuge oft erfor-derlich

Bild 5-17. Vor- und Nachteile von Baukastenvorrichtungen.

– hoher Termindruck,

– kleine Lose,

– Fertigung in der bedienerarmen Schicht (beim Einsatz mehrerer gleicher Vorrichtungsaufbauten).

Unter Berücksichtigung dieser Einsatzkriterien bietet sich ein Einsatz der Baukastenvorrichtungen besonders in folgenden Fällen an:

– bei der auftragsbezogenen Fertigung,

– bei kleinen Serien und Einzelfertigung,

– beim Anlauf der Serienfertigung, bis die entsprechende teilespezifische Vorrichtung fertiggestellt ist,

– in der Prototypenfertigung, in der mit häufigen Änderungen der Werkstücke gerechnet werden muß,

– bei der Produktionsforschung, bei der wechselnde Maschinen und Verfahren angewandt werden,

– als Ersatz für beschädigte Vorrichtungen, bis diese repariert sind,

– bei der Fertigung von Ersatzteilen und Kundendienstaufträgen, bei denen Serienvorrichtungen nicht mehr vorhanden sind.

5.4.2 Technische Unterscheidungsmerkmale, Bauarten u. Charakteristika

Hinsichtlich der Bauart kann man zwischen

reinen Baukastenvorrichtungssystemen und modular strukturierten Vorrichtungssystemen unterscheiden.

Baukastenvorrichtungssysteme sind im Vergleich zu teilespezifischen Vorrichtungen universell nutzbar. Ihre Elemente werden aus einzelnen standardisierten Bauteilen zusammengefügt bzw. lösbar verbunden.

Modular strukturierte Vorrichtungssysteme sind nahezu universell anwendbar und nach einer bestimmten Systematik ausgelegt.

Häufig wiederkehrende Elemente sind dabei als Standard-Module konzipiert, was zu einer Reduzierung der Montagezeit führt. Systembedingt ist die teilweise Notwendigkeit von werkstückspezifischen Zusatzteilen. Nach der Art der Positionierung der Vorrichtungselemente unterscheidet man die derzeit auf dem Markt eingesetzten Vorrichtungsbaukastensysteme nach Nut- und Bohrungsrastersystemen (Bild 5-18).

Nutsystem

Das Nutsystem ist dadurch gekennzeichnet, daß die Baukastenelemente T-Nuten aufweisen und die Verbindung verschiedener Elemente mit Hilfe von Nutensteinen oder durch die Verwendung von Nutenführungsleisten formschlüssig hergestellt wird. Die formschlüssige Verbindung der Vorrichtungselemente läßt die Übertragung hoher Kräfte zu.

Die Nutensteine können entlang der Nuten beliebig verschoben werden. Dadurch lassen sich die einzelnen Vorrichtungselemente flexibel an die geometrischen Verhältnisse des Werkstückes anpassen.

136

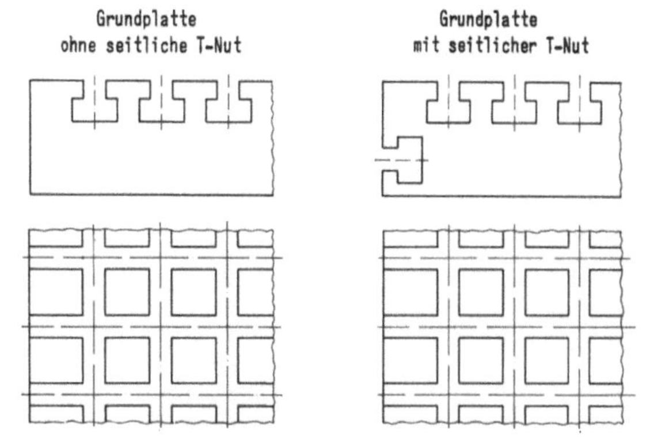

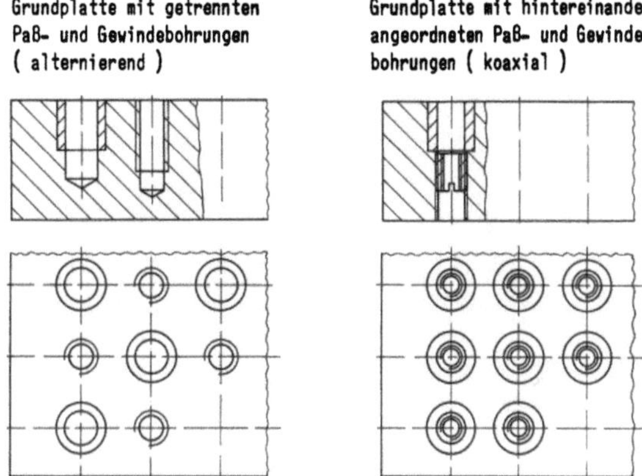

Bild 5-18.
Grundplatten für unterschiedliche
Vorrichtungsbaukastensysteme
(Systemvergleich).

Durch die seitlich angebrachten T-Nuten lassen sich über sogenannte Verbindungsleisten beim Einsatz mehrerer Grundplatten entsprechend größere Plattenkombinationen herstellen.

Eine Referenzpunktfestlegung (Nullpunkt) läßt sich an jedem Nutkreuz exakt in zwei Koordinaten formschlüssig ermitteln (Bild 5-19).

Bohrungsrastersystem

Modular strukturierte Vorrichtungssysteme bestehend aus standardisierten Spannelementen und den zur Aufnahme benötigten Rasterkörpern wie Platten, Winkel und Kuben werden prinzipiell in zwei unterschiedlichen Ausführungsformen benutzt. Dies ist zum einen das **koaxiale System**, bei dem Paß- und Gewindebohrung an jedem Rasterpunkt hintereinander angeordnet sind, sowie zum anderen das **alternierende System**, welches durch die Trennung von Paß- und Gewindebohrung gekennzeichnet ist. Zwei Bohrungen in Verbindung mit Paßschrauben (koaxial) bzw. mit Stiften und Befestigungsschrauben (alternierend) positionieren und fixieren die Vorrichtungs-Elemente in zwei Koordinaten formschlüssig. Durch den Bohrungsraster ist die Anordnung der Elemente weniger flexibel als beim Nutsystem; vorteilhaft dagegen ist die einfache und problemlose Wiederholmontage der Elemente zusammen mit der hohen Wiederholgenauigkeit. Die Referenzpunktfestlegung (Nullpunkt) kann beim Rastersystem von jeder Paßbohrung aus erfolgen (Bilder 5-20–5-25).

Um Nachteile der einzelnen Systeme zu kompensieren, wurden Kombi-Elemente und Rasterausgleichselemente entwickelt (Bilder 5-26 und 5-27). Ein ebenso inzwischen entwickelter Loch-Nut-Adapter ermöglicht den Einsatz von Nut-Elementen auf Rasterbohrungsplatten.

Welches System (Nut oder Raster) eingesetzt wird, ist jeweils firmenspezifisch zu untersuchen und zu entscheiden.

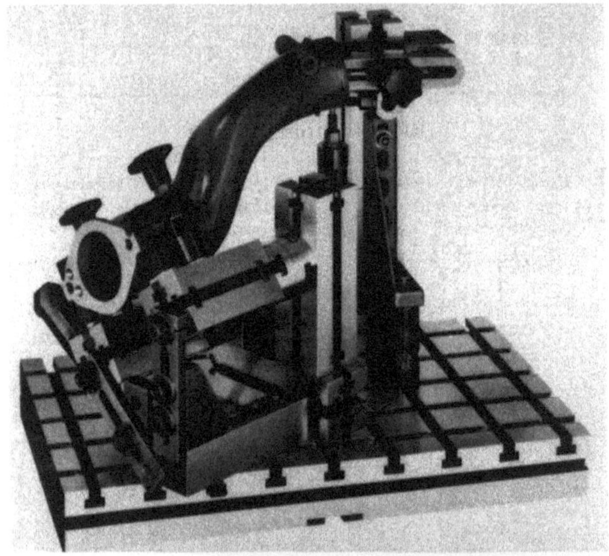

Bild 5-19.
Baukastenvorrichtung (Nutsystem).

Bild 5-20. Baukastenvorrichtung
(Bohrungsrastersystem, alternierend).

Bild 5-21. Baukastenvorrichtung
(Bohrungsrastersystem, alternierend).

Bild 5-22. Baukastenvorrichtung
(Bohrungsrastersystem, koaxial).

Bild 5-23. Baukastenvorrichtung
(Bohrungsrastersystem, koaxial).

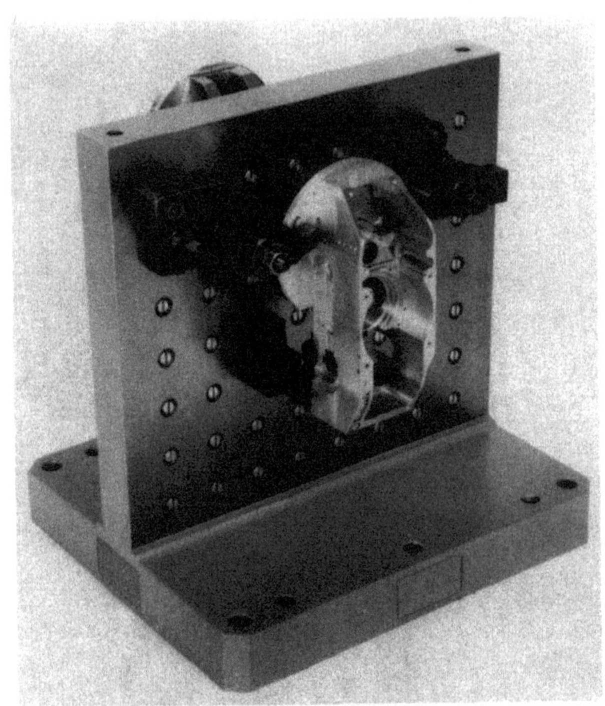

Bild 5-24. Baukastenvorrichtung
(Bohrungsrastersystem, koaxial).

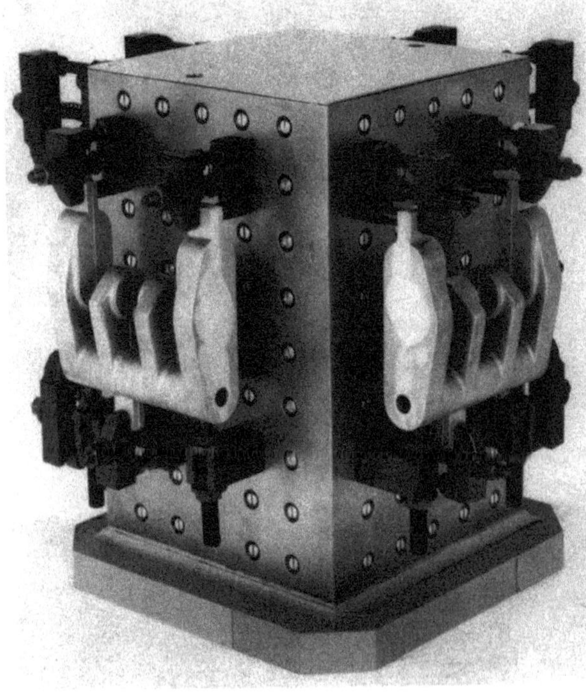

Bild 5-25. Baukastenvorrichtung
(Bohrungsrastersystem, koaxial).

Bild 5-26. Rasterausgleichselement.

Bild 5-27. Rasterausgleichselement,
stufenlos verstellbar (Kreuzschieber).

5.4.3 Beispiel eines organisatorischen Ablaufs beim Einsatz von Vorrichtungsbaukästen

Die spezifischen Eigenschaften der Baukastensysteme führen dazu, daß sowohl hinsichtlich der Beschaffungsart der Vorrichtungen als auch bezüglich des konstruktiven Aufbaus Unterschiede gegenüber den teilespezifischen Vorrichtungen auftreten.

Bedingt durch das Fehlen der Fertigungsvorgänge ergibt sich beim Einsatz von Baukastensystemen ein gegenüber den Spezialvorrichtungen völlig unterschiedlicher Ablauf der Vorrichtungsbeschaffung. Während bei teilespezifischen Vorrichtungen in der Regel eine Betriebsmittelkonstruktion, -fertigung und -montage vorgenommen werden muß, beschränken sich die Aufgaben der Vorrichtungsbeschaffung beim Baukasteneinsatz auf einen Montageprozeß, der die konstruktiven Probleme gleichzeitig löst. Dazu werden die Baukastenelemente vom Vorrichtungsmonteur aus dem Baukasten entnommen und miteinander verschraubt.

Beim Aufbau einer Baukastenvorrichtung, egal ob Nut- oder Rastersystem, muß von den erforderlichen Vorrichtungsfunktionen ausgegangen werden:

– Positionieren,

– Spannen,

– Stützen,

– Führen,

– Verbinden.

Am Anfang des Vorrichtungsaufbaus steht die Auswahl des Grundelementes. Dies ist in den meisten Fällen eine Grundplatte, die entsprechend den Werkstückabmessungen ausgewählt wird. Danach verbindet man unter Einbeziehung des Werkstückes die Positionier-, Spann- und Stützelemente mit der Grundplatte.

Da in der Praxis die entsprechende Voraussetzungen oft nicht vorhanden sind, werden beim Vorrichtungsaufbau die erforderlichen Spannkräfte und die zu erwartenden Zerspanungskräfte nicht genau ermittelt. Vielmehr schätzt sie der Vorrichtungsmonteur nur grob ab und setzt in den Fällen, in denen sich beim Einsatz z. B. Rattererscheinungen zeigen, größer dimensionierte Spannelemente ein, unterstützt an entsprechender Stelle das Werkstück oder reduziert die Schnittwerte.

Bei der Montage der Baukastenvorrichtung in der beschriebenen Weise muß der Monteur folgende Kriterien beachten:

- **Werkstückgeometrie** (Stabilität, Eignung der Anschlagflächen, Kraftangriffsrichtungen, vorgeschriebene Toleranzen),

- **Maschine** (Aufspannmöglichkeiten, Arbeitsraum, Werkzeugangriffsrichtung),

- **Bearbeitungsverfahren** (Bearbeitungskräfte, Steifigkeit der Vorrichtung, Ratterneigung, Werkzeugverfahrwege).

Dazu stehen dem Monteur verschiedene Informationsquellen zur Verfügung. Dies sind unter anderem:

- eine **Werkstattzeichnung** des zu fertigenden Einzelteils,

- ein **Musterteil** des zu spannenden Werkstückes (Rohling) und

- der **Arbeitsplan** mit den Arbeits- und Teilvorgängen pro Aufspannung.

Aus diesen Unterlagen muß der Monteur, die für den Vorrichtungsaufbau wesentlichen Informationen entnehmen, da eine Zeichnung der Baukastenvorrichtung für die Erstellung meist nicht vorliegt. Es wird deutlich, daß die Montage von Baukastenvorrichtungen erhebliche Anforderungen an das Vorstellungsvermögen, die Kreativität und das Verständnis für die Bearbeitung auf Werkzeugmaschinen stellt, die nur erfahrene Monteure erfüllen können. Wird die Vorrichtung auf einem Bearbeitungszentrum eingesetzt, so sollte nach der erstellten Baukastenvorrichtung der Arbeitsplan mit den benötigten Werkzeugen und das NC-Programm unter Vermeidung von Kollisionen zwischen Werkzeug und Vorrichtung erstellt werden.

Diese Erfahrungen haben einen erheblichen Einfluß auch auf die Montagezeit. Wenn z. B. für die Erstmontage einer Vorrichtung eine Zeit von 2–5 h benötigt wird, so läßt sich, sofern man auf die entsprechende Dokumentation zurückgreifen kann, die Zeit für die Wiederholmontage noch beträchtlich unterschreiten. Die Dokumentation wird zweckmäßigerweise nach dem Einsatz in der Fertigung durchgeführt, damit alle vorgenommenen Änderungen oder Anpassungen mit berücksichtigt werden können.

In der Praxis erstellt man dazu eine photographische Aufnahme der Vorrichtung mit und ohne Werkstück und einer Stückliste. In der Stückliste sind die Baukastenelemente bereits eingetragen, so daß nur noch die benötigten Elemente anzukreuzen sind. Zusätzlich werden noch Angaben zum Auftrag und zur Erstellungszeit der Vorrichtung aufgenommen. Alle genannten Informationen sind in einer Montagekarte zusammengefaßt.

Die Bedeutung der Dokumentation ausgeführter Baukastenvorrichtungen ergibt sich aus den Ergebnissen einer Erfassung in einem Unternehmen, bei dem etwa 70% aller erstellten Vorrichtungen noch einmal oder mehrmals montiert werden mußten. Die Zeiten für die Wiedererstellung der Vorrichtungen betrugen dabei nur zwischen 50% bis 70% der Zeiten für die Erstmontage.

Wesentlich beim Bau von Vorrichtungen aus dem Baukasten ist eine gute Übersicht über das vorhandene Sortiment. Dieses läßt sich durch den Einsatz entsprechender Sortimentskästen erreichen, in denen es möglich ist, jedem Baukastenelement eine feste Position zuzuordnen. Vor der Einsortierung in den Kasten werden die Elemente der zerlegten Vorrichtung gereinigt und mit Korrosionsschutzmittel versehen. Sie stehen dann für den erneuten Einsatz zur Verfügung.

Planungshilfen für die Vorrichtungsmontage

Hilfen für den Vorrichtungsmonteur sind

– die Verwendung von Bildzeichen bei der Planung,

– der Einsatz von CAD (Rechnergestützte Vorrichtungskonstruktion).

Bildzeichen (Symbole)

Bei der Planung können bereits ein Vorrichtungskonzept und mittels Symbolen die Positionier-, Spann- und Stützstellen sowie die wichtigsten Bezugsmaße festgelegt werden. Diese Eintragungen werden auf der Werkstückzeichnung vorgenommen, wobei die Spannelemente mit Positionszahlen zu versehen sind. Diese wiederum können in einer Stückliste festgehalten werden (siehe Kapitel 4.3 „Einsatz von Bildzeichen").

Einsatz von CAD

Die rechnergestützte Konstruktion ist für den Monteur eine weitere Hilfestellung, da ihm über die ausgedruckte Zeichnung eine komplett konstruierte Baukastenvorrichtung einschließlich Stückliste zur Verfügung steht (siehe Kapitel 7.2).

5.4.4 Einsatz und Auswahl eines Vorrichtungsbaukastensystems aus der Sicht eines Anwenders

Nachdem die Anzahl von teilespezifischen Vorrichtungen für die Ersatzteilfertigung immer größer wurden und für die neue Maschinengeneration NC-Bearbeitungsmaschinen/Bearbeitungszentren nicht mehr geeignet waren, suchte man bei einem Unternehmen nach einer anderen bzw. neuen Fertigungsmöglichkeit. Man entschloß sich, die Teile mit Baukastenvorrichtungen zu bearbeiten und ein geeignetes Baukastensystem ausfindig zu machen.

Vorgehensweise:

Als erstes mußte für das zu fertigende Teilespektrum (Ersatzteile) ein geeignetes Baukastensystem gesucht werden. Die bekannten Hersteller von Baukastenvorrichtungen wurden diesbezüglich angesprochen und erhielten alle die gleiche Aufgabe. Die Aufgabe lautete, für ein bestimmtes Werkstück eine Baukastenvorrichtung zu erstellen, mit der das Werkstück bearbeitet und die Vorrichtung getestet werden sollte.

Den Herstellern standen zur Lösung der Aufgabe zur Verfügung:

– Werkstück,

– Werkstückzeichnung,

– Fertigungsplan.

Aufgabenbeschreibung für die Testvorrichtung:

Es war eine Baukastenvorrichtung zu erstellen, in der das vorgegebene Werkstück zur spanenden Bearbeitung festgehalten wird. Diese Vorrichtung war so zu gestalten, daß das Werkstück auf einem vertikalen Bearbeitungszentrum, gemäß ihrer funktionalen Anforderung, laut beiliegendem Fertigungsplan, bearbeitet werden konnte (Bilder 5-28, 5-29, 5-30).

Problembeschreibung:

Zur spanenden Bearbeitung mußten Werkstücke einerseits fest gespannt werden, um den Zerspanungskräften Widerstand zu leisten. Andererseits durften die Spannkräfte das Werkstück nicht deformieren, um Bearbeitungsqualitätsverluste zu vermeiden. Die Positionier- und Spannelemente mußten so angebracht werden, daß die vorgeschriebene Bearbeitung in einer Aufspannung möglich war.

Bei der Suche nach einem Baukastensystem wurden sehr hohe Anforderungen gestellt, obwohl man sich von Anfang an im klaren war, daß man bei der Bearbeitung mit einer Baukastenvorrichtung einige Abstriche machen muß. Die Bearbeitungskosten der Werkstücke können oft höher sein, da gegenüber der Bearbeitung auf einer teilespezifischen Vorrichtung niedrigere Schnittwerte und mehr Bearbeitungsschritte (mehrere Aufspannungen) notwendig sein können (höherer Umbauungsgrad, geringere Steifigkeit). Im Falle von Handspannung und wenn Folgespannungen notwendig sind, ist keine automatische und dosierte Spannfolge möglich, es sind also qualifizierte Mitarbeiter an der Maschine erforderlich.

Systementscheidung

Nach langen Tests und Bearbeitungsversuchen fiel für diese Aufgabenstellung die Entscheidung für das Nutsystem und somit wurden die für das Teilespektrum benötigten Vorrichtungs-Baukastenelemente beschafft.

Es wurden dann weitere Elemente bestellt und die bis zu diesem Zeitpunkt benutzten teilespezifischen Vorrichtungen für Ersatzteilfertigung nach und nach verschrottet. Da immer mehr Baukastenvorrichtungen zum Einsatz kamen, hat man eine Statistik über folgende Kriterien erstellt:

- Einsatzhäufigkeit von Baukastenvorrichtungen

    a) Anzahl neuer Vorrichtungen

    b) Anzahl der Wiederholmontage

- Prozentuale Verteilung des Einsatzes von Baukastenvorrichtungen

    a) Anzahl neuer Vorrichtungen

    b) Anzahl der Wiederholmontagen

- Anzahl verwendeter Grundplatten für Baukastenvorrichtungen

    a) Grundplattengröße 400 × 230 mm

    b) Grundplattengröße 490 × 300 mm

    c) Grundplattengröße 630 × 370 mm

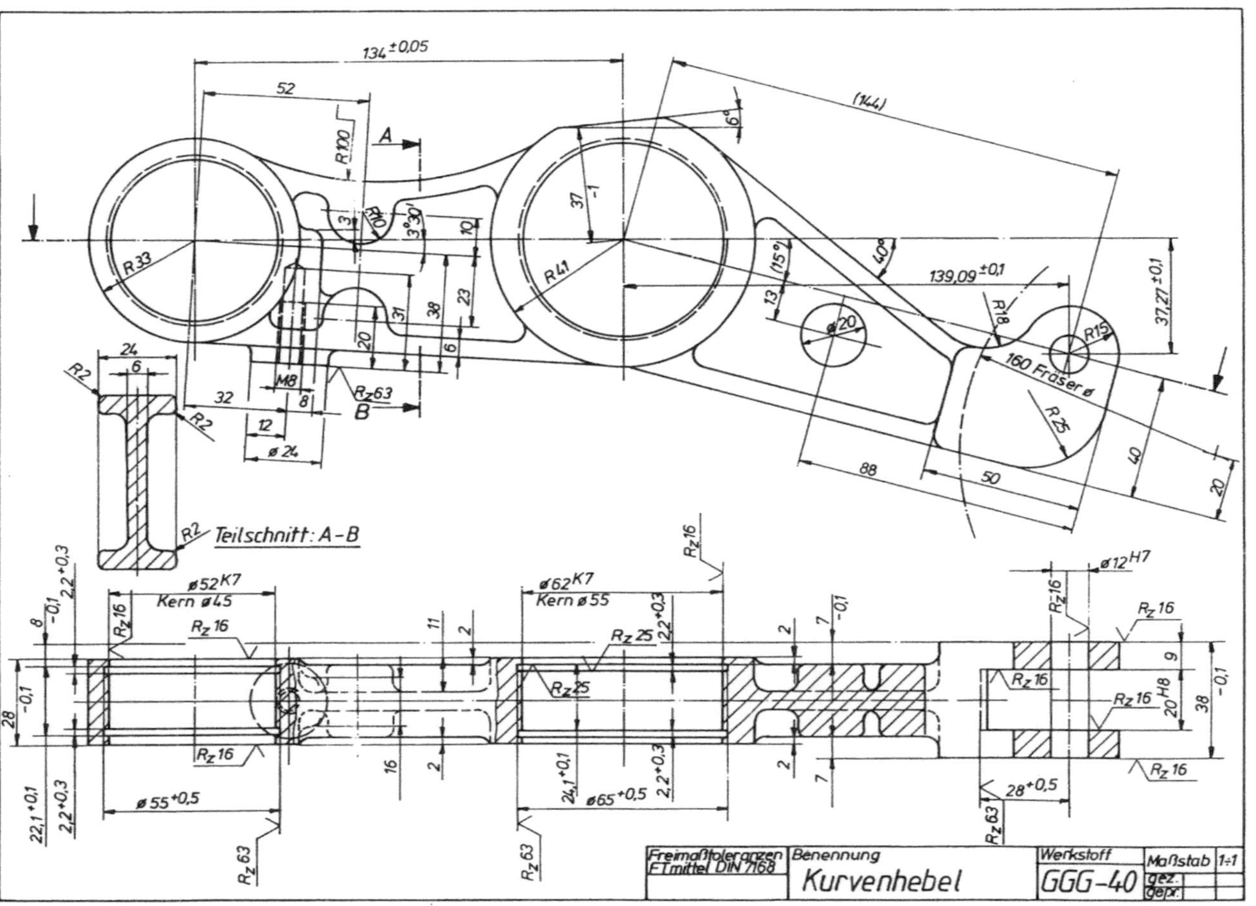

Bild 5-28. Werkstückzeichnung „Kurvenhebel" zur Aufgabenbeschreibung.

```
!==================================================================================!
! A R B E I T S P L A N  !           T E I L E N U M M E R          PLAN-NR. !
!                        !                                             001    !
!==================================================================================!
!Erstellung :            ! Seite   1          ! Planart  : V e r s u c h       !
!Freig.                  !                    ! Einsatzber.: Mechanik          !
!==================================================================================!
!                        !                    !                                !
!                        !Ohne Zeichnung      !                                !
!==================================================================================!
!Benennung:  Kurvenhebel                      !Werkstoff:    K.Grdmat          !
!                                             !                                !
!==================================================================================!
!                        !                                                     !
!                        !.....................................................!
!                        !                                                     !
! AG 020  B  !Zeiten in Minuten                              LG/LA 06 ZL!
! MB    339  !           tv 10%                              LG/LA 06 ZL!
! APL   03623 !                                                          !
! APLGR F0200 !VERT.FRÄSMASCH. PFV 10-1000                               !
!            !                                                           !
!            !                                                           !
!            !In Univ.-Spannelementen gespannt:                         !
!            !===================================                       !
!            !                                                           !
!            !1.Seite:  2 Augen u. Formfläche vor.- u. fertigfräsen,    !
!            !--------  dabei Maß 7 beachten -                          !
!            !                                                           !
!            !                                                           !
!            !                              PROG. B 22429-0             !
!            !                                                           !
!            !...........................................................!
!            !                                                           !
! AG 040  B  !Zeiten in Minuten                              LG/LA 06 ZL!
! MB    340  !           tv 10%                              LG/LA 06 ZL!
! APL   17200 !                                                          !
! APLGR B1200 !VERT BAZ       IMA-NORTE VS 2000                          !
!            !                                                           !
!            !                                                           !
!            !In Univ.-Spannelementen gespannt:                         !
!            !====================================                      !
!            !                                                           !
!            !2.Seite:  Auf gefrästen Flächen aufgelegt                 !
!            !--------                                                   !
!            ! 2 Augen u. Formfläche vor- u. auf Fertigmaß fräsen       !
!            !                                                           !
!            ! 2 Bohrg. D12 kurzbohren D11-                             !
!            ! Schlitz Maß 20 vor- u. fertigfräsen-                     !
!            !                                                           !
!            ! Bohrg. D62 vordrehen D61,5 mit 2-Schneider, 2 Sicherungsnuten !
!            ! zugleich fräsen u. D62 ftg. drehen mit 1-Schneider-      !
!            !                                                           !
!            ! Bohrg. D52 vordrehen D51,5 mit 2-Schneider, 2 Sicherungsnuten !
!            ! zugleich fräsen u. D52 ftg. drehen mit 1-Schneider-      !
!            !                                                           !
!            ! 2 Bohrg. D12 genausenken D11,7 u. reiben auf Fertigmaß-  !
!            !                                                           !
!            !                                                           !
!            !                              PROG. B 22435-0             !
!            !                                                           !
!            !                                                           !
!==================================================================================!
```

Bild 5-29. Arbeitsplan für Werkstück nach Bild 5-28.

```
!=========================================================================!
! A R B E I T S P L A N  !        T E I L E N U M M E R        PLAN-NR. !
!                        !                                        001   !
!=========================================================================!
!Erstellung :            ! Seite   2        ! Planart    : V e r s u c h !
!Freig.                  !                  ! Einsatzber.: Mechanik      !
!=========================================================================!
!                        !                  !                            !
!                        !Ohne Zeichnung    !                            !
!=========================================================================!
!Benennung:  Kurvenhebel                    !Werkstoff:      K.Grdmat    !
!                                           !                            !
!=========================================================================!
!                        !                                              !
!                        !..............................................!
!                        !                                              !
! AG 060  B  !Zeiten in Minuten                          LG/LA 06 ZL!
! MB    340  !          tv 10%                           LG/LA 06 ZL!
! APL   17200 !                                                     !
! APLGR B1200 !VERT BAZ        IMA-NORTE VS 2000                    !
!            !                                                      !
!            !                                                      !
!            !In Univ.-Spannelementen gespannt:                     !
!            !=====================================                 !
!            !In 2 Bohrg. aufgenommen:                              !
!            !==========================                            !
!            !                                                      !
!            ! Auge D24 auf Maß 38 abfräsen-                        !
!            !                                                      !
!            ! Gew. M8 zentr. bis D8,5 , bohren D6,8                !
!            ! u. Gew. schneiden-                                   !
!            !                                                      !
!            !                                                      !
!            !                            PROG. B 22471-0           !
!            !                                                      !
!            !......................................................!
!            !                                                      !
! AG 080  B  !Zeiten in Minuten                          LG/LA 03 ZL!
! MB    332  !          tv  6%                           LG/LA 03 ZL!
! APL   90330 !                                                     !
! APLGR X2400 !ENTGRATEN                                            !
!            !                                                      !
!            ! Bohrg. D62, D52 bdsts. u. Bohrg. D12 außen entgraten.!
!            ! Alle Kanten an bearbeiteten Flächen, 4 Sicherungsnuten u.!
!            ! 2 Bohrg. D12 innen entgraten-                        !
!            !                                                      !
!            !                                                      !
!            !......................................................!
!            !                                                      !
!            !                                                      !
! MB         !ABLIEFERN                                             !
!            !                                                      !
!            !                                                      !
!            !                                                      !
!            !                                                      !
!            !                                                      !
!            !                                                      !
!            !                                                      !
!============================= Ende des Planes       / 14:01 ============!
```

Bild 5-30. Fortsetzung Arbeitsplan für Werkstück nach Bild 5-28.

– Durchschnittliche Rüstzeit für Neu- und Wiederholmontagen von Baukastenvorrichtungen

– Einsatz der Baukastenvorrichtung bezogen auf die einzelnen Werkzeugmaschinenarten

   a) Fräsmaschinen

   b) Universal Bohr- und Fräsmaschinen

   c) Bearbeitungszentren

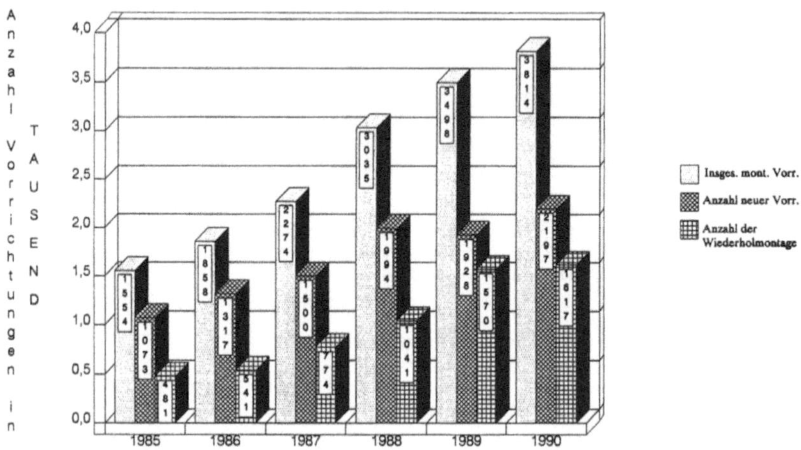

Bild 5-31. Einsatzhäufigkeit von Baukastenvorrichtungen (Nutsystem).

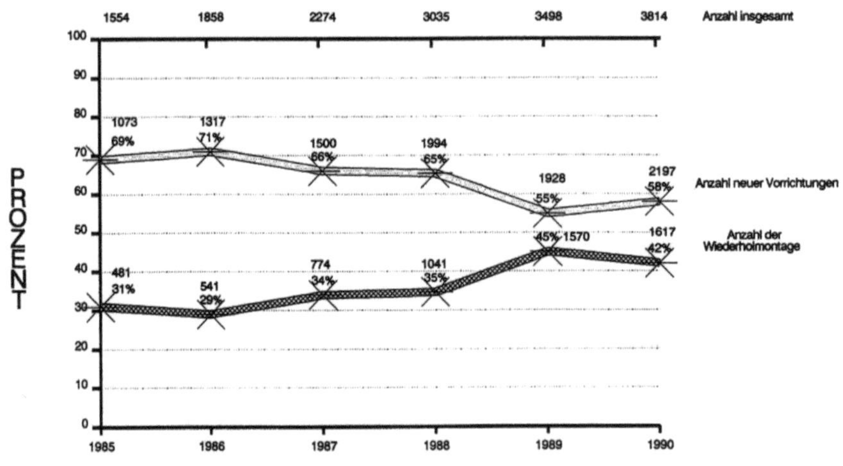

Bild 5-32. Prozentuale Verteilung des Einsatzes von Baukastenvorrichtungen (Nutsystem).

Die statistische Erfassung lief über einen Zeitraum von 6 Jahren von 1985 bis 1990.
Bild 5-31 zeigt die Einsatzhäufigkeit von Baukastenvorrichtungen. In dem Erfassungs-
zeitraum von 6 Jahren wurden insgesamt 16 033 Baukastenvorrichtungen erstellt. Diese
Anzahl gliedert sich in 10 009 neu aufgebaute Vorrichtungen und in 6024 Wiederholmon-
tagen auf. Bild 5-32 zeigt die prozentuale Verteilung des Einsatzes von neu aufgebauten
Vorrichtungen gegenüber Wiederholmontagen.

Aus Bild 5-33 ist die Anzahl der verwendeten Grundplatten für die erstellten Baukastenvorrichtungen ersichtlich. Hierbei ist auffallend, daß mehr Grundplatten als erstellte
Vorrichtungen benötigt wurden. Durch die seitlich vorhandenen T-Nuten können mehrere Platten über sogenannte Verbindungsleisten zu einer größeren Grundplatte zusammengefügt werden. Darum zeigt die Statistik eine höhere Anzahl an Grundplatten als an
Vorrichtungen auf. Durch die beschriebene Art und Weise der Plattenkombination benötigt man nur drei Grundplattengrößen.

Bild 5-34 zeigt die durchschnittliche Rüstzeit für Neu- und Wiederholmontage von Baukastenvorrichtungen ohne Demontage. Hier gibt es Vorrichtungen, die eine Aufbauzeit
von ca. 9 Stunden benötigten, wobei andere wieder in weniger als 1 Stunde aufgebaut
wurden. Die Demontage der Vorrichtungen ist in dieser Statistik ebenfalls erfaßt. Hierfür
beträgt die Zeit durchschnittlich 0,4 Std. pro Vorrichtung. In dieser Zeit sind enthalten:

- Demontage,

- Reinigung (auswaschen),

- Einordnen der Teile in das Regal.

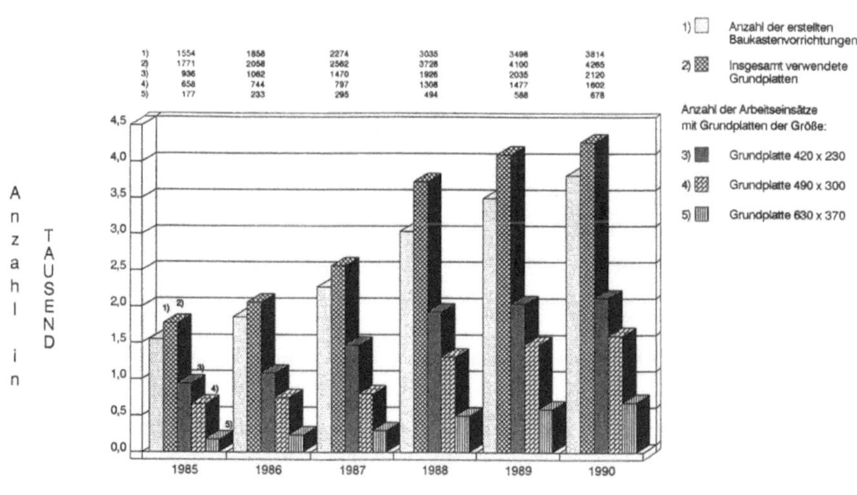

Bild 5-33. Einsatzhäufigkeit verwendeter Grundplatten für Baukastenvorrichtungen (Nutsystem).

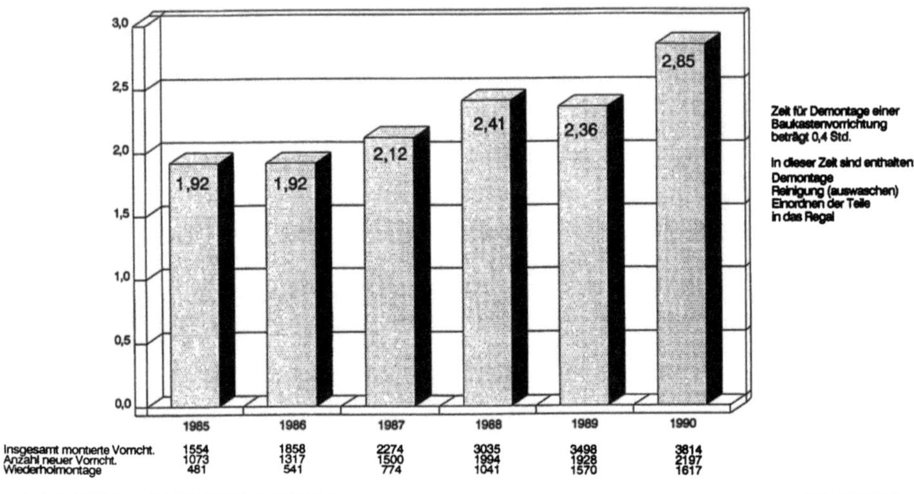

Bild 5-34. Durschnittliche Rüstzeit für Neu- und Wiederholmontage (ohne Demontage) von Baukastenvorrichtungen (Nutsystem).

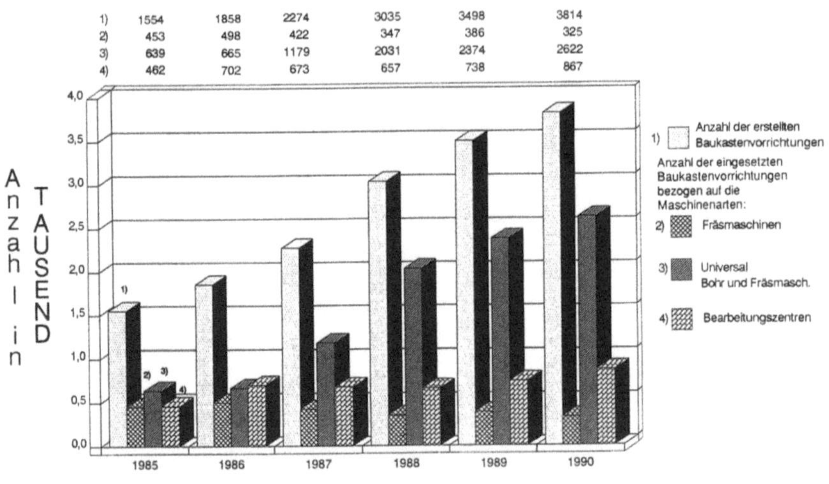

Bild 5-35. Einsatz der Baukastenvorrichtungen bezogen auf die Werkzeugmaschinenarten (Nutsystem).

In Bild 5-35 ist ersichtlich, auf welchen Werkzeugmaschinen die Baukastenvorrichtungen eingesetzt werden. Die weiteren Bilder 5-36 bis 5-39 zeigen eine Auswahl solcher in der Ersatz- und Versuchsteilefertigung eingesetzten Baukasten-Vorrichtungen.

In Bild 5-40 macht der Vorrichtungsmonteur einen Kollisionsabgleich Werkstück-Werkzeug und Bearbeitungsmaschine mit einem Spindelkastenmodell.

150

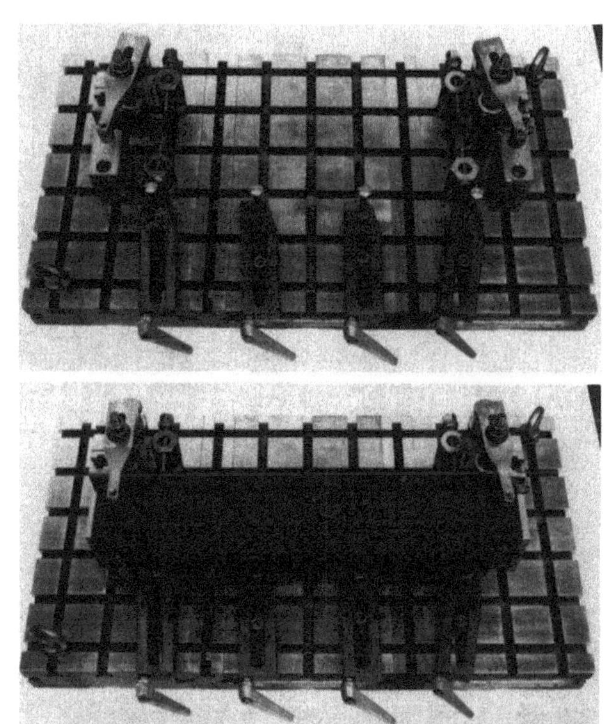

Bild 5-36. Baukastenvorrichtung (ohne und mit Werkstück).

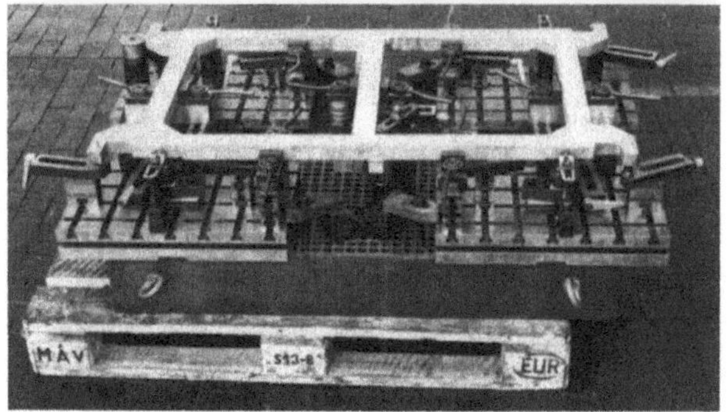

Bild 5-37. Baukastenvorrichtung (ohne und mit Werkstück).

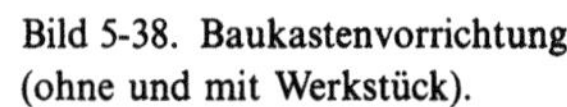

Bild 5-38. Baukastenvorrichtung
(ohne und mit Werkstück).

Bild 5-39. Baukastenvorrichtung
(ohne und mit Werkstück).

152

Bild 5-40.
Manuelle Kollisionsbetrachtung:
Werkstück – Werkzeug –
Bearbeitungsmaschine mit einem
Spindelkastenmodell.

Wesentlich beim Bau von Vorrichtungen aus dem Baukasten ist eine gute Übersicht über das vorhandene Sortiment. Dieses läßt sich durch Einsatz entsprechender Sortimentskästen erreichen, mit denen es möglich ist, jedem Baukastenelement eine feste Position zuzuordnen (Bilder 5-41 – 5-44).

Bild 5-41. Bereitstellungsplatz für Betriebsmittel.

Bild 5-43.
Reinigung der Baukastenelemente.

5.4.5 Vorgehensweise zur Erstellung einer Baukastenvorrichtung

Bei der Erstellung einer Baukastenvorrichtung kann von zwei verschiedenen Ausgangssituationen ausgegangen werden. Entweder handelt es sich bei der Baukastenvorrichtung um eine neue Vorrichtung, die erstmals montiert werden soll (Fall A) oder um eine **Wiederholmontage** (Fall B), d. h. die Baukastenvorrichtung wurde schon einmal erstellt und dem Vorrichtungsmonteur stehen bereits Unterlagen, wie ein Photo der Baukastenvorrichtung und eine Stückliste mit den verwendeten Baukastenelementen, zur Verfügung.

Das Bild 5-45 zeigt den organisatorischen Ablauf bzw. die innerbetrieblich betroffenen Stellen bei der Neuerstellung oder dem Wiederholaufbau einer Baukastenvorrichtung.

5.4.6 Wirtschaftlichkeitsbetrachtung bei Baukastenvorrichtungen

Um die Wirtschaftlichkeit einer Baukastenvorrichtung gegenüber einer Spezialvorrichtung zu ermitteln, wurde von der TH Aachen eine, wenn auch komplizierte, Formel entwickelt. Diese Formel kann sicher in vielen Fällen zur Anwendung kommen, und stellt außerdem eine Auflistung der angefallenen Kosten für eine Baukastenvorrichtung dar (Bild 5-46).

Eine weitere Möglichkeit zur vergleichenden Bewertung der Wirtschaftlichkeit mehrerer alternativer Vorrichtungskonstruktionen bietet der Einsatz von Relativkostenkatalogen. Wie derartige Kataloge aufgebaut und gehandhabt werden können, ist in Kapitel 12 erläutert.

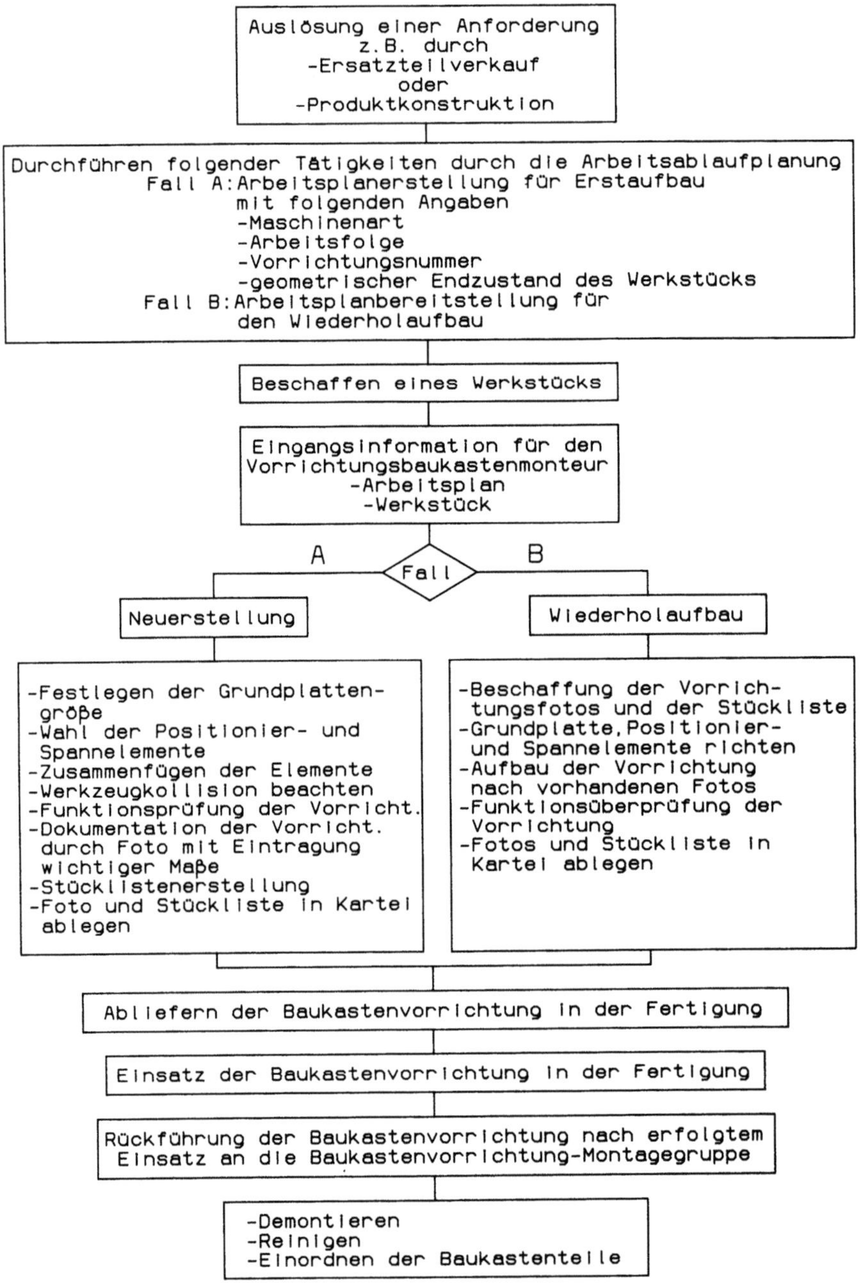

Bild 5-45. Organisatorischer Ablauf zur Erstellung einer Baukastenvorrichtung.

<u>Kosten für Spezial-Vorrichtung</u>

$$K_{ges1} = N \cdot (K_{Herst.} + K_{L1})$$

K_{ges1} : Ges.-Kosten der Spezial-Vorrichtung

N : Anzahl benötigter unterschiedl. Vorrichtungen

$K_{Herst.}$: Herstellkosten für 1 Vorrichtung

K_{L1} : Lagerkosten für 1 Vorrichtung

<u>Kosten für Baukastenvorrichtungen</u>

$$K_{ges2} = K_{Mont} + K_{Sort} + K_R + K_{L2} + K_{Herst}$$

$$K_{Mont} = N_2 \cdot K_{Mont2}$$

$$N_w = Y \cdot N$$

$$N_2 = N + N_w = N(1+Y)$$

$$K_{Sort} = K_{A1} \cdot N_p \cdot (T^{-1} + 0,5 \cdot P) \cdot T_N$$

$$N_p = (N + N_w) \cdot \frac{T_E}{T_N}$$

$$K_R = K_A \cdot 0,05 \cdot T_N = K_{A1} \cdot N_p \cdot 0,05 \cdot T_N$$

K_{ges2} : Gesamtkosten der Baukasten-Vorrichtungen

N_w : Anzahl Wiederholmontagen

N_2 : Anzahl Vorrichtungsmontagen

K_{Mont} : Montagekosten aller Vorrichtungen

K_{Mont2} : Montagekosten einer Vorrichtung

K_{Sort} : Anteilige Kosten des Baukastensortiments

K_{A1} : Anschaffungspreis des Sortimentes für 1 Vorrichtung

N_p : Anzahl parallel eingesetzter Vorrichtungen

T : Abschreibungszeitraum (10 Jahre)

P : kalkulatorischer Zinssatz

K_R : Reparatur- und Ersatzteilkosten

K_{L2} : Lagerkosten des Baukastensortiments

K_A : Anschaffungspreis des Sortiments für alle Vorrichtungen

T_E : durchschnittliche Einsatzdauer einer Vorrichtung

T_N : Zeitraum für die Kostenbetrachtung (Jahre)

Y : relative Anzahl Wiederholmontagen

δK_{Herst} : Mehrkosten der Werkstücke

$$K_{ges2} = N(1+Y)\left[K_{Mont2} + K_{A1} \cdot T_E (T^{-1} + 0,5 \cdot P + 0,05)\right] + K_{L2} \cdot T_N + \delta K_{Herst}$$

Bild 5-46. Wirtschaftlichkeitsbetrachtung: Baukastenvorrichtung gegenüber Spezialvorrichtung.

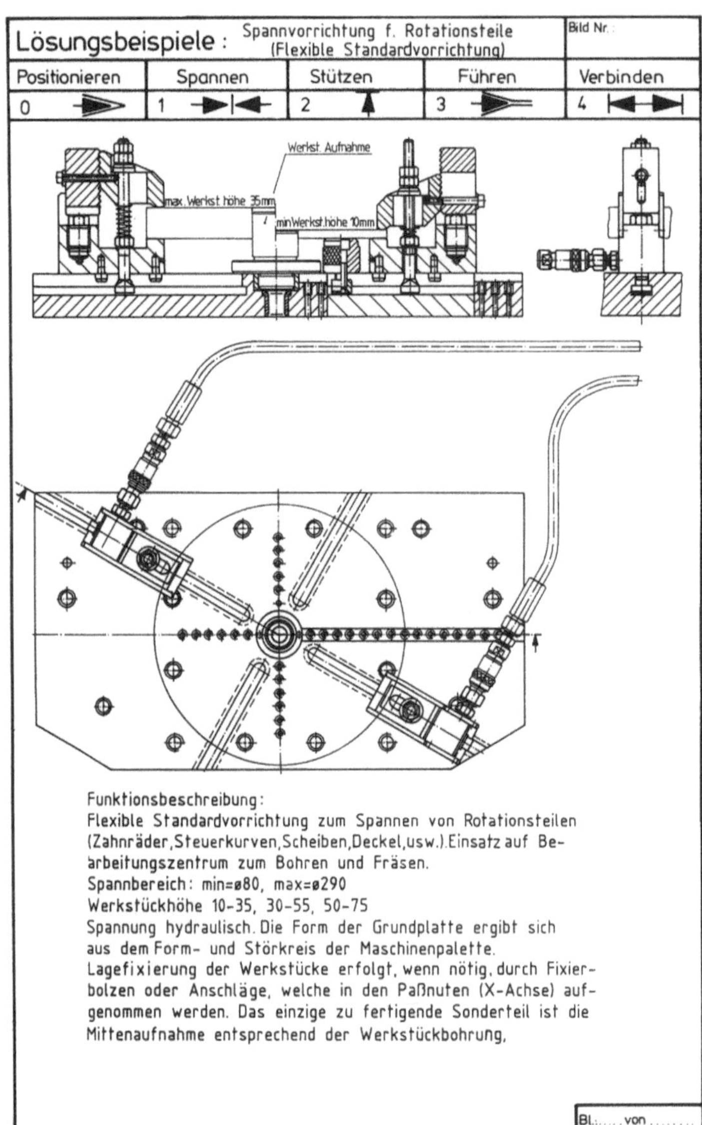

Bild 5-47.
Spannvorrichtung für
Rotationsteile (Flexible
Spannvorrichtung).

5.4.7 Flexible Vorrichtungen für Teilefamilien (Baukastenprinzip)

Um die Fertigung von Werkstücken ausgesuchter Teilefamilien mit den geringstmögli-
chen Konstruktions- und Baukosten zu ermöglichen, werden von vielen Firmen flexible
Standardvorrichtungen entwickelt. Sie ermöglichen die Fertigung dieser Teilefamilien bei
geringen Vorrichtungs- und Rüstkosten. Diese Vorrichtungen sind oft mehrfach vorhanden (Bilder 5-47, 5-48).

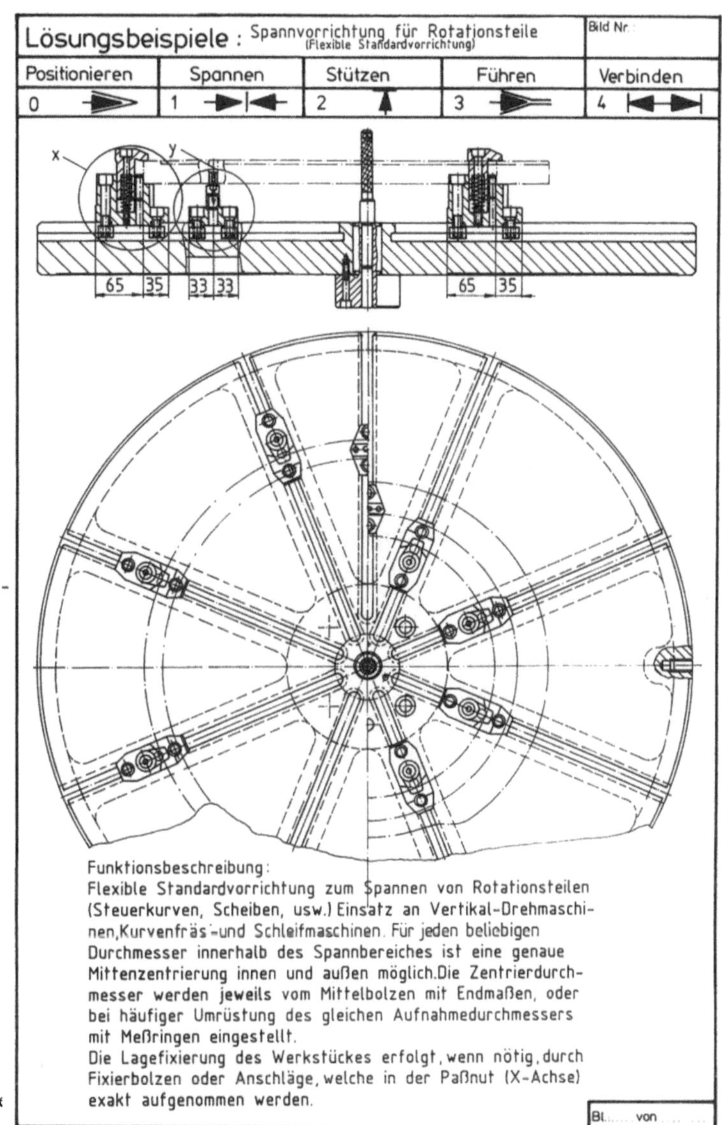

Bild 5-48.
Spannvorrichtung für
Rotationsteile (Flexible
Spannvorrichtung).

5.5 Standardisierung von Lösungsalternativen

Nachfolgend wird dargestellt, wie in einem Unternehmen des Großmotorenbaus eine
Standardisierung von Vorrichtungselementen durchgeführt wurde, diese zur Verbesserung des raschen Zugriffs dokumentiert und anschließend einer Wirtschaftlichkeitsanaly-
se unterzogen wurde [14]. Für die angegebenen Preise gilt der Untersuchungszeitraum
1981–1982.

5.5.1 Analyse des Vorrichtungsspektrums

Zur Erarbeitung von standardisierten Vorrichtungselementen kann neben der methodischen Vorgehensweise auch auf vorhandene Vorrichtungszeichnungen zurückgegriffen werden. Liegt ein entsprechendes Nummernsystem vor so kann mit dessen Hilfe eine Auswahl der für die Untersuchung relevanten Vorrichtungen vorgenommen werden. Entscheidungskriterien für die Auswahl sind dabei das Alter der Betriebsmittel, das zehn Jahre nicht überschreiten sollte, und die Funktionen, die in den jeweiligen Vorrichtungen auftreten. Nach diesen Kriterien wurden etwa 25000 Zeichnungen untersucht.

Bei der Zeichnungsanalyse, die fünf qualifizierte Mitarbeiter durchführten, wurde der Zeichnungsbestand nach wiederkehrenden Funktionen analysiert, wobei diese kopiert und entsprechend ihren Funktionen geordnet wurden. Dabei ergab sich, daß ab einer bestimmten Anzahl (etwa 10 bis 15) unterschiedlich ausgeführter Konstruktionen zur Realisierung einer Funktion weitere Ausführungen keine neuen Erkenntnisse mehr brachten, die Analyse dann also abgebrochen werden konnte.

An Hand der nun vorliegenden, nach verschiedenen Merkmalen geordneten Lösungsmöglichkeiten konnte nun das weitere Vorgehen festgelegt werden. Für die unterschiedlichen Funktionselemente und -baugruppen wurden aus dem vorhandenen Angebot von Lösungsmöglichkeiten die für die Zukunft gültigen Standardlösungen ausgewählt bzw. erarbeitet. Bei der Suche nach diesen Lösungen wurden neben den während der Analyse gesammelten Varianten auch DIN-Teile und handelsübliche Elemente berücksichtigt.

Die Arbeitsergebnisse wurden dann in gemeinsamen Besprechungen diskutiert. Dabei wurden Vor- und Nachteile der einzelnen Elemente aufgezeigt und gegeneinander abgewogen. Letztlich legte man die Lösungsmöglichkeiten fest, die in Zukunft als Standardausführungen zu betrachten sind. Diese Vorgehensweise soll an Hand eines Beispiels erläutert werden.

Ein besonderes Augenmerk wurde bei der Untersuchung auf die mögliche Standardisierung von kompletten Baugruppen gelegt, da hierbei ein besonders großer Rationalisierungserfolg erzielt werden kann. Die konstruktive Auslegung muß dabei unter dem Gesichtspunkt einer möglichst universellen Verwendungsmöglichkeit des Funktionsträgers erfolgen.

In Bild 5-49 sind Lösungsmöglichkeiten aus dem ausgewählten Vorrichtungsspektrum für Richtschieber dargestellt. Die Varianten 1 bis 7 haben Rundführungen, während die Darstellungen 8 bis 13 mit Flachführungen ausgebildet sind. Jede einzelne Variante wurde analysiert und deren Vor- und Nachteile bewertet. Es waren in diesem Fall die Betätigung und die Ausbildung des Schiebers.

So zeigt z. B. die Variante 1 das Prinzip des Richtschiebers, das am häufigsten in den analysierten Betriebsmitteln verwendet wurde. Zur Betätigung ist eine Spindel mit Linksgewinde vorgesehen, die eine Vorwärtsbewegung des Schiebers bei einer Drehung der Mutter im Uhrzeigersinn ermöglicht. Die Axialfixierung wird über einen spindelseitigen Bund und eine am Gehäuse angeschraubte Halteplatte bewerkstelligt. Der Schieber ist rund und gegen Verdrehung über eine Nut und Paßfeder gehalten.

Ein Nachteil dieser Ausführung besteht darin, daß das Prisma und die Rundführung aus einem Stück gefertigt sind und die Herstellung der Nut aufwendig ist.

Eine derartige Analyse aller 13 Varianten des Richtschiebers führte zu dem Ergebnis, die Entwicklung einer Richtschieber-Baureihe mit Flachführung in Angriff zu nehmen. Da

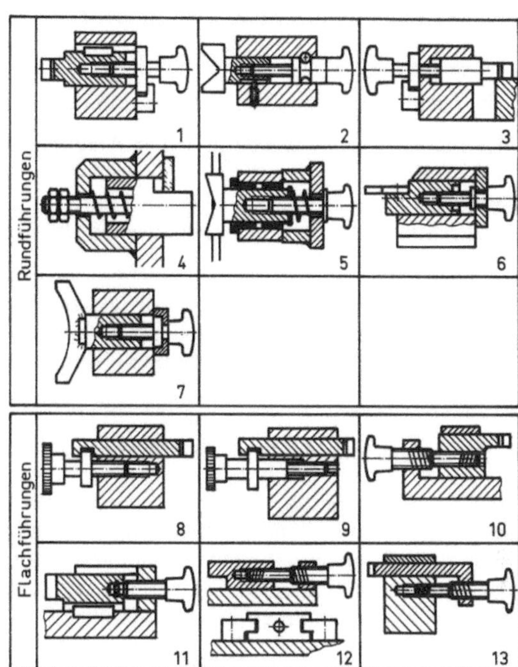

Bild 5-49.
Lösungsmöglichkeiten für Richtschieber.

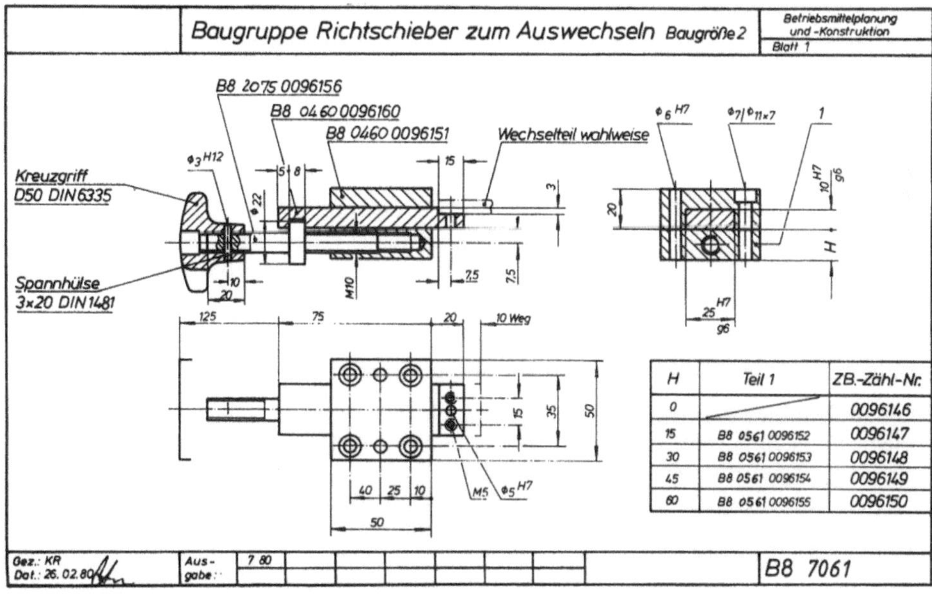

H	Teil 1	ZB.-Zähl-Nr.
0		0096146
15	B8 0561 0096152	0096147
30	B8 0561 0096153	0096148
45	B8 0561 0096154	0096149
60	B8 0561 0096155	0096150

Bild 5-50. Standardisierte Ausführung eines Richtschiebers.

es sich um einen Richtschieber handelt, ist die Axialfixierung einschließlich der Bedienbauteile nur für geringe Kräfte auszulegen. Daher wird die Variante 8 (Bild 5-50) übernommen, die gekennzeichnet ist durch

– einen Bund an der Zustellschraube,

– eine Nut im Spannschieber und den

– Verzicht auf die zusätzliche Führung der Spindel (vgl. Variante 9).

Der Schieber selbst wurde in seiner Ausführung einfach gestaltet, so daß allseitig eine Schleifbearbeitung des Werkstücks nach dem Härten möglich ist; das Schiebergehäuse selbst bleibt weich. Der Schieber wird durch eine einfache Deckplatte gehalten, wobei die Deckplatte und das Schiebergehäuse gemeinsam an die Grundplatte angeschraubt werden.

Um den Anwendungsbereich derartiger Spannschieber zu erweitern, wurde zusätzlich noch eine weitere Ausführungsart mit einem modifizierten Schieber entwickelt, bei der es möglich wird, durch den Anbau von Wechselteilen weiteren Anforderungen gerecht zu werden.

5.5.2 Dokumentation der Standardelemente

Für die Benummerung von Fertigungsmitteln sowie der Meß- und Prüfmittel stand in dem Unternehmen bereits ein 13stelliges Verbundnummernsystem zur Verfügung. Innerhalb dieses Systems war auch ein Sachgebiet vorgesehen, in dem die spezifischen Belange der Betriebsmittelkonstruktion berücksichtigt werden. Es ergab sich deshalb für den neu zu erstellenden Nummernkreis der in Bild 5-51 dargestellte Systemaufbau.

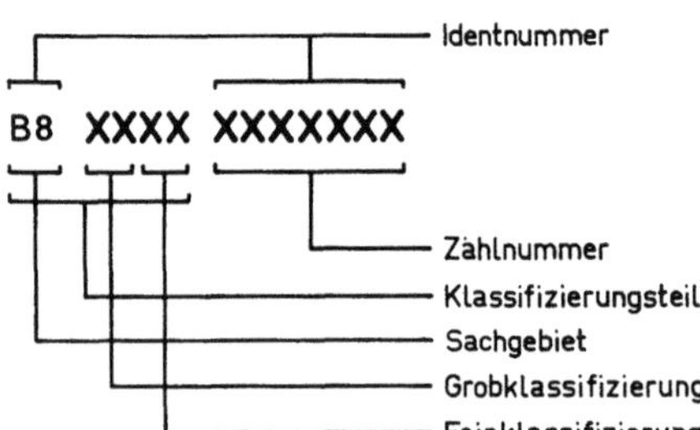

Bild 5-51. Aufbau eines Nummersystems.

Mit einem alpha-numerischen zweistelligen Schlüssel (Kennziffer und Kennzahl) wird das Sachgebiet (Bauteile, Baugruppen oder Baueinheiten) gegenüber anderen Sachgebieten abgegrenzt.

Die Grobklassifizierung (Bild 5-52) besteht aus zwei Stellen (Schachbrett), durch die die bereits erwähnten Funktionsbegriffe erfaßt werden.

Bei der Feinklassifizierung (Bild 5-53) wird mit zwei weiteren Stellen eine Einteilung der Elemente nach Sorten, Arten und Bauformen durchgeführt. Zur Erläuterung und zur besseren Abgrenzung wird jedem Textblatt ein Bildblatt zugeordnet. Da das Bildblatt nur zur Orientierung dient, ist es nicht zwingend notwendig, daß die Bauelemente genau die gleiche Gestalt haben, wie sie in der Abbildung skizziert ist. Trägt ein Bild nicht zur Klärung bei, so ist im entsprechenden Feld des Bildblattes ein waagrechter Strich eingezeichnet.

An Hand der so geschaffenen Ordnungskriterien konnte die Katalogisierung des gesamten Sachspektrums erfolgen. Da bei der Festlegung der Klassifizierung von Begriffen ausgegangen wurde, die dem Konstrukteur geläufig sind, kann er schnell und gezielt auf alternative Funktionsträger zurückgreifen (Bild 5-54).

162

B8 – Grobklassifizierung

Bauteile, Baugruppen, Baueinheiten für Betriebsmittel		0	1	2	3	4	5	6	7	8	9
Bauteile	0		Verbinden Platten, Flansche	Grundk.Geh Konsolen	Führen f.Werkz.u. od.Halter	f.Vorricht. u.So.Masch.	Positionieren Anschläge Auflagen	Aufnahmen Fix.Bolz.	Spannen Spanneisen Hakenspann	Schw.Rieg. Spannpl.	Stützen
Bauteile	1	Normteile Schrb.Muttern,Nieten, Scheiben,Stifte usw.		allgem. Bauteile z.B.Federn,Beschläg. Magnete,Sauger usw.				Bedienungs bauteile		Kupplung. Schläuche, Rohre usw.	Dichtung.
Bauteile Baugruppen	2	Achsen, Wellen, Spindeln	Zahnräder, Zahnstang. Seilrollen		Nocken, Hebel, Kurv.Schb.				Ketten, Riemen, Seile	Kupplung. Bremsen, Dämpfer	Getriebe Getr.- motoren
Pneumatikbauteile und -baugruppen	3	Motoren	Druckluft- behälter	Zylinder	Ventile, Anzeige-u. Steuerger.		Wartungs- geräte, Schalld.		Logik- bausteine	Zubehör	Baugrupp.
Hydraulik- und Schmierbauteile und -baugruppen	4	Pumpen Motoren	Übersetzer Speicher	Zylinder	Ventile, Anzeige u. Steuerger.		Wartungs- geräte, Filter	Schmierg.- bauteile u.Baugrupp	Logik- bausteine	Zubehör	Baugrupp.
elektrische Bauteile und -baugruppen	5	Generator. Motoren, Transform.	Spannungs- und Strom- wandler		Anzeige-, Steuer u. Schaltger.	Leitungs- u.Verbind. Bauteile		Schränke, Kästen	Logik- bausteine	Zubehör	Baugrupp.
	6										
Baugruppen	7	Positio- nieren	Spannen			Führen	Stützen	Baugruppen mit mehreren Funktionen			
spez. Bauteile und Baugruppen	8	Bauteile u. Baugr. für Prüfvorr.	Bauteile u. Baugr. für Einst.Vorr						Bauteile u Baugr. für EC-Entgr.V	Bauteile u Baugr. für Abpreßvorr	
An- und Aufbau- einheiten	9	Unter- bauten	Vorschub- einheiten	Spind.Einh Übers.Spdl	Förder- einheiten	Einh. zur Bearb.dreh Werkstücke	Längshub- einheiten	Verfahrens bedingte Einheiten	Hilfs- einheiten	Montage- einheiten	Sicherh.- einricht.

Bild 5-52. Grobklassifizierung für Bauteile, Baugruppen und Baueinheiten für Betriebsmittel.

163

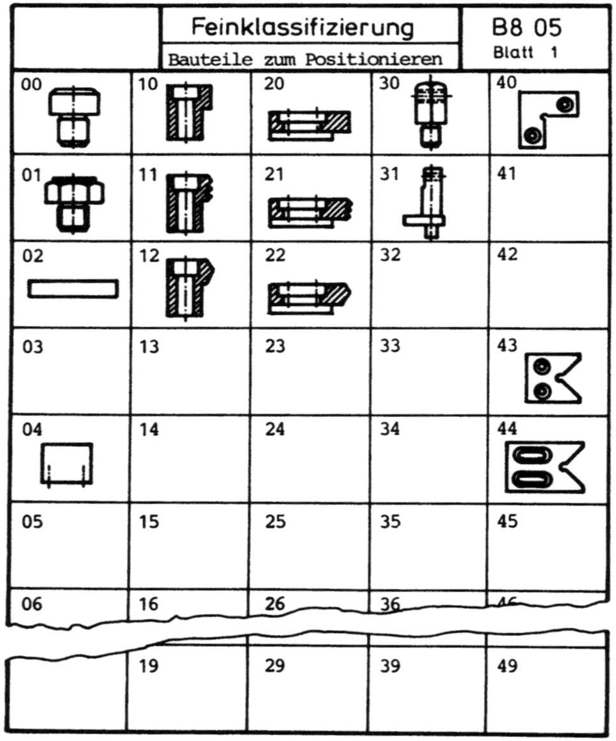

	Feinklassifizierung		B8 05
	Bauteile zum Positionieren		Blatt 1
00	10	20	30	40
01	11	21	31	41
02	12	22	32	42
03	13	23	33	43
04	14	24	34	44
05	15	25	35	45
06	16	26	36	46
	19	29	39	49

	Feinklassifizierung	B8 05
	Bauteile zum Positionieren	Blatt 1
0	Auflagen und Füße, fest	
00	Auflagebolzen und Füße, eingepreßt	
01	Auflagebolzen und Füße mit Befestig.-Gewinde	
02	Auflageleisten	
03		
04	Auflageplatten und -klötze	
05		
06	Auflageringe und Scheiben	
07		
08		
09		
1	Anschläge, fest und Nutensteine	
10	Anschlagleisten mit Planfläche	
11	Anschlagleisten mit Riffelfläche	
12	Anschlagleisten mit Schneide	
13		
14		
15		
16	feste Nutensteine	
17	lose Nutensteine	
18		
19		
2	Anschläge, einstellbar	
20	Anschlagleisten mit Planfläche	
21	Anschlagleisten mit Riffelfläche	
47		
48	sonstige Anschlagwinkel und Zentrierprismen	
49		

Bild 5-53. Feinklassifizierung für Bauteile zum Positionieren.

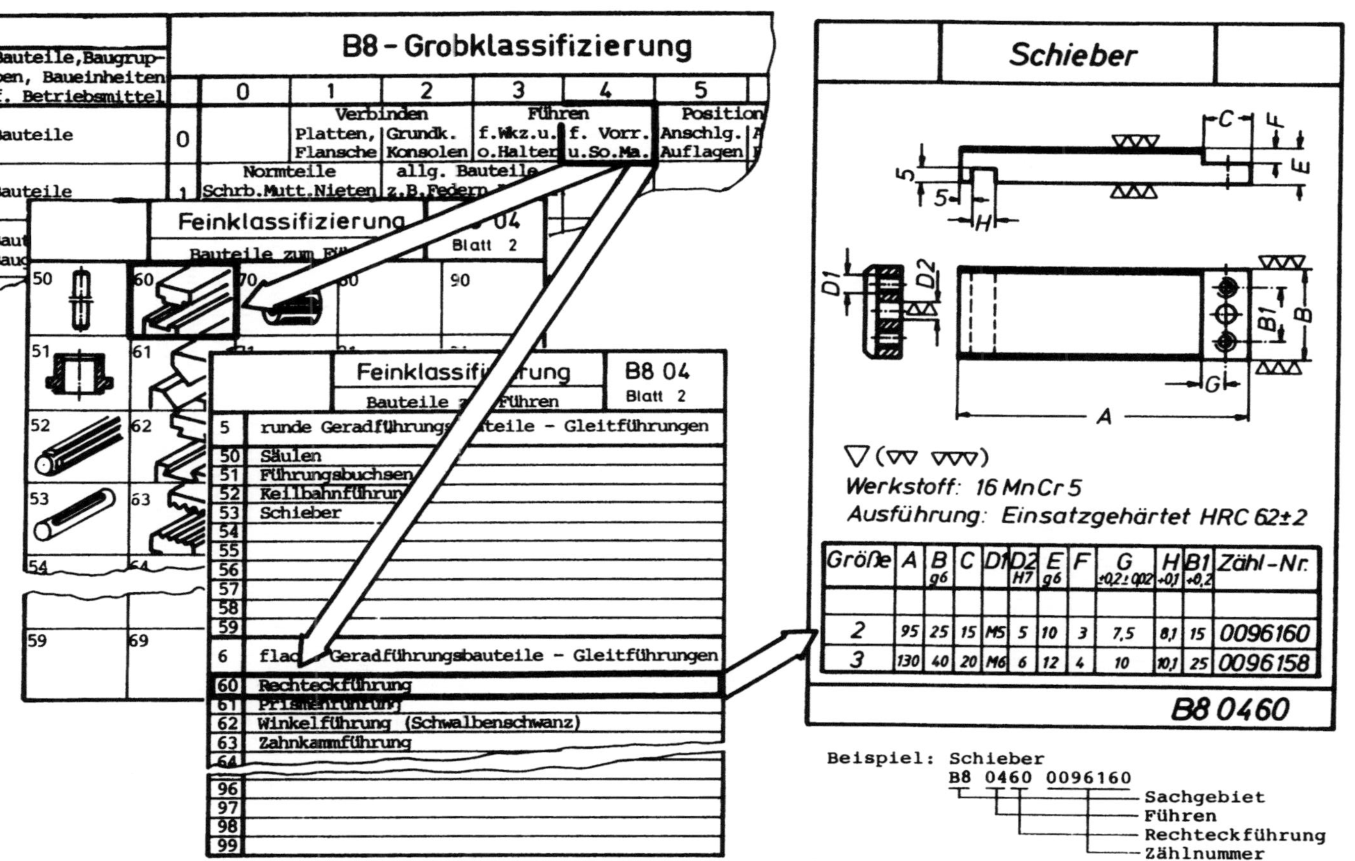

Bild 5-54. Handhabung eines Funktionsträgerkatalogs.

Über die Grobklassifizierung, die im Katalog als erstes Blatt eingeordnet ist, wird er auf die Feinklassifizierung verwiesen. Hier sind die verschiedenen Alternativen textlich und bildlich aufgeführt. Über den dazugehörigen Zahlencode wird dann auf ein Katalogblatt verwiesen, auf dem ein oder mehrere Standardelemente mit allen Einzelteilen und den notwendigen Anwendungsinformationen dargestellt sind.

5.5.3 Sonstige Fertigungs- und Konstruktionsunterlagen

Neben den Katalogblättern, die für den Konstrukteur gedacht sind, gibt es für standardisierte Bauteile Fertigungszeichnungen im Einzelblattverfahren (Bild 5-55). Hinzu kommt bei Baugruppen unter der gleichen Nummer eine Zusammenstellungszeichnung mit Stückliste. Für den Betriebsmittelkonstrukteur erwächst hieraus ein weiterer Vorteil: Er muß bei der Erstellung der Betriebsmittel-Stückliste nur noch die Baugruppennummer aufführen.

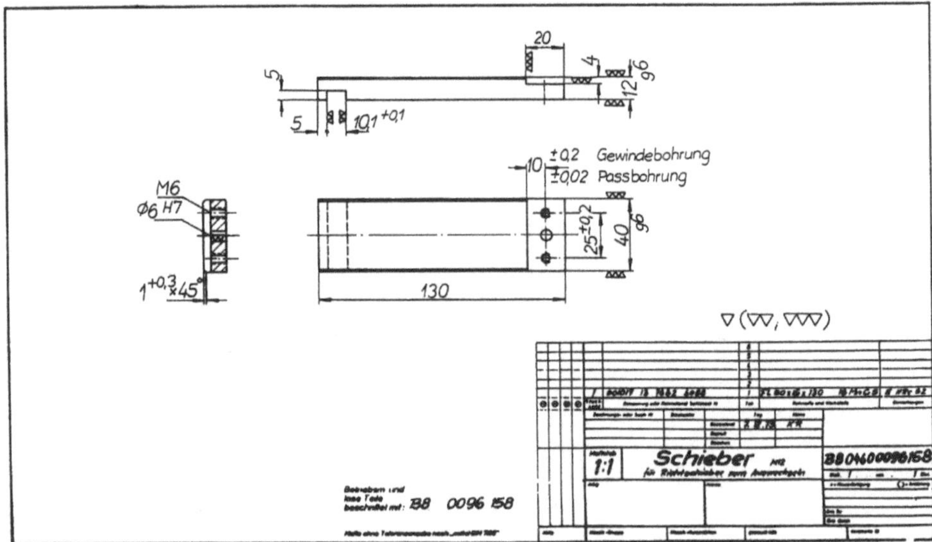

Bild 5-55. Fertigungszeichnung für standardisierte Bauteile.

Für Teile, bei denen keine maßliche Normierung vorgenommen werden kann, wurden Vordruckzeichnungen (Bild 5-56) erstellt, in denen konstante Maße vorgeschrieben sind und im jeweiligen Einzelfall nur noch die Variablen nachgetragen werden müssen. Die auf diese Art entstandenen Teile werden auf Sammelblättern (Bild 5-57) erfaßt und stehen somit auch für eine Wiederverwendung zur Verfügung. Ein entsprechender Hinweis auf vorhandene Vordruckzeichnungen ist in den Katalog- oder Klassifizierungsblättern enthalten.

Bei der Analyse des Vorrichtungsspektrums stößt man auch auf Elemente, die vom Verwendungszweck her gleich sind, bei denen jedoch Ausführungsart, Größe und Form sehr unterschiedlich sind. In diesem Fall ist es angebracht, Teilkomponenten zu standardisieren, die dann in entsprechenden Konstruktionsrichtlinien festgelegt werden (Bild 5-59).

166

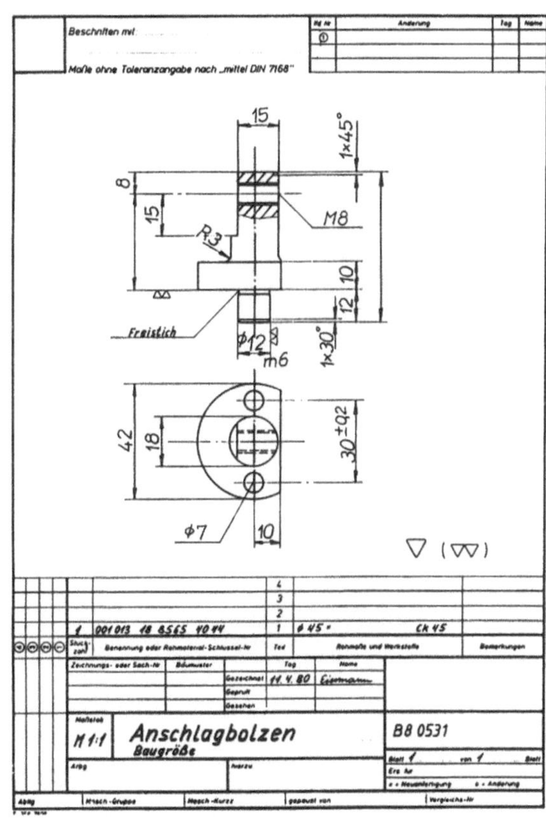

Bild 5-56.
Vordruckzeichnung für Anschlagbolzen.

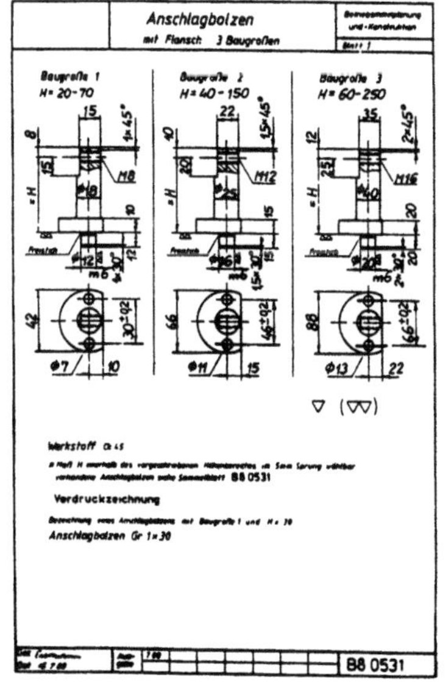

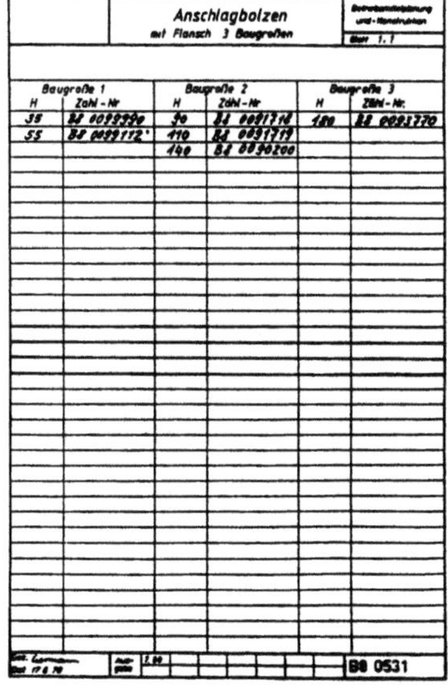

Bild 5-57.
Sammelblatt für
Anschlagbolzen.

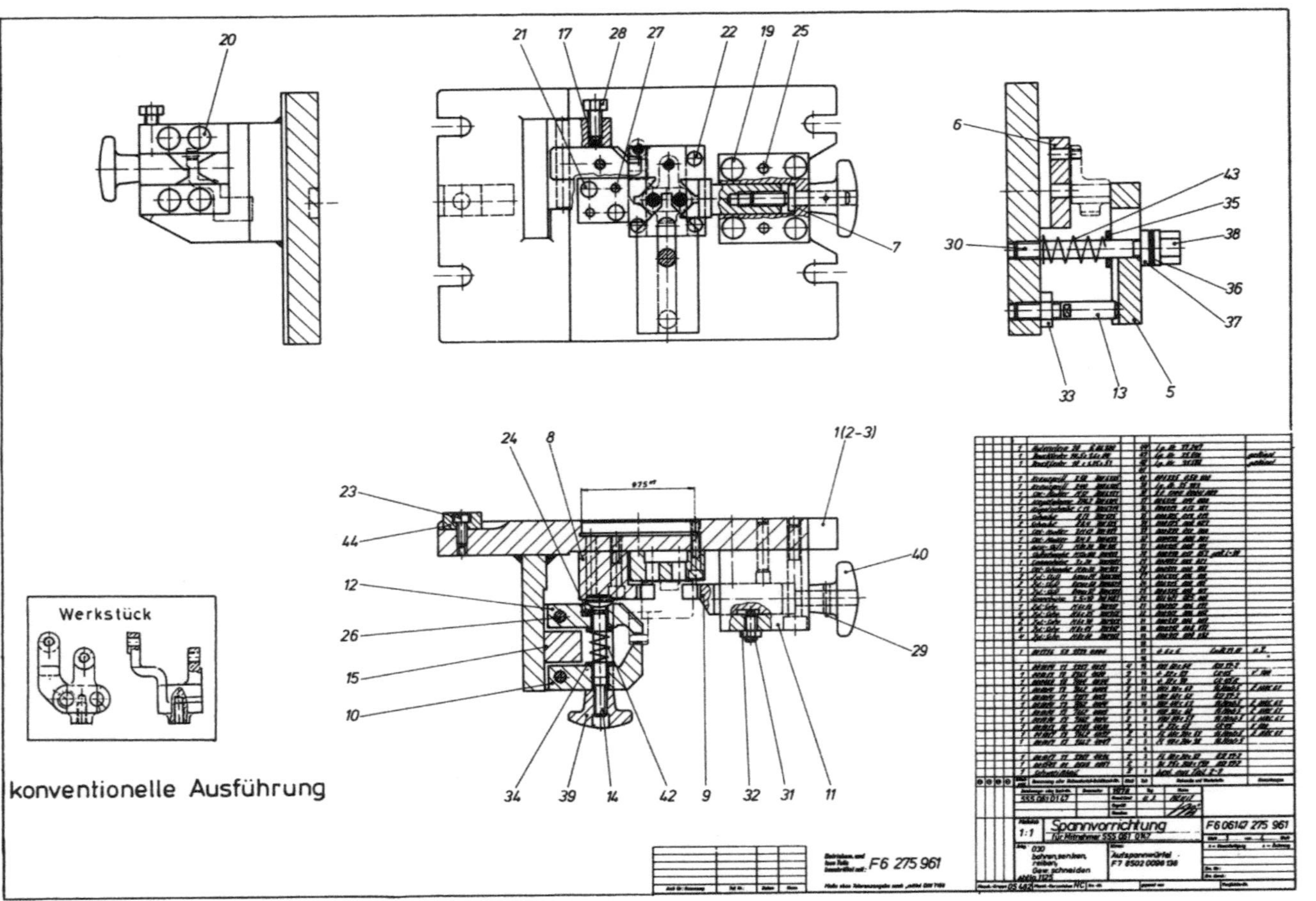

konventionelle Ausführung
Werkstück
Spannvorrichtung
F6 275 961
1:1

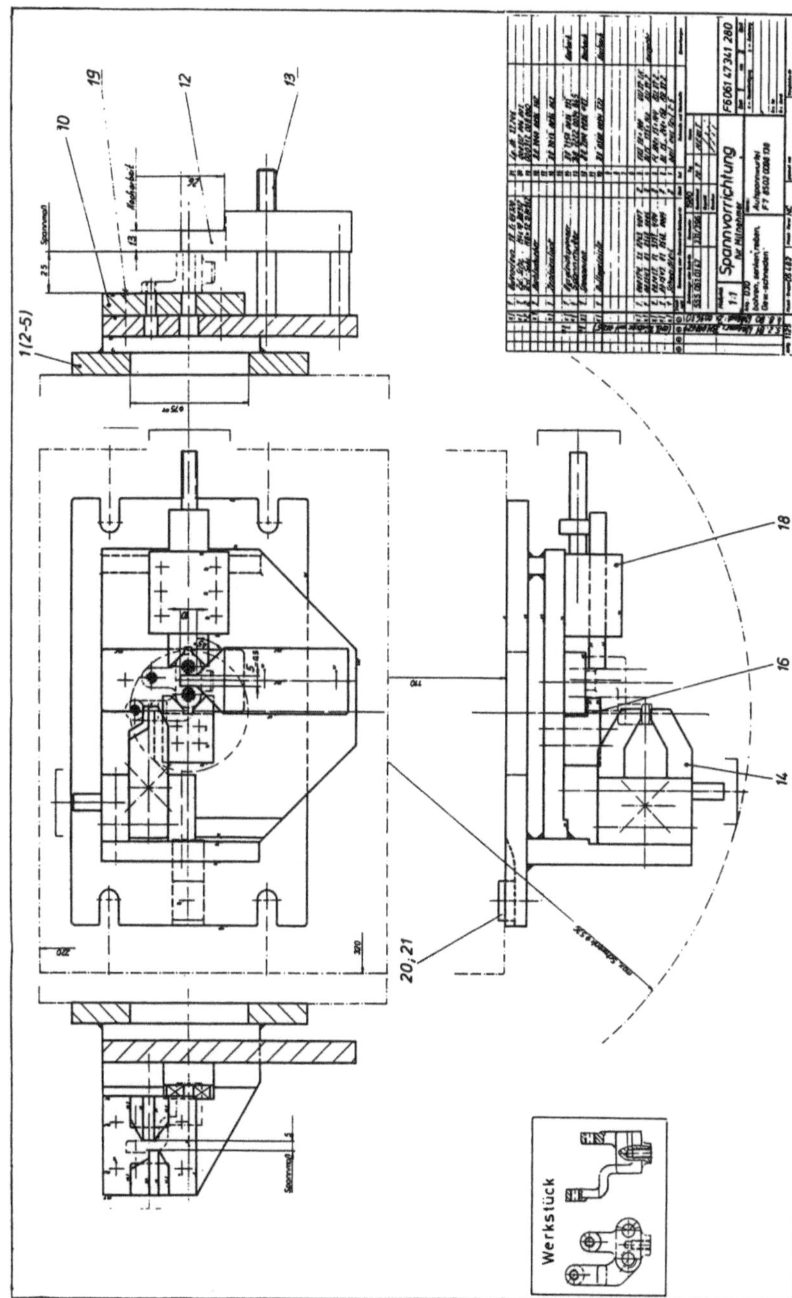

Bild 5-58. Vergleich unterschiedlicher Ausführungsformen einer Spannvorrichtung.

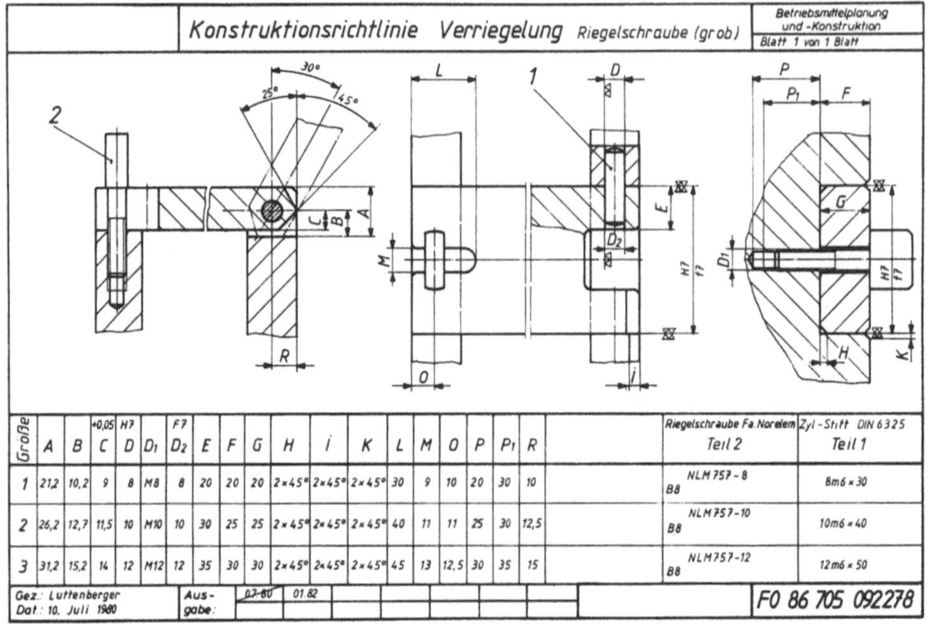

Größe	A	B	C (+0,05)	D (H7)	D₁	D₂ (F7)	E	F	G	H	i	K	L	M	O	P	P₁	R	Riegelschraube Fa.Norelem Teil 2	Zyl-Stift DIN 6325 Teil 1
1	21,2	10,2	9	8	M8	8	20	20	20	2×45°	2×45°	2×45°	30	9	10	20	30	10	NLM 757-8 B8	8m6×30
2	26,2	12,7	11,5	10	M10	10	30	25	25	2×45°	2×45°	2×45°	40	11	11	25	30	12,5	NLM 757-10 B8	10m6×40
3	31,2	15,2	14	12	M12	12	35	30	30	2×45°	2×45°	2×45°	45	13	12,5	30	35	15	NLM 757-12 B8	12m6×50

Bild 5-59. Beispiel für eine Konstruktionsrichtlinie (Verriegelung).

Einen Hinweis auf eine vorhandene Richtlinie erhält der Konstrukteur über die entsprechende Feinklassifizierung.

In Bild 5-58 sind zwei Ausführungsbeispiele einer Vorrichtung für das gleiche Teil dargestellt. Schon an der Zusammenbauzeichnung und der dazugehörigen Stückliste läßt sich ein deutlicher Unterschied feststellen. Der Zeitaufwand für die Erstellung der gesamten Unterlagen für beide Vorrichtungen ist in Bild 5-60 aufgeführt.

Zeitaufwand (in Stunden)	Methode	
	neu	alt
Konzipieren, Entwerfen, Kontrollen	12	14
Zeichnen, Stückliste erstellen	26	34
Summe	38	48
	79 %	100 %

Bild 5-60. Zeitaufwand für die Konstruktion der in Bild 5-58 dargestellten Vorrichtung.

5.5.4 Wirtschaftlichkeitsbetrachtung

Als Bezugsgröße einer Wirtschaftlichkeitsbetrachtung für die vorgestellten Maßnahmen wurden die durchschnittlichen jährlichen Zeitaufwendungen im Konstruktionsbereich der vergangenen sieben Jahre für Eigenleistungen (18 634 Stunden) und Fremdleistungen (11 695 Stunden) herangezogen.

An Hand von Beispielen läßt sich nachweisen, daß bei der Verwendung der Funktionsträgerelemente und -baugruppen, bezogen auf die jeweiligen Tätigkeiten, folgende Einsparungen möglich sind:

Konzipieren, Entwerfen 10 %
Detaillieren   20 %

Danach ergeben sich die in Bild 5-61 dargestellten Einsparungen. Denen stehen die in Bild 5-62 aufgeführten Aufwendungen gegenüber. Damit ergibt sich für die aufgeführten Maßnahmen ein Amortisationszeitraum von 1,35 Jahren.

Wie bereits in Kapitel 5.4.6 erwähnt, besteht eine weitere Möglichkeit zur vergleichenden Bewertung der Wirtschaftlichkeit alternativer Vorrichtungskonstruktionen in dem Einsatz von Relativkostenkatalogen. Diese Kataloge sind in Kapitel 12 näher erläutert.

| ϕ Stunden/Jahr | | | | Einsparung | | |
			%	Stunden	DM
1 Eigenleistung	Konzipieren Konstruieren	9100	10	910	50000
	Detaillieren	9534	20	1907	99164
2 Fremdleistung	Konzipieren Konstruieren	–	–	–	–
	Detaillieren	11695	20	2339	70170
1 Stundensatz = 52,– DM 2 Stundensatz = 30,– DM		Summe		5156	219334

Bild 5-61. Einsparung an Konstruktionstätigkeiten durch Standardisierung.

Funktionsträgerkatalog	Eigen- leistungen	Fremd- leistungen
— Analyse der Vorrichtungszeichnungen, Gegenüberstellung der Lösungen und Erarbeitung von Standardvorschlägen	5200 Std. x 52,– DM	300 Std. x 30,– DM
Abstimmgespräche	270400,– DM	9000,– DM
Erstellung des Kataloges	ca. 280000,– DM	
Zeichnungsvereinfachung		
— Erarbeitung einer Richtlinie für vereinfachte Vermaßung und Darstellung	300 Std. x 52,– DM 15600,– DM	
Gesamtaufwand		
2.1 Funktionsträgerkatalog 2.2 Zeichnungsvereinfachung	280000,– DM 16000,– DM	
	296000,– DM	

Bild 5-62. Aufwand für Standardisierung und vereinfachte Zeichnungsdarstellung.

5.5.5 Lösungsalternativen-EDV-Verwaltung

Die Einbindung standardisierter Lösungsalternativen (Funktionsträger) in EDV-Systeme, sowie Pflege des aktuellen Änderungsstandes ist firmenspezifisch. Wegen des schnellen Zugriffes (Übernahme in CAD, Kosteninformation usw.) ist der Vorteil klar ersichtlich.

Über die Gliederung, Klassifizierung, Suchbegriffe und Vorgehensweise ist im Kapitel 4 ausführlich berichtet worden.

5.6 Aufbau von Berechnungskatalogen

Bei der Vorrichtungskonstruktion können entsprechend den Konkretisierungsphasen unterschiedliche Berechnungsbausteine angewendet werden. In den Phasen der Konzeption und des Entwurfs von Vorrichtungen stehen Berechnungsgänge im Vordergrund, mit denen die Gesamtleistung und -optimierung der Vorrichtung ermöglicht wird. Bei der Ausarbeitung und Detaillierung liegt der Schwerpunkt bei der Dimensionierung der Vorrichtungsbauteile.

Um einen optimalen Zugriff auf die Berechnungsverfahren zu ermöglichen, sollten diese nach der Konstruktionsphase, in der sie eingesetzt werden können, klassifiziert bzw. geordnet sein (Bild 5-63).

Vorrichtungs-funktionen	Positionieren			Spannen		
Konstruktions-tätigkeiten	Auflegen	Anschlagen	Kombiniert	horizontale Spannkraft	vertikale Spannkraft	sonstige
Planen						
Konzipieren						
Entwerfen						
Ausarbeiten						

Bild 5-63. Zugriffsmöglichkeiten für Berechnungskataloge.

Dabei sollten in einer Sammlung von Berechnungsverfahren keine allgemeinen Berechnungen von Maschinenelementen aufgenommen werden. Es müssen vielmehr die spezifischen Probleme dokumentiert werden, die vermehrt im Vorrichtungsbereich auftreten. Um dem Konstrukteur einen optimalen Zugriff auf die relevanten Berechnungen zu ermöglichen, sind die Rechengänge in einer benutzerfreundlichen Art zu dokumentieren. Dabei ist es nicht immer notwendig, umfangreiche Formeln zu benutzen; es kann auch

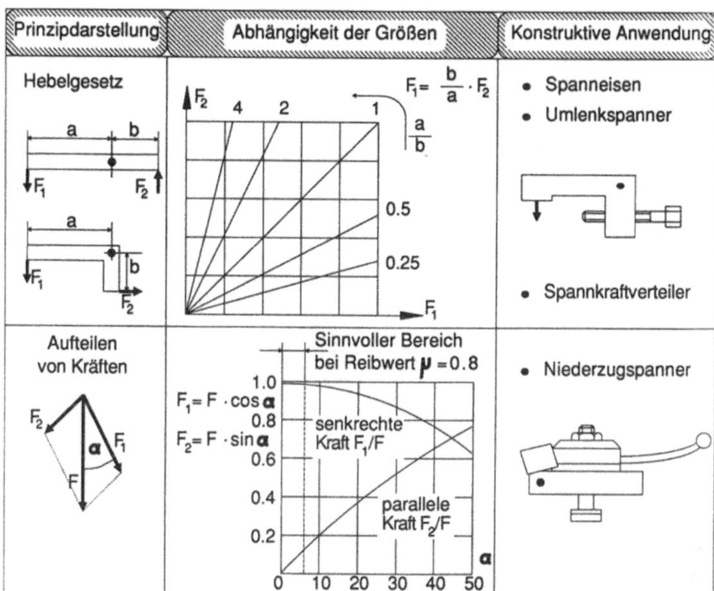

Bild 5-64.
Beispiel für einen
Berechnungskatalog
(Auszug).

auf Diagramme zurückgegriffen werden, in denen die wichtigsten Einflußparameter aufgeführt sind (Bild 5-64).

Für komplexere Rechenoperationen kann es sinnvoll sein, elektronische Rechner (Taschenrechner) zu benutzen. Umfangreiche Auslegungsrechnungen sollten mit Hilfe leistungsstärkerer EDV-Anlagen durchgeführt werden. Hier bietet sich der Einsatz z. B. von Personal Computern oder Workstations an.

Typische Berechnungsfälle aus dem Bereich des Vorrichtungswesens sind:

- Berechnung von Kosten,

- Berechnung auftretender Bearbeitungskräfte (Schnittkräfte),

- Berechnung erforderlicher Spannkräfte,

- Berechnung der Spannkrafterzeugung,

- Berechnung von Spannzeiten,

- Toleranzanalysen, Berechnung von mechanischen Bauteilen.

Besonders bei Bearbeitungsoperationen mit großen Zerspanleistungen können die Bearbeitungskräfte sehr hoch werden. In diesen Fällen müssen bei der Auslegung der Vorrichtung die angreifenden Kräfte bekannt sein. Bei detaillierter Kenntnis der Schnittbedingungen lassen sich die auftretenden Bearbeitungskräfte sehr genau ermitteln. In Bild 5-65 sind die Berechnungsgrundlagen zur Ermittlung der auftretenden Hauptschnittkräfte und erforderlichen Maschinenantriebsleistungen für das Bearbeitungsverfahren Bohren exemplarisch aufgeführt.

Der nächste Arbeitschritt im Zuge der Vorrichtungsauslegung umfaßt die Berechnung der erforderlichen Spannkräfte abhängig von den zuvor ermittelten Bearbeitungskräften.

a	b		c	d	e	f	g
Bear-beitungs-verfahren	Allgemeine und spezifische Größen		Einheit	Spannungs-querschnitt	Spezifische Schnittkraft	Hauptschnittkraft	Maschinenantriebsleistung
				A	k_c	F_H	P
				mm^2	N/mm^2	N	kW
Bohren ins Volle	A	- Spannungsquerschnitt	mm^2	$A = b \cdot h = \dfrac{d \cdot s_z}{2}$			
	d	- Bohrerdurchmesser	mm				
	s_z	- Vorschub pro Schneide	mm		$k_{c_h} = \dfrac{(1mm)^z}{h^z} \cdot k_{c1.1}$		
	k_{c_h}	- Spezifische Schnittkraft bezogen auf h^{-z}	N/mm^2		$= \dfrac{(1mm)^z}{(s_z \cdot \sin\mathcal{K})^z} \cdot k_{c1.1}$		
	$k_{c1.1}$	- Spezifische Schnittkraft für $h = b = 1\,mm$	N/mm^2				
	$\mathcal{K}$	- Einstellwinkel	Grad		Unter Berücksichtigung der Werte in Spalte b:		
	s_z	- Vorschub pro Schneide	mm				
	z	- Exponent (Werkstoff-konstante)	-		$k_c = \dfrac{(1mm)^z}{(s_z \cdot \sin\mathcal{K})^z} \cdot k_{c1.1}$		
	K_v	- Geschwindigkeitsfaktor $=1.0$ für HM $=1,15$ für SS	-		$K_v \cdot K_{st} \cdot K_{ver}$		
	K_{st}	- Stauchfaktor $=1,2$	-				
	K_{ver}	- Verschleißfaktor $=1,3$	-				
	F_{H_z}	- Hauptschnittkraft pro Schneide	N			F_{H_z} pro Schneide	
	F_v	- Vorschubkraft	N			$F_{H_z} = \dfrac{d \cdot s_z}{2} \cdot k_c$	
	z_E	- Anzahl der Schneiden	-				
	M	- Drehmoment	Nm				Drehmoment:
	d	- Bohrungsdurchmesser	mm			$F_v = F_{H_z} \cdot z_E \cdot (s_z \cdot \sin\mathcal{K})$	$M = \dfrac{d^2 \cdot z_E \cdot s_z \cdot k_c}{8 \cdot 10^3\,mm/m}$
	z_E	- Anzahl der Schneiden	-			Vorschubkraft F_v:	
	s	- Vorschub pro Umdreh-ung	mm			$F_v = F_{H_z} \cdot z_E \cdot (s_z \cdot \sin\mathcal{K})$	Maschinenantriebsleistung:
	k_c	- Spezifische Schnittkraft	N/mm^2				$P = \dfrac{M \cdot n}{9,554 \cdot 10^3 \cdot \eta_M}$
	n	- Drehzahl	min^{-1}				
Drehen	b	- Spanungsbreite	mm				
	$\mathcal{K}$	- Einstellwinkel	mm				

Bild 5-65. Ermittlung der Hauptschnittkräfte und der erforderlichen Maschinenantriebsleistung mit Hilfe eines Berechnungskataloges am Beispiel des Bearbeitungsverfahrens Bohren (nach Matuszewski [15]).

Hierbei sind sowohl die Lage des Werkstücks als auch die Wirkrichtung der Spann- und Bearbeitungskräfte von Bedeutung. In Bild 5-66 sind verschiedene Spannfälle gezeigt und die entsprechenden Formeln mit Erläuterungen und Formelzeichen zur Spannkraftermittlung angegeben. Bearbeitungskräfte können aber auch über die Maschinenleistungen und die Schnittgeschwindigkeit mit Hilfe von Diagrammen überschlägig ermittelt werden (Bild 5-67).

Im Anschluß an die Spannkraftermittlung läßt sich mit Hilfe von Berechnungsformeln bestimmen, wie die Spannmittel auszulegen sind, um bei vertretbaren Betätigungskräften (eingeleiteten Spannkräften) die erforderliche Spannkraft zu realisieren. In Bild 5-68 sind für verschiedene Spannprinzipien beispielhaft einige Berechnungsformeln für die Ermittlung der erreichbaren Spannkräfte als Funktion der Betätigungskräfte und spezifischer geometrischer Größen aufgeführt.

Fall	Formel	Erläuterungen
	$F_s > = F_z$ Bei schweren Werkstücken: $F_s > = F_z - G$	Die Zerspankraft F_z und die Spannkraft F_s haben die gleiche Richtung und wirken über das Werkstück senkrecht auf die Auflageelemente der Vorrichtung. G Gewichtskraft (Werkstück)
	$F_s > = \dfrac{X \cdot F_z}{\mu_1 + \mu_2}$ μ_1, μ_2 wie Fall drei Bei schweren Werkstücken: $F_s > = \dfrac{X \cdot F_z - G \cdot \mu_1}{\mu_1 + \mu_2}$	Die Zerspankraft F_z wirkt waagerecht, also parallel zu den Auflageelementen der Vorrichtung. Die Spannkraft F_s wirkt senkrecht zu der Zerspankraft F_z. X Sicherheitsfaktor
	$F_s > = \dfrac{X \cdot F_z + G}{\mu_1 + \mu_2}$ μ_1 Reibungsfaktor an der Spannstelle μ_2 Reibungsfaktor an der Berührstelle Werkstück-Vorrichtung	Die Zerspankraft F_z wirkt senkrecht zu der Spannkraft F_s. X Sicherheitsfaktor G Gewichtskraft (Werkstück)
	$F_s > = X \cdot F_z$ Bei schweren Werkstücken: $F_s > = X \cdot F_z + G$	Die Zerspankraft F_z wirkt in entgegengesetzter Richtung zu der Spannkraft F_s. X Sicherheitsfaktor G Gewichtskraft (Werkstück)
	$F_s > = \dfrac{X \cdot F_z}{\mu_1 + \mu_2}$	Die Zerspankraft F_z wirkt senkrecht auf das Werkstück und gegen die Auflageelemente der Vorrichtung; die Spannkraft F_s wirkt auf die Auflageelemente und senkrecht zu der Zerspankraft F_z.
	$F_s > = \dfrac{F_z \cdot b}{a}$	Die Zerspankraft F_z und die Spannkraft F_z wirken parallel gegen die Auflageelemente der Vorrichtung. Der Angriffspunkt der Zerspankraft F_z befindet sich jedoch über den (b) Auflageelementen der Vorrichtung.

Bild 5-66.
Rechnerische Ermittlung von Spannkräften (nach Matuszewski [15]).

Das Diagramm gilt für die Bedingung, daß keine Anschläge auf dem Werkzeugmaschinentisch vorhanden sind und das Werkstück lediglich durch den von der Spannkraft F_{sp} erzeugten Reibschluß so auf dem Werkzeugmaschinentisch festgehalten wird, daß die Bearbeitungskräfte gerade noch kein Verrutschen des Werkstückes bewirken können.

Der Wirkungsgrad η des Maschinenantriebes ist mit 75% berücksichtigt. Dem Diagramm liegt ein Haftreibungsbeiwert $\mu=0.2$ zwischen Maschinentisch und Werkstück zugrunde. Für einen anderen Haftreibungsbeiwert μ_x muß der aus dem Diagramm ermittelte Spannkraftwert F_{sp} mit einen Korrekturfaktor

$$k = \frac{0.2}{\mu_x}$$

multipliziert werden.

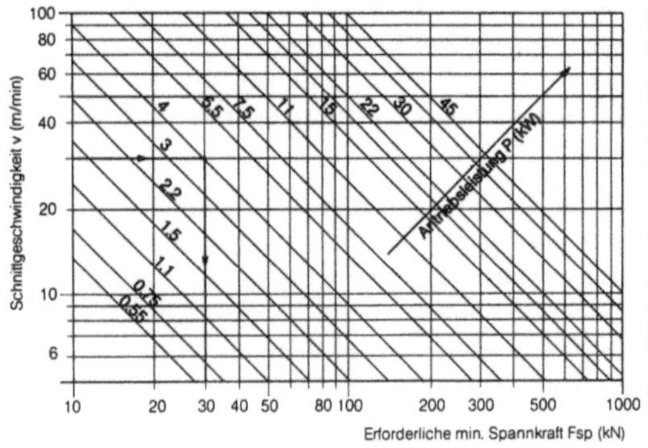

Beispiel:

Gegeben ist die Antriebsleistung P=4kW und eine Schnittgeschwindigkeit von v=30 m/min. Aus dem Diagramm ergibt sich die minimale Spannkraft zu F_{sp}=30kN.

Skizze:

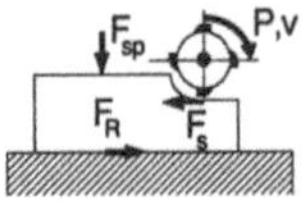

Materialien:	Haftreibungsbeiwerte μ_x:	
	trocken	geschmiert
Guß auf Guß	0.30	0.19
Guß auf Stahl	0.19	0.10
Stahl auf Stahl	0.15	0.12

Dem Diagramm liegt die Gleichung

$$F_{sp} = \frac{P \cdot \eta \cdot 60}{\mu \cdot v} \quad [kN]$$

zugrunde.

Bild 5-67. Ermittlung von Spannkräften mit Hilfe von Diagrammen.

Fall	Formel	Erläuterungen
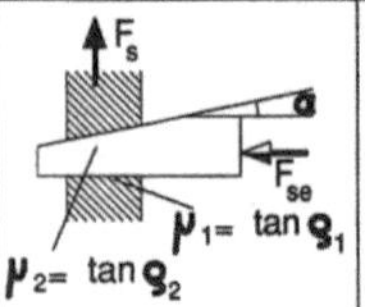 F_s ; $\mu_1 = \tan\varrho_1$; $\mu_2 = \tan\varrho_2$	$F_s = \dfrac{F_{se}}{\tan(\alpha+\varrho_2) + \tan\varrho_1}$	Reibung an zwei Flächen Selbsthemmung: $\alpha < = \varrho_1 + \varrho_2$ für $\mu=0,1 \longrightarrow \alpha <= 11°$ α / F_s $5°$ / $3,4\,F_{se}$ $10°$ / $2,6\,F_{se}$ $45°$ / $0,8\,F_{se}$
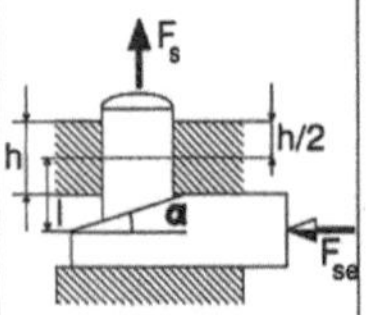 F_s ; h ; h/2 ; α ; F_{se}	$F_s = F_{se}\,\dfrac{1-\tan(\alpha+\varrho_1)\frac{3l}{h}\tan\varrho_3}{\tan(\alpha+\varrho_2) + \tan\varrho_1}$ mit $\mu_1 = \tan\varrho_1$ $\mu_2 = \tan\varrho_2$ $\mu_3 = \frac{3l}{h}\tan\varrho_3$	Einseitig geführt α / F_s $5°$ / $3,3\,F_{se}$ $10°$ / $2,5\,F_{se}$ $45°$ / $1,9\,F_{se}$
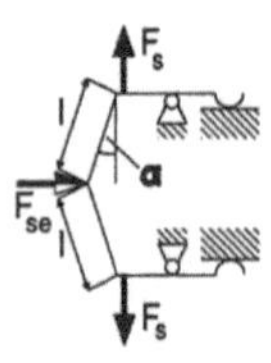 F_s ; l ; α ; F_{se} ; F_s	$F_s = \dfrac{F_{se}}{2\tan(\alpha+\varrho')}$	$\sin\varrho' = \mu_1\dfrac{d}{l}$ l Hebellänge α Neigungswinkel des Hebels (s. Tabelle unten) ϱ' Reibungswinkel (Gelenk) μ_1 Reibungsfaktor (Gelenk) d Gelenkbolzendurchmesser F_s Spannkraft (s. Tab. unten)
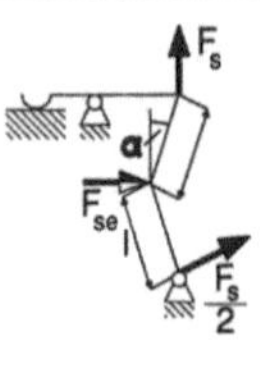 F_s ; α ; F_{se} ; l ; $\frac{F_s}{2}$	$F_s = \dfrac{F_{se}}{2\tan(\alpha+\varrho')}$	Bei Kniehebelsystemen, unter der Vorraussetzung, daß die Hebellängen gleich groß gewählt werden: α / F_s $5°$ / $4,5\,F_{se}$ $10°$ / $2,6\,F_{se}$ $45°$ / $0,43\,F_{se}$

Bild 5-68. Beispiele für Berechnungsformeln zur Ermittlung von Spannkräften in Abhängigkeit der eingeleiteten Kräfte (nach Matuszewski [15]).

Bild 5-69 zeigt die Ausführung einer hydraulischen Spannvorrichtung zur Bearbeitung eines Lagers auf einem horizontalen Bearbeitungszentrum, die beim Einsatz nicht den Anforderungen entsprach und eine feste Einspannung der Werkstücke nicht sicherstellen konnte. Hier hätte die Berechnung der möglichen Spannkräfte und die anschließende Gegenüberstellung mit den zu erwartenden Bearbeitungskräften bereits während des Konstruktionsprozesses aufdecken können, daß eine sichere Bearbeitung mit der gewählten Aufspannungsart nicht gewährleistet werden kann. Damit hätten sich die Kosten, die

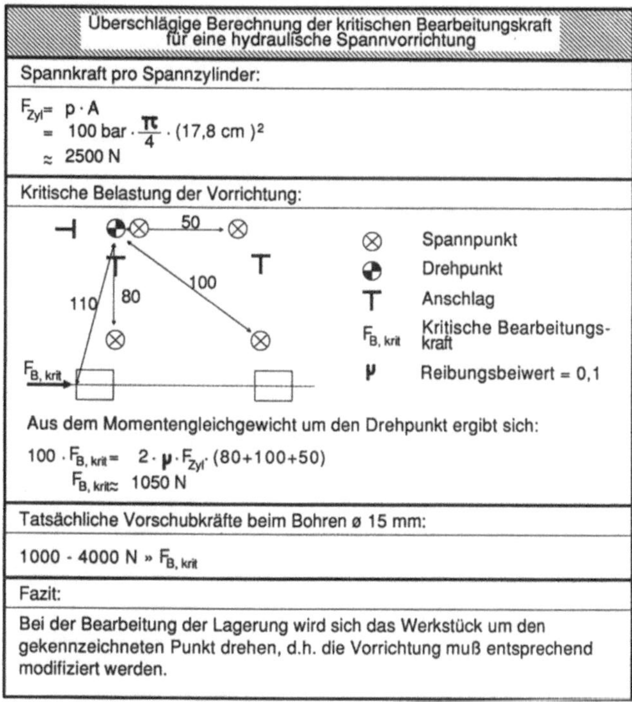

The box of the figure reads:

Überschlägige Berechnung der kritischen Bearbeitungskraft für eine hydraulische Spannvorrichtung

Spannkraft pro Spannzylinder:

$$F_{Zyl} = p \cdot A = 100 \, \text{bar} \cdot \frac{\pi}{4} \cdot (17{,}8 \, \text{cm})^2 \approx 2500 \, \text{N}$$

Kritische Belastung der Vorrichtung:

$\otimes$	Spannpunkt
	Drehpunkt
T	Anschlag
$F_{B,\,krit}$	Kritische Bearbeitungskraft
μ	Reibungsbeiwert = 0,1

Aus dem Momentengleichgewicht um den Drehpunkt ergibt sich:

$$100 \cdot F_{B,\,krit} = 2 \cdot \mu \cdot F_{Zyl} \cdot (80 + 100 + 50)$$
$$F_{B,\,krit} \approx 1050 \, \text{N}$$

Tatsächliche Vorschubkräfte beim Bohren ø 15 mm:

$$1000 - 4000 \, \text{N} \gg F_{B,\,krit}$$

Fazit:

Bei der Bearbeitung der Lagerung wird sich das Werkstück um den gekennzeichneten Punkt drehen, d.h. die Vorrichtung muß entsprechend modifiziert werden.

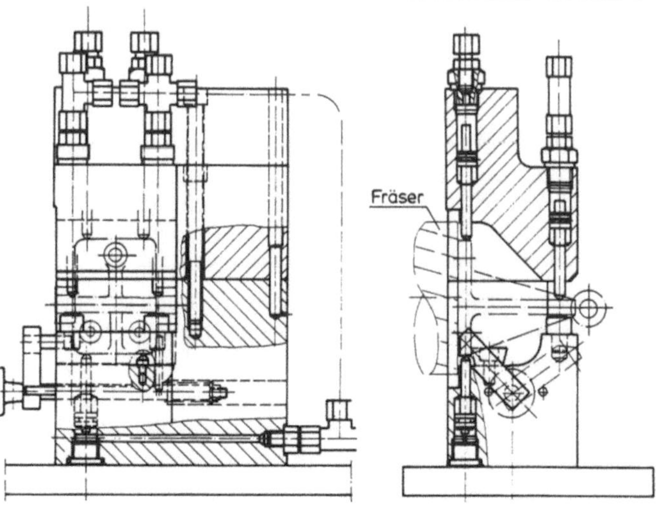

Bild 5-69.
Hydraulische Spannvorrichtung zur Bearbeitung eines Lagers auf einem horizontalen Bearbeitungszentrum mit Schwenktisch.

durch den Bau und die nachträgliche Modifikation der Vorrichtung entstanden waren, zu einem großen Anteil vermeiden lassen.

Im Rahmen der Vorrichtungsauslegung sind auch Verformungen am Werkstück zu berücksichtigen, die durch die Einwirkung der Spannkräfte verursacht werden. Um eine unzulässige Beschädigung des Werkstücks zu vermeiden, müssen die Auflageflächen ausreichend groß dimensioniert sein. Bei der Konstruktion von Vorrichtungen müssen die Einflußgrößen, welche zu Veränderungen am Werkstück führen, bekannt sein. Zur Veranschaulichung zeigt Bild 5-70 einige Kenngrößen zur Erfassung der Durchbiegung und Ausbauchung zylindrischer Werkstücke in Abhängigkeit von der Anzahl der Spannstellen.

Anzahl der Backen		2	3	4	8
Darstellung des Spannfalles und der Werkstückverformung Bildzeichen sowie Verformungsgrößen $\Delta 1$, $\Delta 2$ und Δr					
Darstellung des Spannfalles mit Hilfe von Bildzeichen					
Durchbiegung in Wirkrichtung der Spannkraft F einer Spannbacke	$\Delta 1$	0,0740 c	0,0160 c	0,0060 c	0,0017 c
Ausbauchung zwischen den Kraftangriffsstellen von zwei benachbarten Spannbacken	$\Delta 2$	0,0680 c	0,0140 c	0,0050 c	0,0016 c
Differenz zwischen r_{max} und r_{min} der Verformung des Werkstückes	Δr	0,1420 c	0,0300 c	0,0110 c	0,0033 c
F Spannkraft einer Spannbacke r Radius der Hülse (Werkstück)		J Äquatoriales Flächenträgheitsmoment E Elastizitätsmodul (Werkstück)			$c = \dfrac{F \cdot r^3}{E \cdot J}$

Bild 5-70. Ermittlung der Durchbiegung und Ausbauchung eines zylindrischen Werkstücks als Funktion der Spannstellen (nach Korsakow).

Neben der Verformung des Werkstücks durch Spann- und Bearbeitungskräfte muß auch der Einfluß dieser Kräfte auf die Vorrichtung und auf die Werkzeugmaschine analysiert werden. Aus dem in Bild 5-71 gezeigten Beispiel wird ersichtlich, daß sich ein Werkzeugmaschinentisch durch die Belastung mit äußeren Kräften erheblich deformieren kann, wodurch die Qualität des Fertigungsergebnisses u. U. stark verschlechtert würde.

Für eine optimale Ausführung der Vorrichtung sind auch die Spannzeiten zu ermitteln, um beispielsweise die niedrigen Spannzeiten beim Einsatz der Hydraulik mit den Zeiten für mechanisches Spannen vergleichen zu können.

Der Spannvorgang beim Hydraulikeinsatz ist dann beendet, wenn der gewünschte Spanndruck erreicht ist. Beim Anschlag des Zylinders an das Werkstück ist das System noch fast drucklos. Um das System mit Druck zu beaufschlagen, ist ein zusätzliches Ölvolumen erforderlich. Die Ursachen hierfür sind:

178

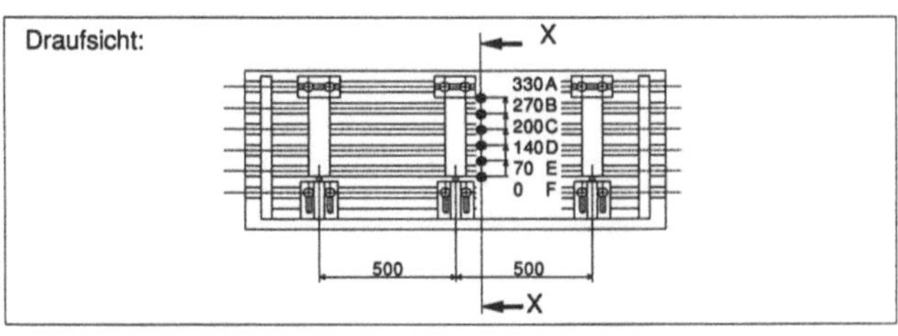

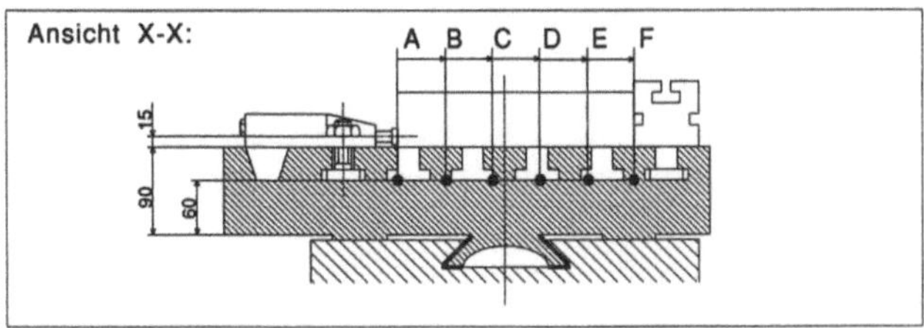

Meßwerte:

Spannkraft/Zylinder [kN]		Durchbiegung [µm] am Meßpunkt					
		A	B	C	D	E	F
0	(0 bar)	0	0	0	0	0	0
4.9	(100 bar)	0	0	2	3	2	0
9.8	(200 bar)	0	1	5	6	4	0
14.7	(300 bar)	0	3	8	9	7	1
19.6	(400 bar)	0	5	12	13	9	1
24.5	(500 bar)	0	7	15	17	12	2

Bild 5-71. Verformung eines Maschinentisches durch Spannkräfte.

- die Kompressibilität des Drucköls,

- die Ausdehnung der Hochdruckleitungen und

- die Elastizität der mechanischen Elemente.

Beim Einsatz von EDV-Systemen zur Berechnung von Spannzeiten auf Grund der genannten Einflußgrößen kann in kürzester Zeit eine optimale Systemauslegung erfolgen. Die Vielseitigkeit der möglichen Rechnerprogramme erlaubt in idealer Weise eine Optimierung vieler Vorrichtungsbauteile (Bild 5-72 und Bild 5-73).

Wesentliche Kriterien bei der Anordnung von Vorrichtungselementen sind neben den Bearbeitungskräften auch die Genauigkeitsanforderungen. Die Fertigungsgenauigkeit ist abhängig sowohl von der Genauigkeit der als Anschlagflächen verwendeten Werkstückseiten als auch von der Lage der Anschlagelemente an diesen Seiten.

Die Genauigkeit der Werkstückseiten wird in diesem Zusammenhang durch das Toleranzfeld für die Lage der Anschlagflächen gekennzeichnet. Dieses Toleranzfeld wird bestimmt durch den Bereich zwischen den beiden realen Extremwerten der Lage des Berührungspunktes zwischen Anschlag und Werkstück. Diese Lage des Berührungspunktes unterliegt innerhalb des Toleranzfeldes einer statistischen Verteilung, so daß die Häufigkeit der auftretenden Maßabweichungen zu den Grenzen der Toleranzfelder hin abnimmt. Bei der Ermittlung derartiger Toleranzfelder ist der Einsatz von EDV-Systemen von Vorteil (Bild 5-74).

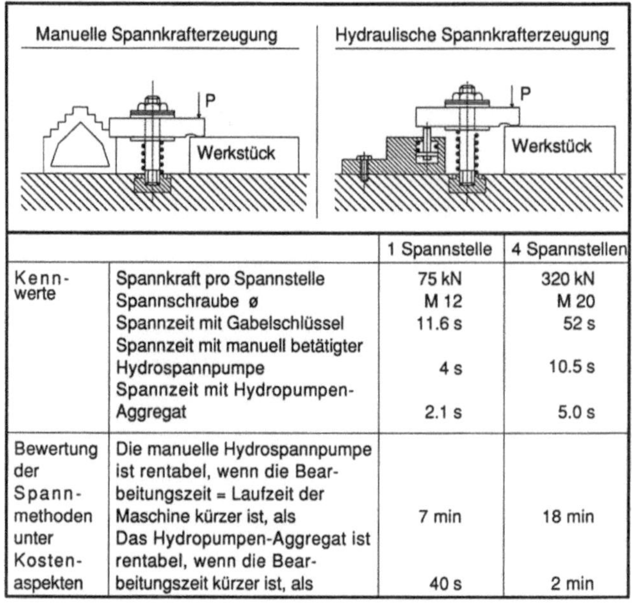

Manuelle Spannkrafterzeugung		Hydraulische Spannkrafterzeugung	

		1 Spannstelle	4 Spannstellen
Kenn-werte	Spannkraft pro Spannstelle	75 kN	320 kN
	Spannschraube ø	M 12	M 20
	Spannzeit mit Gabelschlüssel	11.6 s	52 s
	Spannzeit mit manuell betätigter Hydrospannpumpe	4 s	10.5 s
	Spannzeit mit Hydropumpen-Aggregat	2.1 s	5.0 s
Bewertung der Spann-methoden unter Kosten-aspekten	Die manuelle Hydrospannpumpe ist rentabel, wenn die Bearbeitungszeit = Laufzeit der Maschine kürzer ist, als	7 min	18 min
	Das Hydropumpen-Aggregat ist rentabel, wenn die Bearbeitungszeit kürzer ist, als	40 s	2 min

Bild 5-72.
Zeit- und Kostenvergleich
beim Spannen.

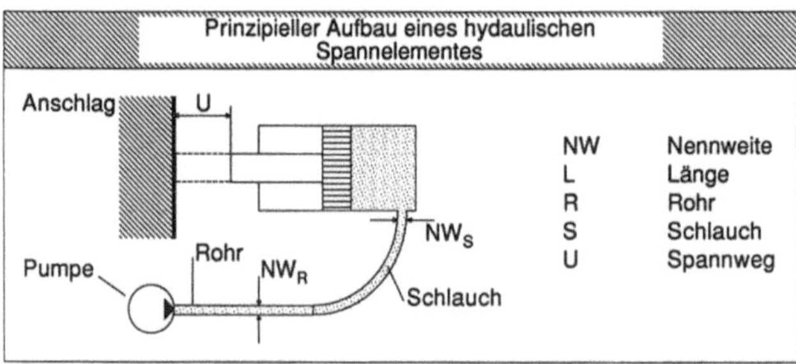

Interaktive Dateneingabe zur Spannzeitberechnung	
Pumpen-Bezeichnung	8400-100
Bezeichnung des Spannzylinders	1421-000
Spannweg [mm]	5.00
Anzahl der Zylinder	4.00
Oeldruck [bar]	500.00
Rohrlänge [m], Nennweite [mm]	0.50, 6.00
Schlauchlänge [m], Nennweite [mm]	1.60, 6.00

Datenausgabe des Rechners	
Volumen für Ölkompresssibilität [ccm]	65.66
Vorlaufzeit [s]	0.29
Spannzeit [s]	0.27
Gesamte Spannzeit [s]	0.56

Bild 5-73.
Berechnung von Spannzeiten
mit Hilfe eines Kleinrechners.

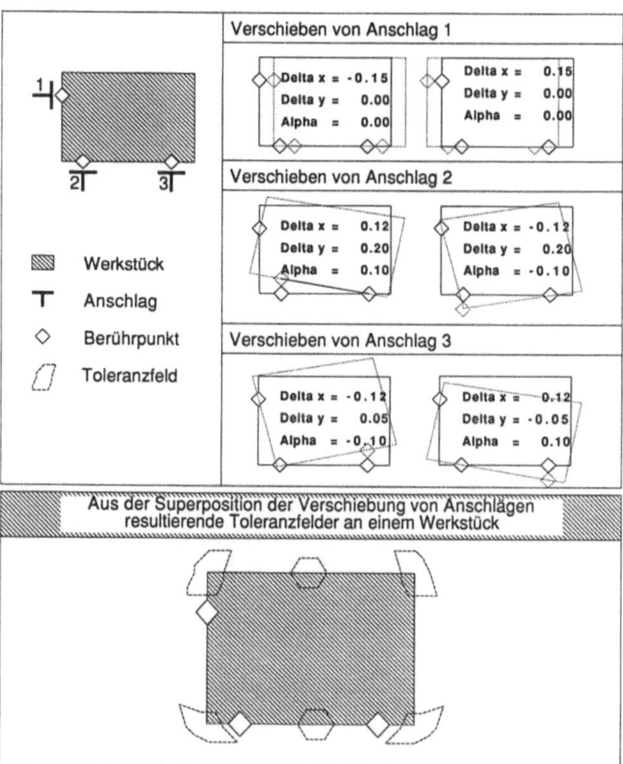

Bild 5-74.
Ermittlung der Toleranzfelder
an einem Werkstück.

Die Dimensionen von Positionierelementen lassen sich auch rechnerisch ermitteln. Ein Beispiel für die Auslegung von abgeflachten Aufnahmebolzen zeigt Bild 5-75. In Abhängigkeit von der geforderten Fertigungsgenauigkeit ergibt sich die maximale Breite der Bestimmfläche. Dies ist zudem abhängig von den Maßen und angestrebten Toleranzen der Bohrungsdurchmesser und des Bohrungsabstandes.

5.7 Handhabungsfreundlichkeit von Vorrichtungen

Der wirtschaftliche Einsatz von Vorrichtungen ist auch von der Handhabungsfreundlichkeit abhängig. Dabei spielen sowohl die Handhabung des Werkstücks in der Vorrichtung als auch die Handhabung der Vorrichtung eine Rolle. Da Handhabung sich aus einzelnen Handgriffen zusammensetzt, werden, je nach deren zeitlicher Dauer, auch die Produktionskosten beeinflußt.

Im Bereich der Handhabung ist die Erforschung der Betätigung der Stellglieder am weitesten fortgeschritten. Aus der DIN 33401 lassen sich für den Vorrichtungsbereich wertvolle Erkenntnisse ableiten. Bild 5-76 und 5-77 zeigen Ausschnitte aus diesem, vom Normenausschuß „Ergonomie" erarbeiteten Normenwerk. Die Zahlenwerte und Qualitätsmerkmale dieser Veröffentlichung sind geeignet, als Grundlagen für den Aufbau eines Bewertungssystems für die Handhabungsfreundlichkeit von Vorrichtungen zu dienen.

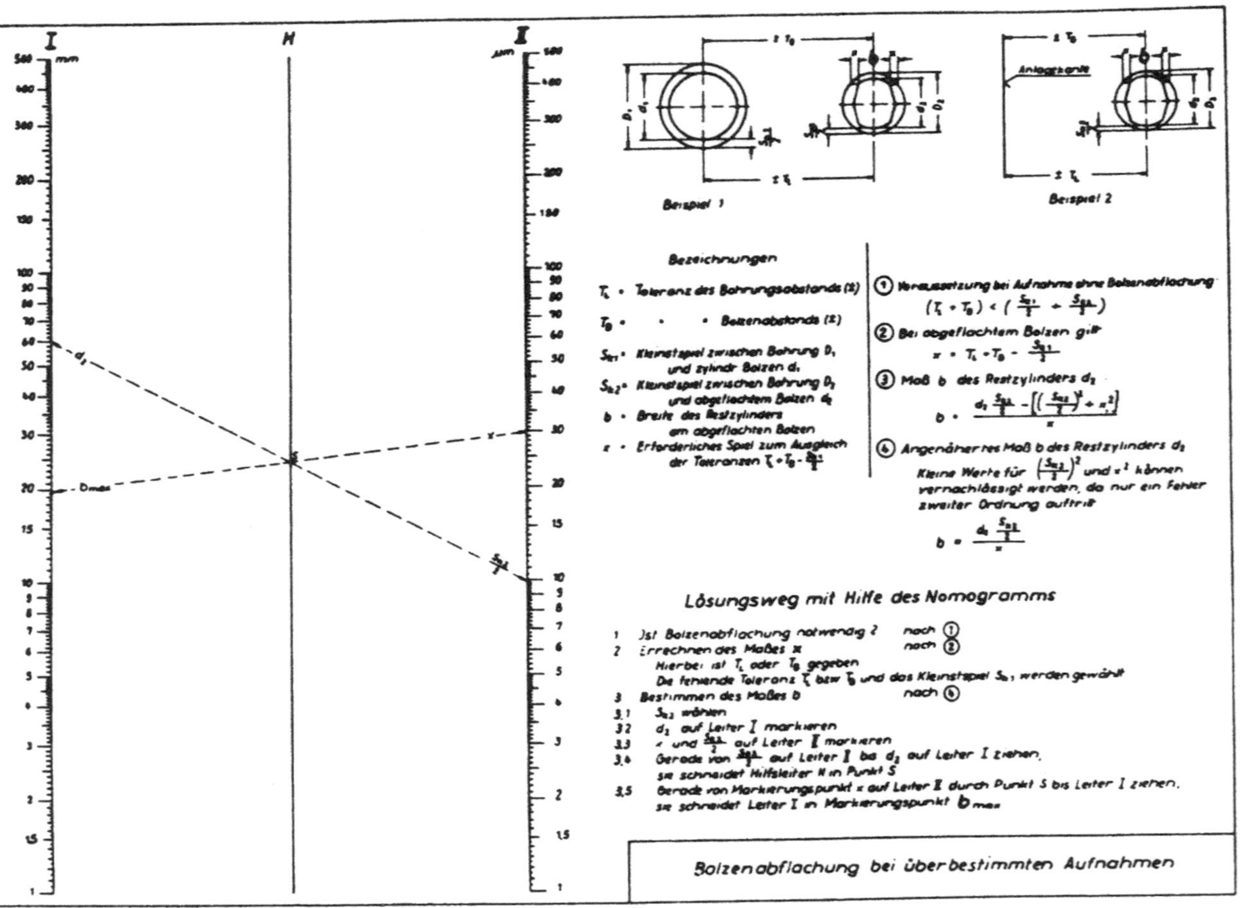

Bild 5-75. Bolzenabflachung bei überbestimmten Aufnahmen.

182

| Greifart[1] | | Stellen durch Finger | | |
Benennung	Skizze (Beispiele)	ein-zel	meh-rere	Hand
Kontaktgriff Finger		×	×	×
Kontaktgriff Hand		–	×	×
Zufassungs-griff 2 Finger		–	×	×
Zufassungs-griff 3 Finger		–	×	×
Zufassungs-griff Hand		–	–	×
Umfassungs-griff		–	–	×

[1]) Die Stellkraft nimmt in der Regel vom Kontaktgriff zum Umfassungsgriff zu.

Bild 5-76. Greifarten an Stellteilen.

Um zu optimalen Lösungen zu kommen, muß dem Vorrichtungskonstrukteur ein Hilfsmittel an die Hand gegeben werden, welches es ihm ermöglicht, schon im Entwurfsstadium eine Zeit-Kosten-Nutzen-Analyse durchzuführen. Die Einbeziehung der Kosten kann unter Heranziehung eines Relativkosten-Kataloges erfolgen (vgl. Kap. 12).

Für den Aufbau eines Handhabungssystems ist ein Bewertungskatalog vorteilhaft. Dessen Form wird beeinflußt durch die Fertigungsart, die Umwelt und durch Gepflogenheiten im betreffenden Unternehmen. In den Bildern 5-78 bis 5-83 ist der Teil eines Kataloges gezeigt, der zur Beurteilung von Vorrichtungen für Bohroperationen an Kleinteilen bestimmt ist. Prinzipskizzen, Einflußgrößen und Handhabungszeiten (t_e) ermöglichen es, den Aufbau einer Vorrichtung zu beurteilen und dadurch zu einer optimalen Lösung zu gelangen.

Die genannten Handhabungszeiten (t_e) sind Zeitbausteine, die komplette Ablaufabschnitte berücksichtigen. Sie beinhalten 10% Verweilzeit und entsprechen dem Methodenniveau der Kleinserienfertigung. Unter Methodenniveau versteht man dabei die Qualität eines Arbeitsablaufes, der abhängig ist von der Fertigung des Ausführenden und dem Organisationsgrad des Arbeitssystems [16].

Es bedeuten: ■ gut geeignet   ● geeignet¹)   ▲ nicht geeignet¹)

Stellbewegung	Stellteile Beispiele	Greifart Tretart	Eignung unter den Gesichtspunkten für											
			2 mögliche Stellungen	mehr als 2 Stellungen	stufenloses Stellen	Halten des Stellteiles in einer Stellung	Schnelles Einstellen einer bestimmten Stellung	Genaues Einstellen einer bestimmten Stellung	geringer Platzbedarf	einhändiges gleichzeitiges Stellen mehrerer Stellteile	Sehen der Stellung	Tasten der Stellung	Verhinderung unbeabsichtigten Stellens	Festhalten am Stellteil
Drehen	Kurbel	Zufassungsgriff Umfassungsgriff	●	●	■	■	●	●	▲	▲	●	●	▲	●
Drehen	Handrad	Zufassungsgriff Umfassungsgriff	●	■	■	■	●	■	▲	▲	▲	▲	▲	■
Drehen	Drehknebel	Zufassungsgriff	■	■	■	■	●	■	●	▲	■	●	●	●
Drehen	Drehknopf	Zufassungsgriff	■	■	■	▲	●	■	■	▲	●	▲	●	▲
Drehen	Schlüssel	Zufassungsgriff	■	●	▲	■	●	●	●	▲	■	●	●	▲
Schwenken	Schalthebel	Zufassungsgriff	■	■	●	●	■	●	▲	▲	■	■	▲	▲
Schwenken	Stellhebel	Umfassungsgriff	■	■	■	■	■	●	▲	▲	■	■	▲	●
Schwenken	Hebeltaste	Kontaktgriff Zufassungsgriff	■	▲	▲	●	■	▲	●	■	▲	●	▲	▲
Schwenken	Kippschalter	Kontaktgriff Zufassungsgriff	■	●	▲	▲	■	■	■	■	■	■	▲	▲
Schwenken	Wippschalter	Kontaktgriff	■	▲	▲	▲	■	■	■	■	●	●	▲	▲
Schwenken	Pedal	Gesamtfußauflage	■	●	■	■	■	●	▲	▲	▲	▲	▲	●

Bild 5-77. Einsatzmöglichkeiten von Stellteilen.

In Vorrichtung einlegen und herausnehmen

Einflußgrößen				Nr.	te Minut.	Prinzipskizze		Bemerkungen
Gegen-anschläge	Belastung		Klein − ≦ 1kg	1- 1	0,1		Fall I	Gegen Anschlag, Anschläge oder in ungefähre Lage
			Mittel − >1kg≦8kg u. Sperrigkt.=30x80cm	1- 2	0,22			
			Groß − >8kg≦25kg o. Sperrigkt. 30x80cm	1- 3	0,37			
			Sehr groß->25kg≦50kg Hebezeug od. 2 Mann	1- 4	0,84			Sehr günstig
Eine Fügestelle	Lose Passung	Belastung	Klein	1- 5	0,12		Fall II	
			Mittel	1- 6	0,23			
			Groß	1- 7	0,37			
			Sehr groß	1- 8	0,84			Günstig
	Enge Passung	Belastung	Klein	1- 9	0,13			
			Mittel	1-10	0,26			
			Groß	1-11	0,39			
			Sehr groß	1-12	0,86			Weniger günstig
Zwei und mehr Fügestellen	Lose Passung	Belastung	Klein	1-13	0,13		Fall III	
			Mittel	1-14	0,24			
			Groß	1-15	0,39			
			Sehr groß	1-16	0,87			Weniger günstig
	Enge Passung	Belastung	Klein	1-17	0,15			
			Mittel	1-18	0,28			
			Groß	1-19	0,42			
			Sehr groß	1-20	0,94			Ungünstig

Bild 5-78. Handhabungskatalog für das Bohren von Kleinteilen.

In Vorrichtung einlegen und herausnehmen

Einflußgrößen			Nr.	te Minut.	Prinzipskizze	Bemerkungen
Zuschläge	Werkzeug verwenden	Feste Passung	Beim Einlegen (Hammer)	1–21	0,17	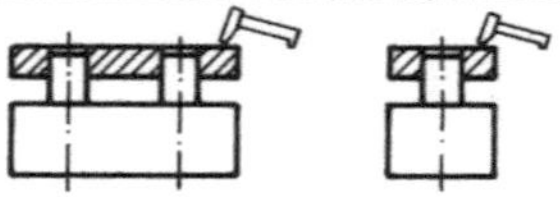	Fall II oder Fall III vermeiden
			Beim Herausnehmen (Hebeleisen)	1–22	0,22	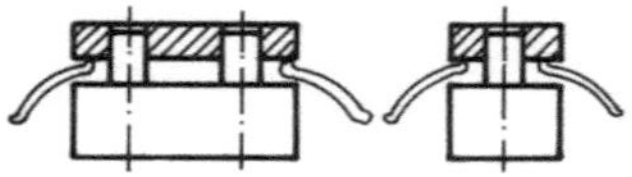	Fall II oder Fall III vermeiden
	Reinigen	Druckluft	1–23	0,12		Im Normalfall
		Besen oder Tuch	1–24	0,16		Besen, nur bei größerem Spänenfall Tuch, nur bei sehr sorgfältigem reinigen
		Feile	1–25	0,16	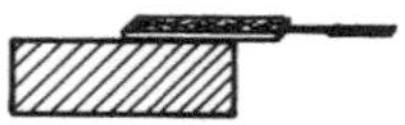	Auflagefläche abziehen vermeiden

Bild 5-79. Handhabungskatalog für das Bohren von Kleinteilen.

In Vorrichtung ausrichten				
Einflußgrößen		Nr.	te Minut.	Prinzipskizze	Bemerkungen
Anschlag, Augenmaß usw. (ohne Hilfsmittelbetätigung)		2-1	0,03	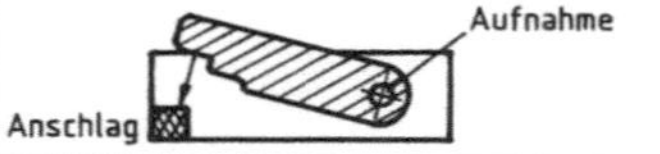	sehr günstig
Fixierbolzen		2-2	0,10	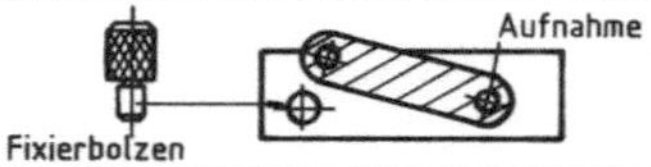	Je Fixierbolzen bewerten — günstig
Einstell-schraube	Von Hand einstellen	2-3	0,08	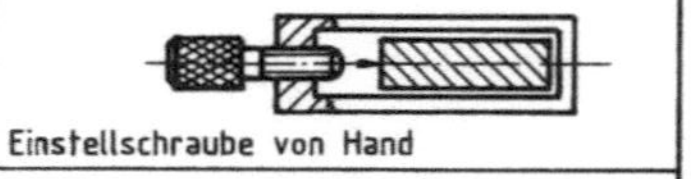	Je Einstell-schraube bewerten — günstig
	Mit Werkzeug einstellen	2-4	0,26	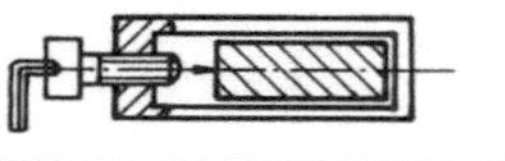	ungünstig
Hammer		2-5	0,12		Markierung oder Augenmaß — weniger günstig
Winkel		2-6	0,26		Fläche oder Anriß — vermeiden
Wasser-waage	Kleine Fläche	2-7	0,43		≦ 2 Prüf-stellen — vermeiden
	Große Fläche	2-8	1,24	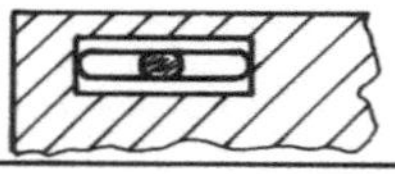	> 2 Prüf-stellen

Bild 5-80. Handhabungskatalog für das Bohren von Kleinteilen.

In Vorrichtung festspannen und lösen									
Einflußgrößen						Nr.	te Minut.	Prinzipskizze	Bemerkungen
Mechanisch	Knopfschalter, Fußschalter usw.					3-1	0,15	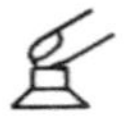 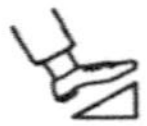	Je Spannung nur einmal bewerten — sehr günstig
Hand	Hebel oder Exzenter					3-2	0,09	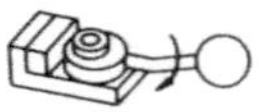 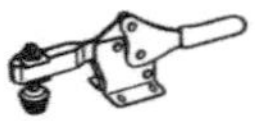	Je Hebel oder Exzenter bewerten — günstig
Hand	Schraubspannung	Handrad, Sterngriff usw.				3-3	0,17	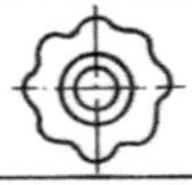	Je Handrad oder Sterngriff bewerten — günstig
Hand	Schraubspannung	Werkzeug	Kurbel- oder Futterschlüssel			3-4	0,21	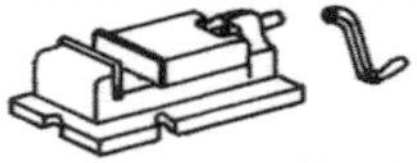	weniger günstig
Hand	Schraubspannung	Werkzeug	Schlüssel I, II oder III	Kleiner Schlüssel	Erste Spannstelle	3-5	0,34	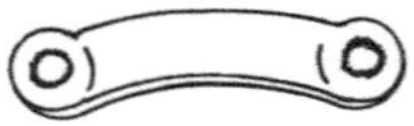 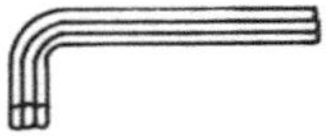	Je Spannmutter oder Spannschraube bewerten; Erste Spannstelle = Erstes od.and.Werkzeug; Weitere Spannstelle= Gleiches Werkzeug — ≦ SW 24 — weniger günstig
Hand	Schraubspannung	Werkzeug	Schlüssel I, II oder III	Kleiner Schlüssel	Je weitere Spannstelle	3-6	0,30		
Hand	Schraubspannung	Werkzeug	Schlüssel I, II oder III	Großer Schlüssel	Erste Spannstelle	3-7	0,45	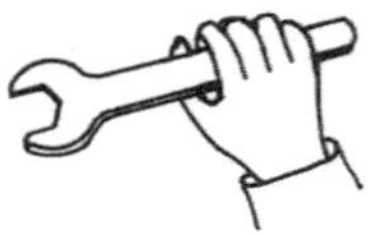	> SW 24 — vermeiden
Hand	Schraubspannung	Werkzeug	Schlüssel I, II oder III	Großer Schlüssel	Je weitere Spannstelle	3-8	0,39		

Bild 5-81. Handhabungskatalog für das Bohren von Kleinteilen.

In Vorrichtung festspannen und lösen					
	Einflußgrößen		Nr.	te Minut.	Prinzipskizze	Bemerkungen
Zuschläge	Spannelement plazieren (Spanneisen, Klappdeckel, Spannschraube usw.)		3- 9	0,04		Je Spannelement bewerten
	Aufsteckscheibe	Offen	3-10	0,06		Im Normalfall
		Geschlossen	3-11	0,21		Vermeiden

Bild 5-82. Handhabungskatalog für das Bohren von Kleinteilen.

Vorrichtung betätigen – Lage verändern					
Einflußgrößen		Nr.	te Minut.	Prinzipskizze	Bemerkungen
Verschieben	≦ 8kg und Sperrigkeit ≦ 30x80cm	4–1	0,03	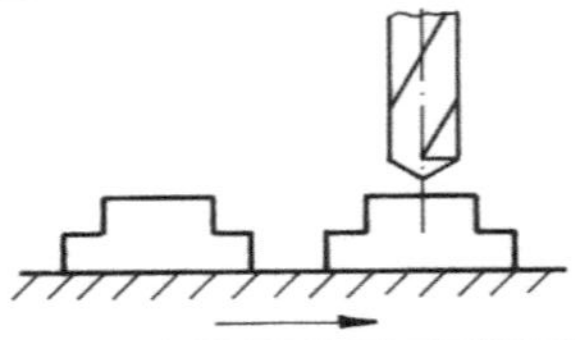	Verschieben unter Bohrspindel
Verschieben	> 8kg oder Sperrigkeit > 30x80cm	4–2	0,04		Verschieben unter Bohrspindel
Geführt – Drehen	Schwenker — Erster Fixierstift	4–3	0,13	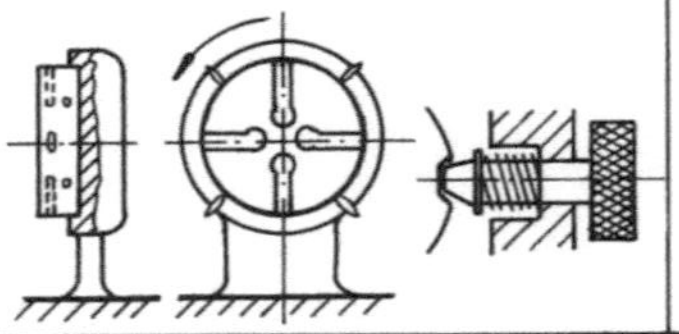	Ohne Freispannen und Lösen
Geführt – Drehen	Schwenker — Je weiterer Fixierstift	4–4	0,08		Ohne Freispannen und Lösen
Frei – Kippen	≦ 8kg und Sperrigkeit ≦ 30x80cm	4–5	0,08	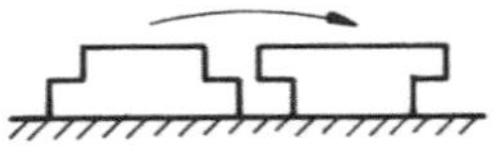	Ohne Reinigen der Auflagefläche
Frei – Kippen	> 8kg oder Sperrigkeit > 30x80cm	4–6	0,12		Ohne Reinigen der Auflagefläche
Zuschläge	Reinigen Auflagefläche — Druckluft	4–7	0,10		Im Normalfall – beim Frei-Kippen
Zuschläge	Reinigen Auflagefläche — Besen	4–8	0,12		Nur bei größerem Spänenfall

Bild 5-83. Handhabungskatalog für das Bohren von Kleinteilen.

In den meisten Fällen wird ein derartiger Katalog für eine schnelle Beurteilung ausreichen. Es ist aber für die Entwicklung optimaler Vorrichtungen oftmals unerläßlich, genauere Berechnungen durchzuführen. In diesen Fällen muß die Zahl der einzelnen Prinzipanordnungen erhöht und variiert werden. Dadurch entsteht die Notwendigkeit, die Handhabungsvorgänge nach Gruppen zu ordnen. Hier erweist sich die folgende Gliederung als zweckmäßig:

- Einlegen und Positionieren des Werkstücks,

- Spannen des Werkstücks,

- Positionieren der Vorrichtung,

- Entnehmen des Werkstücks,

- Säubern und Pflegen der Vorrichtung.

Neben diesen Punkten spielen bei der Handhabung auch der Einsatz von automatischen Bearbeitungssystemen und die Sicherheit eine entscheidende Rolle. Diese Punkte werden im folgenden näher analysiert.

5.7.1 Einlegen und Positionieren des Werkstücks

Das Einlegen des Werkstücks in die Vorrichtung muß leicht, sicher und schnell erfolgen. Für das Positionieren gelten die gleichen Bedingungen, obwohl das Positionieren nicht immer mit dem Einlegen identisch ist. Aus Zeitgründen wird oft angestrebt, daß das Einlegen mit dem Positionieren zeitgleich erfolgt. Dadurch wird jedoch die Beschickung der Vorrichtung oft erschwert. Durch eine geeignete konstruktive Gestaltung und eine günstige Anordnung von Anschlägen, Führungen, Fixierbolzen, Fingertaschen usw. wird dem Bediener das Einlegen des Werkstücks erleichtert, außerdem lassen sich dadurch erhebliche Einsparungen bei den Handhabungszeiten erzielen.

Die Beispiele in Bild 5-84 und 5-85 dienen als Anregung für die Aufstellung eines Beurtei-

Einlegen d. Werkstückes zwischen Stiften	Bemerkung	Handhabungszeit tg in min
	weniger günstig, da Fügen erforderlich	0,028
	günstig, da kein Fügen erforderlich	0,011

Bild 5-84. Ausschnitt aus einem Beurteilungskatalog (Blatt 1).

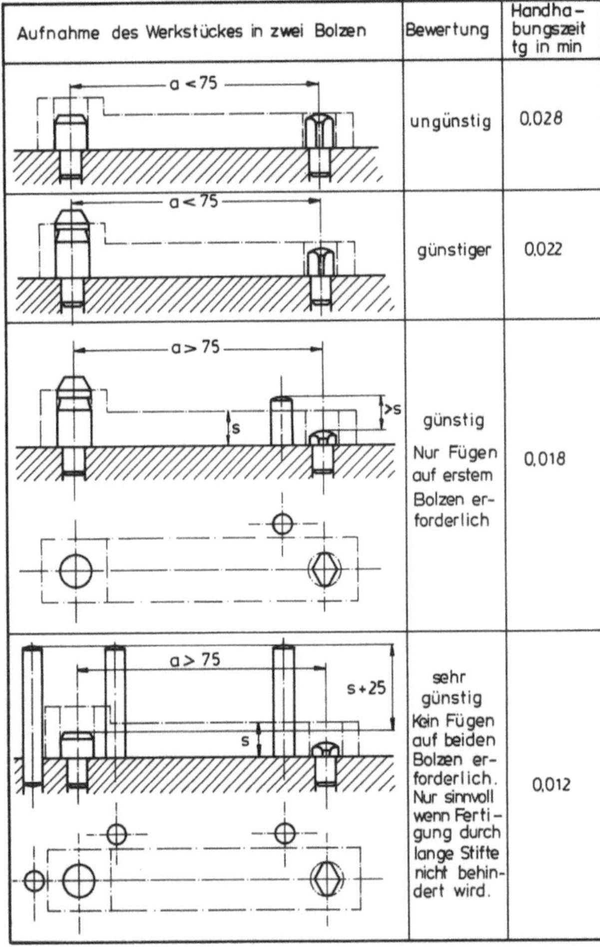

Aufnahme des Werkstückes in zwei Bolzen	Bewertung	Handhabungszeit t_g in min
$a < 75$	ungünstig	0,028
$a < 75$	günstiger	0,022
$a > 75$	günstig Nur Fügen auf erstem Bolzen erforderlich	0,018
$a > 75$	sehr günstig Kein Fügen auf beiden Bolzen erforderlich. Nur sinnvoll wenn Fertigung durch lange Stifte nicht behindert wird.	0,012

Bild 5-85. Ausschnitt aus einem Beurteilungskatalog (Blatt 2).

lungskatalogs, der selbstverständlich firmenspezifisch ausgerichtet sein muß. Die genannten Handhabungszeiten (t_g) sind Zeitbausteine, welche das Positionieren (Plazieren) der Werkstücke mit max. 1 kg Gewicht berücksichtigen. Sie enthalten keine Zuschläge und entsprechen dem Methodenniveau der Serienfertigung.

Bisher wurden Lösungsbeispiele mit Funktionsträgergruppen behandelt. Für eine konstruktive Entscheidung kann es aber auch erforderlich sein, Funktionsträgereinzelteile zu beurteilen. Als Beispiel hierfür sollen nachfolgend einige Muster gezeigt und beschrieben werden. Dabei handelt es sich um Positionierelemente. Für das Fügen von zylindrischen Innen- und Außenkörpern wurden Formen entwickelt, die den Fügevorgang erleichtern helfen, jedoch in ihrer Vielzahl auch die Wahl erschweren (Bild 5-86 und 5-87).

Die Formen und Abmessungen dieser sogenannten Fügehilfen richten sich nach dem Füge-Paarungsspiel. Für jede dieser Ausführungsformen gibt es unzählige Varianten, die in unserem Beurteilungskatalog nicht aufgeführt werden können.

192

		Bewertung	Fügezeit te min
	Vollbolzen mit Kantenbruch. Bei engen Passungen z.B.H7/h6 muß Position und Achswinkligkeit gesucht werden. Einführung sehr schwierig, Bolzen eckt.	ungünstig	0,026
	Vollbolzen mit Vorführung und starkem Kantenbruch Position und Achswinkligkeit besser zu finden.	günstig	0,023
	Vollbolzen mit Rundkuppe und Vorführung Positions- und Achsfindung ist problemlos Auch bei schrägem Ansatz Einführung fast automatisch.	günstiger	0,020
	Vollbolzen mit Einführungsrille und 45°-Fase. Positions- und Achsfindung ist problemlos Auch bei schrägem Ansatz Einführung fast automatisch.	sehr günstig	0,020
	Vollbolzen mit Kugelkopf und Einführrille. Positions- und Achsfindung ist problemlos auch bei schrägem Ansatz	sehr günstig	0,019

Bild 5-86. Ausschnitt aus einem Beurteilungskatalog – Positionierbolzen.

		Bewertung	Fügezeit te min.
	Bohrung mit Kantenbruch. Bei engeren Passungen z.B H7/h6 muß Position gesucht werden Einführung schwierig, Werkstück eckt.	ungünstig	0,026
	Bohrung mit Vorführung und Kantenbruch· Position und Achswinkligkeit durch Vorführung und starken Kantenbruch besser zu finden Werkstück wird vorzentriert	günstig	0,023
	Bohrung mit Einführungsrille· Durch 45°-Fase und Einführungsrille ist Positions- und Achsfindung problemlos. Auch bei schrägem Ansatz Einführung fast automatisch	sehr günstig	0,020

Bild 5-87. Ausschnitt aus einem Beurteilungskatalog – Positionierbohrungen.

Die Abmessungen sind zweckmäßigerweise entweder einer Tabelle zu entnehmen, wie Bild 5-88 für Gewindeaufnahmen und Bild 5-89 für Einführrillen zeigen, oder einem Diagramm, wie es Bild 5-90 für Zentrierzapfen veranschaulicht. Als sogenannte Konstruktionsrichtlinie kann auch ein Sammelblatt mit mehreren Lösungen geeignet sein (Bild 5-91). Zur Dimensionierung der Bauteile dienen entweder direkte Maßangaben oder Hinweise auf weitere Maßblätter.

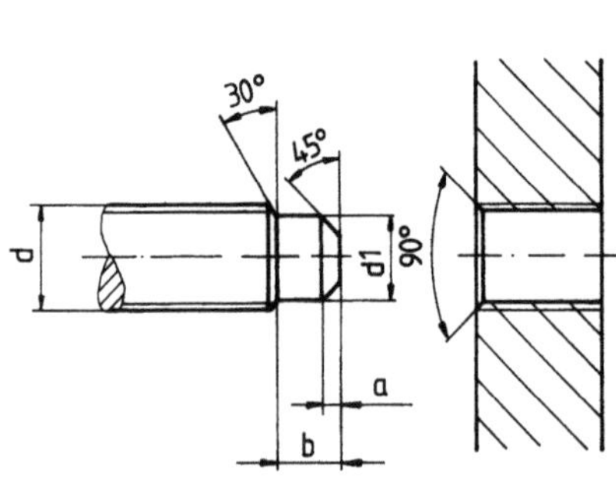

Bohr-∅	d	d1	a	b
7,0	M 8x1	6,8 $^{-0,1}$	2	6
9,0	M10x1	8,8 $^{-0,1}$	3	7
10,5	M12x1,5	10,3 $^{-0,1}$	3	8
12,5	M14x1,5	12,3 $^{-0,1}$	3	9
14,5	M16x1,5	14,3 $^{-0,1}$	3	10
16,5	M18x1,5	16,3 $^{-0,1}$	3	10
18,5	M20x1,5	18,3 $^{-0,1}$	3	10
20,5	M22x1,5	20,3 $^{-0,2}$	3	12
22,5	M24x1,5	22,3 $^{-0,2}$	3	12
23,5	M25x1,5	23,3 $^{-0,2}$	3	12
24,5	M26x1,5	24,3 $^{-0,2}$	3	12
28,5	M30x1,5	28,3 $^{-0,2}$	3	12
22,0	M24x2	21,8 $^{-0,2}$	3	12
25,0	M27x2	24,8 $^{-0,2}$	3	12
28,0	M30x2	27,8 $^{-0,2}$	3	12
5,0	M6	4,8 $^{-0,1}$	1,5	5
6,8	M8	6,6 $^{-0,1}$	2	6
8,5	M10	8,3 $^{-0,1}$	3	7

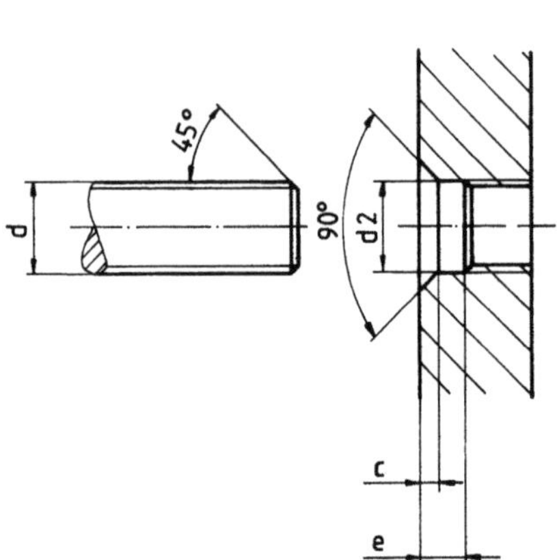

Bohr-∅	d	d2	c	e
7,0	M 8x1	8,1 $^{+0,1}$	3	6
9,0	M10x1	10,1 $^{+0,1}$	3	7
10,5	M12x1,5	12,1 $^{+0,1}$	3	8
12,5	M14x1,5	14,1 $^{+0,1}$	3	9
14,5	M16x1,5	16,1 $^{+0,1}$	3	10
16,5	M18x1,5	18,2 $^{+0,2}$	3	10
18,5	M20x1,5	20,2 $^{+0,2}$	3	10
20,5	M22x1,5	22,2 $^{+0,2}$	3	12
22,5	M24x1,5	24,2 $^{+0,2}$	3	12
23,5	M25x1,5	25,2 $^{+0,2}$	3	12
24,5	M26x1,5	26,2 $^{+0,2}$	3	12
28,5	M30x1,5	30,2 $^{+0,2}$	3	12
22,0	M24x2	24,2 $^{+0,2}$	3	12
25,0	M27x2	27,2 $^{+0,2}$	3	12
28,0	M30x2	30,2 $^{+0,2}$	3	12
5,0	M6	6,1 $^{+0,1}$	3	6
6,8	M8	8,1 $^{+0,1}$	3	6
8,5	M10	10,1 $^{+0,1}$	3	8

Bild 5-88. Fügehilfen für Gewindeaufnahmen.

Einführrille nach DIN 6338:

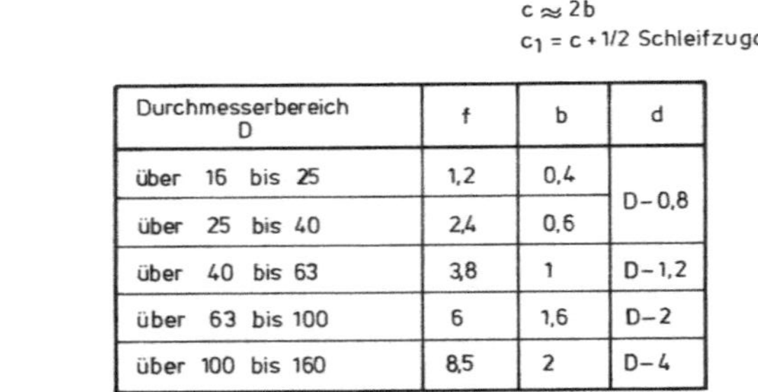

f	Durchmesserbereich d	b	t
0,5	über 4 bis 6,3	0,2	
0,8	über 6,3 bis 10	0,2	0,2
1,2	über 10 bis 16	0,3	
2	über 16 bis 25	0,4	0,4
3,2	über 25 bis 40	0,6	
5	über 40 bis 63	1	0,6
8	über 63 bis 100	1,6	1
12,5	über 100 bis 160	2	2
20	über 160 bis 250	3	

Kugel Einführung Werknorm:

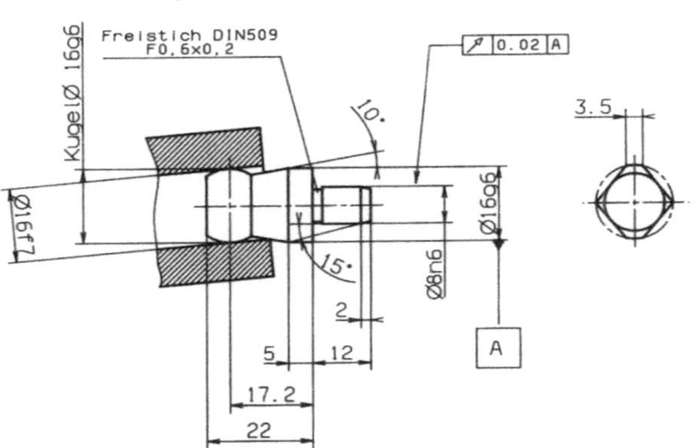

Einführrille nach einer Werknorm:

$b_1 = b - \text{Schleifzugabe}$

$c \approx 2b$

$c_1 = c + 1/2 \text{ Schleifzugabe}$

Durchmesserbereich D	f	b	d
über 16 bis 25	1,2	0,4	D – 0,8
über 25 bis 40	2,4	0,6	
über 40 bis 63	3,8	1	D – 1,2
über 63 bis 100	6	1,6	D – 2
über 100 bis 160	8,5	2	D – 4

Bild 5-89. Tabellen für Einführrillen.

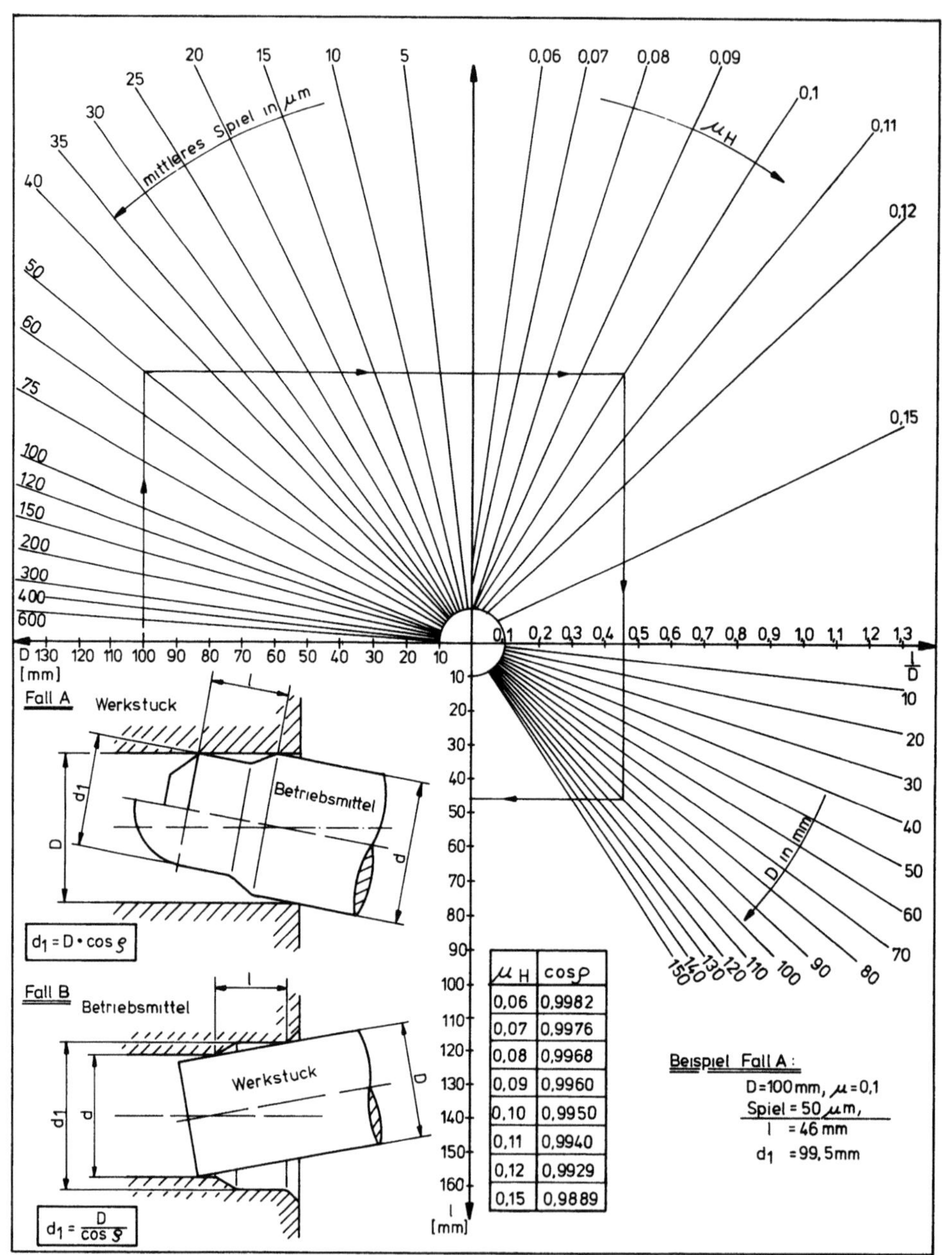

Bild 5-90. Diagramm für Zentrierzapfen.

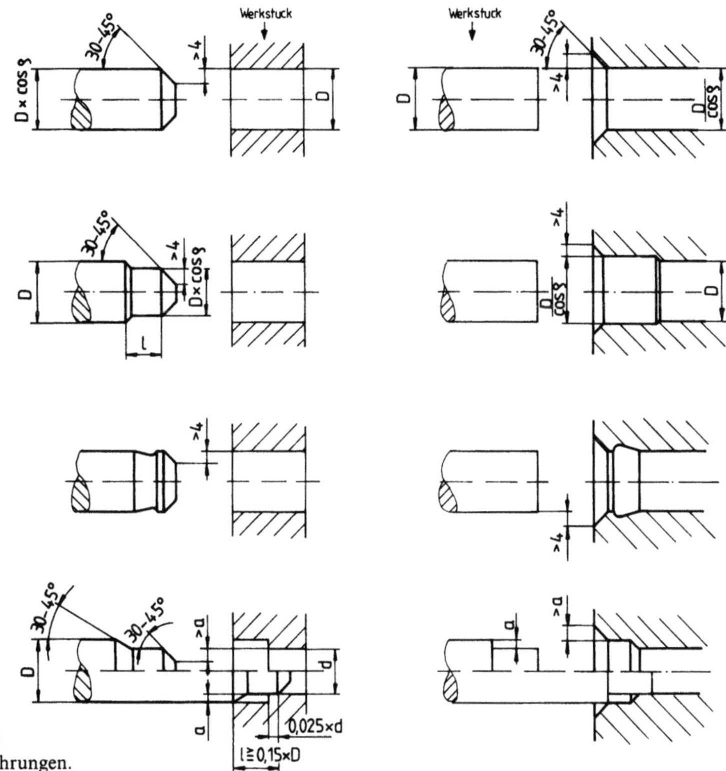

Bild 5-91. Beispiele von
Einführzapfen bzw. -bohrungen.

5.7.2 Spannen des Werkstücks

Die Aufgabe der Spannelemente, durch Einleitung einer Spannkraft die Anlage des
Werkstücks an seinen Bestimmungsstellen während der Arbeit zu garantieren, können sie
nur im Kontakt mit dem Werkstück erfüllen. Dadurch ergibt sich oft eine Behinderung
bei der Handhabung des Werkstücks. Dies wird schwieriger, wenn die Steifheit des
Werkstücks eine Verteilung der Spannkraft auf mehrere Spannstellen erzwingt.

Die Spannelemente sollen die Zugänglichkeit und Sichtbarkeit des zu bearbeitenden
Werkstücks nicht beeinträchtigen. Sie sind so auszuwählen, daß die Spannzeiten so kurz
wie möglich ausfallen. Am Beispiel der Spanneisen soll gezeigt werden, wie ein Beurtei-
lungskatalog für unterschiedliche Spannfälle aufgebaut werden kann (Bild 5-92). Im
Zeitwert t_g ist das Spannen und Lösen an einer Spannstelle enthalten (mit Ringschlüssel
SW = 22). Werden Mehrfach- und Kombinationsspannungen angewendet, muß der Ka-
talog erweitert oder eine Wirtschaftlichkeitsberechnung durchgeführt werden. Die
Spannzeit läßt sich durch den Einsatz von hydraulisch betätigten Spanneisen oder
Schwenkspanner wesentlich verkürzen.

Je nach Anordnung der Einzelteile eines Spannelements wird die Übertragung der eingeleiteten Kraft auf das zu spannende Werkstück durch veränderte Hebel- (Übersetzungs-)
Verhältnisse beeinflußt. Dadurch werden die Wahl der Elemente, welche die eingeleitete
Kraft aufnehmen (Spannmutter mit Schlüssel, Kreuzgriffe usw.), und auch die Bedienzeit
bestimmt (vgl. Bild 5-91 und 5-92).

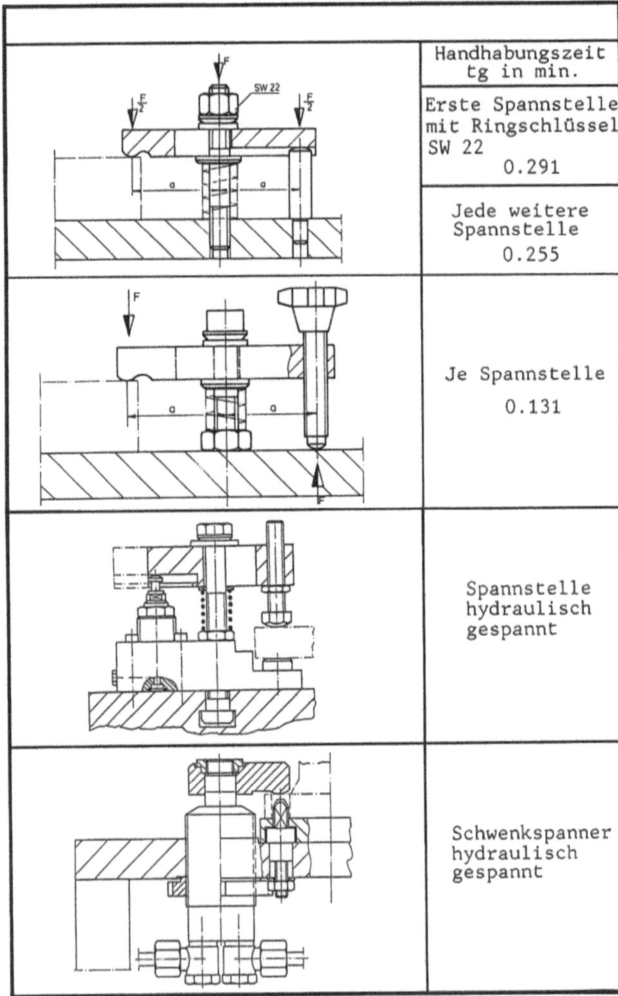

Bild 5-92. Beurteilungsbeispiel
für den Einsatz von Spanneisen.

In Bild 5-93 wird eine kombinierte Spann- und Positioniereinheit dargestellt. Die Seitenlage des Werkstücks wird durch Andrücken des Positionierschiebers B erreicht. Dieses Andrücken geschieht gleichzeitig mit dem Vorschieben des Spanneisens A in Spannstellung. Durch Anziehen der Spannmutter werden das Werkstück und der Positionierschieber fixiert.

5.7.3 Positionieren der Vorrichtungen

Vor dem Bearbeitungsvorgang muß die Vorrichtung auf dem Maschinentisch bzw. Palette positioniert und befestigt werden. Vorrichtungen werden mit Fixierstiften oder mit Paßnutensteinen positioniert und mit Schrauben entweder direkt oder über T-Nutensteine indirekt befestigt. Derartige Vorrichtungen stellen an den Bedienenden nach ihrer Fixierung in dieser Hinsicht keine weiteren Forderungen.

198

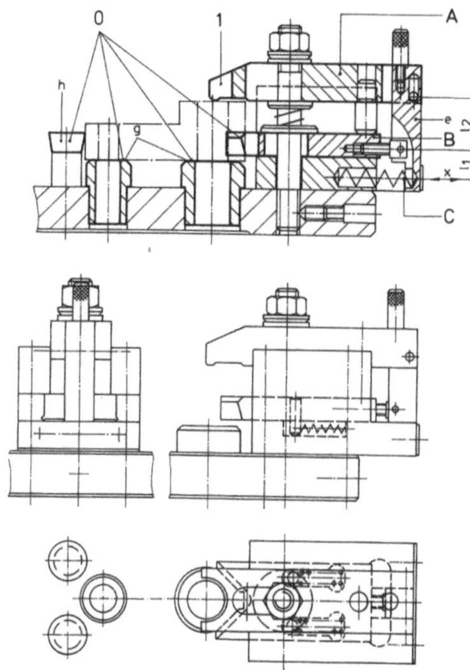

Bild 5-93. Beispiel einer kombinierten
Spann- und Positioniereinheit.

Anders ist es bei Bohrvorrichtungen: Hier wird ein Ausrichten vor jedem Bohrvorgang
erforderlich. Während bei leichten Vorrichtungen und verhältnismäßig dicken Bohrern
(ab 6 mm) die Vorrichtung über die Bohrbuchse in die richtige Position gezwungen wird,
ist dies bei schweren Vorrichtungen und dünnen Bohrern nicht möglich.

Ein großer Anteil an Lagefehlern von Bohrungen in Werkstücken leitet sich von einer
ungenügenden Positionierung der Vorrichtung auf dem Maschinentisch ab. Positionierhilfen können zur Handhabungserleichterung beitragen. Die Vorrichtung kann durch
einstellbare Anschläge positioniert werden. Dabei ist es auch möglich, evtl. auftretende
Rückzugskräfte aufzunehmen (Bild 5-94).

Eine wesentliche Erleichterung beim Verschieben von Vorrichtungen (z. B. unter einer
feststehenden Spindel) bringt der Einsatz von Schwimmplatten (Luftpolster) (Bild 5-95).
Diese ermöglichen beim Einsatz schwerer Vorrichtungen (Schnellspanner, Bohrschwen-
ker usw.) ein müheloses Verschieben der Vorrichtung auf dem Maschinentisch und ein
einwandfreies Fixieren der Vorrichtung unter der Maschinenspindel.

Die Verwendung von Schwimmplatten ist überall dort möglich, wo Druckluft von 3 bis
8 bar vorhanden ist. Die Schwimmplatten gleiten ohne Schwierigkeiten über Spannuten
oder sonstige Unterbrechungen im Maschinentisch.

Die Handhabung beim Transport von kleineren Vorrichtungen kann durch Handgriffe,
Griffmulden, Durchbrüche usw. entscheidend verbessert werden. Bei größeren Vorrichtungen sind Ringschrauben, Ringmuttern, Aufhängeösen und Durchbrüche für Kran-
oder Staplertransport vorzusehen. Diese konstruktiven Maßnahmen dienen neben der
besseren Handhabung auch zur Verminderung der Unfallgefahr.

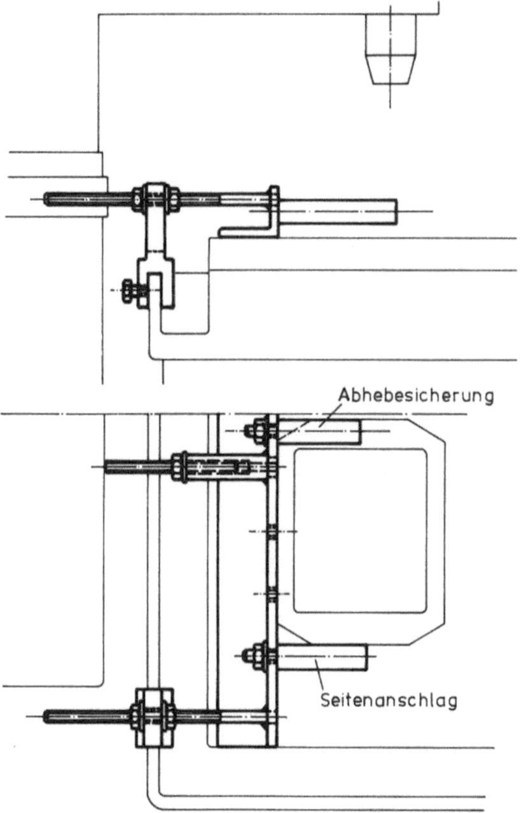

Bild 5-94. Beispiel eines verstellbaren Anschlags für Bohrvorrichtungen.

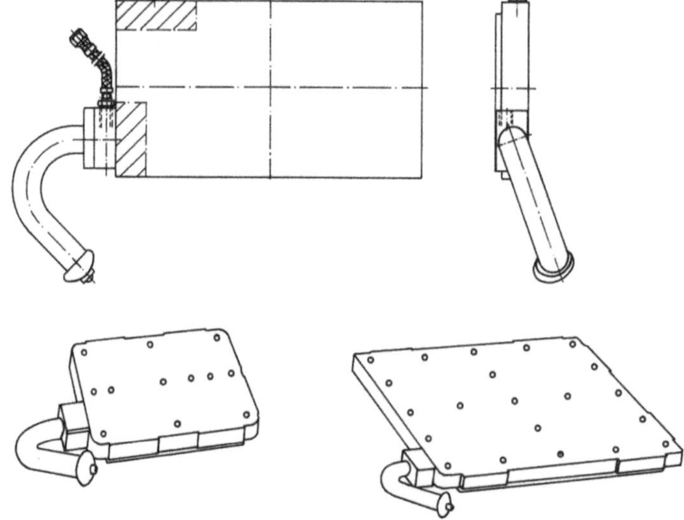

Bild 5-95. Schwimmplatten für die Anwendung auf Bohrmaschinentischen.

Für eine Mehrseitenbohrbearbeitung von Werkstücken bietet sich der Einsatz von CNC-Bearbeitungszentren an. Falls dies nicht sinnvoll ist, wird die Vorrichtung in ihrer Auflage veränderbar gestaltet. Am meisten verbreitet ist das Kippen (Bild 5-96). Bei Anwendung von anschraubbaren Abrollern (Bild 5-97) können die Kippkanten der Vorrichtung normal ausgeführt werden.

Bei Kippvorrichtungen ist die Zahl der anzubringenden Winkelauflagen meist aus Platzgründen begrenzt. Das Gewicht der Vorrichtung mit eingelegtem Werkstück darf die zumutbare Belastung des Bedienenden nicht überschreiten.

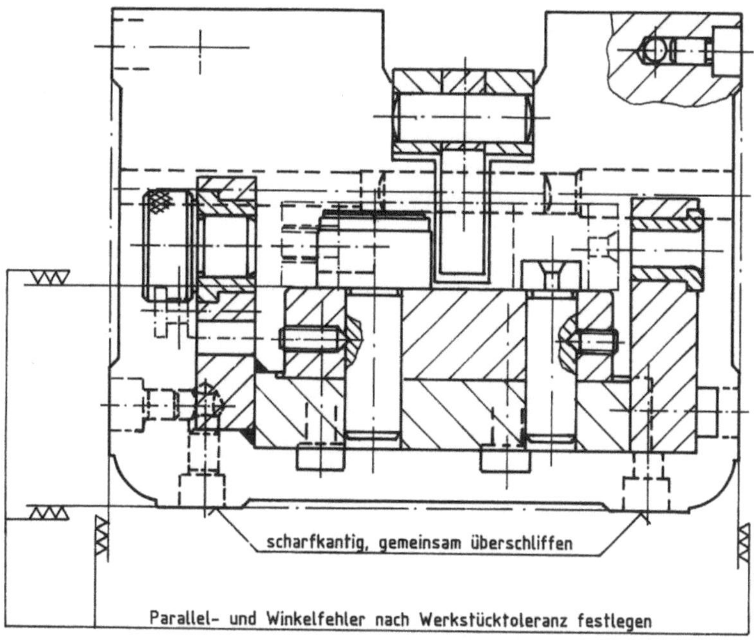

Bild 5-96. Über zwei Ecken kippbare Vorrichtung.

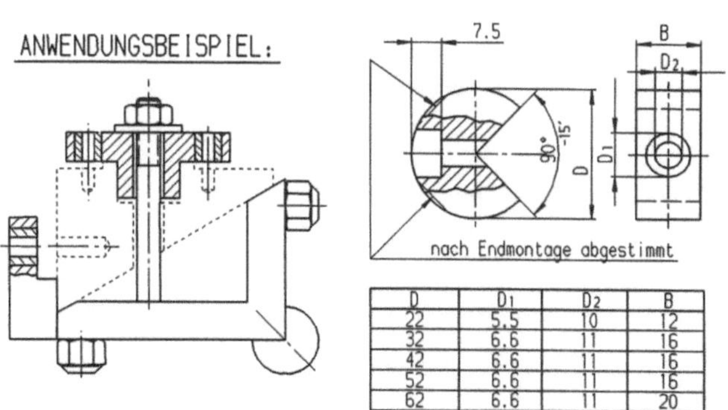

D	D₁	D₂	B
22	5.5	10	12
32	6.6	11	16
42	6.6	11	16
52	6.6	11	16
62	6.6	11	20

Bild 5-97.
Anschraubbarer Abroller.

Ein Nachteil der Kippvorrichtung ist neben den begrenzten Winkelstellungen und dem begrenzten Gewicht eine mangelnde Änderungsfreundlichkeit. Bei Winkeländerungen am Werkstück wird meist eine umfangreiche Umkonstruktion oder gar eine Neukonstruktion notwendig. Allerdings sind die Handhabungszeiten bei kleinen Vorrichtungen niedriger als bei Schwenkvorrichtungen mit Indexbolzen.

Größere Vorrichtungen sollten auf Schwenkvorrichtungen (Bild 5-98) in die geforderte Winkellage geschwenkt werden können. Die Zahl der Winkelstellungen bei Schwenkvorrichtungen ist meist durch den Durchmesser der Indexbohrungen bzw. die Breite der Rasternuten begrenzt. Der Schwenker ist eine Universalvorrichtung mit einem oder mehreren Indexbolzen, deren Stellung im Winkel oder Lochkreis versetzt, die Anzahl der Rastmöglichkeiten erhöht. Besonders schwere Vorrichtungen sollten durch ein Gegenlager unterstützt werden. Bei größeren Gewichten muß durch Auswuchten der Vorrichtung, Anbauen einer Reibungsbremse bzw. eines Getriebemotors das Schwenken erleichtert und ein Umschlagen verhindert werden (Unfallgefahr). Die Indexbohrungen oder Rasternuten befinden sich in der eigentlichen Vorrichtung, die auf den Schwenker aufmontiert wird. Als Vorteil ergibt sich dabei die schnelle und billige Änderungsmöglichkeit der Bearbeitungsstellen, indem neue Indexbohrungen in die Vorrichtung gebohrt werden.

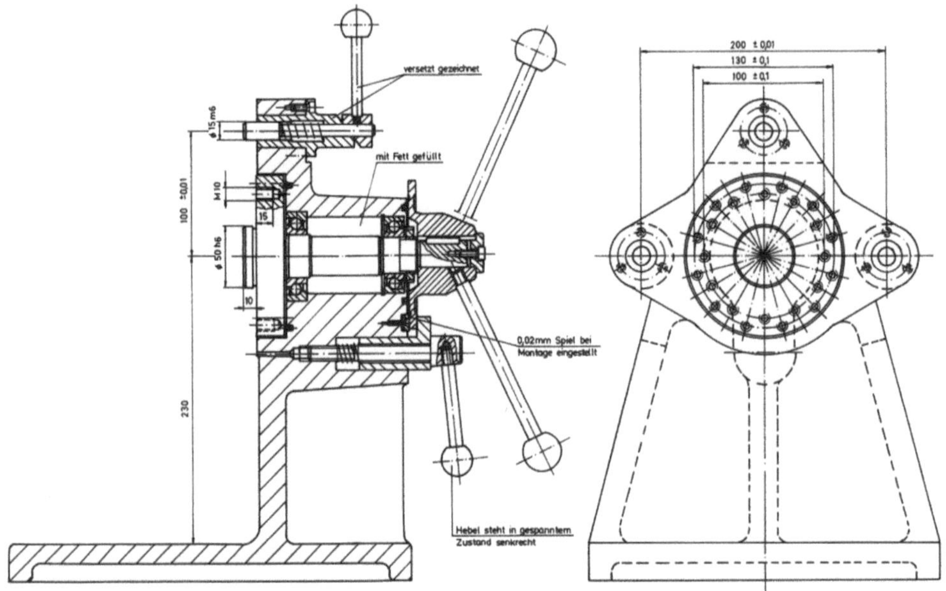

Bild 5-98. Indexierbare Schwenkeinrichtung für Vorrichtungen.

5.7.4 Entnehmen des Werkstücks

Vor allem bei kleineren Werkstücken und bei schwerer Zugänglichkeit kann das Entnehmen schwieriger als das Einlegen sein. Unter Umständen wird ein Hilfsmittel für das Entnehmen vorzusehen sein (Auswerfer, Hebel, Druckluft, u. a.) (Bild 5-99).

Auswerfer können von Hand, mit dem Fuß oder durch die Werkzeugmaschine selbst betätigt werden. Der Angriff des Auswerfers kann für kleinere Werkstücke im Schwer-

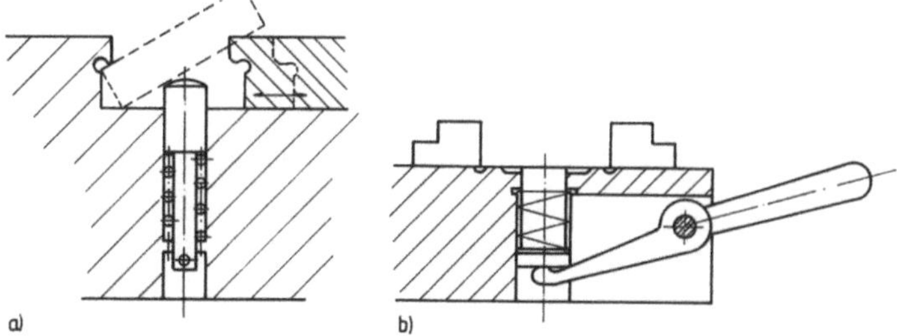

Bild 5-99.
Federbetätigter und
handbetätigter Auswerfer.

punkt erfolgen; größere Werkstücke werden dagegen nur angekippt. Bei den federbetätigten Auswerfern muß beim Spannen des Werkstücks die Federkraft des Auswerfers überwunden werden. Der Federbolzen stößt das Werkstück beim Entspannen (Zurückziehen der Backen) aus oder hebt es an, so daß es sich besser entnehmen läßt. Bei den handbetätigten Auswerfern muß beim Auswerfen die Federkraft überwunden werden.

Bei der Konstruktion sind auch die Veränderungen zu berücksichtigen, die sich während des Bearbeitungsprozesses am Werkstück ergeben (Gratbildung, Verzug durch Werkstoff- oder durch Wärmespannungen u. a.).

Bei der Gestaltung von Fügevorrichtungen (z. B. Schweißvorrichtungen) ist zu beachten, daß nicht nur die einzelnen Teile in die Vorrichtung eingelegt werden können, sondern das gefügte Werkstück aus der Vorrichtung auch wieder entnommen werden kann.

5.7.5 Säubern und Pflegen der Vorrichtung

Die Handhabung der Vorrichtung wird oft entscheidend beeinträchtigt durch Störungen, die durch Verschmutzung verursacht werden. Es muß also dafür gesorgt werden, daß Späne und Kühlmittel entweder gut abfließen oder mindestens durch Reinigung gut entfernt werden können. Bei der in Bild 5-100 dargestellten Fräsvorrichtung fallen Späne und Kühlmittel auf eine tiefer liegende Schräge und werden somit von der Werkstückauflage weggeführt. Die Auflage des Werkstücks auf Stiften garantiert eine leichte Reinigung. Damit ist diese Vorrichtung auch für den Einsatz in automatisierten Bearbeitungssystemen sehr gut geeignet.

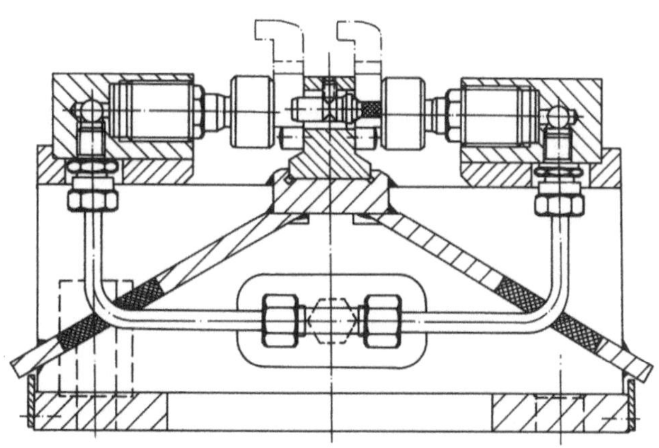

Bild 5-100.
Spanleitfläche für Fräsvorrichtung.

5.7.6 Anforderungen an Vorrichtungen, die mit Handhabungseinrichtungen (Robotern) be- und entladen werden

1) Bei Vorrichtungen, die mit Handhabungseinrichtungen be- und entladen werden, muß das Spannen der Werkstücke kraftbetätigt und automatisch erfolgen.

2) Die Spannpunkte am Werkstück, die in der Zuführrichtung des Werkstückes liegen, müssen nach dem Entspannen frei sein (z. B. hydraulische Schwenkspanner).

3) Das Positionieren der Werkstücke in der Vorrichtung erfolgt wie bei manueller Beschickung. Es muß lediglich darauf geachtet werden, daß der Greifarm der Handhabungseinrichtung in seiner Lage einer Toleranz unterworfen ist.

   - Die Positionierelemente können mit Einführhilfen versehen sein.

   - Wenn das Werkstück im Greifer exakt positioniert ist, kann auch der Greifer durch eine Einfädelhilfe in der Vorrichtung positionsgerecht eingefahren werden.

   - Programmierbare Handhabungseinrichtungen (Roboter) haben die Möglichkeit das Werkstück in einer räumlichen Ecke der Vorrichtung dreidimensional einzufahren und unter einem gewissen Anpressdruck zu halten bis das Spannelement die Spannung übernimmt.

4) Besondere Aufmerksamkeit ist der Spänebeseitigung zu schenken. Dabei ergeben sich folgende Möglichkeiten:

   - Direktes Absaugen oder Abspülen der Späne.

   - Die Vorrichtung kann so konstruiert sein, daß sich an den Positionierstellen keine Späne festsetzen können (vgl. Bild 5-100).

   - Mechanische Reinigung der Vorrichtung durch Abstreifer, Bürsten usw.

   - Pneumatische Reinigung durch Düsen an der Spannstelle oder Düsen am Greifer. Falls es durch die Blasdüsen zur Staubentwicklung kommt, sind Absaugeinrichtungen vorzusehen.

5) In vielen Fällen ist eine Lagekontrolle für die Werkstücke in der Spannvorrichtung notwendig. Dabei können folgende Prinzipien angewendet werden:

   - Berührungslose Endschalter mit einer Anzeigeempfindlichkeit von $\pm$ 0,01 mm. Dabei ist auf die Einwirkung von Spänen zu achten,

   - Pneumatische Abtastung.

6) Überwachung der Spannkräfte an den einzelnen Spannstellen während der Bearbeitung, z. B. bei hydraulischen Spanneinrichtungen durch Druckschalter (Maschinenbeeinflussung).

7) Bei der Gestaltung der Wirkstellen am Greifer sind folgende Varianten möglich:

   - Der Greifer wird jedem Werkstück individuell angepaßt.

   - An Teilen, die zu Fertigungsfamilien zusammengefaßt werden können, werden einheitliche Wirkstellen für den Greifer geschaffen. Dabei ist eine enge Zusammenarbeit mit der Produktkonstruktion notwendig.

   - Die Werkstücke werden auf Werkstückträgern befestigt, an denen sich auch die Wirkstellen für den Greifer befinden, so daß unabhängig vom Werkstück jeweils der gleiche Greifer verwendet werden kann.

5.7.7 Maßnahmen zur Unfallverhütung bei Vorrichtungen

Das „Gesetz über technische Arbeitsmittel" (Gerätesicherheitsgesetz) fordert, daß nur technische Arbeitsmittel in den Verkehr gebracht oder aufgestellt werden dürfen, die „nach den allgemein anerkannten Regeln der Technik sowie den Arbeitsschutz- und Unfallverhütungsvorschriften so beschaffen sind, daß Benutzer oder Dritte bei ihrer bestimmungsgemäßen Verwendung gegen Gefahren aller Art für Leben und Gesundheit soweit geschützt sind, wie es die Art der bestimmungsgemäßen Verwendung gestattet".

In den Gesetzen, Verordnungen, Richtlinien, Unfallverhütungsvorschriften, Normen und VDE-Bestimmungen sind die Schutzziele bereits vorformuliert und vorgegeben. Auszüge sind in Bild 5-101 zusammengefaßt.

```
Gesetze und Verordnungen
Gesetz über technische Arbeitsmittel-Gerätesicherheitsgesetz
Arbeitsstättenverordnung
Druckbehälterverordnung

Unfallverhütungsvorschriften

Allgemeine Vorschriften                              VBG   1
Elektrische Anlagen und Betriebsmittel              VBG   4
Kraftbetriebene Arbeitsmittel                       VBG   5
Lärm                                                VBG 121
Richtlinien und Sicherheitsregeln der Berufsgenossenschaften

VDI-Richtlinien

Lärmarm konstruieren                                VDI 3720

DIN-Normen; VDE-Bestimmungen

Errichten von Starkstromanlagen                     DIN/VDE 0100
Elektrische Ausrüstung von Industriemaschinen       DIN/VDE 0113
Sicherheitsgerechtes Gestalten technischer          DIN/VDE 1000
Erzeugnisse; allgemeine Leitsätze
Schutzeinrichtungen, Begriffe, Sicherheits-         DIN 31001
abstände
Gestalten von Arbeitssystemen, Begriffe und         DIN 33400
allgemeine Leitsätze
Stellteile, Begriffe, Eignung, Gestaltungs-         DIN 33401
hinweise
```

Bild 5-101. Übersicht über technische Regelwerke im Betriebsmittelbereich.

Gefahrenstellen oder Gefahrenquellen werden hervorgerufen beim Zusammentreffen der Wirkbereiche Mensch und Maschine.

Beim Einsatz von Vorrichtungen muß die Sicherheit für

- Bedienpersonal,

- Personal in der Umgebung sowie

- Maschine, Werkzeug und Werkstück

gewährleistet sein.

Es muß die Sicherheit gegeben sein:

- beim Spannen und Entspannen sowie

- während der Bearbeitung.

Bei kraftbetätigten Spanneinrichtungen erfolgt das Spannen von Werkstücken bzw. Werkzeugen nicht manuell, sondern mit Hilfe pneumatischer, hydraulischer, elektrischer oder mechanischer Energie. Folgende Forderungen müssen dabei beachtet und am Baumuster geprüft werden [17].

1) Es müssen besondere Schutzvorkehrungen getroffen sein, wenn ein ungefährliches Einspannen der Werkstücke nicht gewährleistet ist (z. B. 2-Hand-Sicherheitsschaltung, Schutzverkleidung, Tipp-Schaltung).

2) Stellteile von kraftbetätigten Spanneinrichtungen müssen so gestaltet und angeordnet sein, daß ein unbeabsichtigtes Betätigen ausgeschlossen ist.

3) Umschalteinrichtungen von Fuß- auf Handbetrieb müssen durch Beschriftung oder Symbole eindeutig gekennzeichnet und gegen unbeabsichtigtes Betätigen gesichert sein.

4) Kopplung zwischen Spannvorgang und Arbeitsspindel bzw. Vorschubbewegung

   – Maschinen mit kraftbetätigten Spanneinrichtungen müssen so eingerichtet sein, daß die Antriebe (z. B. der Arbeitsspindel oder des Vorschubes) erst nach Beendigung des Spannvorganges eingeschaltet werden können.

   – Zur Gewährleistung des Mindestspanndruckes muß eine Spanndrucküberwachung vorhanden sein, die im Fehlerfall Spanndrücke nicht vortäuscht (z. B. Überwachung durch Druckschalter unmittelbar am Spannzylinder, nicht vor Ventilen).

   – Die Drucküberwachung muß so eingestellt und gegen Verstellen (z. B. mit Hilfe von Dreikant- oder Vierkantschlüsseln) gesichert sein, daß ein Anlaufen der Maschine erst bei Überschreiten eines ausreichenden Mindestspanndruckes gewährleistet ist.

   – Es muß gewährleistet sein, daß vor dem Entspannen der kraftbetätigten Spanneinrichtung gefahrbringende Bewegungen (z. B. der Arbeitsspindel oder des Vorschubes) zwangsläufig stillgesetzt werden. Hierzu ist eine Stillstandskontrolle notwendig, die redundant aufgebaut ist. Nur eine zeitliche Überwachung ist nicht ausreichend.

5) Ausbleiben der Antriebskraft

   – Es muß gewährleistet sein, daß der Ausfall der Antriebskraft für die kraftbetätigte Spanneinrichtung (z. B. durch Abschalten der Energie oder Undichtigkeiten) nicht zum Öffnen oder Schließen der Spanneinrichtung führt.

   – Spanneinrichtungen, die bei Energieausfall öffnen, müssen durch Druckspeicher getrennt gestützt werden.

6) Anschlüsse

   – Es muß gewährleistet sein, daß für hydraulische und pneumatische Anschlußleitungen zwischen Spannenergieerzeuger und Spanneinrichtungen die Unverwechselbarkeit der Anschlüsse sichergestellt ist (z. B. durch entsprechende Formgebung der Leitungen oder Kennzeichnungen von Leitungen und Anschlüssen).

Maßnahmen zur Unfallverhütung und zur Beseitigung von Gefährdungen können in sechs Stufen eingeordnet werden.

1 Gefahrenstelle beseitigen (z. B. durch Konstruktionsänderungen)

2 Ersetzen der Person (z. B. durch Einsatz von automatischen Handhabungsgeräten)

3 Gefahrenstelle kapseln (z. B. durch Schutzgitter, Verkleidungen, Lichtschranken)

4 Persönliche Schutzeinrichtung (z. B. durch Schutzkabine, 2-Hand-Sicherheitsschaltung)

5 Hinweisende Sicherheit (z. B. durch Anweisungen, Gebots- und Verbotsschilder, Bedienungsanleitungen)

6 Belehrung der Person (z. B. durch Information, Aufklärung, Schulung)

Bei der Konstruktion von Betriebsmitteln sollten möglichst Maßnahmen einer niedrigen Stufe (z. B. 1. Stufe: Gefahrenstelle beseitigen) angewendet werden. Dementsprechend sollte die Unfallverhütung und der Arbeitsschutz schon in der Konstruktion beginnen.

Beispiel:

Gefährdung: Quetschstelle in einer hydraulischen Spannvorrichtung

Schutzziel: Verhindern, daß die Finger beim Spannen gequetscht werden können

Maßnahmen: Stufe 1 Quetschstelle durch Konstruktionsänderung beseitigen, z. B. durch federnden Vorlauf des Spannzylinders oder Spanneinsatzes

            Stufe 2 automatische Zuführung

            Stufe 3 Quetschstelle mit Schutzgitter oder Lichtschranke abschirmen

            Stufe 4 2-Hand-Sicherheitsschaltung

Die in den Bildern 5-102 und 5-103 gezeigte hydraulische Spannvorrichtung wird für die Komplettbearbeitung eines Werkstücks auf einem horizontalen Bearbeitungszentrum eingesetzt. Das Werkstück muß in diesem Fall, bedingt durch die verschiedenen Bearbeitungsebenen, umgespannt werden.

Nach der Fertigstellung der Vorrichtung wurde im Werkzeugbau ein Spannversuch gemacht. Dabei war nur die Spannstelle 1 bestückt. Der Konstrukteur wollte prüfen, ob das Spanneisen *A* genügend pendelt und hatte einen Finger zwischen Spanneisen *A* und *B*. Beim Spannvorgang machte das Spanneisen *B* den vollen Hub *a* des Einschraubzylinders, da kein Werkstück eingelegt war. Dabei wurden zwei Finger zwischen die beiden

Bild 5-102. Hydraulische Spannvorrichtung in ungespanntem Zustand (mit einem Werkstück).

Bild 5-103. Hydraulische Spannvorrichtung in ungespanntem Zustand (mit einem Werkstück).

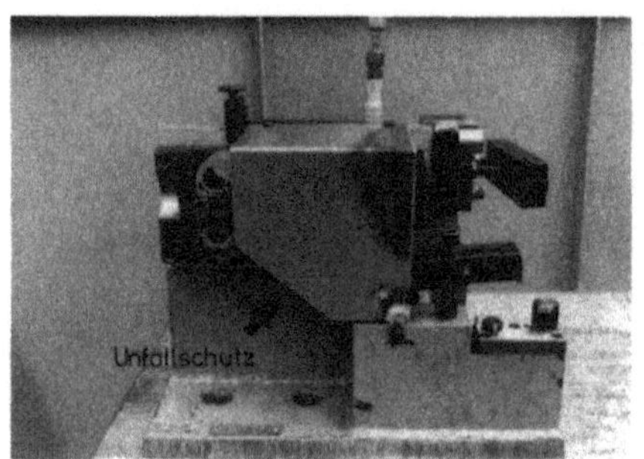

Bild 5-104. Hydraulische Spannvorrichtung mit Unfallschutz (Bilder a und b).

Spanneisen gequetscht. Als Schutzmaßnahme wurde neben der 2-Hand-Sicherheitsschaltung eine Schutzverkleidung angebracht (Bild 5-104).

Vorbeugende Arbeitssicherheit, d. h. das Erkennen und Beseitigen von Gefährdungen bei der Konstruktion von Betriebsmitteln, erfordert außer Fachwissen auch entsprechende Kenntnisse der Arbeitsschutz- und Unfallverhütungsvorschriften sowie der allgemein anerkannten Regeln der Technik. Um den Konstrukteur bei seiner Arbeit zu unterstützen und das Arbeitssicherheitsdenken zu fördern, wird empfohlen, eine Checkliste „Unfallverhütung und Arbeitsschutz" in der Betriebsmittelkonstruktion einzuführen (Bilder 5-105 und 5-106). In dieser Checkliste sollte eine Auflistung von typischen Beispielen für Maßnahmen zur Unfallverhütung und Sicherheitsabstände nach DIN 31001 eingeführt werden (Bilder 5-107 und 5-108). Zur Schulung der Konstrukteure über Fragen der Arbeitssicherheit sind die Seminare der Berufsgenossenschaften zu empfehlen.

208

1. Ausführung der Betriebsmittel	ja	nein	**4. Hydr. bzw. Pneum. Ausrüstung**	ja	nein
1.1 Bedienungselemente gratfrei und griffgünstig?	☐	☐	4.1 Ist die Anlage gegen Überdruck geschützt?	☐	☐
1.2 Sind Gefahrenstellen (Quetsch-, Scher-, Schneid-, Stich-, Stoß-, Fang-, Einzugs- und Auflaufstellen) gesichert?	☐	☐	4.2 Ist Sicherheit bei Druckabfall gewährleistet?	☐	☐
1.3 Sind rotierende, oszillierende und translatorisch bewegte Teile abgedeckt?	☐	☐	4.3 Können gefährliche Bewegungen durch Druckabfall eingeleitet werden?	☐	☐
1.4 Sind Keile, Schrauben usw. an bewegten Teilen abgedeckt?	☐	☐	4.4 Sind Entlüftungsschrauben installiert?	☐	☐
1.5 Ist die Konstruktion lärmarm? [≦ 80 dB(A)]	☐	☐	4.5 Entlastungsventil für Druckspeicher installiert?	☐	☐
1.6 Sind Betriebsmittel oder Anlagen tritt- oder stehsicher (Gleithemmung)?	☐	☐	**5. Elektrische Ausrüstung**		
1.7 Ist Schutz vor wegfliegenden Teilen vorhanden?	☐	☐	5.1 Ist Berührungsschutz gewährleistet?	☐	☐
1.8 Ist das Betriebsmittel standsicher?	☐	☐	5.2 Ist ungewolltes, versehentliches Schalten ausgeschlossen?	☐	☐
1.9 Ist die mechanische Festigkeit ausreichend?	☐	☐	5.3 Ist die erforderliche Mindestschutzart vorhanden?	☐	☐
1.10 Rotierende Vorrichtungen dynamisch ausgewuchtet?	☐	☐	5.4 Ist ein Hauptschalter vorhanden?	☐	☐
1.11 Anordnung von Anzeigen, Signalen oder Befehlsgeber übersichtlich?	☐	☐	5.5 Sind elektrische Bauteile gut zugänglich angebracht?	☐	☐
1.12 Emissionsschutz (Oelnebel u.a.) gewährleistet?	☐	☐	**6. Not-Aus Einrichtung**		
2. Bedienung			6.1 Ist sie in allen Betriebsarten wirksam?	☐	☐
2.1 Ist das Betriebsmittel ergonomisch?	☐	☐	6.2 Ist sie leicht zu erreichen?	☐	☐
2.2 Ist ein falsches Einlegen ausgeschlossen?	☐	☐	6.3 Wirkt sie direkt und unmittelbar?	☐	☐
2.3 Ist eine Vorzentrierung vorhanden?	☐	☐	6.4 Werden alle gefährlichen Bewegungen abgeschaltet bzw. Rückhubbewegungen eingeleitet?	☐	☐
2.4 Ist die mechanische Dauerleistung der Bedienungsperson noch zumutbar?	☐	☐	**7. Transport**		
2.5 Hand- bzw. Körperschutz gewährleistet?	☐	☐	7.1 Sind Transporthilfen notwendig?	☐	☐
3. Schutzeinrichtung			7.2 Handgriffe oder Augenschrauben?	☐	
3.1 Schutz gegen Durch-, Unter- und Übergreifen?	☐	☐	7.3 Laufräder?	☐	
3.2 Schutz gegen Hintertreten?	☐	☐	7.4 Haken oder Oesen für Transportfahrzeuge?	☐	
3.3 Schutz gegen 3. Personen?	☐	☐	7.5 Durchbrüche für Transportstangen?	☐	
3.4 Ist die Schutzeinrichtung so gestaltet, daß sie nicht mit einfachen Mitteln zu entfernen oder zu umgehen ist?	☐	☐	**8. Beschriftung**		
3.5 Beim Öffnen der Schutzvorrichtung müssen Endschalter gedrückt werden (Öffner). Näherungsinitiatoren sind nicht zulässig. Ist dieses berücksichtigt worden?	☐	☐	8.1 Ist eine Beschriftung notwendig?	☐	☐
			8.2 Höchstbelastung?	☐	
			8.3 Sicherheitsabstand?	☐	
			8.4 Hub?	☐	
			8.5 Einbaumaße?	☐	
			8.6 Drehzahlen?	☐	
			8.7 Spannstellen oder Meßstellen?	☐	
			8.8 Anschlußstellen?	☐	

Bild 5-105. Checkliste für Betriebsmittelkonstrukteure: „Unfallverhütung und Arbeitsschutz bei Betriebsmitteln".

zu Punkt	Maßnahmen zur Unfallverhütung bei Betriebsmitteln (siehe Checkliste für Betriebsmittel-Konstrukteure)	Sicherheitsabstände (nach DIN 31001)

Sicherheit bei spanabhebender Fertigung
Gefahrenstellen sind zu vermeiden, falls das nicht möglich ist, zu sichern durch:

1.2 Abdeckungen - Abschirmungen - Verkleidungen - Fingerfreiheit für Bedienungselemente - federnde Vorzentrierungen, die in kraftbetätigten Spannvorrich= tungen das Werkstück vor dem Spannen in Position halten

1.3 Schutzkappen-Schutzhauben

1.4 Schutzkappen-versenken von Innensechskantschrauben

1.5 Werkzeuge kurz einspannen - Werkstücke kurz und fest einspannen - Werkstücke nur rutschen und nicht fallen lassen - Schienen und Rutschen aus Holz, Kunststoff oder entdröhntem Verbundblech - Laufrollen aus Kunst= stoff - Installieren von Schwingisolatoren - Biege= steife Konstruktion (hohe Federkonstante) - Auftreff= geschwindigkeiten bewegter Massen gering halten - Aus= wuchten der Vorrichtungen - Verkapselung der Hydraulik= aggregate

1.7 Sprengring DIN 7993 an Spannzangen - Spanabweiser - mit Endschalter abgesicherte Schutzhaube

2.5 2-Hand-Bedienung - Berührungslos wirkende Schutzein= richtung-Bewegliche Schutzeinrichtung - Feste Ab= schirmung - Autom. Auswerfer - Lagekontrollen für Spannvorrichtung, Maschinentisch, Spannelemente und Werkstück durch Endschalter - Optimale Späneabfuhr - Entgraten des Werkstückes - Pneumatisch betätigte Schnellspannbohrvorrichtung mit Sicherheitsschaltung (erst kurz vor Erreichen des Werkstückes wirkt die gesamte Spannkraft)

3.1 Einhalten der Sicherheitsabstände nach Tabelle 1 - 5

3.2 Überwachung durch „Berührungslos wirkende Schutzein= richtung" - Abstand zwischen Gefahrenstellen und Schutzvorrichtung nach Tabelle 3 - 5

3.3 Feste Abschirmung außer Bedienungsseite

3.5 Kurvenscheibe nach Skizze

Zwangsunter= brechung eines Sicherheits= grenztasters

4.2 und 4.3 Hydraulische bzw. Pneumatische Steuerungen für um= laufende Kraftspannfutter sind aus den Katalogen der jeweiligen Hersteller zu entnehmen

5.2 Gleichzeitigkeitsschaltung innerhalb o,5 Sekunden bei 2-Hand-Ausrückung - Bei 2-Hand-Schaltungen müssen die Taster so weit auseinander angebracht werden, daß man nicht mit einer Hand, dem Unterarm oder mit den Knien schalten kann.

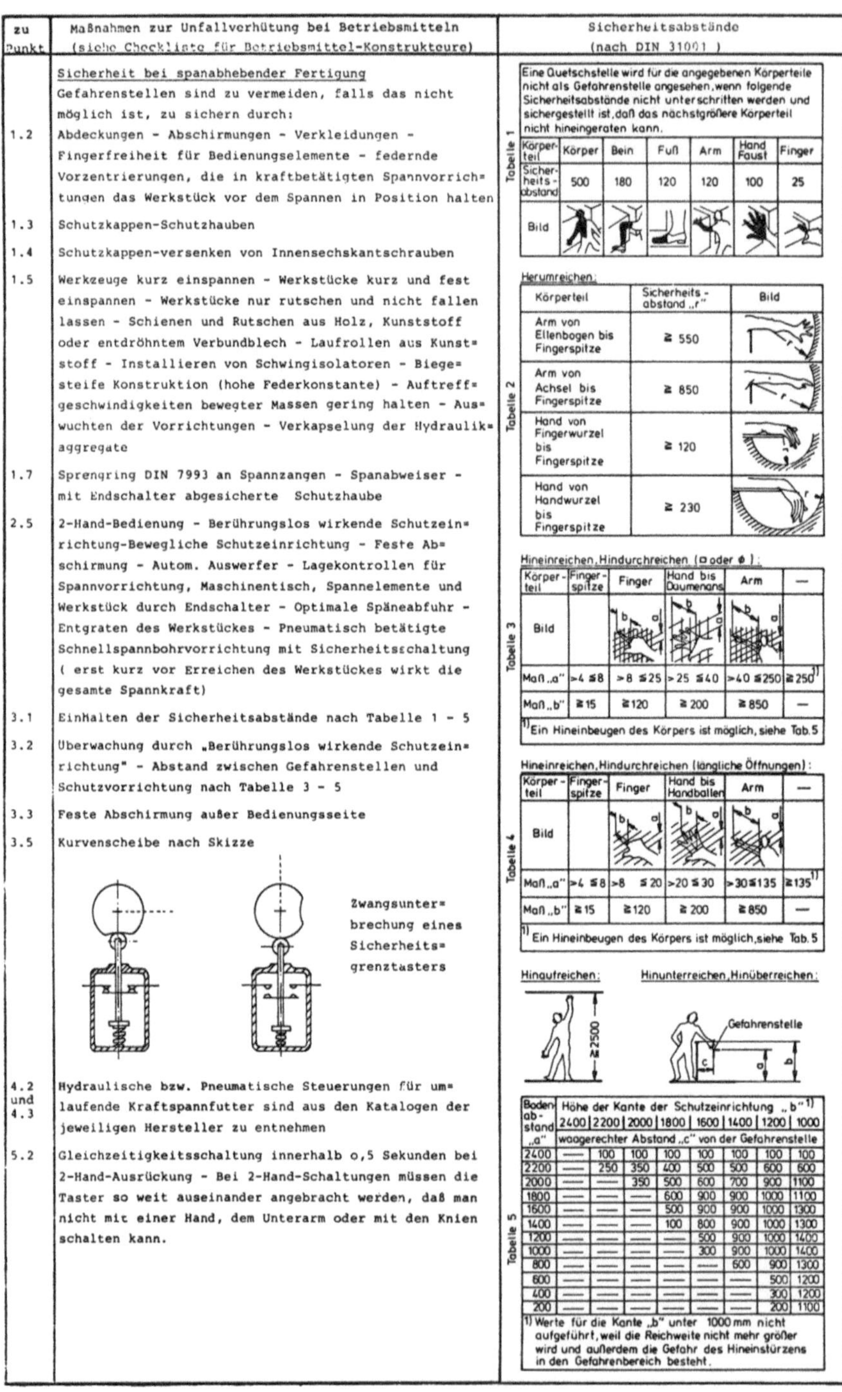

Tabelle 1

Eine Quetschstelle wird für die angegebenen Körperteile nicht als Gefahrenstelle angesehen, wenn folgende Sicherheitsabstände nicht unterschritten werden und sichergestellt ist, daß das nächstgrößere Körperteil nicht hineingeraten kann.

Körperteil	Körper	Bein	Fuß	Arm	Hand Faust	Finger
Sicherheitsabstand	500	180	120	120	100	25

Tabelle 2 — Herumreichen:

Körperteil	Sicherheitsabstand „r"
Arm von Ellenbogen bis Fingerspitze	≥ 550
Arm von Achsel bis Fingerspitze	≥ 850
Hand von Fingerwurzel bis Fingerspitze	≥ 120
Hand von Handwurzel bis Fingerspitze	≥ 230

Tabelle 3 — Hineinreichen, Hindurchreichen (□ oder ⌀):

Körperteil	Fingerspitze	Finger	Hand bis Daumenans.	Arm	—
Maß „a"	>4 ≦8	>8 ≦25	>25 ≦40	>40 ≦250	≧250 [1]
Maß „b"	≧15	≧120	≧200	≧850	—

[1] Ein Hineinbeugen des Körpers ist möglich, siehe Tab. 5

Tabelle 4 — Hineinreichen, Hindurchreichen (längliche Öffnungen):

Körperteil	Fingerspitze	Finger	Hand bis Handballen	Arm	—
Maß „a"	>4 ≦8	>8 ≦20	>20 ≦30	>30 ≦135	≧135 [1]
Maß „b"	≧15	≧120	≧200	≧850	—

[1] Ein Hineinbeugen des Körpers ist möglich, siehe Tab. 5

Hinaufreichen: Hinunterreichen, Hinüberreichen:

Tabelle 5

Bodenabstand „a"	Höhe der Kante der Schutzeinrichtung „b" [1]							
	2400	2200	2000	1800	1600	1400	1200	1000
	waagerechter Abstand „c" von der Gefahrenstelle							
2400	—	100	100	100	100	100	100	100
2200	—	250	350	400	500	500	600	600
2000	—	—	350	500	600	700	900	1100
1800	—	—	—	600	900	900	1000	1100
1600	—	—	—	500	900	900	1000	1300
1400	—	—	—	100	800	900	1000	1300
1200	—	—	—	—	500	900	1000	1400
1000	—	—	—	—	300	900	1000	1400
800	—	—	—	—	—	600	900	1300
600	—	—	—	—	—	—	500	1200
400	—	—	—	—	—	—	300	1200
200	—	—	—	—	—	—	200	1100

[1] Werte für die Kante „b" unter 1000 mm nicht aufgeführt, weil die Reichweite nicht mehr größer wird und außerdem die Gefahr des Hineinstürzens in den Gefahrenbereich besteht.

Bild 5-106. Maßnahmen zur Unfallverhütung bei Betriebsmitteln.

210

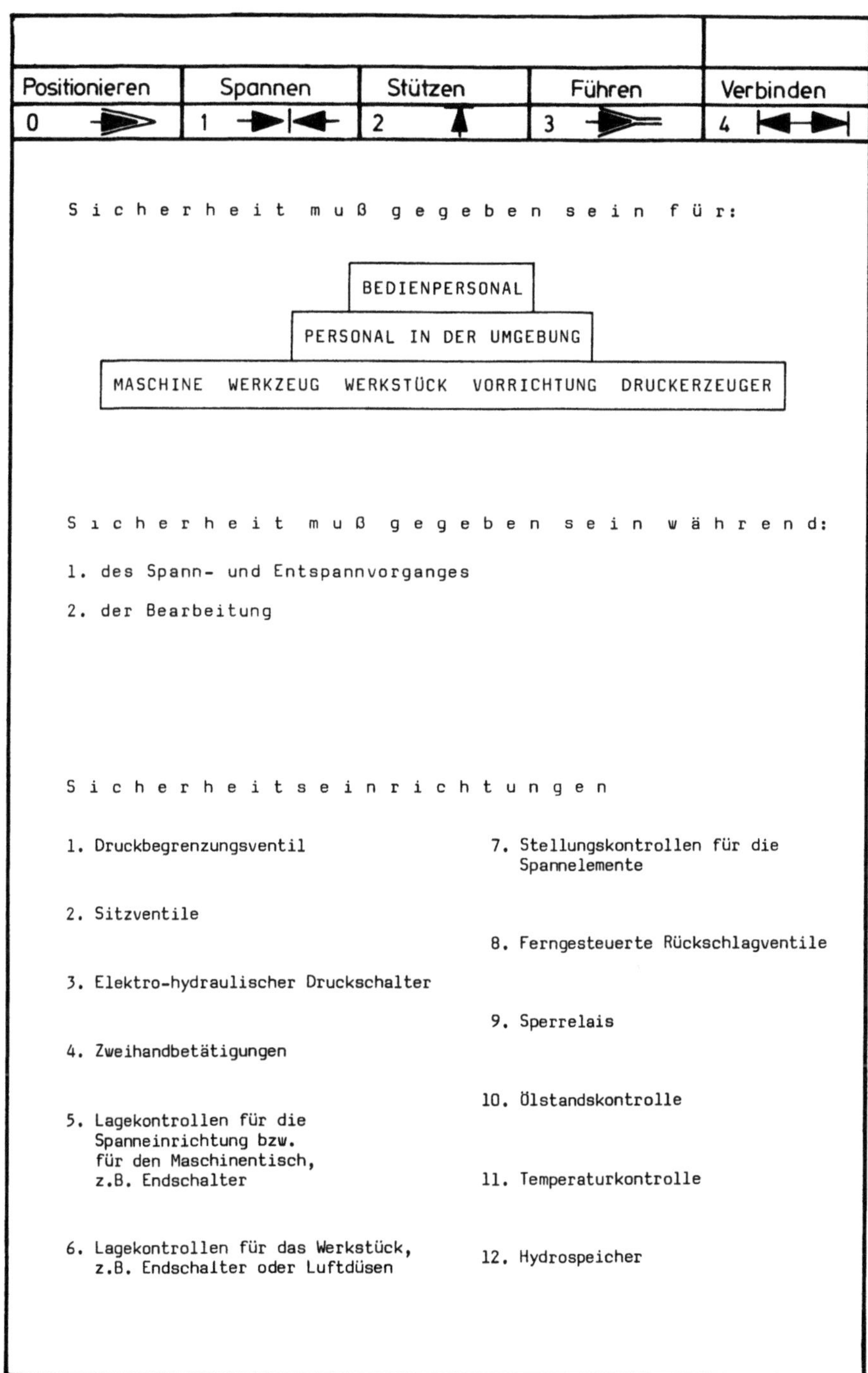

Bild 5-107. Sicherheitseinrichtungen bei hydraulischen Spannsystemen.

Positionieren 0	Spannen 1	Stützen 2	Führen 3	Verbinden 4

Einrichtung	A Bedienungspersonal	B Umgebung	C Werkzeugmaschine Werkzeug	D Werkstücke	E Druckerzeuger Vorrichtung
Druckbegrenzungsventil	keine Bruchgefahr der Einrichtung, da eingeleitete Kräfte bestimmt werden können.	siehe A	Verformungen des Werkzeugmaschinentisches können durch Begrenzung der eingeleiteten Kräfte bestimmt werden.	Gleichmäßige Spannkraft von Spannung zu Spannung, gleichbleibende Qualität.	Schutz vor Überbeanspruchung
Sitzventile	durch leckölfreie Abdichtung hohe Sicherheit gewährleistet.	siehe A	siehe A	siehe A	siehe A
Elektrohydraulischer Druckschalter	selbsttätige Überwachung des Spanndrucks — Bedienungserleichterung	in Verbindung mit anderen Einrichtungen ist die Umgebung gegen sich lösende Teile geschutzt.	Schutz für Maschine und Werkzeug gegeben, siehe D	Lageveränderung des Werkstückes durch sinkenden Spanndruck nicht möglich, da Druckabfall ausgeglichen wird bzw. Maschine abgeschaltet werden kann.	Schutz vor Überbeanspruchung
Zweihand-Steuergerät	Vermeidung von Verletzungsgefahr beim Spannvorgang				
Lagekontrollen für die Spanneinrichtung bzw. für den Maschinentisch z.B. Endschalter.	Fehlbedienung ist ausgeschlossen, da Freigabe nur in festgelegter Position erfolgen kann.	siehe A	siehe A	siehe A	siehe A
Lagekontrollen für d. Werkstück z.B. Endschalter od. Luftdüsen	Fehlbedienung ist ausgeschlossen, besondere Lagekontrolle des Werkstückes kann entfallen.	Reduzierung der Unfallgefahr	Schutz für Maschine und Werkzeug	Ausschußverringerung	siehe A
Stellungskontrolle für Spannelemente	keine Behinderung beim Einlegen bzw. Herausnehmen des Werkstückes		ermöglicht autom. Be- und Entladen	siehe A	
hydraulisch ferngesteuerte Rückschlagventile	bei Leckagen vor den Rückschlagventilen kein Druckabfall in der Spanneinrichtung	siehe A	siehe A	siehe A	siehe A
Sperrelais	elektrische Schaltstellung bleibt bei Stromausfall aufrechterhalten, da mechanische Verriegelung	siehe A	siehe A	siehe A	siehe A
Temperaturkontrolle					schutzt Druckerzeuger gegen Übertemperatur
Ölstandskontrolle					Abschalten bei zu geringem Ölstand
Hydrospeicher	Energiespeicher halt Druck im begrenztem Umfang im System aufrecht	siehe A	siehe A	siehe A	gleicht in begrenztem Umfang Leckolverluste aus, dampft Schwingungen

Bild 5-108. Sicherheitseinrichtungen und ihre Wirkung.

6. Vereinfachung der Konstruktions- und Zeichenarbeit

Bei der Vorrichtungskonstruktion wird ausgehend von der gestellten Fertigungsaufgabe, die durch die Werkstückzeichnung und den Arbeitsplan vorgegeben ist, zunächst die Vorrichtung konzipiert und entworfen und dann Zusammenbauzeichnung, Einzelteilzeichnungen und Stückliste erstellt. Der in der Vorrichtungskonstruktion erstellte Zeichnungssatz gelangt schließlich in die Vorrichtungsfertigung und dient hier als Unterlage für die Herstellung der Vorrichtung.

6.1 Vereinfachte Zeichnungserstellung

Vorrichtungen werden in den meisten Fällen nur einmal angefertigt. Deshalb ist es unwirtschaftlich, Vorrichtungszeichnungen mit demselben Aufwand zu erstellen wie Zeichnungen für Serienteile [18].

Um die Zeichnungserstellung rationeller zu gestalten, können zum einen durch eine einfachere Darstellung der Vorrichtung und deren Einzelteile und durch Verringerung von Zeichenarbeit Einsparungen erzielt, zum anderen kann durch den Einsatz von Hilfsmitteln der Zeichenprozeß beschleunigt werden.

Für eine wirtschaftliche Zeichnungserstellung muß eine Darstellungsform gefunden werden, die bei geringerem Zeichenaufwand die Eindeutigkeit der Zeichnung gewährleistet. Dabei muß auch darauf geachtet werden, daß keine konstruktionsspezifische Denkarbeit in die Werkstatt verlagert wird.

Schon die konsequente Ausschöpfung der bestehenden Zeichnungsnormen bietet Möglichkeiten zur Einsparung von Zeit. Diese Normen haben gerade in den letzten Jahren umfangreiche Änderungen und Ergänzungen erfahren und sind so dem neuesten Stand der Technik angepaßt worden. Dies ermutigt dazu, weitere Schritte zu unternehmen, die augenblicklich noch eine Überschreitung der bestehenden Normung darstellen.

Einer der folgenden Vorschläge basiert auf der Grundidee der Einsparung von Teilzeichnungen. Danach übernimmt die Gesamtzeichnung den größten Teil der Aufgaben, die Einzelteile fertigungsgerecht darzustellen. Um die Klarheit der Gesamtzeichnung nicht zu stören, werden Maßlinien, Maßhilfslinien und Maßpfeile weitestgehend vermieden.

Die Darstellung von Normteilen, wie z. B. Klemmhebel, Kreuzgriffe, Kniehebelspanner, oder Standardteilen kann oft ganz entfallen; wenn nötig sind nur Umrisse oder Störkanten zu zeichnen (Bild 6-1).

Für die Entwurfsarbeit sind von genormten oder standardisierten Baugruppen oder Bauteilen maßstäbliche Zeichnungen anzufertigen, die untergelegt und durchgezeichnet werden können.

Die Darstellung von kompletten Schraubverbindungen kann bei übersichtlicher Situation entfallen. Hierfür können die Symbole ähnlich DIN 30 verwendet werden (Bild 6-2).

Eine alternative Möglichkeit, Schrauben- und Stiftverbindungen vereinfacht darzustellen, wird vorwiegend dort angewendet, wo Schrauben- und Stiftlöcher bei der Montage gebohrt werden (Bild 6-3).

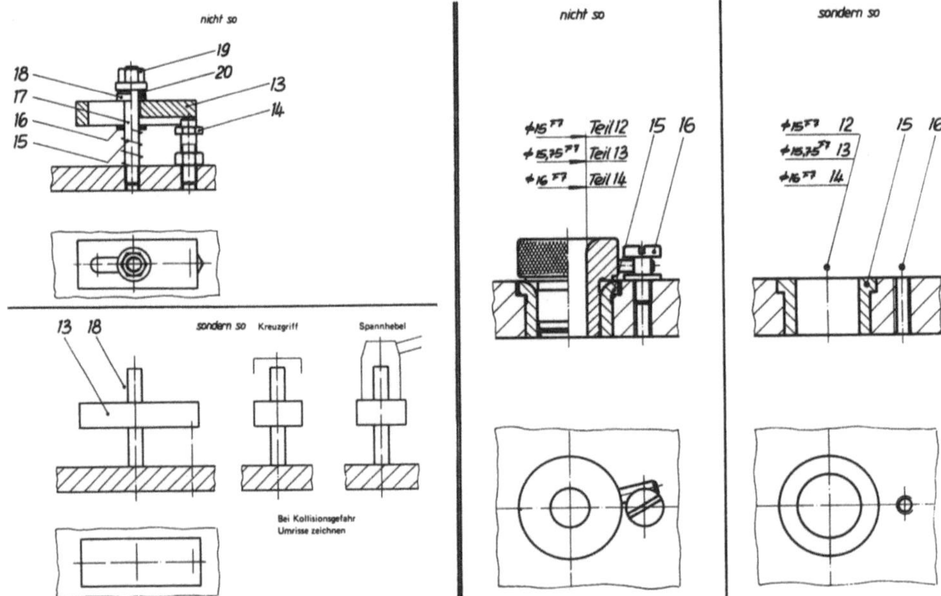

Bild 6-1. Vereinfachte Darstellung von Normteilen.

In der Draufsicht ergeben sich nur noch Symmetrieachsen für Schrauben und Stifte. Im Schnitt werden die nachfolgenden Symbole angewandt, die aussagen, ob die Schrauben eingesenkt oder nicht eingesenkt sind. Bei eingesenkten Schrauben wird der Querstrich, der den Schraubenkopf darstellt, etwa 1,5 bis 3 mm unter die Körperkante gesetzt. Bei nicht eingesenkten Schrauben ist sinngemäß genauso zu verfahren, nur ist der Querstrich rund 1,5 bis 3 mm über die Körperkante gesetzt. Die Länge der Querstriche sollten etwa 1,5 · Gewindedurchmesser sein.

Bei Senkungen, die bemaßt werden müssen, wird der Querstrich als Senktiefe angenommen, maßstäblich gezeichnet und bemaßt.

In Ausnahmefällen, in denen Schraubenköpfe und Muttern dargestellt werden müssen, sind diese ohne Fasenkanten zu zeichnen. Für Schrauben-, Stift- und Gewindebohrungen können Symbole nach Bild 6-4 verwendet werden.

Allgemeine Regeln zur vereinfachten Erstellung von Zeichnungen

1. Vermeide das vollständige Zeichnen sich wiederholender Details.

1a. Vermeide unnötige Details bei Zusammenstellungszeichnungen.

2. Bei Eindeutigkeit keine Mehrfachansichten, z. B. Kreisdarstellungen.

3. Verdeckte Kanten nur zeichnen, wenn zum Verständnis erforderlich.

4. Stelle symmetrische Teile wo immer möglich nur zur Hälfte oder einem Viertel dar.

4a. Schraffiere sparsam, wenn möglich nur an Trennlinien.

214

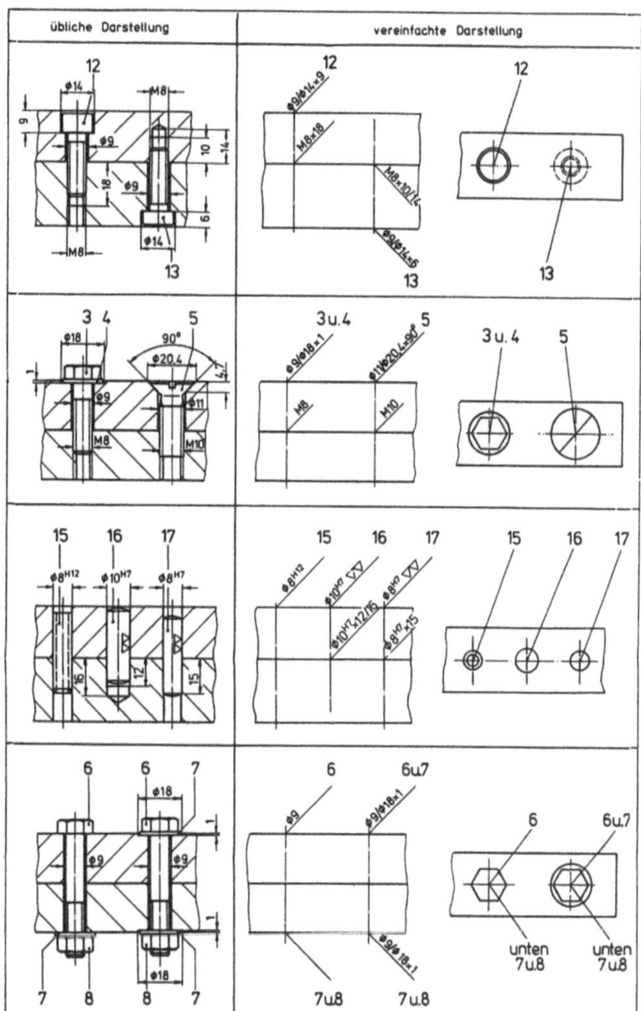

Bild 6-2.
Vereinfachte Darstellung
von Schrauben- und
Stiftverbindungen.

Vereinfachte Bm - Zeichnungen

1. Symbole für Zylinderschrauben

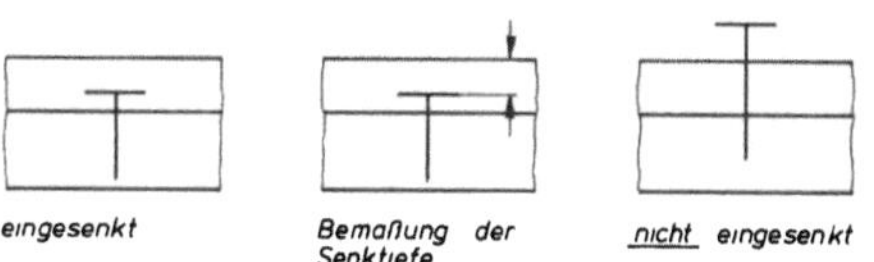

Bild 6-3. Vereinfachte Darstellung
von Schrauben- und Stiftverbindungen.

2. Symbol für Senkkopfschrauben

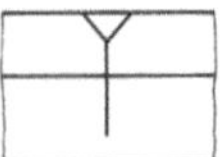

3. In der Zusammenstellungszeichnung entfällt die
Bezeichnung der Einzel - Normteile.
Diese sind durch Positions - Nr. ersetzt.
(Pos.- Nr. siehe Stückliste)

4. Zeichnungs - Nr. = * Beschriftung des Bm.
Nochmalige Angabe der Beschriftung entfällt.

5. Benennung der Einzelteile entfällt

215

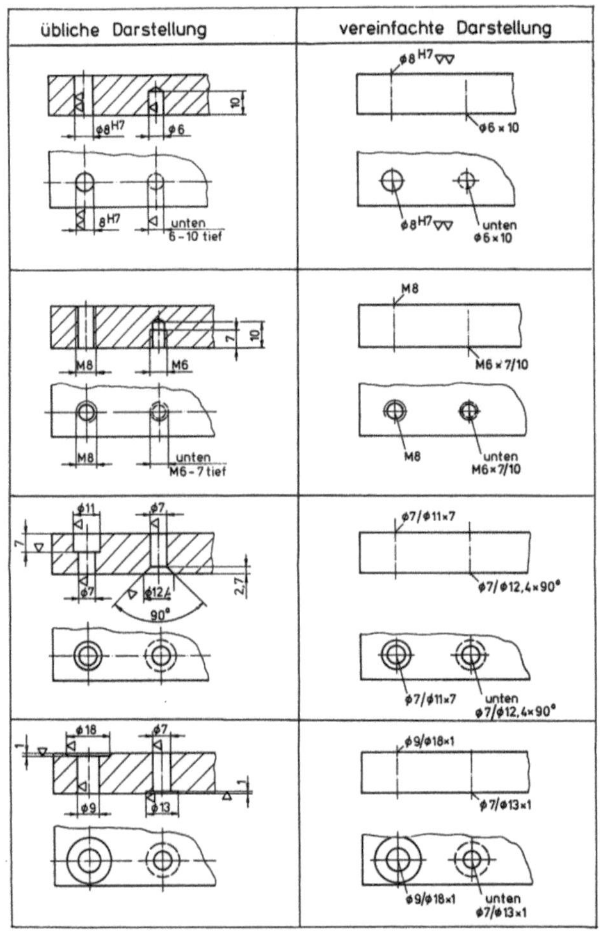

Bild 6-4. Vereinfachte Darstellung von Schrauben-, Stift- und Gewindebohrungen.

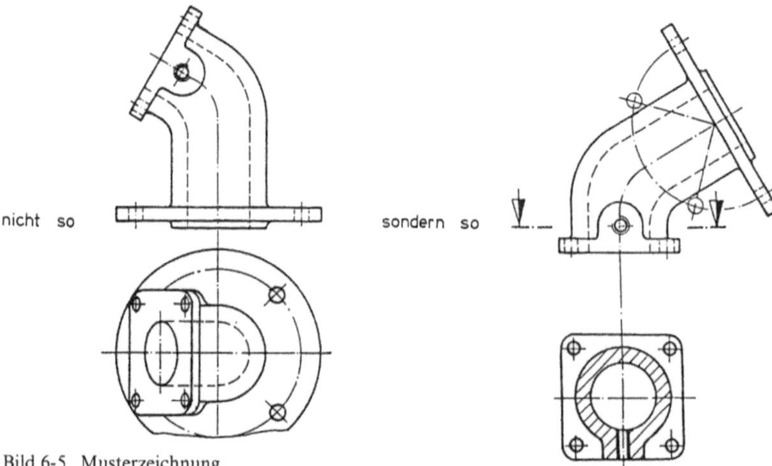

Bild 6-5. Musterzeichnung.

5. Bei Durchdringungen von Zylindern, deren Durchmesser sich wesentlich unterscheiden, darf auf flachverlaufende Durchdringungskurven verzichtet werden (Bild 6-6).

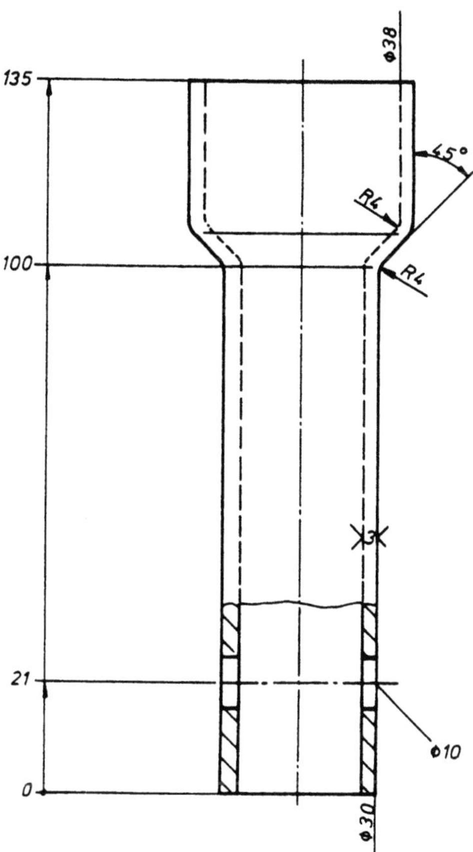

Bild 6-6. Musterzeichnung.

6. Ansichten, Schnitte und Lochkreise werden um schrägliegende Kanten geklappt dargestellt, wenn auf diese Weise ungünstige Projektionen vermieden werden können (Bild 6-5).

7. Nutze Standard-Symbole so oft es geht (Rohrleitungspläne, Schaltpläne etc.).

8. Sind Teile spiegelbildlich, müssen beide Teile gezeichnet, jedoch nur ein Teil bemaßt werden.

9. Bei wellenförmigen Teilen werden die Maße für Durchmesser und Gewinde auf die Mantellinie geschrieben und die Längen vorteilhaft nach der steigenden Bemaßung angegeben (Bild 6-7).

10. Form- und Lagetoleranzen können bei Rotationsteilen bei gleich großer Rund- und Planlaufabweichung als eine zusammengefaßte Angabe mittels Stempel erfolgen (Bild 6-7).

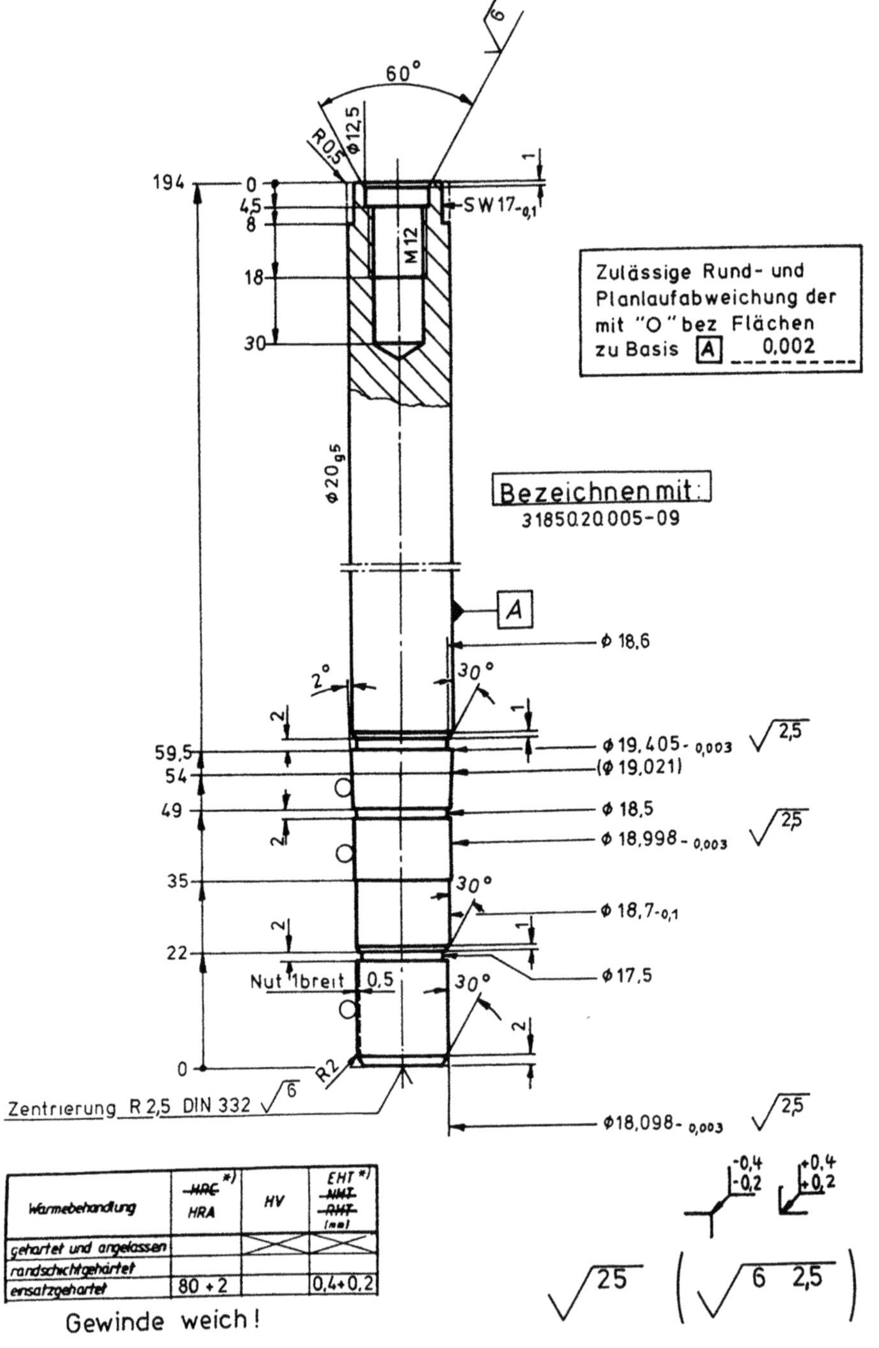

Bild 6-7. Musterzeichnung.

11. Beim Detaillieren von Ausbrennteilen kann ein großer Teil der Maße entfallen, wenn dafür Schablonen gezeichnet werden. Größte Länge und Breite sind zur Kontrolle anzugeben.

12. Bei umfangreichen Bohrbildern werden Bohrungsdurchmesser, Koordinatenmaße und ggfs. Bearbeitungszeichen in eine Tabelle eingetragen, welche in Form einer Klebefolie auf die Zeichnung gebracht wird (Bild 6-10).

13. Funktionsmaße für die Abnahme sowie für die Kontrolle der Vorrichtung sind in die Vorrichtungszeichnung aufzunehmen. Diese Maße werden umrandet, z. B.
$\boxed{430 \pm 0{,}01}$.

14. Zur Vereinfachung der Detaillierungsarbeit kann die steigende Bemaßung nach DIN 406 vorteilhaft verwendet werden.

15. Beschriftung möglichst freihändig, jedoch unter Beachtung der Microverfilmbarkeit.

16. Freihandzeichnungen mit Bleistift auf weißem Papier erfüllen oft ihren Zweck.

17. Die Benennung für die Teile kann in Stückliste und Schriftkopf entfallen.

Speziell im Vorrichtungsbereich bietet es sich an, ein vereinfachtes Bemaßungssystem anzuwenden: Bild 6-8, 6-9, 6-10.

Hier werden für Maße über 20 mm zwei gleiche Maßzahlen senkrecht übereinander an die zu bemaßende Linie geschrieben.

Für Abstände kleiner als 20 mm werden zwei Pfeile an die zu bemaßende Linie gesetzt und nur eine Maßzahl geschrieben (Bild 6-8).

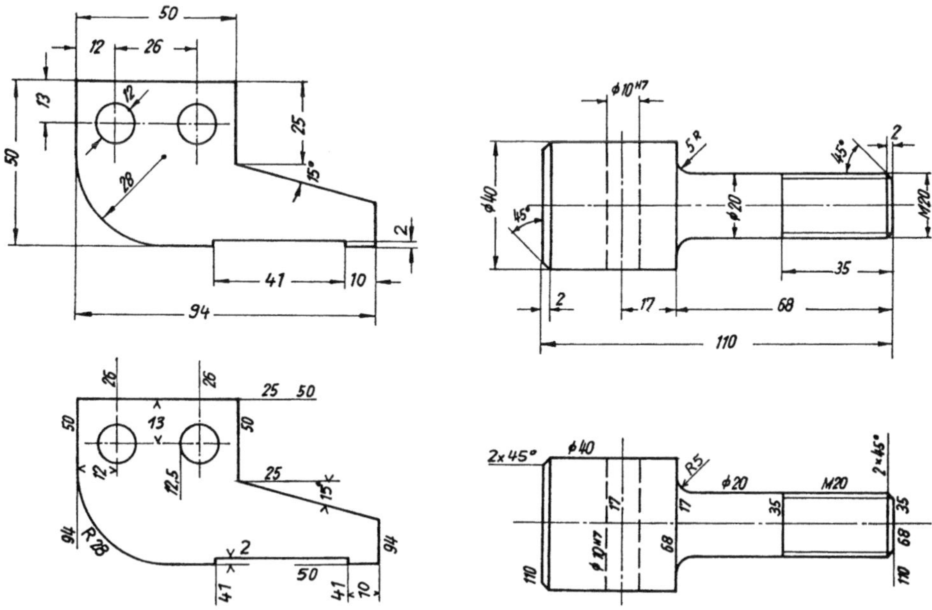

Bild 6-8. Vereinfachte Bemaßung.

a) mögliche Maßeintragungen

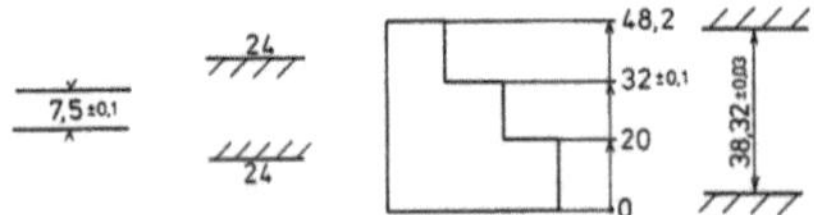

c) Bohrungen und Wellen

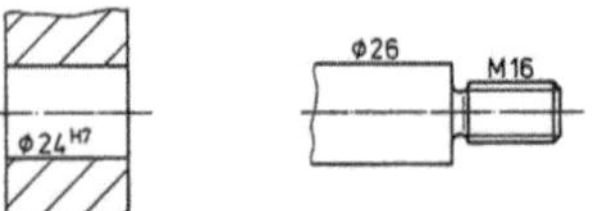

b) Fasen und Radien

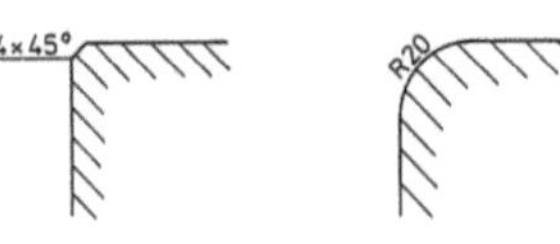

d) Gewinde-, Schrauben- u. Durchgangslöcher

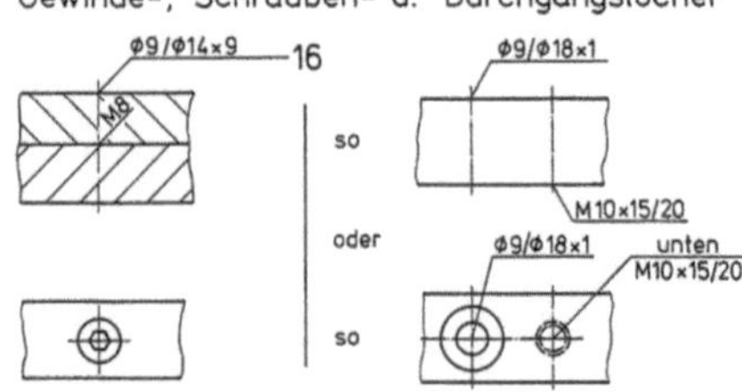

Bild 6-9.
Auszug – Richtlinien zur Zeichnungsvereinfachung.

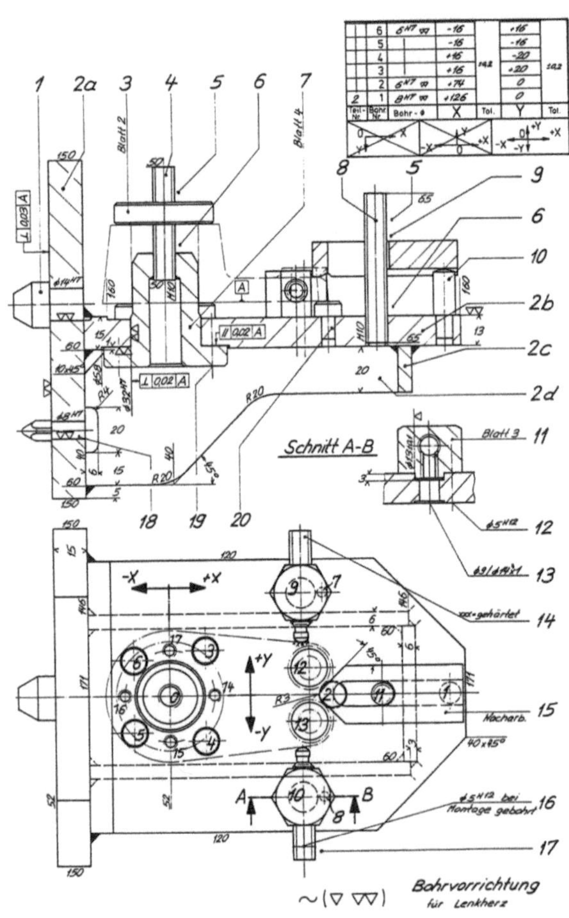

Bild 6-10. Vereinfachte Darstellung
von Betriebsmitteln.

220

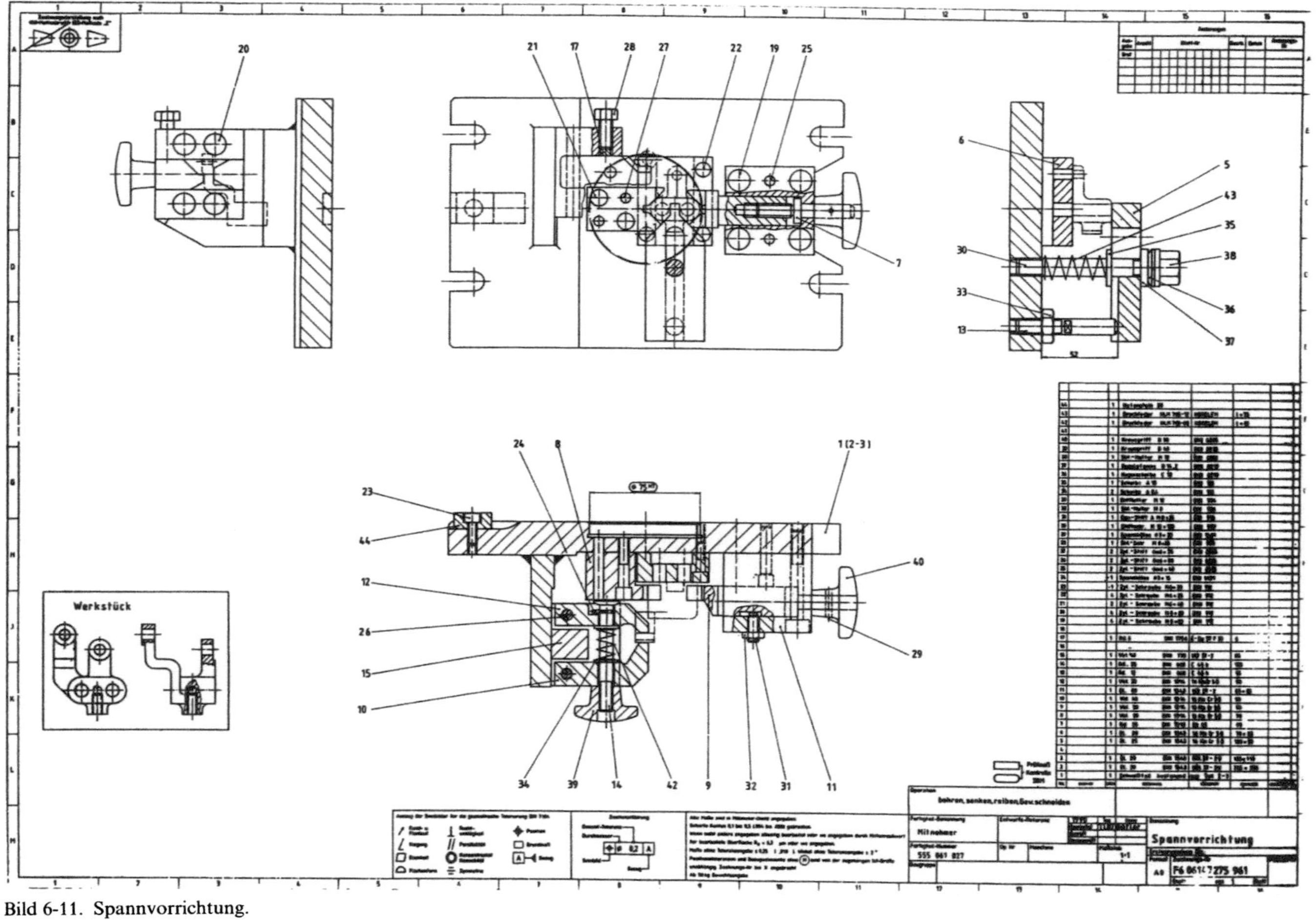

Bild 6-11. Spannvorrichtung.

221

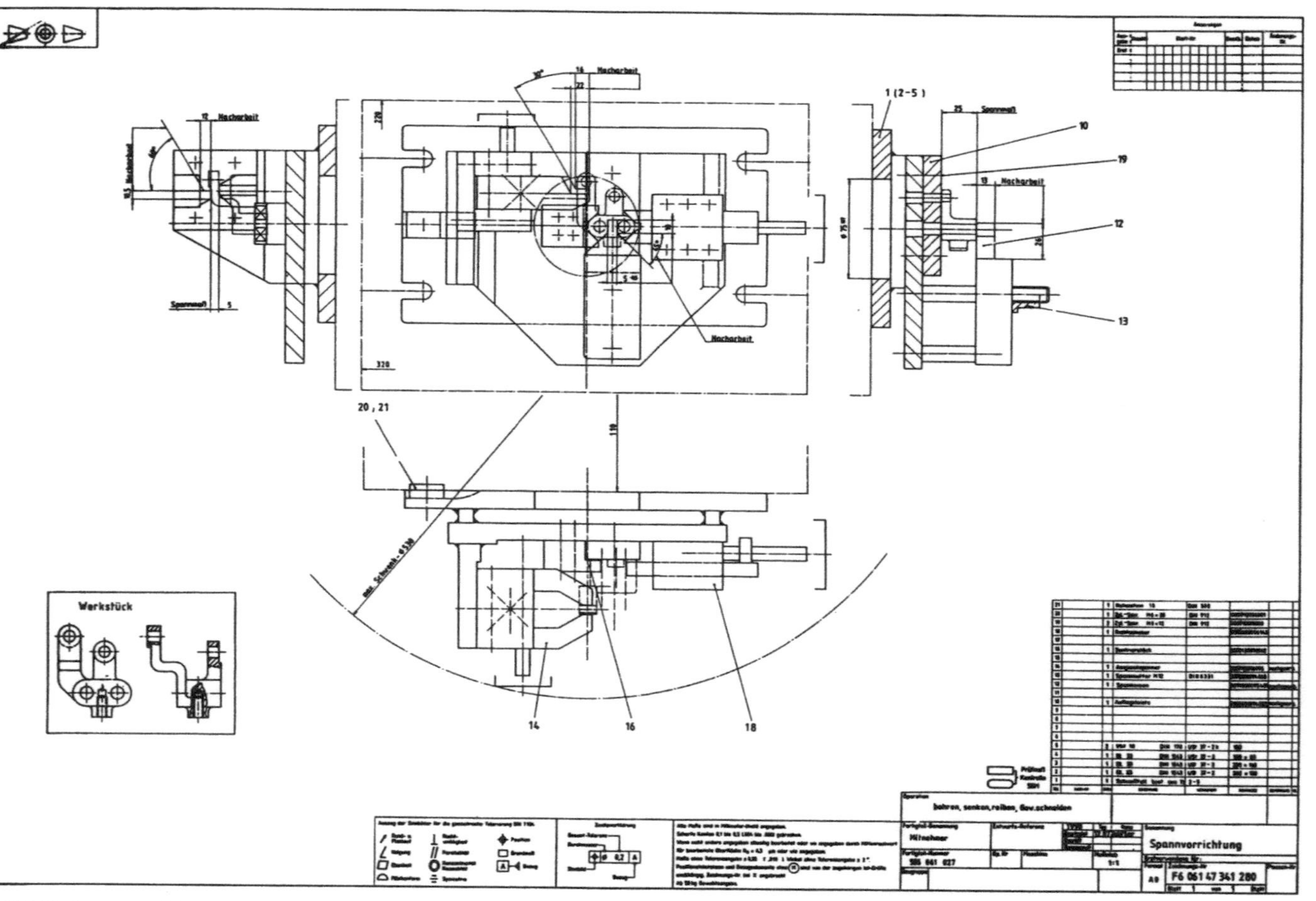

Bild 6-12. Spannvorrichtung.

An kurzen Linien oder an Stellen zusammengedrängter Darstellung ist bei Bedarf eine Bezugslinie anzubringen, auf welche dann die Maßzahl oder die Pfeile gesetzt werden (Bild 6-8).

Bei runden Teilen oder Bohrungen werden die Maße für Durchmesser und Gewinde auf die Mantel- oder auf eine Bezugslinie geschrieben (Bild 6-9).

Fasen von 45 Grad werden auf einer Bezugslinie bemaßt. Bei Fasen mit anderen Winkeln werden Länge und Winkel angegeben (Bild 6-7). Einzelteile sind soweit als möglich in der Zusammenstellungszeichnung zu bemaßen. Wenn diese unübersichtlich zu werden droht, müssen von ihr im „nackten" Zustand, d.h. ohne Beschriftung und Bemaßung, z. B. zwei Transparentpausen erstellt werden. Diese dienen dann zur Aufteilung der Bemaßung.

Der Grundkörper kann z.B. auf Blatt 1, weitere Einzelteile auf Blatt 2 und 3 bemaßt werden. Einzelteile sind in der Zusammenstellungszeichnung so darzustellen, daß sie bemaßt werden können, wobei alle zu einem Teil gehörenden Maße möglichst auf einem Blatt sein sollten. Gegebenenfalls muß eine ergänzende Ansicht oder ein Schnitt hinzugefügt werden.

Analysiert man ein vorhandenes Vorrichtungsspektrum, stößt man auf Elemente, die vom Verwendungszweck her gleich, bei denen jedoch Ausführungsart, Größe und Form sehr unterschiedlich sind.

In diesem Fall ist es angebracht, Teilekomponenten, sogenannte Funktionsträger zu standartisieren, die dann in entsprechenden Konstruktionsrichtlinien festgelegt werden.

Die Ausschöpfung der Rationalisierungsmöglichkeiten der Standartisierung und der vorgenannten Maßnahmen führte bei dem Vergleich der Beispiele Bild 6-11 und 6-12 zu einer erheblichen Zeiteinsparung (Bild 6-13).

Zeitaufwand (in Stunden)		
	Methode	
	neu	alt
Konzipieren, Entwerfen, Kontrollen	12	14
Zeichnen, Stückliste erstellen	26	34
Summe	38	48
	79 %	100 %

Bild 6-13. Zeitaufwand für die Konstruktion der im Bild 6-11 und 6-12 dargestellten Vorrichtung.

6.2 Einsatz von Hilfsmitteln zur Zeichnungserstellung

Für kurze, häufig wiederkehrende Textinformationen können Stempel eingesetzt werden [19].

Zum Beschriften von Zeichnungen sind spezielle Beschriftungsmaschinen verfügbar. Klebefolien eignen sich für Bildinformationen, wie Einzelheiten, Ausschnitte oder Darstellung von Wiederholteilen auf großen Blättern (Bild 6-14). Um eine optimale Verwen-

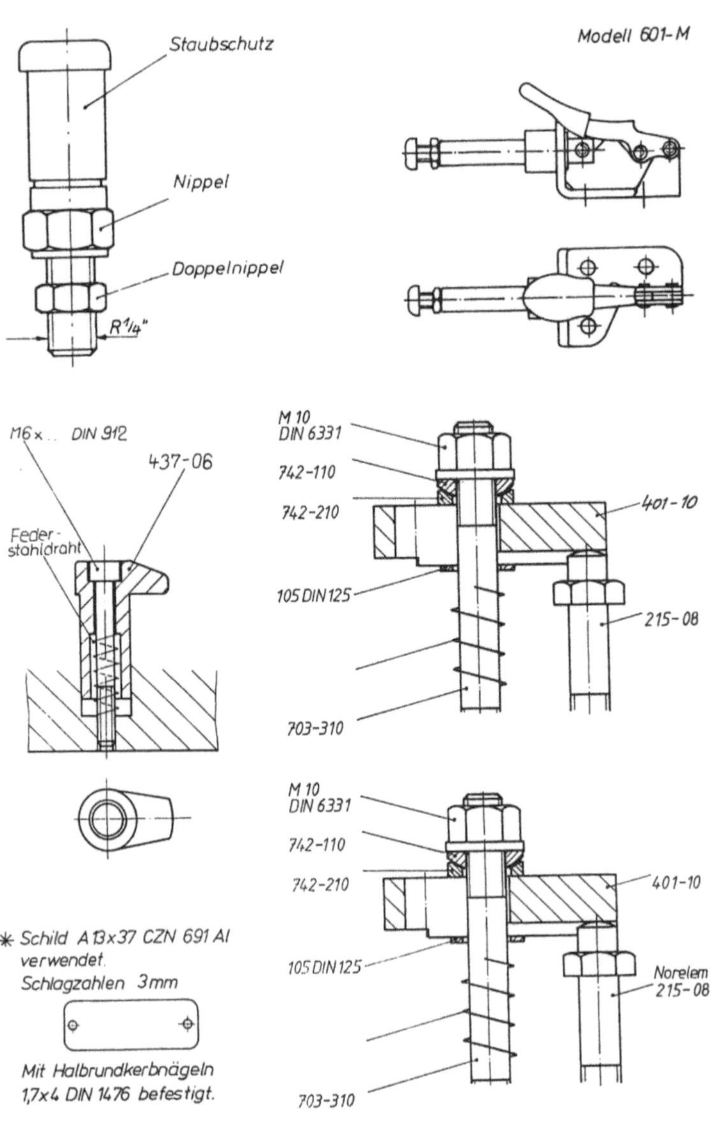

Bild 6-14. Beispiele ausgeführter Klebefolien.

Bild 6-15. Ablage von Klebefolien.

dung der Klebefolien zu ermöglichen, sollte bei ihrem Einsatz auf die folgenden Punkte geachtet werden.

Sämtliche Angaben auf der Klebefolie müssen so ausgeführt sein, daß diese auf den Vorderseiten der Zeichnungen aufgeklebt werden können, so daß das Umdrehen der Zeichnung entfällt. Eine genaue Positionierung der Klebefolie auf der Rückseite der Zeichnung ist schwierig.

Bei der Folie sollte die nicht klebende Seite bedruckt sein. Außerdem sollte diese Seite radierfähig sein, damit eventuell notwendige Änderungen oder Ergänzungen durchgeführt werden können. Zu diesem Zweck muß auf dieser Seite der Folie auch mit Tusche gezeichnet werden können.

Auf der Folie sollten sich sämtliche Angaben zur Herstellung des dargestellten Vorrichtungselementes befinden (Form- und Lageabweichungen und ähnliches).

Stücklisten auf Klebefolie sollten fünf Zeilen nicht überschreiten.

Klebefolien sollten nur in Ausnahmenfällen größer als DIN A5 sein, da sonst ein ordentliches (blasenfreies) und vor allem rasches Aufkleben auf das Transparentpapier nicht gewährleistet ist.

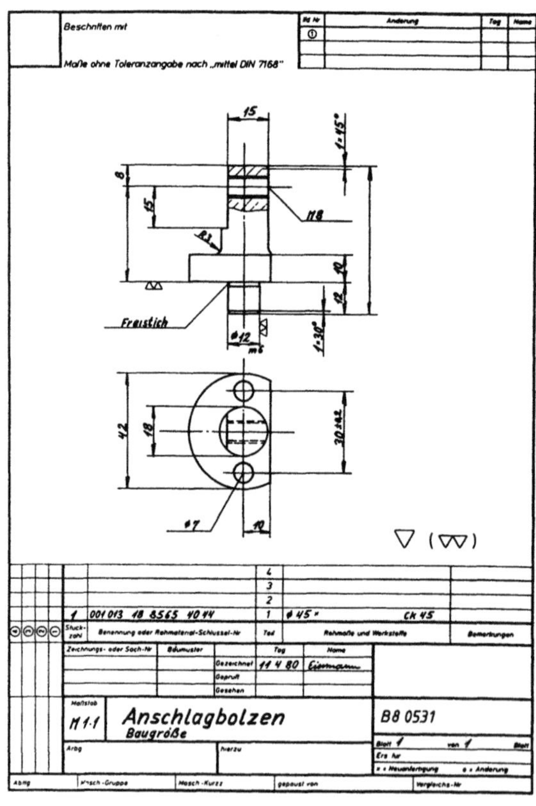

Bild 6-16.
Standardzeichnung (Vordruckzeichnung).

226

Aufbewahrung von Klebefolien in Schubladenschränken sollte möglichst sortiert erfolgen. Auf der Stirnseite der Schubladen sollte je ein Exemplar der darin befindlichen Folien aufgeklebt sein (Bild 6-15).

Klebefolien sollten vom Lieferanten auf DIN A4-Bögen bezogen werden. Es ist darauf zu achten, daß bei mehreren Klebefolien auf einem DIN A4-Bogen diese perforiert oder geritzt sind, so daß sie ohne Hilfsmittel (Schere, Messer) vom Bogen abgenommen werden können.

Vom Hersteller der Klebefolien muß garantiert werden, daß sich diese beim Anfertigen von Lichtpausen und auch bei längerer Aufbewahrung der Zeichnungen nicht von der Blattoberfläche lösen (nicht nötig bei der aktiven Mikroverfilmung).

Bei Einzelblattablage sind von Wiederholteilen Standardzeichnungen anzufertigen und Transparentkopien schnell greifbar zu bevorraten. Standardzeichnungen sind nicht unbedingt maßstäbliche Teilzeichnungen, die durch einzelne Maße ergänzt werden müssen (Bild 6-16).

Formgleiche Wiederholteile können auch auf Zeichnungen mit Maßtabellen dargestellt und über eine Ident-Nummer zur weiteren Verwendung angeboten werden.

7. Einsatz von CAD in der Vorrichtungskonstruktion

Durch die Entwicklungen in der Computertechnik stehen der Konstruktion mittlerweile zahlreiche EDV-gestützte Hilfsmittel zur Verfügung, die die Bearbeitung von Aufgaben in diesem Bereich wesentlich erleichtern [20]. So sind heute CAD-Systeme (CAD = Computer Aided Design) bereits zu einem wichtigen Hilfsmittel im Bereich der Konstruktion geworden. Um den mit der Vorrichtungskonstruktion verbundenen Aufwand zu reduzieren, werden auch hier in immer stärkerem Maße CAD-Systeme eingesetzt.

Ein Schwerpunkt des CAD-Einsatzes ist in der Verarbeitung von geometrischen und technologischen Daten für die Erstellung von Zeichnungen, Stücklisten und sonstigen Fertigungsunterlagen zu sehen. Vor allem die zwei- und dreidimensionale Bauteilmodellierung und die Generierung von Ansichten oder Schnitten lassen sich mit Hilfe dieser Systeme durchführen. Neben der Geometriemodellierung ist ein Austausch von Geometriedaten zwischen unterschiedlichen CAD-Systemen und der einfache Zugriff auf vorhandene Konstruktionsergebnisse möglich. Daneben tragen CAD-Programme für die Berechnung und Dimensionierung von Bauteilen sowie die Möglichkeit der Erstellung von NC-Programmen zur Arbeitserleichterung des Konstrukteurs bei. Auch Simulationen können oftmals ohne großen Aufwand durchgeführt und beispielsweise für Kollisionskontrollen genutzt werden [20].

Unabhängig von der Arbeitsweise im 2D- oder 3D-Betrieb steigt die Wirtschaftlichkeit des Einsatzes von CAD-Systemen durch die wiederholte Nutzung gespeicherter Daten. Hierunter ist z.B. die Übernahme der Werkstückdaten aus der Produktkonstruktion sowie das Konstruieren mit Baukastenelementen, Standard- und Normteilen zu verstehen.

In Bild 7-1 wird anhand von zwei Beispielen der Einsatz von CAD-Systemen im Vorrichtungsbereich gezeigt [21]. Eine interessante Anwendung für CAD-Systeme stellt die Konstruktion von Baukastenvorrichtungen dar [22]. Baukastenvorrichtungen werden bekanntlich aus standardisierten Vorrichtungselementen montiert. Sie dienen in den meisten Fällen zum Positionieren und Spannen von Werkstücken zur Bearbeitung auf Werkzeugmaschinen oder in flexiblen Fertigungssystemen. Daneben können die Vorrichtungselemente aber auch zum schnellen und kostengünstigen Aufbau von Montage- und Prüfvorrichtung genutzt werden.

Für die Konstruktion von Vorrichtungen werden heute bereits von verschiedenen Vorrichtungsherstellern CAD-Daten der von ihnen produzierten Standard- bzw. Baukastenelemente angeboten (Bild 7-2). Der Konstrukteur hat so die Möglichkeit, von ihm häufig verwendete Vorrichtungselemente als komplette CAD-Elemente innerhalb des Systems abzuspeichern. Diese stehen ihm dann im Rahmen seiner Konstruktionstätigkeit jederzeit zur Verfügung. Er kann ohne großen Aufwand auf diese zugreifen und sie als Baustein für zu erstellende Vorrichtungen verwenden.

Bei der Auslegung einer Vorrichtung werden als Eingabe zunächst Informationen zu dem zu spannenden Werkstück benötigt. Wie erwähnt ist es hierbei sinnvoll, die CAD-Daten zur Werkstückgeometrie aus der Produktkonstruktion zu übernehmen. Ausgehend von der Werkstückgeometrie und den Bearbeitungsanforderungen muß der Konstrukteur zunächst das Vorrichtungsprinzip, d.h. das Konstruktionskonzept, entwickeln [21]. Bei der anschließenden Realisierung dieses Konzepts kann er dann die im System abgespeicherten Vorrichtungselemente auswählen.

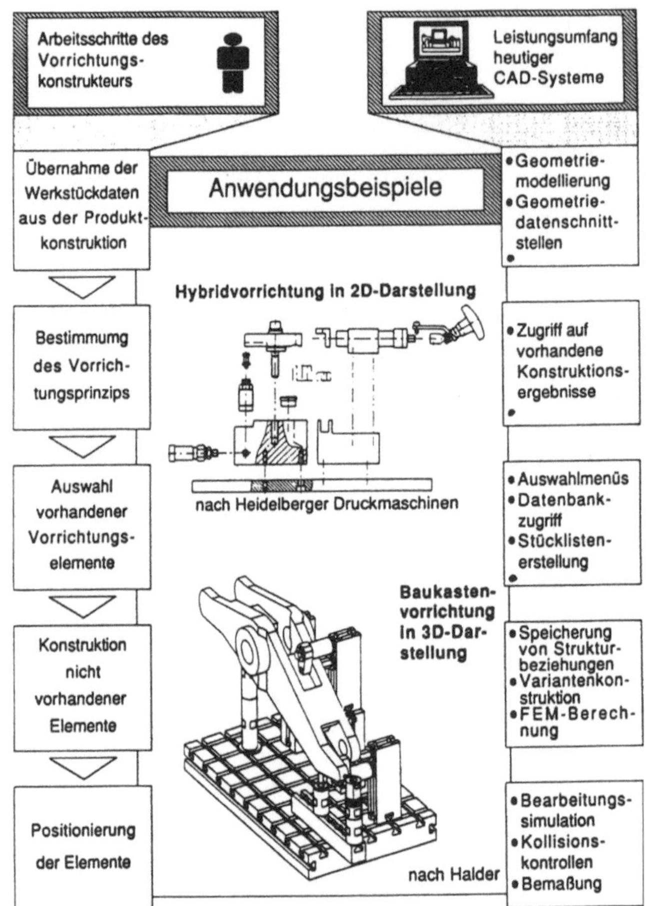

Bild 7-1. Konstruktion von Vorrichtungen mit heutigen CAD-Systemen.

Im Einzelnen geht der Vorrichtungskonstrukteur so vor, daß er zunächst eine bezüglich ihrer Form und Größe geeignete Grundplatte relativ zum Werkstück ausrichtet und positioniert. Anschließend werden aus dem gespeicherten Vorrichtungselementevorrat die Elemente für die verschiedenen Funktionsträger in der Vorrichtung zusammengestellt und so am Werkstück angeordnet, daß eine sichere und kollisionsfreie Bearbeitung gewährleistet ist. Hierbei ist teilweise auch das Einblenden von Werkzeugen oder von Arbeitsraumdaten der Werkzeugmaschine möglich, um mit Hilfe einer Kollisionskontrolle die geeigneten Elementpositionen zu bestimmen [22].

Der Gesamtnutzen des Einsatzes von CAD-Systemen im Vorrichtungsbereich läßt sich erheblich steigern durch die Nutzung der bei der CAD-Konstruktion erzeugten Daten im Rahmen der der Konstruktion nachgelagerten Bereiche CAM (Computer Aided Manufacturing/Rechnerunterstützte Fertigung) und CAQ (Computer Aided Quality Control/ Rechnerunterstützte Qualitätskontrolle). Der Rückgriff auf bereits erstellte Geometriedaten sowohl des Werkstücks als auch der Vorrichtung kann den Aufwand bei Tätigkeiten wie z. B. der Ableitung von Steuerprogrammen für CNC-Werkzeugmaschi-

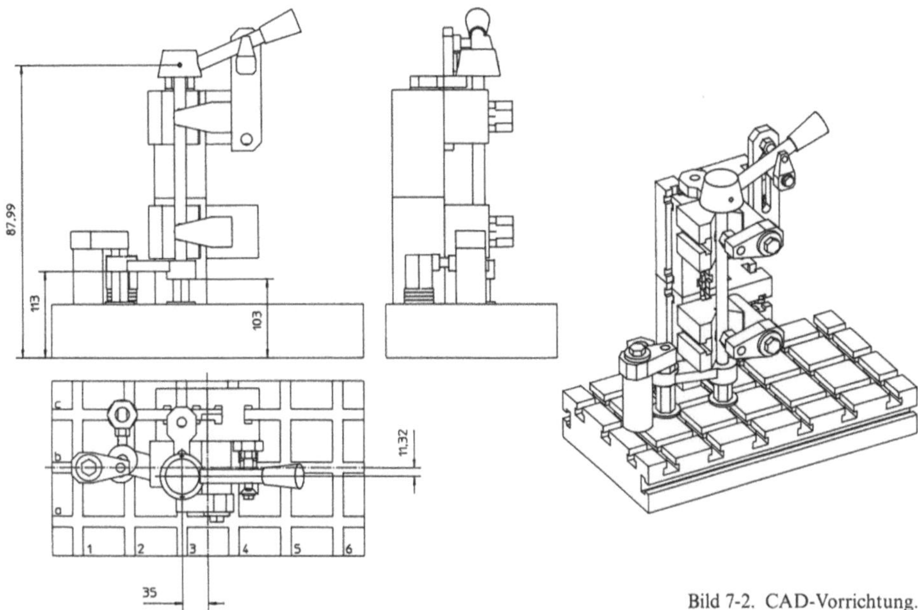

Bild 7-2. CAD-Vorrichtung.

nen oder Meßmaschinen, aber auch bei der Simulation von Bearbeitungsabläufen u. U. erheblich reduzieren.

Trotz der genannten Fortschritte durch den Einsatz von CAD-Systemen ist die Vorrichtungskonstruktion noch immer mit einem relativ hohen Aufwand verbunden. Dieser Aufwand ergibt sich aus den komplexen Anforderungen, die heute an Vorrichtungen gestellt werden (Bild 7-3). Ein wichtiges Gestaltungsziel ist z. B. die Realisierung der geforderten Genauigkeiten. Daneben muß die Funktion der Vorrichtung, wie z. B. die Aufnahme von Kräften oder die einfache Bedienbarkeit, sichergestellt werden. Weitere wichtige Anforderungen sind ein niedriger Umbauungsgrad und die kostengünstige Erstellung der Vorrichtung [22]. Erschwerend kommt hinzu, daß viele dieser Anforderungen gegenläufiger Natur sind. So steht z. B. eine gute Funktionserfüllung häufig der Forderung nach einer geringen Elementeanzahl und kurzen Konstruktionszeiten entgegen [21].

Die Hauptaufgabe des Vorrichtungskonstrukteurs besteht demnach weniger darin, Konstruktionsdetails einer Vorrichtung exakt und maßstäblich darzustellen. Sie liegt vielmehr in der Entwicklung von Lösungen, die einem Spektrum unterschiedlicher Anforderungen gerecht werden. Eine diesbezügliche Unterstützung des Vorrichtungskonstrukteurs ist mit den heute vorhandenen CAD-Systemen nicht möglich, da ihr Leistungsschwerpunkt, wie erwähnt, im Bereich der Detaillierung liegt. Das für die Konzeption und den Entwurf erforderliche Fach- und Erfahrungswissen ist in CAD-Systemen nicht enthalten. Daher erhält der Konstrukteur in der Konzept- und Entwurfsphase nur geringe Unterstützung.

Einen Ansatz zur Verbesserung dieser Situation stellt die Entwicklung wissensbasierter Systeme dar. Mit Hilfe derartiger Systeme ist es möglich, zumindest einen Teil des Konstruktionswissen abzuspeichern und bereitzustellen, das in herkömmlichen CAD-Sy-

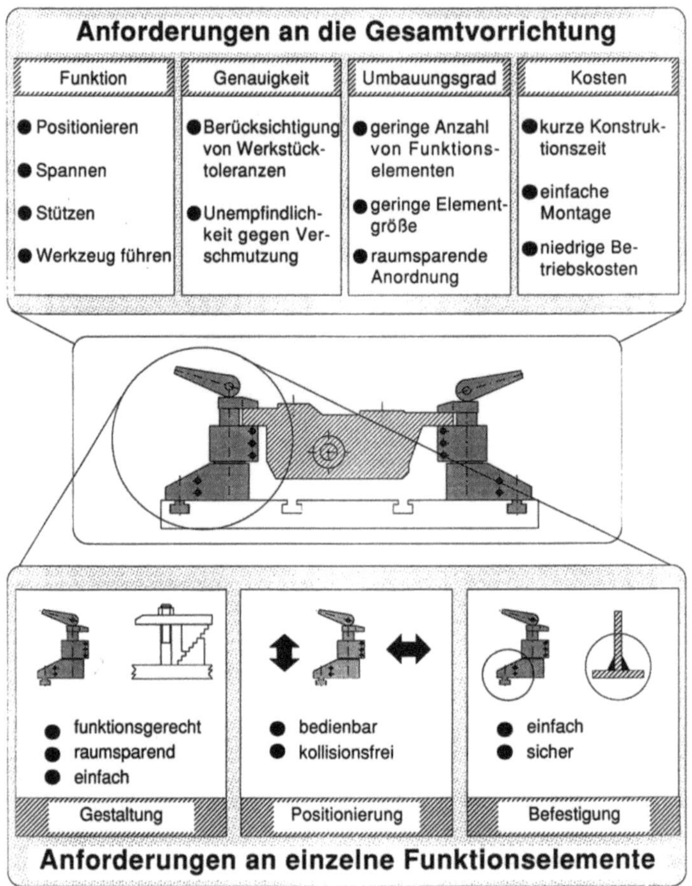

Bild 7-3. Bei der Vorrichtungskonstruktion zu berücksichtigende Anforderungen.

stemen nicht abgelegt werden kann. Hierzu zählt zum einen das Fachwissen über Konstruktionselemente, Materialdaten und Konstruktionsrichtlinien. Zum anderen können Erfahrungsdaten, wie z. B. die Auswahlkriterien für bestimmte Konstruktionselemente, in dem Expertensystem repräsentiert werden [23].

Wissensbasierte Systeme sind somit als sinnvolle Ergänzung konventioneller CAD-Systeme anzusehen. Durch die Kopplung wissensbasierter Systeme mit CAD-Systemen können die Eigenschaftsprofile beider Systemarten ideal kombiniert werden. Der Ablauf des Konstruktionsprozesses wird dabei mit Hilfe des wissensbasierten Systems bestimmt, während die Grafikverarbeitung im CAD-System erfolgt [21].

Mit der Kopplung eines am Lehrstuhl für Produktionssystematik des Laboratoriums für Werkzeugmaschinen und Betriebslehre (WZL) der RWTH Aachen entwickelten wissensbasierten Systems mit einem CAD-System konnte ein derartiger Systemverbund realisiert werden (Bild 7-4). Anwendungsgebiet dieser CAD-Expertensystem-Kopplung ist die Konstruktion von Baukastenvorrichtungen.

232

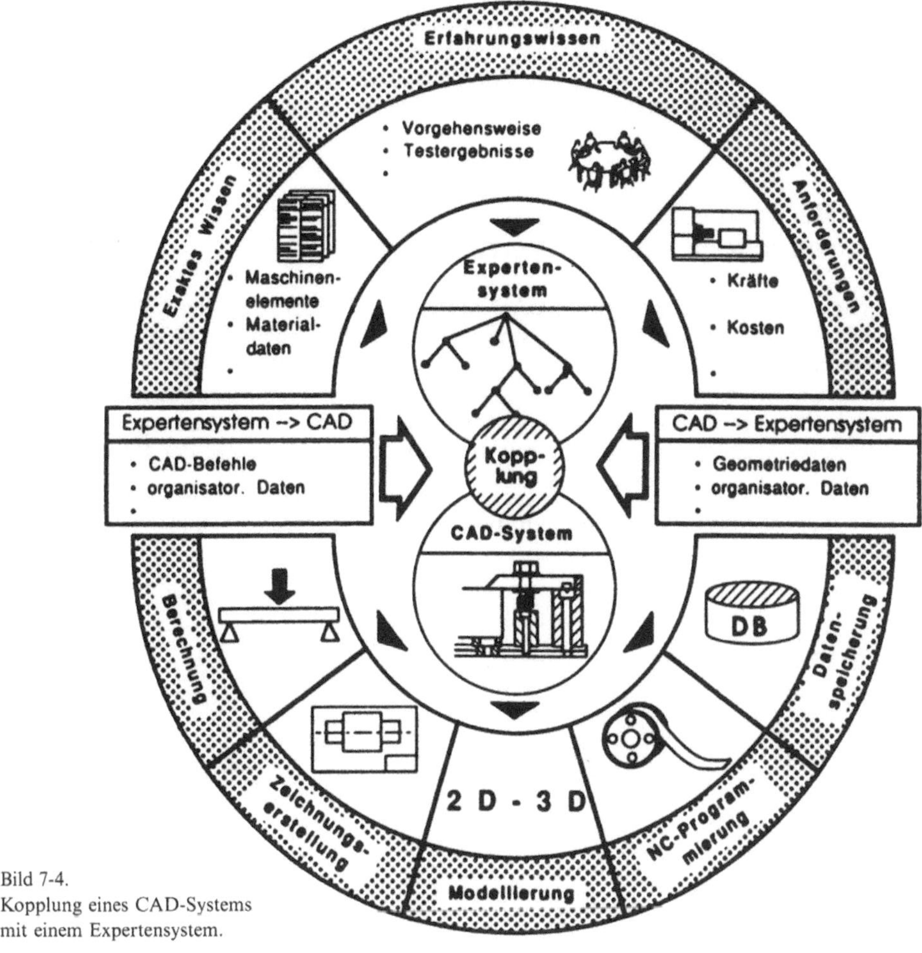

Bild 7-4.
Kopplung eines CAD-Systems
mit einem Expertensystem.

Die Steuerung des Konstruktionsprozesses, die Lösungssuche und die Aufbereitung der Ergebnisse werden mit Hilfe des Expertensystems durchgeführt. Als Ergänzung hierzu dient das CAD-System vorrangig zur Speicherung, Verarbeitung und Darstellung der Geometriedaten.

Der Konstruktionsprozess läuft dabei folgendermaßen ab: Nach der Generierung eines Werkstücks von der Produktkonstruktion mit Hilfe des CAD-Systems werden die geometrischen und technologischen Werkstückdaten zum Expertensystem übertragen. Ausgehend von diesen Daten wird mit Hilfe des Expertensystems ein Konstruktionsvorschlag für eine geeignete Vorrichtung abgeleitet. Dieser Vorschlag umfaßt die ausgewählten Baukastenelemente sowie ihre Anordnung in Bezug zum Werkstück. Anschließend werden die Daten der kompletten Vorrichtung an das CAD-System übergeben und dort dem Systembenutzer in graphischer Form als Vorschlag präsentiert. Dieser Vorschlag kann dann vom Vorrichtungskonstrukteur geprüft und entweder in der präsentierten Form übernommen oder noch modifiziert werden.

Nach diesen etwas allgemeineren Betrachtungen zu dem Thema „CAD in der Vorrichtungskonstruktion" sollen in den folgenden Kapiteln einige Erfahrungen mit der rechnergestützten Konstruktion sowohl von teilespezifischen Vorrichtungen als auch von Baukastenvorrichtungen beschrieben und davon ausgehend Anregungen zum sinnvollen Einsatz von CAD-Systemen in diesen Bereichen vermittelt werden.

7.1 Rechnergestützte Konstruktion von teilespezifischen Vorrichtungen

Bei der Auswahl eines geeigneten CAD-Systems sind in der Regel die Anforderungen, die die Produktkonstruktion an das System stellt, ausschlaggebend für die Beschaffung eines bestimmten CAD-Systems. Die Belange der Betriebsmittelkonstruktion werden in den seltensten Fällen von Beginn an berücksichtigt. In der Praxis sieht dies oftmals so aus, daß die Betriebsmittelkonstruktion zeitversetzt mit der CAD-Einführung beginnt, wobei die ersten Arbeitsplätze teilweise mit anderen Abteilungen (z. B. der Betriebsplanung) zusammen genutzt werden müssen.

Eine mögliche Arbeitsplatzkonfiguration ist auf dem folgenden Bild 7-5 dargestellt.

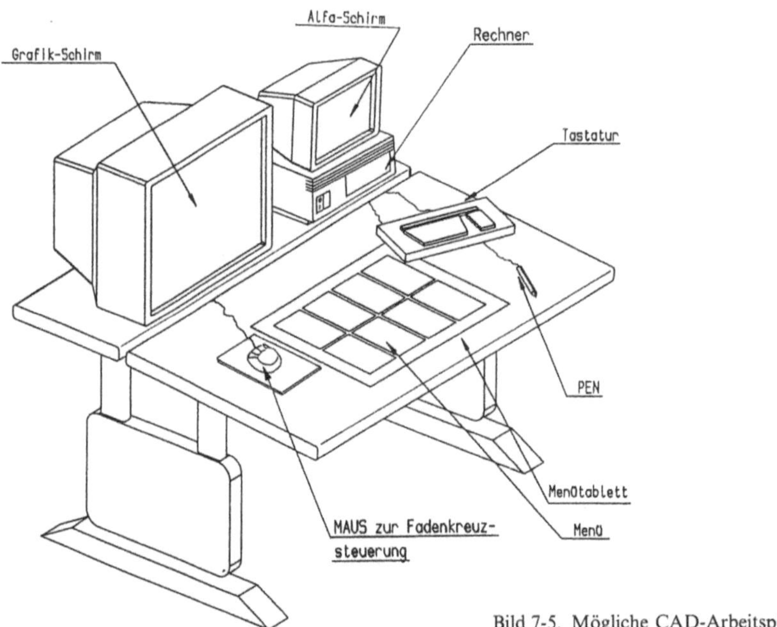

Bild 7-5. Mögliche CAD-Arbeitsplatzkonfiguration.

Der Einstieg in das Arbeiten mit einem CAD-System beginnt mit der externen Schulung der Mitarbeiter. Um die Akzeptanz der neuen Arbeitsweise zu erhöhen, ist es sinnvoll, neben den meist jungen Zeichnern auch Konstrukteure und Vorgesetzte in 2-D- bzw. 3-D-Grundkursen zu schulen.

Derartige Grundkurse vermitteln innerhalb von ein bis zwei Wochen den Einstieg in die

- Grundfunktionen,

- Bemaßungsfunktionen,

- Gruppenstrukturen,

- Layertechniken u.v.a.

Eine Vertiefung der erlernten Arbeitstechniken am eigenen CAD-Arbeitsplatz über einen
längeren Zeitraum hinweg (erfahrungsgemäß mindestens 4 Wochen) ist im Anschluß an
eine Schulung zwingend notwendig.

Während dieses Zeitraumes erlernt der Anwender zusätzlich die firmenspezifischen Soft-
ware-Anpassungen wie z. B. für

- Zeichnungsaufruf,

- Zeichnungsverwaltung,

- Plot-Befehle,

- spezielle Macros und Programme,

- Normteilkonzepte usw.

Mit diesem CAD-Einstieg ist man in der Betriebsmittelkonstruktion dann in der Lage,
fertigungsgerechte Zeichnungen zu erstellen. Verglichen mit der konventionellen Zeichnungserstellung ist damit allerdings meist zunächst ein erheblich größerer Zeitaufwand
verbunden. Die rechnerunterstützt erzeugten Daten und Geometrien können jedoch sehr
zeitgünstig zu NC-Programmen für NC-Bearbeitungsmaschinen verarbeitet werden. Betriebsmittelzeichnungen werden in den meisten Fällen nur zur Ersterstellung von Betriebsmitteln sowie bei einer möglichen Werkstückänderung benötigt. Deshalb sollte das
Verhältnis des Zeitaufwandes CAD zu manuell immer $< = 1$ angestrebt werden. Hierzu
ist es notwendig, die vorhandene Software zu optimieren, ähnliche Vorrichtungselemente
zu standardisieren und die vorzugsweise eingesetzten Vorrichtungs-Normalien in das
CAD-System einzugeben.

In größeren Industriebetrieben ist die Betriebsmittelkonstruktion der Arbeitsvorbereitung angegliedert, während die CAD-Systembetreuer eines Betriebes zumeist der Produktkonstruktion zugeordnet sind. Eine räumliche Trennung der beiden Bereiche, zu
geringe Kapazitäten und fehlende Kenntnisse auf dem Gebiet der Vorrichtungskonstruktion bei den Systembetreuern verzögern oft die zügige Optimierung der vorhandenen
Software.

Diese unbefriedigende Situation hat zur Folge, daß die Betriebsmittelkonstruktion nur
mit einem eigenen Systembetreuer, der vorzugsweise aus den Reihen der Betriebsmittelkonstrukteure kommen sollte, einen effektiven Einstieg und einen termingerechten Ausbau der CAD-Anwendungen erreichen kann. Ein derartiger Systembetreuer sollte den
Kontakt am Systemhersteller in Bezug auf technische Sachverhalte halten und sich mit
Fragen zu Systeminstallation, -veränderungen und -anpassungen sowie mit dem verwendeten Betriebssystem auskennen. Aufbauend auf dem 2-D-/3-D-Grundkurs ist dazu eine
weitergehende Systemschulung und eine Ausbildung dieses Systembetreuers z. B. in Para-
metrik und der jeweiligen Programmiersprache (z. B. BaCis, Fortran...) notwendig.

Ein so geschulter Systembetreuer ist nach einer gewissen Einarbeitungsphase in der Lage
neben Macros und Parametriksymbolen auch komplette Programme, die auf bestimmte

Anforderungen in der Vorrichtungskonstruktion zugeschnitten sind, zu erstellen und gleichzeitig die erforderlichen Schulungsmaßnahmen für die anderen Anwender durchzuführen.

Im folgenden soll anhand von Beispielen erläutert werden, wie vorhandene CAD-Software anforderungsgerecht optimiert werden kann, wie Vorrichtungselemente für den CAD-Einsatz standardisiert werden und wie Vorrichtungsnormalien eingesetzt werden können.

a) Optimierung vorhandener CAD-Software

Die Optimierung der vorhandenen Software beginnt mit der Zusammenfassung bestimmter immer wiederkehrender Befehlsfolgen.

Beispiele:

- Verschieben von vorhandenen Punkten und Elementen:
  Software Grundversion = 2 Befehle
  Macro   = 1 Befehl

- Erstellen von Positionsnummern:
  Software Grundversion = 9 Befehle
  Macro   = 3 Befehle

- Abfrage der Koordinaten und des Durchmessers eines Kreises:
  Software Grundversion = 8 Befehle
  Macro   = 1 Befehl.

Weitere Ansätze zur Verbesserung der Arbeitsabläufe bieten die Verbindungselemente. In jedem CAD-System ist die Vielzahl der Schraubverbindungen nach DIN enthalten. Die Konstruktion jeder beliebigen Schraubverbindung ist möglich. Der Konstruktionsprozeß läuft z.B. nach folgendem Schema ab (Bild 7-6):

a. Konstruktion der zu verbindenden Platten

b. Einladen der Kopf- und Durchgangsbohrungen in die erste Platte

c. Einladen der Gewindebohrung in die zweite Platte

d. Einladen der dazugehörigen Schraube.

In der Betriebsmittelkonstruktion ist es sinnvoll und möglich, sich auf einige wenige Schraubverbindungen festzulegen (z.B. DIN 912; DIN 931; DIN 63...). Mit Hilfe der Parametrikbefehle kann der jeweiligen Schraube die Kopf-, Durchgangs- und Gewindebohrung zugeordnet werden. Der Konstruktionsprozeß beschränkt sich dann auf die Arbeitsschritte:

- Konstruktion der zu verbindenden Platten

- Einladen der erweiterten Schraubverbindung.

Die Zeitersparnis zur Erstellung einer solchen Schraubverbindung beträgt 150 sec (Bild 7-7).

Weitere Varianten der Schraubverbindungen in der Betriebsmittelkonstruktion sind den nachfolgenden Bildern 7-8 und 7-9 zu entnehmen.

236

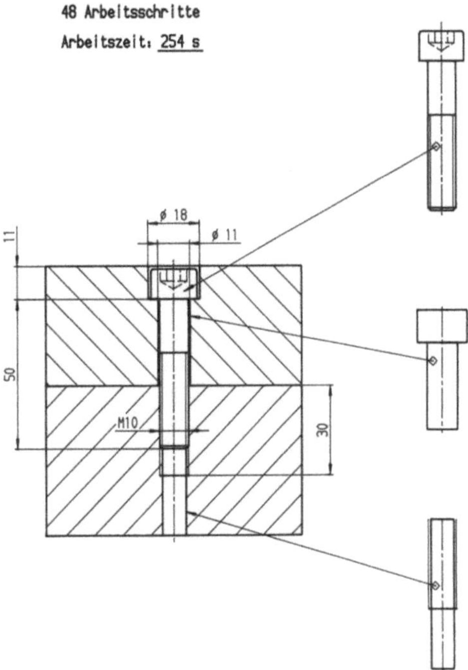

Bild 7-6.
Konstruktion einer Schraubverbindung (1).

	Arbeitsschritte	Arbeitszeit
mit 3 getrennten Menues:	48	254 s
mit 'Spezial'-Menue:	11	104 s
Differenz:	37	150 s ≈ 59%

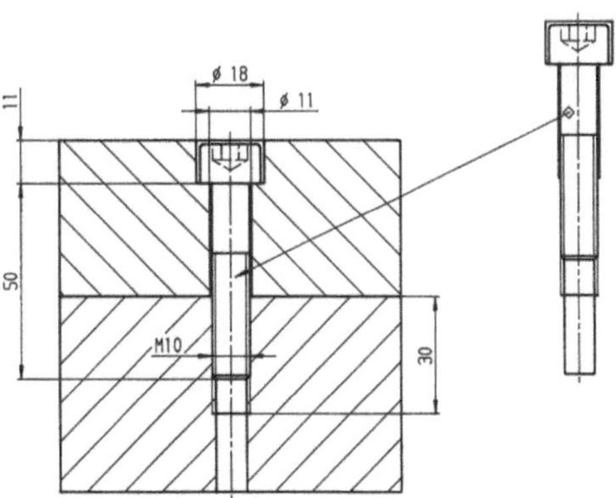

Bild 7-7.
Konstruktion einer Schraubverbindung (2).

237

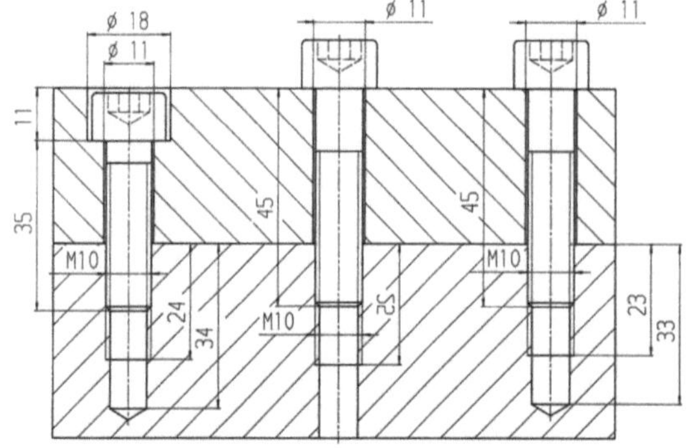

Bild 7-8. Schraubverbindung (1).

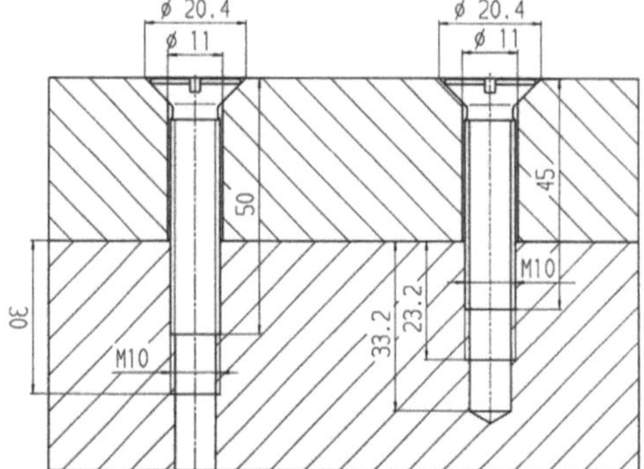

Bild 7-9. Schraubverbindung (2).

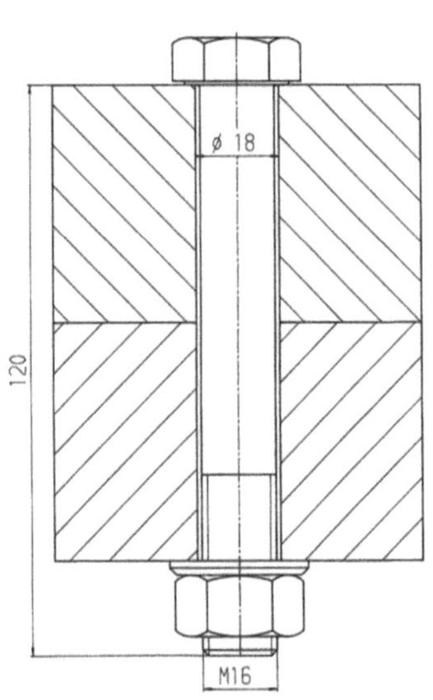

Bild 7-10. Schraubverbindung (3).

Neben dieser dargestellten Arbeitsweise ist es ebenfalls möglich, mit entsprechenden Programmen mehrere Normteile gleichzeitig aufzurufen und einzuladen, wie dies in Bild 7-10 am Beispiel einer weiteren Schraubverbindung dargestellt ist.

In ähnlicher Weise können Stiftverbindungen einschließlich Bemaßung erstellt werden (Bild 7-11).

Bei der Erstellung der Betriebsmittelzeichnung wird zum Teil auf die Anfertigung von Einzelteilzeichnungen verzichtet. Die Darstellung der Vorrichtung und die Bemaßung erfolgt dort in der Zusammenstellung. Wegen der begrenzten Platzverhältnisse ist es manchmal nicht möglich, Schrauben- und Stiftverbindungen separat darzustellen. Mit Hilfe spezieller Programme zur Erzeugung von Halbschnitten ist z.B. die Darstellung von Stift- und Schraubverbindungen im Halbschnitt möglich (Bild 7-12).

238

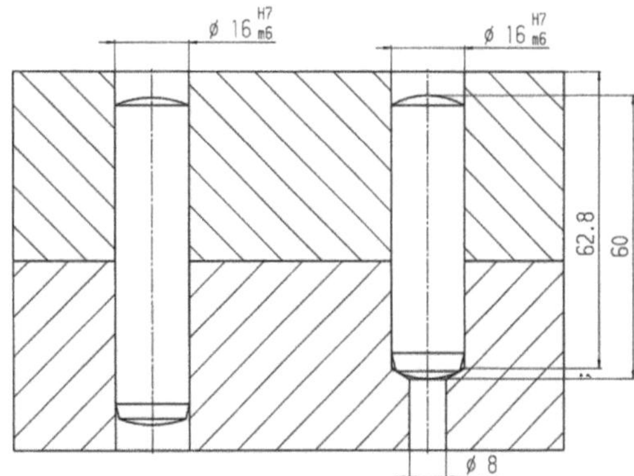

Bild 7-11. Stiftverbindungen

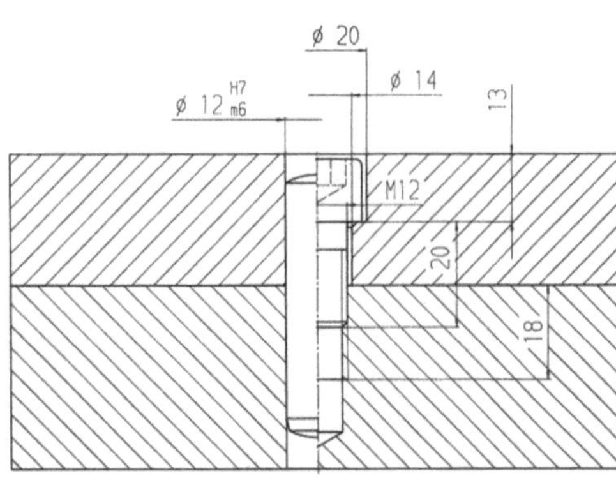

Bild 7-12. Darstellung von
Stift- und Schraubverbindungen im Halbschnitt.

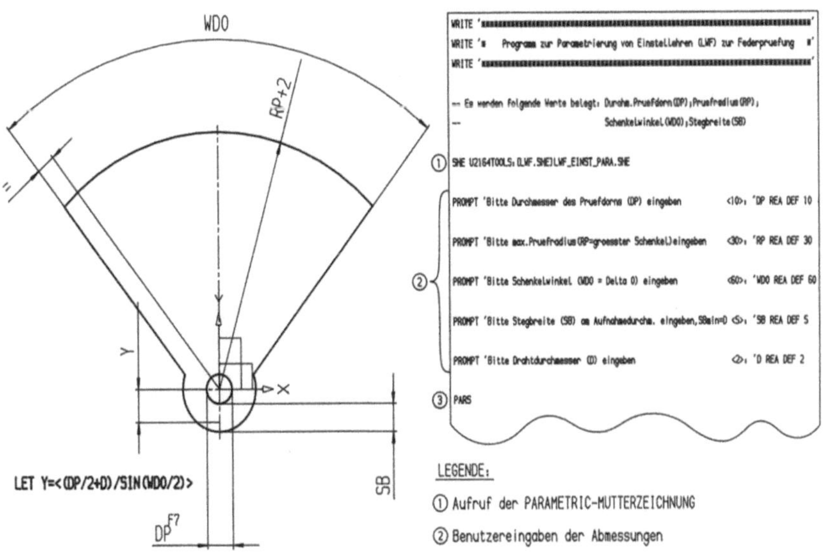

Bild 7-13. Parametrikprogramm für die Variantenkonstruktion.

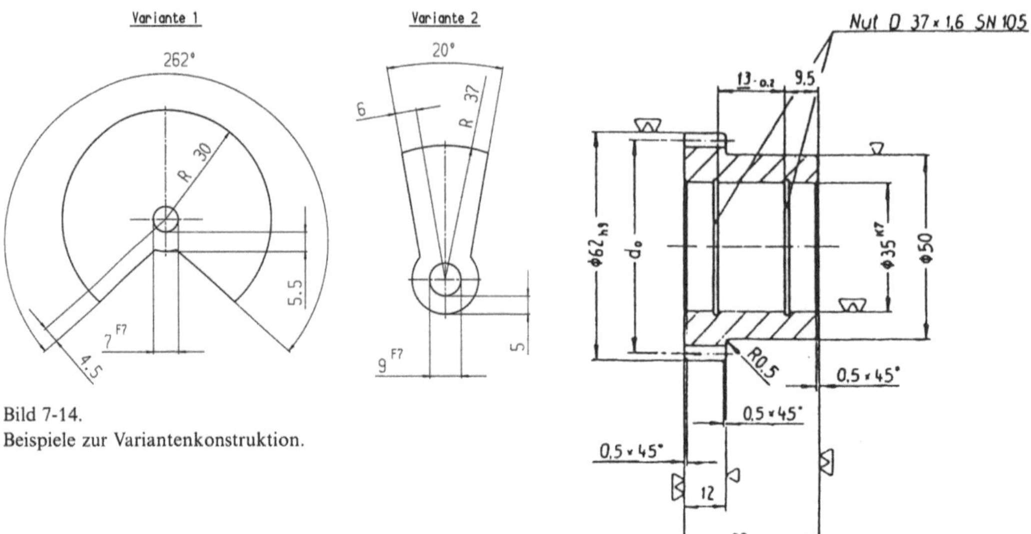

Bild 7-14.
Beispiele zur Variantenkonstruktion.

Bild 7-15. Beispielwerkstück.

Für bestimmte immer wiederkehrende Anwendungsfälle ist es sinnvoll, Parametrikprogramme für die Variantenkonstruktion zu erstellen. Anhand eines einfachen, teilespezifischen Einstellstückes für eine universelle Vorrichtung wird die Vorgehensweise dargestellt (Bild 7-13, Bild 7-14):

- Erstellung einer geeigneten Parametrik-Mutterzeichnung und der Ablaufprogramme

- Eingabe der teilespezifischen Abmessungen für die Einstellstücke.

Bei einem zweiten Beispiel wird, ebenfalls mit Hilfe des Einsatzes spezieller Parametrikprogramme, abhängig von den Werkstückabmessungen eine Spannbackenkonstruktion durchgeführt. In dem betrachteten Beispiel ist die Aufgabenstellung dergestalt, daß zur Drehbearbeitung eines Zahnrades entsprechende Spannbacken benötigt werden. Das Werkstück soll am Durchmesser 62 h9, der bereits bei der Vorbearbeitung erzeugt wurde, gespannt werden. Die Spanntiefe soll 10 mm betragen und die Spannflächen an den Spannbacken sollen glatt sein (Bild 7-15).

Neben anwendungsspezifischen Parametrikprogrammen ist als Voraussetzung zur Realisierung der Spannbackenkonstruktion im CAD-System die Abfrage von Eingabedaten erforderlich. Diese Abfrage an den Systembenutzer wird in dem Beispiel menügesteuert vorgenommen. Der Benutzer muß in verschiedenen Masken, von denen in Bild 7-16 eine Maske exemplarisch abgebildet ist, werkstück-, spannbacken- und spannfutterspezifische Daten eintragen. Dazu gehören

- Werkstückspezifische Daten: o Spanndurchmesser

        o Spannlänge

- Spannbackenspezifische Daten: o Breite

        o Höhe

                          o Spanntiefe

                          o Spannflächenform

– Spannfutterspezifische Daten: o Spannfuttertyp

                          o Backenanschluß am Futter

```
----------------------- B M K-Konstruktionsprogramme --------------------
                             SP-BAK

                                  SACHMERKMALSLEISTE - V20101
     BV-NR   :  BV.007.2814
     TEIL-NR :  5E.030.038            SD1    :   062.00
     auch fur:                        SD2    :   000.00
                                      H2     :   000.0
                                      H3     :   010.0
                                      SF     :   RGL
                                      SP     :   A
                                      BA     :   S11
                                      BR     :   40.
                                      EXZ.   :   00.0
                                      FUTTER:    3NHF200-48
                                      NR/BEM:    *
                                      H1     :   38.00
         SML-DATEN EINTRAGEN
                                      MB     :   MB  _

 ENTER --> ENDE     PF1 --> Hilfe      PF3 --> zuruck
```

Bild 7-16. Eingabemaske für ein Parametrikprogramm.

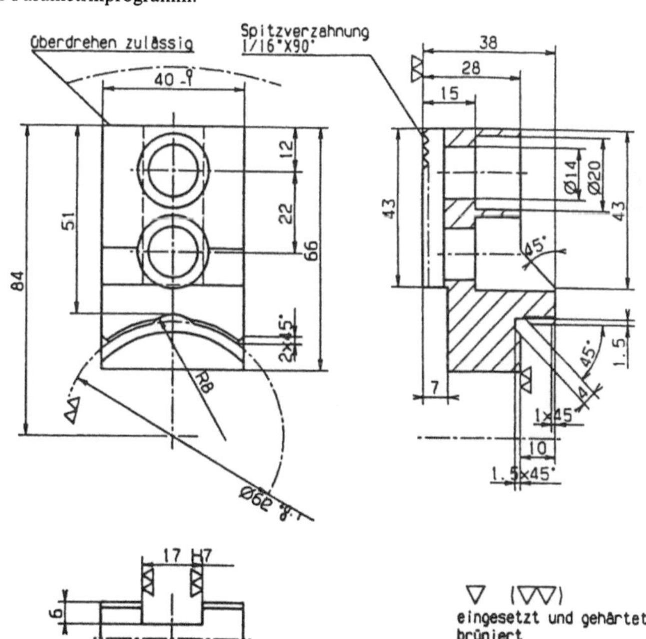

Bild 7-17. Ergebnis des Parametrikprogramms.

Nach Eingabe dieser Daten wird über das Programm weitgehend automatisch eine geeignete Spannbackenkonstruktion erzeugt. Nach der Kontrolle des Konstruktionsergebnisses am Bildschirm kann die dazugehörige Zeichnung abschließend ausgeplottet werden (Bild 7-17).

In ähnlicher Weise kann mit Hilfe der Parametrikprogramme auch die rechnerunterstützte Konstruktion von Schleiffuttern erfolgen. Schleiffutter werden zur Herstellung von optischen Linsen verwendet. Ein Konstruktionsprogramm bestimmt ausgehend von der Linsengeometrie alle Abmessungen des Schleiffutters, legt die Sachnummern des Futters und seiner Einzelteile fest und erstellt mit Hilfe eines CAD-Systems fertigungsgerechte Konstruktionszeichnungen. Durch Archivierung der geometrischen Daten aller Einzelteile ist darüberhinaus die Wiederverwendung passender Teile aus früheren Konstruktionen möglich (Bilder 7-18 bis 7-20).

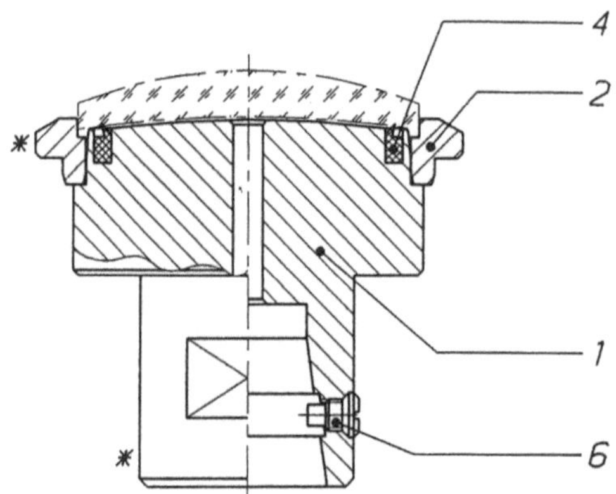

Bild 7-18. Schleiffutter.

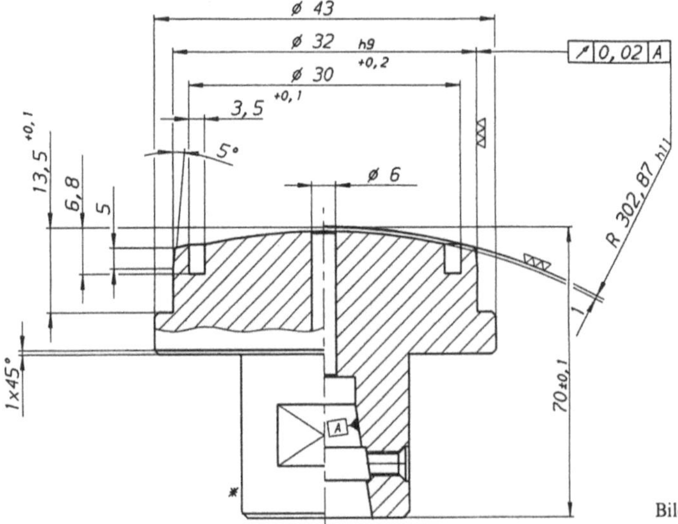

Bild 7-19. Aufnahmefutter.

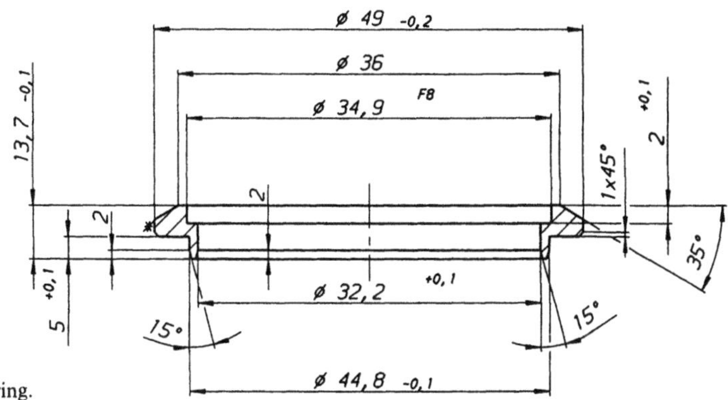

Bild 7-20. Linsenaufnahmering.

Weitere Beispiele sollen die Anwendungsvertiefung durch geeignete Programme darstellen (Bild 7-21 bis Bild 7-26).

	Arbeitsschritte	Arbeitszeit
mit Software Grundversion:	115	404 s
mit 'Spezial'-Menue:	29	135 s
Differenz:	86	269 s ≈ 67%

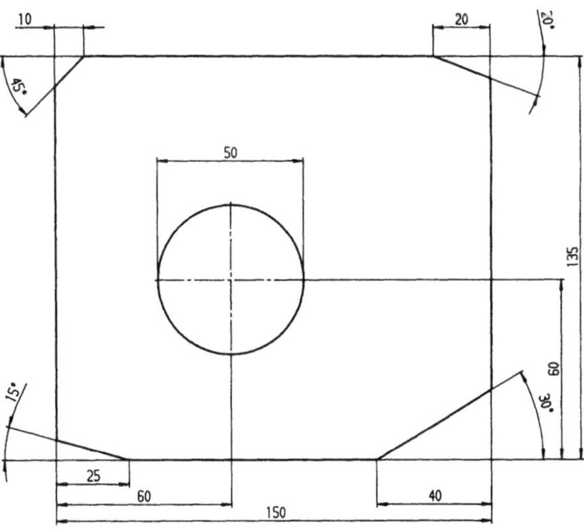

Bild 7-21.
Beispiele für die Anwendung von
Erweiterungsprogrammen (1).

	Arbeitsschritte	Arbeitszeit
mit Software Grundversion:	17	110 s
mit 'Spezial'-Menue:	3	8 s
Differenz:	14	102 s ≈ 93%

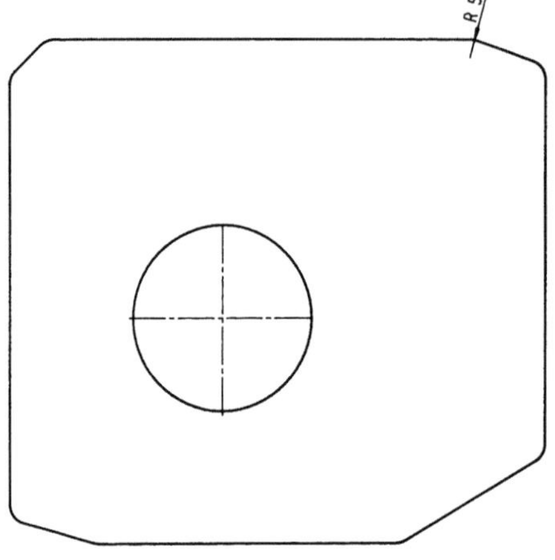

Bild 7-22.
Beispiele für die Anwendung von
Erweiterungsprogrammen (2).

	Arbeitsschritte	Arbeitszeit
mit Software Grundversion:	28	83 s
mit 'Spezial'-Menue:	6	9 s
Differenz:	22	74 s ≈ 89%

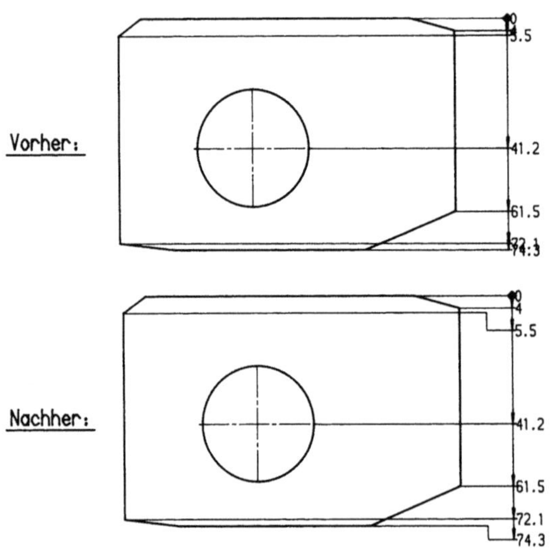

Bild 7-23.
Beispiele für die Anwendung von
Erweiterungsprogrammen (3).

244

	Arbeitsschritte	Arbeitszeit
mit Software Grundversion:	9	56 s
mit "Spezial"-Menue:	3	11 s
Differenz:	6	45 s ≈ 80%

Bild 7-24.
Beispiele für die Anwendung von
Erweiterungsprogrammen (4).

	Arbeitsschritte	Arbeitszeit
mit Software Grundversion:	99	200 s
mit "Spezial"-Menue:	7	15 s
Differenz:	92	185 s ≈ 93%

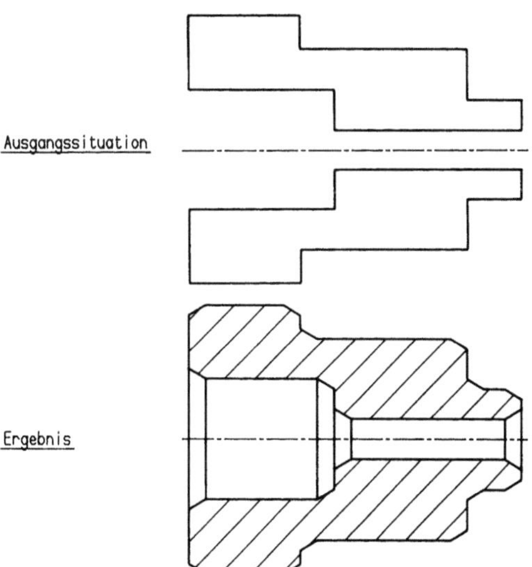

Bild 7-25.
Beispiele für die Anwendung von
Erweiterungsprogrammen (5).

	Arbeitsschritte	Arbeitszeit
mit Software Grundversion:	27	70 s
mit "Spezial"-Menue:	11	45 s
Differenz:	16	25 s ≈ 36%

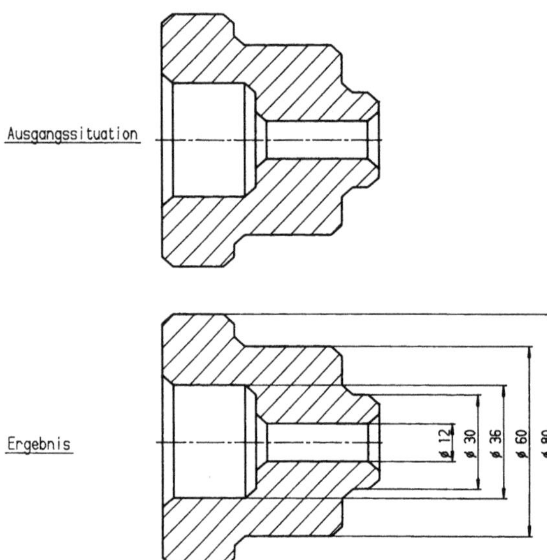

Bild 7-26.
Beispiele für die Anwendung von
Erweiterungsprogrammen (6).

b) Standardisierung von Vorrichtungselementen

Neben der Optimierung der Software ist die Standardisierung von Vorrichtungselementen zur rationellen Vorrichtungskonstruktion unerläßlich. Hierzu ist es notwendig, daß sich Betriebsmittelkonstrukteure, Hersteller von Betriebsmitteln und Anwender gemeinsam auf ein kostengünstiges, funktions- und fertigungsgerechtes Standardelement festlegen, welches dann in das jeweilige CAD-System eingegeben wird.

Nachfolgend sollen einige Beispiele den Einsatz typischer, standardisierter Vorrichtungselemente verdeutlichen:

Beispiel 1:

Grundplatten in 3 Ausführungsformen von der einfachen Platte mit angefasten Ecken bis zu dem Arbeitsraum der Bearbeitungszentren angepaßten Sonderform. Hierbei stehen die 4 Ansichten A, B, C, D zum Aufruf über Menüfeld bereit (Bild 7-27).

Beispiel 2:

Aufnahme- und Zentrierstifte in abgesetzter oder glatter Form, aus Zylinderstiften oder Lochstempeln gefertigt, in Durchgangs- oder Sacklochbohrungen eingepreßt (Bild 7-28).

246

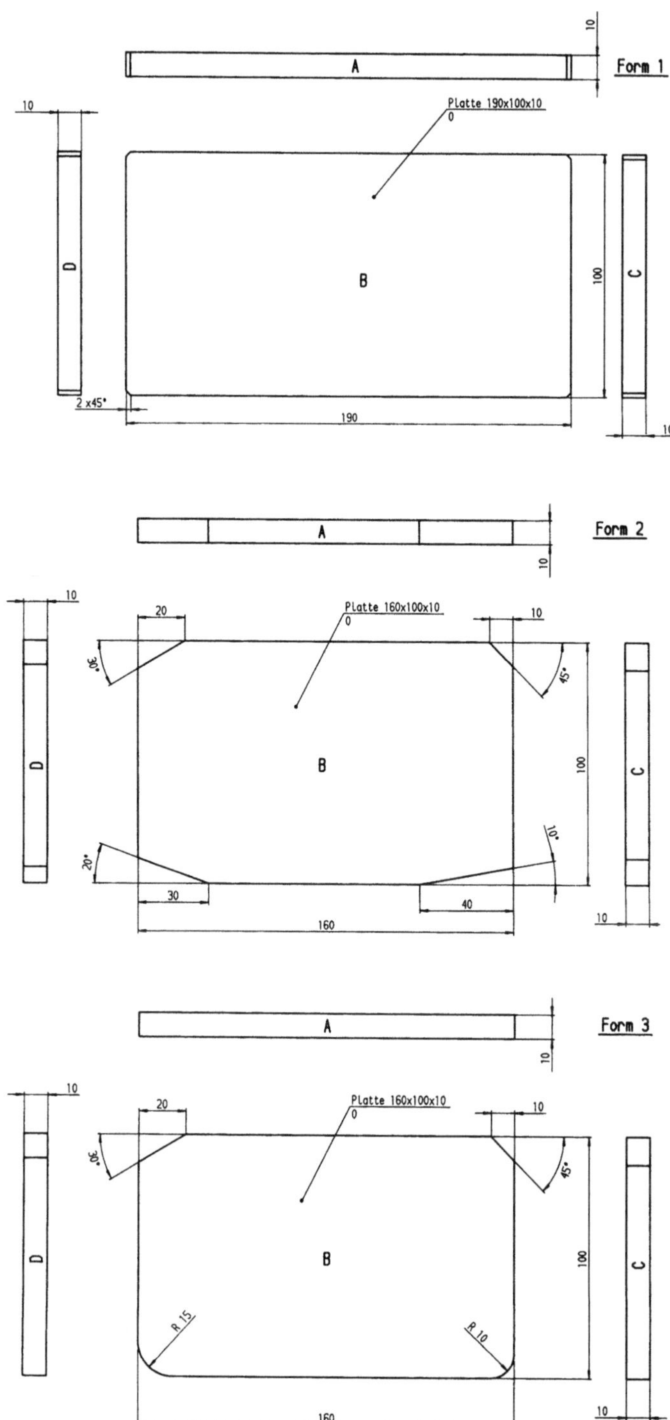

Bild 7-27. Standardisierte Vorrichtungselemente im CAD (1).

247

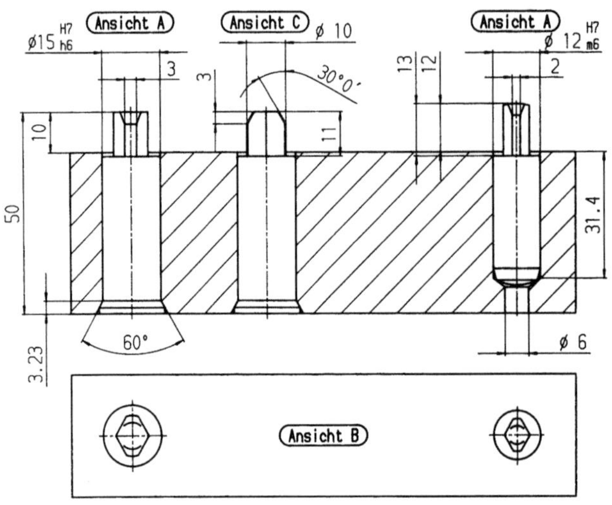

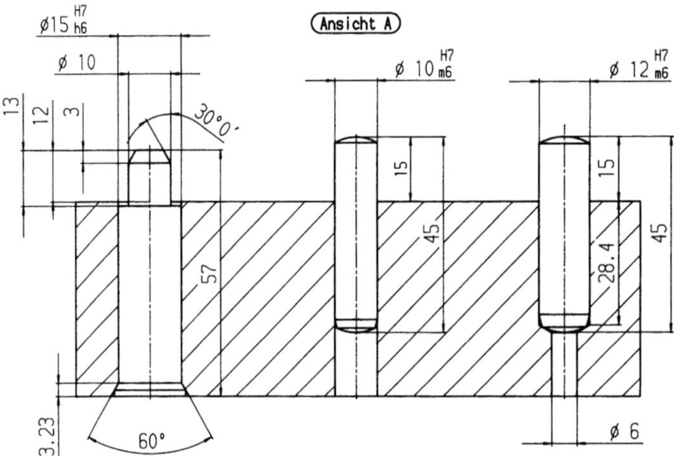

Bild 7-28. Standardisierte
Vorrichtungselemente
im CAD (2).

Beispiel 3:

Komplettes Spannelement für „schwimmende Spannung", ein Standardelement bei Spannvorrichtungen (Bild 7-29).

Beispiel 4:

Prüflineal, Schieberbock und Aufnahmeelement als Standards für Richtvorrichtungen (Bild 7-30).

248

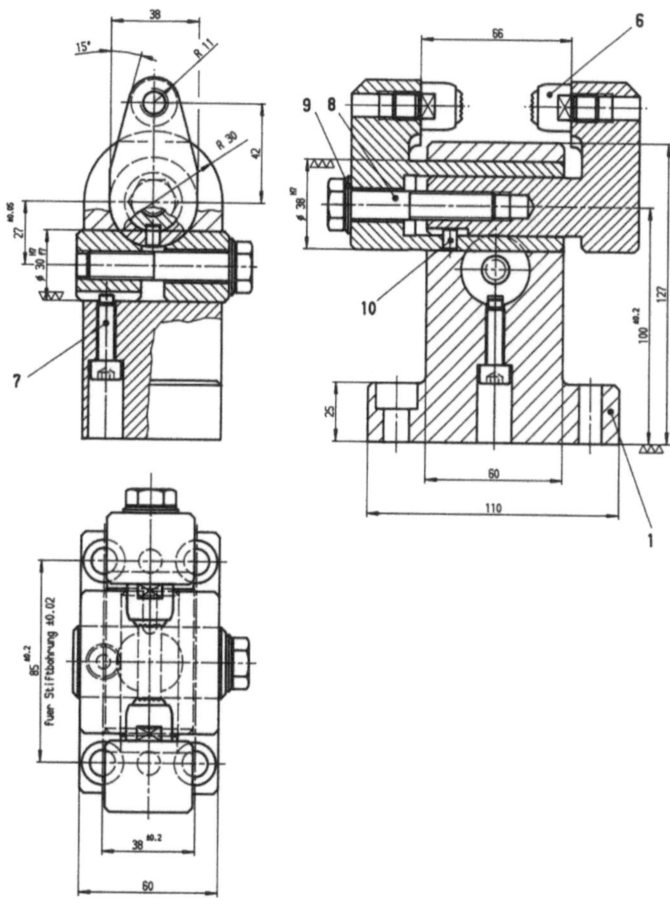

Bild 7-29. Standardisierte Vorrichtungselemente im CAD (3).

Der Aufruf der dargestellten standardisierten Vorrichtungselemente in den verschiedenen Ansichten kann z. B. über ein für alle Elemente zuständiges Befehlsfeld mit den entsprechenden Menüfeldern erfolgen. Hierbei werden die variablen Abmessungen nur einmal eingegeben und für weitere Ansichten automatisch generiert. Dazu dient das Feld „gleiches Teil andere Ansicht" mit Abfrage der gewünschten Ansicht (Bild 7-31).

Bei dem Menü gilt:

A = Vorderansicht
B = Draufsicht
C = Seitenansicht von links
D = Seitenansicht von rechts
E = linke Halbschnitt-Hälfte
F = rechte Halbschnitt-Hälfte

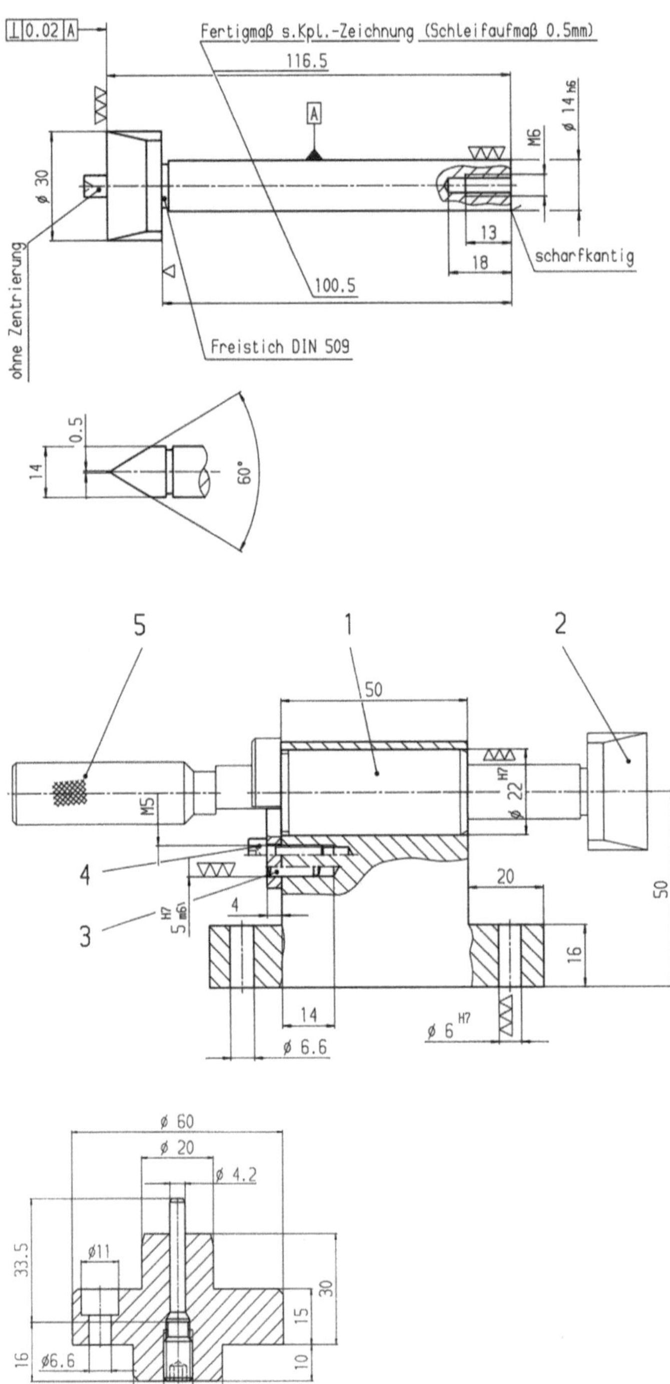

Bild 7-30. Standardisierte Vorrichtungselemente im CAD (4).

250

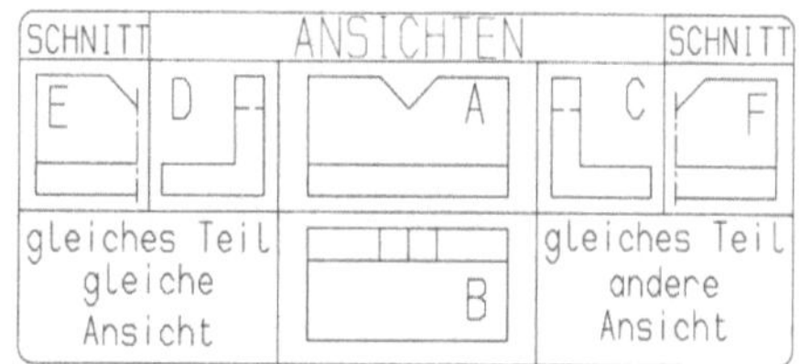

Bild 7-31. Menü zur Abfrage von Ansichten/Schnitten.

c) Einsatz von Vorrichtungsnormalien

Zur Erstellung kostengünstiger, teilespezifischer Betriebsmittel ist der Einsatz von Vorrichtungsnormalien in zunehmendem Maße anzustreben. Normalien werden von einer Vielzahl von Herstellern angeboten und ermöglichen zum Beispiel die Auslegung einer kompletten manuellen, pneumatischen oder hydraulischen Spannung. Damit eine solche Spannung dem Werkstück optimal angepaßt werden kann, ist oft eine Kombination von Normalien unterschiedlichster Hersteller notwendig.

Für die in den jeweiligen Unternehmen bestehenden Teilefamilien haben sich so im Laufe der Jahre bestimmte immer wiederkehrende Normalien herauskristallisiert. Diese Normalien müssen in das vorhandene CAD-System integriert werden.

Viele Normalien-Hersteller bzw. Software-Häuser bieten komplette CAD-Normteile-Kataloge an. Der Erwerb eines solchen Kataloges ist oft durch Entrichtung einer Schutzgebühr möglich. Diese Schutzgebühr setzt sich aus einer Grundgebühr und einem Preis pro Arbeitsplatz zusammen.

Die Einspielung dieser Dateien in das vorhandene CAD-System ist zwar über bestimmte Schnittstellen möglich, aber in der Regel noch mit einem nennenswerten Arbeitsaufwand verbunden. Erfahrungsgemäß werden nicht alle Daten, Symbole und Zeichnungen komplett überspielt. Diese Normteile sind zu ergänzen und an die im Unternehmen eingeführten Datenstrukturen anzupassen.

Aus diesen dargestellten Gründen gehen einige Firmen, die das gleiche CAD-System anwenden, dazu über, in Arbeitsteilung Normteile einzugeben und untereinander auszutauschen. So erhält jede Firma mit vertretbarem Aufwand die Normalien, die in der jeweiligen Betriebsmittelkonstruktion am häufigsten eingesetzt werden. Außerdem findet ein Erfahrungsaustausch statt, der jedem Anwender zugute kommt.

Der Vorteil des Einsatzes eines abrufbaren Normteiles gegenüber der manuellen Erstellung wird am Beispiel eines Positionsstiftes deutlich (Bild 7-32).

Bild 7-32. Normteil Positionierstift.

Auf den nachfolgenden Bildern werden einige weitere repräsentative Normalien dargestellt (Bild 7-33 und Bild 7-34).

Die dargestellten Vorgehensweisen haben gezeigt, daß es in der Betriebsmittelkonstruktion mit der Beschaffung eines CAD-Systems alleine nicht möglich ist, kostengünstig
Betriebsmittelzeichnungen zu erstellen. Viele kleine, zeitintensive Schritte sind notwendig, um zu einer rationellen Arbeitsweise zu gelangen.

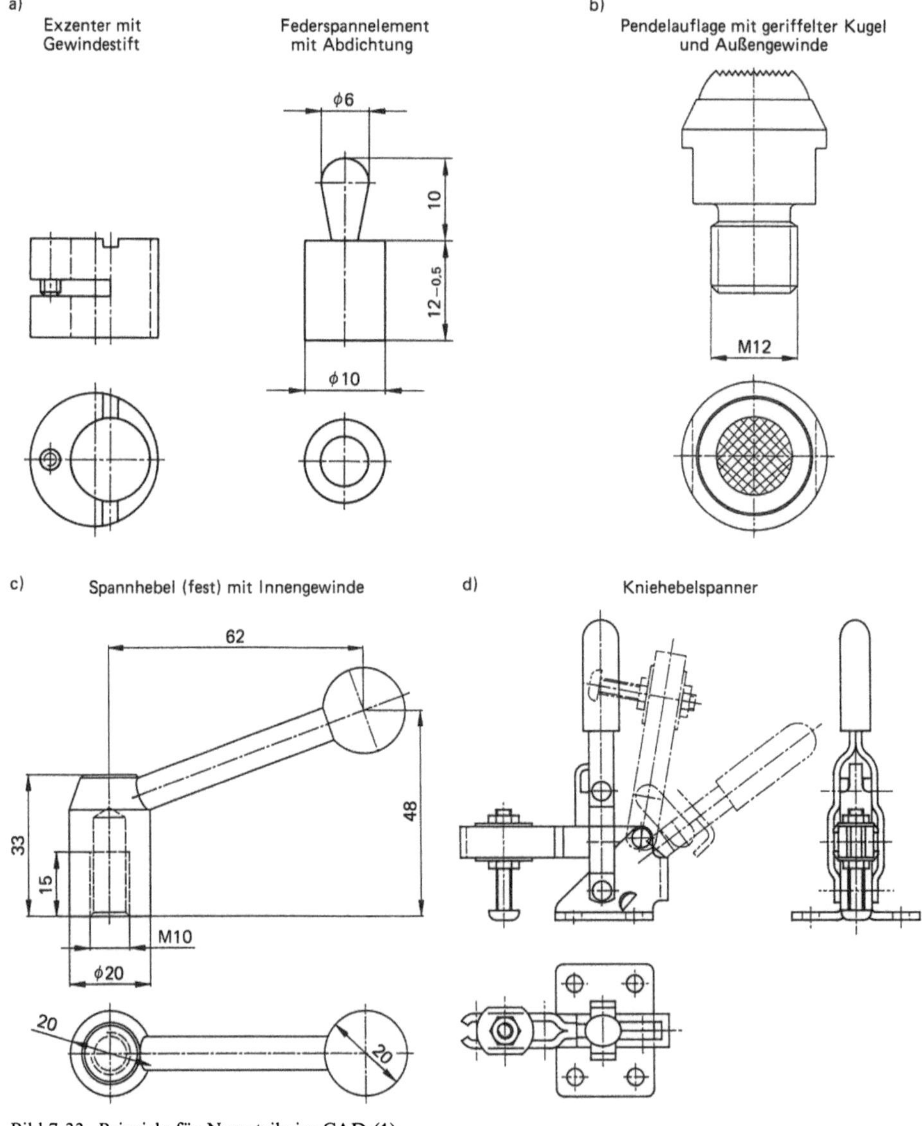

Bild 7-33. Beispiele für Normteile im CAD (1).

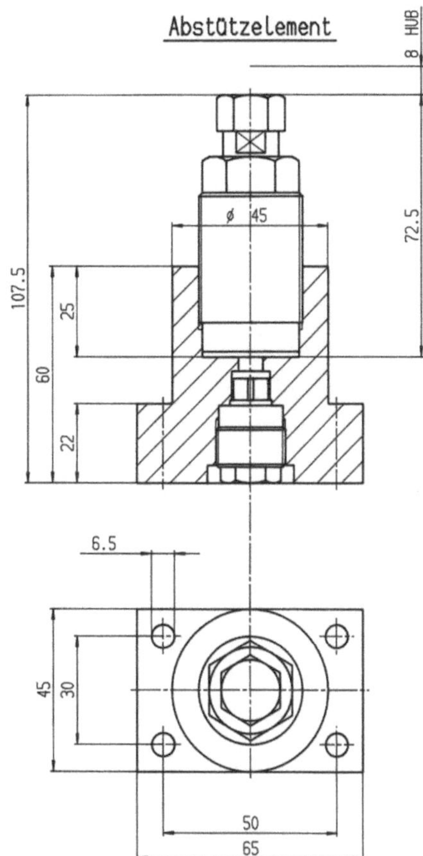

Bild 7-34. Beispiele für Normteile im CAD (2).

Ein effektiver Einstieg in die CAD-Technik sollte über Vorrichtungen für Teilefamilien mit der größten Variantenzahl erfolgen. Ein kontinuierlicher Ausbau der hierbei gewonnenen Erfahrungen führt dann zu einer Vertiefung und Ausweitung der Anwendungen. Hierzu ist eine wirksamere und gezieltere Hilfestellung der Systemanbieter erforderlich.

Die bisher gewonnenen Erfahrungen haben gezeigt, daß selbst bei zügigem Ausbau der CAD-Aktivitäten auch in naher Zukunft bestimmte Konstruktionen am Zeichenbrett kostengünstiger zu bewältigen sein werden. Es ist allerdings zu erwarten, daß mit gesteigerter Rechnerleistung, besseren und größeren Bildschirmen sowie leistungsfähigerer Software der CAD-Einsatz zum Konstruieren und Zeichnen ausgeweitet werden kann.

In dem voranstehenden Kapitel wurden einige Aspekte beschrieben, die bei der Einführung und Anwendung von CAD-Systemen für die Konstruktion von teilespezifischen Vorrichtungen zu berücksichtigen sind. Weiterhin wurden einige Anregungen gegeben, wie vorhandene CAD-Software an die spezifischen Anforderungen in diesem Bereich angepaßt werden kann, um die Rationalität des Rechnereinsatzes zu erhöhen. In diese Richtung zielt auch die ebenfalls beschriebene Verwendung von standardisierten CAD-Vorrichtungselementen und von Vorrichtungsnormalien.

Nach diesen Erläuterungen zu einzelnen Teilaspekten des CAD-Einsatzes soll nun an einem durchgängigen Beispiel der Gesamtablauf der Konstruktion einer teilespezifischen Vorrichtung, von der Planung bis hin zur endgültigen, detaillierten Darstellung im CAD-System beschrieben werden.

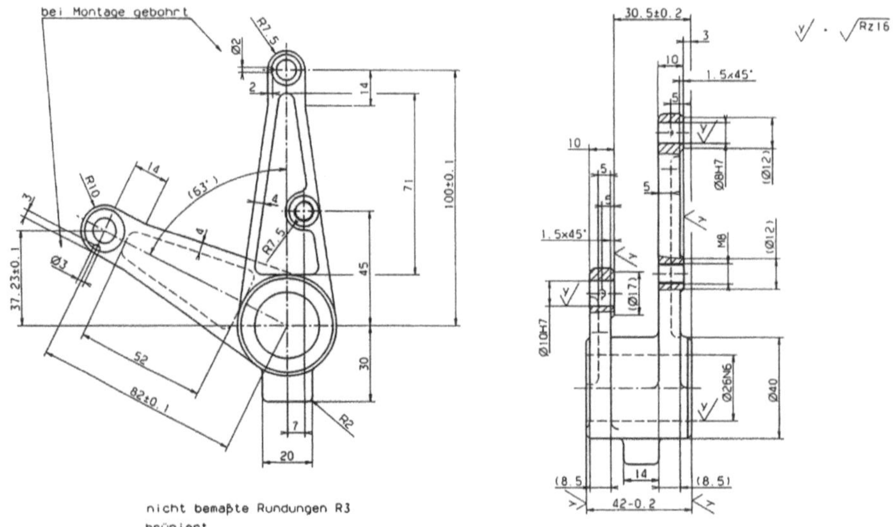

Bild 7-35. Beispielwerkstück.

Ausgangspunkt bei der Konstruktion einer teilespezifischen Vorrichtung ist die Einzelteilzeichnung des zu bearbeitenden Werkstücks (Bild 7-35). Als erster Arbeitsschritt wird gemeinsam von dem Arbeitsablaufplaner und dem Betriebsmitteltechnologen die Vorplanung (Rippenplan) der zu erstellenden Vorrichtungen durchgeführt. Hierbei werden auch eventuelle Werkstückänderungen vorgenommen, um eine möglichst optimale Aufspannung der Werkstücke für die Fertigung zu realisieren. Zu diesen Werkstückänderungen gehört z. B. das Anbringen von Spannocken, Spannschlitzen, Hilfsbohrungen etc. Bei dem betrachteten Werkstück sollen z. B. zusätzliche Spannocken angebracht werden, die nach Rücksprache mit der Produktkonstruktion auch nach der Fertigung beibehalten werden können. Neben den erforderlichen Werkstückänderungen werden bei der Planung u. a. auch die Betriebsmittelkosten schätzungsweise ermittelt und in dem Rippenplan (Bild 7-36) vermerkt. Als nächstes werden die geeigneten Positionier- und Spannstellen mittels Bildzeichen in die Werkstückzeichnung eingetragen (Bild 7-37). Die Erteilung des Auftrags an die Betriebsmittel-Konstruktion erfolgt in dem betrachteten Beispiel über die Ausstellung eines speziellen Formulars, in diesem Fall einer sogenannten MIB-Karte (Mitteilung-Information-Bestellung) (Bild 7-38). Dieses Formular enthält Informationen zu

- ungefähre Kosten der Konstruktion,

- Konstruktionstermin,

- Entwurfsvorlage ja – nein,

- zuständige Sachbearbeiter der Fachgruppe Technologie.

254

| 8 | 9 | 0 | 1 | 6 | 2 | 1 | 6 | 4 | | | Objekt |
| Typ | | Gruppe | | | Teil | | | T.F. | Dringlichkeitsvermerke / F. Termin | | Bl. 1 von Bl. |

Hebel		*Ni*		*HA*	*21.5.90*	*180*	/
Werkstückbenennung		Sachb. P 11.21	Pf1.11	P 14	Erst.Datum	Stck./Mon.	Rohling ja/nein

AG	Bearbtg Masch. Typ	Besprechungsvermerke über Bearbt. u. Betriebsmittelausführung	Sachb/AG Pf1.21	ert. Werkst Änderung	KB Vergabe Datum	Kosten			
						Konstruktion Vorr.	Lehren	Fertigung Vorr.	Lehrer
20	BZH-07	ORD-Nr. V 30011 BV 007. 1800 ORD-Nr. p 17071 BP 004. 8756 (Absteck Lehre) Teil kompl fertigen		*Am Auge ø 40 Spannocken zo breit anbringen*		3500,-		7000,-	
						3500	450	7000	1000
						3950,-		8000,-	

Bild 7-36. Rippenplan.

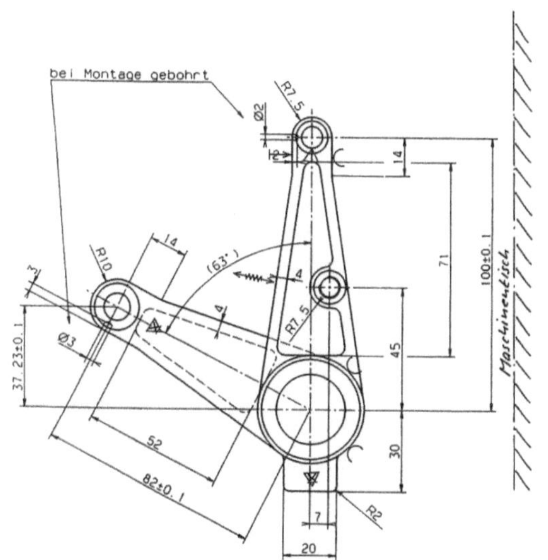

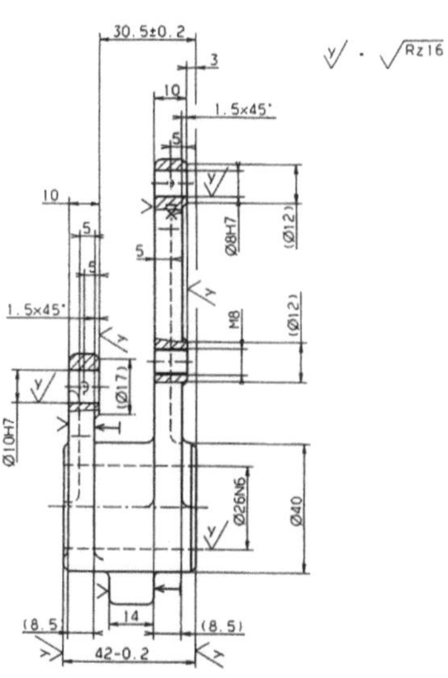

Bild 7-37. Vorgesehene Positionier- und Spannstellen am Beispielwerkstück.

BMK   MIB-KARTE   Fachgruppe   Blatt _1_ von   Bl.

Teil-Nr.	Objekt	Plan Nr.	Art	Teil Fam.	Plan Datum	I	II	Fachgruppe Q	W	K	Zeit in Std.	Fachgruppe Termin
8.9·0.16·2.16/		0.1	R.P	4	21.5.90 (Drehen)		X			X		

PL	Sach-Nummer	Index	AG	N/Ä	Stck.	Mb Fert.	Kontr.	Schätzk. „K"	P 11.21	KB	Rsp. P/F	NC	Fachgruppe erledigt	Konstruktion erledigt	Termin
Ni	B V·007·1800·		20	W	1	4.32/		3.500	WH			X	Ni 28.5.90	Si 17.7.90	13.7.90
OBJ. NR. 4	V·30011	Bemerkungen	CAD (1 werkst. gespannt) Entwurf vorlegen												
Ni	B P·004·8756·		20	W	1	4.60/		4.50	WH				Ni 28.5.90	Si 17.7.90	13.7.90
OBJ. NR. 4	P·17071	Bemerkungen													
	B ··					/									
OBJ. NR. 4	·	Bemerkungen													
	B ··					/									
OBJ. NR. 4	·	Bemerkungen													
	B ··					/									
OBJ. NR. 4	·	Bemerkungen													
	B ··					/									
OBJ. NR. 4	·	Bemerkungen													

Zuordnung der Ko-Kosten								Invest. Progr.	Bestell. geschr.
F = Fertigung	Ftg.-Umstellung	50	Mess.-Konstr.	54		57	Für and. Abtl. 61	Planung V 65	91 1016
M = Montage	Ratio-Werkst. hdg.	51	Mess.-Konstr. neu	55		58	62	Planung S 66	28.5.90
	Qualitätssicherg.	52	neue Typen F81			59	63	67	
	Besch.-Vsch.-Verl.	53	geänd. Teile	56	Sondermasch.	60	Planung WPL 64		

Bild 7-38. MIB-Karte.

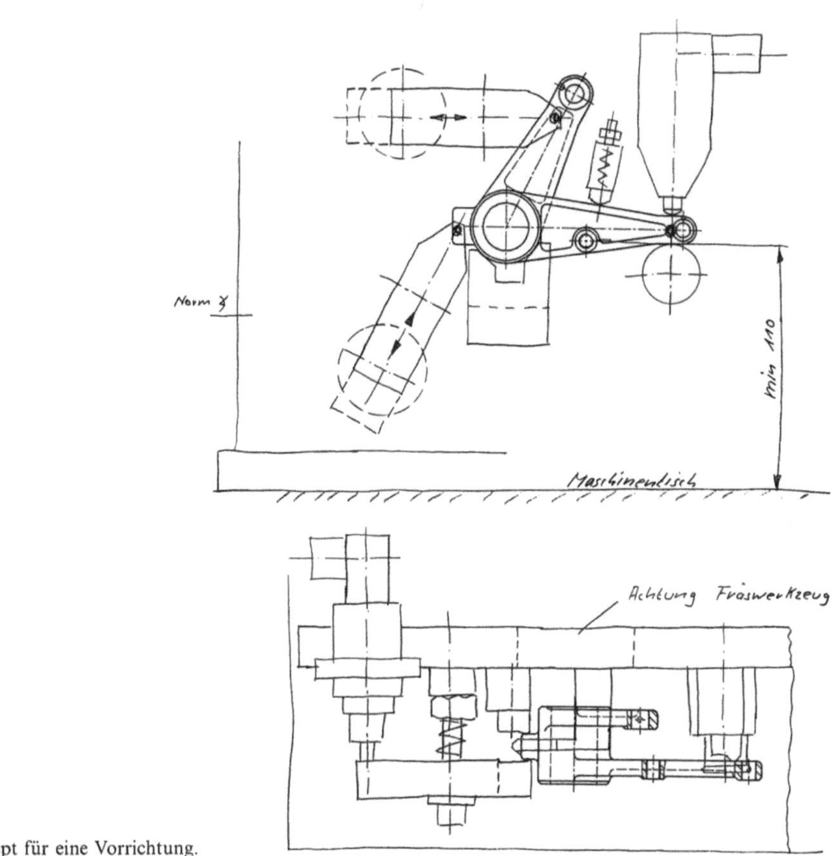

Bild 7-39.
Handkonzept für eine Vorrichtung.

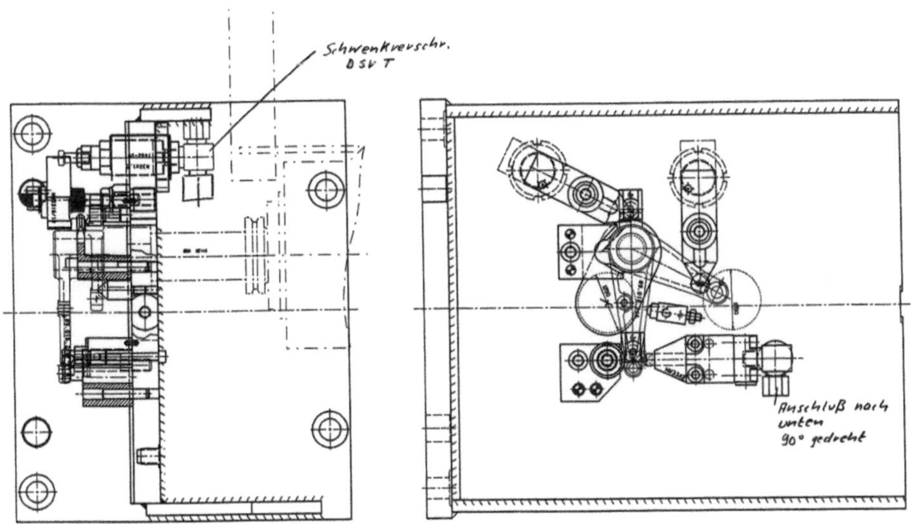

Bild 7-40. CAD-Entwurfszeichnung.

Dieses Formular wird zusammen mit dem erwähnten Rippenplan und der Werkstückzeichnung an die Betriebsmittelkonstruktion zur Bearbeitung weitergeleitet. Der zuständige Betriebsmittelkonstrukteur erstellt nun zunächst ein Handkonzept für die Vorrichtung. Dies geschieht unter der Vorgabe, möglichst viele genormte Funktionsträger bzw.
Normteile zu verwenden (Bild 7-39). Dieser Handentwurf bildet die Grundlage für die
nachfolgende Erstellung einer Entwurfszeichnung mit Hilfe des CAD-Systems (Bild 7-
40). Dieser Entwurf wird anschließend mit dem zuständigen Gruppenleiter bzw. Vorrichtungsplaner durchgesprochen, um eventuelle Änderungen einzubringen bzw. um den
Entwurf genehmigen zu lassen. Es folgt schließlich die Erstellung der kompletten CAD-
Zeichnung mit allen notwendigen Angaben wie z. B. Bemaßung und Toleranzen (Bild 7-
41 und 7-42). Die fertige CAD-Zeichnung der Vorrichtung wird dann weitergeleitet zur
Beschaffung.

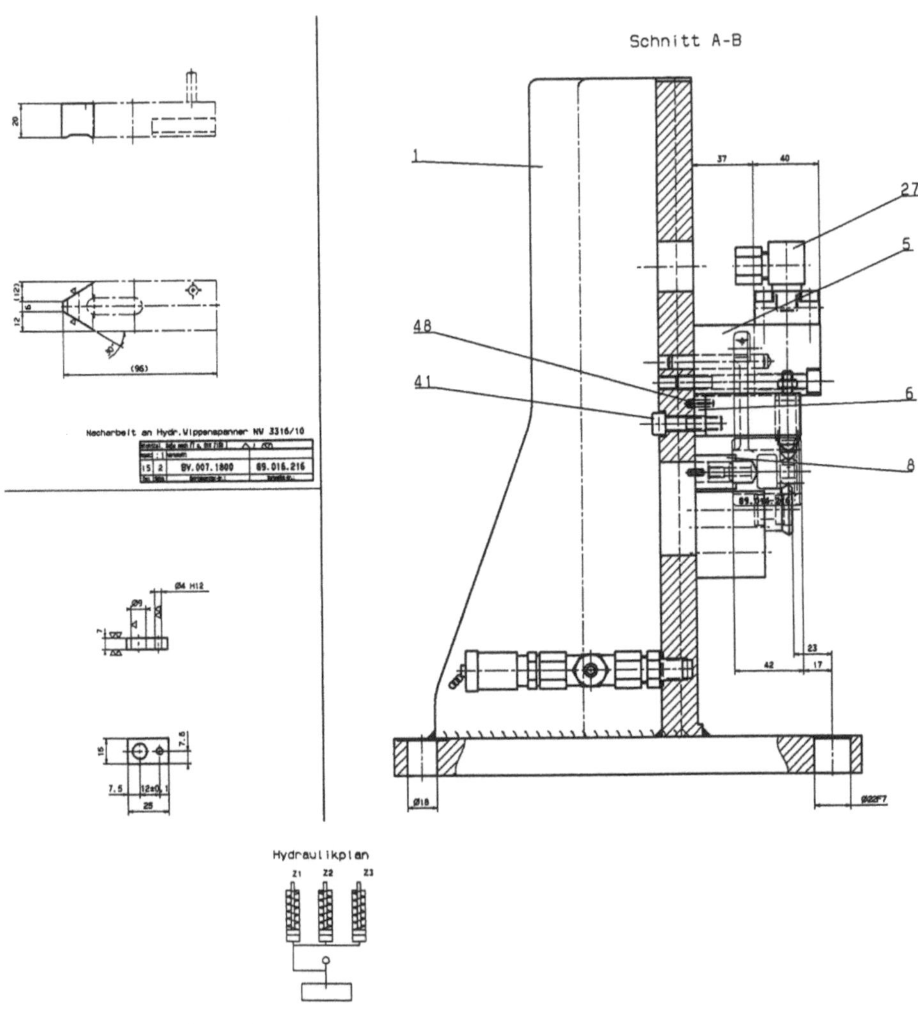

Bild 7-41. Komplette CAD-Zeichnung einer Vorrichtung (1).

258

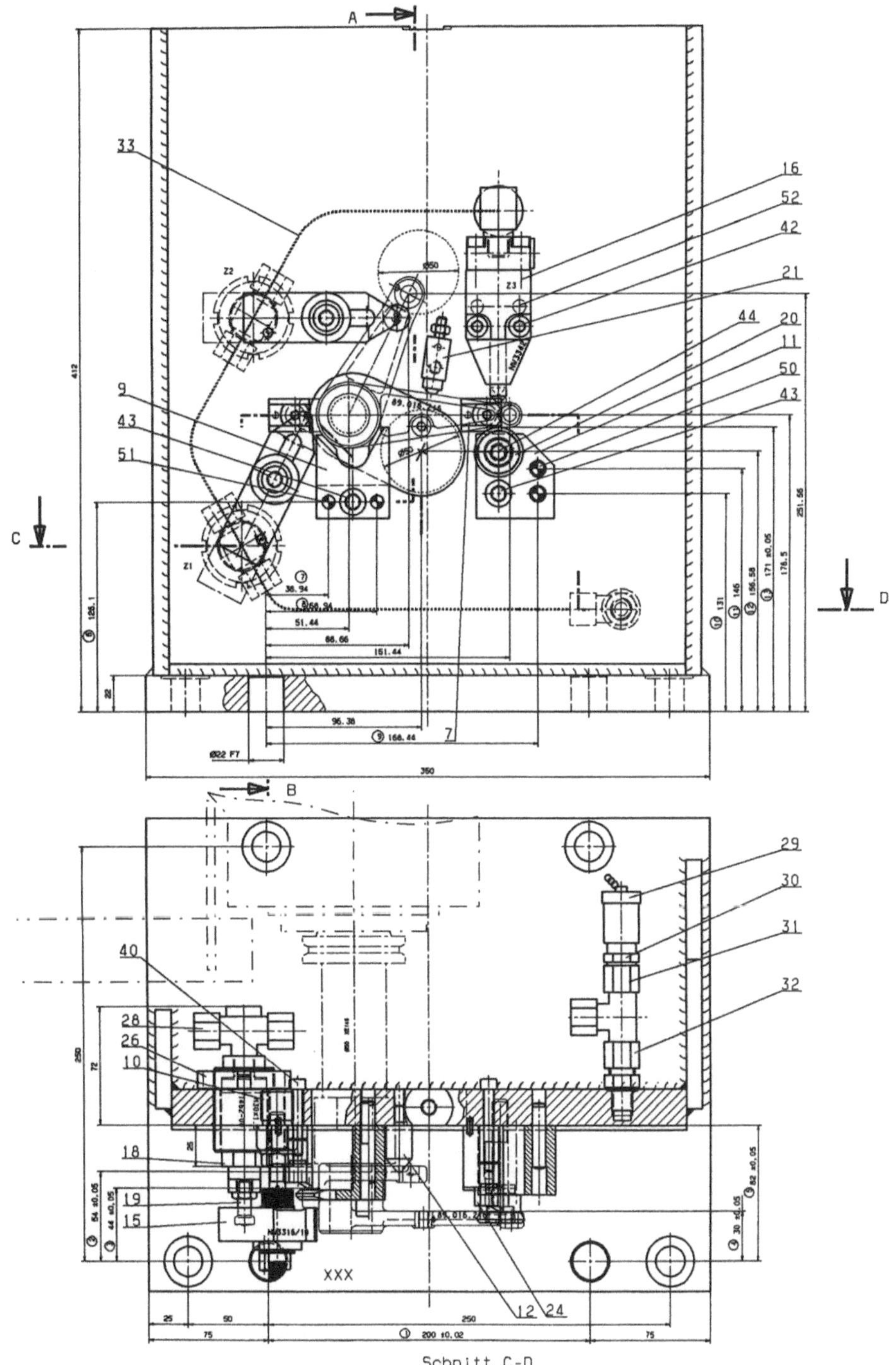

Bild 7-42. Komplette CAD-Zeichnung einer Vorrichtung (2).

7.2 Rechnerunterstützte Konstruktion von Baukastenvorrichtungen

Der Einsatz von CAD in der Betriebsmittelkonstruktion erschließt dem Betriebsmittelbau ebenfalls beim Bau von Baukastenvorrichtungen neue Möglichkeiten. Die Rechnerunterstützung zwingt zu einer engen Zusammenarbeit zwischen Arbeitsvorbereitung, Konstruktion, Betriebsmittelbau und Produktion. Die Daten dieser Bereiche sind untereinander schneller und aktueller austauschbar und bieten somit bessere Voraussetzungen parallel zueinander zu arbeiten. Vor allem die Forderungen der Produktion lassen sich schon in der Planung besser berücksichtigen.

Diese Forderungen sind vor allem

1) die kurzfristige Bereitstellung der Vorrichtung bzw. der Fertigung von Prototypen, Ersatzteilen und Kleinserien,

2) die Simulation der NC-Programme außerhalb der Maschine oder zusammengefaßt: die kurzfristige Bereitstellung von Vorrichtung, Werkzeug und getestetem NC-Programm.

Der Aufbau von Baukastenvorrichtungen allein nach dem Werkstück (wie in Kapitel 5.4.5 beschrieben) ist zwar kostengünstig, bringt aber auf der Terminseite auch Nachteile mit sich: Die CNC-Programmierung kann erst nach Montage der Baukastenvorrichtung erfolgen, die Beschaffung von eventuell benötigten Sonderwerkzeugen mit meist langer Lieferzeit verzögern den Bearbeitungsbeginn.

In dem in Bild 7-43 gezeigten Zeitdiagramm wird im Vergleich der Zeitbedarf für die Erstellung von Spezialvorrichtungen, Baukastenvorrichtungen ohne und Baukastenvorrichtungen mit Rechnereinsatz dargestellt. Wie hier zu erkennen ist, reduziert sich die Zeitspanne zwischen Produktionskonstruktion und Produktionsbeginn durch den CAD-Einsatz auf die Dauer der Material-Beschaffungszeit.

2D- oder 3D-System?

Das Kriterium für die Auswahl eines CAD-Systems ist die Art der angebotenen Darstellungsmöglichkeiten. Die Wahl der 2D- oder 3D-Darstellung ist vom Gesamtkonzept und der Produktpalette des Betriebes abhängig. Die Möglichkeiten des CAD-Systems sind speziell für Baukastenvorrichtungen zu untersuchen, um den Betriebsmittelbau besser in den Gesamtablauf integrieren zu können.

Bis heute wird noch überwiegend das 2-dimensionale System eingesetzt. Das 3-dimensionale System benötigt gegenüber 2D eine wesentlich höhere Rechner- und Speicherkapazität, die aber in naher Zukunft kostengünstig zur Verfügung stehen wird. 3D bietet in Bezug auf die Programmsimulation die besseren Möglichkeiten.

Zum Erreichen einer Gesamtwirtschaftlichkeit der rechnergestützten Konstruktion von Baukastenvorrichtungen müssen folgende Ziele angestrebt bzw. Anforderungen erfüllt werden:

– Die rechnergestützte Konstruktion von Baukastenvorrichtungen ist voll in eine rechnergestützte Vorrichtungsverwaltung zu integrieren,

– die Durchlaufzeit ist durch den CAD-Einsatz und eventuell angeschlossener weiterer CA-Systeme (CAM, PPS, WST) zu minimieren, so daß innerhalb kürzester Zeit eine Baukastenvorrichtung zur Verfügung stehen kann,

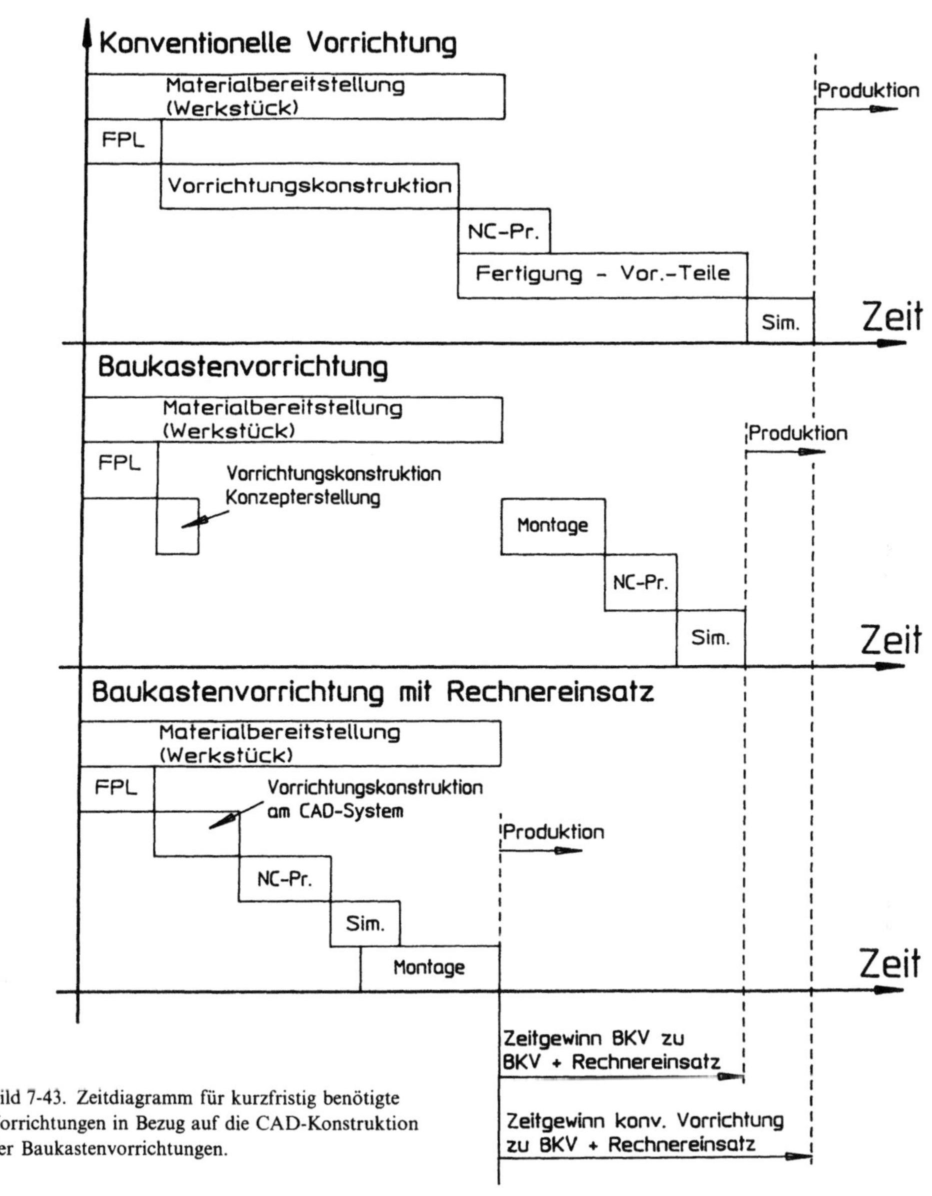

Bild 7-43. Zeitdiagramm für kurzfristig benötigte Vorrichtungen in Bezug auf die CAD-Konstruktion der Baukastenvorrichtungen.

– ähnliche Vorrichtungen müssen einfach zu finden sein. Dazu könnte ein Klassifizierungssystem auf Sachmerkmalbasis für Maschinenteile, Vorrichtungen etc. eingesetzt werden. Ähnlichkeitsbeziehungen für Vorrichtungen können bereits im Vorfeld der Konstruktion zur Vorkalkulation und zur Kapazitäts- und Bedarfsermittlung herangezogen werden. Darüberhinaus können ähnliche Vorrichtungen zur Variantenkonstruktion genutzt werden,

- die Möglichkeiten des CAD-Einsatzes in Bezug auf die Minimierung der Konstruktionsdauer, Dokumentation, Baukastenbibliothek und Stücklistengenerierung sind voll auszuschöpfen,

- die Vorrichtungs-Baukastenmontage soll eine eindeutige Montagezeichnung enthalten. Eventuell ist der Aufwand an genormter Zeichnungsdarstellung zu verringern, um die Übersichtlichkeit der Konstruktion zu gewährleisten,

- eine geordnete Datenverwaltung für die Konstruktion von Baukastenvorrichtungen mit Stücklistenverwaltung, Stammdatenverwaltung und Vorrichtungsstammdatenverwaltung ist zu organisieren,

- die NC-Programmierung soll die erstellte Baukastenvorrichtungskonstruktion zur Programmierung und Simulation der Werkzeugverfahrwege übernehmen können. Der wesentliche Teil der Optimierung (Kollisionskontrolle etc.) des NC-Programmes ist im Vorfeld der Fertigung durchzuführen,

- in dem Arbeitsplan des Werkstückes ist der Arbeitsgang „Montage der Baukastenvorrichtung" einzubinden.

Der Rechnereinsatz bei der Planung und Konstruktion von Baukastenvorrichtungen kann aus mehreren Gründen sinnvoll sein:

- Baukastenelemente können mit kompletter geometrischer und technischer Beschreibung auf dem Rechner gespeichert werden,

- Änderungen an Vorrichtungen aufgrund von Anforderungen der NC-Programmierung sind am Rechner einfach zu realisieren,

- vorhandene Baugruppen lassen sich komfortabel verwalten und in neue Vorrichtungen integrieren,

- vereinfachter Wiederholaufbau von Vorrichtungen aufgrund der genauen Dokumentationsunterlagen in Form von Aufbauplänen mit Vermaßung und räumlicher Darstellung (Bild 7-44),

- Möglichkeit der Übergabe von Stücklisten-Informationen an administrative Systeme.

Um die genannten Möglichkeiten voll auszuschöpfen, sind einige Anforderungen an ein CAD/CAM-System zu erstellen:

- Ungehinderter Übergang von zwei- in dreidimensionale Geometrien,

- selbstständiges Erzeugen von Bibliotheken für Baukastenteile durch den Anwender oder Kauf von Bibliotheken der Baukastenhersteller,

- Funktionen zur Varianten-Konstruktion von Zusatzteilen z.B. Aufnahme für Rotationsteile,

- Funktion zur Vergabe von Attributen an Baukastenteile,

- automatische Stücklistengenerierung mit der Definition des Aufbaues der Stückliste durch den Anwender,

- grafische interaktive Aufbereitung von Teilegeometrien für die NC-Programmierung innerhalb eines integrierten CAD/CAM-Systems,

- integrierte CAD/CAM-Technologiedatenbank, Unterstützung der NC-Programmierung durch innerhalb des CAD/CAM-Systems verfügbare Technologiedateien (Rohteilebibliothek, Spannmittelbibliothek, Maschinenbibliothek, NC-Macrobibliothek),

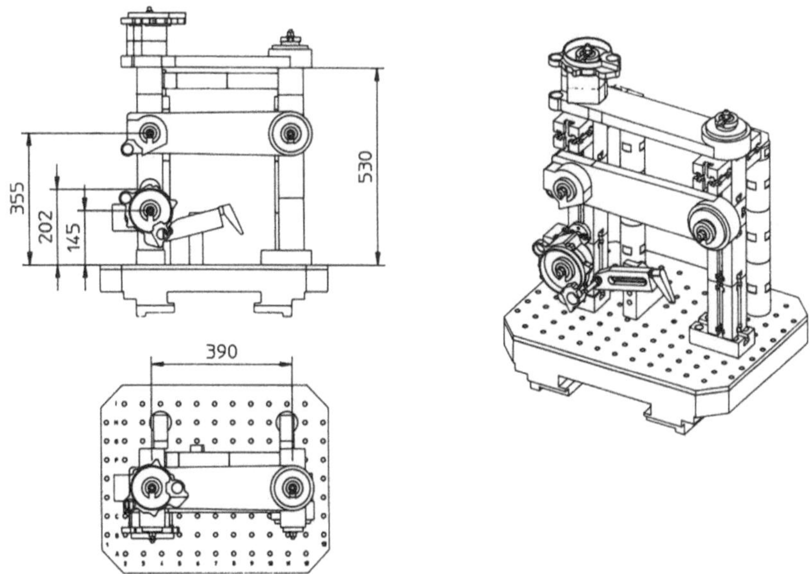

Bild 7-44. CAD-Aufbauplan einer Baukastenvorrichtung.

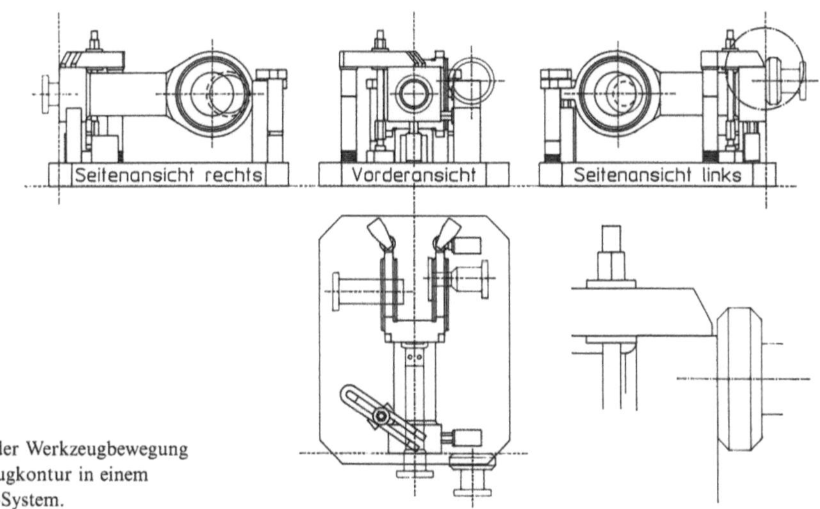

Bild 7-45.
Simulation der Werkzeugbewegung
und Werkzeugkontur in einem
CAD/CAM-System.

- Simulation der Werkzeugbewegung und Werkzeugkontur innerhalb des CAD/CAM-Systems (Bild 7-45),

- Weiterverwendung der Daten zur NC-Programmierung,

- offenes System für die Einbindung selbstentwickelter Software,

- Übernahme von Daten aus anderen CAD-Systemen.

Wird bei der Simulation in 2D ein Sicherheitsgrad von 70% erreicht, kann man bei der
3D-Simulation von 95% ausgehen. Ansonsten ist es zusätzlich möglich, über kollisions-
gefährdete Komponenten noch sogenannte Schutzzonen (boundray) zu errichten (Bild 7-
46). Diese garantieren, daß selbst bei fehlerhafter Programmierung keine Kollision zwischen Werkzeug und Vorrichtung erfolgt. Dies ist von ganz besonderer Bedeutung bei der
Fertigung von Einzelteilen oder kleinen Stückzahlen in der mannlosen Schicht.

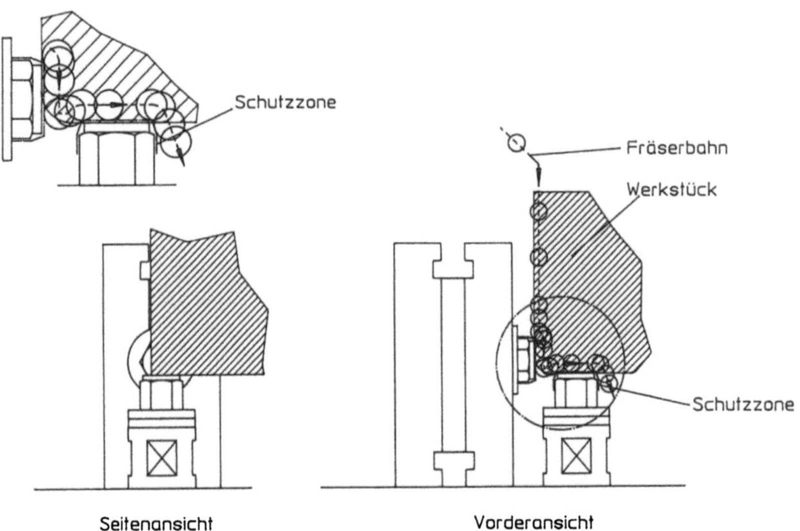

Bild 7-46. Schutzzonen an Vorrichtungselementen.

8. Fertigen und Einführen von Vorrichtungen

Der Vorrichtungsbau hat großen Einfluß auf die schnelle und qualitative Verfügbarkeit der Vorrichtungen, auch während der laufenden Fertigung.

8.1 Qualität des Personals im Vorrichtungsbau

Nicht zuletzt muß bei der Konstruktion von Vorrichtungen auch die Fähigkeit der Mitarbeiter im Vorrichtungsbau berücksichtigt werden. Es muß aber auch den Mitarbeitern im Vorrichtungsbau die Möglichkeit zur Weiterbildung gegeben werden.

In den letzten Jahren sind für Maschinen und Anlagen für die Leistungskennzahlen und für den Mechanisierungs- bzw. Automatisierungsgrad neue Maßstäbe gesetzt worden. Daraus resultiert, daß sich das Anforderungsprofil für Vorrichtungen und somit auch das Anforderungsprofil für die Mitarbeiter im Vorrichtungsbau wesentlich verändert hat.

Es werden neben der manuellen Betätigung in Verbindung mit mechanischen Elementen, wie z. B. Schrauben und Kniehebelspannern, weitere physikalische Prinzipien wie Pneumatik, Hydraulik und Magnetik für die Betätigung eingesetzt.

Daraus resultiert, daß neben dem Vorrichtungskonstrukteur auch der Vorrichtungsmechaniker (Werkzeugmacher, Maschinenschlosser) weitergebildet werden muß. Die Hersteller dieser erweiterten physikalischen Elemente bieten dafür, speziell für den Praktiker, Kurse und Seminare an.

Naturgemäß ist anzustreben, daß bei den Mitarbeitern im Vorrichtungsbau eine gewisse Spezialisierung betrieben wird, um die Effektivität zu erhöhen. Es soll aber nicht verheimlicht werden, daß derartige Spezialisierungen zu gewissen Abhängigkeiten führen.

Um dem vorzubeugen, ist es von großem Vorteil, wenn eine gute Dokumentierung, ganz besonders bei umfangreicheren Vorrichtungen, durchgeführt wird, damit bei Personalausfall oder -wechsel keine Verzögerungen und Unsicherheiten entstehen. Desweiteren ist darauf zu achten, daß sich die sogenannten ‚ungeschriebenen Selbstverständlichkeiten' in Grenzen halten. Sicher ist es auch von großem Vorteil, wenn die Mitarbeiter des Vorrichtungsbaues bereits während der Planungs- und Konstruktionsphase mit einbezogen werden.

8.2 Maschinen im Vorrichtungsbau

Die Vorrichtungskonstruktion sollte schnellen Zugriff zu den Maschinendaten des eigenen Vorrichtungsbaues und der Zulieferfirmen haben. Oft sind es wenige Millimeter bei unbedeutenden Außenabmessungen, die bei der Bearbeitung eine größere Maschine oder das Versetzen des Werkstückes notwendig machen. Bei bekannten Maschinendaten kann dies vermieden werden.

Ziel muß es sein, wenn noch nicht geschehen, daß die Maschinendaten und Fahrwege von einem geometriefähigen EDV-System abgerufen werden können. Diese Daten stehen dann auch zur Programmierung (CAM-Bereich) und zur Kalkulation und Simulation zur Verfügung.

Das Endziel muß sein, daß die mit CAD erarbeiteten Daten direkt übernommen werden können.

8.3 Material im Vorrichtungsbau

Auch bei Werkstoffen und deren Abmessungen werden durch sinnvolle Werksnormen Kosten gespart und jede eingesparte Qualität oder Abmessung reduziert Einkaufs-, Lager- und oft auch Werkzeugkosten.

So ist z.B. vor der Einführung einer zusätzlichen Abmessung zu prüfen, ob nicht die größere Bearbeitungszugabe der nächst größeren Abmessung der wirtschaftlichere Weg ist, denn die Beschaffung jeder neuen Abmessung erfordert Zeit und kann die Verfügbarkeit der Vorrichtung verzögern.

Die Vorrichtungskonstruktion muß die lagermäßigen Werkstoffarten und Abmessungen im Zugriff haben und wenn unbedingt eine nicht lagermäßig geführte Abmessung gebraucht wird, die Beschaffung schon während des Konstruktionsprozesses einleiten. Dies gilt auch für Norm- und sonstige Kaufteile.

8.4 Inbetriebnahme von Vorrichtungen

Für die lagerbestimmenden Teile einer Vorrichtung muß nach den Vorgaben der Vorrichtungskonstruktion bereits im Vorrichtungsbau bzw. im Meßraum die Abnahme und Freigabe erfolgen. Es ist aber auch in vielen Fällen sinnvoll, das erste gefertigte Werkstück oder die Null-Serie als Abnahmekriterium zu bestimmen.

Personell kann die Abnahme durch das Personal des Vorrichtungsbaues oder durch einen ‚neutralen Kontrolleur‘ erfolgen. Beide Lösungen haben Ihre Vor- und Nachteile. Der ‚neutrale Kontrolleur‘ muß sich erst in die Vorrichtung hineindenken, was Zeit und Kosten verursacht.

Bei dem Abnehmer aus dem Vorrichtungsbau besteht die Gefahr der Befangenheit, d.h. daß ein während der Fertigung entstandener Fehler nicht als solcher erkannt wird.

Sehr wichtig ist, daß nachträgliche Änderungen in den Vorrichtungszeichnungen und Stücklisten eingetragen werden, damit bei einer neuen Fertigung oder sonstigen nachträglichen Änderungen die Fehler nicht wiederholt werden.

Bei größeren Vorrichtungen und bei solchen, die nicht nur mechanisch, sondern auch noch hydraulisch, pneumatisch oder elektrisch betätigt und mit der Bearbeitungsmaschine verbunden werden, fällt und steigt die Zeit für die Inbetriebnahme und somit die Verfügbarkeit mit der Vorbereitung. Bei laufender Fertigung sollten Einrichtungen und die Funktionserprobung, soweit wie möglich und kostenmäßig vertretbar, außerhalb der Bearbeitungsmaschine erfolgen. Die Schnittstellen müssen dabei sinnvoll simuliert werden. Im Zweifelsfall soll ein Kostenvergleich den Ausschlag geben.

9. Warten, Lagern und Verwalten von Vorrichtungen

9.1 Warten von Vorrichtungen

Natürlich ist der Aufwand für das Warten von Vorrichtungen von der Komplexität und der Beanspruchung einer Vorrichtung abhängig. Bei Vorrichtungen die ständig auf der Maschine bleiben müssen, ist es auf jeden Fall sinnvoll, wenn das Warten in den Wartungsplan der Bearbeitungsmaschine mit einbezogen wird. Die Wartungskriterien sind von der Vorrichtungskonstruktion festzulegen und den praktischen Erfahrungen ständig anzupassen. Geplante Instandhaltung ist hier gefordert.

Bei Vorrichtungen die häufig gewechselt werden, muß in gleicher Weise verfahren werden, wobei die Termine mit der Wartungsstelle abgestimmt werden müssen, damit die Verfügbarkeit beim nächsten Einsatz gegeben ist.

Von großer Wichtigkeit ist die Dokumentierung der Wartungsarbeiten und eventuellen Reparaturen. Aus diesen Aufzeichnungen lassen sich zum einen Folgekosten ermitteln und zum anderen lassen sich wichtige Erkenntnisse für die Vorrichtungskonstruktion ableiten. In ein durchgängiges Informationssystem eingegeben, lassen sich diese wichtigen Daten mit vertretbarem Aufwand festhalten.

9.2 Lagern, Transportieren und Verwalten von Vorrichtungen

Auf die Verfügbarkeit von Vorrichtungen hat die Lagerung, der Transport und die Verwaltung entscheidenden Einfluß. Auch hier müssen von den vorgelagerten Stellen Planung und Konstruktion die Kriterien definiert werden.

9.2.1 Lagern

Der Wert und die Einsatzbereitschaft fordern einen Raum, der durch entsprechende Heizung, Belüftung, Temperatur und Luftfeuchtigkeit die Verfügbarkeit sichert. Verschmutzungen (z. B. Staub oder durch die Lagerung in der Nähe von spanenden Bearbeitungsmaschinen) erfordern zusätzliches Reinigen, was mit Zeit- und Kosten verbunden ist. Ebenso ist es mit der Korrosion.

Die beste Raumausnutzung ist sicher eine Regalanlage. Oft wird, gerade bei Vorrichtungen, das Gewichtsproblem übersehen. Vorrichtungen werden gewichtsmäßig leicht unterschätzt. In die Vorrichtungsdatei sollten unbedingt Gewicht und Hauptabmessung mit aufgenommen werden, damit dies mit der Tragfähigkeit des Regalfaches bzw. der Regalanlage abgestimmt werden kann.

9.2.2 Transportieren

In der Praxis muß leider immer wieder festgestellt werden, daß unverantwortlich viele Beschädigungen und somit Kosten und Ausfallzeiten beim Transport der Vorrichtung entstehen. Ein häufiger Fehler ist das Aufnehmen und Transportieren direkt auf rohen Gabeln von Staplern. Dabei wird die Grundfläche der Vorrichtung beschädigt und somit ist die Ungenauigkeit der Positionierung vorprogrammiert. Lagerung und Transport auf einer Holzpalette ist hier die Abhilfe.

Weitere Gefahrenpunkte für Beschädigungen und Deformierungen ist das unsachgemäße Aufhängen an Kränen. Die Vorrichtungskonstruktion muß in solchen Fällen bereits Vorkehrungen treffen. Gewinde für genormte Ringschrauben oder sonstige Anschlagmittel müssen vorgesehen werden. Der Schwerpunkt der Vorrichtung ist zu berücksichtigen.

Weiterhin und dies muß wiederum bereits bei der Vorrichtungskonstruktion geschehen, sollen überstehende Teile vermieden werden, die beim Transport gefährdet sind und unter Umständen als unsachgemäße Befestigungsstellen für Seile benutzt werden. Zu vermeiden sind auch vorstehende Positioniersteine oder Bolzen an der Grundfläche von Vorrichtungen, da diese besonders transportgefährdet sind.

9.2.3 Verwalten

Ganz gleich, ob die Verwaltung von Vorrichtungen manuell oder rechnergestützt erfolgt, es sollen die kaufmännischen und technischen Daten so gespeichert sein, daß sie für den jeweiligen Fachbereich schnell greifbar sind. Folgende Daten sollen abgefragt werden können:

- Neben der Sach-Nr., dem Lagerort und dem Lagerfach soll auch der Hersteller gespeichert sein,

- augenblicklicher Standort, z. B. Fertigung, Vorrichtungsbau usw.,

- Verfügbarkeitsdatum,

- Anzahl der Einsätze und der gefertigten Werkstücke,

- geplante Lebensdauer oder Grenzstückzahlen,

- Reparaturen und Wartungsdienste mit Angaben über Art und Kosten.

Die angeführten Punkte müssen den jeweiligen spezifischen Vorrichtungen und Betriebsbedingungen angepaßt werden, ebenso der jeweiligen betrieblichen Organisation.

Wie an anderer Stelle schon erwähnt, ist der Vorrichtungsbedarf und -bestand für viele Betriebe ein ganz wesentlicher Kostenpunkt für die Wettbewerbsfähigkeit. Aus diesem Grunde hat der bereits erwähnte VDI-Arbeitskreis ‚Vorrichtungskonstruktion' auch die Verwaltung von Vorrichtungen in sein Pflichtenheft mit aufgenommen, um dafür Grundprinzipien für die Praxis zu erarbeiten.

Auch hier sei gesagt, wie bereits an anderer Stelle, daß es nicht sinnvoll ist ‚irgend ein System' direkt zu übernehmen, sondern ausgehend von bewährten Grundprinzipien für die Belange des eigenen Betriebes die zweckmäßigste Verfahrensweise festzulegen.

Zusammenfassend kann festgestellt werden, daß Vorrichtungen mehrere betriebliche Bereiche beeinflussen und umgekehrt. Um zu optimalen Lösungen zu kommen, muß auch hier abteilungsübergreifend, d. h. in CIM gedacht werden. Weiterhin muß festgestellt werden, daß in mehreren Funktionsbereichen noch Handlungsbedarf für Verbesserungen besteht.

10. Funktionsträger-Katalog

10.1 Entwicklung von Funktionsträger-Katalogen (FTK)

Auf Grund des häufig großen Termindruckes bei der Konstruktion der Vorrichtungen, wird in vielen Fällen weder die konstruktiv noch wirtschaftlich günstigste Lösung ausgewählt. Dies ist vor allem darauf zurückzuführen, daß dem Konstrukteur in der Entwurfsphase keine geeigneten Informationen über vorhandene Problemlösungen zur Verfügung stehen.

Daher ist dem Konstrukteur ein Hilfsmittel zur Verfügung zu stellen, mit dem für vorgegebene Teilfunktionen einer Vorrichtung eine schnelle und gezielte Auswahl geeigneter Lösungsalternativen getroffen werden kann. Dabei muß gewährleistet sein, daß die erforderlichen Informationen über mögliche Lösungen ohne großen zeitlichen Aufwand vom Konstrukteur gefunden werden können und er zudem einen raschen Zugriff auf vorhandene Planungsunterlagen hat. Mit Hilfe einer verbesserten Bereitstellung von Informationen über alternative Lösungen lassen sich die folgenden Ergebnisse erzielen:

a) bestehende Lösungen werden häufiger wiederverwendet,

b) bei vorgegebenen, bereits realisierten Lösungen kann sich der Konstrukteur darauf konzentrieren, die konstruktiv und wirtschaftlich günstigste Lösung auszuwählen,

c) im normalen Konstruktionsablauf lassen sich erhebliche Zeiteinsparungen – und damit verbunden eine beträchtliche Kostensenkung – erzielen.

Wenn dem Konstrukteur keinerlei organisatorische Hilfsmittel bei der Suche nach vorhandenen Lösungen zur Verfügung stehen, ist er ausschließlich auf sein spezifisches Fachwissen sowie seine Kenntnisse der Vorrichtungen des Unternehmens angewiesen. Das hat zur Folge, daß der Konstrukteur nur Lösungen aus solchen Vorrichtungen wiederverwendet, die er selbst konstruiert oder an denen er mitgearbeitet hat.

Die Suche nach möglichen Funktionsträgern erstreckt sich dabei auf die Zeichnungen der bereits konstruierten Vorrichtungen. Bei diesem Suchvorgang, dessen zeitliche Dauer und Erfolg in hohem Maß von der Erfahrung des Konstrukteurs abhängt, können Funktionsträger gefunden werden, die in unveränderter oder modifizierter Form zur Realisierung der geforderten Funktion herangezogen werden können.

Eine systematische Nutzung des in den Firmen vorhandenen Know-How ist auf diese Weise jedoch nicht gewährleistet. Insbesondere die in den benachbarten Konstruktionsabteilungen erarbeiteten Lösungen bleiben meist unberücksichtigt. Insgesamt ist die Nutzung und Wiederverwendung vorhandener Lösungen ohne den Einsatz entsprechender Hilfsmittel weitgehend dem Zufall überlassen.

Den Mitarbeitern der Konstruktion muß deshalb ein Überblick über das im Unternehmen angesammelte Know-How in einer Weise gegeben werden, die einen schnellen und zuverlässigen Zugriff auf bereits vorhandene Lösungen erlaubt. Ein geeignetes Hilfsmittel zur Lösung dieser Problematik ist ein Funktionsträgerkatalog für Vorrichtungen.

Im Gegensatz zum Klassifizierungssystem liegt der Schwerpunkt beim Aufbau eines Funktionsträgerkataloges zunächst nicht so sehr in der Erstellung eines umfassenden Gliederungsschemas, sondern vor allem in der Entwicklung geeigneter Formen zur Lösungsbereitstellung. Mit zunehmender Lösungsvielfalt muß jedoch auch für den FTK ein

Gliederungsschema aufgebaut werden, das ein rasches Zugreifen auf gespeicherte Lösungen ermöglicht.

Ausgehend von den genannten Zielsetzungen kann man die folgenden Anforderungskriterien an den FTK aufstellen [24]:

- der FTK muß einen schnellen Zugriff zu bestimmten Funktionen ermöglichen und eine benutzerfreundliche Handhabung gewährleisten; diese Forderung kann durch

  - eine übersichtliche Darstellung,

  - einen fest definierten Informationsinhalt,

  - dezentrale Zugriffsmöglichkeiten,

  - einheitliche Suchstrategien und

  - eine geeignete Gliederung des Katalogaufbaues realisiert werden,

- der FTK muß ausbaufähig sein, d. h. die Gliederung des Kataloges muß Erweiterungen des Kataloginhaltes zulassen,

- der FTK muß durch standardisierte Änderungsprozeduren mit wenig Aufwand auf dem aktuellen Stand gehalten werden können,

- der FTK sollte langfristig in CAD-Systeme (Computer Aided Design – rechnerunterstützter Entwurf) integriert werden können,

dazu sind geeignete Schnittstellen zu definieren und das Zugriffssystem EDV-gerecht aufzubauen.

Unter Berücksichtigung dieser Anforderungen wurde das Konzept für den FTK für Vorrichtungen erarbeitet. Wesentliche Aufgabenschwerpunkte lagen dabei in

- der Abgrenzung geeigneter Funktionsträger,

- der Feststellung der erforderlichen Informationsinhalte (in diesem Zusammenhang ist vor allem zu prüfen, welche Einzelinformationen vom Konstrukteur zur Entscheidungsfindung benötigt werden),

- der Entwicklung des Katalogaufbaues (unter Berücksichtigung der genannten Anforderungen an die Handhabung).

- der Festlegung einer allgemeingültigen Vorgehensweise zur Erstellung und Pflege der Kataloge,

- der Erstellung und praktischen Erprobung eines Pilot-Funktionsträgerkataloges.

10.2 Abgrenzung geeigneter Funktionsträger und Festlegung der Informationsinhalte

Für die Ermittlung geeigneter Funktionsträger sind die Vorrichtungen funktional bis zu der Gliederungsebene zu zerlegen, auf der der Konstrukteur noch Entscheidungen über alternative Funktionsträger treffen kann. Die dabei gefundenen Baugruppen und Funktionskomplexe müssen Funktionsbegriffen zugeordnet werden, die anwendungsneutral sein sollen.

Es sind vor allem die Funktionen für die Aufnahme in den FTK auszuwählen, die eine möglichst häufige und übergreifende Verwendung aufweisen. Ein wesentliches Ziel ist dabei, von vornherein solche Funktionen von der Aufnahme in den Katalog auszuschließen, die entweder mit großer Wahrscheinlichkeit nicht wieder benutzt werden oder die zum Grundwissen eines Konstrukteurs gehören.

Dazu bieten sich fünf Vorrichtungsfunktionen an:

- Positionieren,

- Spannen,

- Stützen,

- Führen,

- Verbinden.

Bei der Abgrenzung der zugehörigen Funktionsträger sind folgende Kriterien zu berücksichtigen:

- Wird die Funktion in unterschiedlichen Vorrichtungen eingesetzt?

- Ist der Anteil des Funktionsträgers an den Vorrichtungskosten hoch?

- Sind mehrere alternative Funktionsträger vorhanden?

- Ist die Wiederholhäufigkeit von Funktionsträgern hoch?

Vor allem sind dabei die Kriterien für die Auswahl alternativer Funktionsträger zu diskutieren. Man muß beachten, daß im FTK die gleichen Auswahlkriterien enthalten sind, die der Konstrukteur für seine Entscheidungen während des Konstruktionsprozesses benötigt. Die spätere Anwendung des Funktionsträgerkatalogs bestimmt damit wesentlich den Informationsinhalt, der mit den im Katalog aufgeführten Funktionsträgern verbunden ist.

10.3 Festlegung des Katalogaufbaues

Der FTK ist insbesondere im Hinblick auf

- eine gute Handhabbarkeit durch den Konstrukteur,

- eine breite Ausbaufähigkeit für neue Produkte bzw. Funktionen,

- eine leichte Aktualisierbarkeit der Einzelinformationen,

- eine einheitliche Beschreibung der Funktionsträger

auszulegen.

Diese Forderungen können durch

- eine geeignete Gliederung

- übersichtliche Darstellungen,

- einen fest definierten Informationsinhalt,

- dezentrale Zugriffsmöglichkeiten

realisiert werden.

Daraus ergeben sich insbesondere Anforderungen an die Gestaltung des Zugriffs- und Beschreibungsteiles des Kataloges (Tabelle 10-1). Dem FTK muß die produktunabhängige Funktionshierarchie vorangestellt werden. Die Funktionsbegriffe sind so zu formulieren, daß sie für den Konstrukteur verständlich sind. Er muß also in der Funktionshierarchie die gleichen Begriffe wiederfinden, die er selbst bei seiner Entwurfstätigkeit verwendet.

Im Beschreibungsteil sind außer der bildlichen Darstellung die wesentlichen Entscheidungsmerkmale für die Auswahl der Funktionsträger aufzuführen.

Tabelle 10-1 Anforderungen an die Gestaltung des Zugriffs- und Beschreibungsteils.

Zugriffsteil	Beschreibungsteil
– Eindeutigkeit der Definition – Verständliche Funktionsbegriffe – Eindeutige Funktionshierarchie – Festgelegter Suchablauf – Unterschiedliche Einstiegsmöglichkeiten – Eindeutige Verweise auf den Beschreibungsteil – Ausbaufähigkeit der Funktionshierarchie – Kurze Suchzeit – Möglichst keine Überschneidungen – Übersichtliche Darstellung – Zusatzangaben (Verfügbarkeit, Informationsträger, Dokumentationsform)	– Definierter Umfang und Inhalt an Informationen – Eindeutige Abgrenzung der Funktionsträger – Eindeutige Identifizierung/Verweis auf Zugriffsteil – Übersichtliche Darstellung – Eindeutige und ausreichende Beschreibung – Bereitstellung von Entscheidungskriterien nach weitgehend einheitlichem Schema – Verweis auf ausgeführte Lösungen

Die Art der Entscheidungsmerkmale ist dabei von der jeweiligen Funktion abhängig, jedoch für alle zugehörigen Funktionsträger gleich. Für die Vorrichtungselemente sind diese Entscheidungsmerkmale in der Regel wichtige Funktionsmaße oder Belastungsgrenzen.

10.4 Festlegung von Handhabung und Pflege des Funktionsträgerkataloges

Eine benutzergerechte Handhabung des Funktionsträgerkatalogs ist nur dann möglich, wenn der Konstrukteur schnell und gezielt auf Informationen über alternative Funktionsträger zugreifen kann. Der FTK muß dem Konstrukteur daher in einer Form zur Verfügung stehen, die dieser Forderung genügt.

Auf Grund der begrenzten Anzahl alternativer Teilfunktionen der Vorrichtungen bietet es sich an, ein festes Gliederungsschema für den Katalog vorzugeben, in das neu aufzunehmende Lösungen eingeordnet werden können.

Wird darüber hinaus der Umfang des Kataloges dadurch eingeschränkt, daß von den beschriebenen Lösungen lediglich eine Skizze und ein Verweis auf ausgeführte Lösungen aufgenommen wird, so kann der Katalog jedem Konstrukteur am Arbeitsplatz zur Verfügung gestellt werden. Die erforderlichen Erweiterungen nimmt der Konstrukteur dann selbst vor. Ein Nummernschlüssel dient dabei als Einordnungshilfe.

Unter Berücksichtigung der genannten Kriterien wurde ein FTK aufgebaut, der im folgenden auszugsweise wiedergegeben ist. Der Konstrukteur findet durch die Funktionssymbole auf der Griffleiste schnell das zugehörige Übersichtsblatt, auf dem die Funktionsträgeralternativen zu der angesprochenen Funktion zusammengestellt sind. Ein Zahlenschlüssel jeder Funktionsträgeralternative verweist dann auf ein Katalogblatt, auf dem ein bestimmtes Standardelement in allen Einzelheiten mit den erforderlichen Anwendungsinformationen abgebildet ist. Gleichzeitig ist dieser Zahlenschlüssel eine Hilfe bei der Einordnung neuer Katalogblätter.

10.5 Auszüge aus einem Funktionsträgerkatalog für Vorrichtungen

Vorschlag des VDI-Ausschusses
„Aufgaben und Ziele des Vorrichtungseinsatzes
(UA4 AG2)" 1979

276

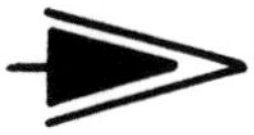

Auflagebolzen	Anlagescheibe	Auflage-Anlage-Element
0.1 01	0.1 02	0.1 03
Aufnahmebolzen	Ausrichtbolzen	
0.1 04	0.1 05	0.1 06
Prisma		
0.1 07	0.1 08	0.1 09
Index - Bolzen		
0.1 10	0.1 11	0.1 12
0.1 13	0.1 14	0.1 15

<table>
<tr><td rowspan="2"></td><td>Positionieren</td><td colspan="2"></td></tr>
<tr><td></td><td colspan="2">0.1   01</td></tr>
<tr><td></td><td>**Auflagebolzen** für bearbeitete Flächen</td><td>Ausf. 00</td><td>**Bl.1**</td></tr>
</table>

Stirnflächen gehärtet

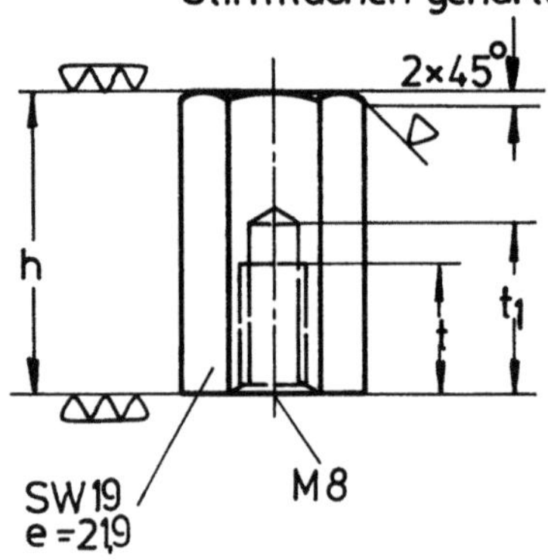

$h_{-0,1}$	t	t_1	kg|Stck.	Ident-Nr.
20,2	10	15	0,044	
25,2	15	20	0,054	
30,2	15	20	0,066	
40,2	15	20	0,092	
50,2	15	20	0,116	

Einsatzkriterien

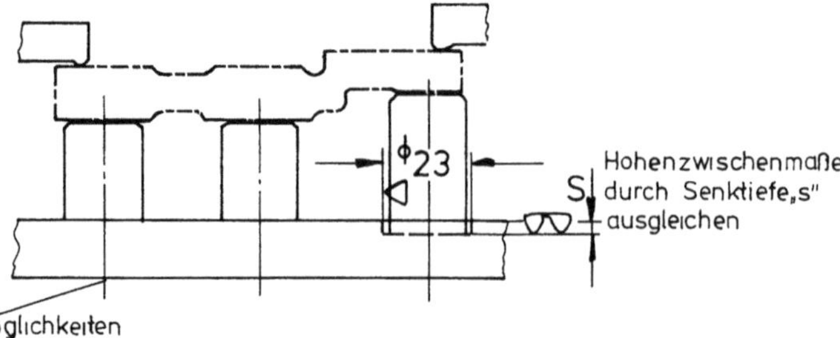

278

<table>
<tr><td colspan="2">Positionieren</td><td>▶</td></tr>
<tr><td colspan="2"></td><td>0.1 01</td></tr>
<tr><td colspan="2">Auflagebolzen für rohe Flächen</td><td>Ausf. 01 Bl.1</td></tr>
</table>

Auflagefläche gehärtet

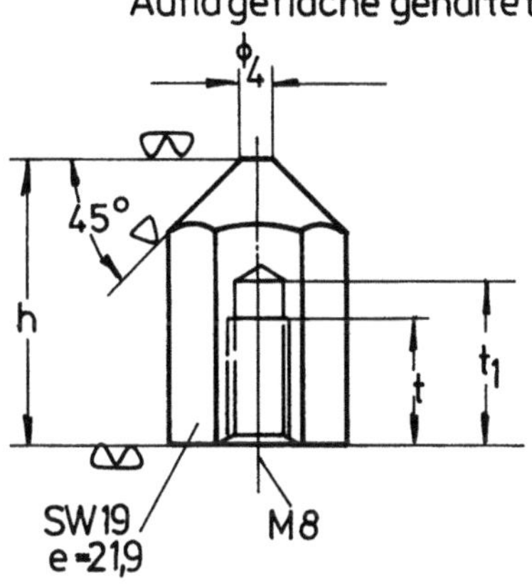

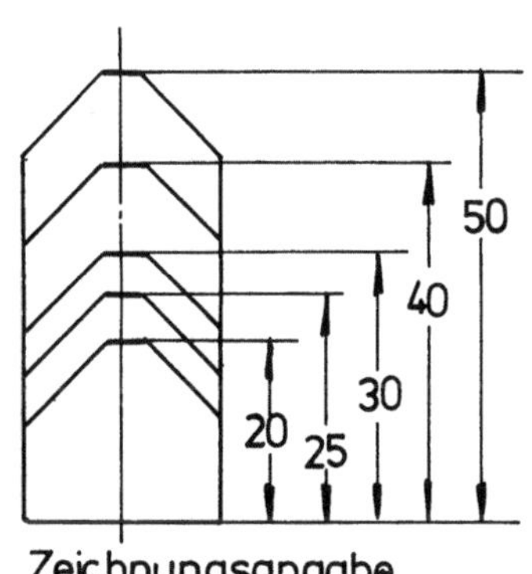

Werkstoff: CK 45 K+V

$h_{-0,1}$	t	t_1	kg Stck	Ident-Nr.
20,2	10	15	0,034	
25,2	15	20	0,044	
30,2	15	20	0,054	
40,2	15	20	0,080	
50,2	15	20	0,105	

Einsatzkriterien

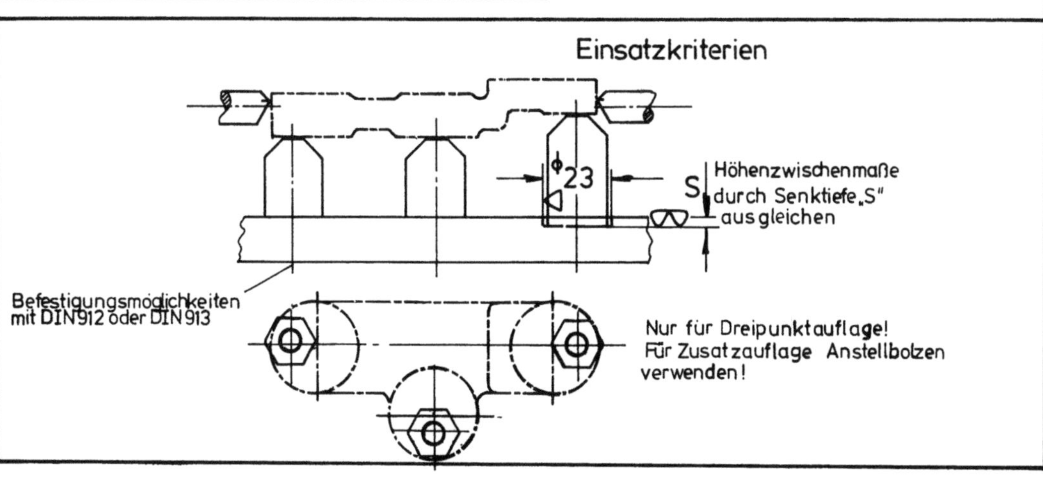

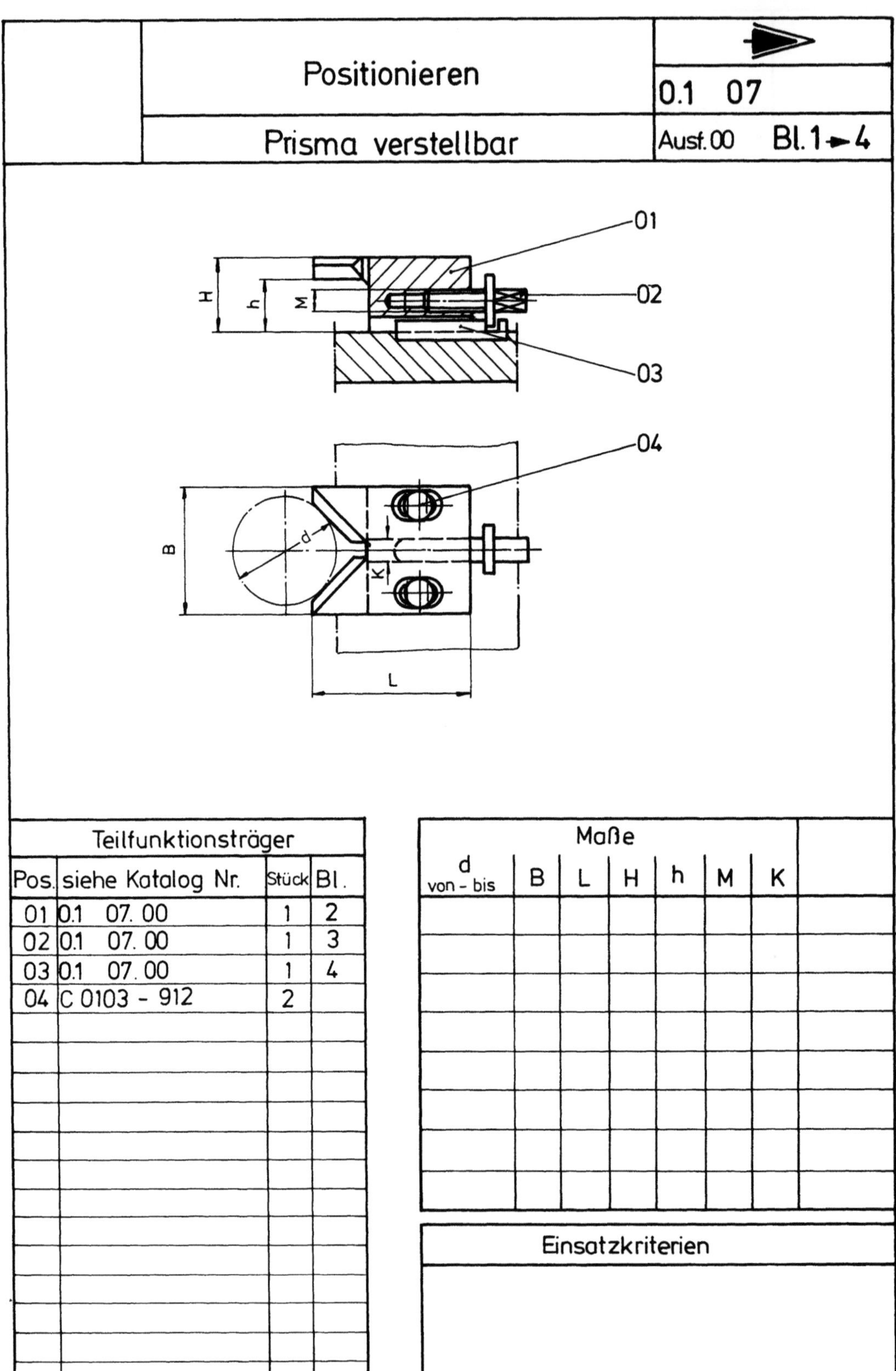

Teilfunktionsträger			
Pos.	siehe Katalog Nr.	Stück	Bl.
01	0.1 07. 00	1	2
02	0.1 07. 00	1	3
03	0.1 07. 00	1	4
04	C 0103 – 912	2	

Maße							
d von – bis	B	L	H	h	M	K	

Einsatzkriterien

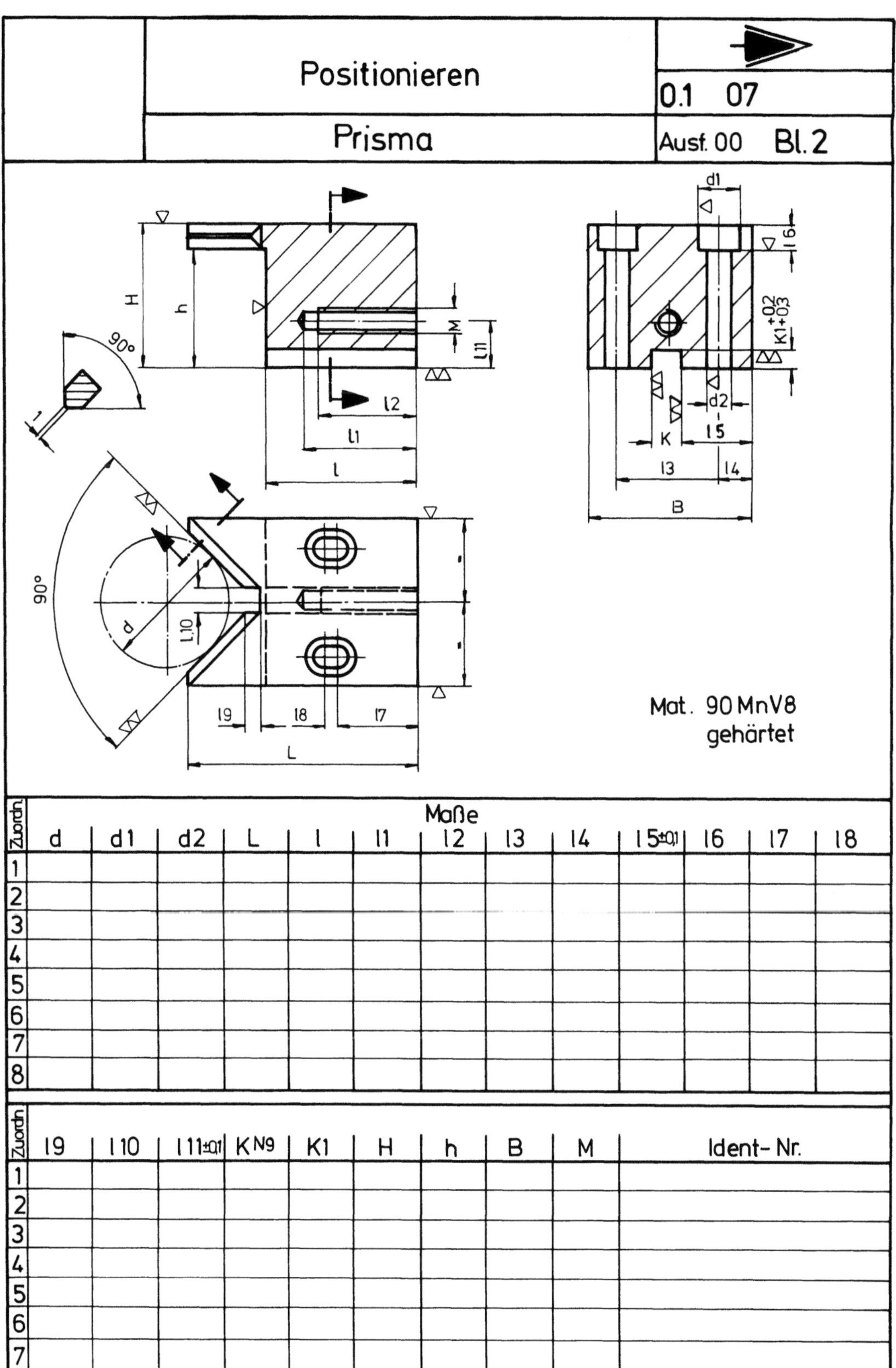

Zuordn.	d	d1	d2	L	l	l1	l2	l3	l4	l5±0.1	l6	l7	l8
							Maße						
1													
2													
3													
4													
5													
6													
7													
8													

Zuordn.	l9	l10	l11±0.1	K N9	K1	H	h	B	M	Ident-Nr.
1										
2										
3										
4										
5										
6										
7										
8										

<table>
<tr><td></td><td>Positionieren</td><td>0.1 07</td></tr>
<tr><td></td><td>Vierkantschraube</td><td>Ausf. 00   Bl. 3</td></tr>
</table>

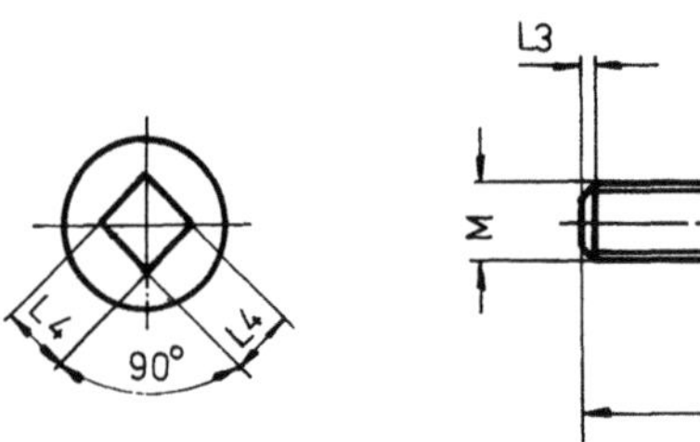

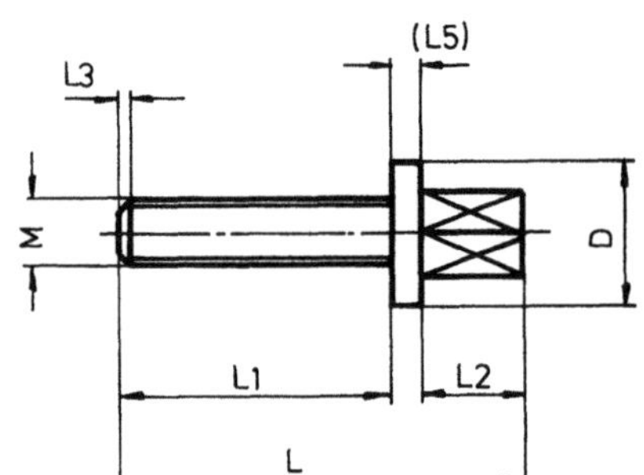

Mat. CK 45

Zuordn	Maße								Ident-Nr.
	M	D	L	L1	L2	L3	L4	L5 -0,1	
1									
2									
3									
4									
5									
6									
7									
8									

282

<table>
<tr><td rowspan="2"></td><td>Positionieren</td><td colspan="2">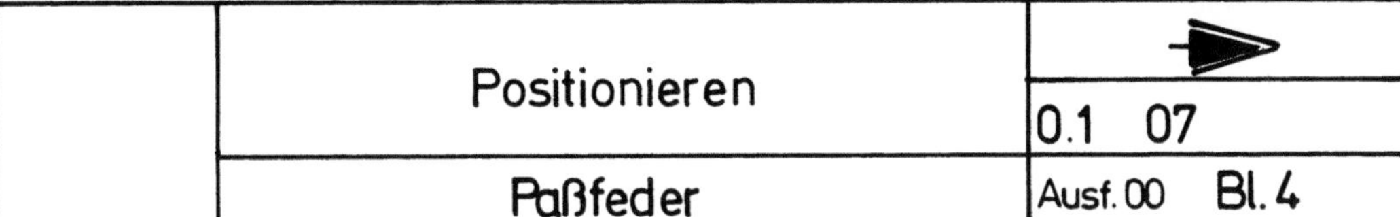</td></tr>
<tr><td></td><td colspan="2">0.1 07</td></tr>
<tr><td></td><td>Paßfeder</td><td>Ausf. 00</td><td>Bl. 4</td></tr>
</table>

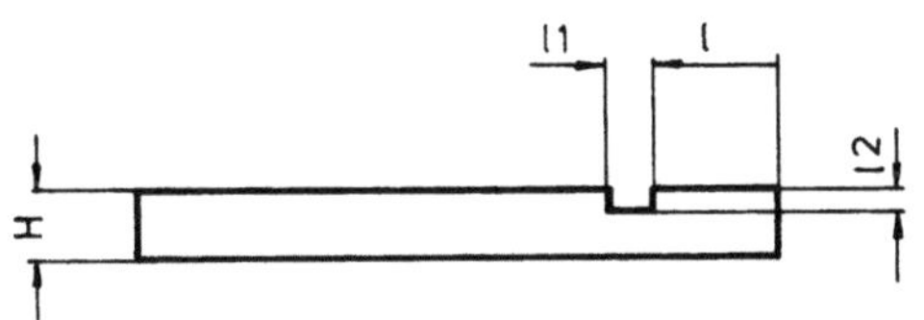

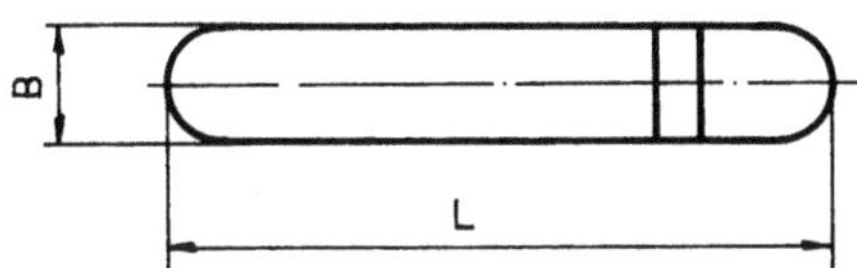

Paßfeder DIN 6885 nachgearbeitet

Zuordn	Maße						Ident-Nr.
	B	H	L	l	l1 H13	l2	
1							
2							
3							
4							
5							
6							
7							
8							

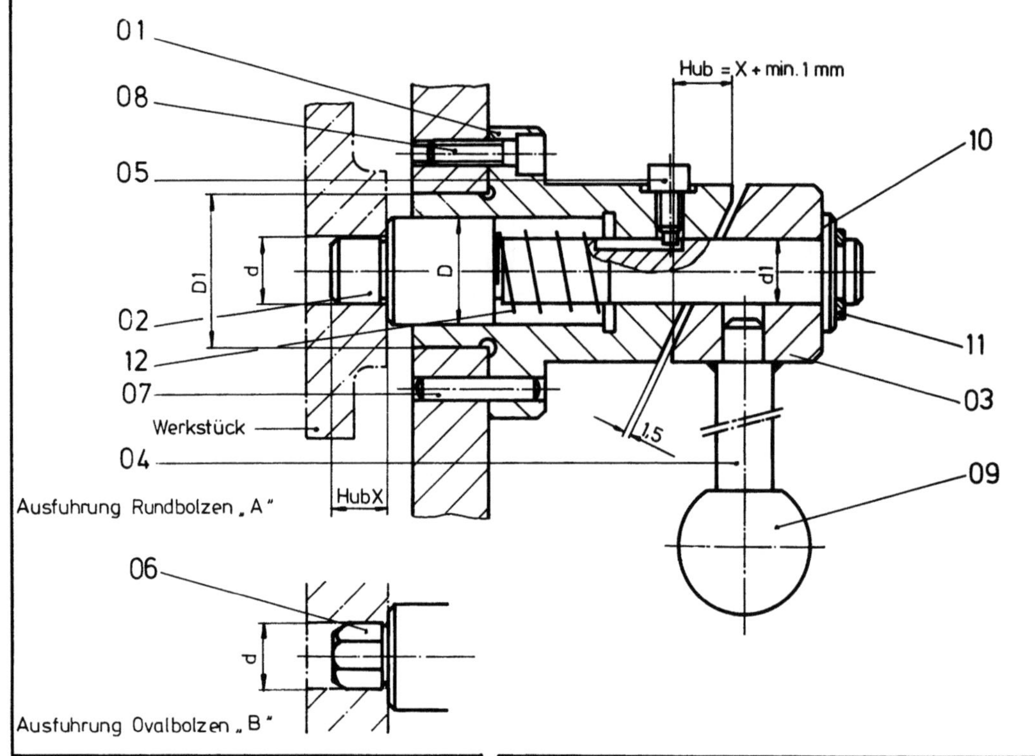

Teilfunktionsträger					Maße					
Pos.	siehe Katalog Nr.	Stück	Ausführung	Bl.	d von - bis	Hub von - bis	D	D1	d1	
01	0.1 10. 00	1		2						
02	0.1 10. 00	1	A	3						
03	0.1 10. 00	1		4						
04	0.1 10. 00	1		5						
05	0.1 10. 00	1		6						
06	0.1 10. 00	1	B	2						
07	C 1351 – 7	1		1						
08	C 0103 – 912	3		1						
09	C 7131 – 319	1		1						
10	C 2401 – 125	1		1						
11	C 2751 – 471	1		1						
12	C 7726 / 88	1		1						
13										
14										
15										
16										
17										
18										

Einsatzkriterien

<table>
<tr><td rowspan="2"></td><td colspan="2" align="center">Positionieren</td><td colspan="2" align="center">▶</td></tr>
<tr><td colspan="2" align="center">Index- Führungsbüchse</td><td>0.1   10
Ausf. 00</td><td>Bl.2</td></tr>
</table>

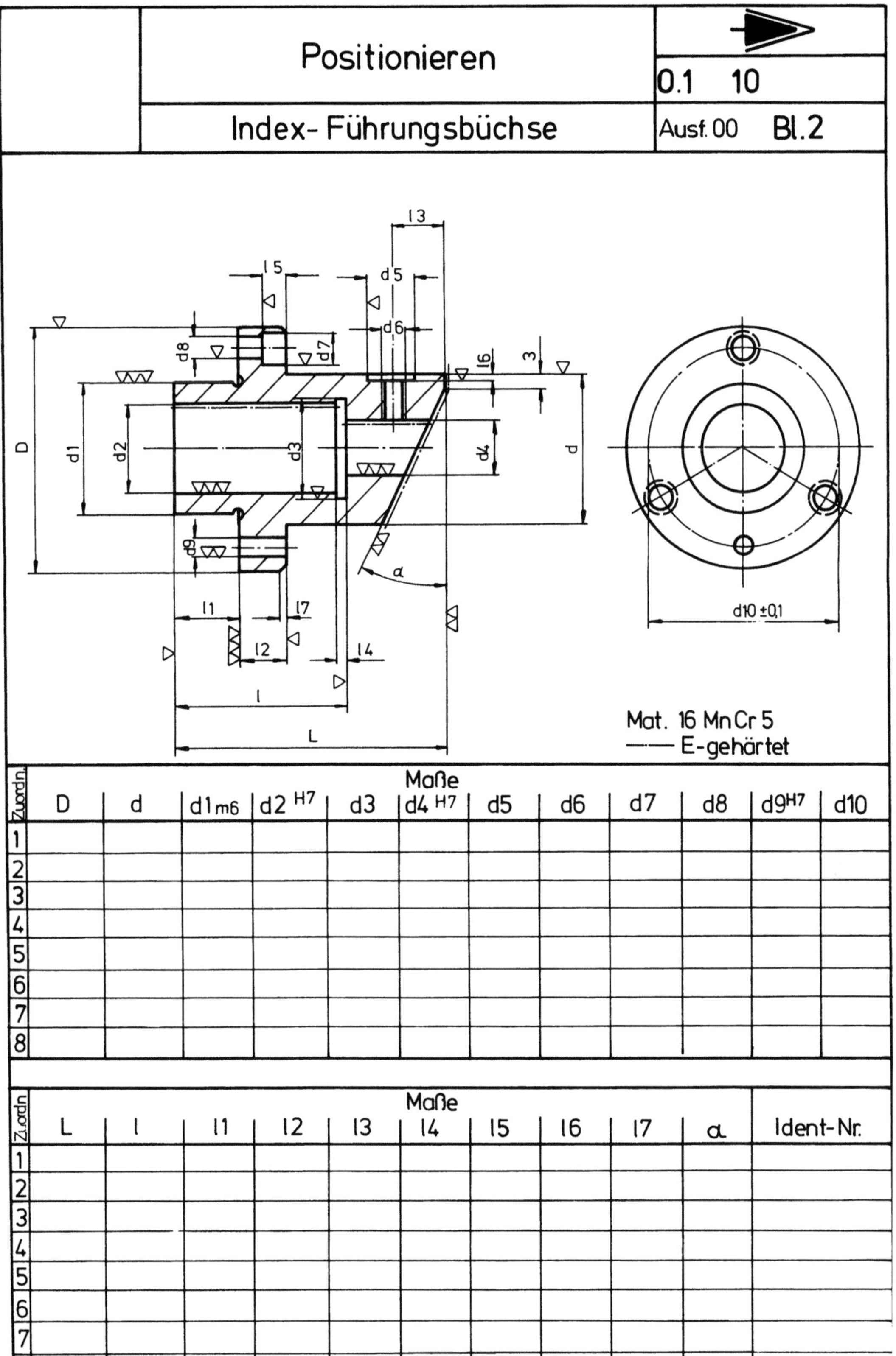

Zuordn.						Maße						
	D	d	d1 m6	d2 H7	d3	d4 H7	d5	d6	d7	d8	d9 H7	d10
1												
2												
3												
4												
5												
6												
7												
8												

Zuordn.					Maße						
	L	l	l1	l2	l3	l4	l5	l6	l7	α	Ident-Nr.
1											
2											
3											
4											
5											
6											
7											
8											

<table>
<tr><td rowspan="2"></td><td>Positionieren</td><td colspan="2">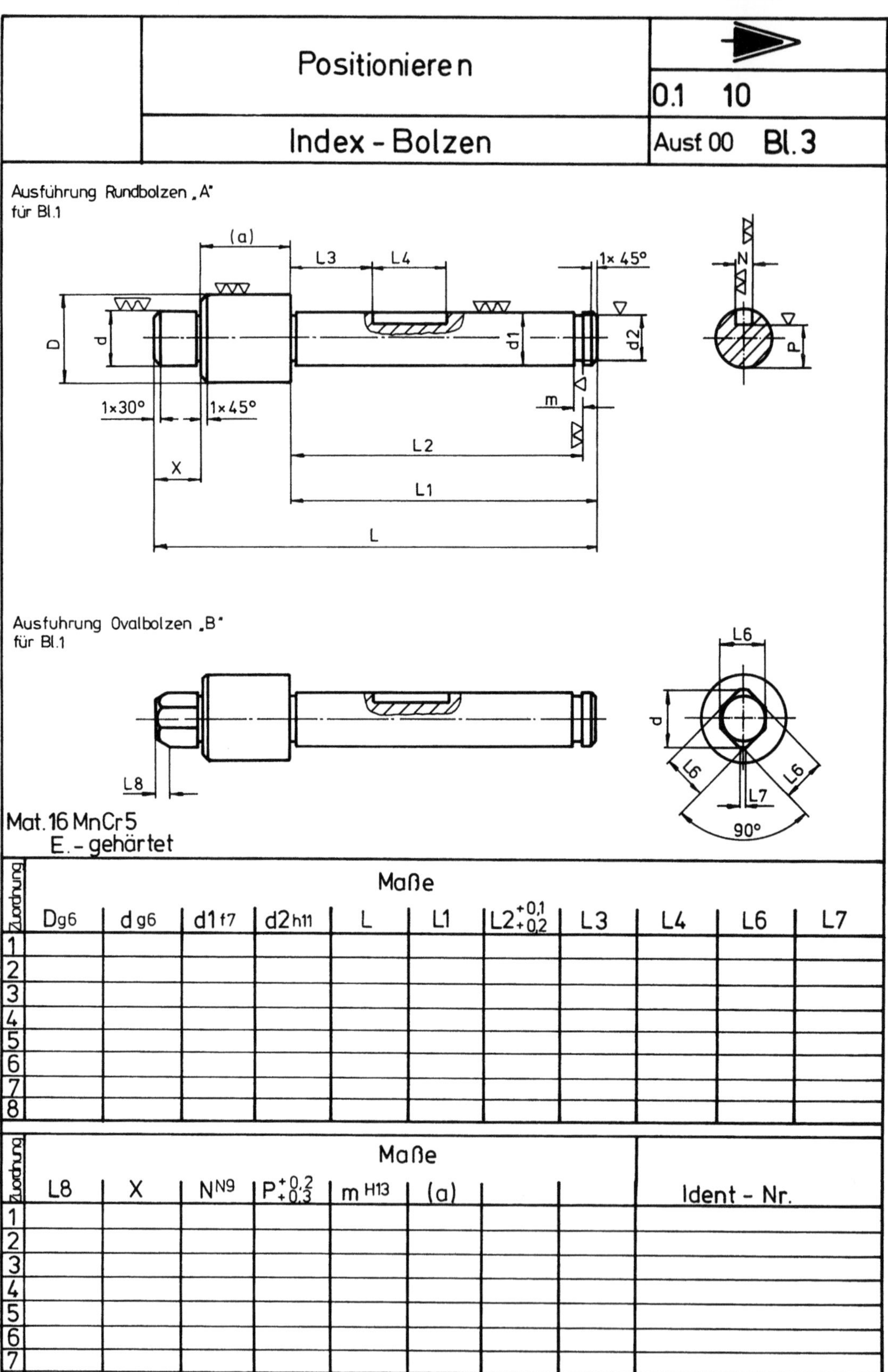</td></tr>
</table>

Ausführung Rundbolzen „A"
für Bl.1

Ausführung Ovalbolzen „B"
für Bl.1

Mat. 16 MnCr 5
E. - gehärtet

Zuordnung	D g6	d g6	d1 f7	d2 h11	L	L1	L2 $^{+0,1}_{+0,2}$	L3	L4	L6	L7
Maße											
1											
2											
3											
4											
5											
6											
7											
8											

Zuordnung	L8	X	N N9	P $^{+0,2}_{+0,3}$	m H13	(a)			Ident - Nr.
Maße									
1									
2									
3									
4									
5									
6									
7									
8									

286

<table>
<tr><td rowspan="2"></td><td>Positionieren</td><td colspan="2">0.1   10</td></tr>
<tr><td>Index-Hebel</td><td>Ausf. 00</td><td>Bl. 4</td></tr>
</table>

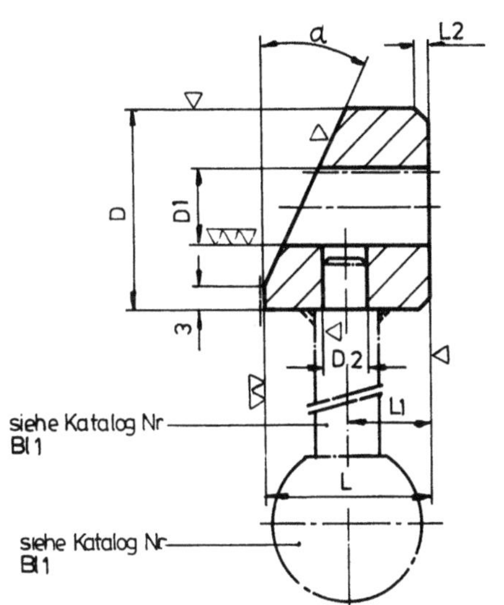

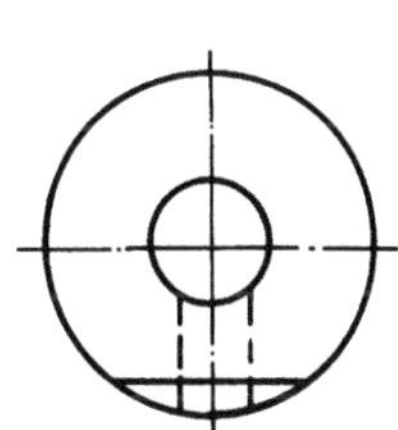

Mat. 16 MnCr 5
—·—E-gehärtet

Zuordn	D	D1 H7	D2 H9	L	L1	L2	α	Ident-Nr.
1								
2								
3								
4								
5								
6								
7								
8								

<table>
<tr><td></td><td colspan="2" align="center">Positionieren</td><td colspan="2"></td></tr>
<tr><td></td><td colspan="2"></td><td colspan="2">0.1　10</td></tr>
<tr><td></td><td colspan="2" align="center">Griff</td><td>Ausf. 00</td><td>Bl. 5</td></tr>
</table>

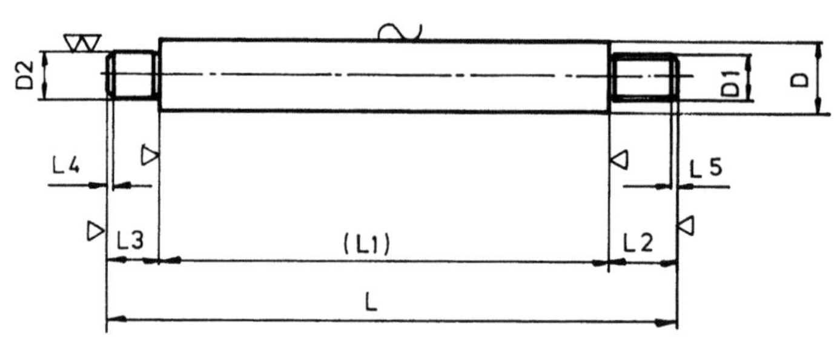

Zuordn	Maße									Ident-Nr.
	D	D1	D2 m7	L	L1	L2	L3	L4	L5	
1										
2										
3										
4										
5										
6										
7										
8										

<table>
<tr><td></td><td>Positionieren</td><td colspan="2"></td></tr>
<tr><td></td><td></td><td>0.1</td><td>10</td></tr>
<tr><td></td><td>Schraube</td><td>Ausf. 00</td><td>Bl. 6</td></tr>
</table>

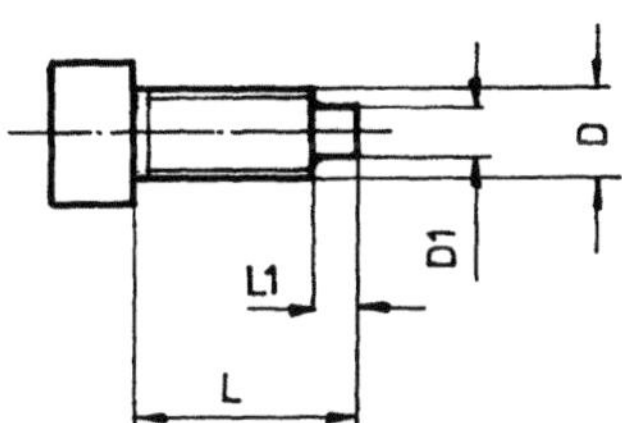

aus DIN 912 hergestellt

Zuordnung	Maße				Ident-Nr.
	D	D1	L	L1	
1					
2					
3					
4					
5					
6					
7					
8					

VORRICHTUNGSFUNKTIONEN		
	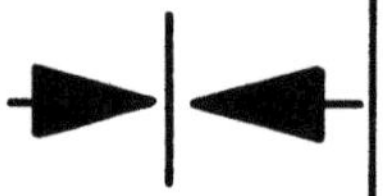 Spannen mechanisch	1.1

<table>
<tr><td rowspan="2"></td><td colspan="2" style="text-align:center">Spannen
Übersicht</td><td>▶ ◀</td></tr>
<tr><td>1.1</td></tr>
<tr><td></td><td colspan="2" style="text-align:center">Spannen mechanisch</td><td>Ausf. 00   Bl.1 ▶</td></tr>
</table>

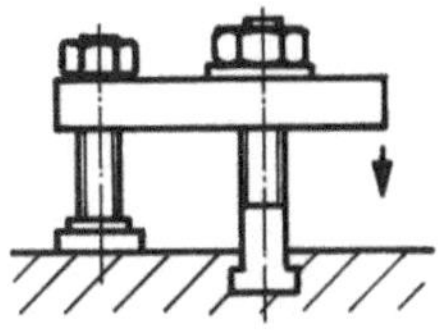

Spanneisen	Spanneisen (doppelseitig)	Kniehebelspanner
1.1 01	1.1 02	1.1 03
Spannhaken	Spannbrücke	Spannvorrichtung
1.1 04	1.1 05	1.1 06
Positionspanner		
1.1 07	1.1 08	1.1 09
Spannschraube	Spannmutter	Spannschraubstock
1.1 10	1.1 11	1.1 12
Niederzugspanner	Exzenterspanner	Flexible Spanner ▶
1.1 13	1.1 14	1.1 15

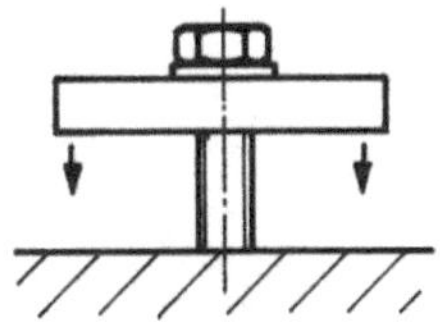

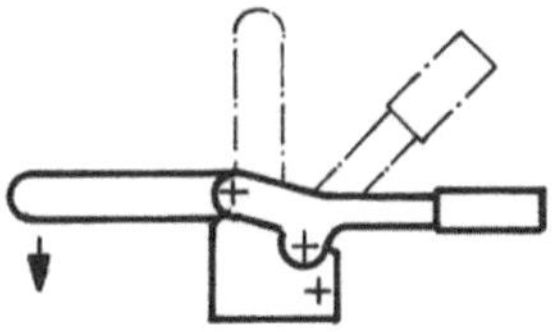

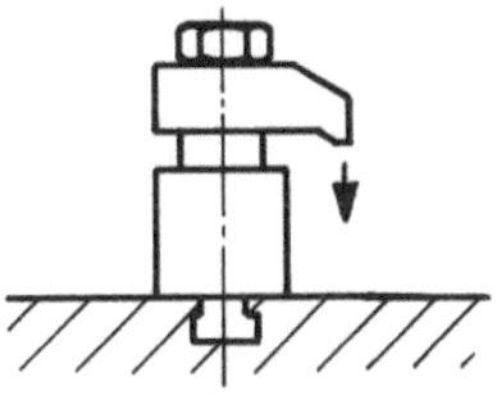

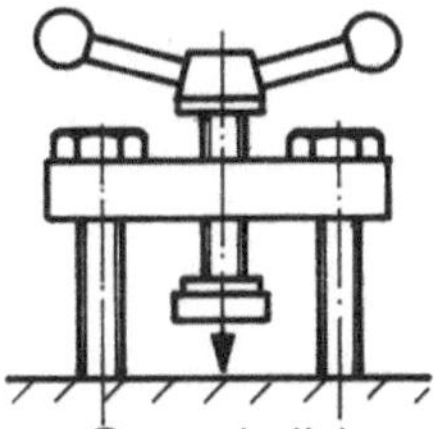

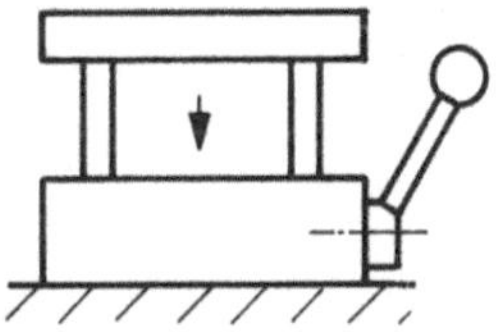

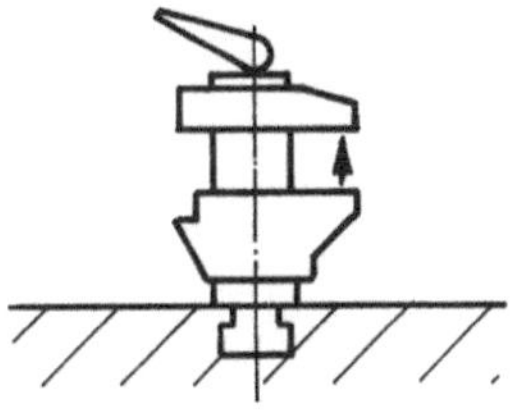

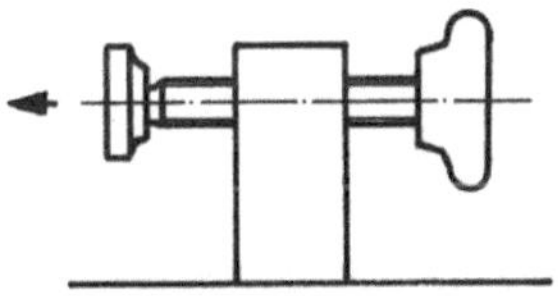

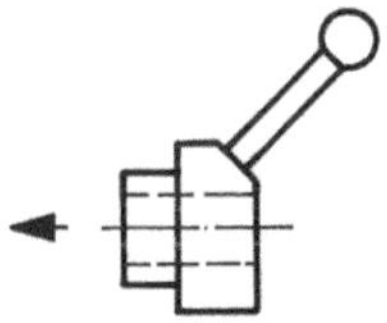

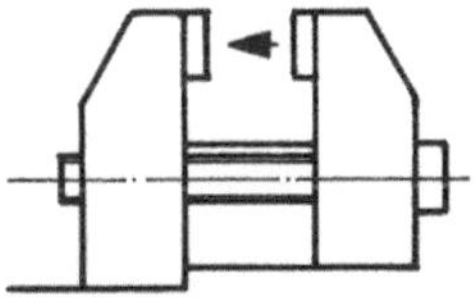

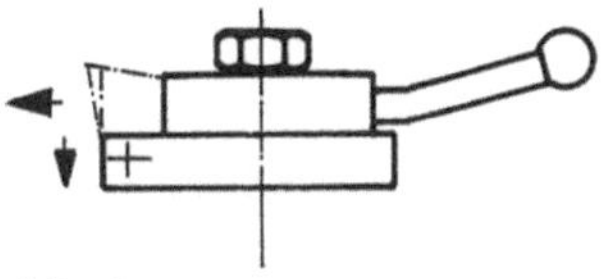

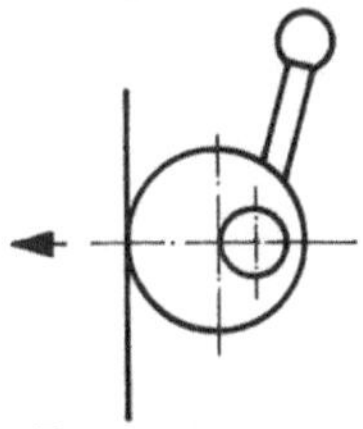

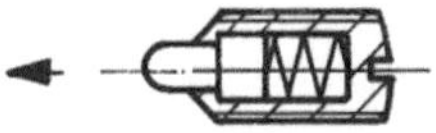

<table>
<tr><td rowspan="2" style="text-align:center">Spannen</td><td colspan="2" style="text-align:center">▶◀</td></tr>
<tr><td colspan="2">1.1. 01</td></tr>
<tr><td style="text-align:center">Spanneisen zurückziehbar</td><td>Ausf. 00</td><td>Bl.1 ▶ 3</td></tr>
</table>

Maße in mm

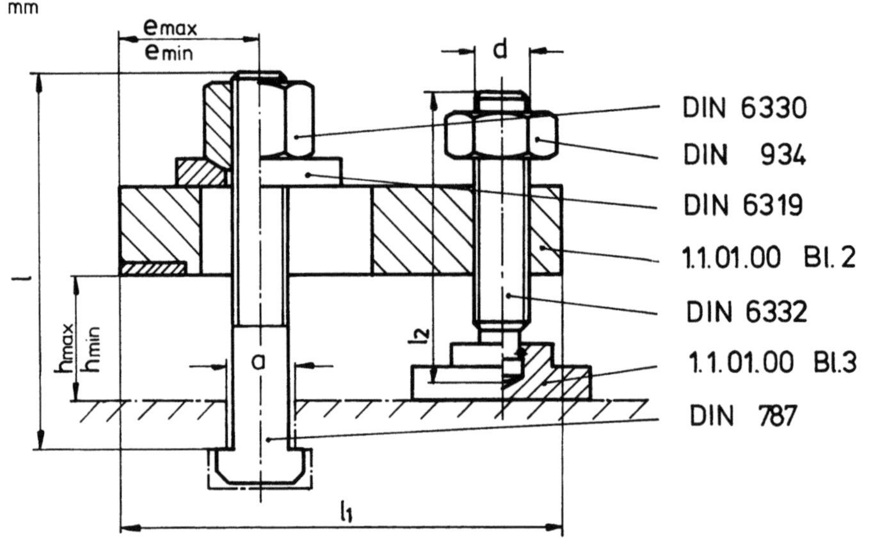

Bezeichnung eines Spanneisen-Satz mit a=12, l=80

SPANNEISEN - SATZ   12 × 80 –   1.1.01.00 Bl.1

a	l	h min	h max	l₁	l₂	d	e max	e min		Ident-Nr.
8	50	8	19	60	40	M8	31	17		
8	80	8	49	60	60	M8	31	17		
10	65	10	27	80	60	M10	40	20		
10	100	10	62	80	80	M10	40	20		
12	80	10	32	100	60	M12	55	27		
12	125	10	77	100	100	M12	55	27		
14	80	10	30	100	60	M12	55	27		
14	125	10	75	100	100	M12	55	27		
16	100	12	38	125	80	M16	63	34		
16	160	12	98	125	125	M16	63	34		
18	100	12	36	125	80	M16	63	34		
18	160	12	96	125	125	M16	63	34		

Einsatzkriterien: Alternative Lösungen siehe
                         Katalog Nr.   Blatt

<table>
<tr><td rowspan="2"></td><td colspan="2">Spannen</td><td colspan="2">1.1. 01</td></tr>
<tr><td colspan="2">Spanneisen</td><td>Ausf. 00</td><td>Bl. 2</td></tr>
</table>

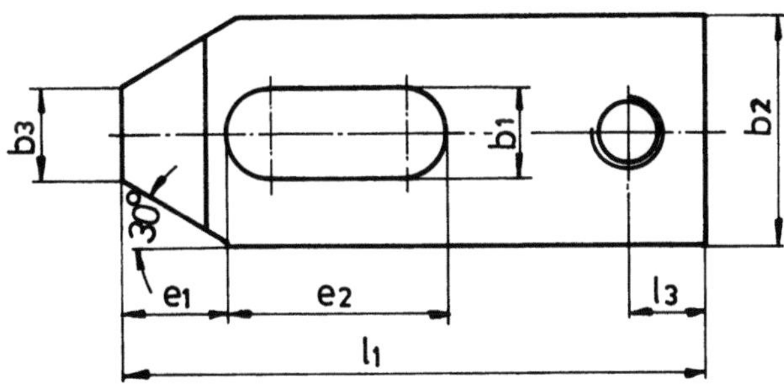

Bezeichnung eines Spanneisen mit b1=11 und l1= 80

SPANNEISEN 11 × 80 − 1.1.01.00 Bl. 2

b_1	l_1	a	b_2	b_3	e_1	e_2	l_2	l_3	d_1	s	für Schraube mit Gewinde	Ident – Nr.
9	60	12	25	10	13	22	10	8	M8	2	M8	
11	80	15	30	12	15	30	12	10	M10	2	M10	
14	100	20	40	14	21	40	15	12	M12	3	M 12 M 14	
18	125	25	50	18	26	45	20	16	M16	3	M 16 M 18	

Werkstoff: C 35 K

	Spannen	►◄
		1.1. 01
	Druckstück	Ausf.00 Bl.3

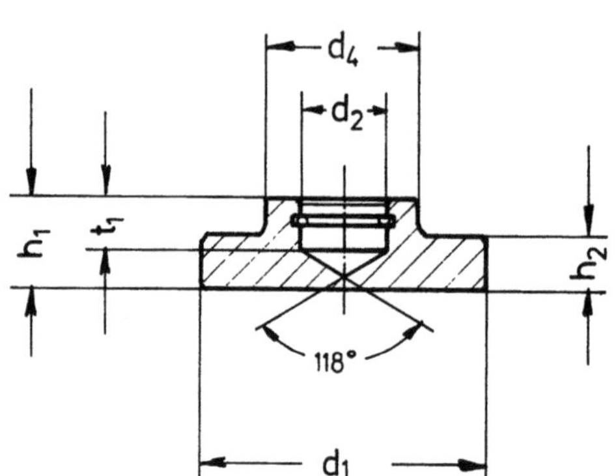

Bezeichnung eines Druckstückes mit $d_1 = 32$

DRUCKSTÜCK   32 - 1.1.01.00 Bl.3

d_1	d_2 H12	d_4	h_1	h_2	t_1	zugehöriger Sprengring DIN 9045	für Gewinde-stift Form S DIN 6332	Ident Nr.
25	6,1	12	8	4	4,5	6	M 8	
32	8,1	18	10	6	6	8	M10 / M12	
40	12,1	22	12	7	7	12	M 16	

Werkstoff: **Automatenstahl**

Ausfg.   einsatzgehärtet, Sprengring eingelegt
           (ähnlich DIN 6311, niedrige Bauart mit größerer Druckfläche)

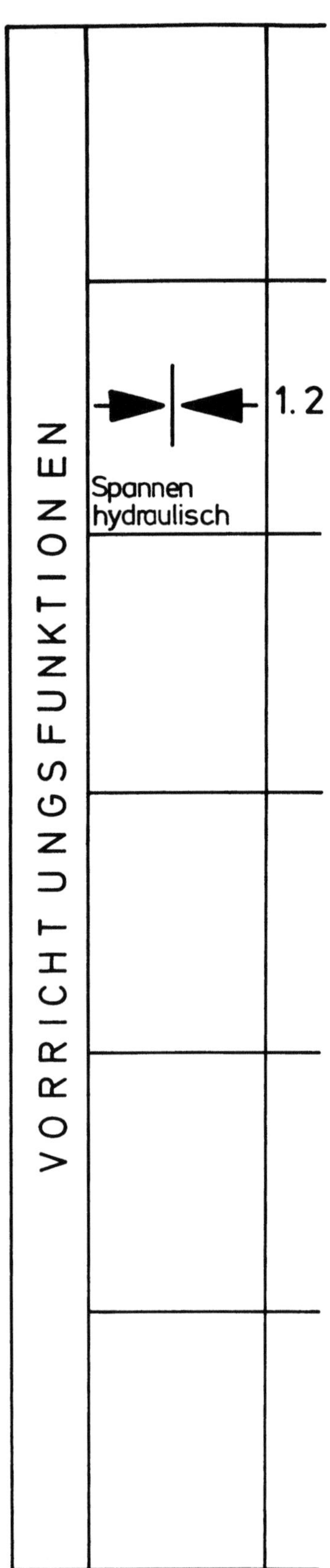
VORRICHTUNGSFUNKTIONEN
1.2
Spannen
hydraulisch

<table>
<tr><td rowspan="2"></td><td colspan="6" align="center">Spannen
Übersicht</td><td>1.2</td></tr>
<tr><td colspan="6" align="center">Spannen hydraulisch</td><td>Bl.1 →</td></tr>
<tr><td rowspan="3">Bauform
und
Befest.art</td><td colspan="6" align="center">Richtung und Wirkung der Spannkraft</td></tr>
<tr><td>Druck</td><td>Zug</td><td>Druck u. Zug</td><td>Druck oder Zug</td><td>Druck 2 Kompon.</td><td>Drehung u. Zug</td></tr>
<tr><td>→</td><td>←</td><td>↔</td><td>⇄</td><td>↘</td><td>←</td></tr>
<tr><td></td><td>1.2   101</td><td>1.2   102</td><td>1.2   103</td><td>1.2   104</td><td>1.2   105</td><td>1.2   106</td></tr>
<tr><td></td><td>1 2   107</td><td>1.2   108</td><td>1.2   109</td><td>1.2   110</td><td>1.2   111</td><td>1 2   112</td></tr>
<tr><td></td><td>1 2   113</td><td>1.2   114</td><td>1 2   115</td><td>1.2   116</td><td>1 2   117</td><td>1.2   118</td></tr>
<tr><td></td><td>1.2   119</td><td>1.2   120</td><td>1.2   121</td><td>1.2   122</td><td>1 2   123</td><td>1.2   124</td></tr>
</table>

VORRICHTUNGSFUNKTIONEN		
	 Stützen mechanisch	2.1

<table>
<tr><td rowspan="2"></td><td colspan="2" align="center">Stützen
Übersicht</td><td>2.1</td></tr>
<tr><td colspan="2" align="center">Stützen mechanisch</td><td>Bl.1 ►</td></tr>
</table>

2.1 01	2.1 02	2.1 03
Verstellbare Schraubstütze	Bohrunterlage einstellbar	
2.1 04	2.1 05	2.1 06
Federnde Abstützelemente mit Zylinderklemmung	Federnde Abstützelemente mit Keilklemmung	
2.1 07	2.1 08	2.1 09
Einstellbare Abstützelemente		
2.1 10	2.1 11	2.1 12
2.1 13	2.1 14	2.1 15

<table>
<tr><td rowspan="3"></td><td colspan="2" align="center">Stützen</td><td colspan="2">⬆</td></tr>
<tr><td colspan="2" align="center"></td><td colspan="2">2.1. 05</td></tr>
<tr><td colspan="2" align="center">Bohrunterlage   einstellbar</td><td colspan="2">Ausf. 00 Bl.1→4</td></tr>
</table>

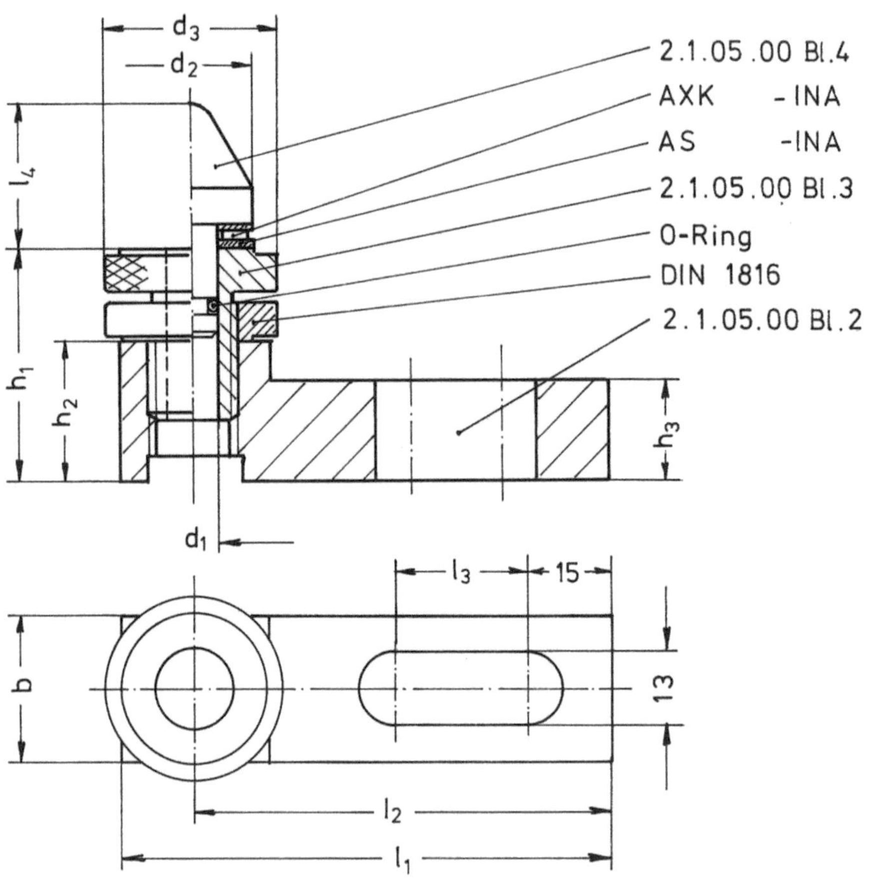

Bezeichnung einer Bohrunterlage mit b= 38

Bohrunterlage   38 -2.1.05.00 Bl.1

b	d_1	d_2	d_3	l_1	l_2	l_3	l_4	$h_{1\,min.}$	$h_{1\,max.}$	h_2	h_3	Ident Nr.
28	10	24	32	88	74	25	24	36	45	22	16	
38	18	30	42	108	89	40	27	44	54	26	20	
48	24,8	45	55	108	84	25	27	54	68	32	26	
58	35	52	68	128	99	40	27	68	82	44	38	

Einsatzkriterien: Alternative Lösungen

	Stützen	▲
		2.1. 05
	Träger	Ausf. 00 **Bl. 2**

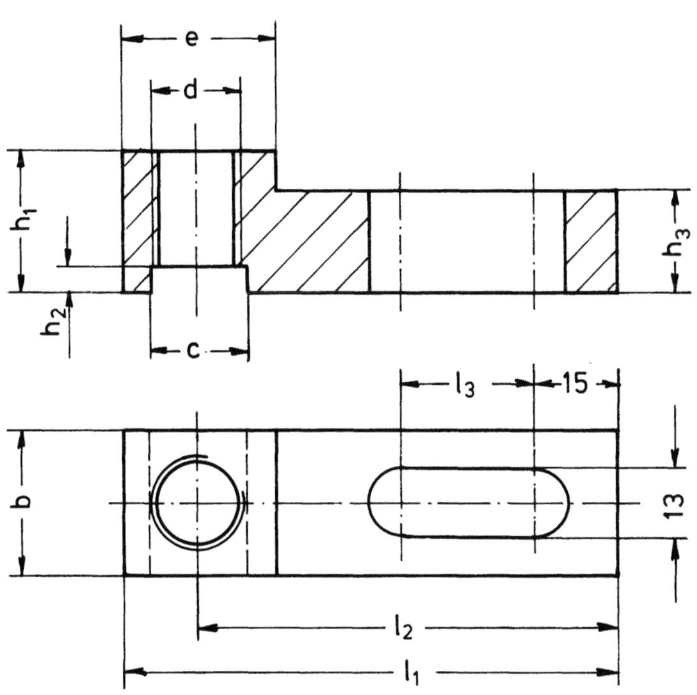

Bezeichnung eines Trägers mit b = 38

TRÄGER 38 – 2.1.05.00 Bl.2

b	d	c	e	l_1	l_2	l_3	h_1	h_2	h_3		Ident Nr.
28	M16×1,5	17	28	88	74	25	22	5	16		
38	M24×1,5	26	38	108	89	40	26	6	20		
48	M35×1,5	36	48	108	84	25	32	6	26		
58	M45×1,5	46	58	128	99	40	44	6	38		

Werkstoff: 16MnCr5
Ausfg.   einsatzgehärtet, brüniert

<table>
<tr><td rowspan="2"></td><td>Stützen</td><td colspan="2">2.1. 05</td></tr>
<tr><td>Buchse</td><td colspan="2">Ausf. 00 Bl. 3</td></tr>
</table>

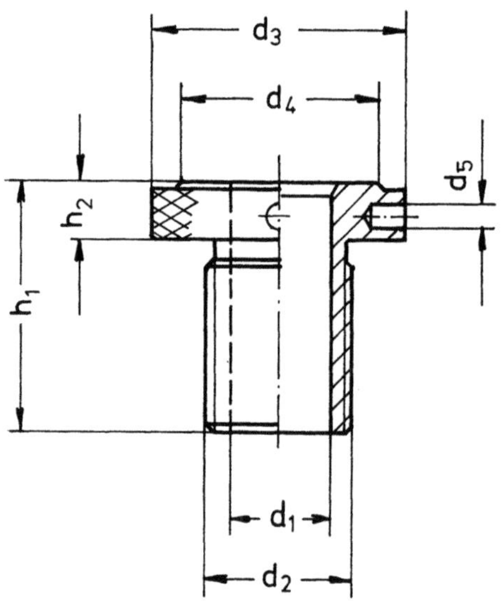

Bezeichnung einer Buchse   mit $d_1 = 16,9$

BUCHSE   16,9   – 2.1.05.00 Bl. 3

d_1	d_2	d_3	d_4	d_5	h_1	h_2		Ident Nr.
9,9	M16×1,5	32	22	4,1	30	7		
16,9	M24×1,5	42	32	4,1	40	9		
24,8	M35×1,5	55	44	5,1	50	11		
34,9	M45×1,5	68	54	6,1	62	12		

Werkstoff: 16MnCr5

Ausführung: einsatzgehärtet, brüniert

<table>
<tr><td rowspan="2"></td><td>Stützen</td><td colspan="2">2.1. 05</td></tr>
<tr><td>Kugelaufsatz</td><td>Ausf. 00</td><td>Bl.4</td></tr>
</table>

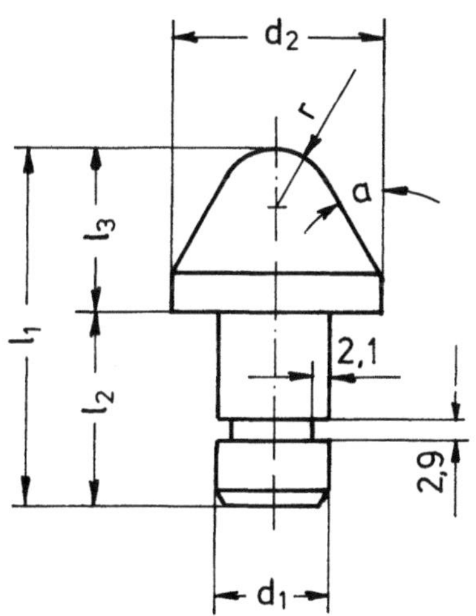

Bezeichnung eines Kugelaufsatzes mit d_1 = 16,8

KUGELAUFSATZ   16,8   2.1.05.00 Bl.4

d_1	d_2	l_1	l_2	l_3	r	a		Ident Nr.
9,8	24	40	20	20	5	30°		
16,8	30	50	27	23	8	30°		
24,7	45	50	27	23	8	45°		
34,8	52	50	27	23	16	45°		

Werkstoff: 16MnCr5

Ausfg.   einsatzgehärtet, brüniert

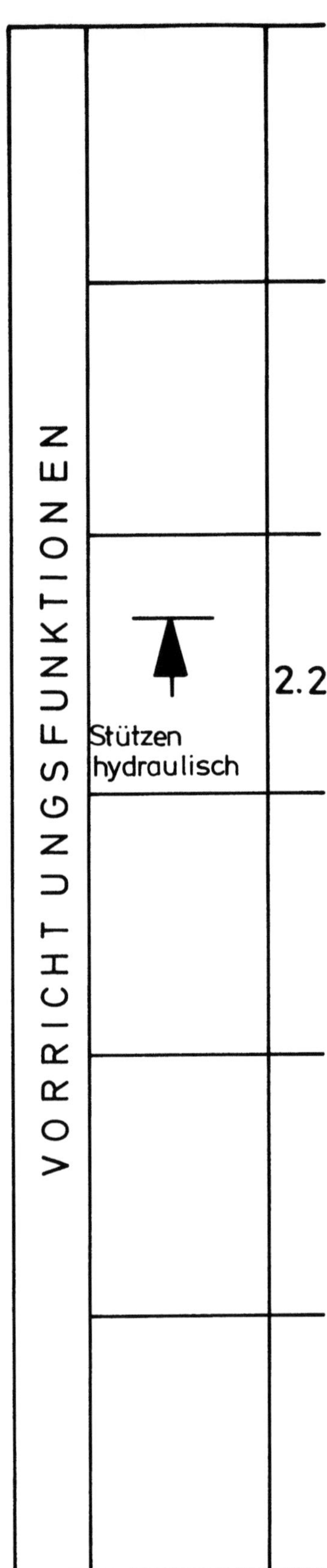

VORRICHTUNGSFUNKTIONEN
Stützen
hydraulisch
2.2

Bauform und Befest. art	Elemente, die sich durch Auflage des Werkstückes selbstätig einstellen und dann Reaktionskrafte aufnehmen		Elemente, die sich erst nach Einlegen des Werkstückes selbstätig einstellen und dann Reaktionskräfte aufnehmen	
	2.2 101	2.2 102	2.2 103	2.2 104	2.2 105
	2.2 106	2.2 107	2.2 108	2.2 109	2.2 110
	2.2 111	2.2 112	2.2 113	2.2 114	2.2 115
	2.2 116	2.2 117	2.2 118	2.2 119	2.2 120

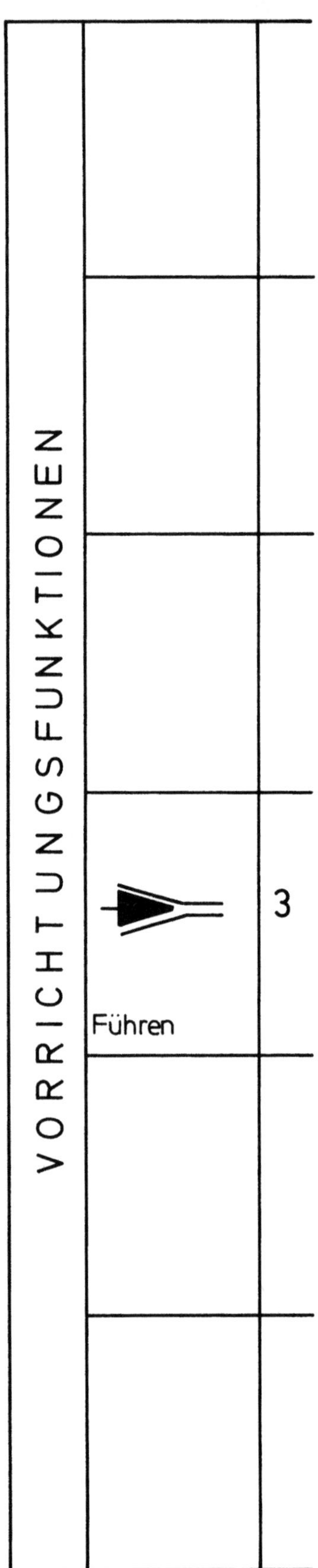

VORRICHTUNGSFUNKTIONEN
Führen
3

Bohrbuchsen DIN 179	Bundbohrbuchsen DIN 172	Führungsbuchse bei mitlaufendem Führungsschaft
3. 01	3. 02	3. 03
Steckbohrbuchsen DIN 173		
3. 04	3. 05	3. 06
Führungsbuchse mitlaufend für starre Führungshalter		
3. 07	3. 08	3. 09
3. 10	3. 11	3. 12
3. 13	3. 14	3. 15

<table>
<tr><td colspan="3" align="center">Führen</td><td colspan="2">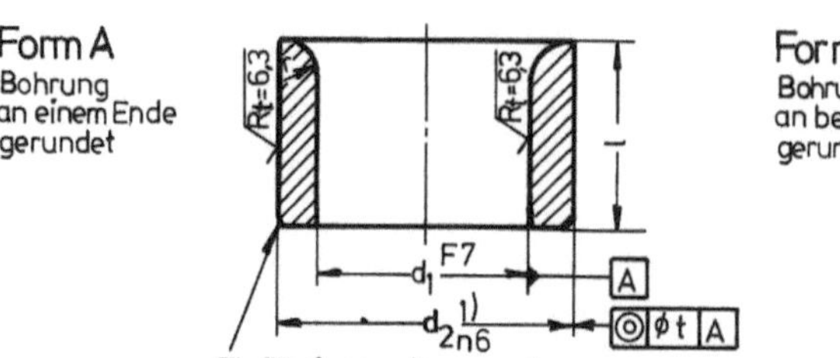</td></tr>
<tr><td colspan="3"></td><td colspan="2">3. 01</td></tr>
<tr><td colspan="3" align="center">Bohrbuchsen   DIN 179</td><td colspan="2">Bl.1</td></tr>
</table>

Form A
Bohrung an einem Ende gerundet

$R_t = 6{,}3$ $R_t = 6{,}3$

d_1 F7

$d_2 \, ^{1)}_{n6}$

Einführfase oder –ansatz

Form B
Bohrung an beiden Enden gerundet

Übrige Maße und Angaben wie Form A

Bezeichnung einer Bohrbuchse Form A von $d_1 = 18$ mm und $l = 16$ mm

Bohrbuchse A18×28 DIN 179

Form	d_1 × l	Ident – Nr.	d_2	r
A	2,9×12		6	1,6
A	3 × 12			
A	3,2×12			
A	5 × 12		8	2
A	5,7×16		10	
A	6,5×16			
A	7,8×16		12	
A	8 ×16			
A	8,2×16		15	2,5
B	9,8×20			
A	10×12			
A	10,2×20		18	
A	12×12			
A	12× 20			
A	15×28		22	4
A	16× 16			
A	16 ×28		26	
A	18×28			
A	22× 36		30	6
A	24×36			
A	25×36		35	
A	25,2×36			
A	26 × 36			
A	35 ×45		48	8
B	40 × 45		55	

1) Für eine Bohrung mit Toleranzfeld H7 in der Vorichtung

	Führen	3. 07
	Führungsbüchse mitlaufend	Ausf. 00 Bl.1→4

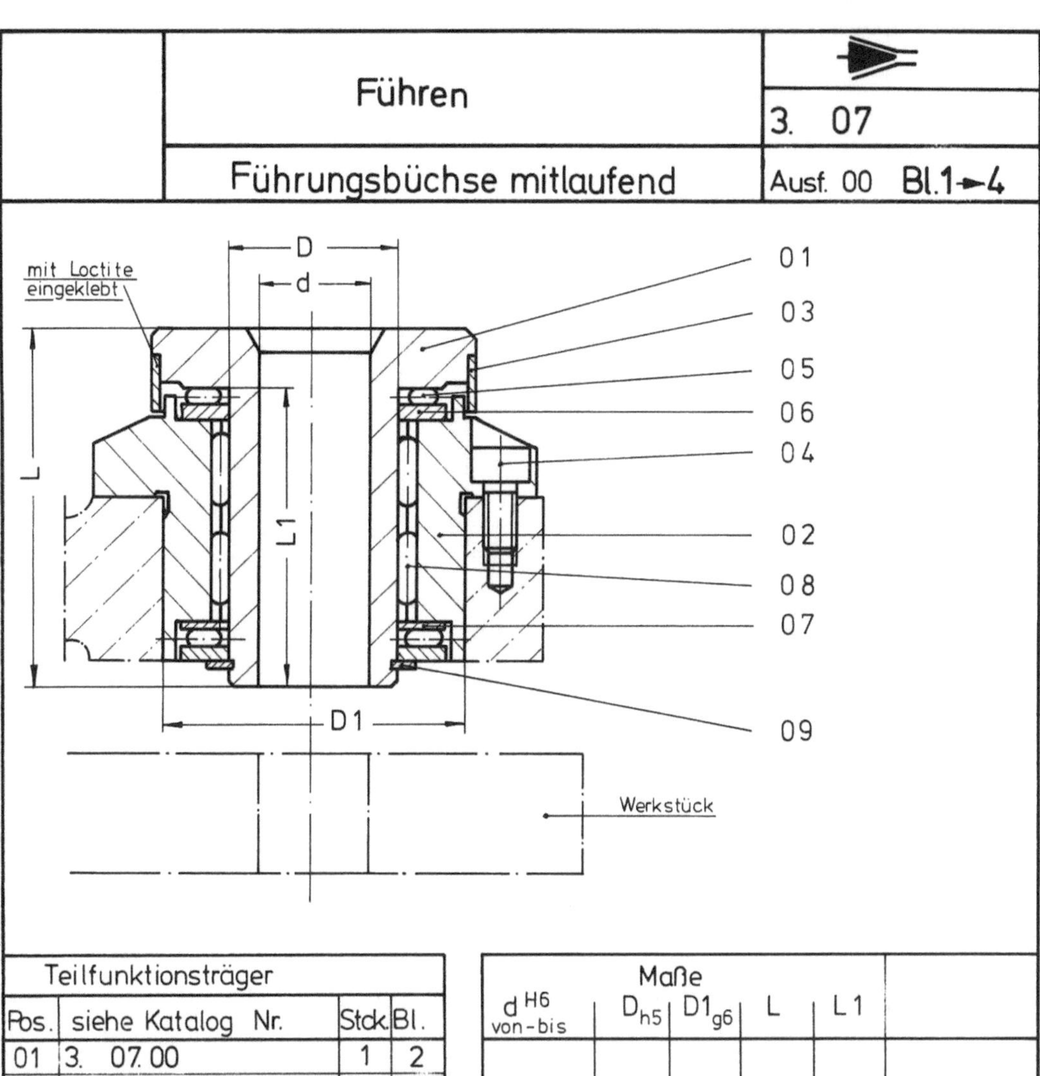

Teilfunktionsträger			
Pos.	siehe Katalog Nr.	Stck.	Bl.
01	3. 07. 00	1	2
02	3. 07. 00	1	3
03	3. 07. 00	1	4
04	C 0103 – 912	3	1
05	C 6236 / 02	2	1
06	C 6237 / 99	2	1
07	C 6237 / 50	1	1
08	C 6231 / 82	1	1
09	C 2751 – 471	1	1
10			
11			
12			
13			
14			
15			
16			
17			
18			

Maße					
$d^{H6}_{von-bis}$	D_{h5}	$D1_{g6}$	L	L1	

Einsatzkriterien

<table>
<tr><td></td><td align="center">Führen (mitlaufend)</td><td colspan="2" align="center">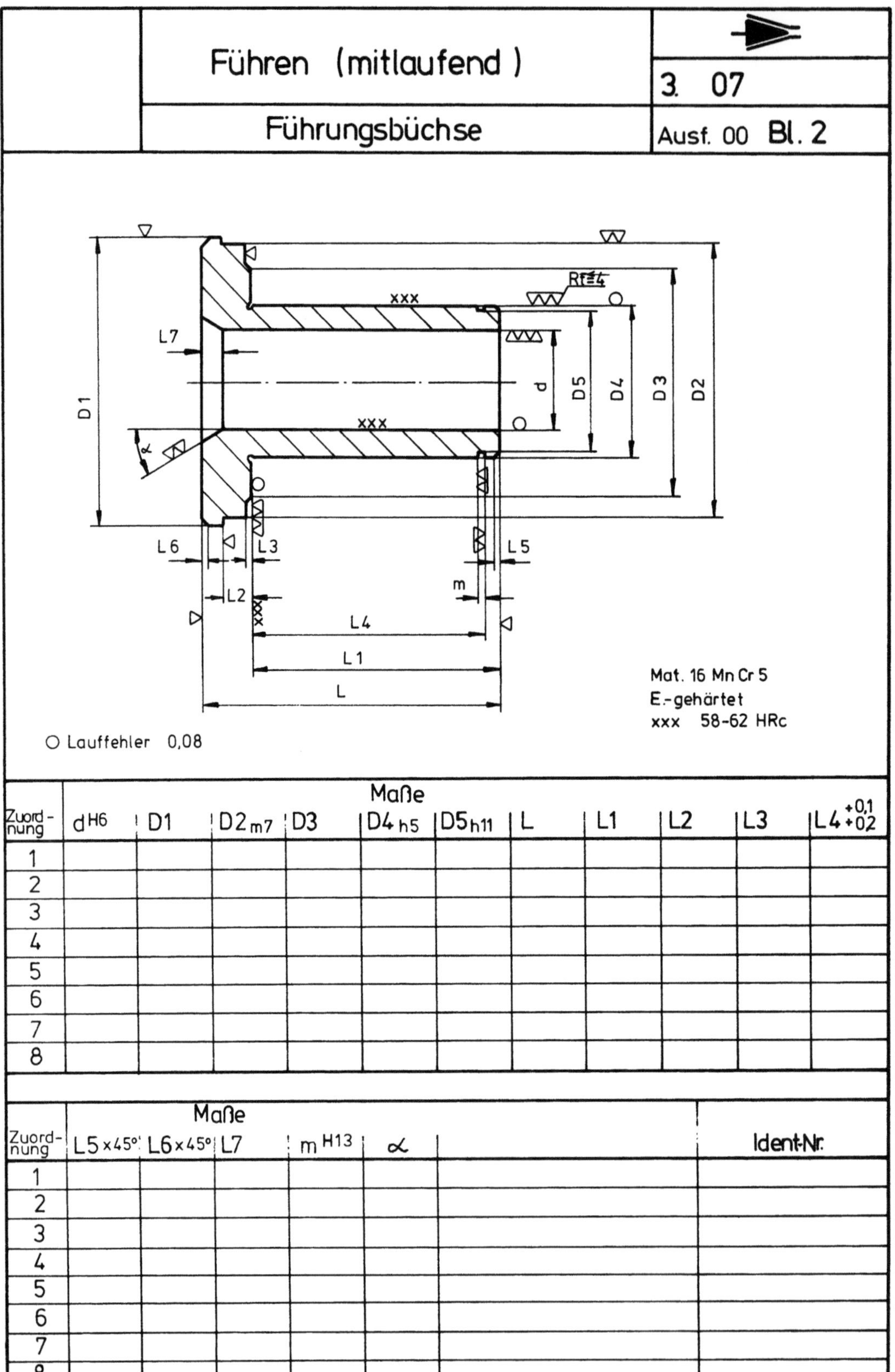</td></tr>
<tr><td></td><td align="center"></td><td colspan="2">3. 07</td></tr>
<tr><td></td><td align="center">Führungsbüchse</td><td colspan="2">Ausf. 00 Bl. 2</td></tr>
</table>

Maße

Zuord-nung	d^{H6}	D1	$D2_{m7}$	D3	$D4_{h5}$	$D5_{h11}$	L	L1	L2	L3	$L4^{+0,1}_{+0,2}$
1											
2											
3											
4											
5											
6											
7											
8											

Maße

Zuord-nung	L5×45°	L6×45°	L7	m^{H13}	α		Ident-Nr.
1							
2							
3							
4							
5							
6							
7							
8							

<table>
<tr><td rowspan="2" colspan="3"><h2>Führen (mitlaufend)</h2></td><td></td></tr>
<tr><td>3. 07</td></tr>
<tr><td colspan="3">Grundbüchse</td><td>Ausf. 00   Bl. 3</td></tr>
</table>

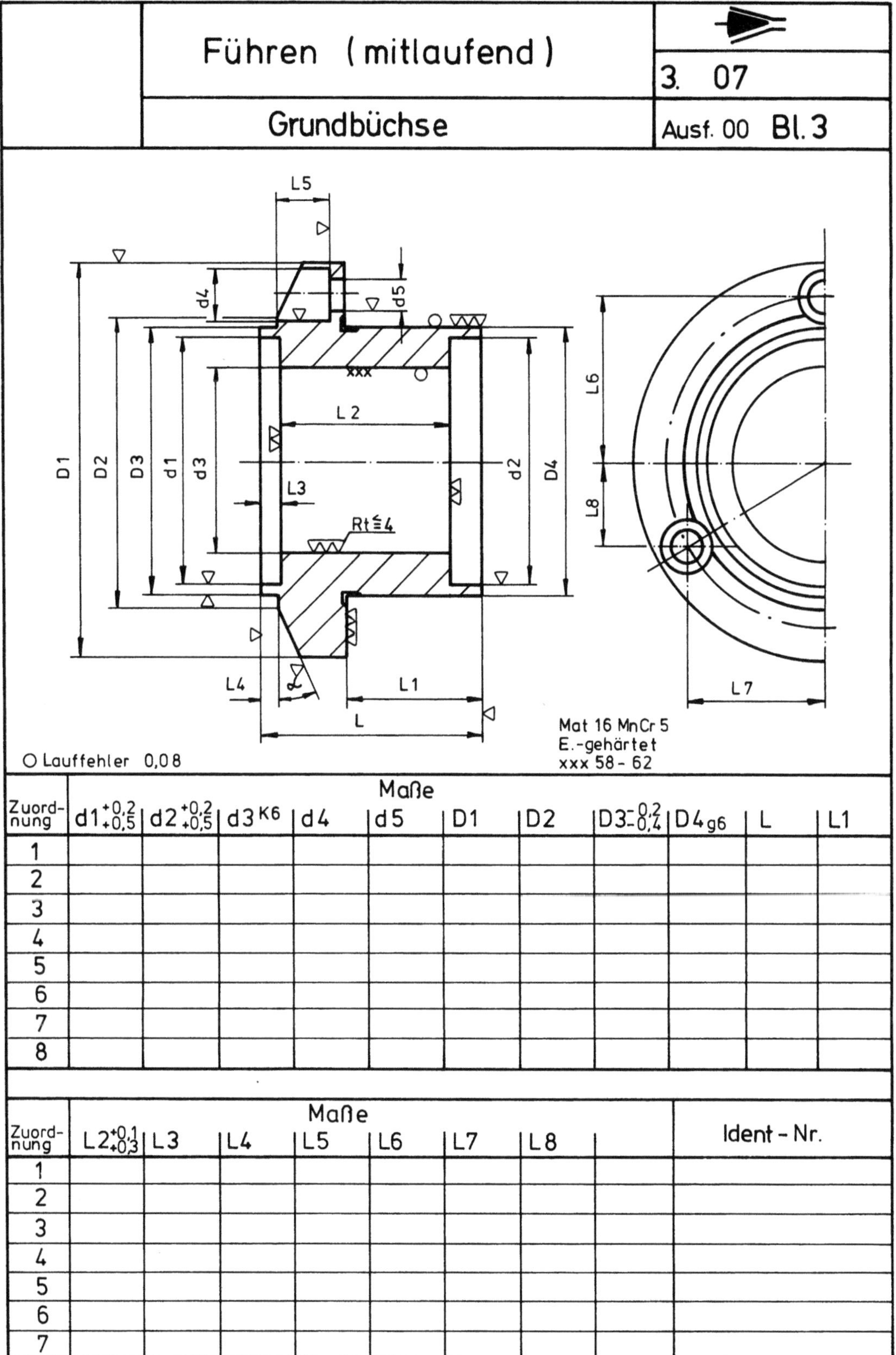

Maße

Zuord-nung	$d1^{+0,2}_{+0,5}$	$d2^{+0,2}_{+0,5}$	$d3^{K6}$	d4	d5	D1	D2	$D3^{-0,2}_{-0,4}$	$D4_{g6}$	L	L1
1											
2											
3											
4											
5											
6											
7											
8											

Maße

Zuord-nung	$L2^{+0,1}_{+0,3}$	L3	L4	L5	L6	L7	L8		Ident – Nr.
1									
2									
3									
4									
5									
6									
7									
8									

<table>
<tr><td></td><td colspan="2" align="center">Führen (mitlaufend)</td><td colspan="2"></td></tr>
<tr><td></td><td colspan="2"></td><td colspan="2">3. 07</td></tr>
<tr><td></td><td colspan="2" align="center">Schutzring</td><td>Ausf. 00</td><td>Bl. 4</td></tr>
</table>

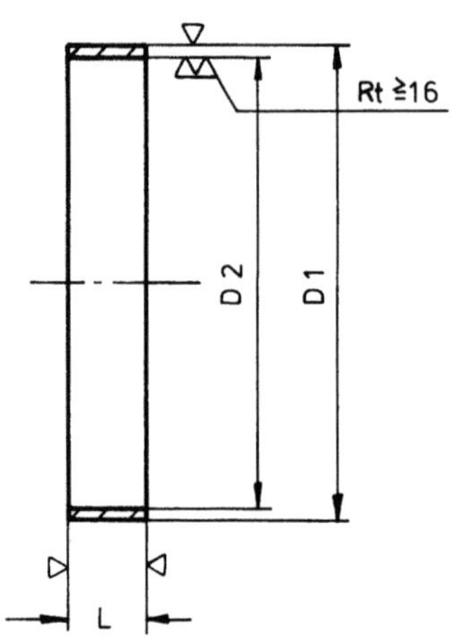

Zuord-nung	Maße				Ident-Nr.
	D1	D2 ^{H8}	L		
1					
2					
3					
4					
5					
6					
7					
8					

VORRICHTUNGSFUNKTIONEN

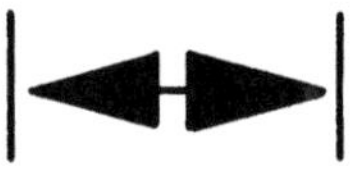

Verbinden

4

314

<table>
<tr><td rowspan="2"></td><td colspan="2" align="center"><h2>Verbinden</h2>Übersicht</td><td>◄►</td></tr>
<tr><td>4.</td></tr>
<tr><td></td><td colspan="2"></td><td>Bl.1►</td></tr>
</table>

Grundplatten	Grundplatten (vorbearbeitete Meterware)	Profilplatten (Meterware)
4. 01	4. 02	4. 03
Winkelprofil (vorbearbeitete Meterware)	T-Profil mit Rippen (Meterware)	
4. 04	4. 05	4. 06
Distanzbüchsen	Distanzstück	
4. 07	4. 08	4. 09
Lagerbock		
4. 10	4. 11	4. 12
4. 13	4. 14	4. 15

	Verbinden		4. 01	
	Grundplatten aus GG für den Vorrichtungsbau			Bl.1

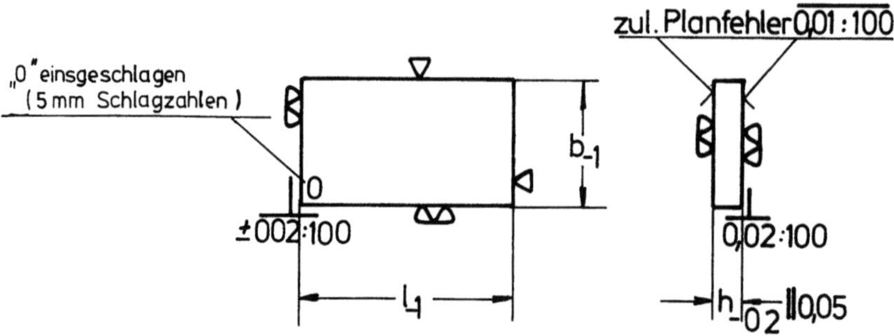

b	l	h	Ident-Nr.	kg|Stck.	Model-Nr.	Ident-Nr. für Rohlinge
165	165	20,2		3,97		
165	215	20,2		5,18		
165	265	20,2		6,38		
165	315	25,2		9,47		
165	365	25,2		10,98		
165	415	25,2		12,48		
165	465	25,2		14,0		
165	565	25,2		17,0		
165	665	25,2		20,0		
215	215	25,2		8,43		
215	265	25,2		10,4		
215	315	25,2		12,35		
215	365	25,2		14,32		
215	415	25,2		16,31		
215	465	25,2		18,25		
215	565	25,2		22,16		
215	665	25,2		26,08		
215	765	25,2		30,0		
265	265	25,2		12,81		
265	315	25,2		15,23		
265	365	30,2		21,18		
265	415	30,2		24,08		
265	465	30,2		26,97		
265	565	30,2		32,78		
265	665	30,2		38,59		
265	765	30,2		44,38		

<table>
<tr><td rowspan="2" colspan="2" style="text-align:center"><h2>Verbinden</h2></td><td>◄►</td></tr>
<tr><td>4. 03</td></tr>
<tr><td colspan="2">Profilplatten aus GG Vorbearbeitet für den Vorrichtungsbau</td><td>Bl. 1</td></tr>
</table>

Form B

Die Länge der zu fertigenden Profilgrundplatten kann unter Berücksichtigung der Rippen bestimmt u. abgesägt werden. Bitte Absägzeichnung mit Rippen‐angaben ausfüllen.

Form A   Form B   Schnitt G-H

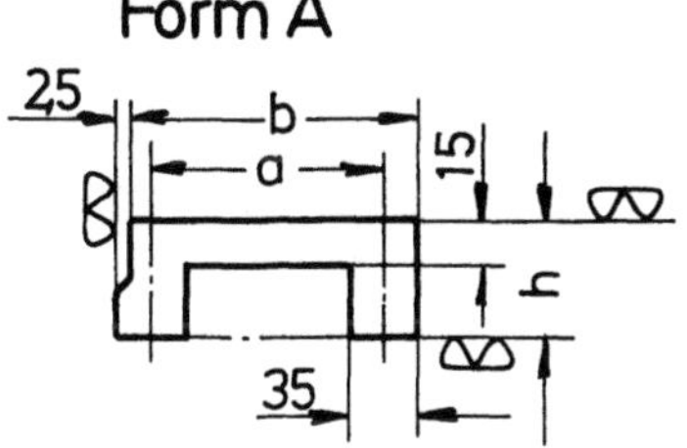
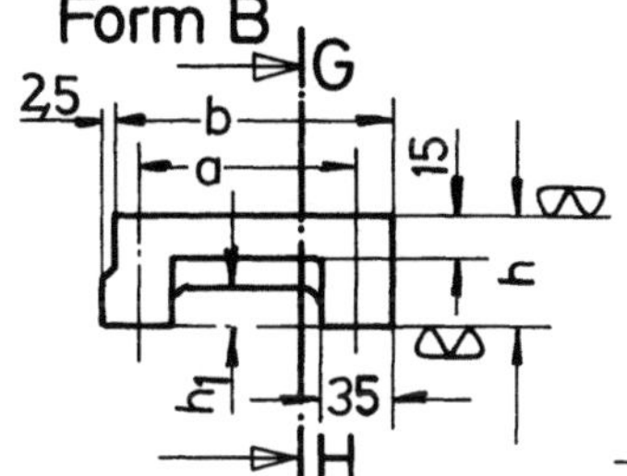
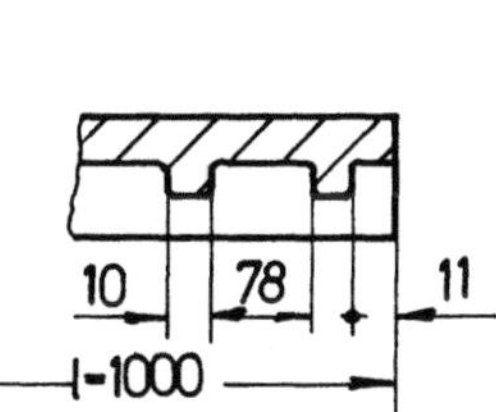

Werkstoff: GG-20

Form	b	h	h_1	$a^{1)}$	kg|dm	Ident-Nr.	Modell-Nr.	Ident-Nr. für Rohlinge
A	135	50	—	100	ca. 3,12			
B	235	60	30	200	ca. 5,0			
B	335	60	25	300	ca. 6,2			

1) Abstandsmaß für Anschraub-u.Absteckbohrungen in Querrichtung.

<table>
<tr><td rowspan="2"></td><td colspan="2">Verbinden</td><td colspan="2">←►</td></tr>
<tr><td colspan="2">4. 05</td></tr>
</table>

	Verbinden	←► 4. 05
	T Profil mit Rippen aus GG Vorbearbeitet für den Vorrichtungsbau	**Bl.1**

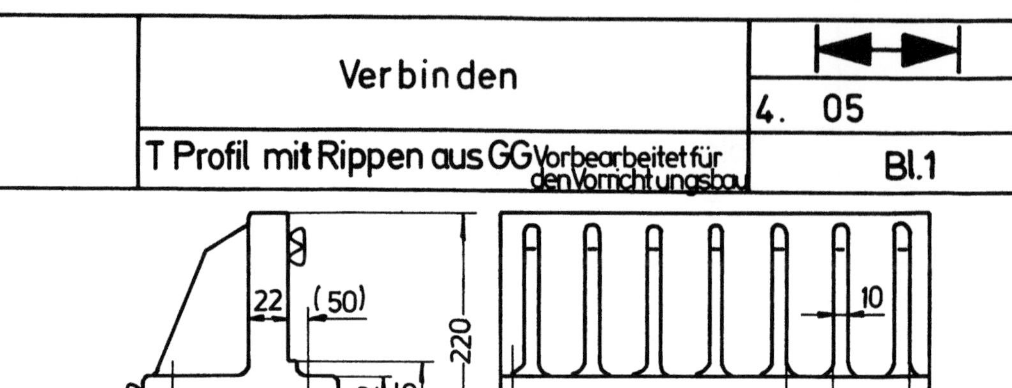

Die Länge des zu fertigenden T Profilkörpers kann unter Berücksichtigung der Rippen bestimmt u. abgesägt werden. (Absägzeichnung nach Tabelle ausfüllen)

Werkstoff: GG-25

Absägemaße in mm 1)			kg|dm	Ident-Nr	Modell-Nr.	Ident-Nr. für Rohlinge
96	396	696				
196	496	796	ca. 7,6			
296	596					

1) Diese Maße gelten wenn genau in der Mitte zwischen den Rippen abgesägt werden soll.

Maße in mm   Zeichnungsangabe   M 1:1

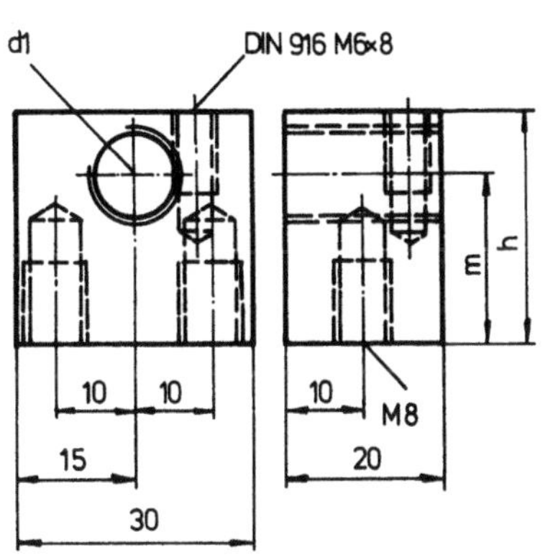

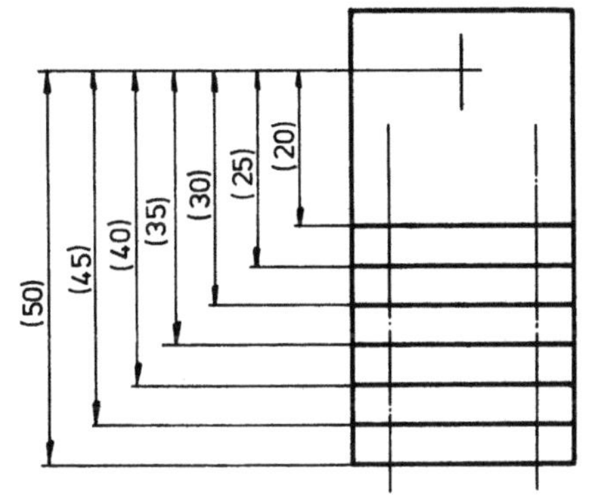

Werkstoff : St 37–2K

d1	m	h	kg/Stck.	Ident-Nr.
	20	27,5	0,100	00 892 3407
	25	32,5	0,123	00 892 3408
	30	37,5	0,146	00 892 3409
M 12	35	42,5	0,169	00 892 3410
	40	47,5	0,192	00 892 3411
	45	52,5	0,215	00 892 3412
	50	57,5	0,238	00 892 3413

Einsatzkriterien

1. mit federndem Druckstück   2. mit Gewindestift   3. mit Spannschraube

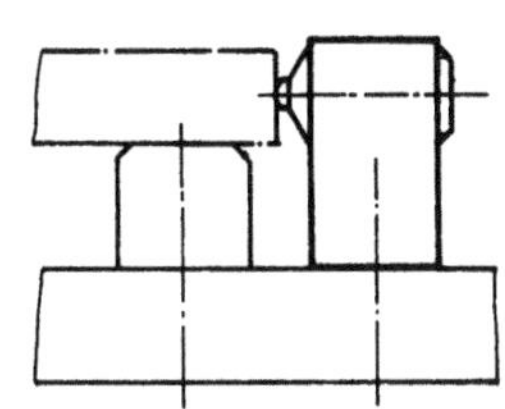

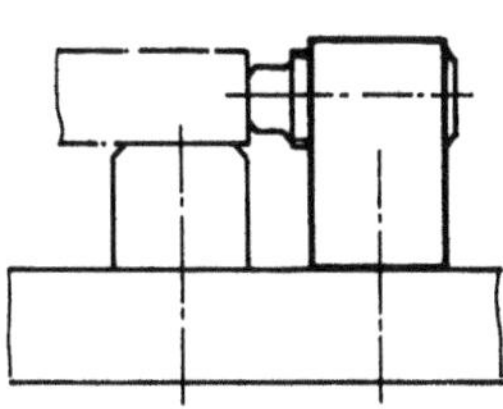

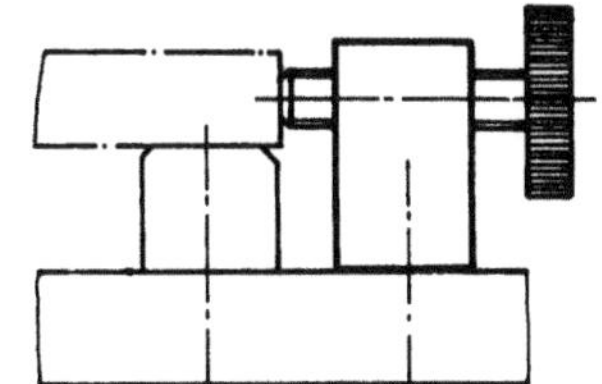

319

11. Lösungsbeispiele-Katalog

Der zunehmende Kostendruck, die Verkürzung der Einführungsphasen von Produkten und der daraus resultierende Zwang zur Wiederverwendung bestehender Lösungen führte zur Entwicklung einer Sammlung von Lösungsbeispielen (Problemlösungen) in Form eines Kataloges. Der hier dargestellte Katalog kann verständlicherweise nicht für die gesamte Industrie vollständig sein. Er kann aber für den Konstrukteur wegweisend sein und als Anregung dienen, selbst einen firmenspezifischen Katalog aufzubauen.

11.1 Entwicklung von Lösungsbeispiele-Katalogen

Aufbauend auf der Arbeit verschiedener VDI-Arbeitskreise [2] stellt sich der Lösungsbeispiele-Katalog nach dem gleichen Gliederungsprinzip dar wie der sogenannte Funktionsträgerkatalog. Im Gegensatz zum Funktionsträgerkatalog ist es allerdings nicht möglich, jedes Lösungsbeispiel einer einzigen Funktion zuzuordnen, denn die Lösungen stellen ja komplexe, funktionsfähige Vorrichtungen oder Vorrichtungsgruppen dar, die aus Kombinationen von bekannten Funktionsträgern bestehen.

Bei der Auswahl der zu dokumentierenden Lösungsbeispiele wurde darauf geachtet, daß der Umfang des Kataloges nicht zu groß wird. Um eine sinnvolle Anwendung bei der Konstruktionsarbeit zu ermöglichen, sollten nur Lösungen aufgenommen werden, deren technische Ausführung auch in Zukunft anwendbar ist. Bei der Auswahl der Prinzipien ist es vorteilhaft, alternative Lösungen und Ausführungsformen mit den jeweiligen unterschiedlichen Einsatzgrenzen darzustellen.

11.2 Aufbau eines Lösungsbeispiele-Kataloges

Der Katalog darf auf keinen Fall nur als eine Sammlung von Lösungsbeispielen verstanden werden, in der der Konstrukteur planlos blättert, um spontane Anregungen zu bekommen. Es ist erforderlich, daß dieser Beispiel-Katalog bei der Arbeit gezielt benutzt wird. Dies setzt einen systematischen Aufbau voraus. Wie im Abschnitt 11.1 bereits erwähnt wurde, ist die bekannte Gliederung nach Funktionen vorgesehen, die auch Erweiterungen des Kataloginhaltes ermöglicht. Arbeitet der Konstrukteur bereits mit Hilfsmitteln, die die gleiche Ordnungssystematik aufweisen, wird der Lösungsbeispiel-Katalog als Organisations- und Konstruktionshilfe akzeptiert.

Zum schnelleren Auffinden der einzelnen Lösungsblätter muß dem Katalog unbedingt ein Inhaltsverzeichnis als Wegweiser vorangestellt werden. Dieses Inhaltsverzeichnis kann seinen Zweck nur dann erfüllen, wenn es in übersichtlicher Form, nach leicht verständlichen und begreifbaren Kriterien Möglichkeiten bietet, die gewünschte oder gesuchte Information ohne Schwierigkeiten zu finden.

Das Inhaltsverzeichnis des vorliegenden Kataloges wurde so aufgebaut, daß von dem aufgeführten Lösungsbeispiel

- die Adresse (Seitennummer),

- der Name (Bildnummer),

– die Art des physikalischen Prinzips (mechanisch, hydraulisch u. a.),

– die Grobgliederung,

– die Feingliederung,

– das Übergreifen weiterer Funktionen bei komplexen Lösungsbeispielen

schnell erkennbar sind. Wenn alle Suchkriterien bekannt sind, kann ein Lösungsbeispiel gezielt gefunden werden. Auch wenn einige Kriterien fehlen, ist der Suchbereich eingeschränkt, so daß ein zeitaufwendiges Blättern durch den Gesamtkatalog vermieden wird (Bild 11-1).

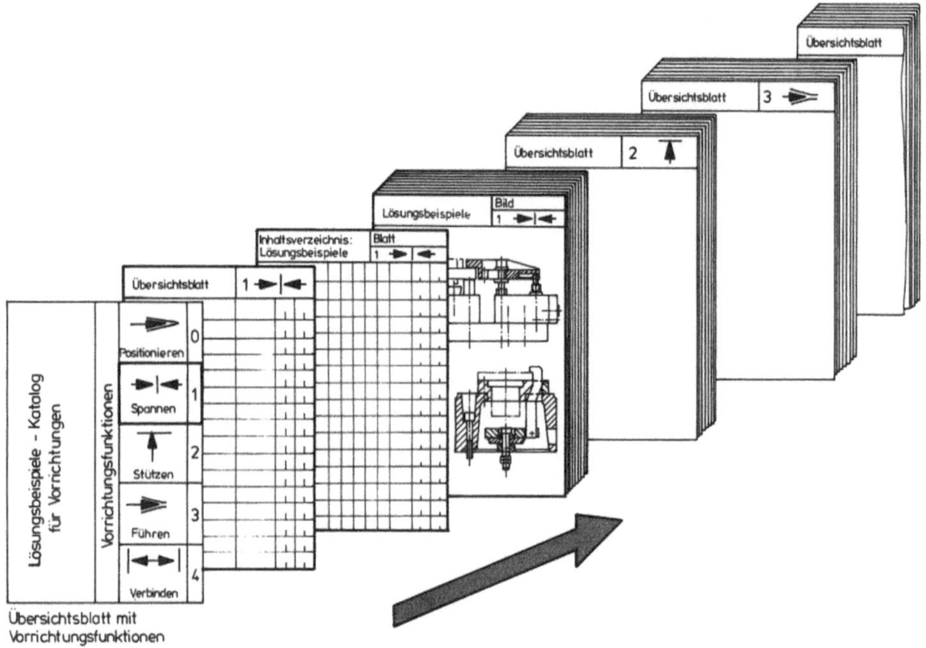

Bild 11-1. Übersichtsblatt eines Lösungsbeispiele-Kataloges für Vorrichtungen.

Die Darstellung des Lösungsbeispieles sollte so vollständig wie nötig und so abstrahiert wie möglich sein. Eine aus dem Zusammenhang gerissene Einzelheit darf nur dann in den Katalog aufgenommen werden, wenn sie allgemein verständlich ist oder durch eine kurzgefaßte Erklärung ergänzt wird. In der vorliegenden Sammlung (Kap. 11.4) werden zur Erklärung alle Positionen durch Zahlen gekennzeichnet, deren Bedeutung auf dem Zeichnungskopf erklärt ist. Diese Zahlen entsprechen den Leitziffern der Funktionsgruppen.

11.3 Handhabung und Pflege eines Lösungsbeispiele-Kataloges

Der Lösungsbeispiele-Katalog muß dem Konstrukteur in einer benutzerfreundlichen
Form zur Verfügung stehen. Der Aufbau gewährleistet, daß die gesuchten Denkhilfen
gefunden werden. Das Format des Katalogs wird jedem Benutzer freigestellt. Das Muster in diesem Buch ist aus drucktechnischen Gründen verkleinert dargestellt. Es beweist
aber, daß dieses Format keinesfalls ungünstig sein muß, handlich ist es auf jeden Fall.
Es muß ein Abheftsystem gefunden werden, welches den Austausch geänderter Blätter
bzw. die Ergänzung neuer Blätter ermöglicht. Aus Kostengründen wird dafür das DIN
A4-Format besser geeignet sein. In diesem Zusammenhang ist auch der Mikrofilm als
Dokumentationstechnik zu nennen. Mit Mikrofilmlochkarten, Mikrofichen u. a. wird
ein schneller Zugriff auf die Lösungsbeispiele möglich und ist eine einfache Aktualisierung gewährleistet. Mikrofilmlochkarten können auch maschinell sortiert werden. Um
eine möglichst gute Integration des neuen Hilfsmittels in die bestehende Unterlagendo-
kumentation zu erreichen und damit auch eine hohe Benutzerfreundlichkeit zu gewährleisten, sind bei der Wahl der geeigneten Dokumentationsform für die Lösungsbeispiel-
sammlung auch die bestehenden Dokumentationssysteme zu berücksichtigen. Mit dieser
Bemerkung ist das Problem der Katalogpflege angedeutet worden.

Der neuste Stand der Technik – in diesem Fall der Vorrichtungstechnik – muß durch
laufende Überwachung des Inhalts erhalten bleiben. Überholte Lösungen müssen nicht
unbedingt in Vergessenheit geraten. Die ausgeführten Lösungen im Betrieb werden ja
auch nicht je nach Wissenstand ausgetauscht. Die deutliche Kennzeichnung eines nicht
mehr dem neuesten Stand der Technik entsprechenden Lösungsbeispiele-Blattes muß
durch den Hinweis auf die neuere ersetzende Ausführung ergänzt sein. Die Einordnung
neuer Blätter wird durch das System erleichtert, welches im Inhaltsverzeichnis deutlich
sichtbar wird.

11.4 Lösungsbeispiele-Katalog für Vorrichtungen

Auf den nachfolgenden Seiten finden sie Lösungsbeispiele, die aus verschiedenen Betrieben von den Autoren zusammengestellt wurden.

Numerierungsschlüssel der Bild Nr.

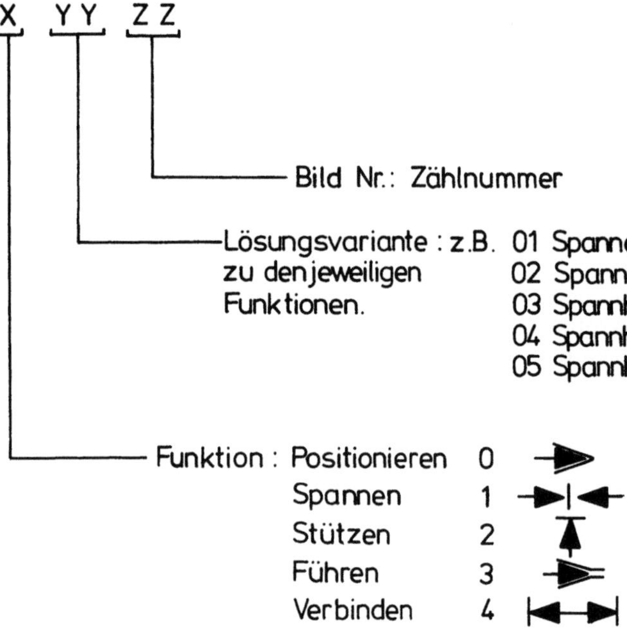

Beispiel :

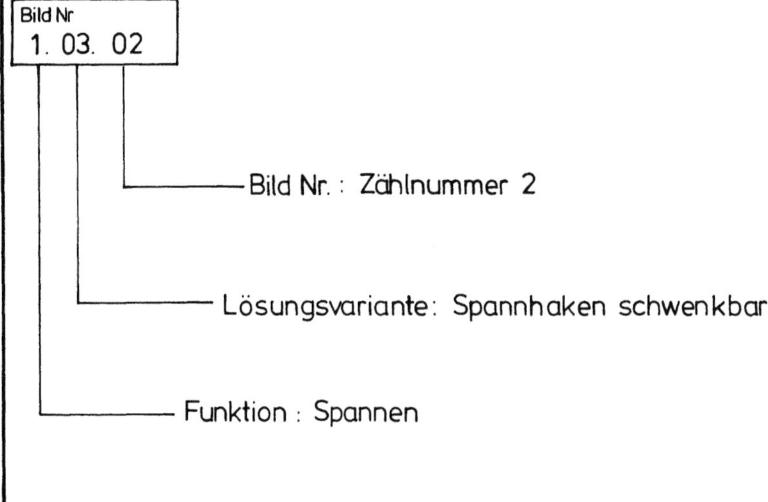

Übersichtsblatt: Lösungsbeispiele

Lösungs - Variante		Positionieren 0 ➤	
		Zuordnung Lösungs-Variante	Blatt-Nr. Inhalts-Verzeichn.
mit Kugelkäfig innen		0 ¦ 1	¦
mit Kugelkäfig außen		0 ¦ 2	¦
mit Indexbolzen beweglich		0 ¦ 3	¦
zentrisch		0 ¦ 4	¦
zentrisch außen mit Kegel		0 ¦ 5	¦
innen über Zentrierschieber		0 ¦ 6	¦
Ausrichten über Formschieber		0 ¦ 7	¦
Kugel / Kegel – Position		0 ¦ 8	¦
		¦	¦
		¦	¦
		¦	¦
		¦	¦
		¦	¦
		¦	¦
		¦	¦
		¦	¦
		¦	¦
		¦	¦
		¦	¦
		¦	¦
		¦	¦
		¦	¦

<table>
<tr><th colspan="11">Inhaltsverzeichnis: Lösungsbeispiele</th><th>0 ▷</th></tr>
<tr><td>Positionieren
0 ▷</td><td colspan="2">Spannen
1 ▶◀</td><td colspan="2">Stützen
2 ▲</td><td colspan="2">Führen
3 ▷</td><td colspan="2">Verbinden
4 ◀▶</td><td colspan="3">Blatt-Nr. 2</td></tr>
<tr><th rowspan="2">Lösungs-Variante</th><th>mech.</th><th>hydr.</th><th>sonst.</th><th colspan="4">Weitere Funktionen sind in dem Beispiel enthalten</th><th colspan="4">Bild-Nr.</th><th rowspan="2">Seite</th></tr>
<tr><th></th><th></th><th></th><th>1</th><th>2</th><th>3</th><th>4</th><th>Funktion</th><th>Lösungs-variante</th><th>Laufende</th><th>Nummer</th></tr>
<tr><td rowspan="7">Positionieren
zentrisch

04</td><td>X</td><td></td><td></td><td>X</td><td></td><td></td><td></td><td>0</td><td>0 4</td><td>0</td><td>1</td><td></td></tr>
<tr><td></td><td>X</td><td></td><td>X</td><td></td><td></td><td></td><td>0</td><td>0 4</td><td>0</td><td>2</td><td></td></tr>
<tr><td></td><td>X</td><td></td><td>X</td><td></td><td></td><td></td><td>0</td><td>0 4</td><td>0</td><td>3</td><td></td></tr>
<tr><td>X</td><td></td><td></td><td>X</td><td></td><td></td><td></td><td>0</td><td>0 4</td><td>0</td><td>4</td><td></td></tr>
<tr><td>X</td><td></td><td></td><td>X</td><td></td><td></td><td></td><td>0</td><td>0 4</td><td>0</td><td>5</td><td></td></tr>
<tr><td>X</td><td></td><td>X</td><td>X</td><td>X</td><td></td><td></td><td>0</td><td>0 4</td><td>0</td><td>6</td><td></td></tr>
<tr><td>X</td><td></td><td>X</td><td></td><td></td><td></td><td></td><td>0</td><td>0 4</td><td>0</td><td>7</td><td></td></tr>
<tr><td rowspan="2">Positionieren
zentrisch mit Kegel.

05</td><td>X</td><td></td><td></td><td>X</td><td></td><td>X</td><td></td><td>0</td><td>0 5</td><td>0</td><td>1</td><td></td></tr>
<tr><td>X</td><td></td><td></td><td>X</td><td>X</td><td></td><td></td><td>0</td><td>0 5</td><td>0</td><td>2</td><td></td></tr>
<tr><td rowspan="3">Positionieren innen
über Zentrierschieber.

06</td><td>X</td><td></td><td></td><td>X</td><td></td><td></td><td></td><td>0</td><td>0 6</td><td>0</td><td>1</td><td></td></tr>
<tr><td>X</td><td></td><td></td><td>X</td><td></td><td></td><td></td><td>0</td><td>0 6</td><td>0</td><td>2</td><td></td></tr>
<tr><td></td><td>X</td><td></td><td>X</td><td></td><td></td><td></td><td>0</td><td>0 6</td><td>0</td><td>3</td><td></td></tr>
</table>

Inhaltsverzeichnis: Lösungsbeispiele															0 ▷

Positionieren 0 ▷	Spannen 1 ▶◀	Stützen 2 ▲	Führen 3 ▷	Verbinden 4 ◀▶	Blatt-Nr. 3

Lösungs-Variante	mech.	hydr.	sonst.	Weitere Funktionen sind in dem Beispiel enthalten				Bild-Nr.					Seite
				1	2	3	4	Funktion	Lösungs-variante	Laufende	Nummer		
Positionieren, Ausrichten über Formschieber. 07		X		X	X			0	0	7	0	1	
Kugel / Kegel Positionierung. 08		X		X				0	0	8	0	1	
	X							0	0	8	0	2	

<table>
<tr><td colspan="5">

Lösungsbeispiele : Positionierung mit Kugelkäfig (innen)

</td><td>

Bild Nr. :
0. 01. 01

</td></tr>
<tr><td>Positionieren</td><td>Spannen</td><td>Stützen</td><td>Führen</td><td>Verbinden</td></tr>
<tr><td>0</td><td>1</td><td>2</td><td>3</td><td>4</td></tr>
</table>

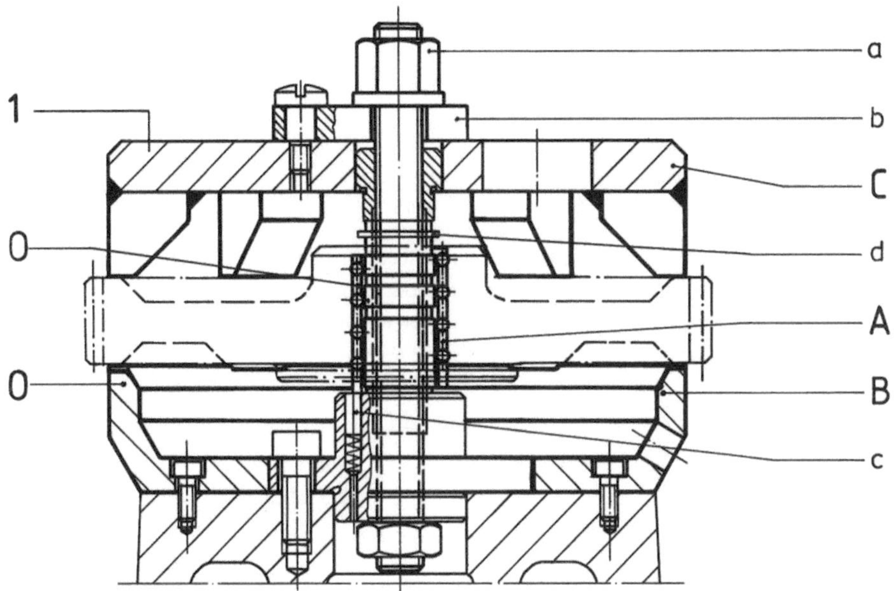

Funktionsbeschreibung :

Spannglocke C ist zum Einlegen des Werkstückes entfernt.
Der Kugelkäfig A wird durch den Federbolzen c gegen den Anschlag d in Ausgangsstellung
gebracht, d.h. die oberen Kugelreihen befinden sich in einer Vorzentrierungsfase (Einstichrillen).
Die untere Kugelreihe befindet sich ständig auf dem Zentrierungsdurchmesser (Auslegung der
Durchmesser siehe Blatt 2)
Das Werkstück kann jetzt leicht bis zur unteren Kugelreihe eingeführt werden. Durch einen
leichten Druck auf das Werkstück rollt der Kugelkäfig nach unten und das Werkstück kommt
auf B zur Auflage.
Durch diese Rollbewegung laufen die oberen Kugelreihen auf den Zentrierungsdurchmesser.
Der Kugelkäfig A legte somit die Hälfte des Werkstückweges zurück. Nachdem das Werkstück
in der Bohrung positioniert ist wird der Spanndeckel C über die Mutter eingeführt, Riegel b
eingeschwenkt und mit der Mutter a gespannt.
Lösen ist, zu spannen inverse Tätigkeit.

Bl.:1...von..2....

329

Bemessung von Werkstückaufnahmen mit Kugelbüchsen

Beispiel:

Bohrungs $\phi\,40^{H7} = 40 \pm {}^{25}_{0}$

Kugel ϕ 5 Güteklasse I Sorte +1 DIN 5401

Der Außen ϕ des Dornes soll wie folgt bemessen sein:

$40,025 =$ Größtmaß der Bohrung
$+\ 0,030 =$ Zugabe

$\phi\,40,055 + 0,005 - 2 \times 5\ \phi\,(\text{Kugel}) = \underline{30,055}\ + 0,005$

Der Rollweg des Käfigs ($\frac{1}{2}$ Werstückweg) soll auf 3–3,5 mm begrenzt sein,
wobei der Kantenbruch am Werkstück berücksichtigt werden muß
Die Kugelreihen und Kugelanzahl ist auf den entsprechenden Fall abzustimmen.

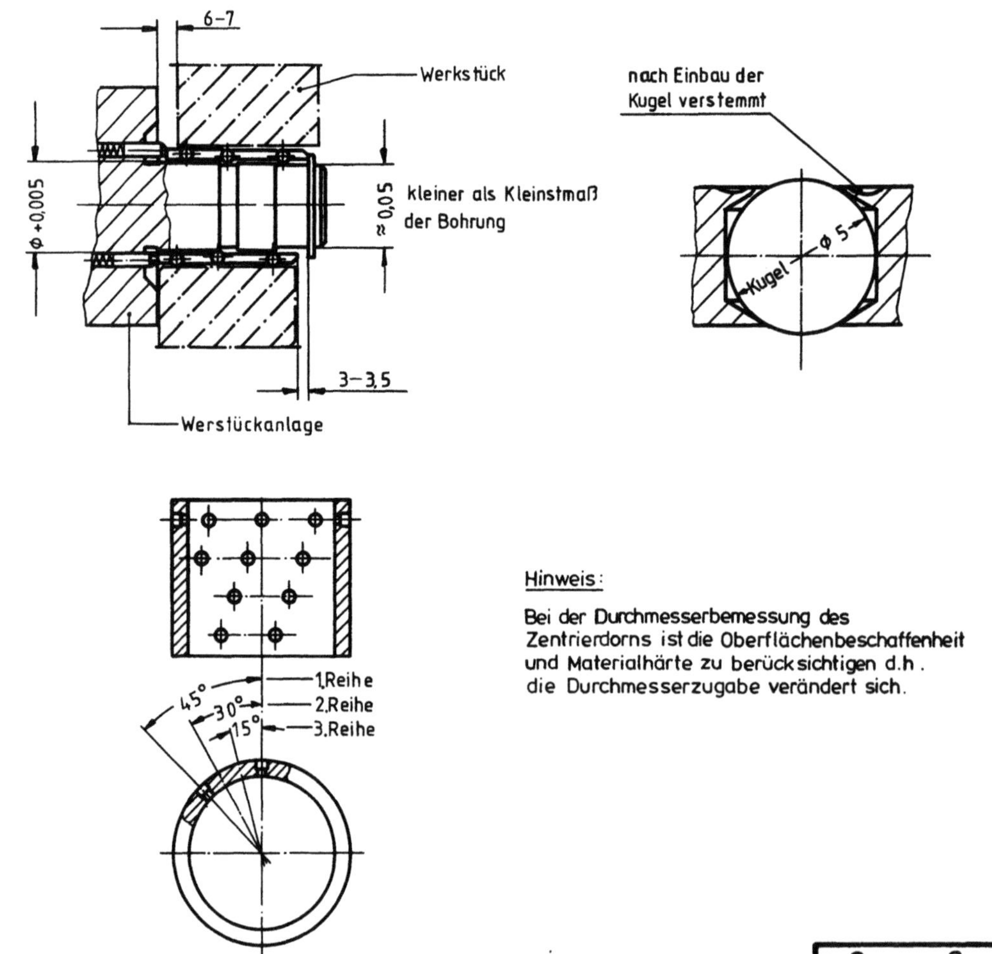

<u>Hinweis:</u>

Bei der Durchmesserbemessung des
Zentrierdorns ist die Oberflächenbeschaffenheit
und Materialhärte zu berücksichtigen d.h.
die Durchmesserzugabe verändert sich.

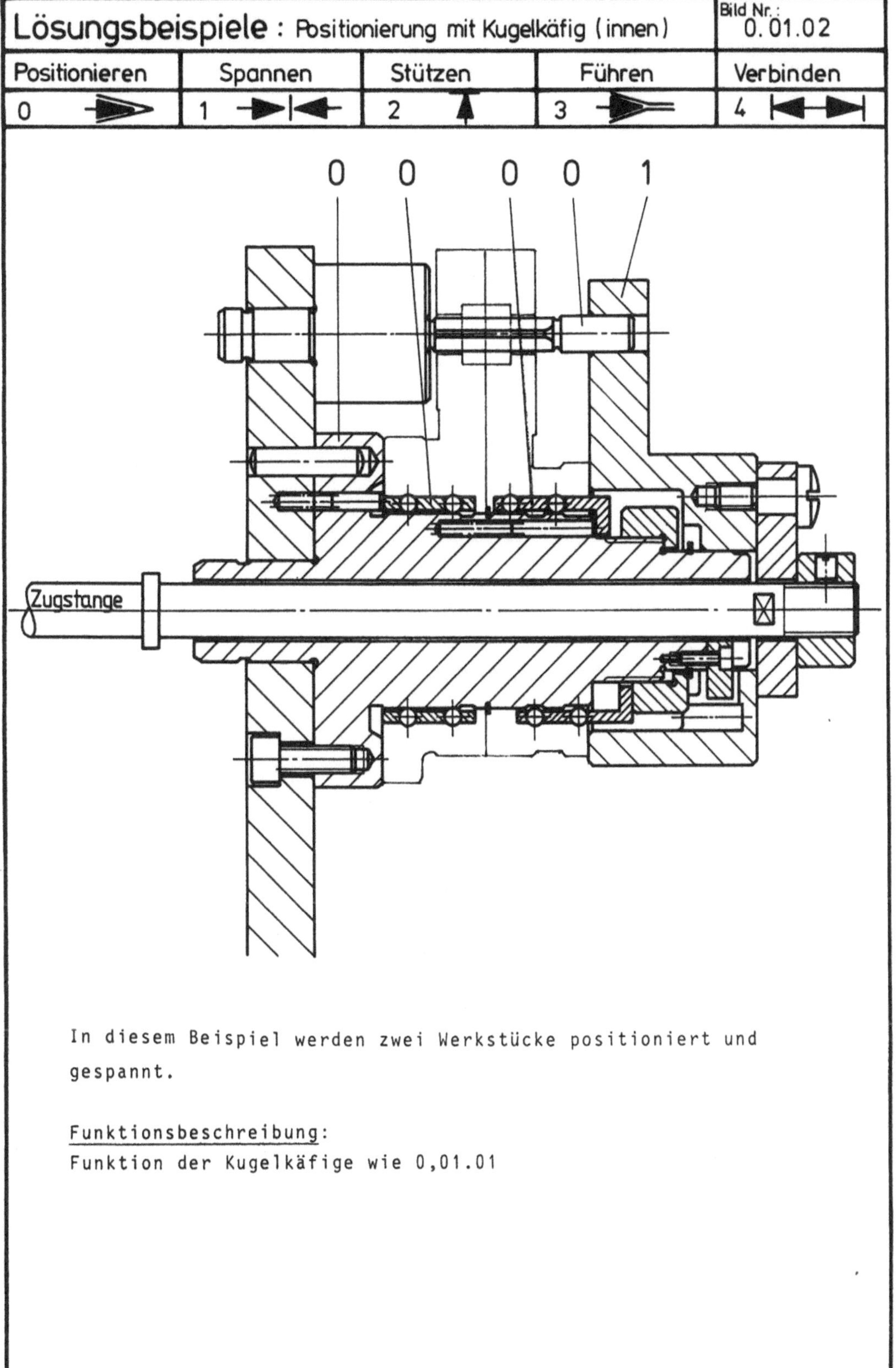

Lösungsbeispiele : Positionierung mit Kugelkäfig (innen)
Bild Nr.:
0.01.02
Positionieren
Spannen
Stützen
Führen
Verbinden
0
1
2
3
4
0 0 0 0 1
Zugstange
In diesem Beispiel werden zwei Werkstücke positioniert und
gespannt.

Funktionsbeschreibung:
Funktion der Kugelkäfige wie 0,01.01
Bl.: 1 von 1

Positionieren	Spannen	Stützen	Führen	Verbinden
0	1	2	3	4

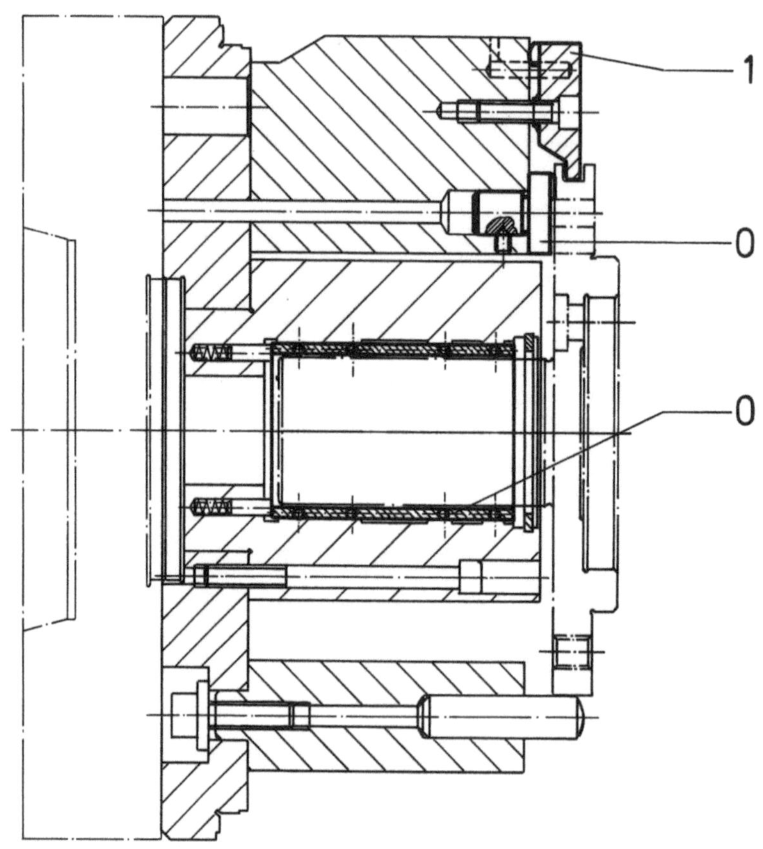

Funktionsbeschreibung:

Funktion des Kugelkäfigs wie 0.01.01

Bl. 1 von 1

332

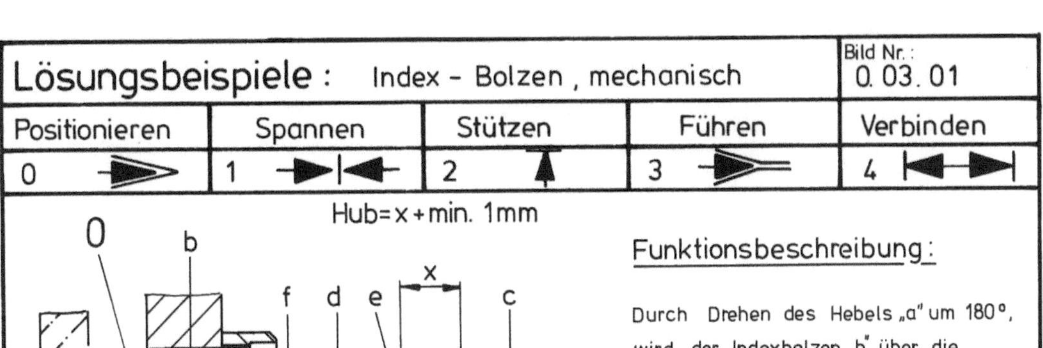

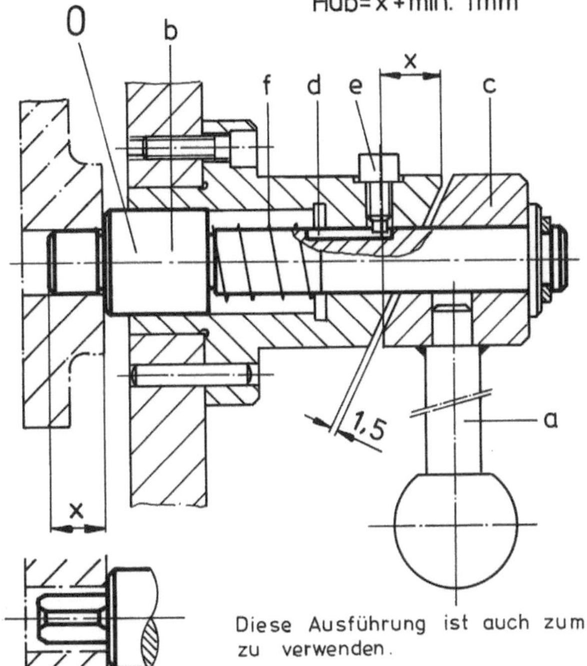

Funktionsbeschreibung :

Durch Drehen des Hebels „a" um 180°, wird der Indexbolzen „b" über die Schräge (Hub = x + min. 1mm) zurückgezogen.

Das Kurvenstück „c" sitzt lose auf dem Indexbolzen „b". Dieser wird durch den Schraubenzapfen „e" in der Führungsnut „d" geführt und ohne sich zu drehen zurückgezogen.

Zum Positionieren der Werkstücke wird der Hebel „a" wieder um 180° gedreht und durch die Feder „f" nach vorne in die Werkstückbohrung gebracht.

Diese Ausführung ist auch zum Positionieren mit einem Ovalbolzen zu verwenden.

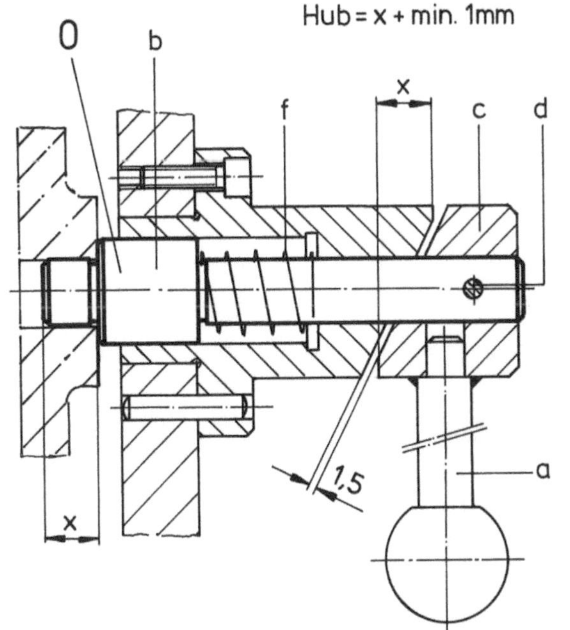

Funktionsbeschreibung :

Durch Drehen des Hebels „a" um 180°, wird der Indexbolzen „b" über die Schräge (Hub = x + min. 1mm) zurückgezogen.

Da das Kurvenstück „c" mit dem Indexbolzen „b" durch einen Stift „d" verbunden ist, dreht sich der Indexbolzen beim Zurückziehen um 180°.

Zum Positionieren des Werkstückes wird der Hebel „a" wieder um 180° gedreht und durch die Feder „f" nach vorne in die Werkstückbohrung gebracht.

Diese Ausführung ist nicht zum Positionieren mit einem Ovalbolzen geeignet.

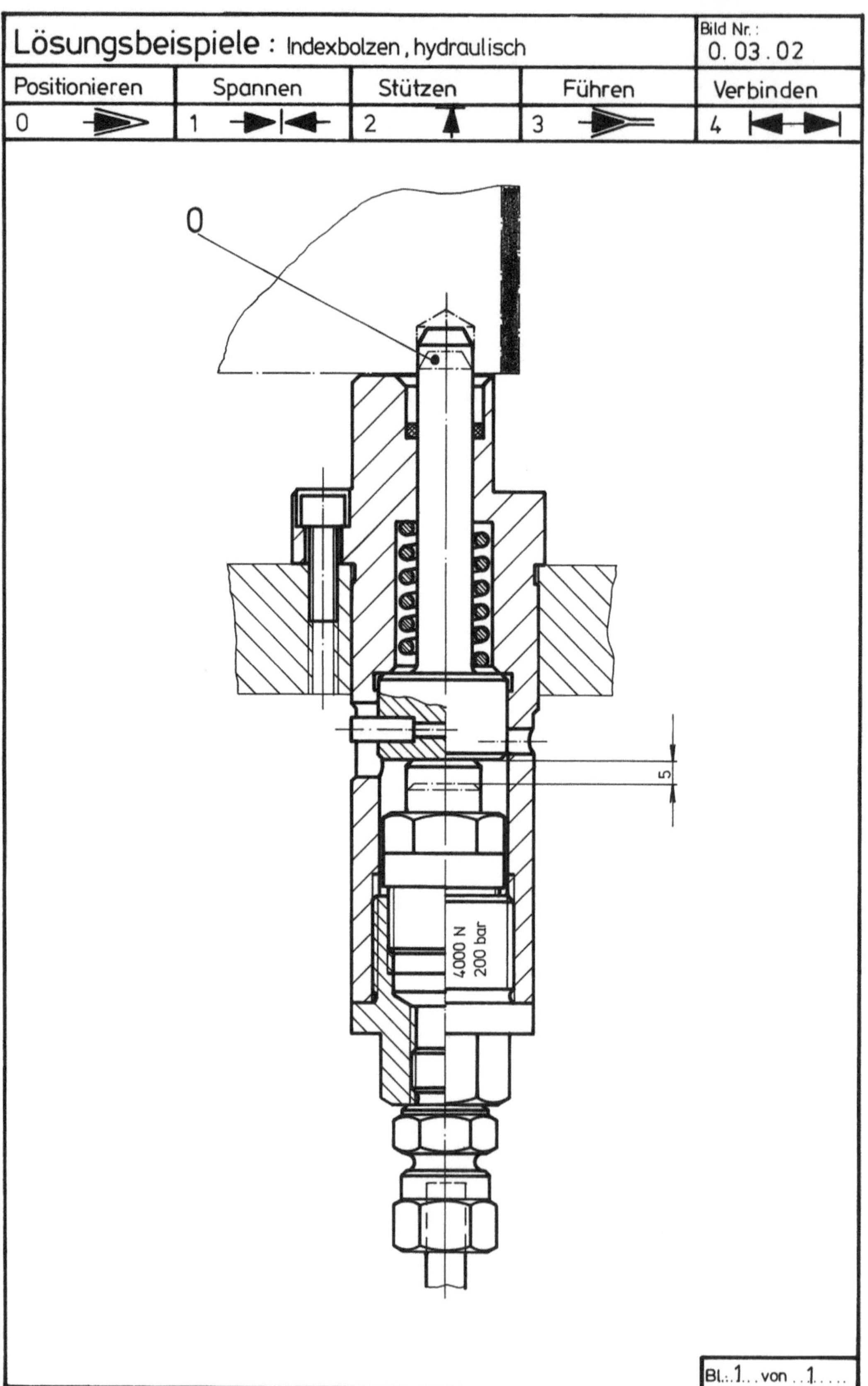

Bl. .1. . . von . .1. . . .

334

Positionieren	Spannen	Stützen	Führen	Verbinden
0	1	2	3	4

Ausführung mit Ovalbolzen

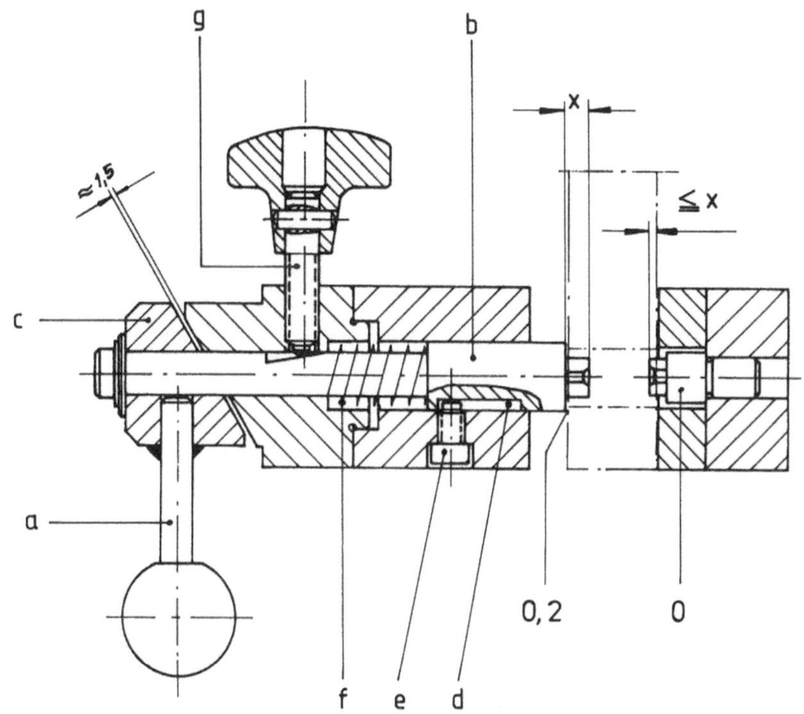

Funktionsbeschreibung

siehe Beschreibung Bild-Nr. 0.03.01
jedoch mit zusätzlicher Abklemmung des
Indexbolzen "b" mit der Klemmschraube "g"

Bl.:..... von ....

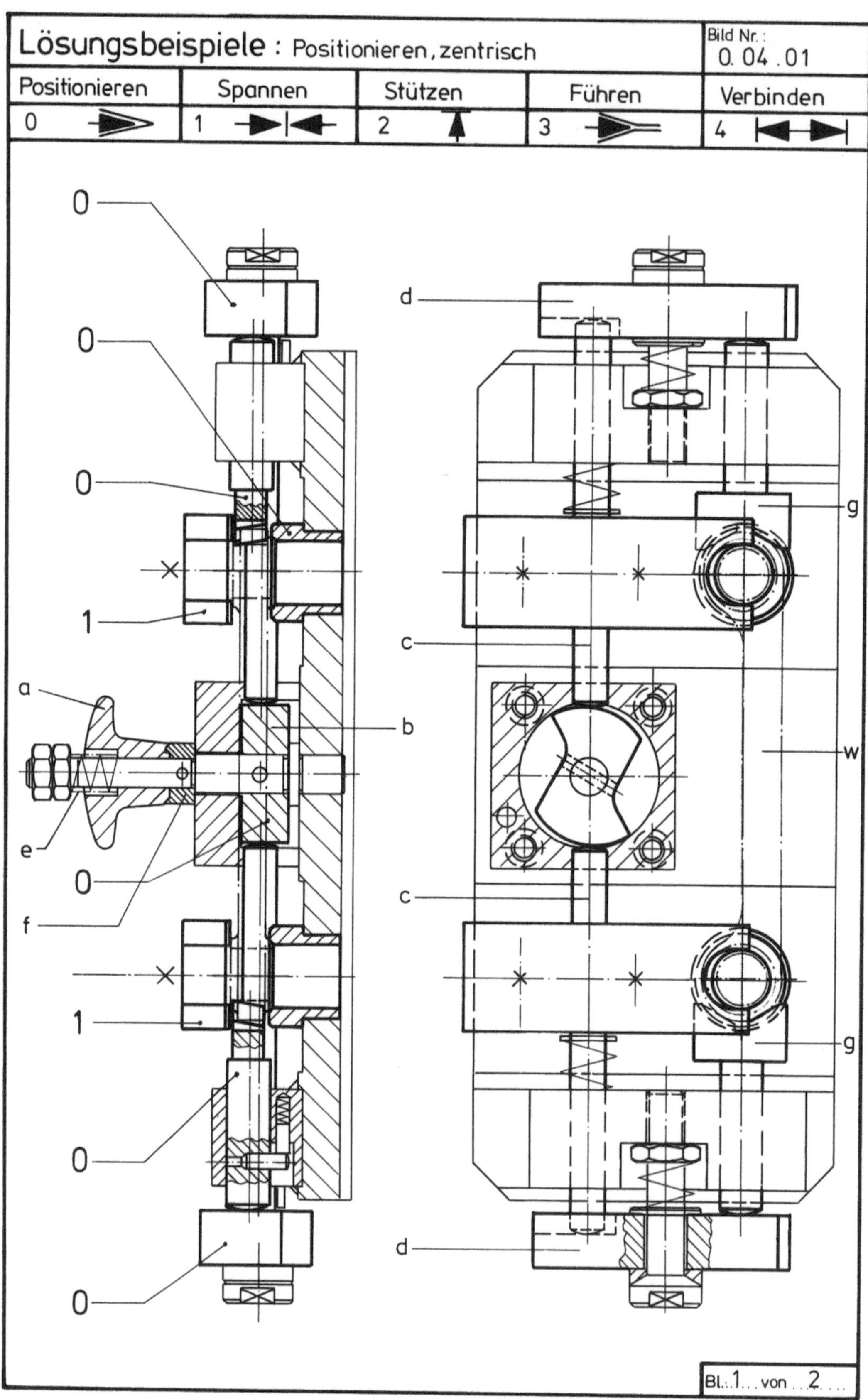

336

Funktionsbeschreibung:

Durch Drehen des Kreuzgriffes a wird der Exzenter b (archimetrische Spirale) gedreht und die beiden Bolzen c schieben sich gegen die Spanneisen d und das Werkstück w wird durch die beiden Prismen g zentrisch.

Der Kreuzgriff a wird durch die Druckfeder e gegen die Rasterkupplung f gedrückt, ist das Werkstück w durch die Prismen g zentriert, rastet durch den Wiederstand des Werkstückes die Rasterkupplung f aus.

Bl.: 2 von 2

Lösungsbeispiele : Zentrierspannung
Bild Nr.:
0. 04 . 02
Positionieren
0
Spannen
1
Stützen
2
Führen
3
Verbinden
4
Öffnungsweg beim
Ein - Auslegen
6
0 + 1
bewegliche
Abdeckung
d
b
a
c
4500 N
100 bar
16
Bl.: 1 von 2

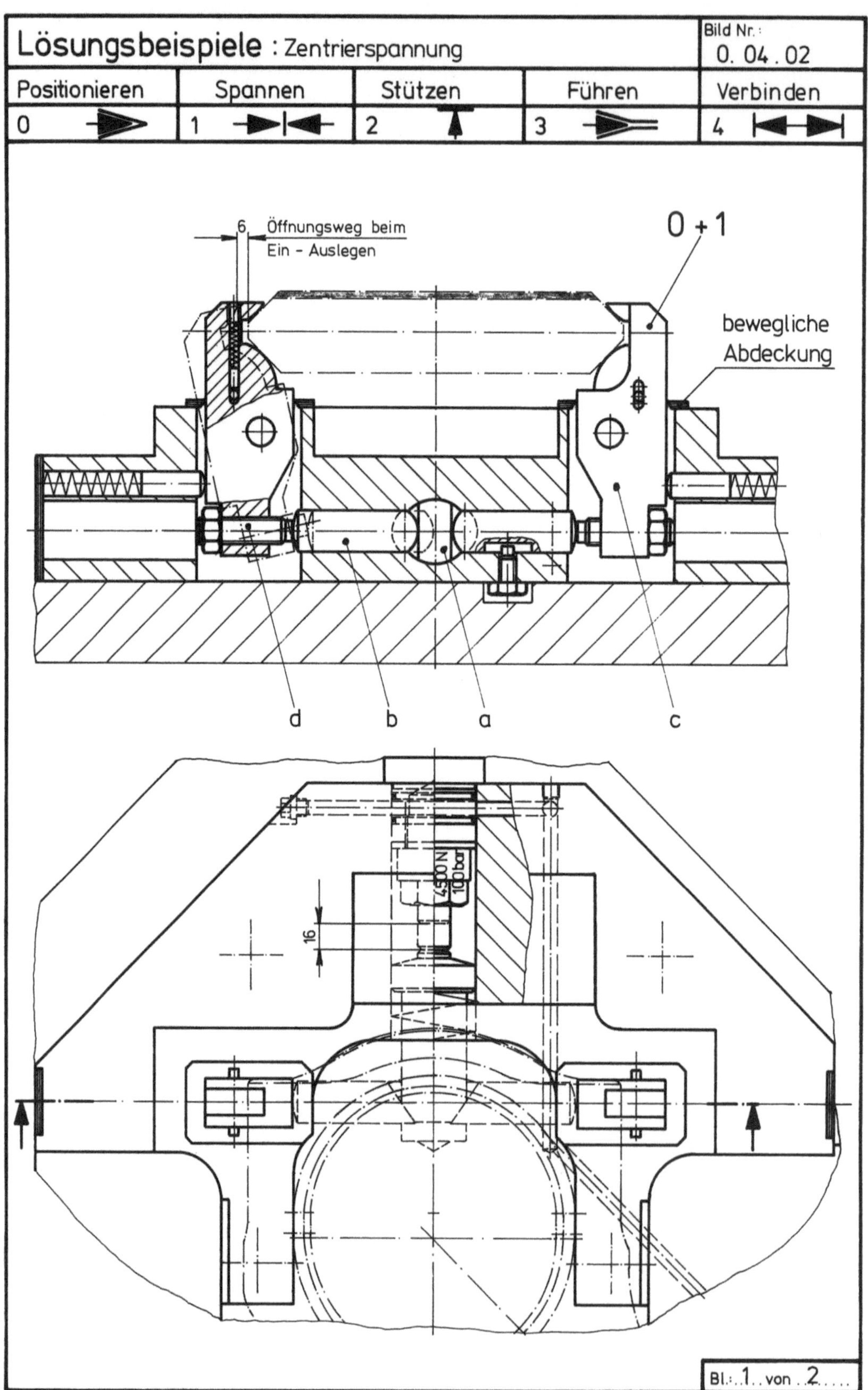

338

Funktionsbeschreibung:

Das Werkstück wird an den beiden 45° schrägen Flächen zentriert.

Durch Beaufschlagen eines Hydr.-Spannzylinders wird der Druckbolzen a axial verschoben. Dadurch werden die beiden angeschrägten Druckbolzen b auseinanderbewegt und bringen die Zentrierhebel c in Position
Durch Wegnahme des Spanndruckes wird das Ganze mit Federrückzug in die Ausgangsstellung gebracht.
Die Mittigkeit der Zentrierhebel kann mit den Schrauben d eingestellt werden.
Gegen Verschmutzung ist eine bewegliche Abdeckung angebracht, die mittels einer Druckfeder über einen Zylinderstift auf die abzudeckende Fläche gedrückt wird.

Bl.:2..von 2...

Funktionsbeschreibung:

Die Bewegung der horizontal angeordneten Druckbolzen erfolgt wie bei dem Beispiel 0.06.03. Durch Umlenkhebel wird mit diesem Element eine Außenzentrierung erreicht. Auch dieses Element eignet sich sehr gut zum Positionieren und Spannen von Rohteilen.

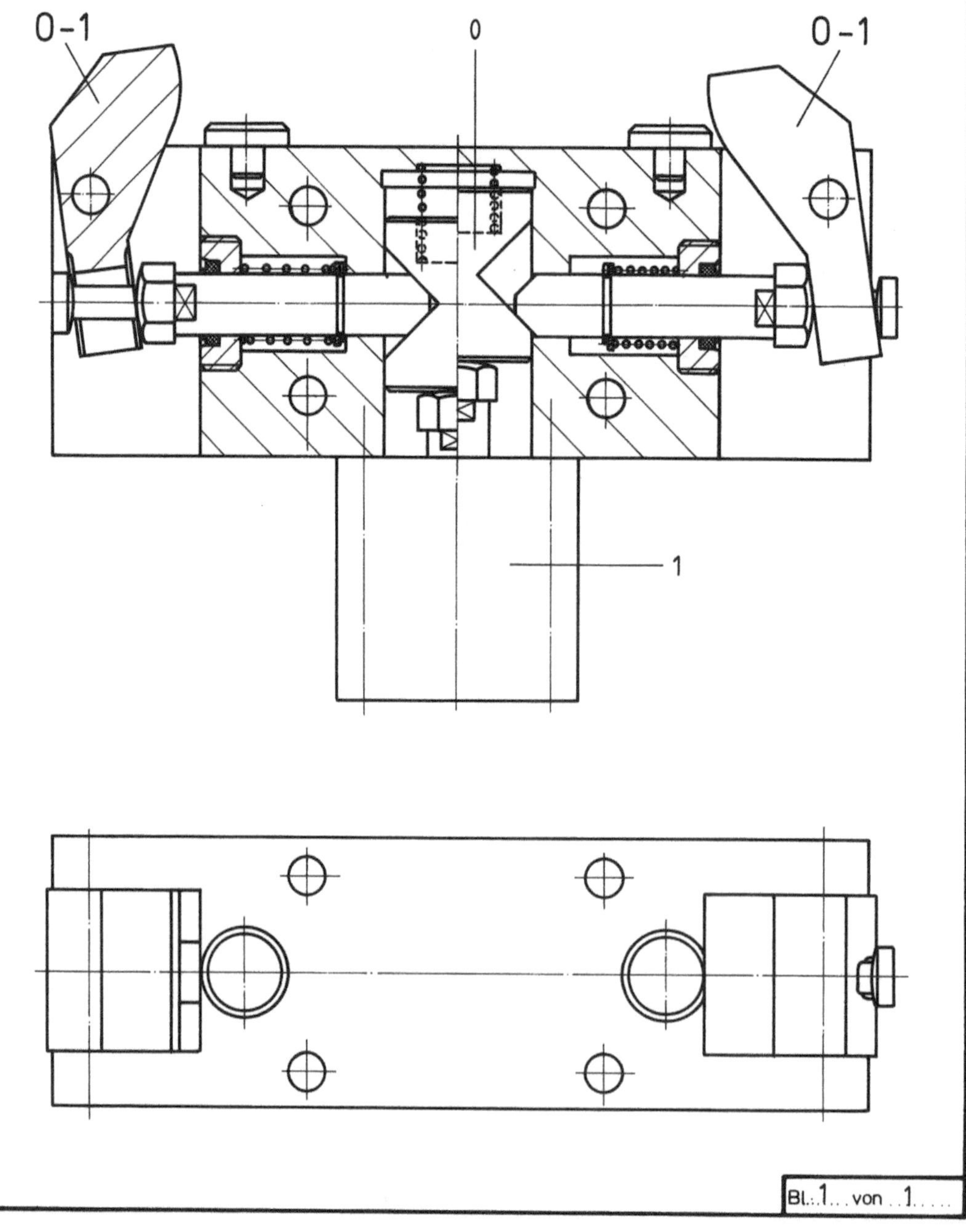

Bl. 1 von 1

| Positionieren | Spannen | Stützen | Führen | Verbinden |
| 0 | 1 | 2 | 3 | 4 |

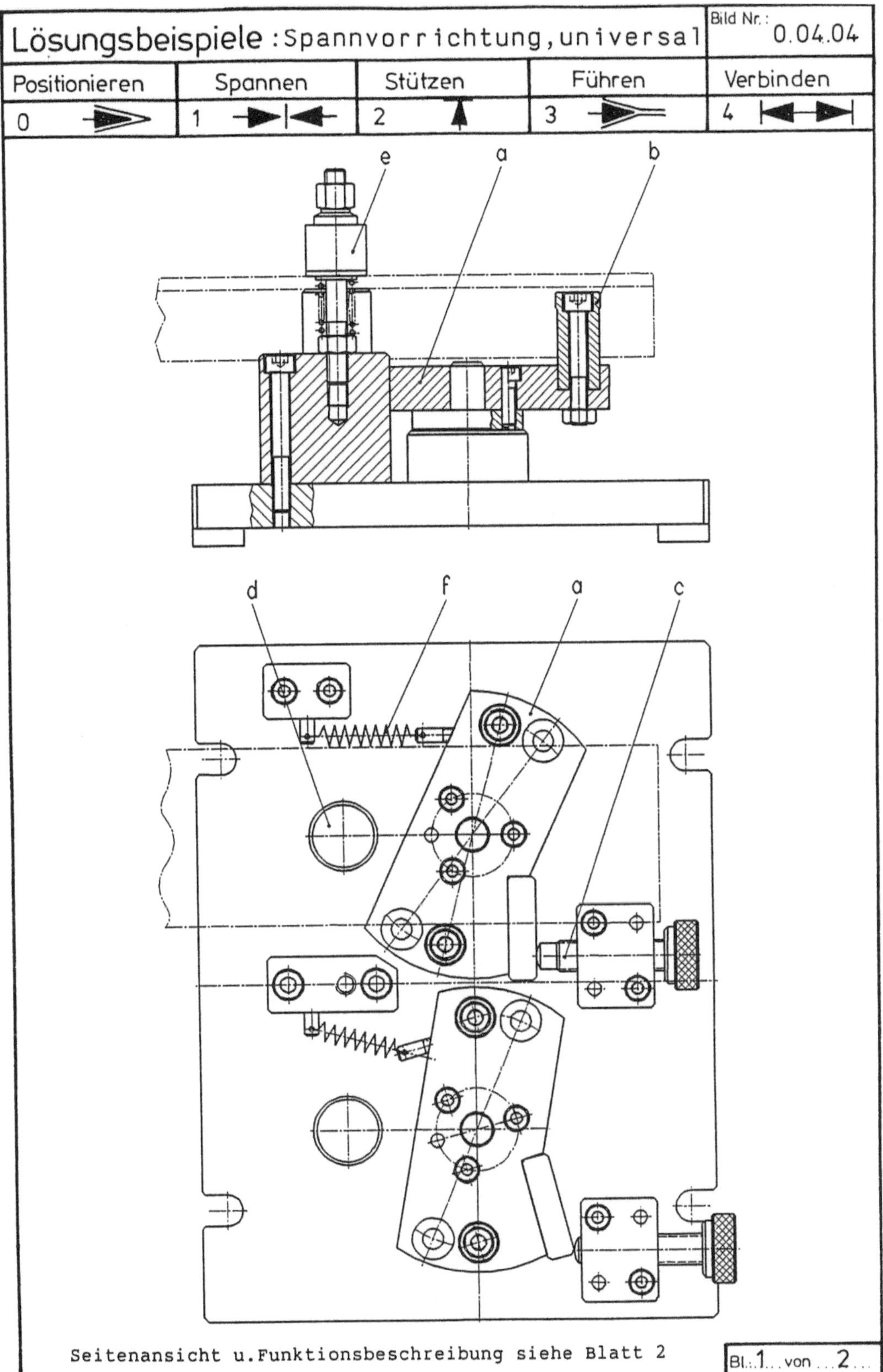

Seitenansicht u. Funktionsbeschreibung siehe Blatt 2

Bl.: 1 von 2

341

Lösungsbeispiele : Spannvorrichtung, universal				Bild Nr.: 0.04.04
Positionieren	Spannen	Stützen	Führen	Verbinden
0	1	2	3	4

Seitenansicht

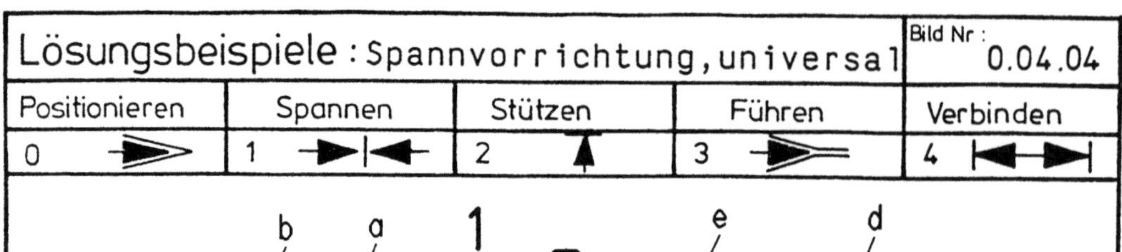

Maschinenanordnung

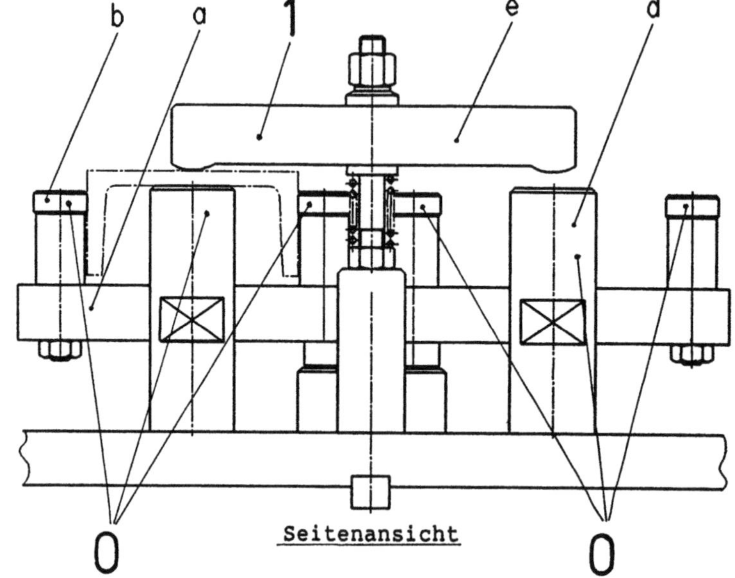

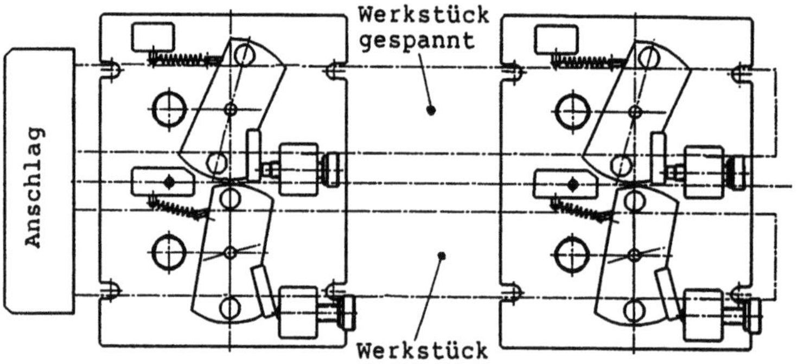

Funktionsbeschreibung:

Die Maschinenanordnung zeigt 2 Vorrichtungen,die in der Mittelnut eines Langbearbeitungszentrums ausgerichtet u. gespannt sind.Der Längsanschlag für die Werkstücke ergänzt den Aufbau.
Auf dieser Vorrichtung werden jeweils 2 Längsteile z.B. U-Stahl,Rechteckrohre oder Flachstähle mittenzentriert und gespannt.
Die Schwingen a sind durch die Druckfeder f in geöffneter Grundstellung.Die Werkstücke werden auf die Auflagebolzen d aufgelegt.Über die Druckschraube c werden die Zentrierbolzen b auf den Schwingen a betätigt und die Werkstücke mittenzentriert.Mit Spanneisen e werden die Werkstücke schließlich festgespannt.

Bl. 2 von 2

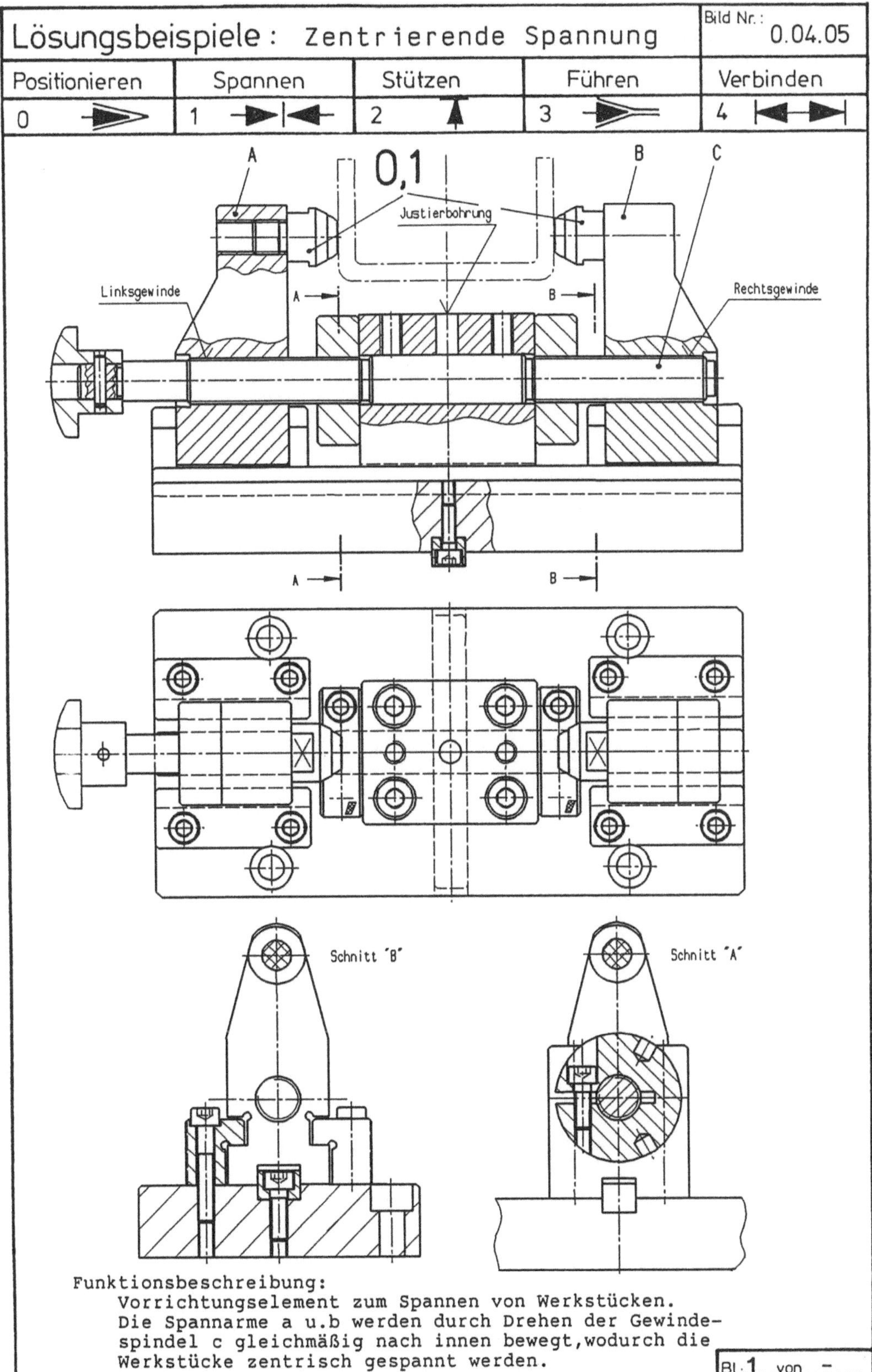

Lösungsbeispiele: Zentrierende Spannung
Bild Nr.: 0.04.05
Positionieren
Spannen
Stützen
Führen
Verbinden
0
1
2
3
4
A
B
C
0,1
Justierbohrung
Linksgewinde
Rechtsgewinde
A
B
A
B
Schnitt 'B'
Schnitt 'A'
Funktionsbeschreibung:
Vorrichtungselement zum Spannen von Werkstücken.
Die Spannarme a u.b werden durch Drehen der Gewinde-
spindel c gleichmäßig nach innen bewegt,wodurch die
Werkstücke zentrisch gespannt werden.
Bl.:1...von ......

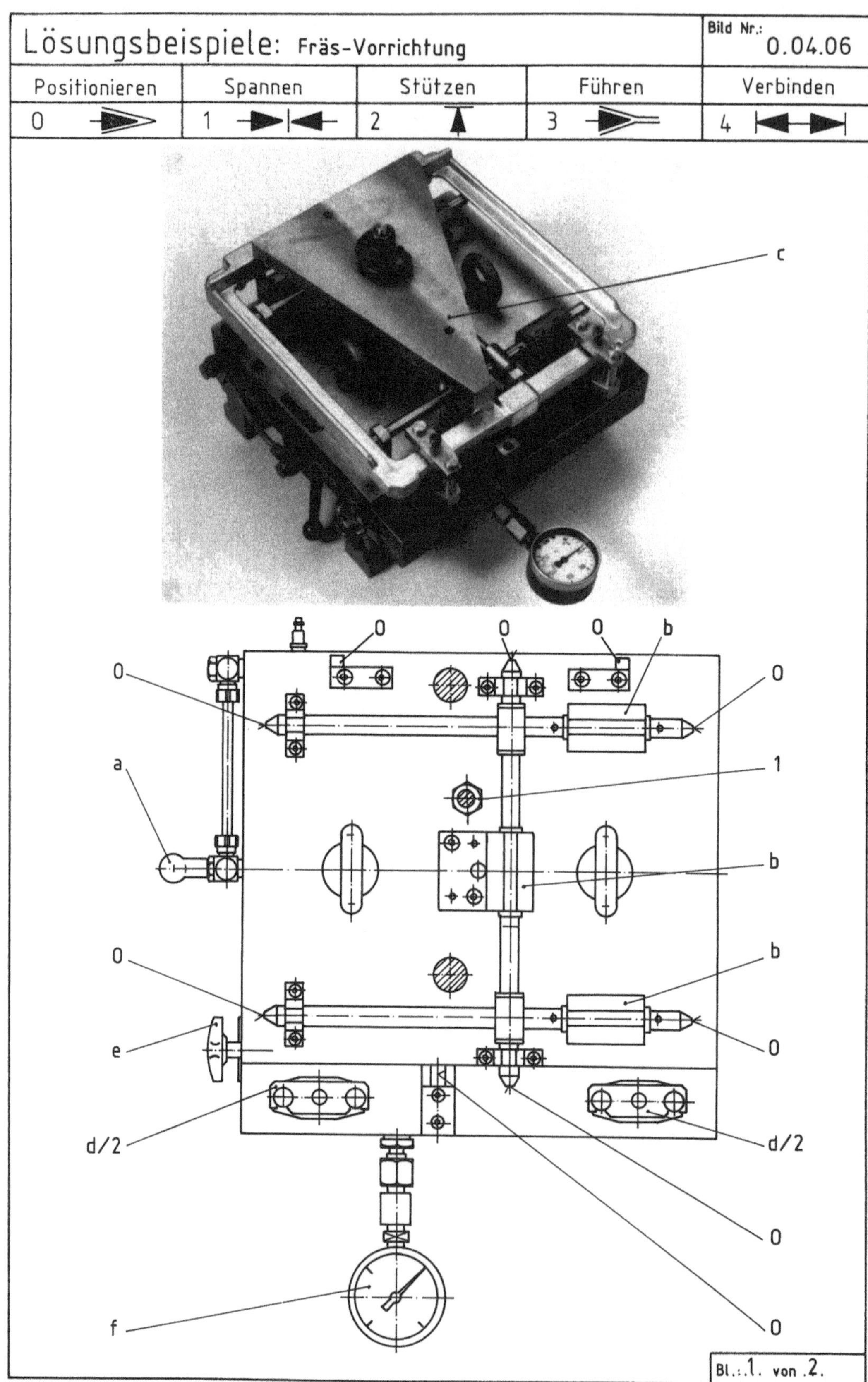

Lösungsbeispiele: Fräs-Vorrichtung
Bild Nr.: 0.04.06
Positionieren
0
Spannen
1
Stützen
2
Führen
3
Verbinden
4
c
0
0
0
b
0
0
a
1
b
b
0
e
0
d/2
d/2
0
f
0
Bl.: 1. von 2.
344

Positionieren	Spannen	Stützen	Führen	Verbinden
0	1	2	3	4

<u>Funktionsbeschreibung:</u>

Die Fräs-Vorrichtung wird zum Bearbeiten der Ausgangsflächen für
ein Rahmenteil verwendet. Das Werkstück wird auf die Positionierelemente aufgelegt. Durch betätigen des Steuerschiebers a fahren
die pneumatischen Zentrierelemente b auseinander und vermitteln
die Innenkontur.

Mit der Deckplatte c wird das Teil genau gegenüber den Auflage-
punkten gespannt. Die Abstützelemente d werden an das Teil gespannt
und hydraulisch abgeklemmt. Der Druck wird mit einer Handschraub-
pumpe e erzeugt und über ein Manometer f kontrolliert.

Bl.:2. von .2.

Positionieren	Spannen	Stützen	Führen	Verbinden
0	1	2	3	4

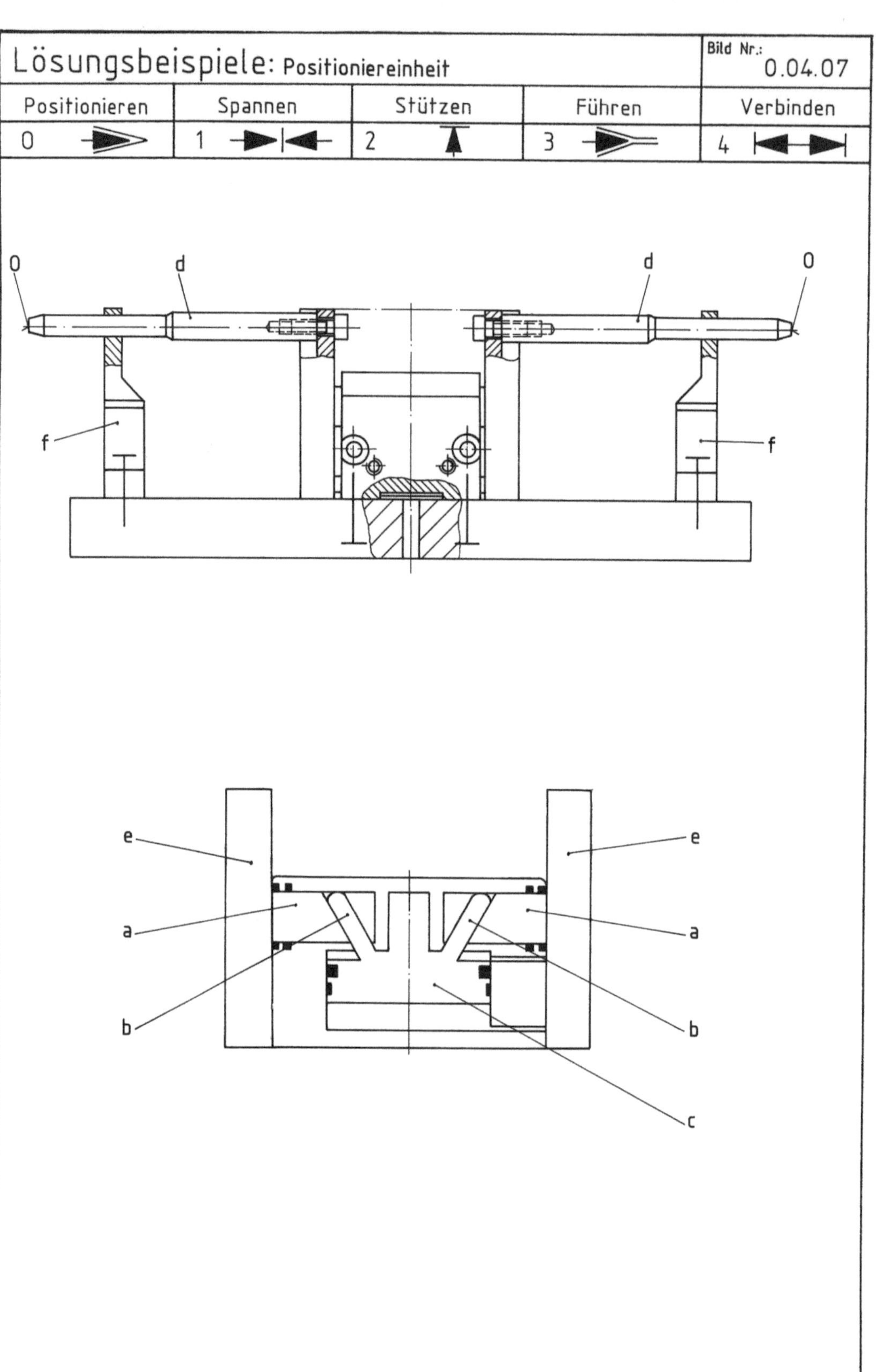

Positionieren	Spannen	Stützen	Führen	Verbinden
0 ▸	1 ▸◂	2 ⊥	3 ▸	4 ◂▸

Funktionsbeschreibung:

Die Positioniereinheit wird zum Vermitte n von Blech- und Gußteilen
verwendet. Die Führungsstangen a des pneumatischen Parallelgreifers
fahren bei Druckbeaufschlagung über die Keilhaken b am Kolben c
zentrisch auseinander. Die Stößel d verlängern die Greifarme e
und werden über die Lager f geführt.

Bl.:2.. von .2.

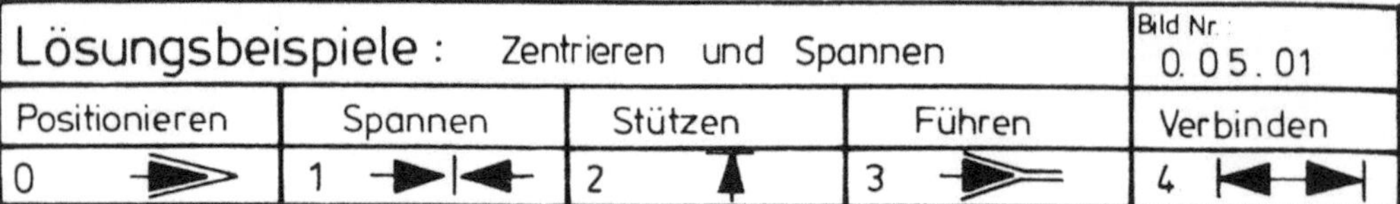

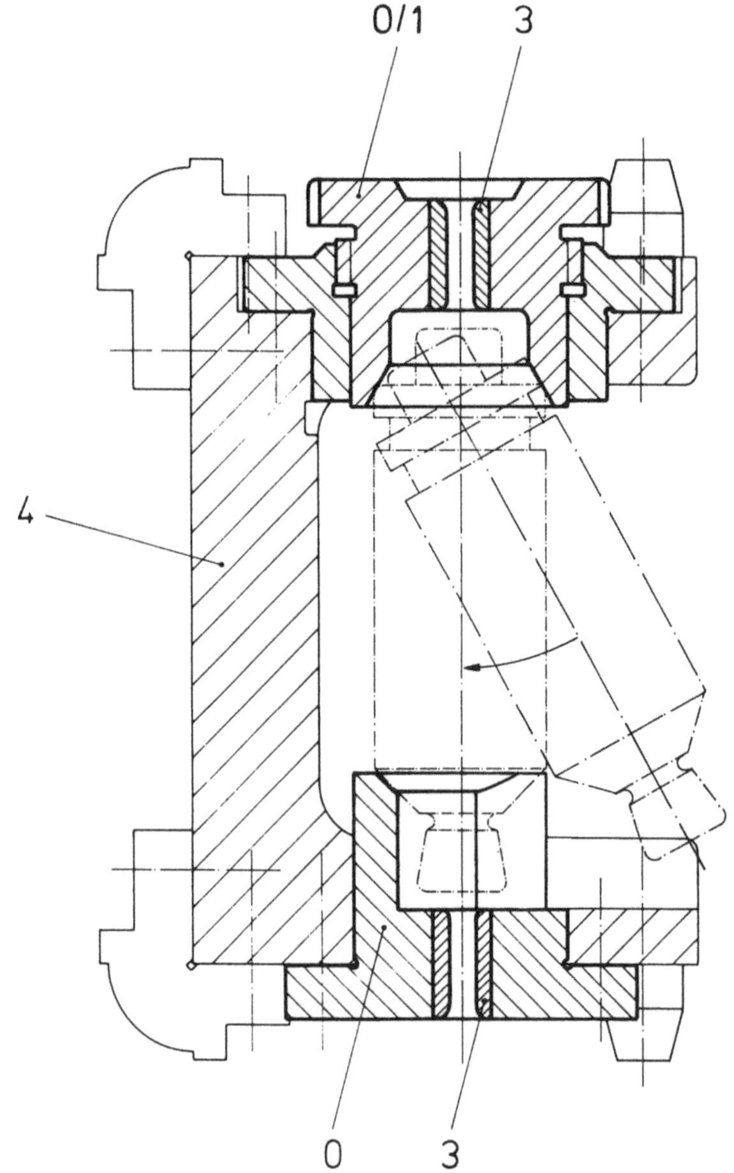

Obere Positionierglocke ist mit Gewinde und Zylinderschaft versehen.
Sie dient gleichzeitig zum Spannen und Positionieren.
Untere Positionierglocke ist geschlitzt für das Einschwenken des
Werkstückes.

348

<table>
<tr><td colspan="4">Lösungsbeispiele : Drehvorrichtung</td><td>Bild Nr.:
0.05.02</td></tr>
<tr><td>Positionieren</td><td>Spannen</td><td>Stützen</td><td>Führen</td><td>Verbinden</td></tr>
<tr><td>0 ▶</td><td>1 ▶◀</td><td>2 ▲</td><td>3 ▷</td><td>4 ◀▶</td></tr>
</table>

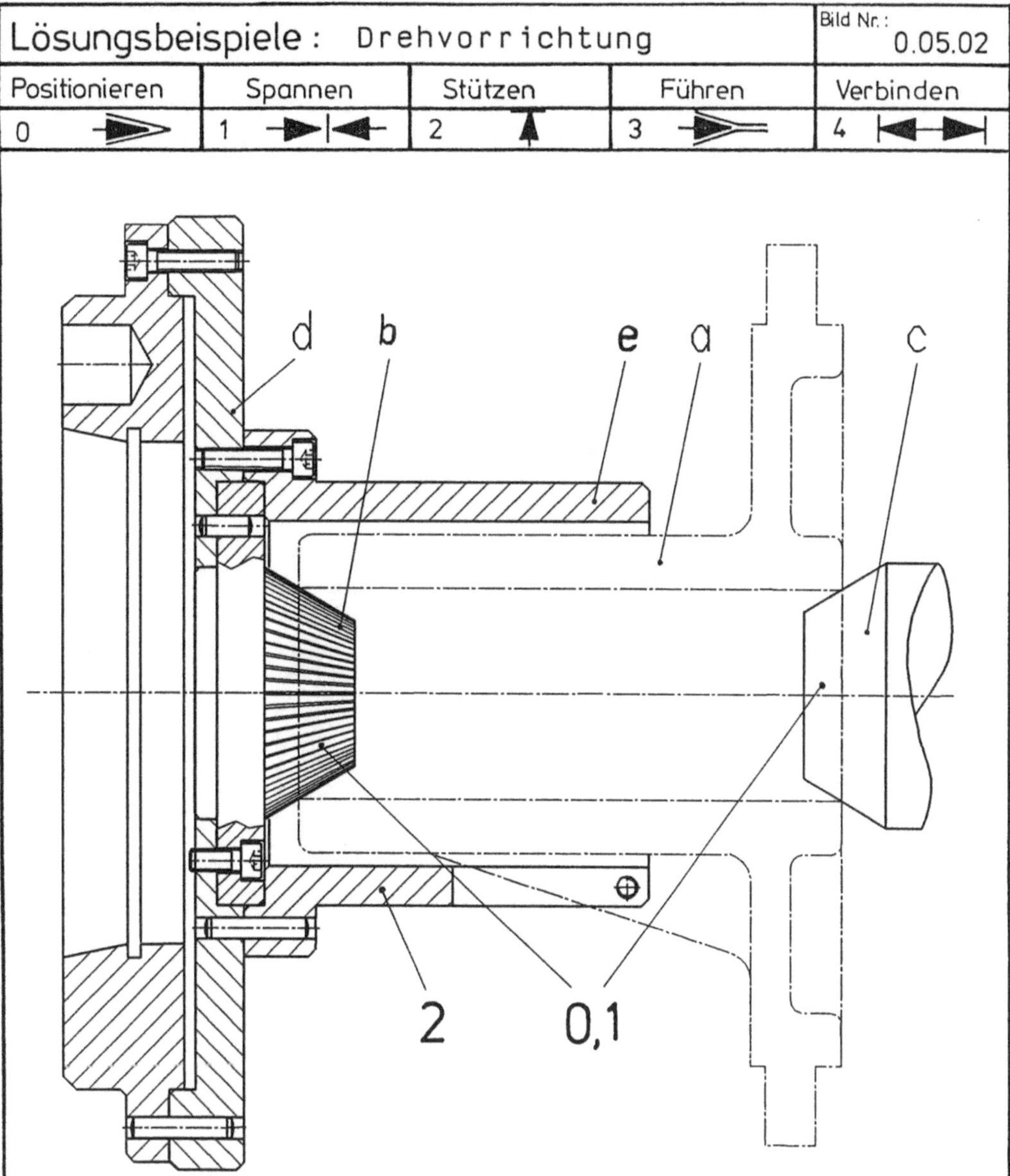

Funktionsbeschreibung:

Diese Drehvorrichtung ist zur Aufnahme eines Rohabgusses a ge-
eignet.Die von der Kreisform abweichende Geometrie der Kernboh-
rung wird spindelseitig von einem sägeverzahnten Kegelstumpf b
aufgenommen und auf der Gegenseite mit einem Kegelstumpfaufsatz
c -der auf einem mitlaufenden Zentrierspitzenträger montiert ist-
abgestützt.Eine auf dem Flansch d montierte Glocke e -mit Schlitzen zur Aufnahme der Rippen und Anlageschrauben ausgerüstet- sorgt
für eine Beruhigung während der Bearbeitung.Gleichzeitig wird das
Mitnahmemoment des in anticlock-wise wirkenden Mitnahmekegels unterstützt.
Bearbeitet wird der gesamte Flansch.Eine weitere Drehvorrichtung
nimmt das Werkstück zur Bearbeitung der zweiten Seite auf.

Bl. 1 von -

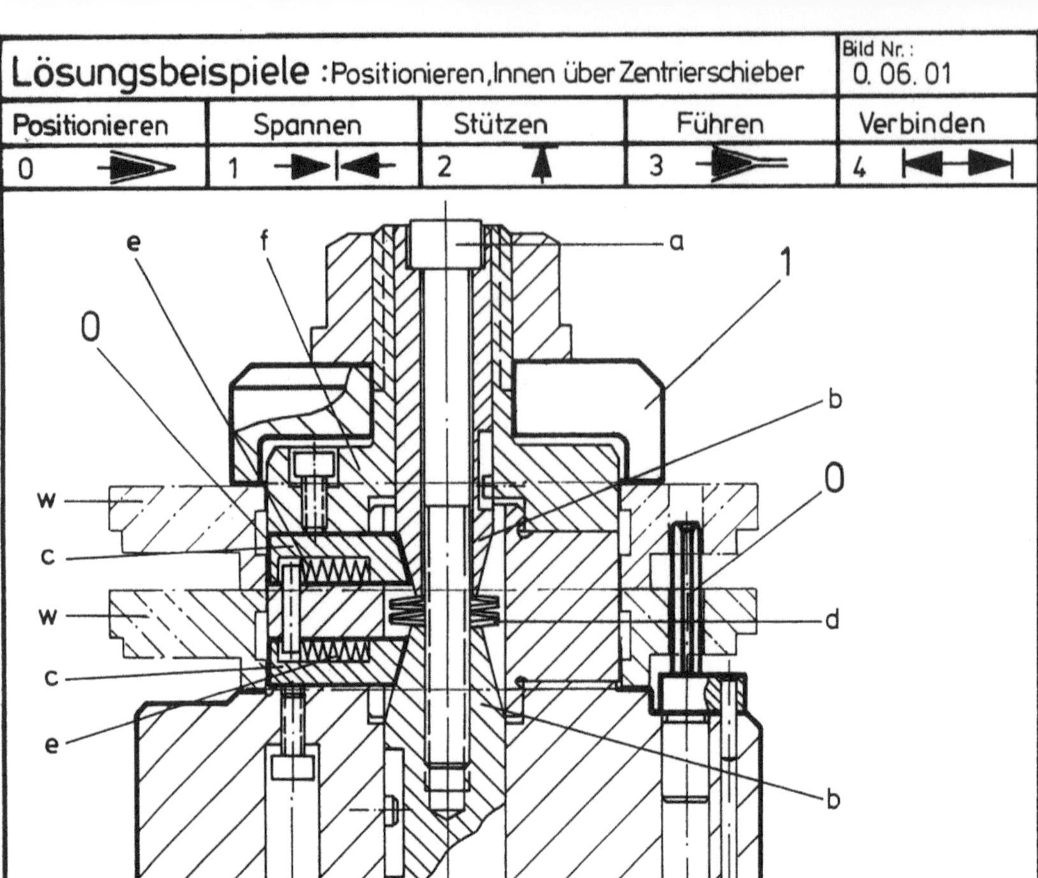

Funktionsbeschreibung:

Durch Betätigen der Schraube a werden die beiden Kegelstücke b
axial verschoben und bewegen die Ausrichtschieber c gegen
das Werkstück w und gleichen die Bohrungstoleranz aus.
Beim Lösen der Schraube a werden die Kegelstücke b durch
die Tellerfedern d auseinander geschoben und die Ausrichtschieber c werden durch die Feder gegen die Kegelstücke b
gedrückt und das Werkstück w kann entnommen werden. Der Aufnahmebolzen f dient als Vorzentrierung, die Werkstückzentrierung erfolgt
über die Ausrichtschieber c.

Bl. 1 von 1

350

Positionieren	Spannen	Stützen	Führen	Verbinden
0	1	2	3	4

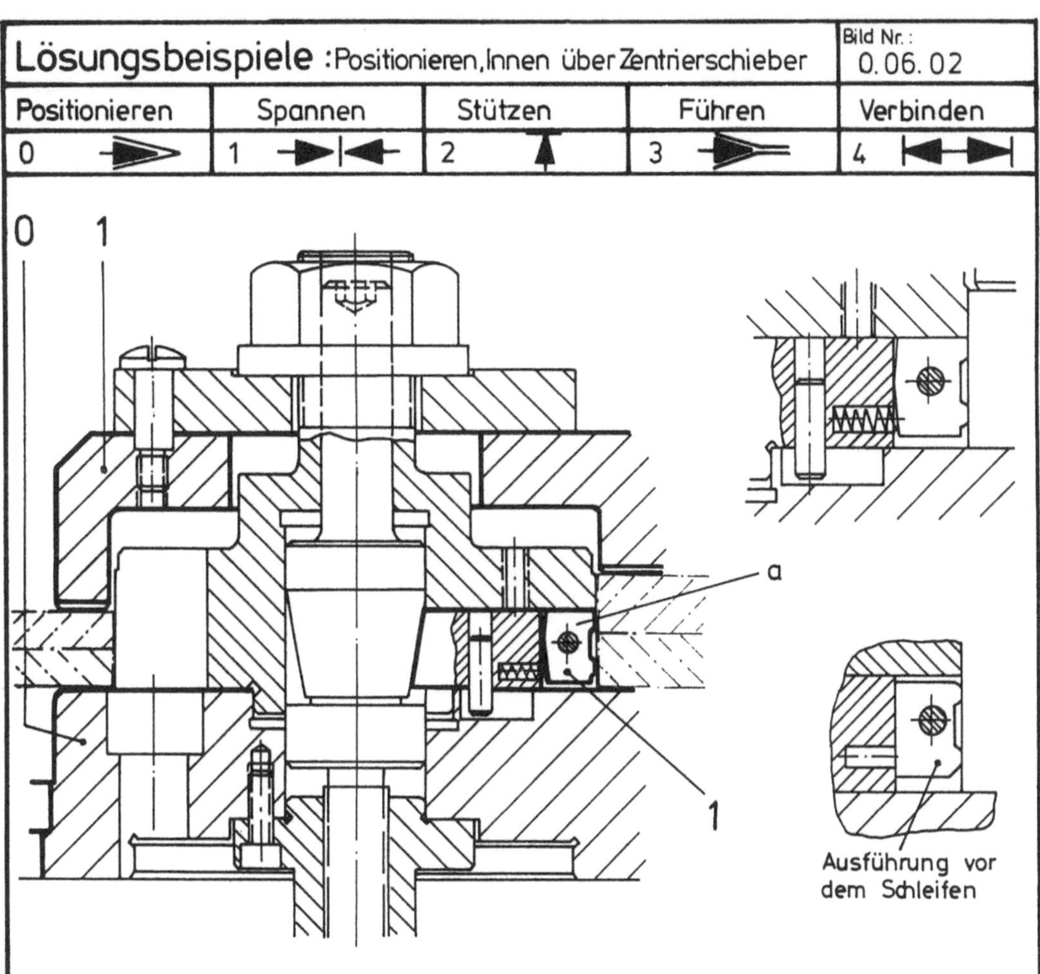

Funktionsbeschreibung:

Funktion wie 0.06.01

Anstelle der Ausrichtschieber c in Bild 0.06.01 erfolgt die
Zentrierung über das Pendel a.

Bl. 1 von 1

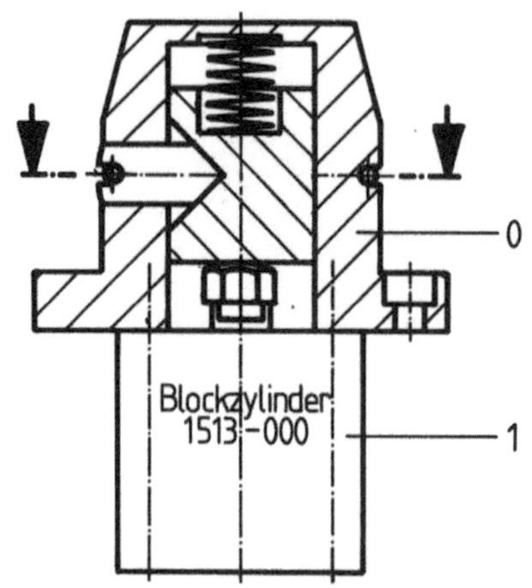

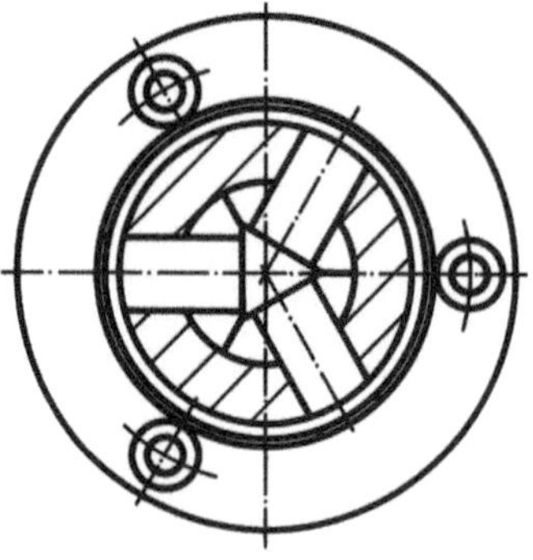

<u>Funktionsbeschreibung:</u>

Durch Verschieben eines Kolbens, der an seinem Umfang mit
drei schrägen Flächen versehen ist, mit einem serienmäßigen
Hydraulik-Blockzylinder, werden drei horizontal angeordnete
Druckbolzen nach außen bewegt, wodurch eine Zentrischspannung
erreicht wird. Die Zentriergenauigkeit hängt zweifellos von
der Fertigungsgenauigkeit des Elements ab. Wegen des relativ
großen Spannbereiches, in Abhängigkeit vom Durchmesser, eignen
sich derartige Elemente ganz besonders zum Positionieren
und Spannen von Rohteilen.

Bl. 1 von 1

| Positionieren | Spannen | Stützen | Führen | Verbinden |
| 0 | 1 | 2 | 3 | 4 |

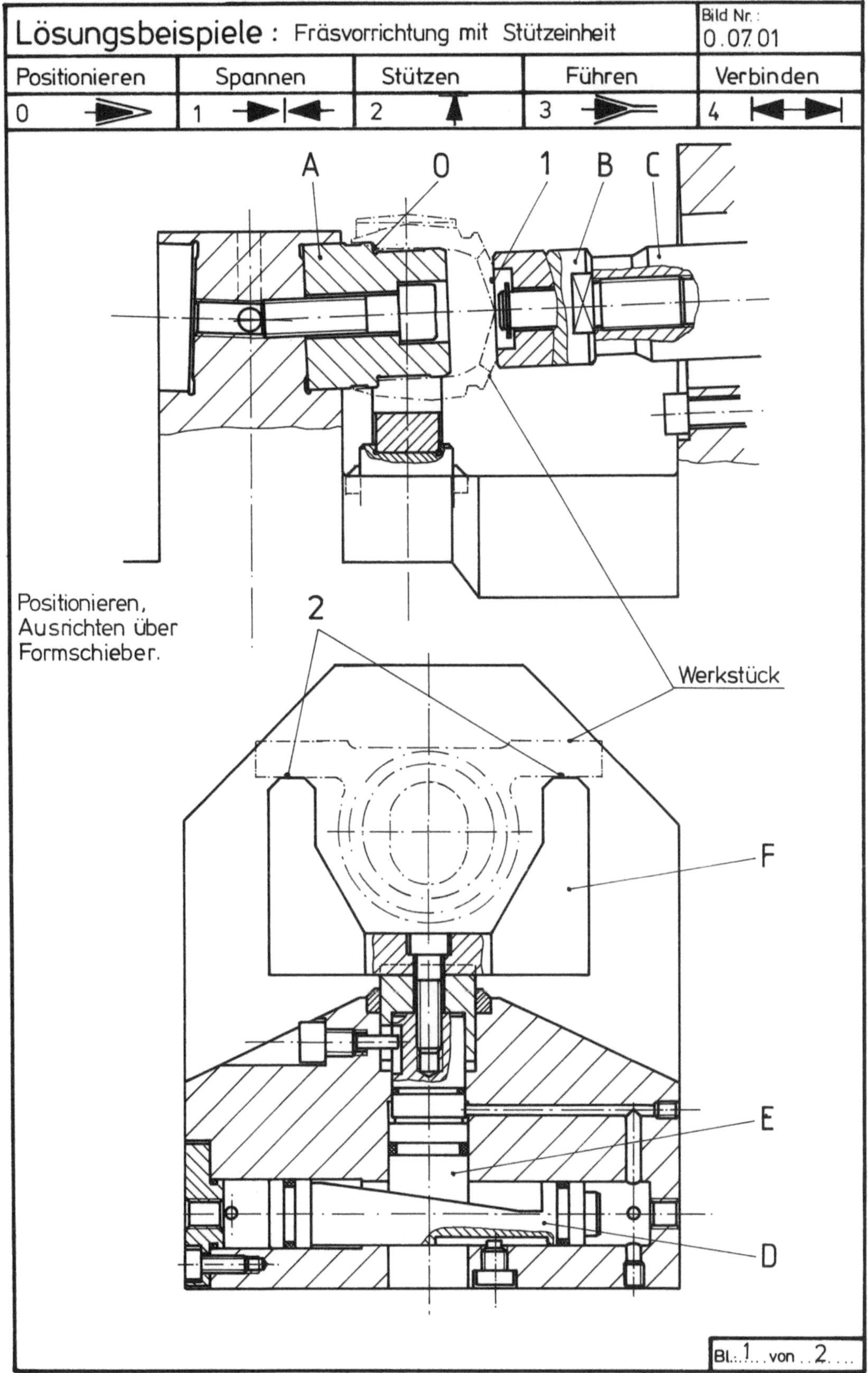

353

<table>
<tr><td colspan="5">Lösungsbeispiele : Fräsvorrichtung mit Stützeinheit</td><td>Bild Nr.
0. 07. 01</td></tr>
<tr><td>Positionieren</td><td>Spannen</td><td>Stützen</td><td>Führen</td><td colspan="2">Verbinden</td></tr>
<tr><td>0</td><td>1</td><td>2</td><td>3</td><td colspan="2">4</td></tr>
</table>

Funktionsbeschreibung:

Die fertig bearbeitete Bohrung des Werkstückes wird manuell
auf den Aufnahmebolzen A eingeführt. Durch Betätigung einer
Zweihand-Sicherheitsschaltung wird der Druckbolzen B mittels
Hydr.-Zylinder C mit 1/3 Spannkraft gegen den Gehäuseboden
gedrückt. Dann wird der Verriegelungskolben D mit Öldruck
beaufschlaft. **Der Spannkolben E wird über die schräge Fläche
nach oben bewegt und drückt die Stützeinheit F gegen die**
Stege des Werkstückes. Nach entspr. Druckaufbau wird der
Hydrozylinder C mit vollem Druck beaufschlagt - der Druckbolzen
B drückt nun das Werkstück mit der ganzen Spannkraft gegen die
Positionierkante 1 - der Spannvorgang ist damit abgeschlossen.

Positionieren	Spannen	Stützen	Führen	Verbinden
0	1	2	3	4

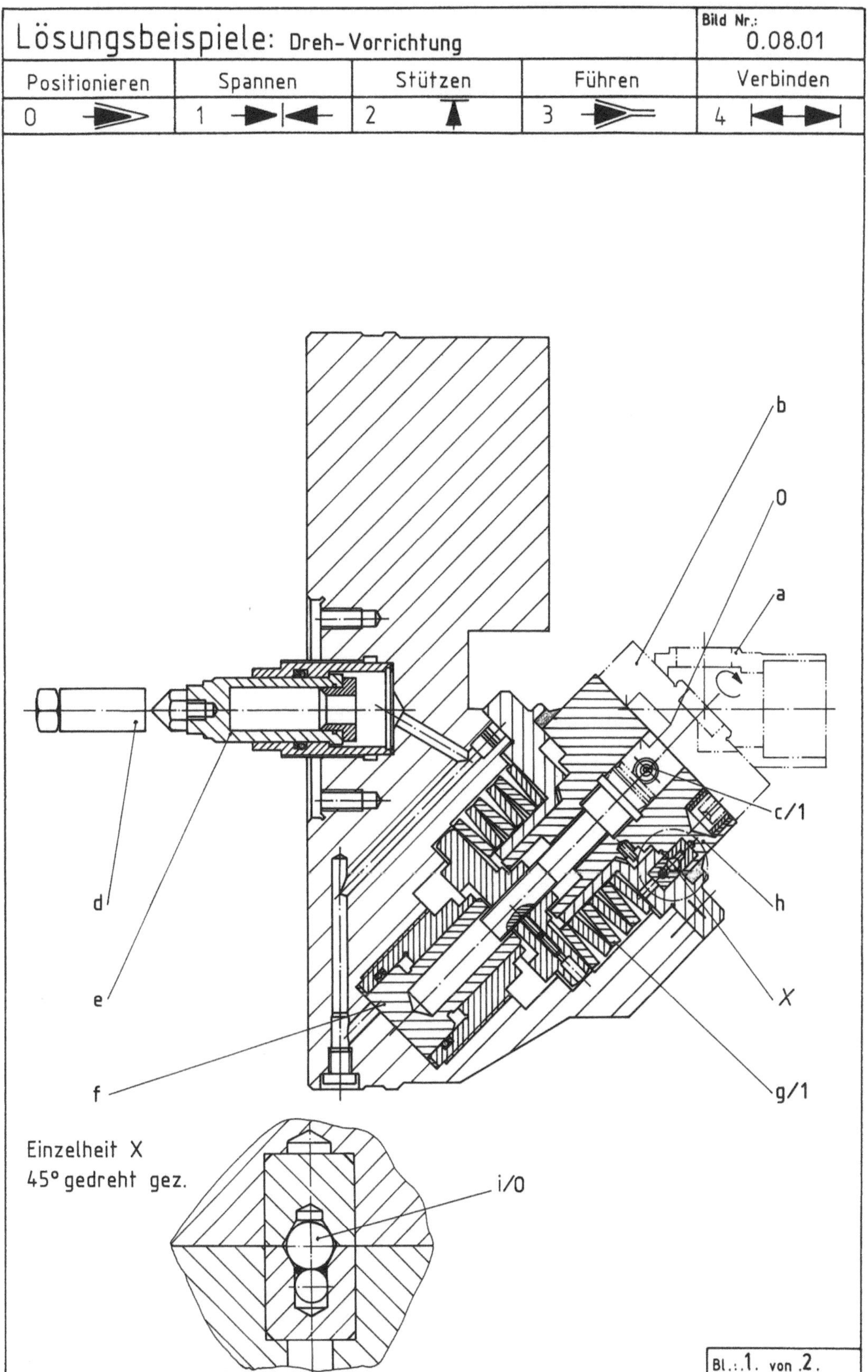

Bl.: 1. von 2.

Funktionsbeschreibung:

Die Drehvorrichtung wird zum Bearbeiten von 45° Strahlumlenk-
teilen verwendet. Das Einzelteil a wird auf die Teilaufnahme b
aufgeschraubt und mittels dem Befestigungssystem ABS c von der
Fa. Komet mit der Vorrichtung verbunden.

Nach dem Bearbeiten der 1. Seite erfolgt ein Schwenkvorgang.
Durch betätigen der Kraftspanneinrichtung d der Drehmaschine
auf Druck fährt der Kolben e nach innen und drückt das Öl auf
den Kolben f, der das Tellerfederpaket g zusammendrückt und die
Aufnahme h anhebt.

Jetzt kann die Aufnahme h um 180° gedreht werden, wobei die
eigentliche Rastung nach dem Prinzip der Kugelpositioniertechnik
System Forkardt i ausgeführt ist. Nach vollendeter Schwenkung
fährt die Kraftspanneinrichtung d zurück, wodurch das Tellerfederpaket g die Aufnahme h spannt und die hydraulischen Elemente
in die Ausgangslage zurückgedrückt werden.

<table>
<tr><td colspan="5">Lösungsbeispiele : Positionieren mit Kegel und Kugel</td><td>Bild Nr. :
0.08.02</td></tr>
<tr><td>Positionieren</td><td>Spannen</td><td>Stützen</td><td>Führen</td><td>Verbinden</td></tr>
<tr><td>0</td><td>1</td><td>2</td><td>3</td><td>4</td></tr>
</table>

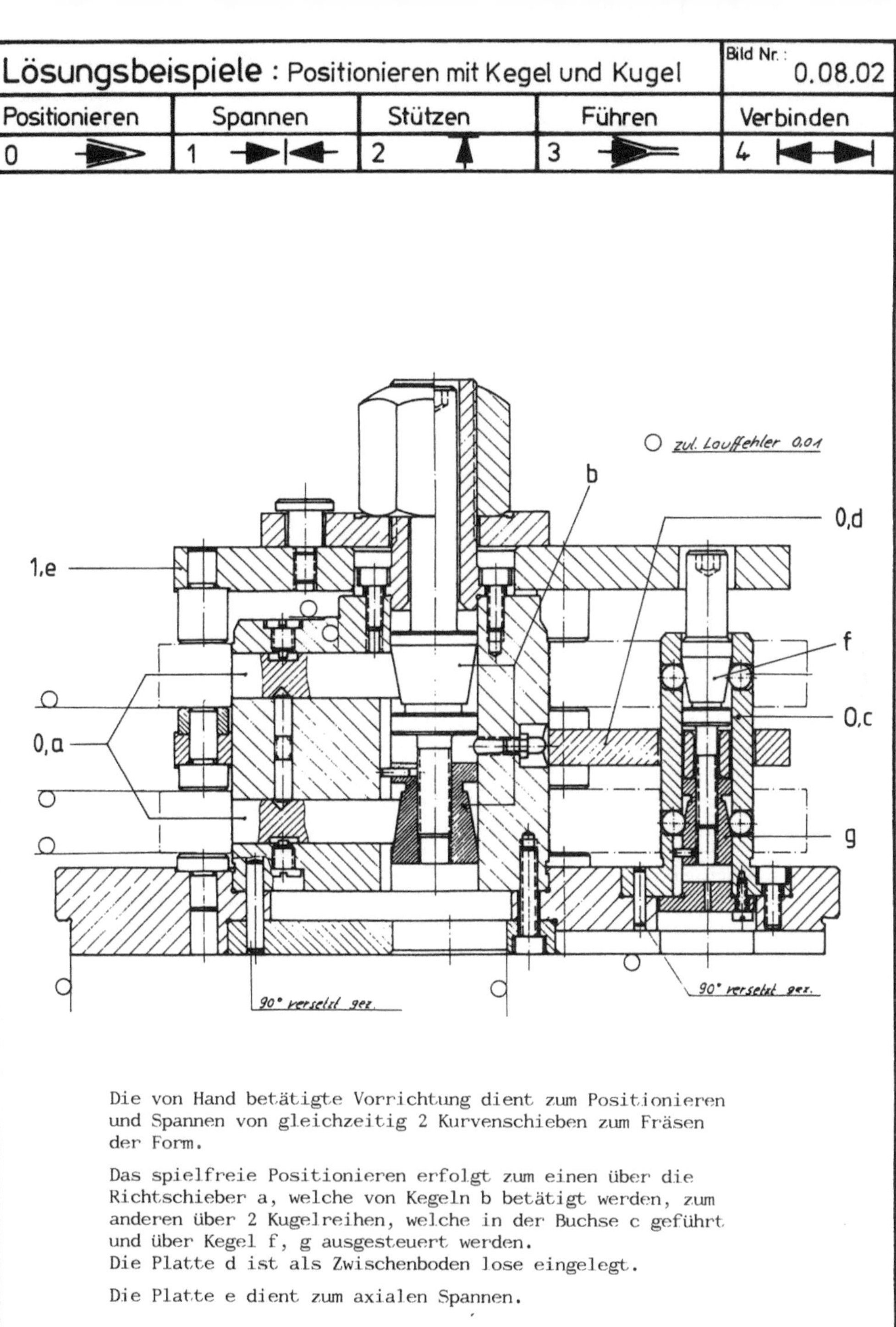

Die von Hand betätigte Vorrichtung dient zum Positionieren
und Spannen von gleichzeitig 2 Kurvenschieben zum Fräsen
der Form.

Das spielfreie Positionieren erfolgt zum einen über die
Richtschieber a, welche von Kegeln b betätigt werden, zum
anderen über 2 Kugelreihen, welche in der Buchse c geführt
und über Kegel f, g ausgesteuert werden.
Die Platte d ist als Zwischenboden lose eingelegt.

Die Platte e dient zum axialen Spannen.

Übersichtsblatt: Lösungsbeispiele		Spannen	
		1 ▶|◀	
Lösungs - Variante		Zuordnung Lösungs- Variante	Blatt-Nr. Inhalts- Verzeichn.
Spanneisen, zurückziehbar		0 | 1	|
Spanneisen		0 | 2	|
Spannhaken – Finger schwenkbar		0 | 3	|
Spannhaken – Finger nicht schwenkbar		0 | 4	|
Spannhebel		0 | 5	|
Ausgleichspannung (schwimmend)		0 | 6	|
Spanndorne		0 | 7	|
Spannfutter		0 | 8	|
Mehrfachspannung		0 | 9	|
Schneidenspannung		1 | 0	|
Spannglocke		1 | 1	|
Keilspannung, innen		1 | 2	|
Spannzangen-Futter u.-Dorne		1 | 3	|
Backen für Spannstöcke und – Futter		1 | 4	|
Spannschraube schnellverstellbar (großer Hub)		1 | 5	|
		|	|
		|	|
		|	|
		|	|
		|	|
		|	|
		|	|
		|	|
		|	|

Inhaltsverzeichnis: Lösungsbeispiele

1

Blatt-Nr. 1

Positionieren	Spannen	Stützen	Führen	Verbinden
0	1	2	3	4

Lösungs-Variante	mech.	hydr.	sonst.	Weitere Funktionen sind in dem Beispiel enthalten				Bild-Nr.				Seite
				0	2	3	4	Funktion	Lösungs-variante	Laufende	Nummer	
Spanneisen, zurückziehbar 01	X			X				1	0	1	0 1	
		X		X				1	0	1	0 2	
	X			X				1	0	1	0 3	
Spanneisen 02	X			X				1	0	2	0 1	
Spannhaken,-Finger schwenkbar 03	X			X				1	0	3	0 1	
	X			X				1	0	3	0 2	
	X			X				1	0	3	0 3	
		X		X				1	0	3	0 4	
		X		X				1	0	3	0 5	
		X		X				1	0	3	0 6	
	X							1	0	3	0 7	
	X			X	X			1	0	3	0 8	
	X			X	X	X		1	0	3	0 9	
											Bild-Nr.	

<table>
<tr><th colspan="13">Inhaltsverzeichnis: Lösungsbeispiele   1 ▶◀</th></tr>
<tr><th>Positionieren
0 ▶</th><th colspan="2">Spannen
1 ▶◀</th><th colspan="3">Stützen
2 ▲</th><th colspan="2">Führen
3 ▶</th><th colspan="3">Verbinden
4 ◀▶</th><th colspan="2">Blatt- Nr. 2</th></tr>
</table>

Lösungs-Variante	mech.	hydr.	sonst.	0	2	3	4	Funktion	Lösungs-variante	Laufende	Nummer	Seite
Spannhaken, nicht schwenkbar.		X		X				1	0 4	0	1	
	X	X		X				1	0 4	0	2	
04	X			X				1	0 4	0	3	
Spannhebel		X		X				1	0 5	0	1	
	X			X				1	0 5	0	2	
05	X			X				1	0 5	0	3	
		X					X	1	0 5	0	4	
		X		X				1	0 5	0	5	
	X	X		X	X			1	0 5	0	6	
		X		X				1	0 5	0	7	
	X			X				1	0 5	0	8	
	X		X	X				1	0 5	0	9	
		X		X				1	0 5	1	0	
	X			X			X	1	0 5	1	1	
		X		X				1	0 5	1	2	
		X		X				1	0 5	1	3	
		X		X				1	0 5	1	4	
	X			X	X			1	0 5	1	5	
	X			X				1	0 5	1	6	
	X			X				1	0 5	1	7	

Positionieren	Spannen	Stützen	Führen	Verbinden
0	1	2	3	4

Lösungs-Variante	mech.	hydr.	sonst.	Weitere Funktionen sind in dem Beispiel enthalten				Bild-Nr.					Seite
				0	2	3	4	Funktion	Lösungs-variante	variante	Laufende	Nummer	
Ausgleichsspannung (schwimmend) 06		X						1	0	6	0	1	
	X			X				1	0	6	0	2	
		X		X	X			1	0	6	0	3	
		X			X			1	0	6	0	4	
		X		X				1	0	6	0	5	
	X				X	X		1	0	6	0	6	
	X			X		X		1	0	6	0	7	
	X			X				1	0	6	0	8	
		X						1	0	6	0	9	
		X						1	0	6	1	0	
		X			X			1	0	6	1	1	
	X				X			1	0	6	1	2	
	X				X			1	0	6	1	3	
	X			X				1	0	6	1	4	
Spanndorne 07		X		X				1	0	7	0	1	
	X			X				1	0	7	0	2	
	X	X	X	X				1	0	7	0	3	
	X			X	X			1	0	7	0	4	
	X			X	X			1	0	7	0	5	
	X			X	X			1	0	7	0	6	
	X			X	X			1	0	7	0	7	
	X			X				1	0	7	0	8	
	X			X				1	0	7	0	9	
	X			X				1	0	7	1	0	
								Bild-Nr.					

364

Positionieren	Spannen	Stützen	Führen	Verbinden
0	1	2	3	4

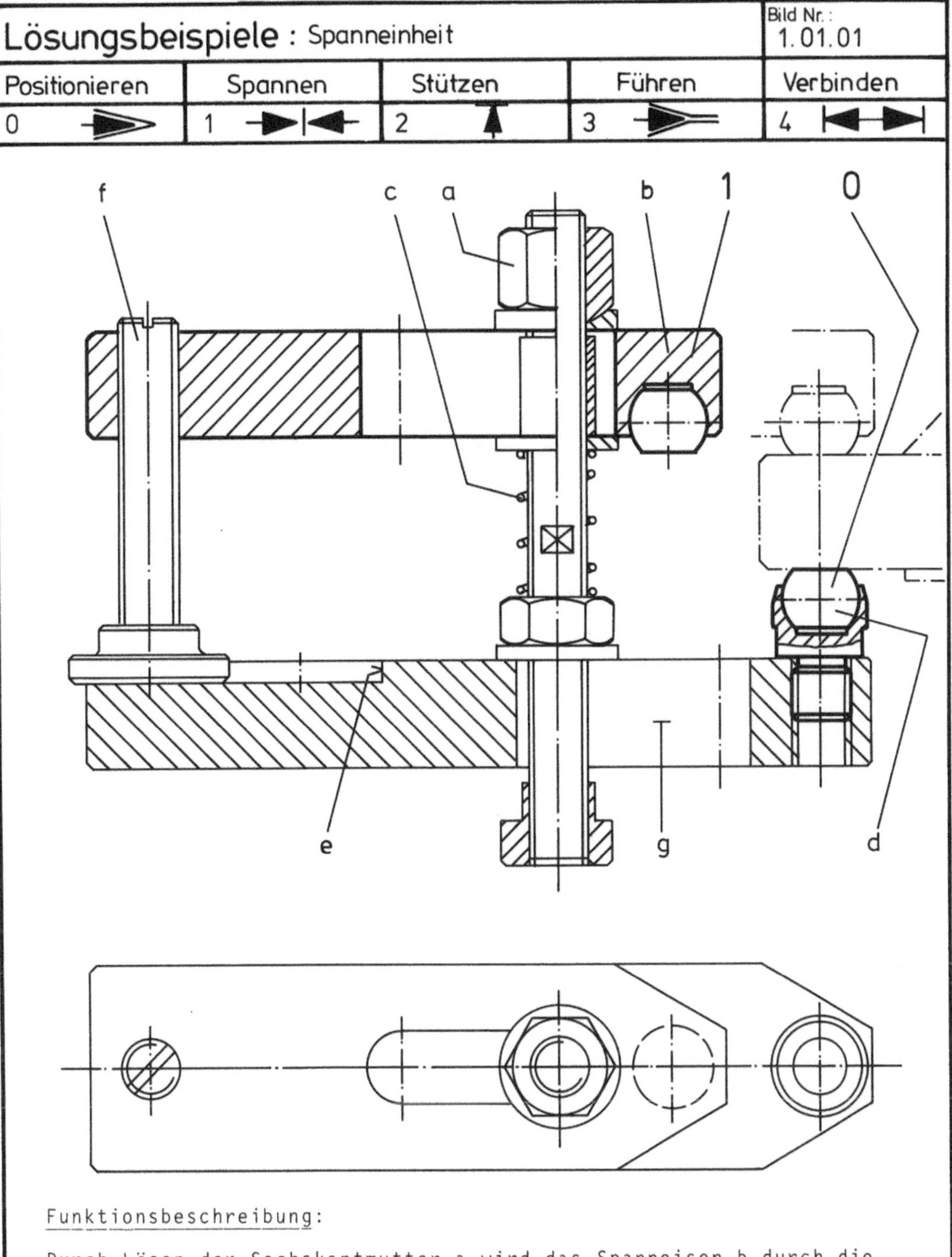

Funktionsbeschreibung:

Durch Lösen der Sechskantmutter a wird das Spanneisen b durch die
Feder c nach oben gedrückt.
Spanneisen b zurückziehen, Werkstück entnehmen bzw. positionieren
auf den Pendelauflagen d.
Spanneisen b einschieben bis Anschlagkante e.
Spanneisen b waagrecht ausrichten mit Spannschraube f.
Sechskantmutter a festziehen.
Verstellmöglichkeit g von Spannute zu Werkstück.

Bl.: 1... von ...1....

Positionieren	Spannen	Stützen	Führen	Verbinden
0	1	2	3	4

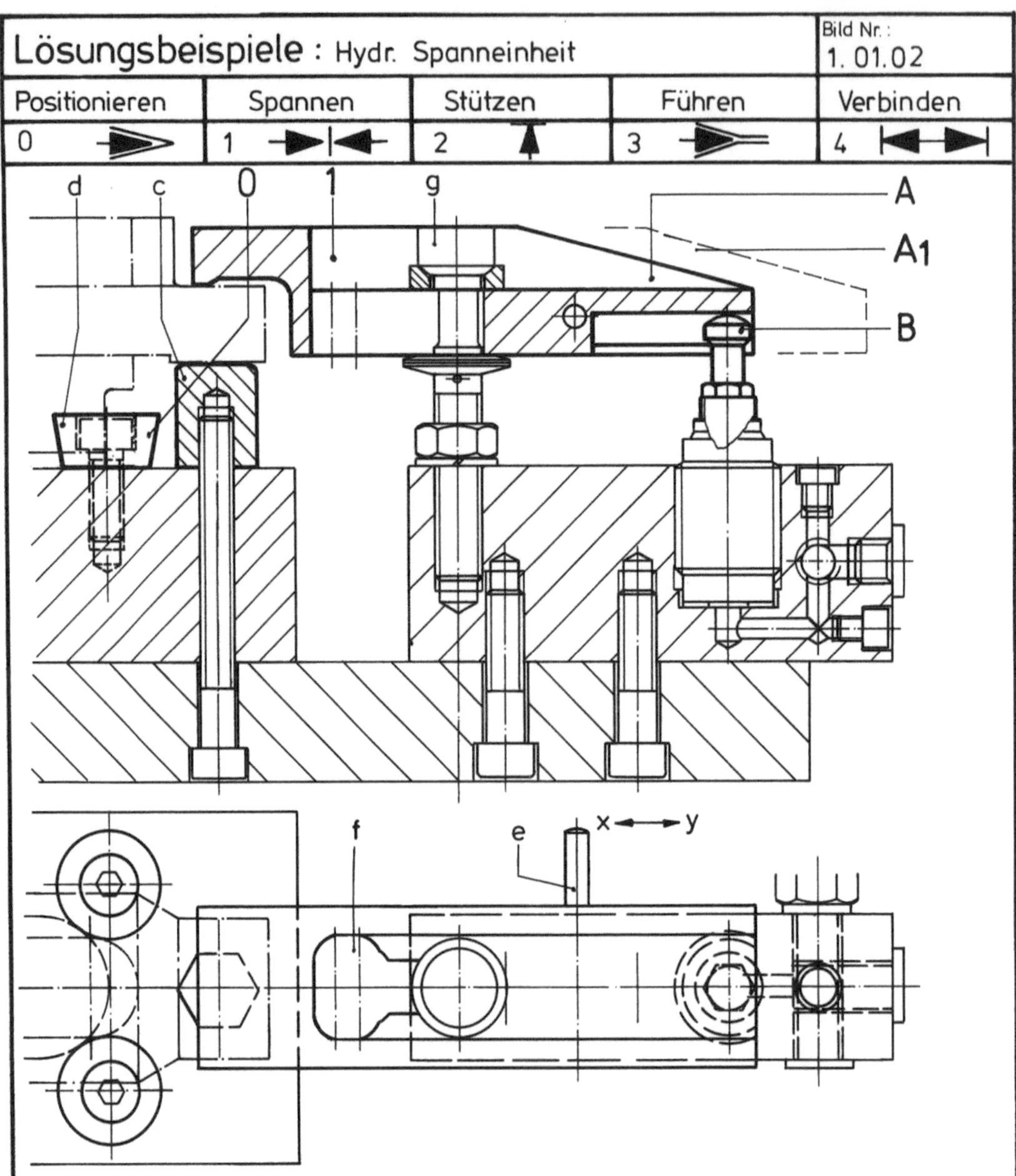

Funktionsbeschreibung:

Spanneisen A zum Einlegen des Werkstückes in Stellung A1.
Nach dem Einlegen des Werkstückes und positionieren, Anlage an den Scheiben d, Auflage auf dem Bolzen C, wird das Spanneisen A mittels Stift e von Hand nach vorne in Richtung x geschoben und über den Hydr. - Einschraubzylinder B gespannt. Die Freisparung f dient dazu, daß die im Spanneisen liegenden Späne beim zurückziehen von der Schraube durch die Freisparung f geschoben werden und somit das Spanneisen nicht gehindert wird in Richtung y die Stellung A1 zu erreichen. Diese Betätigung erfolgt über den Stift e von Hand.
Lösen ist, zu Spannen inverse Tätigkeit.

Bl. 1 von 1

366

Positionieren	Spannen	Stützen	Führen	Verbinden
0	1	2	3	4

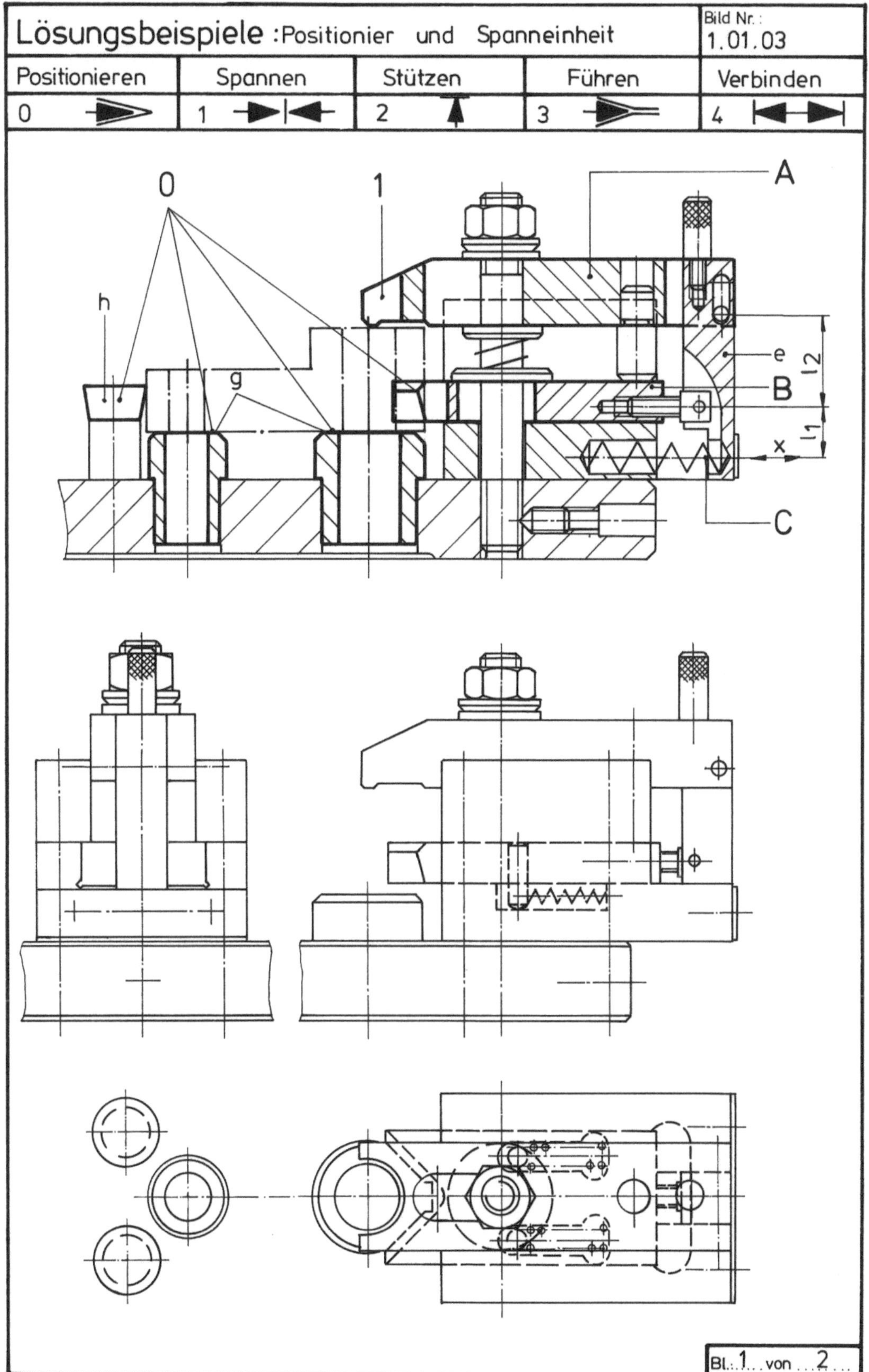

367

Funktionsbeschreibung:

Durch zurückziehen des Spanneisen A wird der Ausrichtschieber B gleichzeitig zurückgezogen. Der theoretische Drehpunkt C ist in Richtung x beweglich.
Da das Spanneisen A mit dem Ausrichtschieber B durch das Zwischenstück Teil e verbunden ist legt das Spanneisen A bedingt durch das Übersetzungsverhältnis $l_1 - l_2$ einen größeren Weg wie der Ausrichtschieber B zurück. (siehe Skizze)

Das Spanneisen muß, um das Werkstück von oben einlegen und entnehmen zu können, einen größeren Weg als der Ausrichtschieber zurücklegen. Das Werkstück wird auf die Positionierelemente g aufgelegt, das Spanneisen A durch vorschieben in Spannstellung gebracht und gleichzeitig das Werkstück mit dem Ausrichtschieber B gegen die Positionierelemente h angelegt und ausgerichtet.

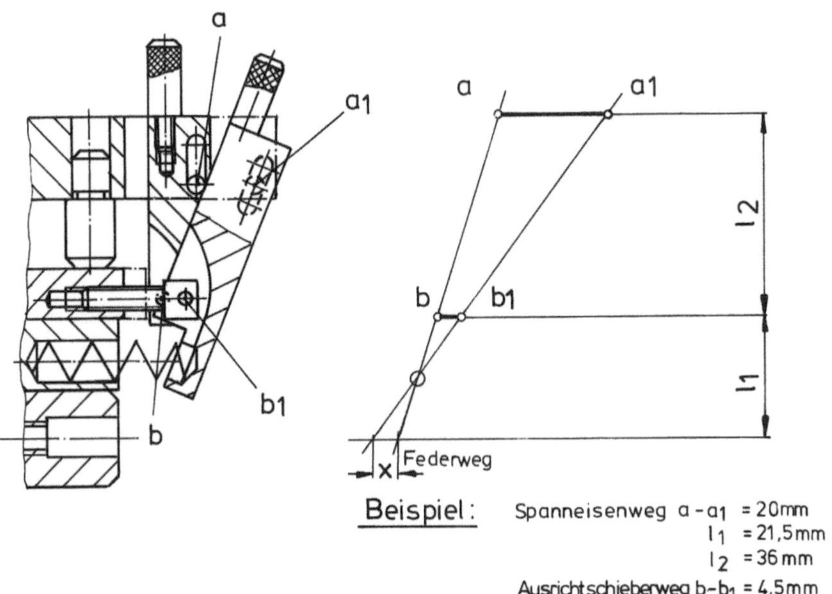

__Beispiel:__ Spanneisenweg $a - a_1$ = 20mm
l_1 = 21,5mm
l_2 = 36mm
Ausrichtschieberweg $b - b_1$ = 4,5mm

Positionieren	Spannen	Stützen	Führen	Verbinden
0	1	2	3	4

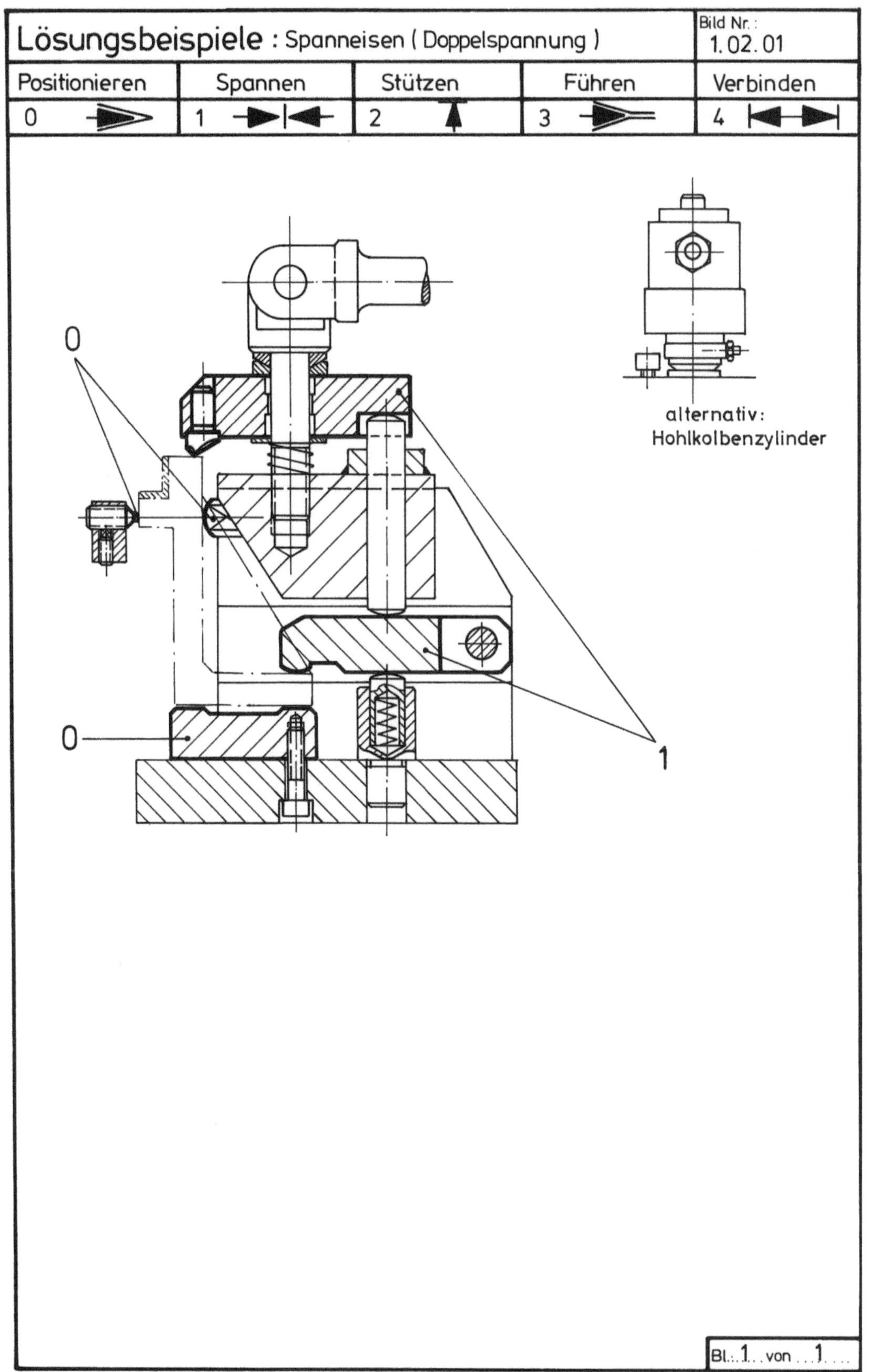

Bl. 1 von 1

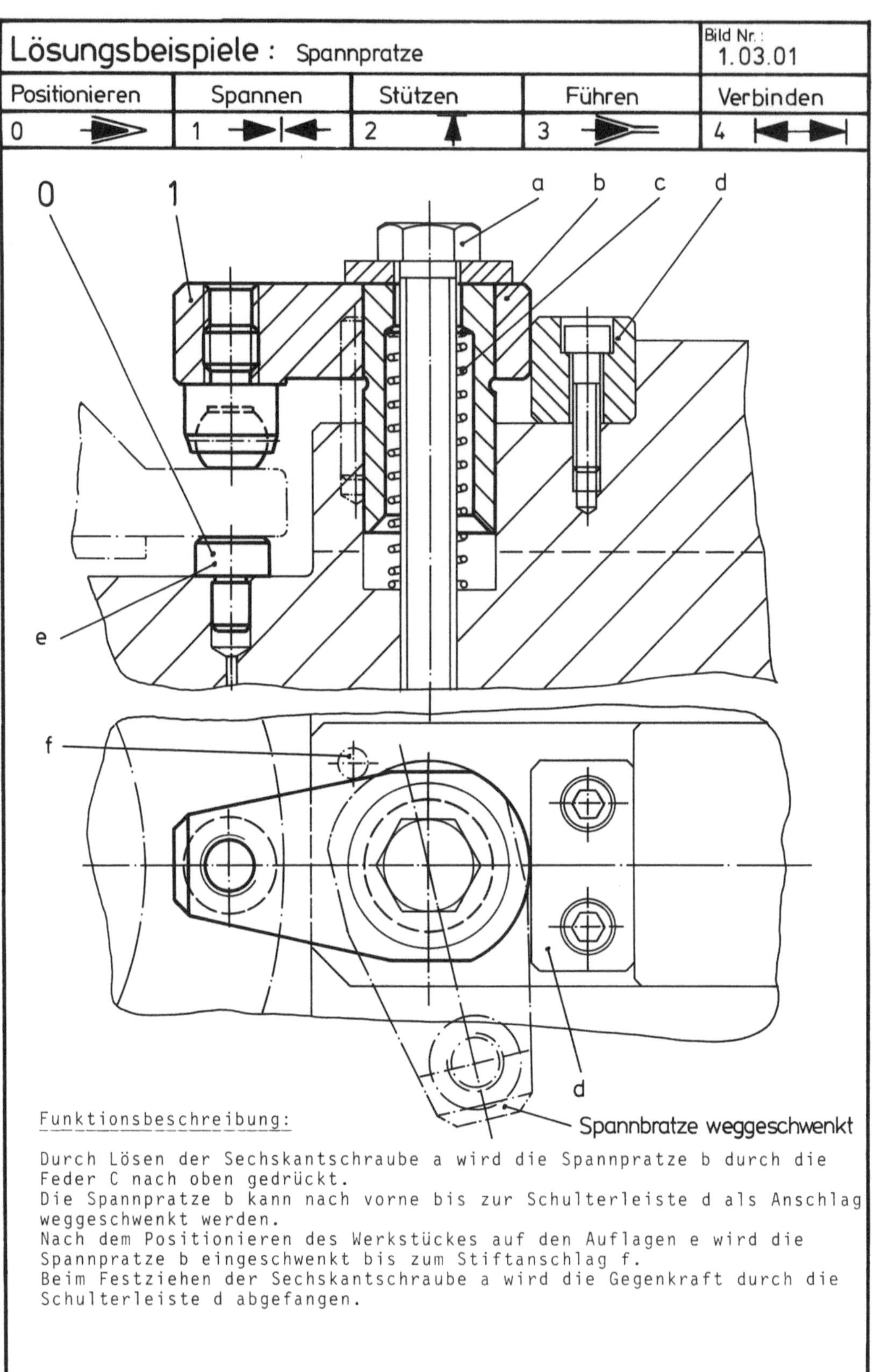

Funktionsbeschreibung:

Durch Lösen der Sechskantschraube a wird die Spannpratze b durch die Feder C nach oben gedrückt.
Die Spannpratze b kann nach vorne bis zur Schulterleiste d als Anschlag weggeschwenkt werden.
Nach dem Positionieren des Werkstückes auf den Auflagen e wird die Spannpratze b eingeschwenkt bis zum Stiftanschlag f.
Beim Festziehen der Sechskantschraube a wird die Gegenkraft durch die Schulterleiste d abgefangen.

Bl. 1 von 1

<table>
<tr><td colspan="5">Lösungsbeispiele :   Hakenspannung</td><td>Bild Nr.:
1.03.02</td></tr>
<tr><td>Positionieren</td><td>Spannen</td><td>Stützen</td><td>Führen</td><td colspan="2">Verbinden</td></tr>
<tr><td>0</td><td>1</td><td>2</td><td>3</td><td colspan="2">4</td></tr>
</table>

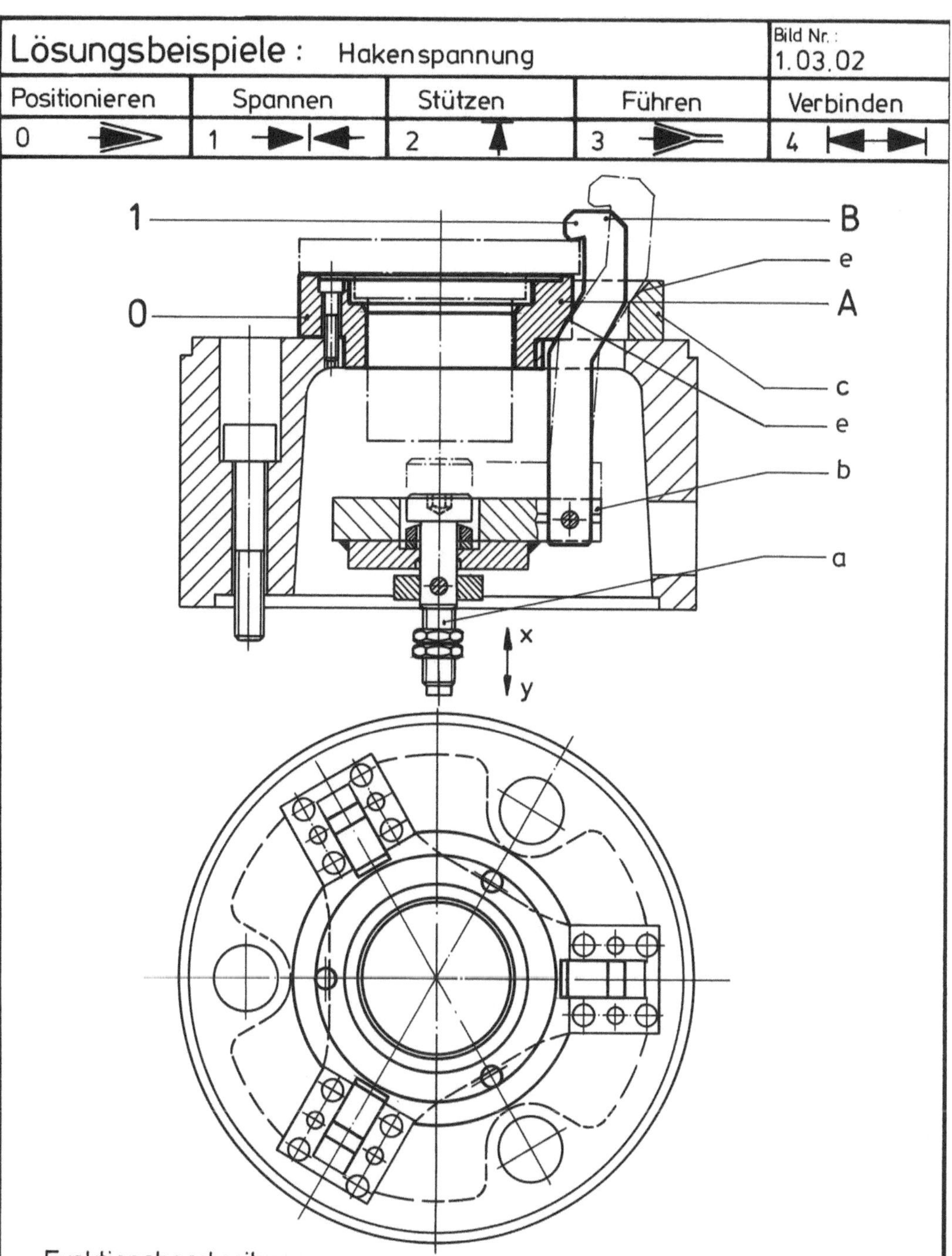

Funktionsbeschreibung:

Durch Axialbewegung (Kraftspannung) der Zugspindel a werden die im Spannkreuz b gehaltenen und im Führungsstück C geführten Spannhaken B in Stellung „spannen" bzw. „lösen" gebracht.

Beim Lösen der Spannung werden die Spannhaken B durch die Bewegung der Zugspindel in X über das Spann-kreuz b nach vorne gebracht und gleichzeitig durch die Schräge e am Führungsstück C nach hinten geschwenkt.

Das Werkstück kann somit von vorne eingelegt bzw. entnommen werden.

Spannen ist, zu lösen inverse Tätigkeit und erfolgt in Richtung y.

Das Werkstück wird in der Büchse A positioniert.

<table>
<tr><td>Bl.: 1 ... von ... 1 ....</td></tr>
</table>

Positionieren	Spannen	Stützen	Führen	Verbinden
0	1	2	3	4

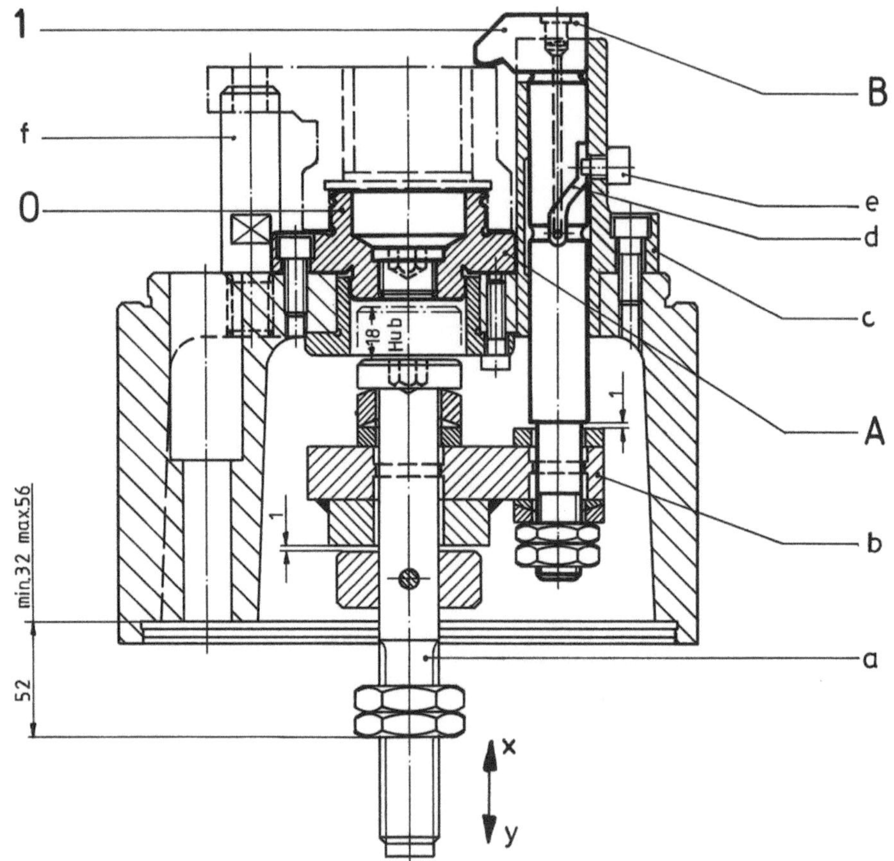

Funktionsbeschreibung:

Durch Axialbewegung (Kraftspannung) der Zugspindel a werden die im Spannkreuz b gehaltenen und in der Büchse c geführten Spannfinger B in Stellung „spannen" bzw. „lösen" gebracht. Beim Lösen der Spannung werden die Spannfinger B durch Bewegung der Zugspindel in x über das Spannkreuz b nach vorne gebracht und gleichzeitig durch die Wendelnut d, gesteuert durch die Zapfenschraube e, weggeschwenkt.

Das Werkstück kann somit von vorne eingelegt bzw. entnommen werden.

Spannen ist , zu lösen inverse Tätigkeit und erfolgt in Richtung y.

Das Werkstück wird in der Büchse A positioniert, der Bolzen f dient als Mitnehmer.

Bl. 1 von 1

372

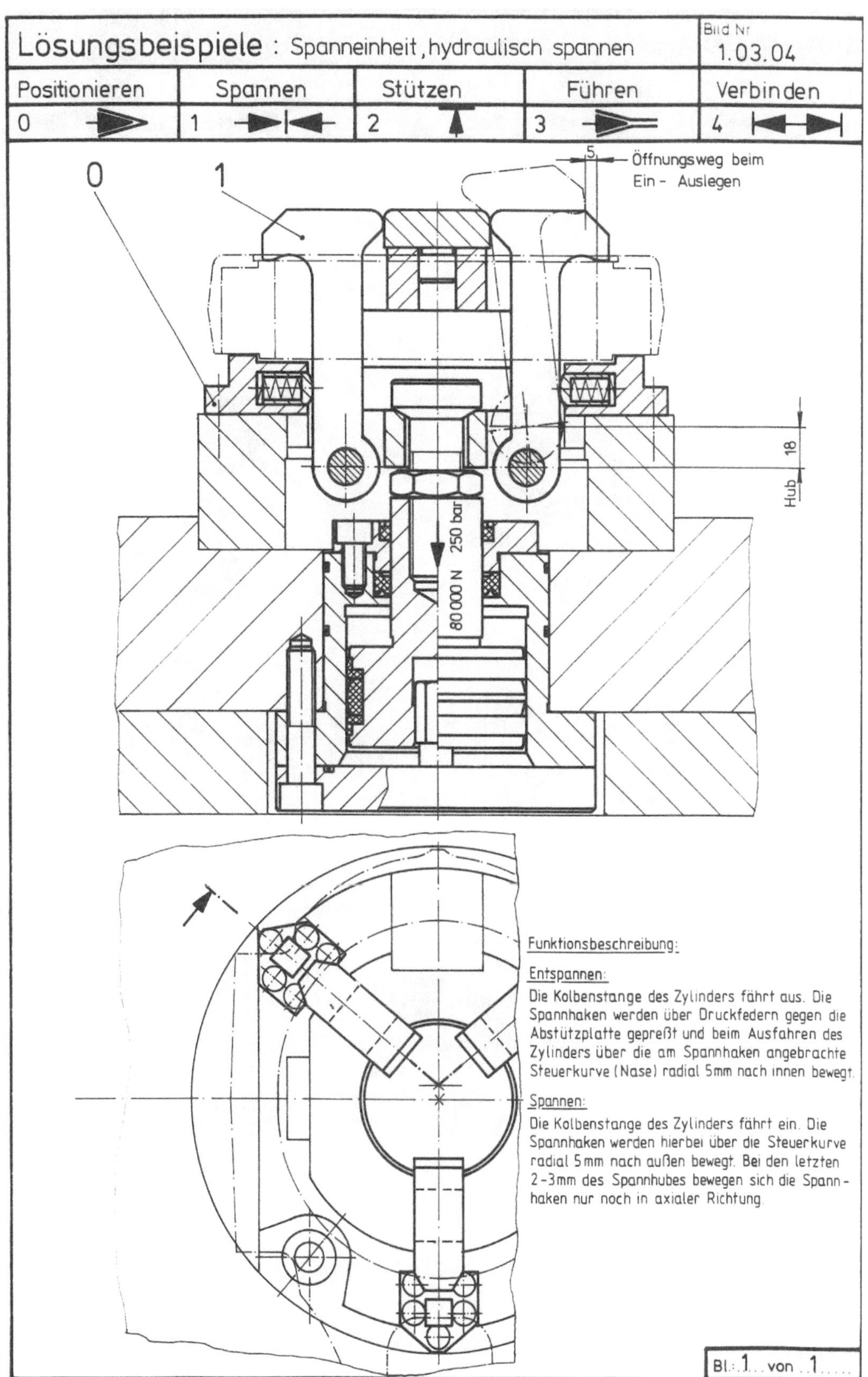

Lösungsbeispiele : Spanneinheit, hydraulisch spannen
Bild Nr
1.03.04
Positionieren
0
Spannen
1
Stützen
2
Führen
3
Verbinden
4
0
1
5
Öffnungsweg beim
Ein - Auslegen
Hub 18
80 000 N   250 bar
Funktionsbeschreibung:

Entspannen:
Die Kolbenstange des Zylinders fährt aus. Die
Spannhaken werden über Druckfedern gegen die
Abstützplatte gepreßt und beim Ausfahren des
Zylinders über die am Spannhaken angebrachte
Steuerkurve (Nase) radial 5mm nach innen bewegt.

Spannen:
Die Kolbenstange des Zylinders fährt ein. Die
Spannhaken werden hierbei über die Steuerkurve
radial 5mm nach außen bewegt. Bei den letzten
2-3mm des Spannhubes bewegen sich die Spannhaken nur noch in axialer Richtung.

Bl. 1 . von . 1

373

Lösungsbeispiele : Hydraulische Spannvorrichtung
Bild Nr.:
1.03.05
Positionieren
Spannen
Stützen
Führen
Verbinden
0
1
2
3
4
D
Schnitt C-D
k
0
b
1
a
j
A
B
Z
c
d
C
Einzelheit Z
Schnitt A-B
e
f
g
h
i
F
A
P
F = Kraft
A = Fläche
p = Druck
F = A · p
Bl. 1 von 2

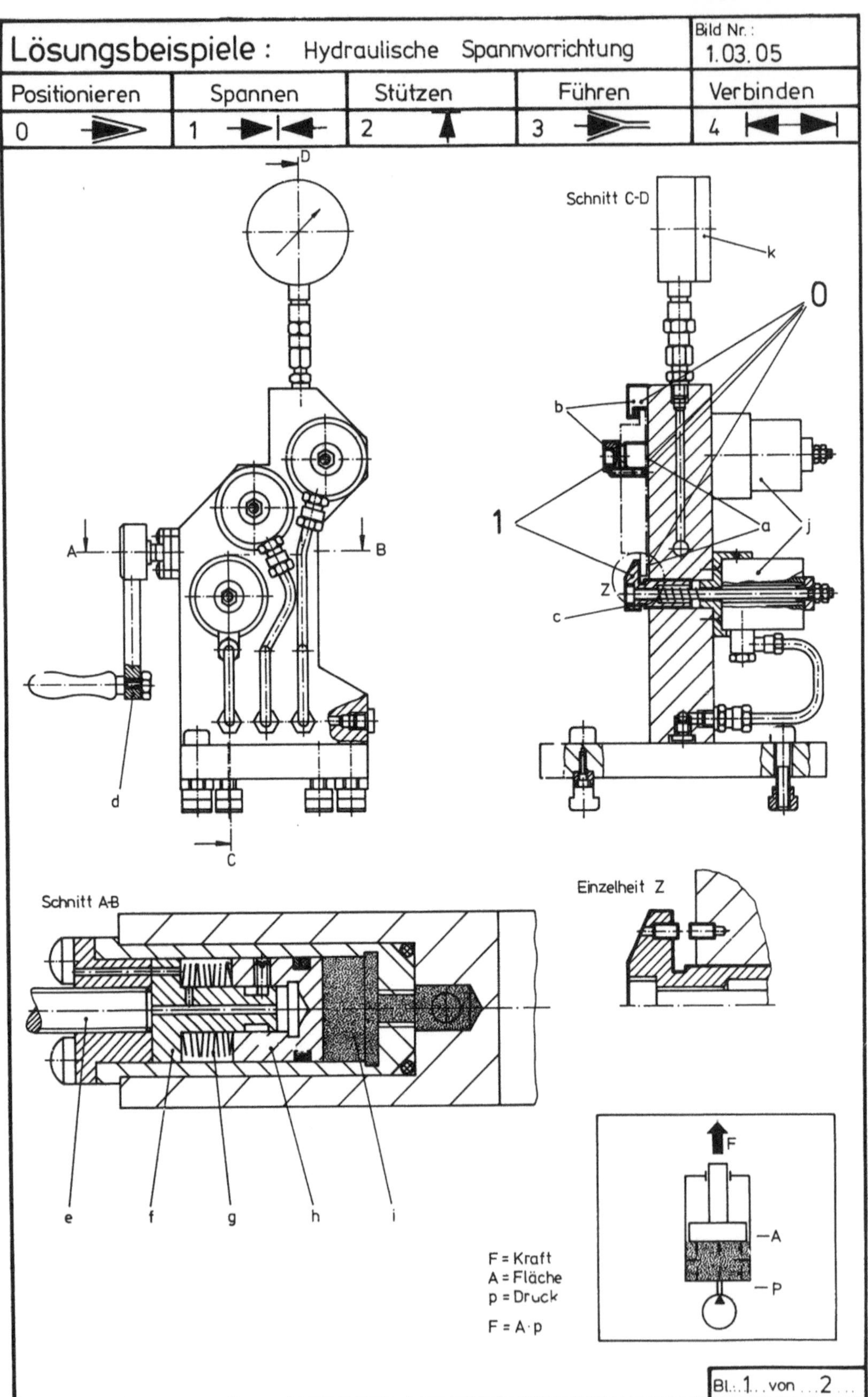

374

| Positionieren | Spannen | Stützen | Führen | Verbinden |
| 0 | 1 | 2 | 3 | 4 |

HYDRAULISCHE SPANNVORRICHTUNG MIT INTEGRIERTER HANDPUMPE FÜR DIE BEARBEITUNG VON KLEINSTTEILEN AUF EINEM BEARBEITUNGSZENTRUM MIT RUNDTISCH BILD-NR.

<u>FUNKTIONSBESCHREIBUNG:</u>

Das Werkstück wird auf die Positionierelemente "a" aufgelegt und an die Positionierelemente "b" angelegt. Danach werden die 3 Spannhaken "c" bis zum Anschlag eingeschwenkt. Durch Drehen der einrastbaren Handkurbel "d" wird die Schraube "e" und der Zapfen "f" mit dem Tellerfederpaket "g" sowie dem Kolben "h" in axialer Richtung aufs Druckmedium Öl "i" bewegt, wobei das Tellerfederpaket die Axialkraft durch die Schraubenbewegung speichert.

Die Axialkraft bewirkt im hydraulischen System auf die Hohlkolbenzylinder "j" einen Druck von $p = \frac{F}{A}$, welcher am Manometer "k" angezeigt wird. Die Spannkraft am Spannhaken beträgt $F = A \times p$.

Die Form des Vorrichtungskörpers resultiert aus der Zugänglichkeit der Werkzeugspindel zum Werkstück im Bearbeitungszentrum.

Lösungsbeispiele :
Fingerspannung
Bild Nr. :
1.03.06
Positionieren
0
Spannen
1
Stützen
2
Führen
3
Verbinden
4
b/1
c
f
a
g/0
h/0
k
i/0
b/1
d
e
Draufsicht ohne
Werkstückaufnahmeplatte
Deutsches und Auslandspatent erteilt
Bl. 1 von 2

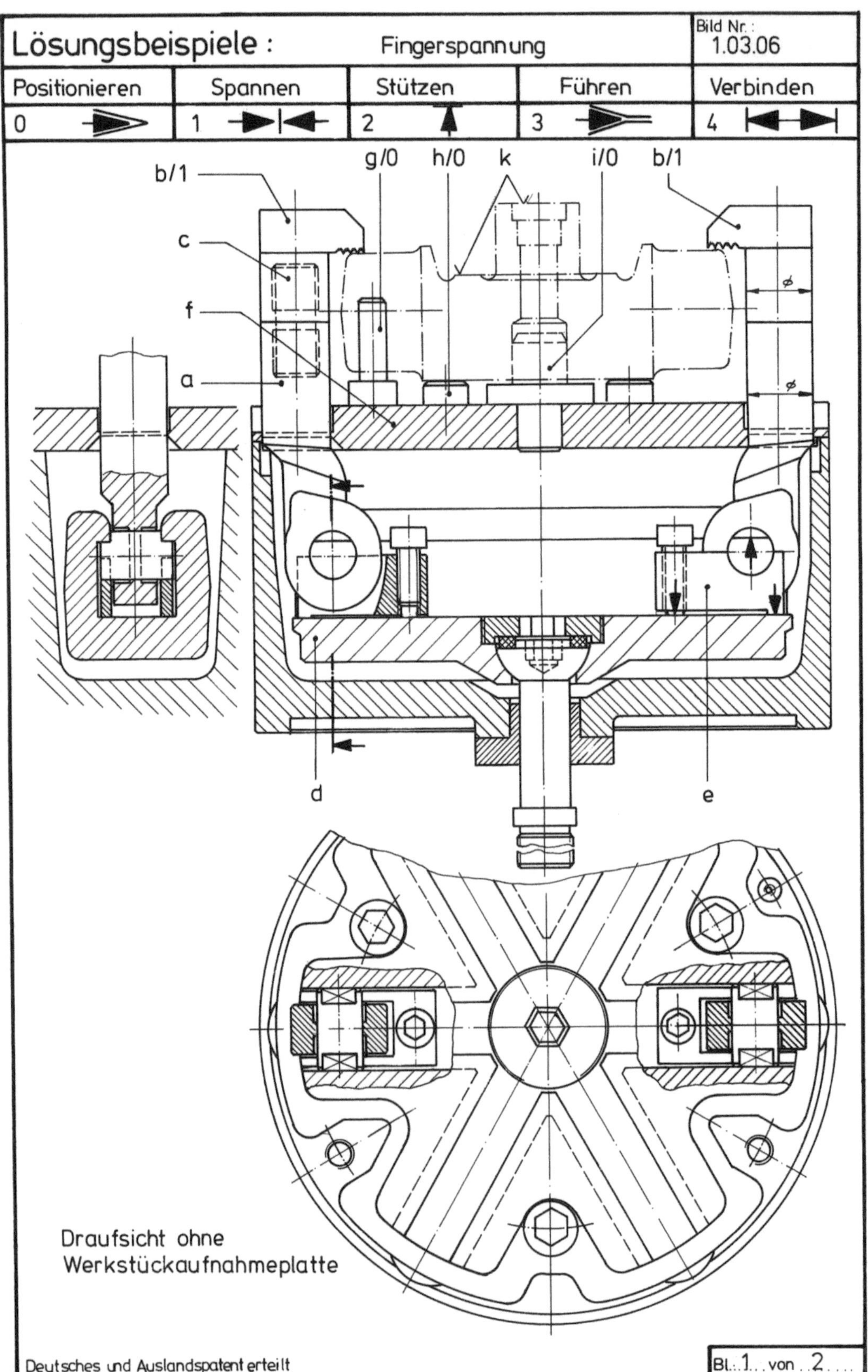

376

Positionieren	Spannen	Stützen	Führen	Verbinden
1	2	3	4	5

Funktionsbeschreibung

Bearbeitet wird Zapfen und Planfläche k. Das Werkstück wird
dabei von den Bolzen g, h, i positioniert und den Fingern b
gespannt. Grundfinger a und Wechselfinger b, die über
Differenzgewindebolzen verbunden sind, können radial stufenlos verstellt werden. Es können 2, 3, 4, 5 und 6 Finger jeweils um 60° am Umfang versetzt in die Spanntraverse d eingesetzt und mittels Hebel e geklemmt werden. Außen- und Innen-
spannung ist durch Verdrehen der Grundfinger a um 180° möglich. Die werkstückspezifische Aufnahmeplatte f und die Wechselfinger b können vom Anwender selbst gefertigt, das übrige
Futter von einem Spannzeughersteller bezogen bezogen werden.
Bei dieser Konstruktion ist eine Wiederverwendung des Futters
für andere Werkstücke, ähnlich wie z. B. bei einem Keilhacken-
futter mit Aufsatzbacken, möglich.

Bl.: 2 von 2

Positionieren	Spannen	Stützen	Führen	Verbinden
0	1	2	3	4

mit federnder Zentrierung

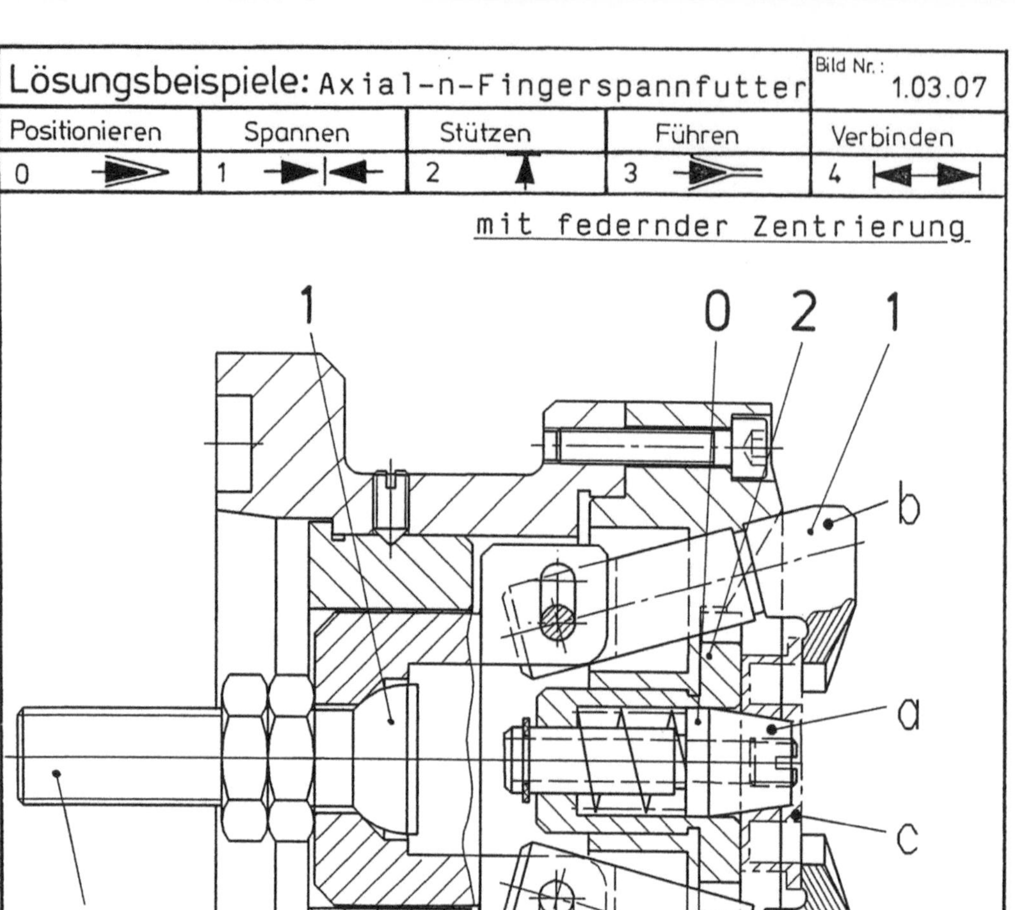

Funktionsbeschreibung:

Der Einsatzbereich erstreckt sich auf radialspannempfindliche und
flanschähnliche Werkstücke.Die Werkstückzentrierung erfolgt über
einen federnden Bolzen a. Die Spannfinger b bringen das Werkstück
nach Betätigung sicher und ohne Überbestimmung zur Anlage. Die
Schräganordnung der Spannfingerschäfte erlaubt nach dem Öffnen
durch axiale -und radiale- Flucht ein einwandfreies Be- und Entladen auch bei Einsatz von Handlingsystemen. Betätigt wird das
Spannsystem mittels Pneumatik-Kraftspanneinrichtung,die mit dem
Koppelsystem d über ein Zugrohr verbunden ist.
(Wirkungsgrad des Systems axial=0,85)

Bl.:1 von .–.

378

<table>
<tr><td colspan="5">Lösungsbeispiele :   Drehvorrichtung</td><td>Bild Nr.:
1.03.08</td></tr>
<tr><td>Positionieren</td><td>Spannen</td><td>Stützen</td><td>Führen</td><td>Verbinden</td></tr>
<tr><td>0</td><td>1</td><td>2</td><td>3</td><td>4</td></tr>
</table>

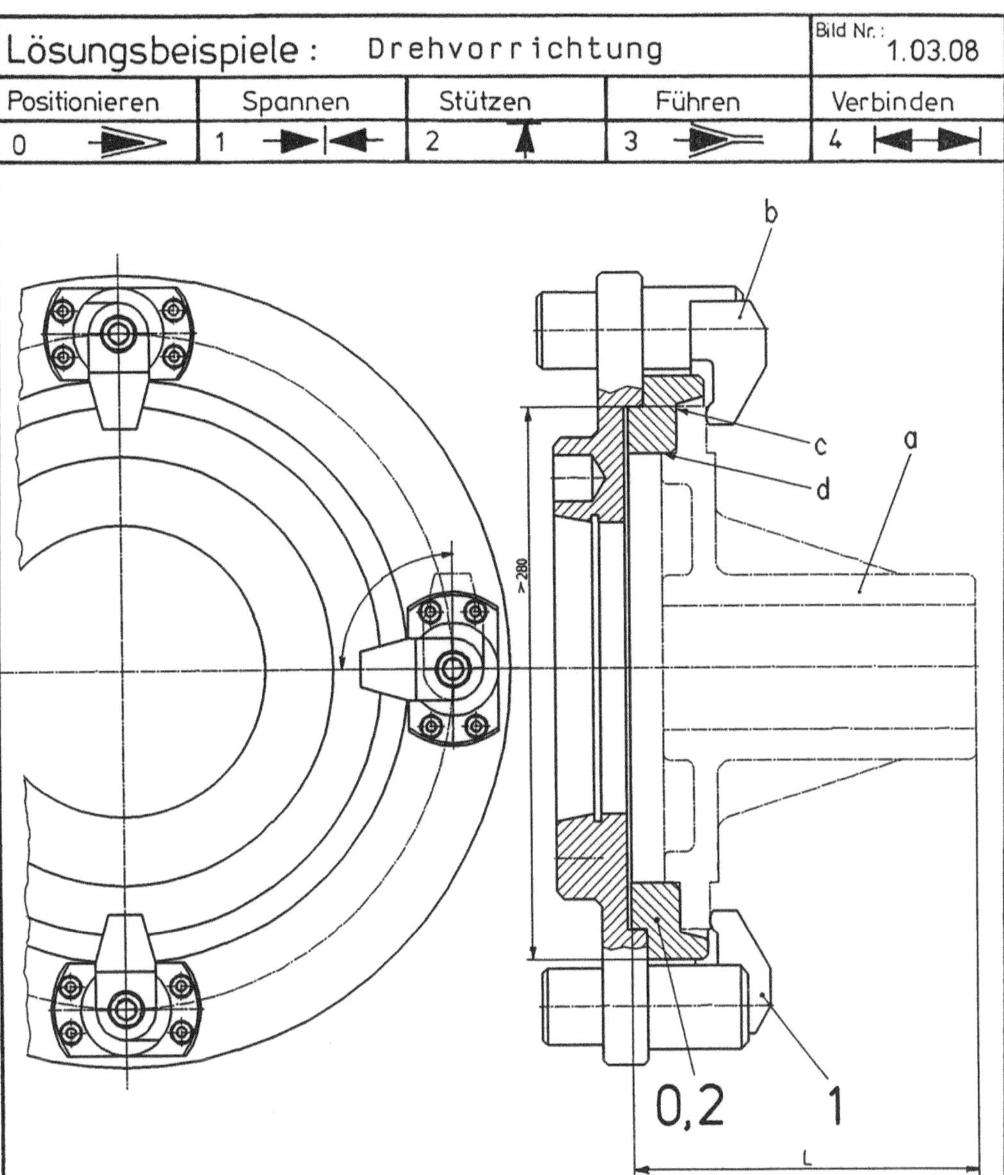

Funktionsbeschreibung:

Vorrichtung zur Aufnahme von Werkstücken mit flanschartiger Geometrie und lang auskragenden Naben (a).
Das Werkstück wird mittels n-Spannfingern b gespannt,wobei die Spannfinger ein stabiles Gegenmoment darstellen gegenüber dem Moment,welches durch die Hauptschnittkraft im Abstand L erzeugt wird.Die Mitnahme erfolgt über Reibschluß.
Die bearbeitete Flanschstufe des relativ schweren Werkstücks wird -nachdem der Flansch die Vorzentrierung c passiert hat- in der eigentlichen Zentrierung d aufgenommen.
Einsatzbereich: Bei Losgrössen, welche aus Kostengründen den Einsatz von zentralen Kraftspannsystemen nicht rechtfertigen.

Bl.:1...von ...-...

379

Positionieren	Spannen	Stützen	Führen	Verbinden
0	1	2	3	4

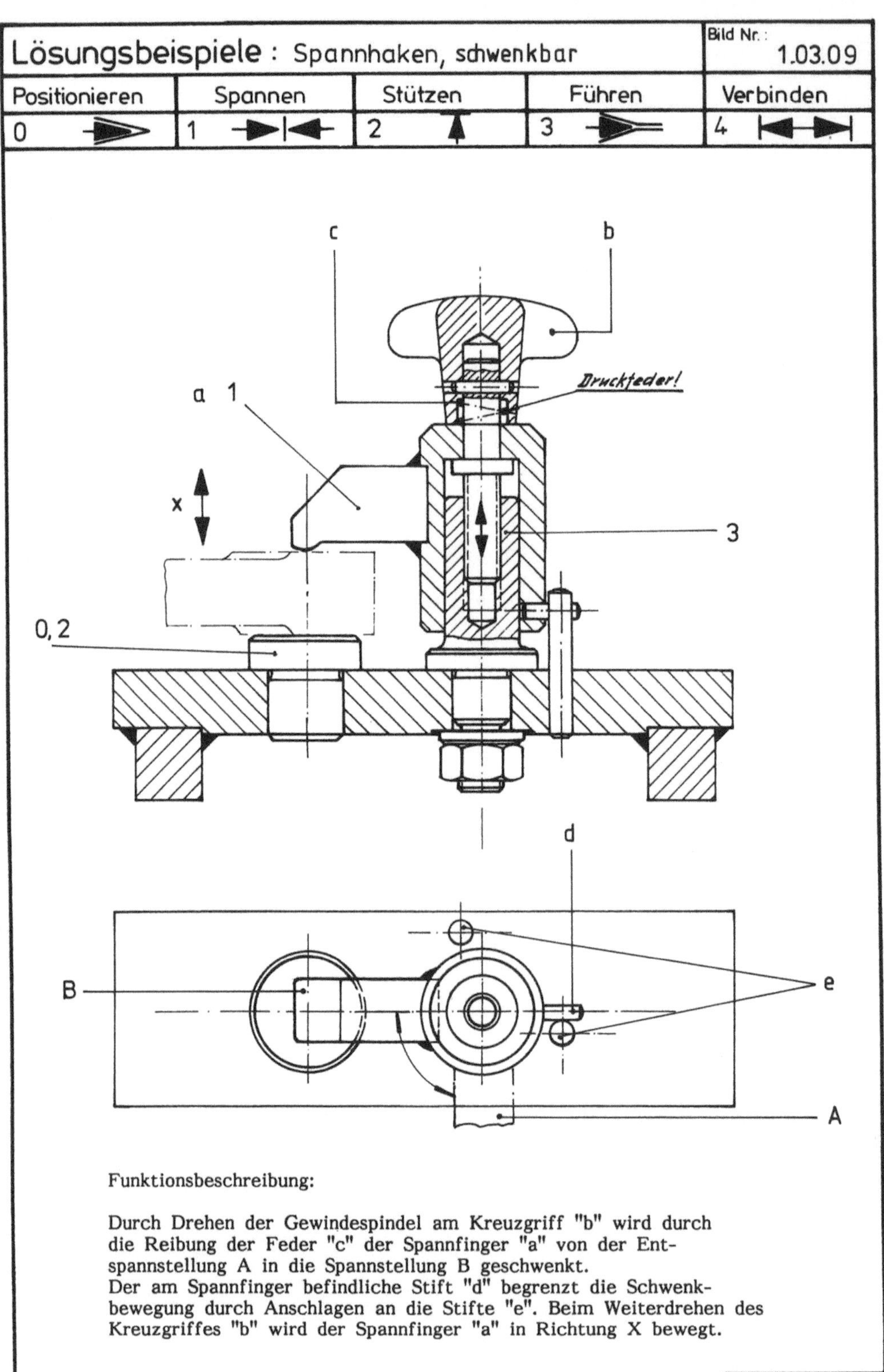

Funktionsbeschreibung:

Durch Drehen der Gewindespindel am Kreuzgriff "b" wird durch
die Reibung der Feder "c" der Spannfinger "a" von der Ent-
spannstellung A in die Spannstellung B geschwenkt.
Der am Spannfinger befindliche Stift "d" begrenzt die Schwenk-
bewegung durch Anschlagen an die Stifte "e". Beim Weiterdrehen des
Kreuzgriffes "b" wird der Spannfinger "a" in Richtung X bewegt.

Bl.:......von........

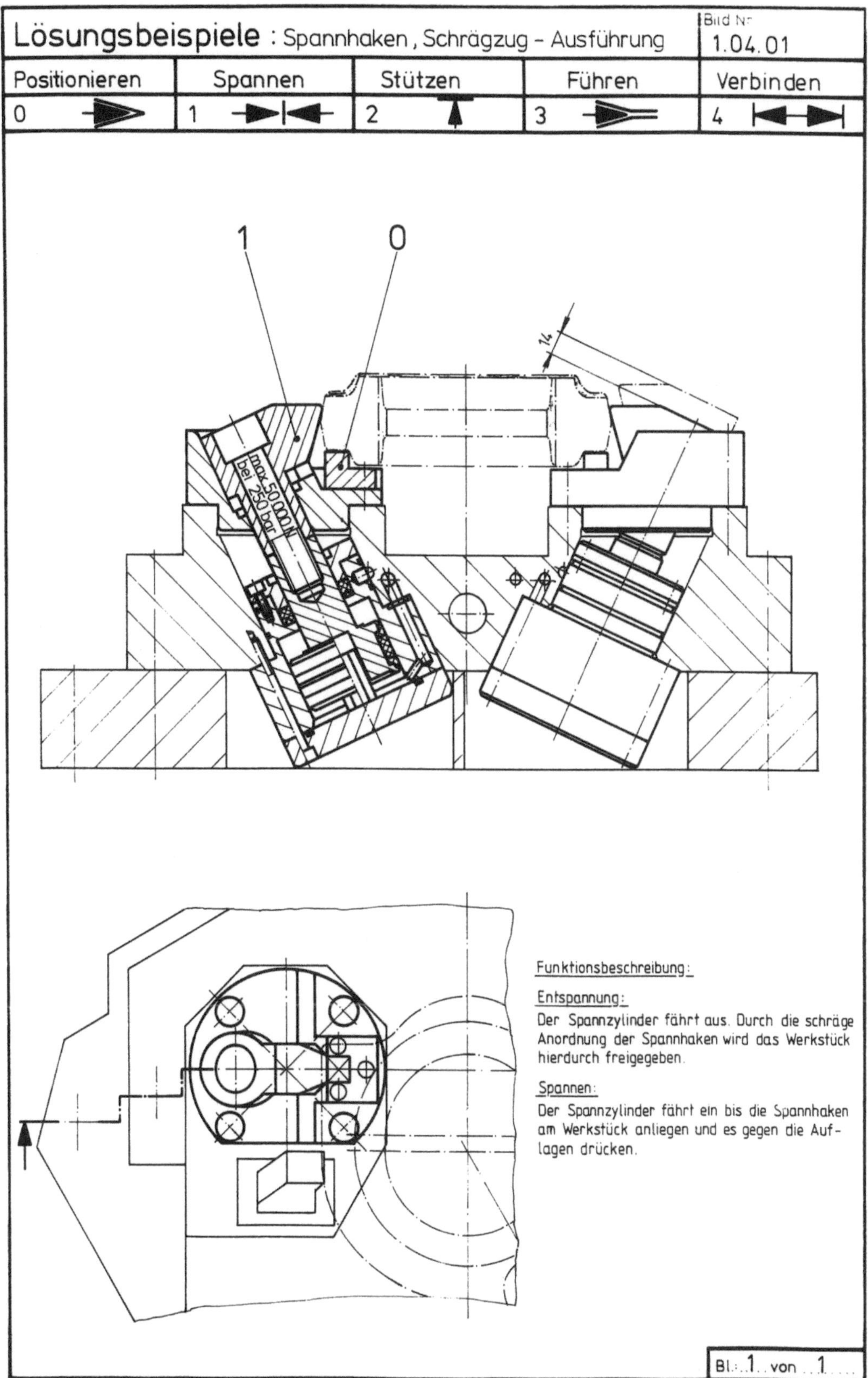

Lösungsbeispiele : Spannhaken, Schrägzug – Ausführung
Bild Nr
1.04.01
Positionieren 0
Spannen 1
Stützen 2
Führen 3
Verbinden 4
1
0
14
max 500 N bei 250 bar
Funktionsbeschreibung:
Entspannung:
Der Spannzylinder fährt aus. Durch die schräge
Anordnung der Spannhaken wird das Werkstück
hierdurch freigegeben.
Spannen:
Der Spannzylinder fährt ein bis die Spannhaken
am Werkstück anliegen und es gegen die Auf-
lagen drücken.
Bl. 1 von 1

<table>
<tr><td colspan="5">Lösungsbeispiele : Drehvorrichtung für Lochplatte</td><td>Bild Nr.:
1.04.02</td></tr>
<tr><td>Positionieren</td><td>Spannen</td><td>Stützen</td><td>Führen</td><td colspan="2">Verbinden</td></tr>
<tr><td>0</td><td>1</td><td>2</td><td>3</td><td colspan="2">4</td></tr>
</table>

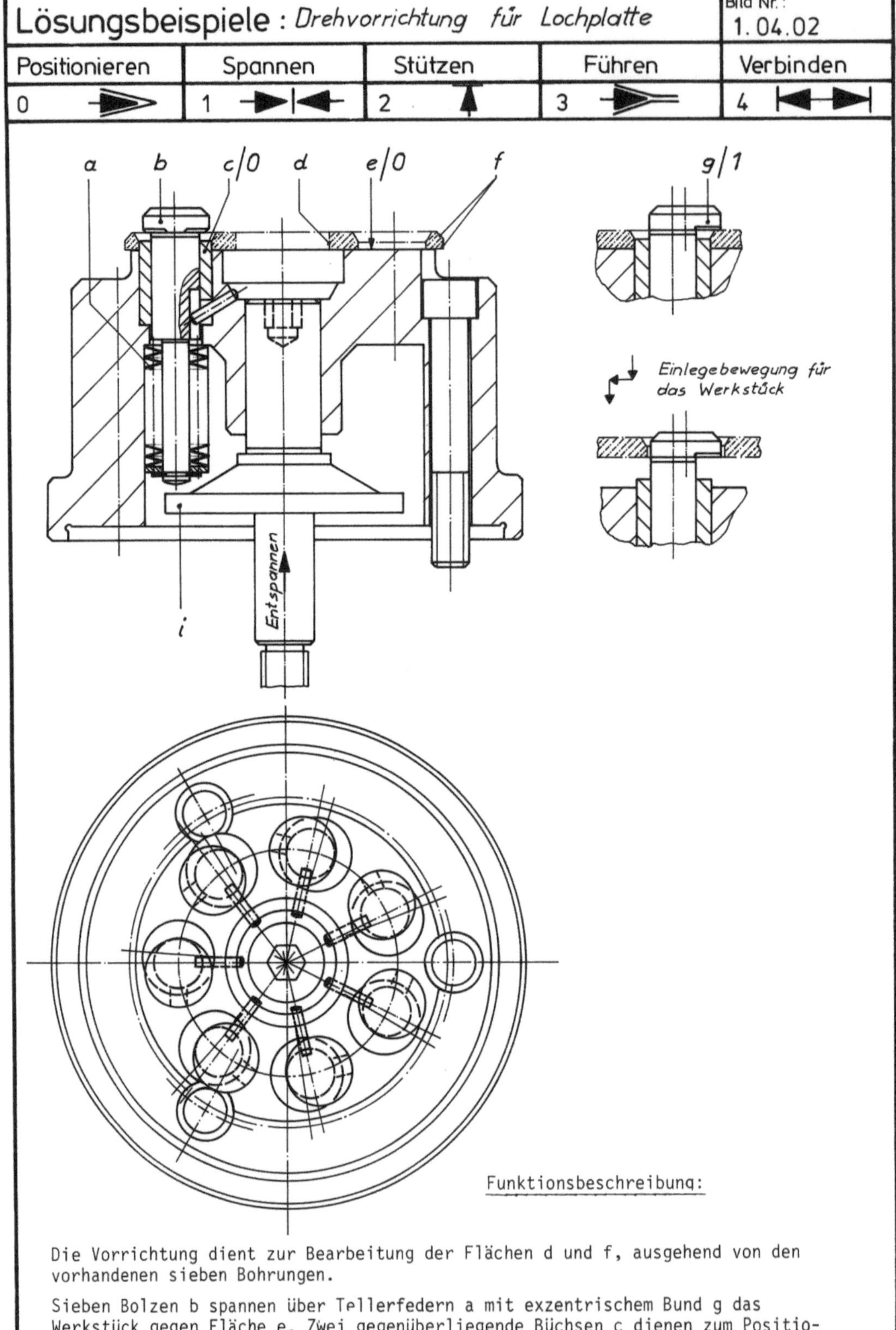

<u>Funktionsbeschreibung:</u>

Die Vorrichtung dient zur Bearbeitung der Flächen d und f, ausgehend von den vorhandenen sieben Bohrungen.

Sieben Bolzen b spannen über Tellerfedern a mit exzentrischem Bund g das Werkstück gegen Fläche e. Zwei gegenüberliegende Büchsen c dienen zum Positionieren. Beim Entspannen mit Druckteller i werden Bolzen b soweit angehoben, daß das Werkstück aus der Vorrichtung entnommen werden kann.

Bl...1...von...1....

382

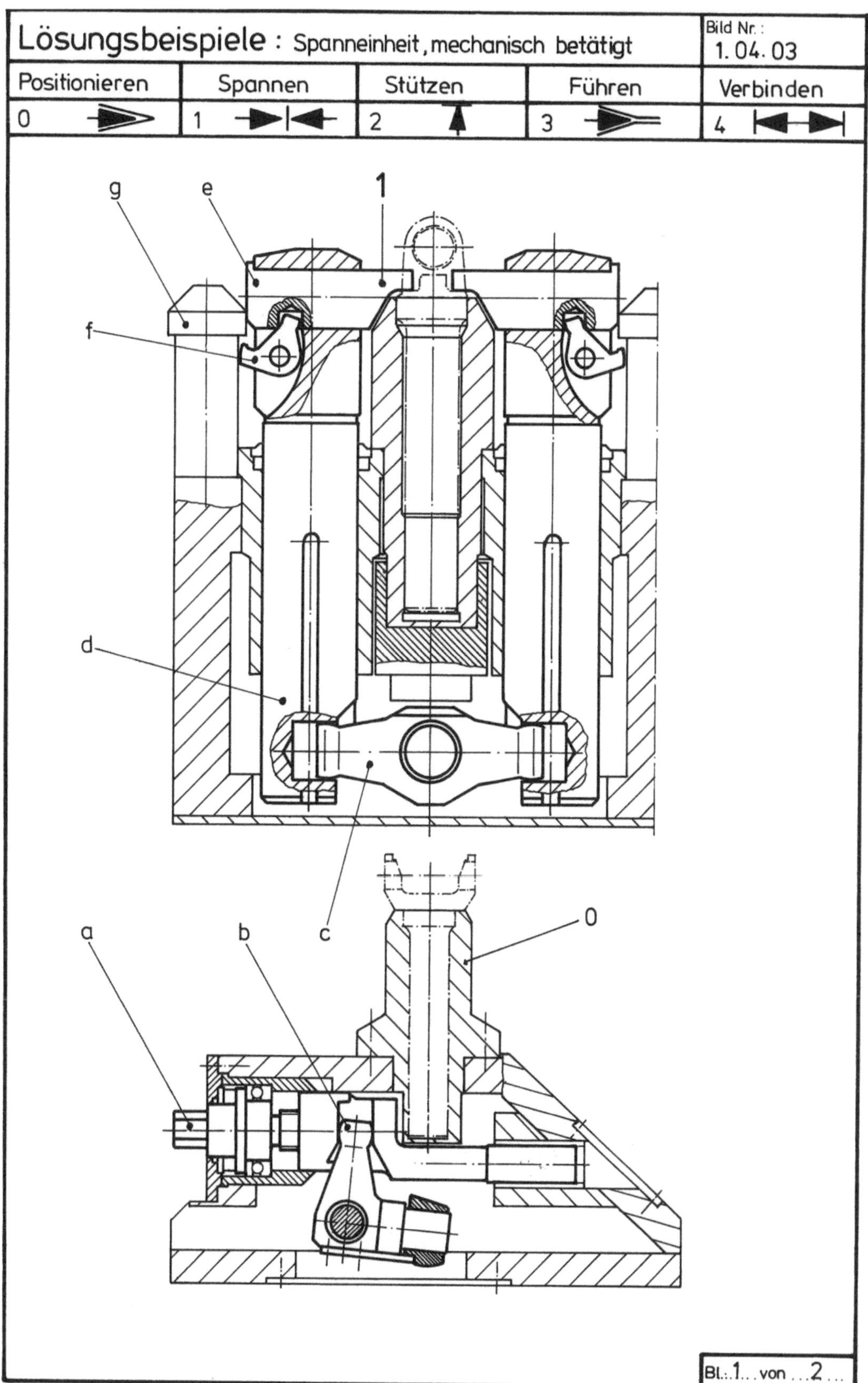

Lösungsbeispiele : Spanneinheit, mechanisch betätigt
Bild Nr. :
1. 04. 03
Positionieren
Spannen
Stützen
Führen
Verbinden
0
1
2
3
4
g
e
1
f
d
a
b
c
0
Bl.: 1 ... von ...2 ...

Funktionsbeschreibung:

Über die mechanisch betätigte Gewindespindel a wird der Winkel
hebel b mit der Ausgleichswippe c bewegt und damit werden die
beiden Spannsäulen d nach unten gezogen. Die darin gleitend gelagerten Spannschieber e werden dabei über eine Schräge auf
das Werkstück geschoben und spannen nach unten.
Beim Entspannen werden die beiden Spannsäulen nach oben geschoben und die Spannschieber durch die Winkelhebel f, die
an den Abstützelementen g anlaufen, vom Werkstück zurückgezogen.

Bl.: 2 von 2

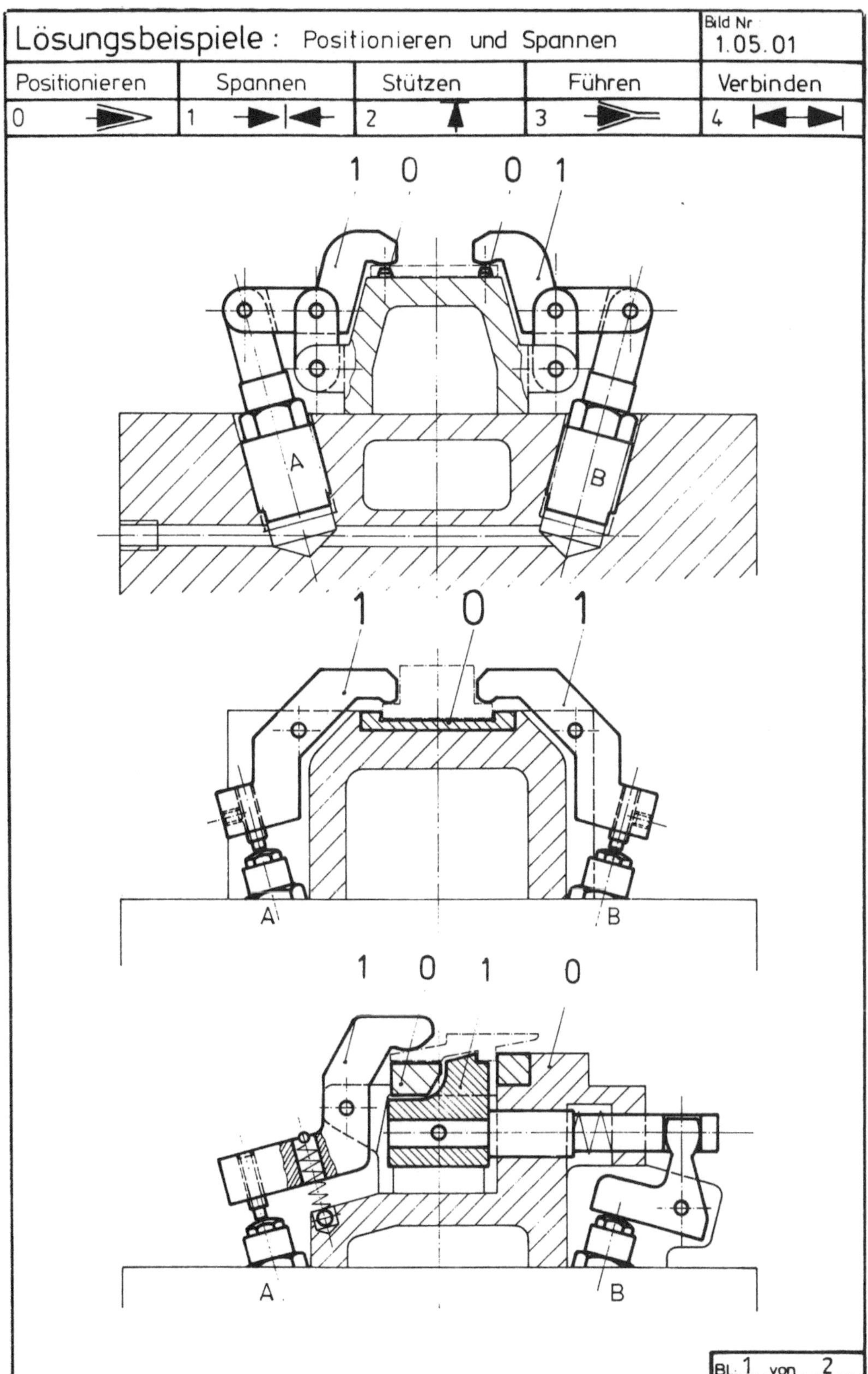

Lösungsbeispiele : Positionieren und Spannen
Bild Nr
1.05.01
Positionieren
Spannen
Stützen
Führen
Verbinden
0
1
2
3
4
1 0 0 1
A
B
1 0 1
A
B
1 0 1 0
A
B
Bl. 1 von 2

<table>
<tr><td colspan="4">Lösungsbeispiele : Positionieren und Spannen</td><td>Bild Nr
1.05.01</td></tr>
<tr><td>Positionieren</td><td>Spannen</td><td>Stützen</td><td>Führen</td><td>Verbinden</td></tr>
<tr><td>0 ▶</td><td>1 ▶|◀</td><td>2 ▲</td><td>3 ▶—</td><td>4 |◀▶|</td></tr>
</table>

Funktionsbeschreibung :

Die Grundvorrichtung ist mit den Spannzylindern A und B ausgerüstet

Für die verschiedenen Werkstucke werden jeweils Wechselaufsatze auf die Grundvorrichtung und verbindende Spannelemente auf die Kolbenstangenenden der Spannzylinder montiert.

Bl. 2 . von 2

| Positionieren | · Spannen | Stützen | Führen | Verbinden |
| 0 | 1 | 2 | 3 | 4 |

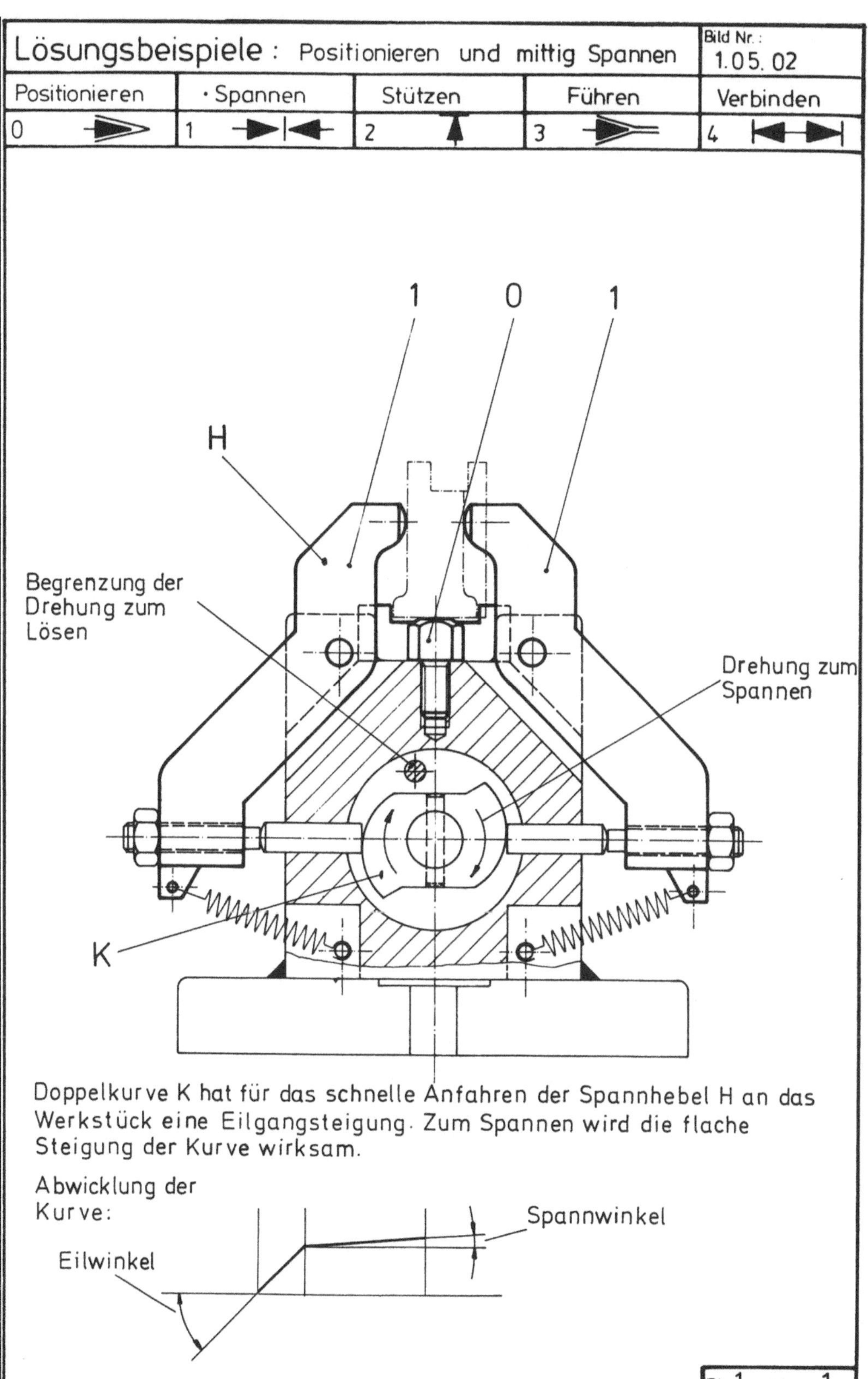

Doppelkurve K hat für das schnelle Anfahren der Spannhebel H an das
Werkstück eine Eilgangsteigung. Zum Spannen wird die flache
Steigung der Kurve wirksam.

Abwicklung der
Kurve:

Bl. 1 von 1

387

Positionieren	Spannen	Stützen	Führen	Verbinden
0	1	2	3	4

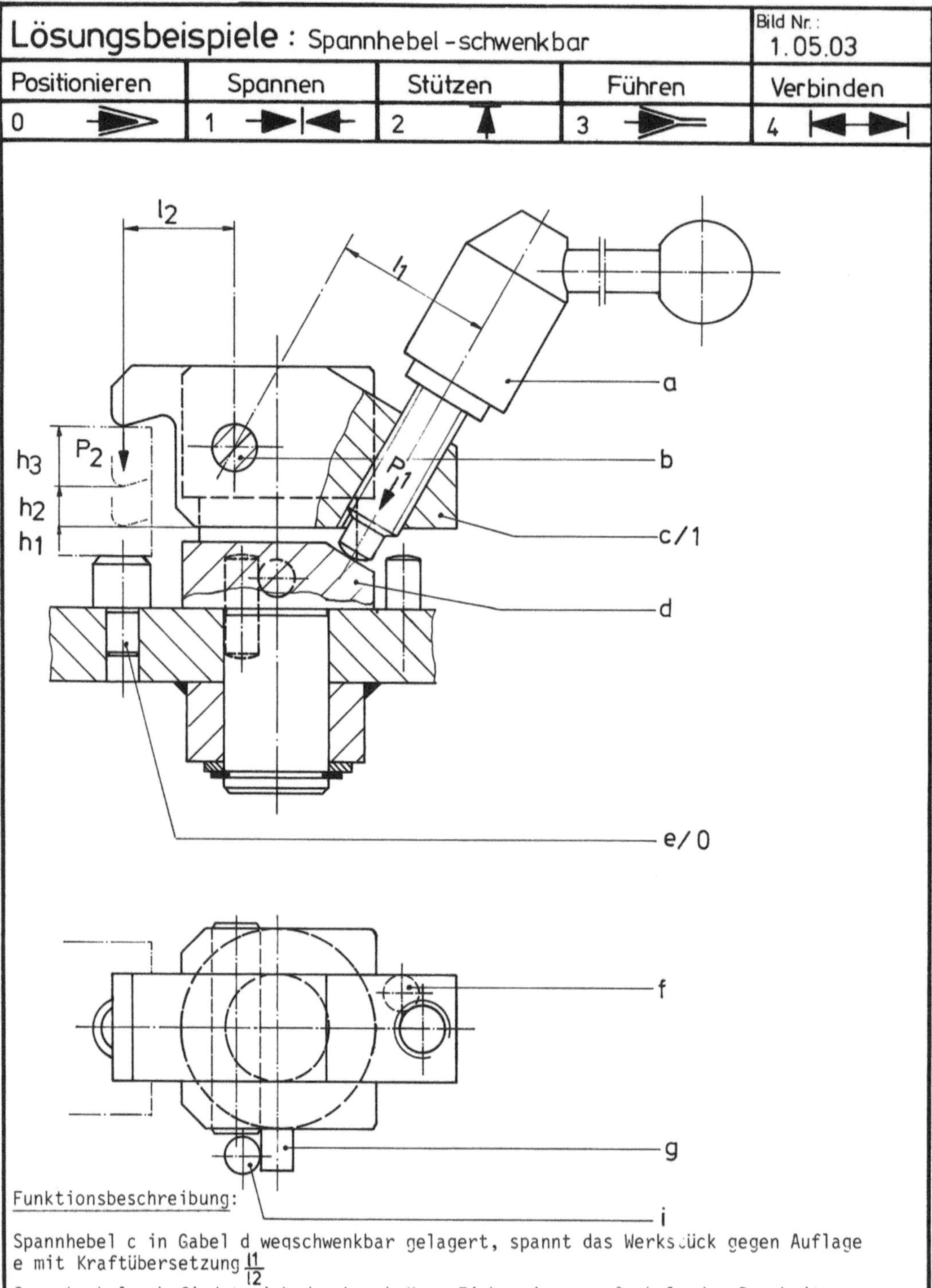

Funktionsbeschreibung:

Spannhebel c in Gabel d wegschwenkbar gelagert, spannt das Werkstück gegen Auflage e mit Kraftübersetzung $\frac{l_1}{l_2}$

Spannknebel a befindet sich durch schrägen Einbau immer außerhalb des Bearbeitungsbereiches. Spannhöhen h sind konstruktiv leicht zu verändern; f, g, i dienen als Schwenkanschläge.

Vorteile: Kürzere Bauweise als Spanneisen; nur kleine Momente im Grundkörper; Spannschraube mit Knebel möglich; große Spannkraft.

388

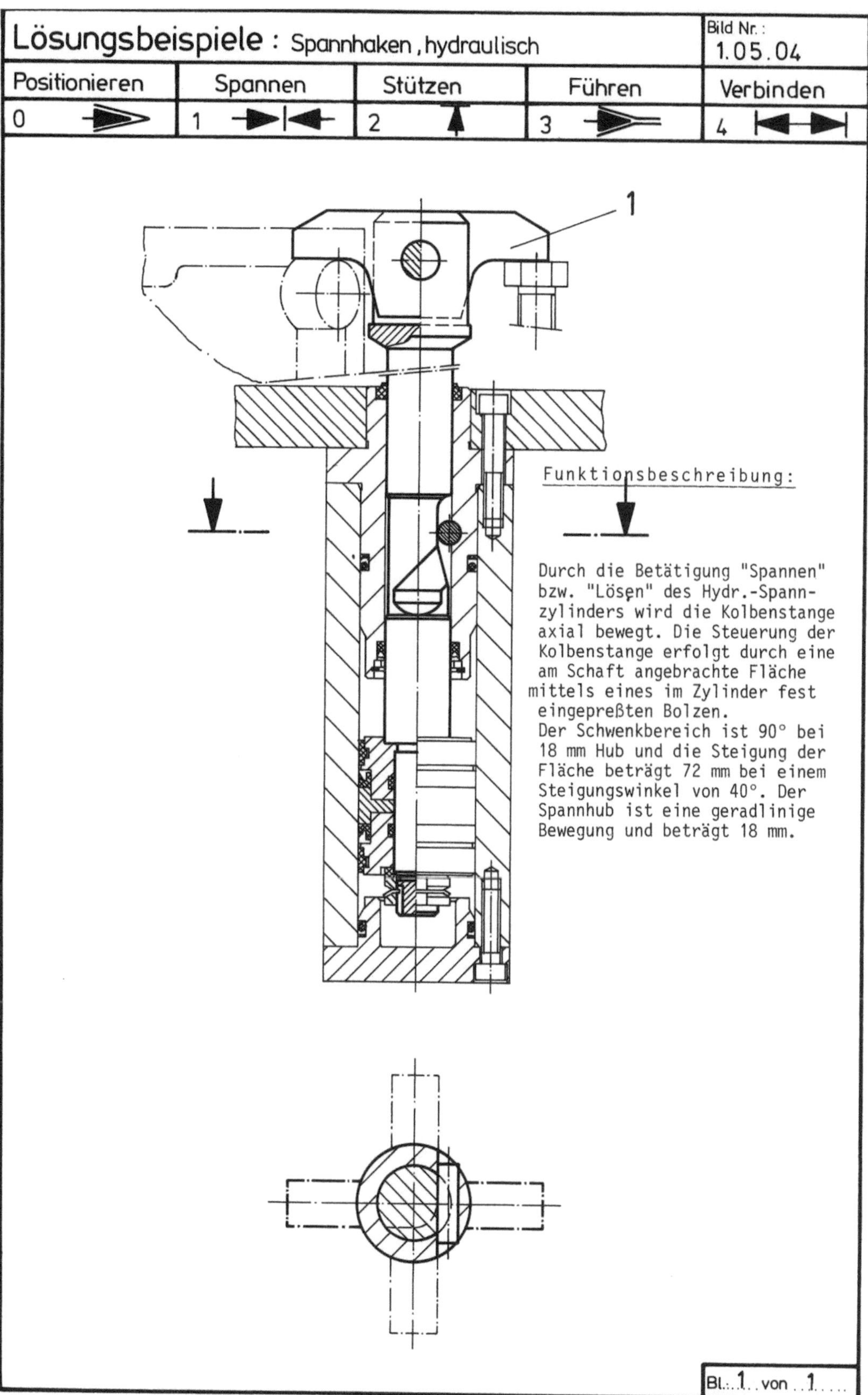

Lösungsbeispiele : Spannhaken , hydraulisch
Bild Nr.:
1.05.04
Positionieren
0
Spannen
1
Stützen
2
Führen
3
Verbinden
4
1
Funktionsbeschreibung:

Durch die Betätigung "Spannen"
bzw. "Lösen" des Hydr.-Spann-
zylinders wird die Kolbenstange
axial bewegt. Die Steuerung der
Kolbenstange erfolgt durch eine
am Schaft angebrachte Fläche
mittels eines im Zylinder fest
eingepreßten Bolzen.
Der Schwenkbereich ist 90° bei
18 mm Hub und die Steigung der
Fläche beträgt 72 mm bei einem
Steigungswinkel von 40°. Der
Spannhub ist eine geradlinige
Bewegung und beträgt 18 mm.

Bl. 1 von 1

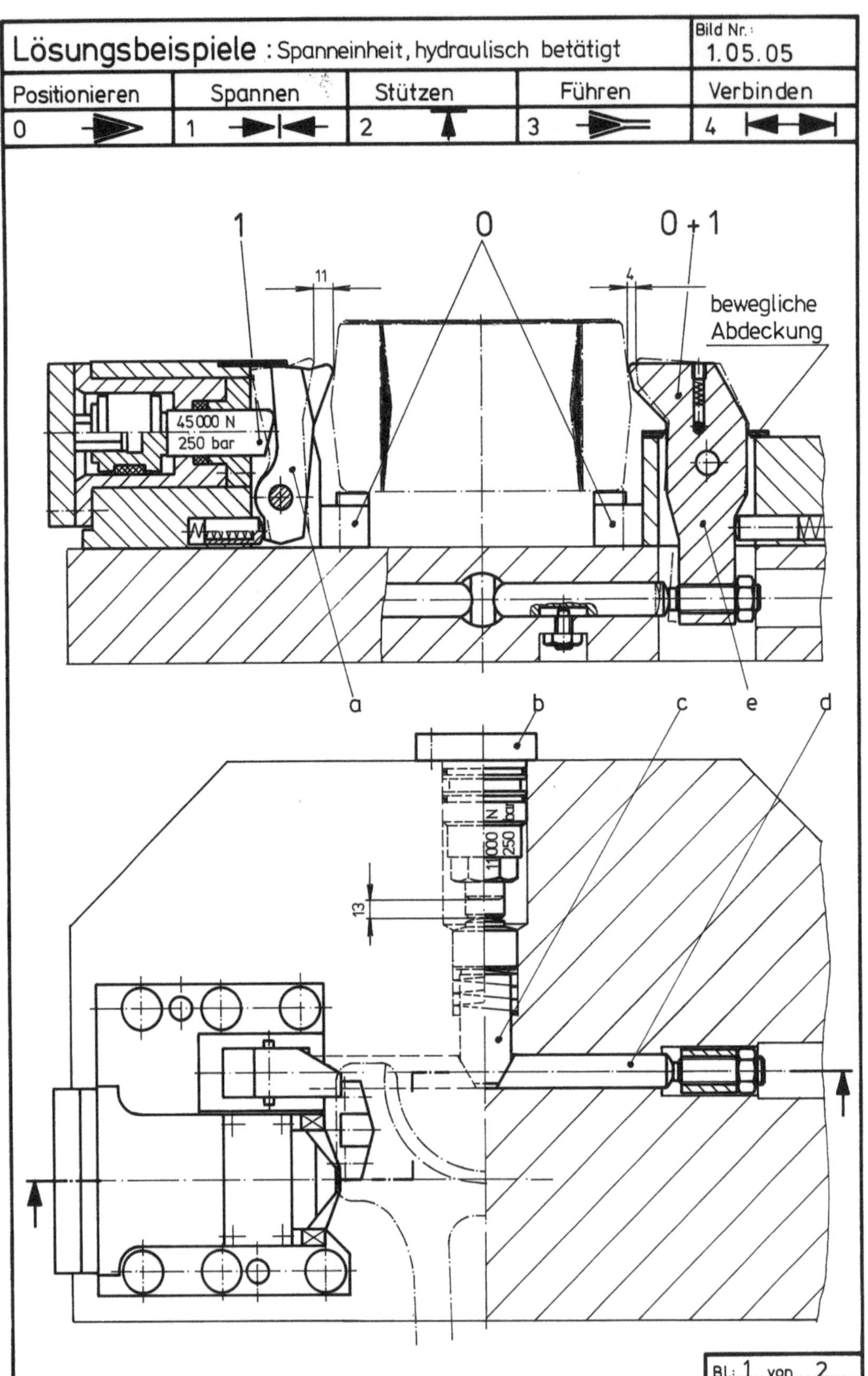

Lösungsbeispiele : Spanneinheit, hydraulisch betätigt
Bild Nr.:
1.05.05
Positionieren
0
Spannen
1
Stützen
2
Führen
3
Verbinden
4
1
0
0 + 1
bewegliche
Abdeckung
11
4
45000 N
250 bar
a
b
c
e
d
11000 N
250
13
Bl. 1 von 2

Funktionsbeschreibung:

Durch die Betätigung "Spannen" werden die Hydr. Tiefziehspanner a
und der Hydr. Spannzylinder b beaufschlagt. Durch den Spannzylinder b wird der vorgelagerte Druckbolzen c axial verschoben.
Dadurch werden die beiden angeschrägten Bolzen d auseinanderbewegt
und die Hebel e gegen die Werkstückfläche gespannt, d. h. es wird
gleichzeitig positioniert und gespannt.
Durch ein Vorspannventil, eingebaut in die Spannleitung der Tiefziehspanner ist sichergestellt, daß die richtige Reihenfolge im
Ablauf Positionieren - Spannen eingehalten wird.
Durch die Betätigung "Lösen" werden die Spannleitungen druckfrei.
Der Spannzylinder b und die Hebel e werden durch Federrückzug in
die Ausgangsstellung zurückgebracht.
Die Tiefziehspanner a werden durch Beaufschlagen der Löseleitung
und der Spannhebel durch eine eingebaute Druckfeder zurückgebracht.

Bl.: 2 von 2

Positionieren	Spannen	Stützen	Führen	Verbinden
0	1	2	3	4

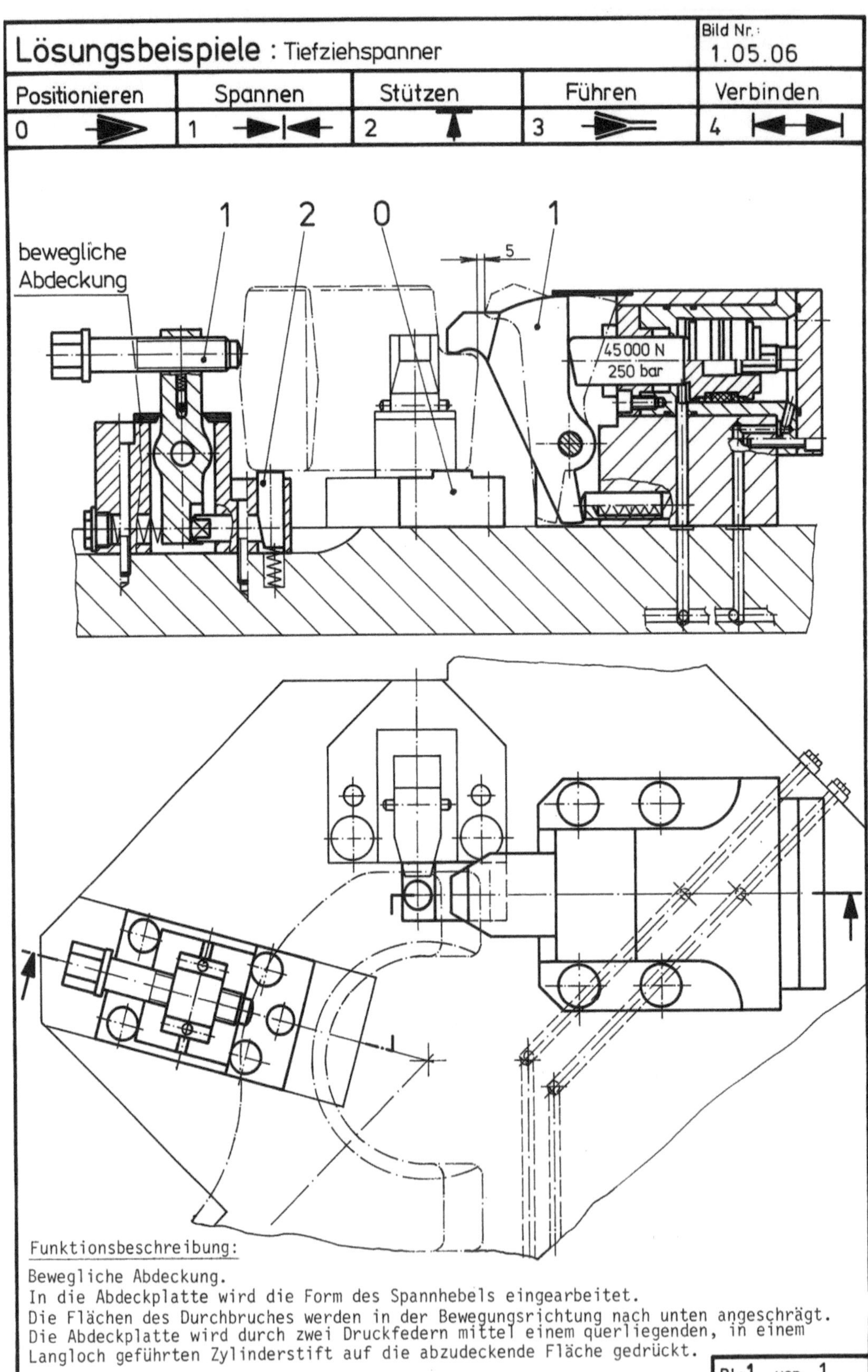

Funktionsbeschreibung:

Bewegliche Abdeckung.
In die Abdeckplatte wird die Form des Spannhebels eingearbeitet.
Die Flächen des Durchbruches werden in der Bewegungsrichtung nach unten angeschrägt.
Die Abdeckplatte wird durch zwei Druckfedern mittel einem querliegenden, in einem
Langloch geführten Zylinderstift auf die abzudeckende Fläche gedrückt.

Bl.: 1... von ..1.....

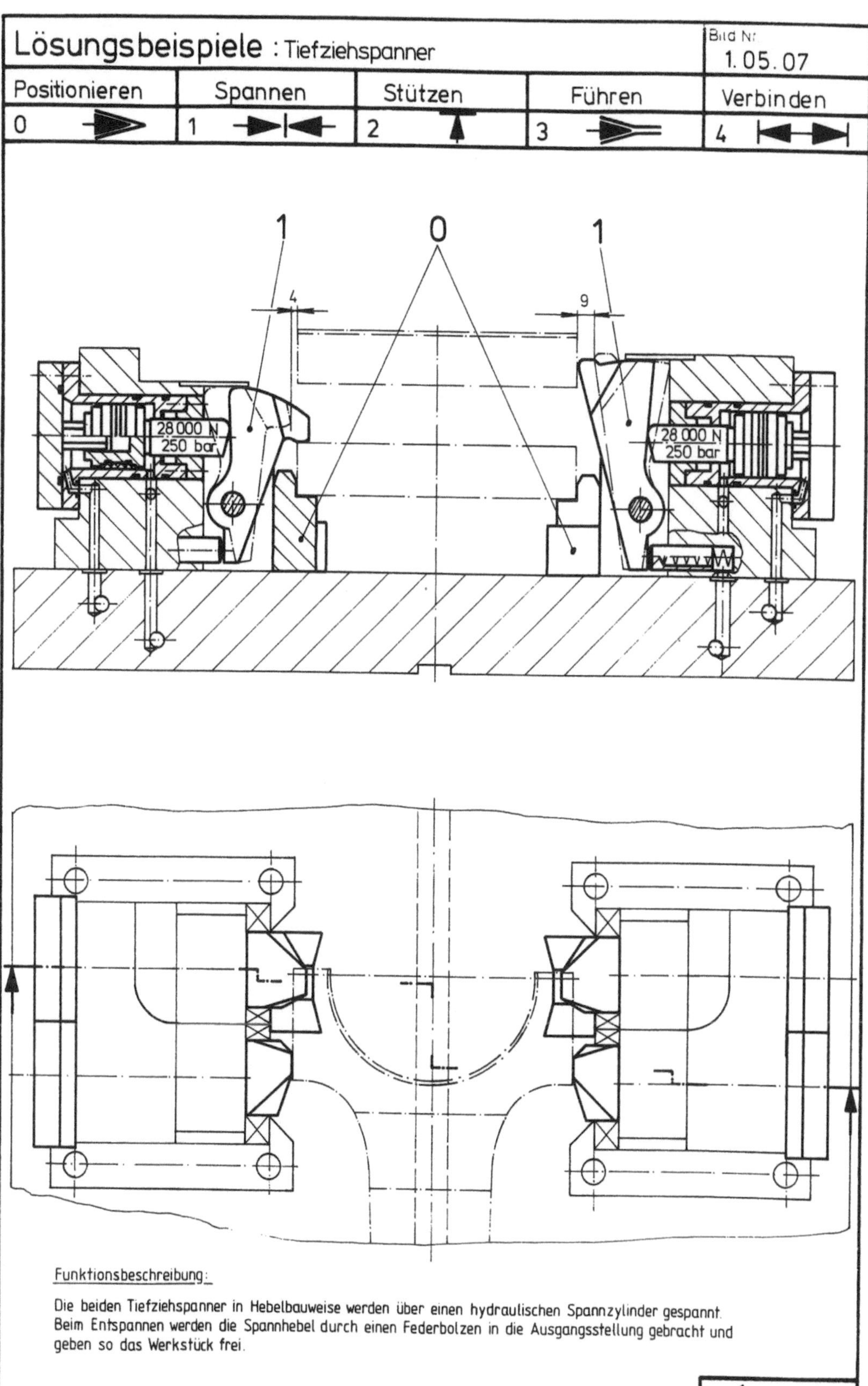

<u>Funktionsbeschreibung:</u>

Die beiden Tiefziehspanner in Hebelbauweise werden über einen hydraulischen Spannzylinder gespannt.
Beim Entspannen werden die Spannhebel durch einen Federbolzen in die Ausgangsstellung gebracht und
geben so das Werkstück frei.

Bl.: 1 von 1

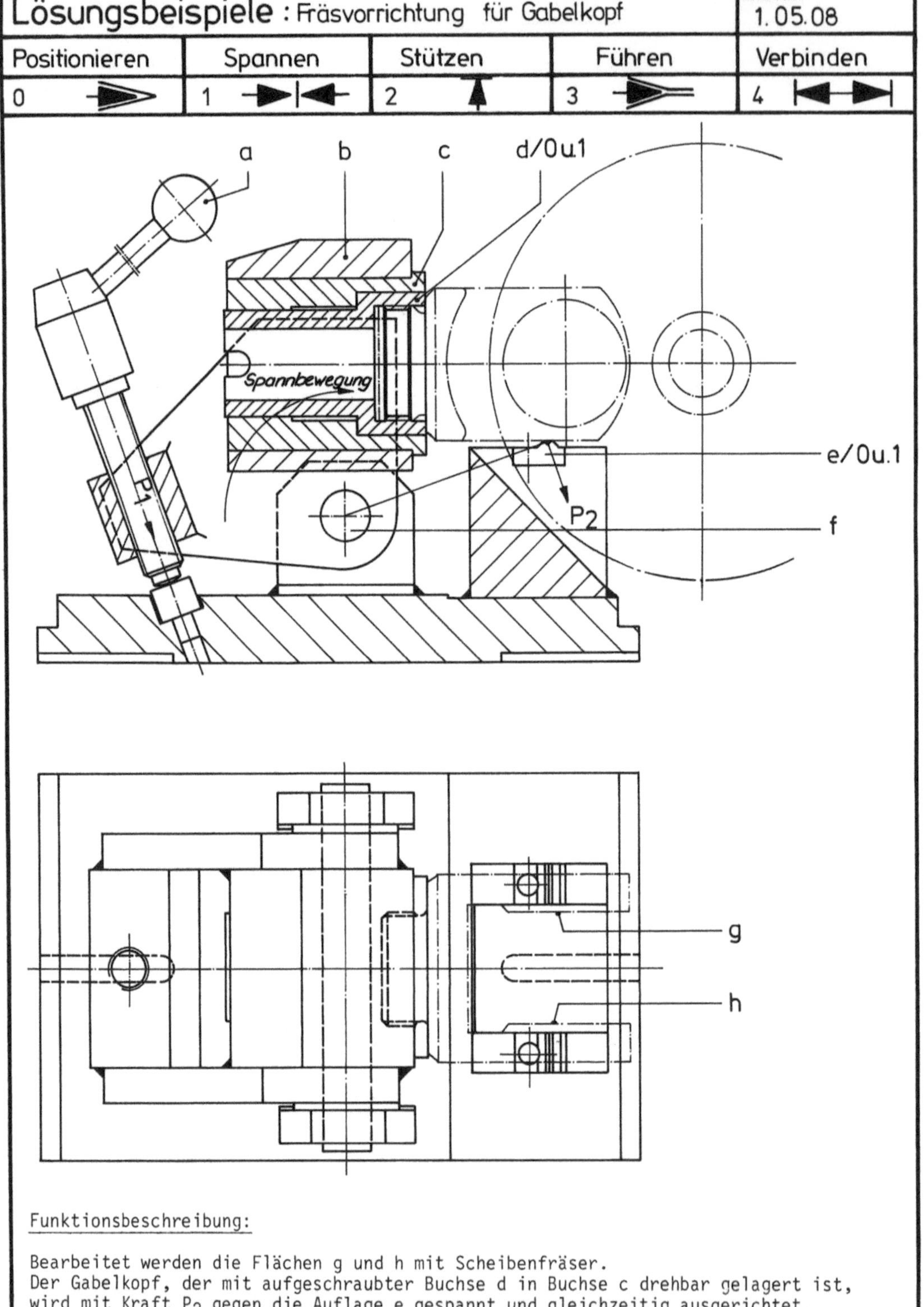

Funktionsbeschreibung:

Bearbeitet werden die Flächen g und h mit Scheibenfräser.
Der Gabelkopf, der mit aufgeschraubter Buchse d in Buchse c drehbar gelagert ist,
wird mit Kraft P_2 gegen die Auflage e gespannt und gleichzeitig ausgerichtet.

Die Spannbewegung des Gehäuses b um Achse f wird mit Spannhebel a eingeleitet.

Zum schnelleren Werkstückwechsel sind für jede Gewindegröße zwei
Büchsen vorhanden.

Bl.:1...von...1....

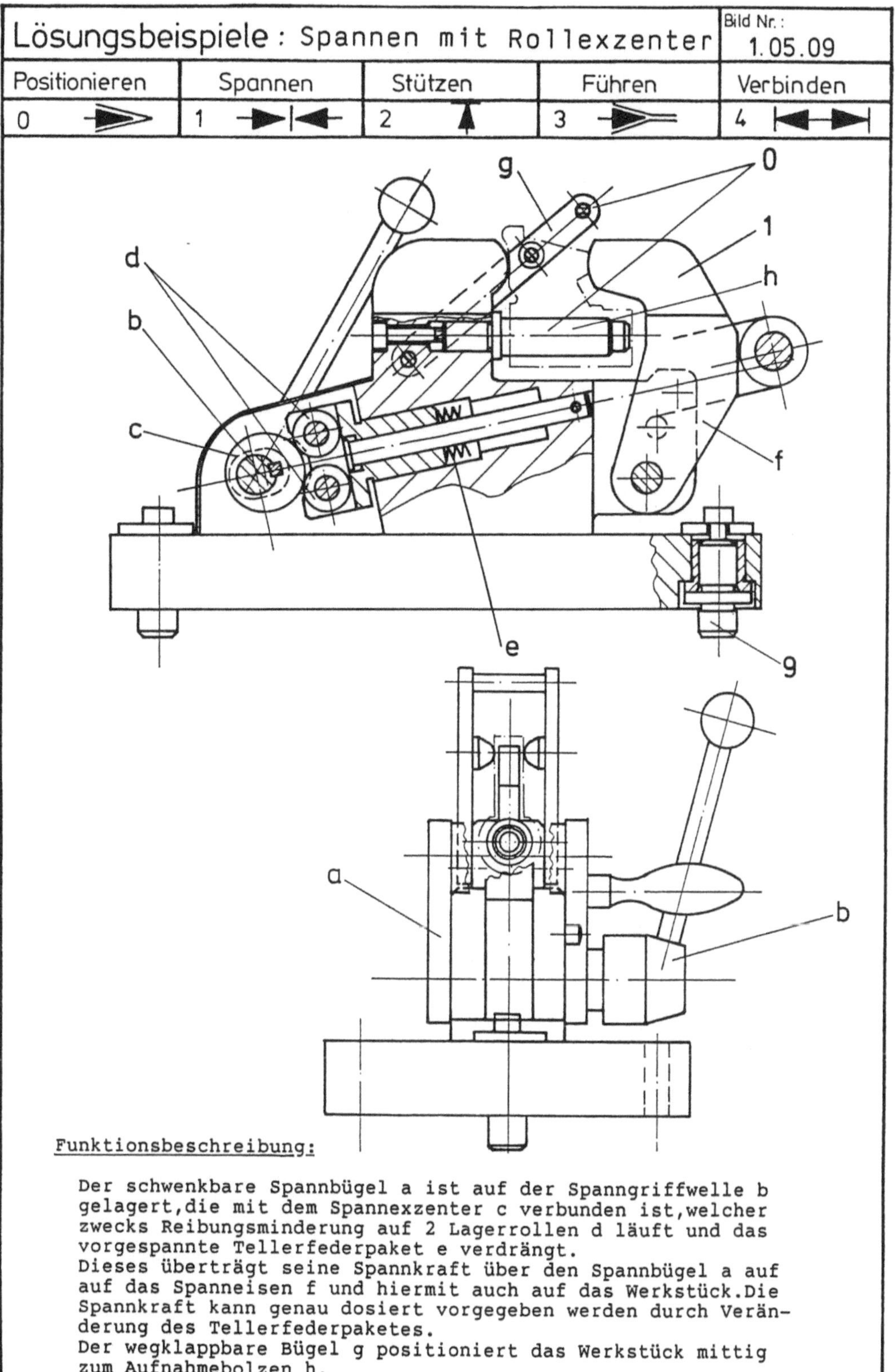

<u>Funktionsbeschreibung:</u>

Der schwenkbare Spannbügel a ist auf der Spanngriffwelle b gelagert, die mit dem Spannexzenter c verbunden ist, welcher zwecks Reibungsminderung auf 2 Lagerrollen d läuft und das vorgespannte Tellerfederpaket e verdrängt.
Dieses überträgt seine Spannkraft über den Spannbügel a auf auf das Spanneisen f und hiermit auch auf das Werkstück. Die Spannkraft kann genau dosiert vorgegeben werden durch Veränderung des Tellerfederpaketes.
Der wegklappbare Bügel g positioniert das Werkstück mittig zum Aufnahmebolzen h.

Bl.:1.. von ..1....

395

Lösungsbeispiele : Universalfräsvorrichtung
Bild Nr.:
1.05.10
Positionieren
Spannen
Stützen
Führen
Verbinden
0
1
2
3
4
0
1
A
B
C
Werkstück
Bl. 1 von 2

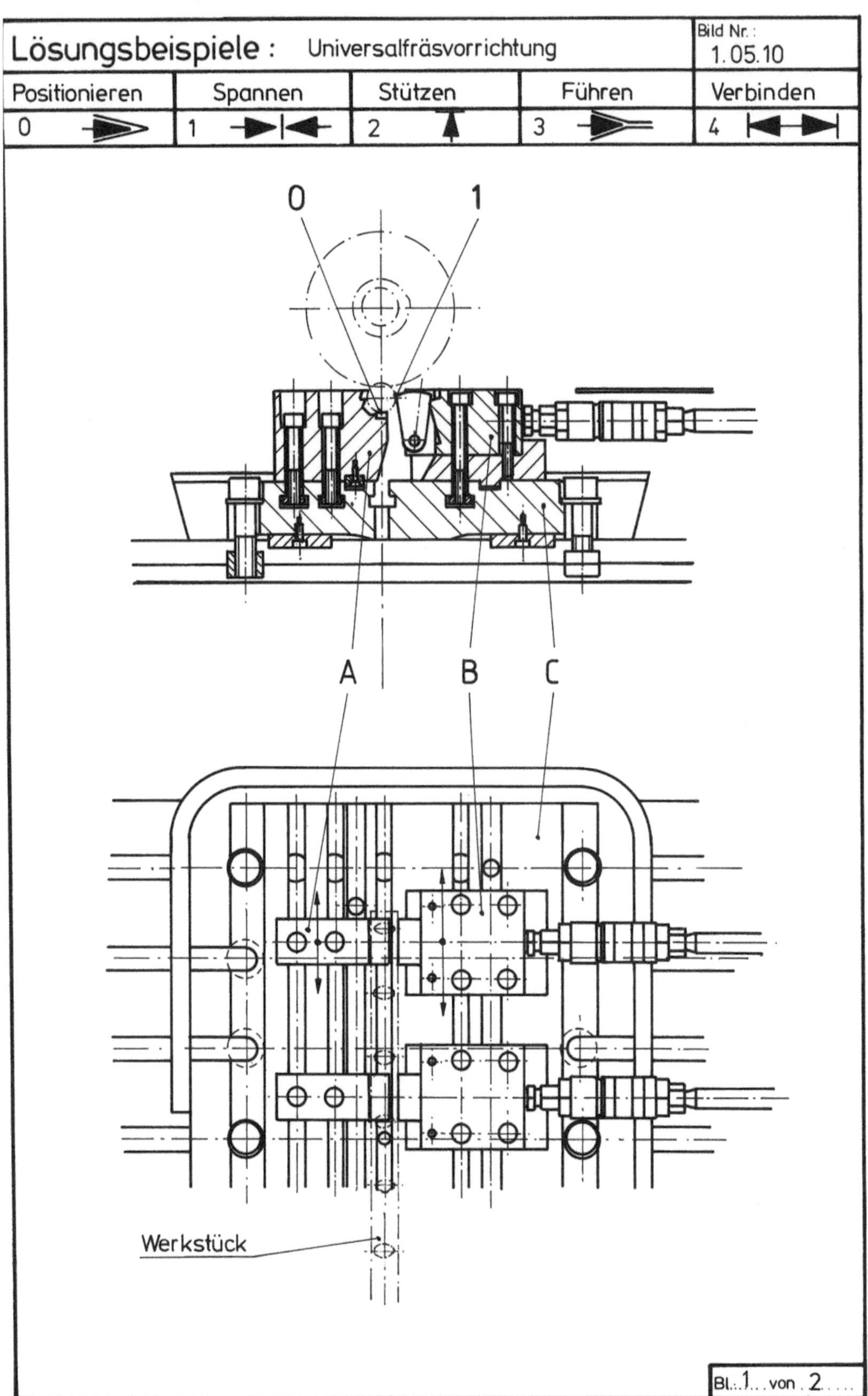

396

Funktionsbeschreibung:

In der Vorrichtung werden Werkstücke mit unterschiedlichen Schaft-
längen zum Quernutenfräsen gespannt.
Der Hebel des hydr. betätigten Tiefspann-Blockzylinders A drückt
den Werkstückschaft in das Positionierprisma B. Teile A und B
sind auf der Grundplatte C verschiebbar angeordnet und werden
mit Schrauben befestigt. Die Anzahl und Anordnung der Spannstellen
A-B richten sich nach der jeweiligen Schaftlänge- hierzu wurde
ein entsprechender Vorrichtungsplan erstellt. Durch Schnellwechsel-
Kupplungen an den Hydraulikanschlüssen werden die Umrüstzeiten
verkürzt.

<table>
<tr><td>Lösungsbeispiele :</td><td>Spannen zum Bohren von
Winkelstahl</td><td>Bild Nr. :
1.05.11</td></tr>
</table>

Positionieren	Spannen	Stützen	Führen	Verbinden
0	1	2	3	4

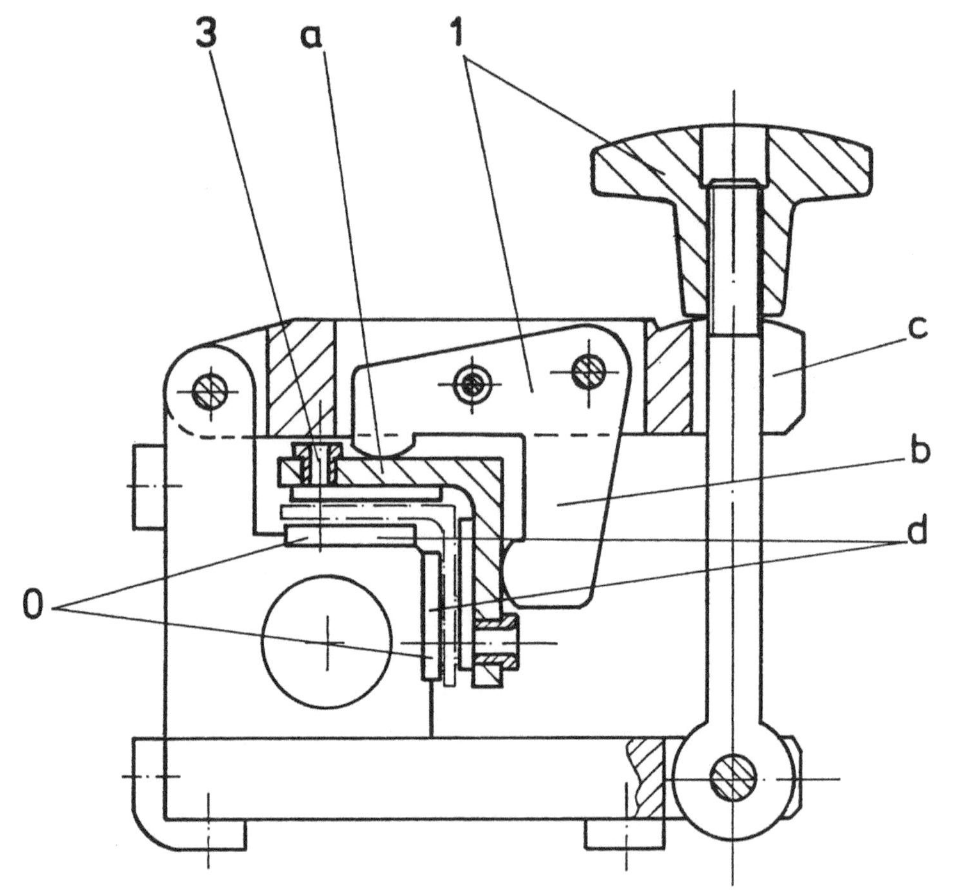

<u>**Funktionsbeschreibung:**</u>

Das mit den Innenseiten in der Vorrichtung aufliegende Werkstück aus Winkelstahl wird mit der losen Bohrplatte a ,ebenfalls aus Winkelstahl,bedeckt.
Der Winkelhebel b an der Spannklappe c spannt die Bohrplatte a und das Werkstück gemeinsam unverrückbar auf die Auflagen d der Vorrichtung.

Bl...1..von..1....

398

<table>
<tr><td>Lösungsbeispiele : Kräfte umlenken mit Hydraulikzylinder</td><td>Bild Nr. :
1.05.12</td></tr>
</table>

Positionieren	Spannen	Stützen	Führen	Verbinden
0	1	2	3	4

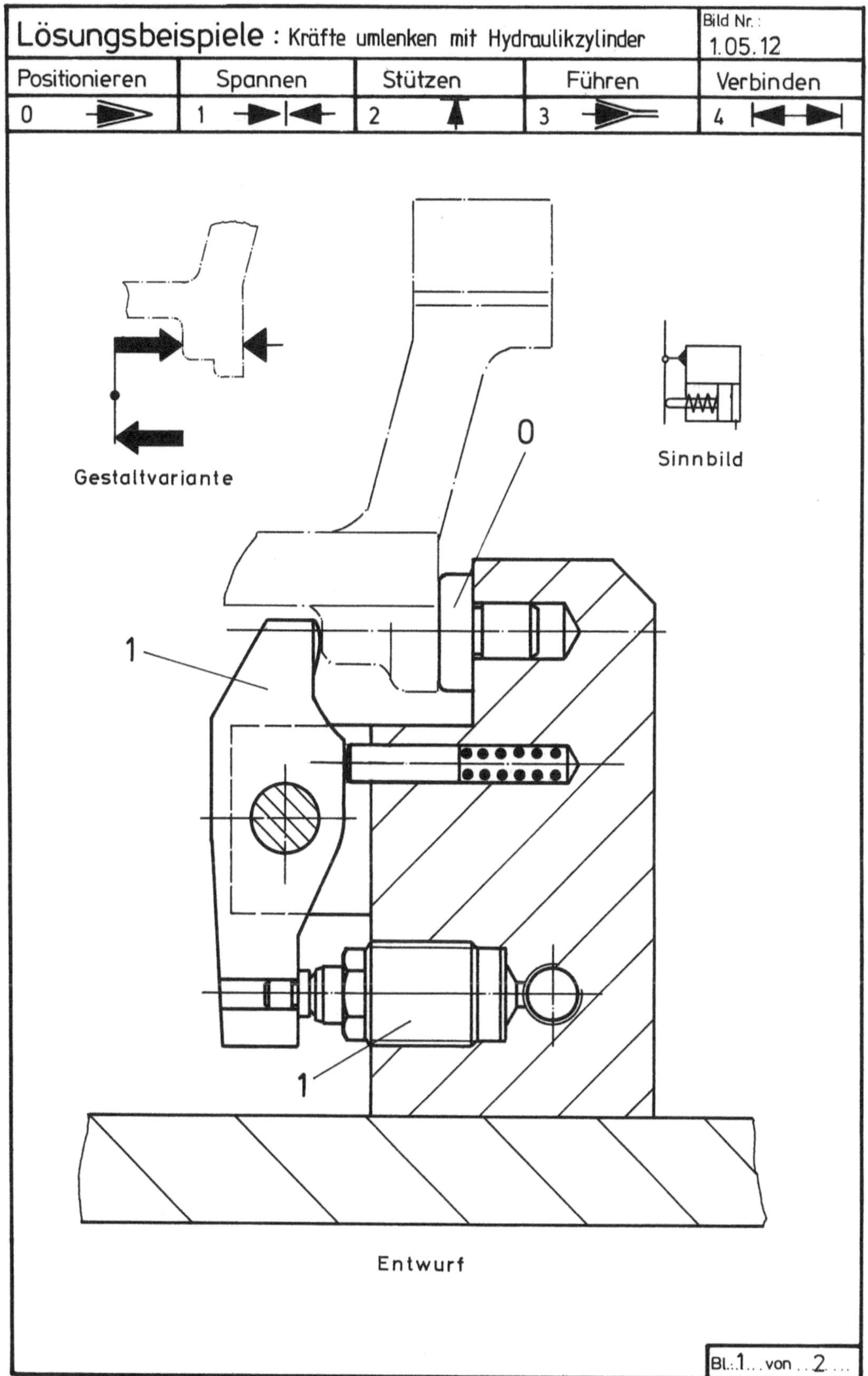

Bl.: 1 ... von .. 2 ...

Funktionsbeschreibung:

Das Umlenken von Kräften mit Hydraulikzylindern über Hebel hat folgende Vorteile:

- Die Spannkraft kann, was ein Vorteil bei allen hydraulischen Spanneinrichtungen ist, genau bestimmt werden.

- Die Hebelverhältnisse und somit die Kraft-Wegeverhältnisse können variiert werden.

- Durch die Anordnung, wie im Bild gezeigt, entsteht ein in sich geschlossener Kraftfluß, d. h., es werden keine Verformungskräfte in die Grundplatte der Vorrichtung eingeleitet.

Bl.: 2 von 2

Positionieren	Spannen	Stützen	Führen	Verbinden
0	1	2	3	4

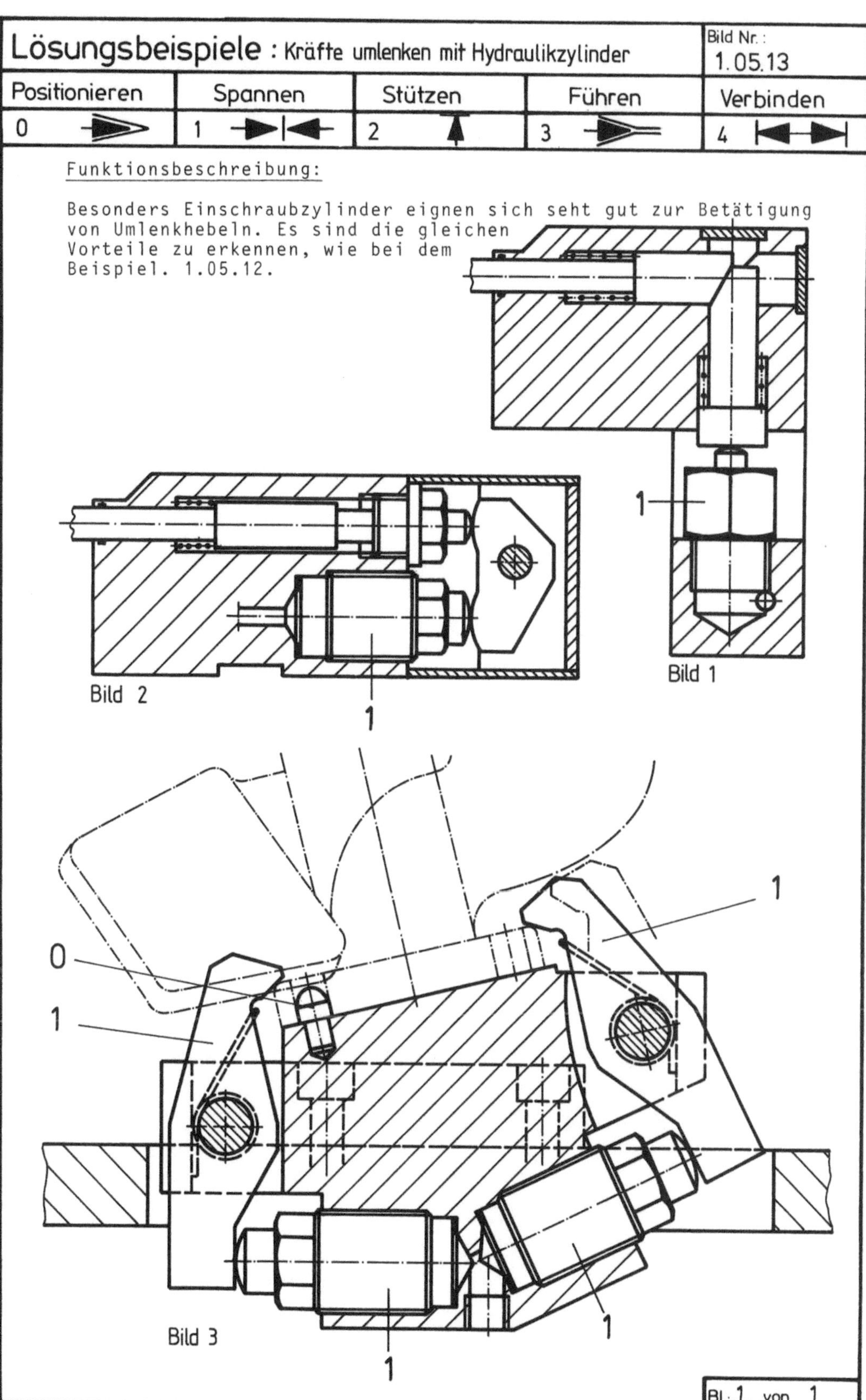

Lösungsbeispiele : Fräsvorrichtung, Positionieren und Spannen
Bild Nr.: 1.05.14
Positionieren 0
Spannen 1
Stützen 2
Führen 3
Verbinden 4
Best.-Nr.
1458-001
1458-001
1458-001
1458-001
1458-001
2954-420
9384-000
Benennung
Einschraubzylinder
"
"
"
"
Zuschaltventil
Schnellverschluß-kupplung
Bl. 1 von 2

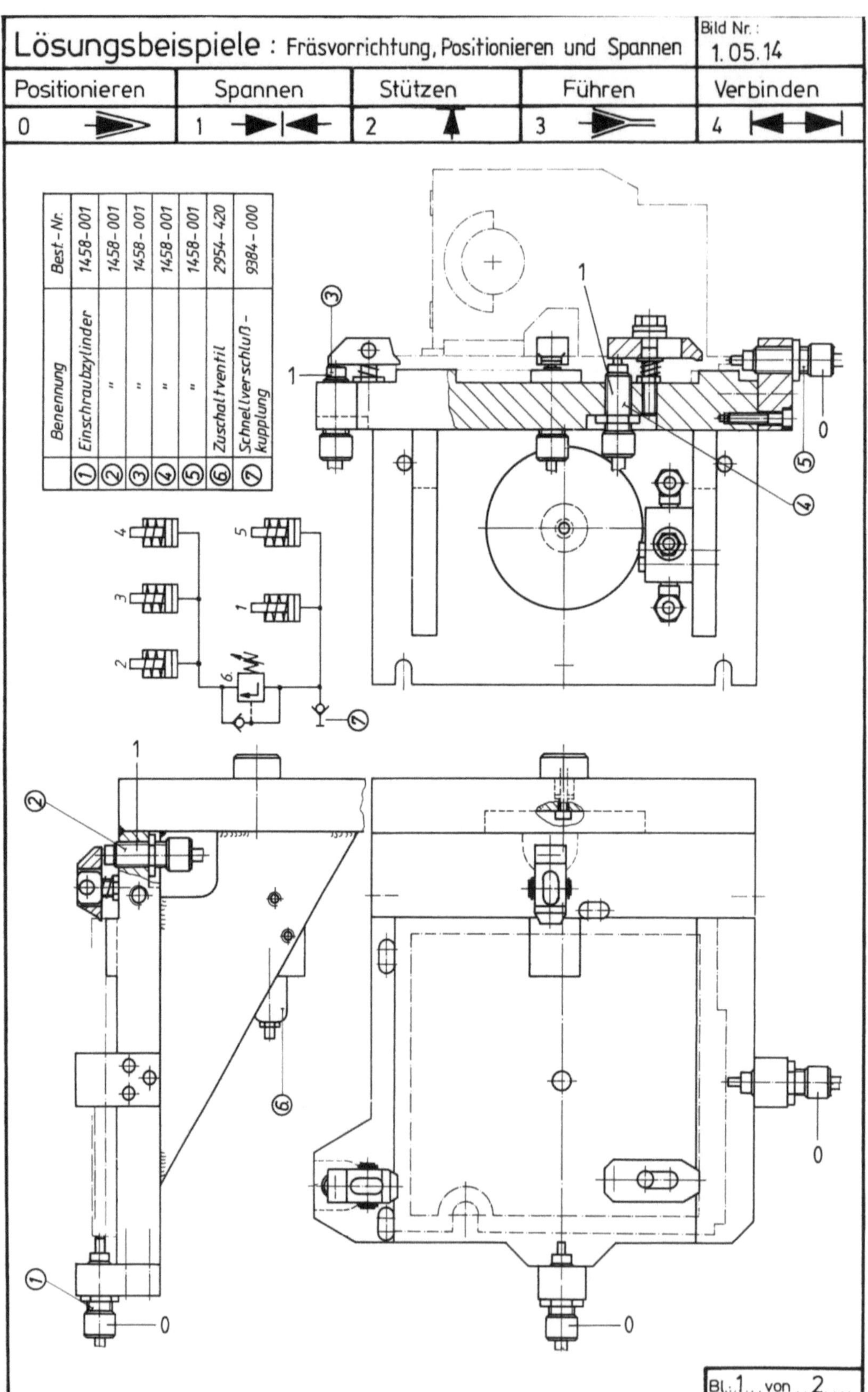

402

Positionieren	Spannen	Stützen	Führen	Verbinden
0	1	2	3	4

Funktionsbeschreibung:

Das Positionieren des Werkstückes erfolgt bei dieser
Einrichtung mit kleinen Einschraubzylindern. Nach Er-
reichen des gewünschten Positionierdruckes gibt das
Zuschaltventil (6) den Ölstrom zu den Spannzylindern
frei. Durch das Zuschaltventil wird eine automatische
Folgesteuerung erreicht.

Bl. 2 von 2

| Positionieren 0 | Spannen 1 | Stützen 2 | Führen 3 | Verbinden 4 |

mit Winkelhebelgetriebe

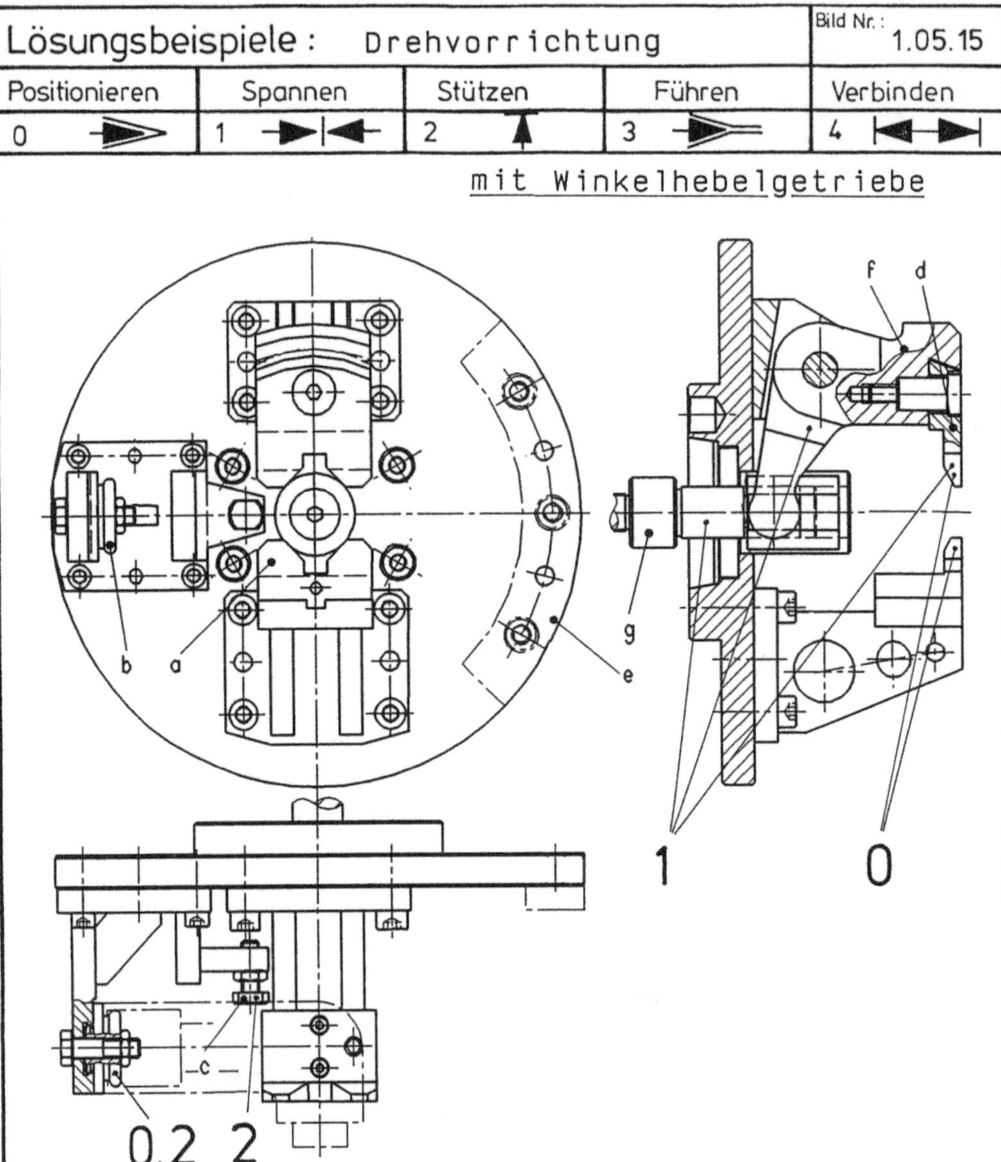

<u>Funktionsbeschreibung:</u>

Die Drehvorrichtung dient zur Aufnahme von Rohrkrümmern und abge-
winkelten Werkstücken.Bearbeitet wird jeweils ein Schenkel.
Lagebestimmt wird das Werkstück durch eine prismatische Auflage a,
einen Zentierdorn b,Anlage c und das taumelnd gelagerte Spannpris-
ma mit Axialkomponente d. Alle Spann- und Lagebestimmungselemente,
sowie das Auswuchtgewicht e sind austauschbar und können entsprechend der Werkstückabhängigkeit dimensioniert werden.
Der Winkelhebel f ist über ein Koppelsystem g mit dem Zugrohr der
hydraulischen Kraftspanneinrichtung verbunden.Kriterium für die zulässige Drehzahl ist das dynamische Spannkraftverhalten.Als Mindest-
restspannkraft im Lauf muß mindestens 1/3 der Spannkraft im Still-
stand ausgewiesen werden. Solcherart Spannsysteme werden eingesetzt,
wenn sich spezielle Schwenkfutter nicht amortisieren.

Bl.:1...von ...-....

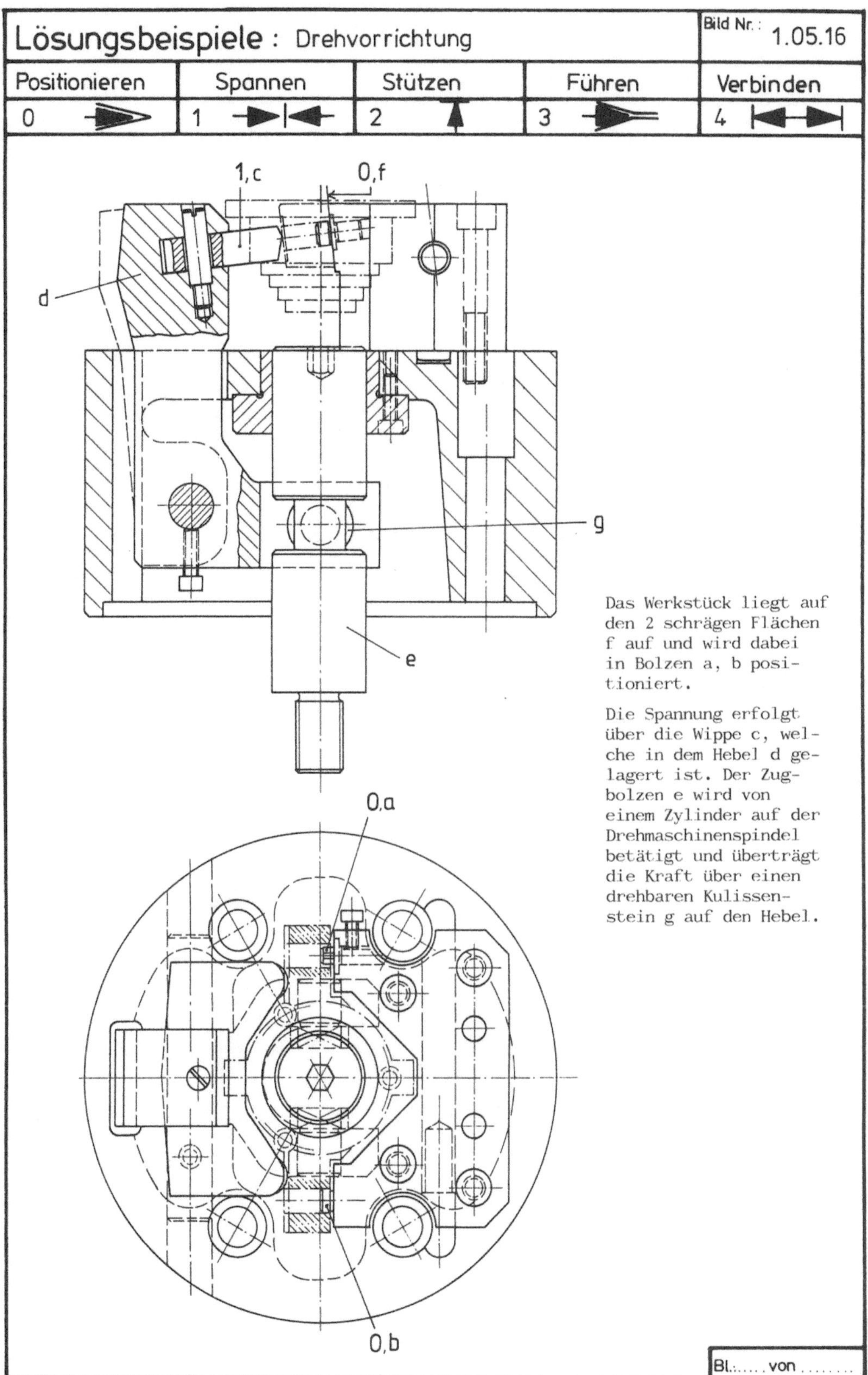
Lösungsbeispiele : Drehvorrichtung
Bild Nr.: 1.05.16
Positionieren
0
Spannen
1
Stützen
2
Führen
3
Verbinden
4
1, c
0, f
d
g
e
0, a
0, b
Das Werkstück liegt auf
den 2 schrägen Flächen
f auf und wird dabei
in Bolzen a, b posi-
tioniert.

Die Spannung erfolgt
über die Wippe c, wel-
che in dem Hebel d ge-
lagert ist. Der Zug-
bolzen e wird von
einem Zylinder auf der
Drehmaschinenspindel
betätigt und überträgt
die Kraft über einen
drehbaren Kulissen-
stein g auf den Hebel.

Bl.: ...... von ....

Positionieren	Spannen	Stützen	Führen	Verbinden
0	1	2	3	4

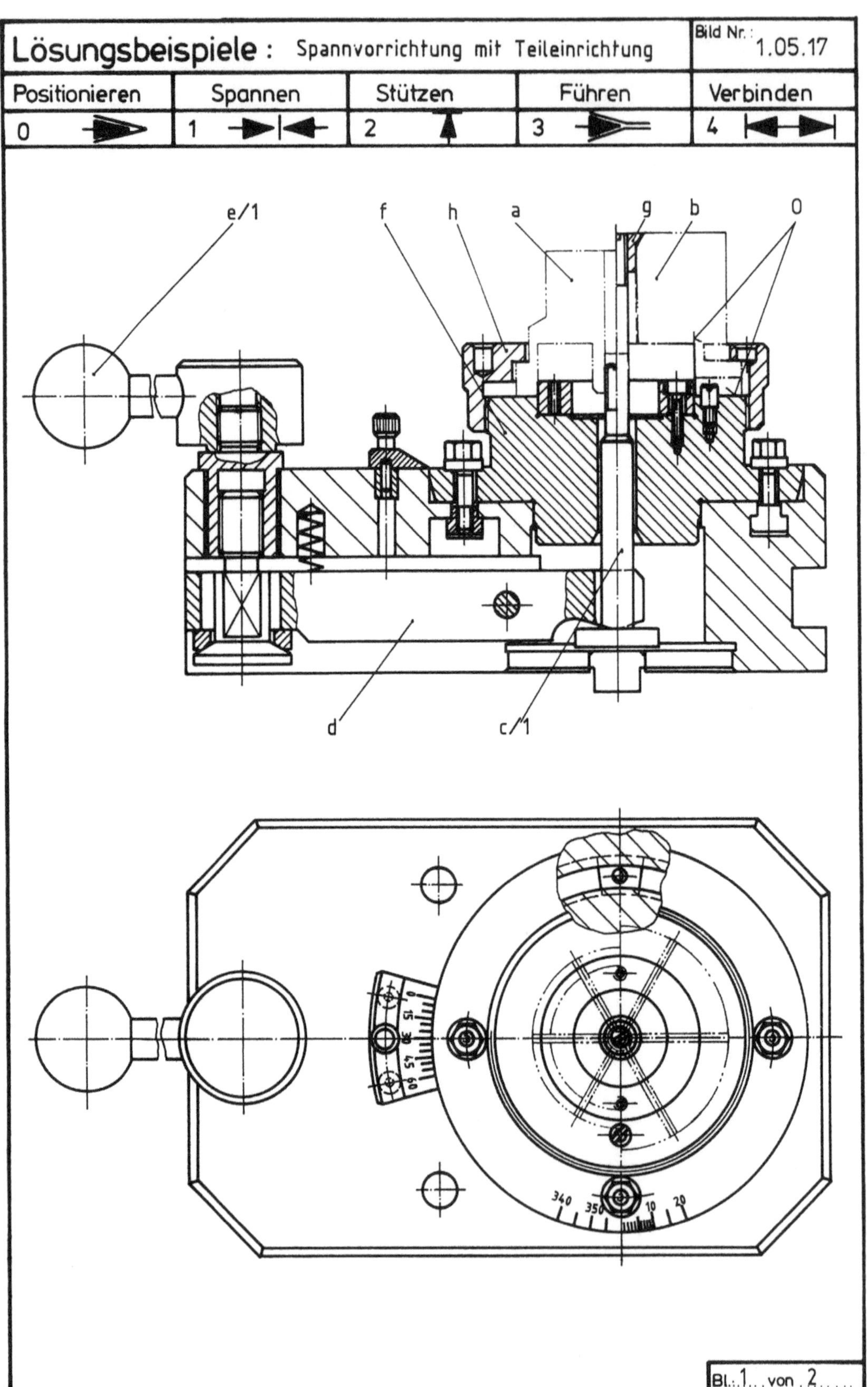

406

Positionieren	Spannen	Stützen	Führen	Verbinden
0	1	2	3	4

Funktionsbeschreibung:

Die Vorrichtung wird zum Spannen von Frästeilen in Spannzangen a und Spreizfuttern b verwendet, welche durch abschrauben der Überwurfmutter h gewechselt werden können.

In der Spannzange a werden rotationssymmetrische Teile, z. B. Bolzen und Scheiben, von außen gespannt. Der Zugbolzen c wird über die Wippe d mit dem Spannhebel e betätigt.

Mit dem Spreizfutter b werden rotationssymmetrische Teile, z. B. Ringe und Rohre, von innen gespannt. Am Zugbolzen c wird ein Spreizkegel g aufgeschraubt. Durch betätigen des Spannhebels e über die Wippe d wird eine Axalkraft erzeugt, die mit dem Spreizkegel g in eine Radialkraft umgewandelt wird.

Die Aufnahme f ist um 360° drehbar und läßt dadurch jede Winkeleinstellung für die Bearbeitung zu.

Bl. 2 von 2

1. Abstützelemente

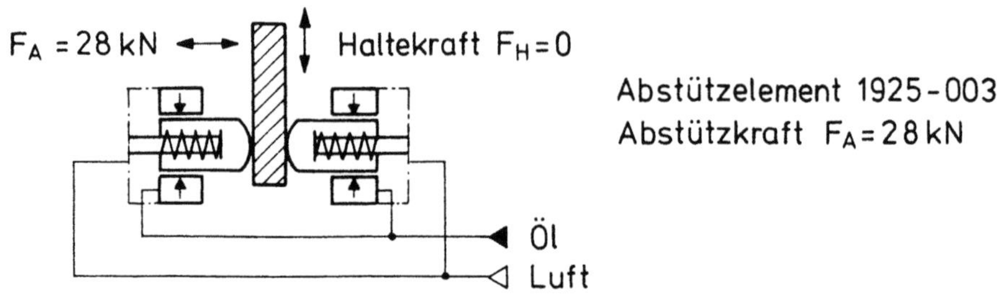

2. Spannzylinder mit hydraulischer Verriegelung

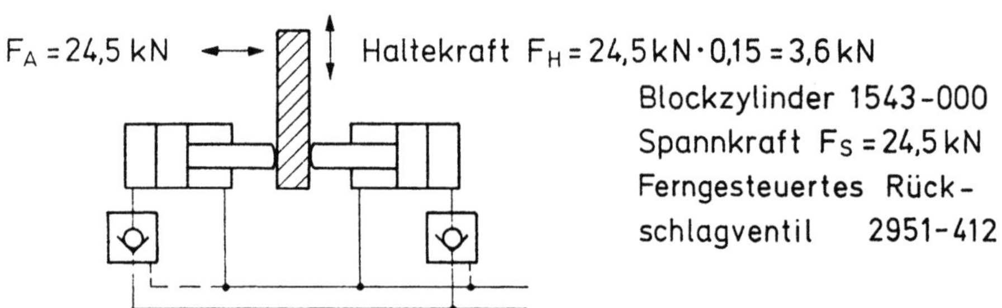

3. Abstützelement und Spannzylinder

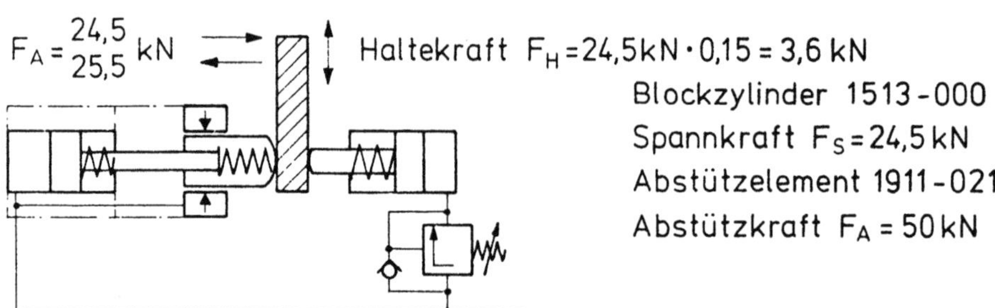

4. Klemmelement mit Spannzylinder u. Festanschlag

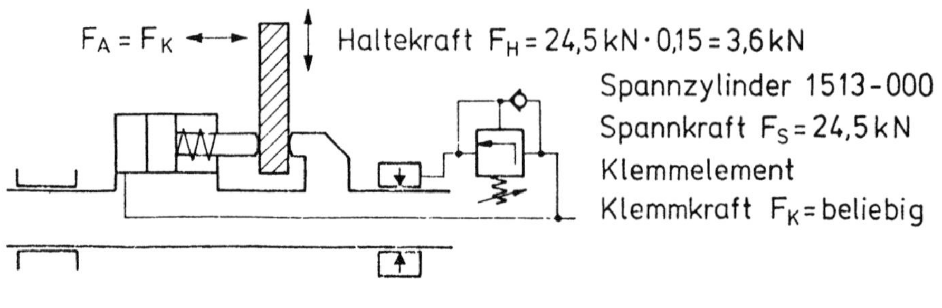

Bl. 1 von 2

408

<u>Funktionsbeschreibung:</u>

An den im Prinzip dargestellten Beispielen werden die Möglichkeiten aufgezeigt, wie mit Hydraulikelementen eine sogenannte Schwimmspannung zu erreichen ist. Aufgrund des unterschiedlichen Kräfteverhaltens in horizontaler und vertikaler Richtung, was in den Beispielen aufgezeigt ist, hat der Vorrichtungskonstrukteur die Möglichkeit, für seinen konkreten Fall die zweckmäßigste Anordnung auszusuchen.

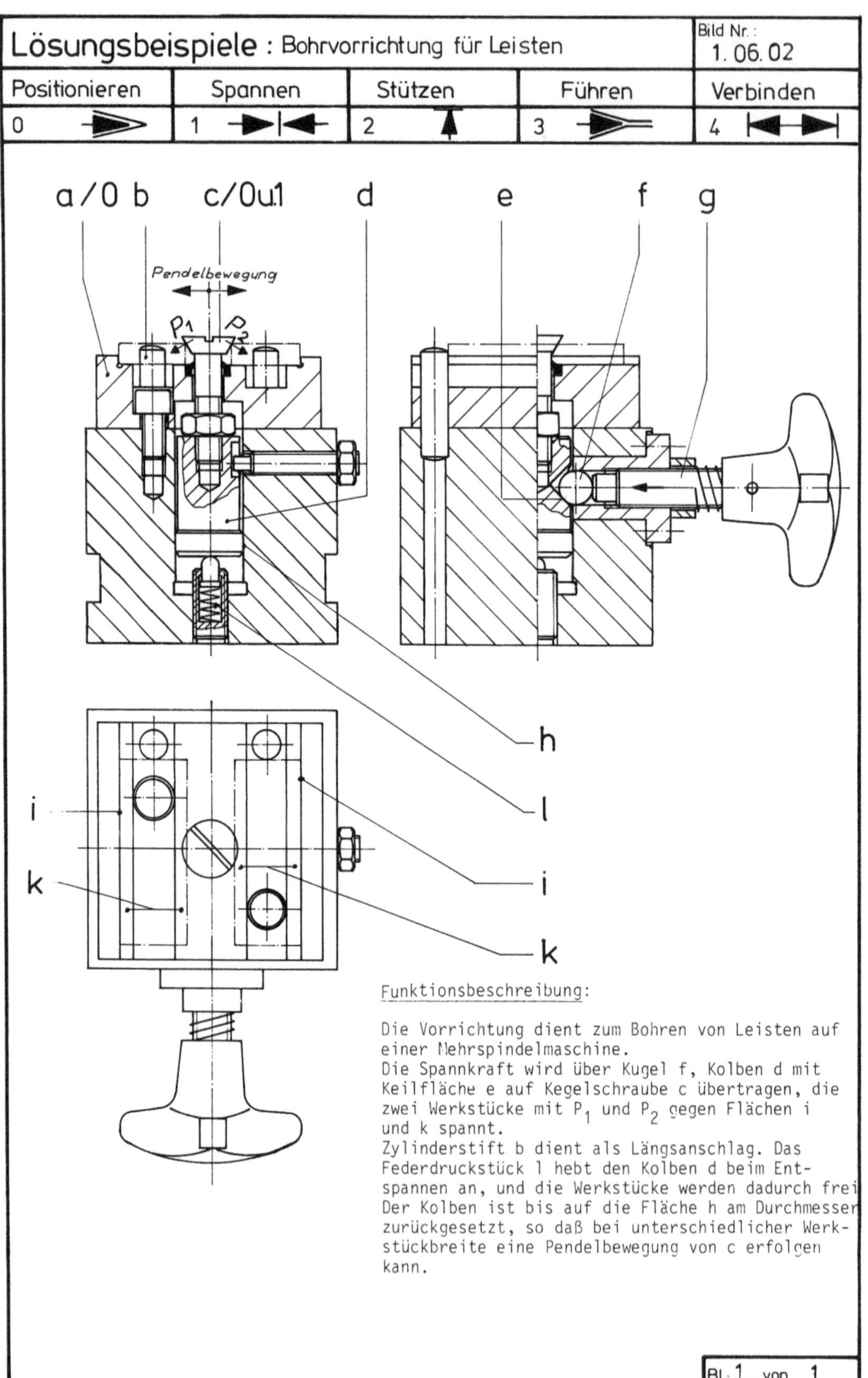

Lösungsbeispiele : Bohrvorrichtung für Leisten
Bild Nr.:
1.06.02
Positionieren
Spannen
Stützen
Führen
Verbinden
0
1
2
3
4
a / 0 b
c / 0u1
d
e
f
g
Pendelbewegung
P₁
P₂
h
l
i
i
k
k

Funktionsbeschreibung:

Die Vorrichtung dient zum Bohren von Leisten auf
einer Mehrspindelmaschine.
Die Spannkraft wird über Kugel f, Kolben d mit
Keilfläche e auf Kegelschraube c übertragen, die
zwei Werkstücke mit P₁ und P₂ gegen Flächen i
und k spannt.
Zylinderstift b dient als Längsanschlag. Das
Federdruckstück l hebt den Kolben d beim Entspannen an, und die Werkstücke werden dadurch frei
Der Kolben ist bis auf die Fläche h am Durchmesser
zurückgesetzt, so daß bei unterschiedlicher Werk-
stückbreite eine Pendelbewegung von c erfolgen
kann.

Bl.: 1 ... von ...1

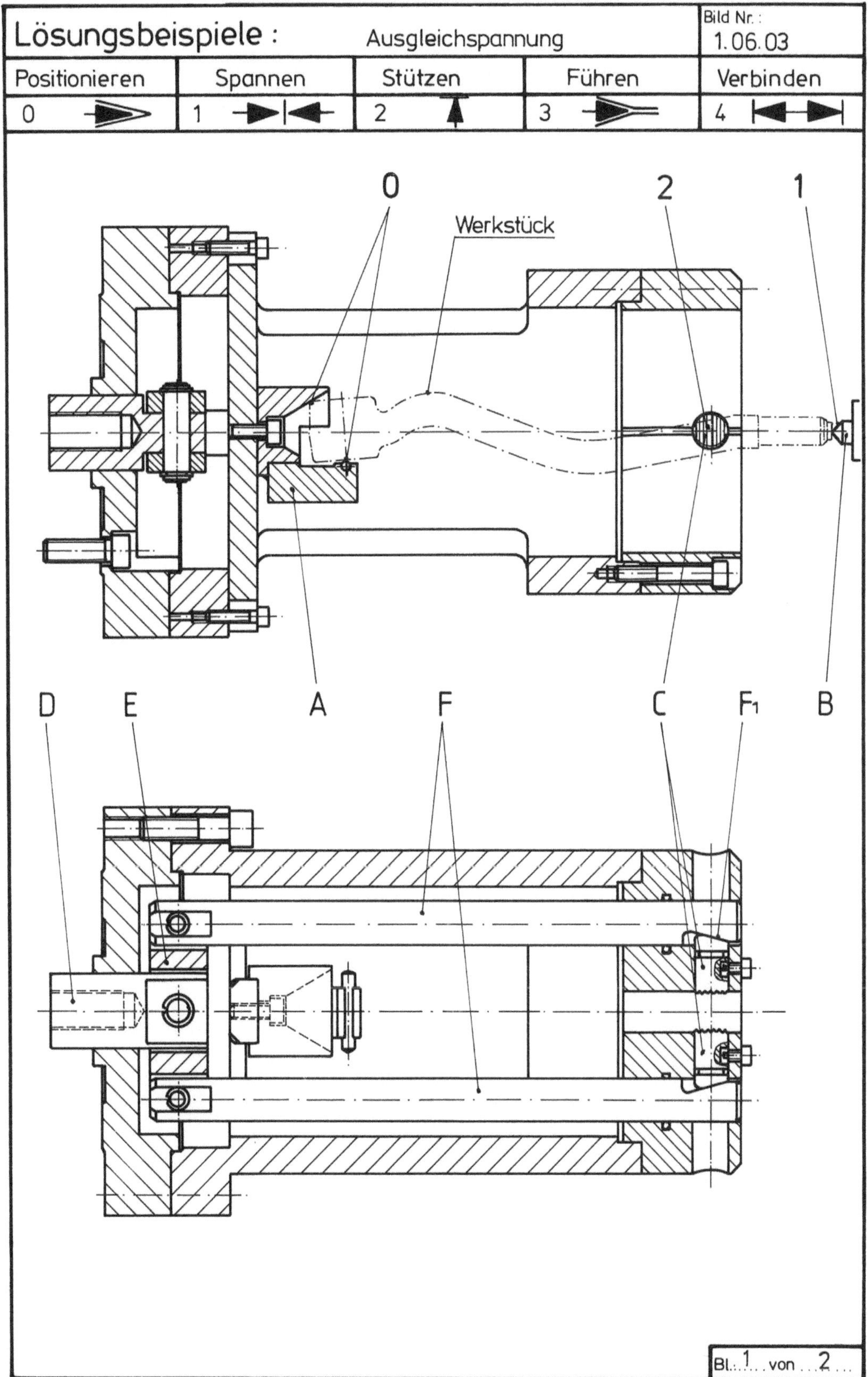

Lösungsbeispiele :
Ausgleichspannung
Bild Nr. :
1.06.03
Positionieren
0
Spannen
1
Stützen
2
Führen
3
Verbinden
4
0
Werkstück
2
1
D
E
A
F
C
F1
B
Bl. 1 von 2

Positionieren	Spannen	Stützen	Führen	Verbinden
0	1	2	3	4

Funktionsbeschreibung:

Die hydraulisch betätigte Reitstockpinole mit Körnerspitze B
drück das Werkstück nach dem manuellen Einlegen in das Prisma A,
d. h. es wird gleichzeitig positioniert und gespannt. Die Spannbolzen C der Ausgleichsspannung stützen das lang ausladende Werkstück kurz hinter dem zu bearbeitenden Schaftende ab.
Die Spannfunktion der Ausgleichsspannung wird ausgelöst durch eine
hydr. betätigte Zugstange, welche in Bolzen D eingeschraubt ist.
Durch Anziehen des Bolzen D werden gleichzeitig das Pendelnd befestigte Gabelstück E und die Zugbolzen F zurückgezogen. Die
Spannbolzen C bewegen sich über die schräge Spannfläche F 1 in
Richtung Werkstückschaft bis die Spannkraft erreicht ist.

Bl. 2 von 2

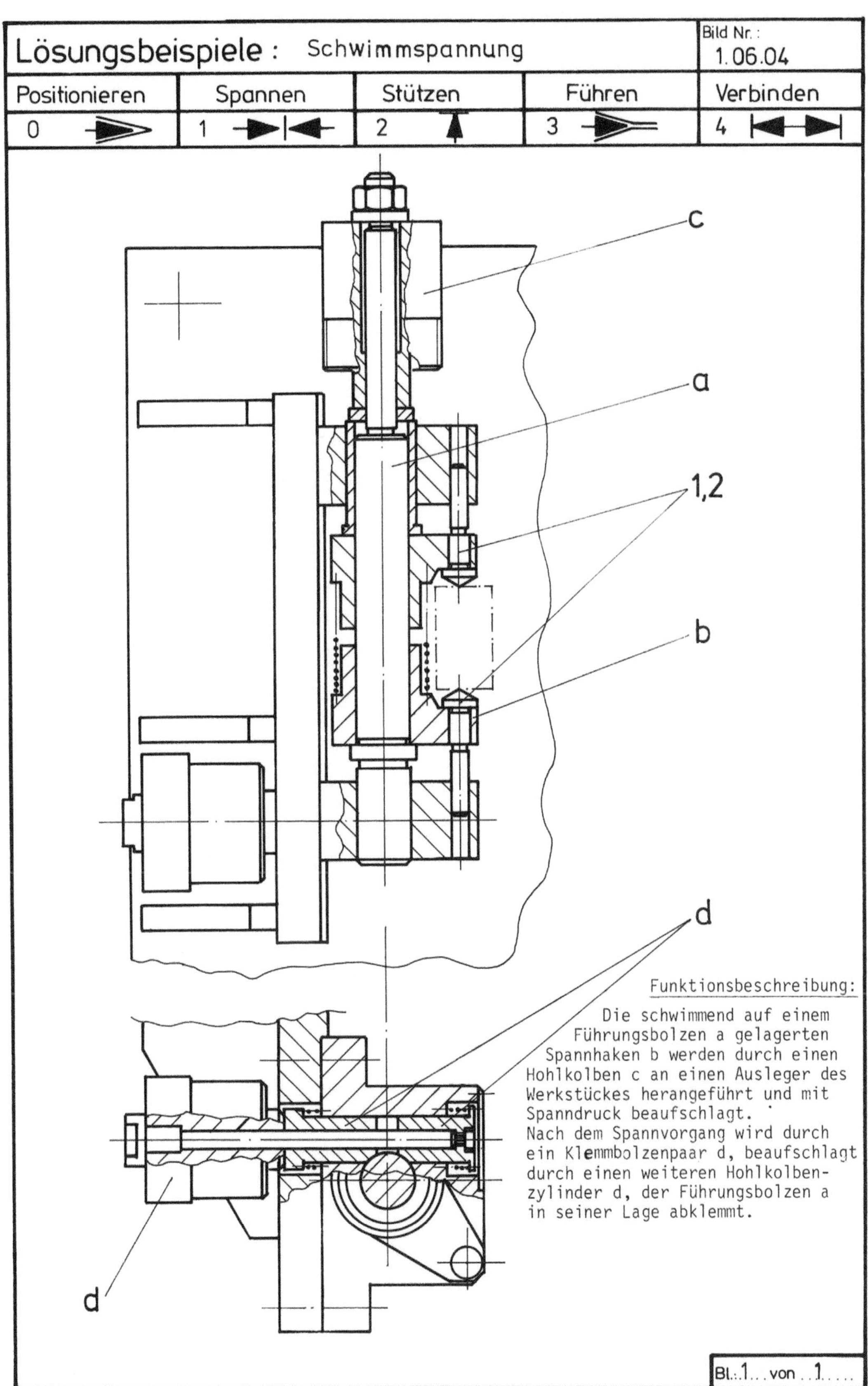

Lösungsbeispiele : Schwimmspannung
Bild Nr.:
1.06.04
Positionieren
Spannen
Stützen
Führen
Verbinden
0
1
2
3
4
c
a
1,2
b
d
d
Funktionsbeschreibung:
Die schwimmend auf einem
Führungsbolzen a gelagerten
Spannhaken b werden durch einen
Hohlkolben c an einen Ausleger des
Werkstückes herangeführt und mit
Spanndruck beaufschlagt.
Nach dem Spannvorgang wird durch
ein Klemmbolzenpaar d, beaufschlagt
durch einen weiteren Hohlkolbenzylinder d, der Führungsbolzen a
in seiner Lage abklemmt.
Bl.:1...von ..1....

413

Lösungsbeispiele : Hydr.-Ausgleich-Positionier-Spannung
Bild Nr.:
1.06.05
Positionieren
Spannen
Stützen
Führen
Verbinden
0
1
2
3
4
H
D
E
G
K
Werkstück
F
Seitenausgleich
C
0
1
0
A
1
G
H
F
B
1
0
Spannprogramm Nr. 6
Spannfolge
1. 2. 3.
Spannstelle
1 2 3
Druck (bar) 30 30 25
Schnitt A - B
Längenausgleich
Bl. 1 von 3

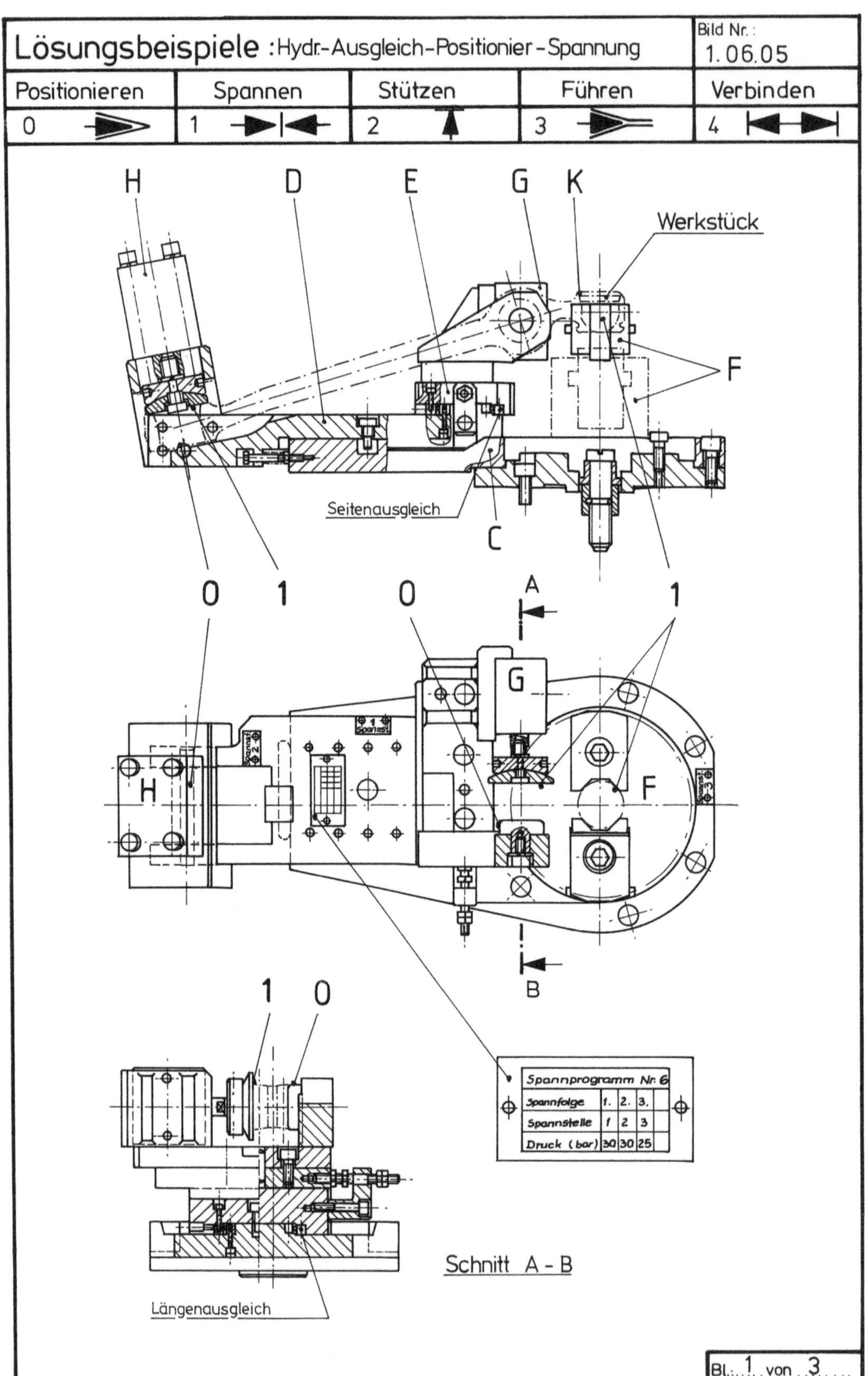

414

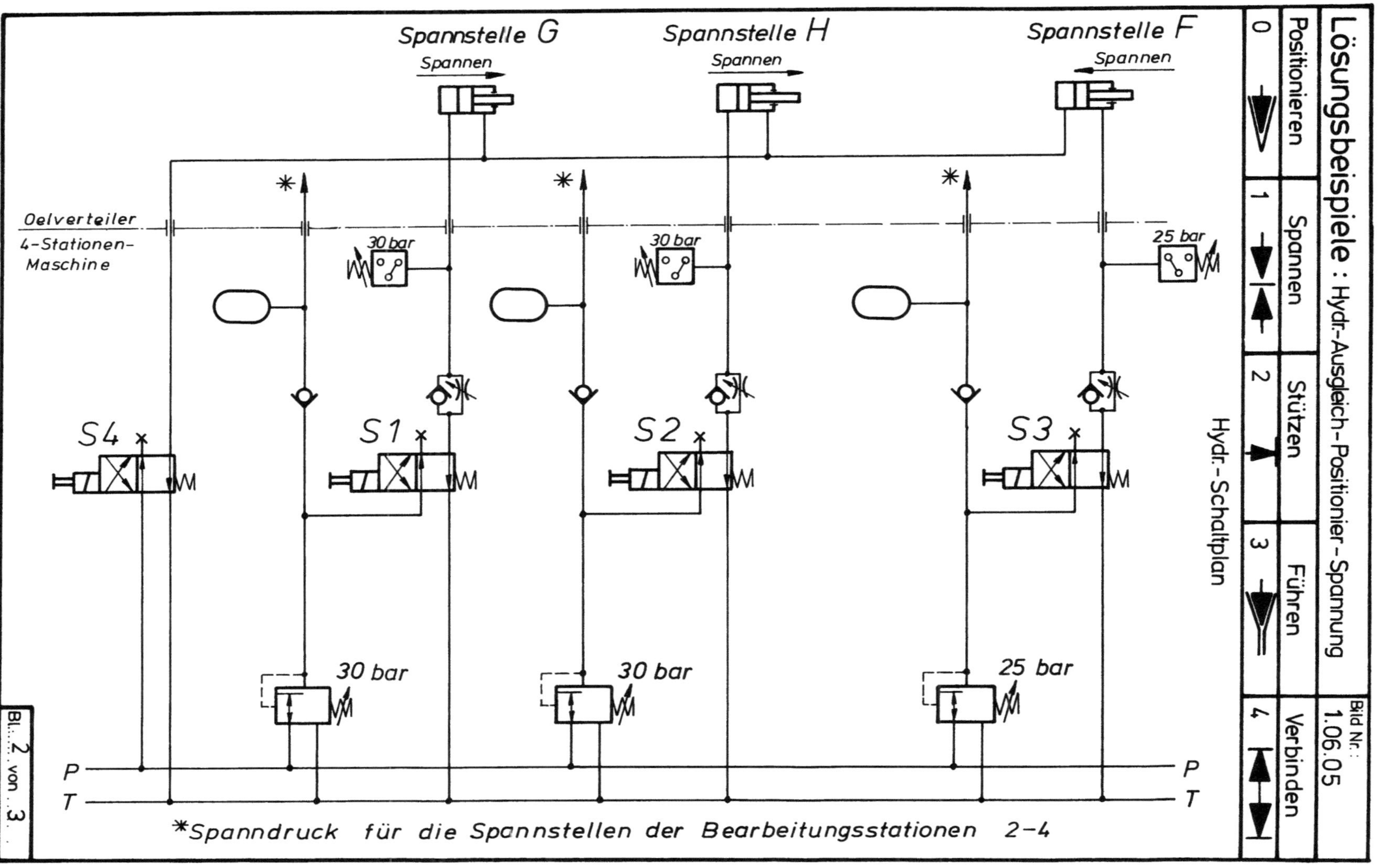

Spannstelle G
Spannen
Spannstelle H
Spannen
Spannstelle F
Spannen
Oelverteiler
4-Stationen-Maschine
30 bar
30 bar
25 bar
S4
S1
S2
S3
30 bar
30 bar
25 bar
P
T
P
T
*Spanndruck für die Spannstellen der Bearbeitungsstationen 2-4
Hydr.-Schaltplan
Lösungsbeispiele : Hydr.-Ausgleich-Positionier-Spannung
Bild Nr.: 1.06.05
Positionieren 0
Spannen 1
Stützen 2
Führen 3
Verbinden 4
Bl. 2 von 3
415

Positionieren	Spannen	Stützen	Führen	Verbinden
0	1	2	3	4

Funktionsbeschreibung:

Die Spannvorrichtung wird auf einer elektro-hydr.-gesteuerten
4-Stationen-Rundtischmaschine eingesetzt und besteht im wesentlichen aus der Grundplatte C, Schlitten D für Längenausgleich,
Schlitten E für Seitenausgleich, 2-Backen-Kraftspannfutter F,
Blockzylinder G und Blockzylinder H. Entsprechend der Spannfolge
werden zunächst der Blockzylinder G, der Blockzylinder H und
das Kraftspannfutter F betätigt.

Anmerkung: Das rechte äußere Hebelauge muß mittig gespannt werden
damit die Einwalzkante K bei der Bearbeitung sauber wird.
Die zulässigen Rohlingstoleranzen der Hebelaugen-Abstände werden
durch die Schlitten D und E ausgeglichen, so daß der Hebel nicht
verspannt wird.

Hydr.-Schaltplan

Die elektro-hydr.-Steuerung ist so ausgelegt, daß die gewünschte
Spannfolge über einen Wahlschalter gewählt werden kann.
Nach Betätigung der Zweihand-Sicherheitsschaltung wird zunächst
die Spannstelle G (Blockzylinder G) über das Wegeventil S 1 gespannt, gleichzeitig wird das Wegeventil S 4 spannungslos.
Wenn der Spanndruck von 30 bar erreicht ist, wird über das Wegeventil S2 die Spannstelle H (Blockzylinder H) gespannt. Nach Druckaufbau (30 bar) wird dann über Wegeventil S3 die Spannstelle F
(Kraftspannfutter F) mit 25 bar gespannt. Der Spanndruck ist für
jede Spannstelle getrennt regelbar. Die Spannstellen werden in den
einzelnen Bearbeitungsstationen mit einem konstanten Spanndruck
beaufschlagt. Der Rundschalttisch kann weiter schalten, wenn das
Werkstück kompl. gespannt ist, wobei ein fertiges Werkstück die
Einlegestation erreicht. Dabei werden die Ventile S1, S2 und S3
sofort spannungslos und das Ventil S4 zieht an. Damit öffnen alle
Spannstellen in der Einlegestation und das fertige Werkstück kann
entnommen werden.
Anmerkung: Im Hydr.-Schaltplan sind alle Ventile in spannungslosem
           Zustand dargestellt.

<table>
<tr><td>Lösungsbeispiele :</td><td>Schwimmende Ausgleichspannung
mech. mit Abstützung.</td><td>Bild Nr.:
1.06.06</td></tr>
<tr><td>Positionieren</td><td>Spannen</td><td>Stützen</td><td>Führen</td><td>Verbinden</td></tr>
<tr><td>0</td><td>1</td><td>2</td><td>3</td><td>4</td></tr>
</table>

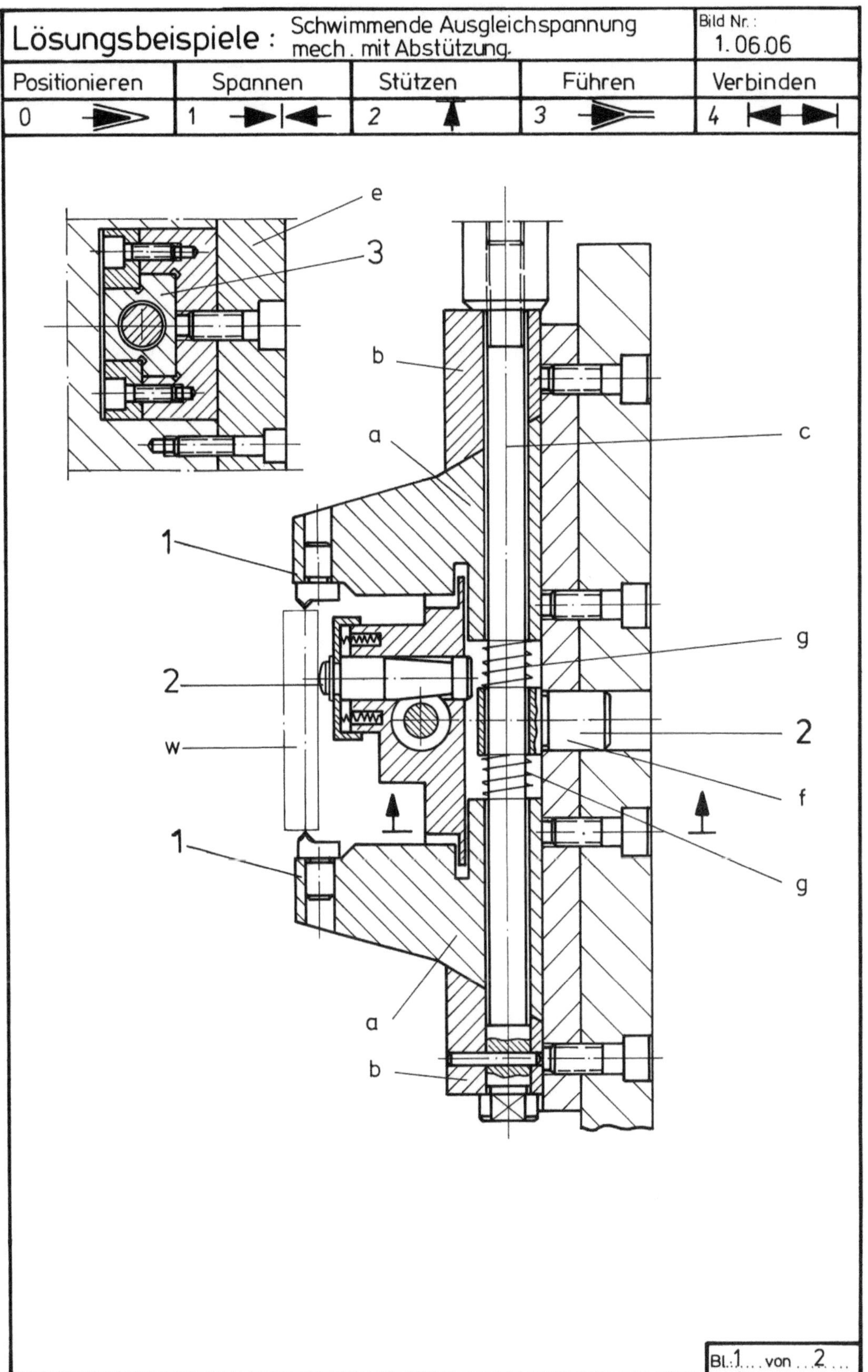

Bl. 1 ... von ... 2 ...

<table>
<tr><td rowspan="2">Lösungsbeispiele :</td><td>Schwimmende Ausgleichspannung
mech. mit Abstützung</td><td>Bild Nr.:
1.06.06</td></tr>
</table>

Positionieren	Spannen	Stützen	Führen	Verbinden
0 ▶	1 ▶◀	2 ▲	3 ▶	4 ◀▶

Funktionsbeschreibung:

Die Spannschieber a mit Schneidbolzen sowie die Klemmstücke b
werden durch die Spindel c an das Werkstück w herangeführt
und durch die in axialer Richtung schwimmenden in einer Flachführung e geführten Spannschieber a gespannt. Durch die
Klemmstücke b werden dann die Spannschieber a in ihrer Lage
verklemmt.

Beim Lösen der Spannung werden die Spannschieber a und die
Klemmstücke b durch die   am Federwiderlager f abge-
stützten Federn auseinander geschoben und das Werkstück w
wieder entspannt.

Positionieren	Spannen	Stützen	Führen	Verbinden
0	1	2	3	4

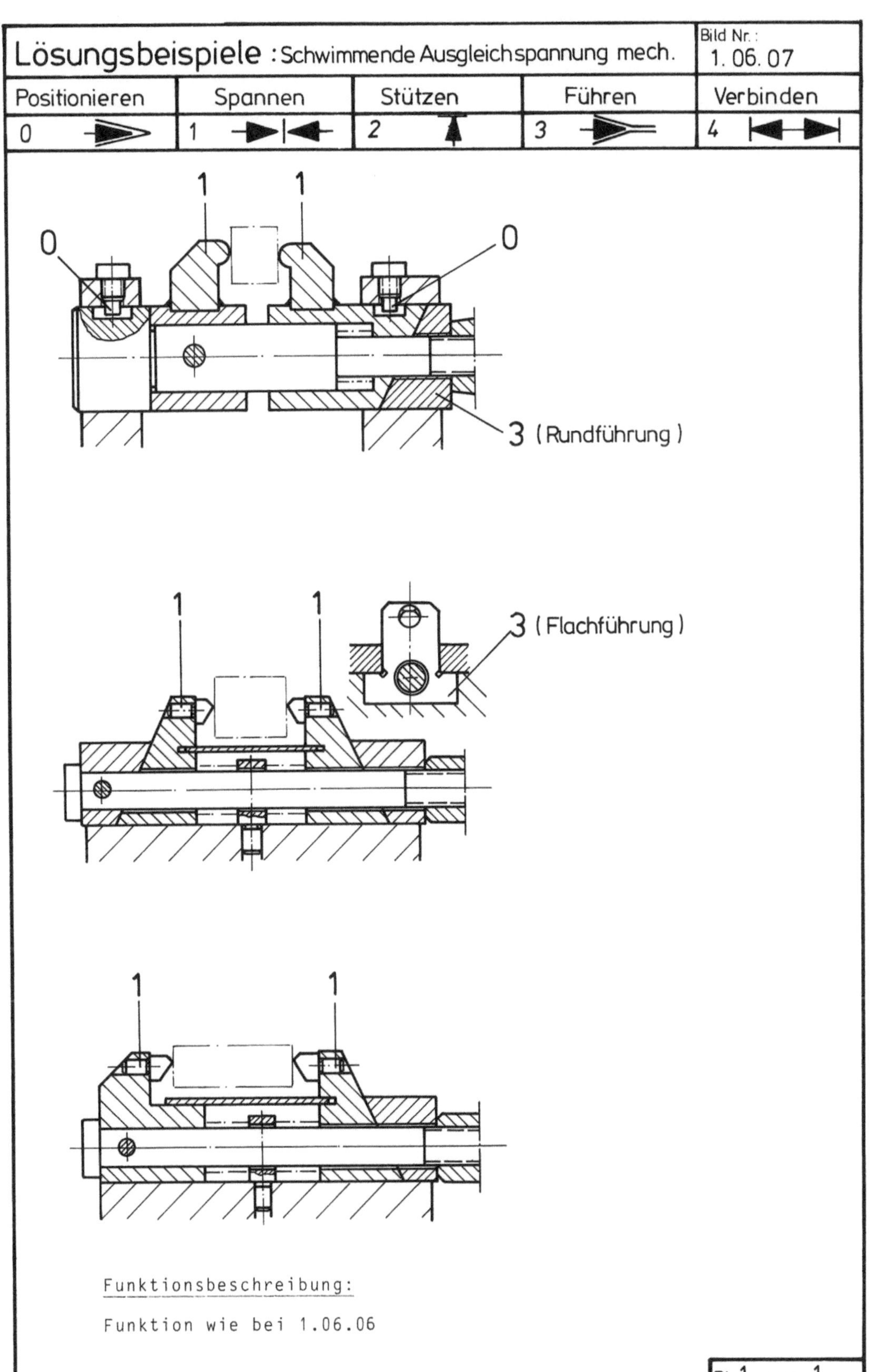

Lösungsbeispiele : Drehvorrichtung für 4 Teile
Bild Nr.:
1. 06.08
Positionieren
Spannen
Stützen
Führen
Verbinden
0
1
2
3
4
a/0 u.1   b/0   c/0   d/0   e/1
P₁
P₂
f   g   h   i   k   l
m
o
z
y
x
n
p
Bl.:1... von ..2....

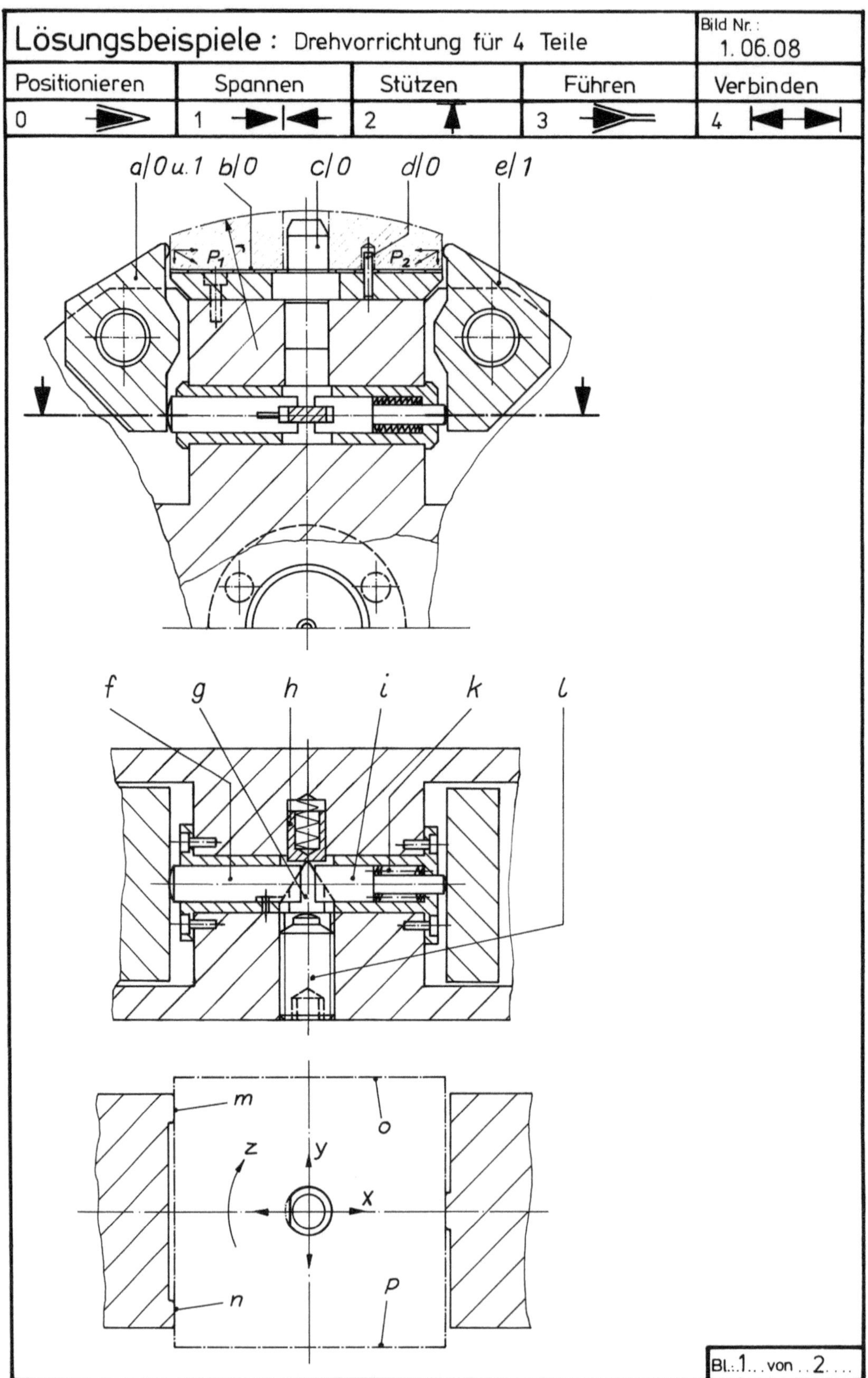

420

<u>Funktionsbeschreibung:</u>

Bearbeitet werden die Stirnseiten o und P und Mantelfläche r, dabei wird das Werkstück mit den vertikalen Komponenten der Kräfte P_1 und P_2 gegen die Auflagefläche b gespannt.

Beim Betätigen der Schraube l gegen Keil g bewegt sich, bedingt durch die Vorspannung des Federpaketes k, zuerst Bolzen f und damit Hebel a.

Dadurch richtet sich das Werkstück an den Flächen m und n und dem abgeflachten Bolzen c in x, y z-Richtung aus.
Beim weiteren Betätigen von l wird das Federpaket komprimiert und die Hebel e, a spannen ausgleichend das Werkstück mit Reibschluß.

Stift d ist eine Einlegesicherung.

Lösungsbeispiele :
Spannung mit Hydraulikverriegelung
(Schwimmspannung)
Bild Nr. :
1.06.09
Positionieren
0
Spannen
1
Stützen
2
Führen
3
Verbinden
4
1
1
Hydro-Spannkopf 1830-201
Spannkraft bei 500 bar : 24,5 kN
B
B
Z
A
Z
A
Ferngesteuertes Rückschlagventil 2951-412
Max. Betriebsdruck 500 bar
Bl.: 1 ... von 2 ....

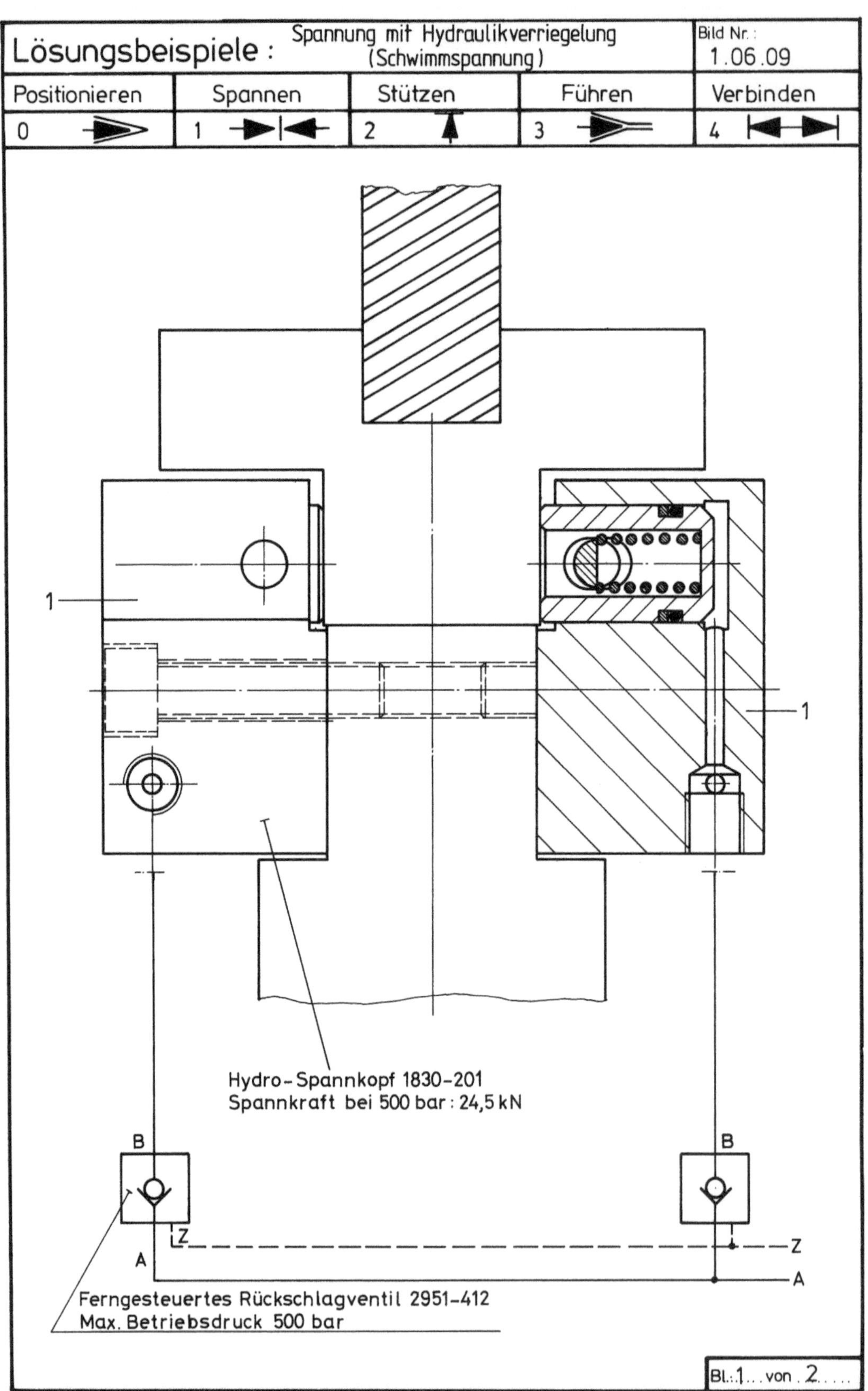

422

<u>Funktionsbeschreibung:</u>

Wirken zwei Hydraulikzylinder gegeneinander ohne gegenseitige
Verriegelung, d. h. ohne daß die beiden Ölvolumen gegeneinander
abgesperrt sind, entsteht am Werkstück eine instabile Lage,
d. h. es können keine Bearbeitungskräfte in der Wirkrichtung
der Zylinder aufgenommen werden. Durch Absperren der beiden
Zylinder gegeneinander, mit ferngesteuerten Rückschlagventilen
wird eine stabile Lage des Werkstückes erreicht.

Bl.: 2 von 2

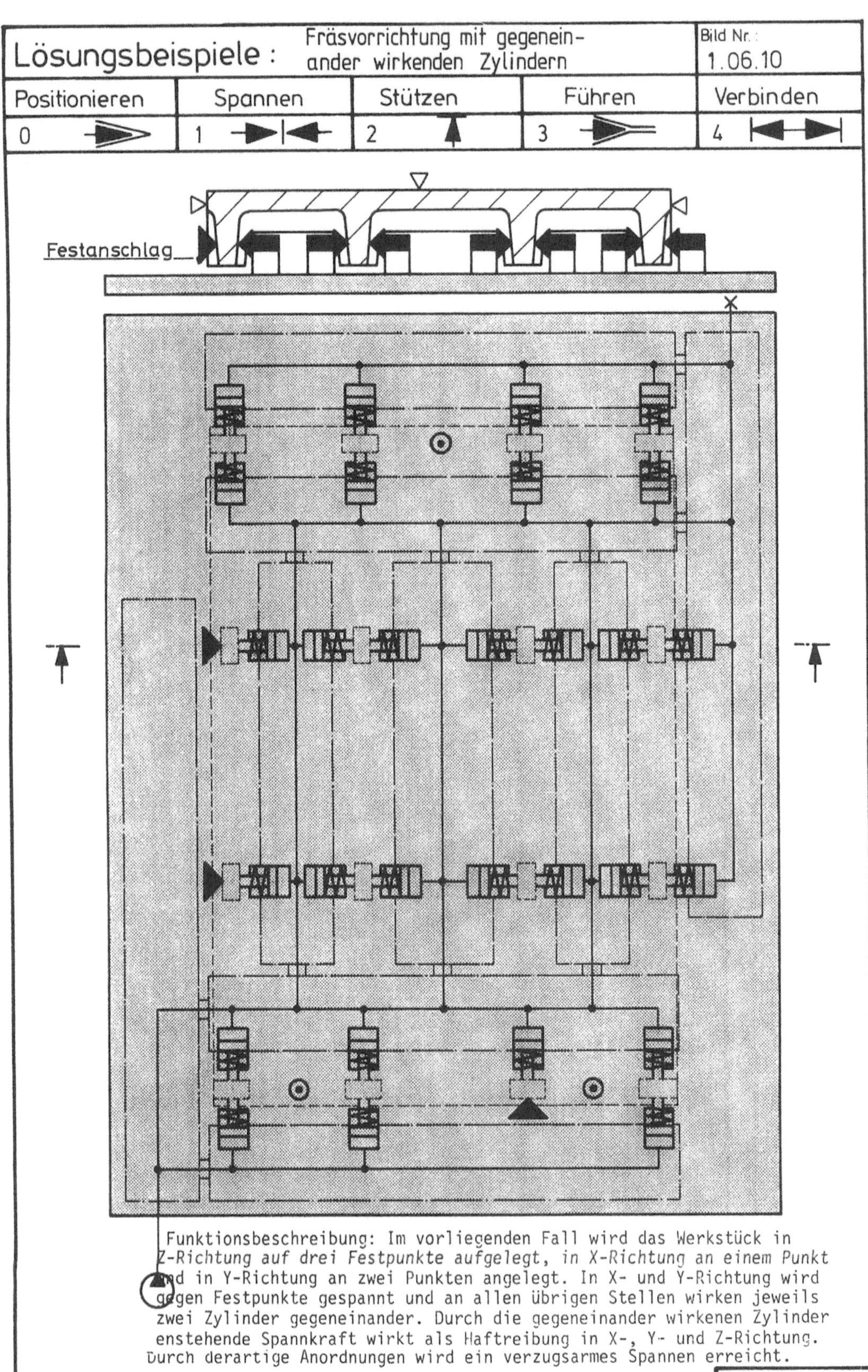

Lösungsbeispiele :
Fräsvorrichtung mit gegeneinander wirkenden Zylindern
Bild Nr. :
1.06.10
Positionieren
0
Spannen
1
Stützen
2
Führen
3
Verbinden
4
Festanschlag
Funktionsbeschreibung: Im vorliegenden Fall wird das Werkstück in
Z-Richtung auf drei Festpunkte aufgelegt, in X-Richtung an einem Punkt
und in Y-Richtung an zwei Punkten angelegt. In X- und Y-Richtung wird
gegen Festpunkte gespannt und an allen übrigen Stellen wirken jeweils
zwei Zylinder gegeneinander. Durch die gegeneinander wirkenen Zylinder
enstehende Spannkraft wirkt als Haftreibung in X-, Y- und Z-Richtung.
Durch derartige Anordnungen wird ein verzugsarmes Spannen erreicht.
Bl. 1 von 1

424

<table>
<tr><td colspan="5">

Lösungsbeispiele : Ausgleichspannung

</td><td>

Bild Nr. :
1. 06.11

</td></tr>
<tr><td>Positionieren</td><td>Spannen</td><td>Stützen</td><td>Führen</td><td>Verbinden</td></tr>
<tr><td>0</td><td>1</td><td>2</td><td>3</td><td>4</td></tr>
</table>

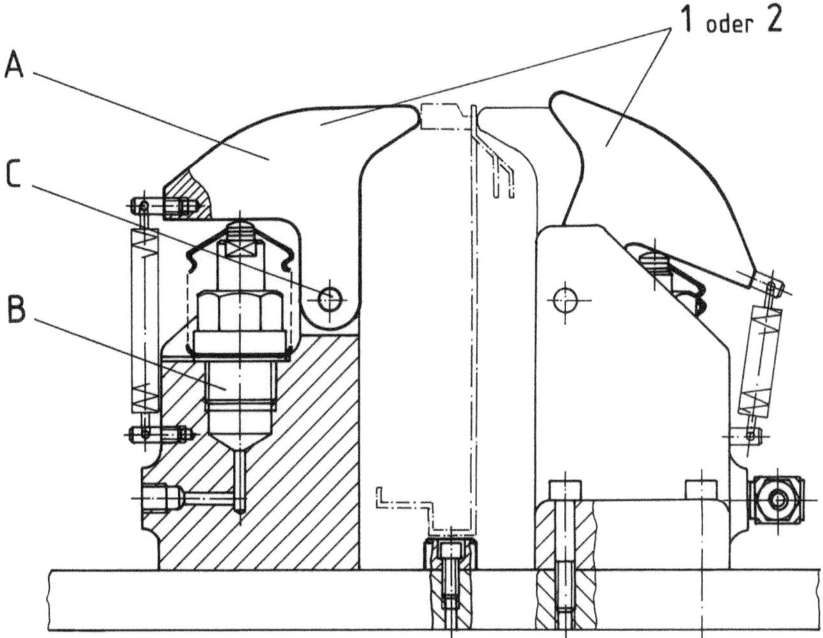

<u>Funktionsbeschreibung:</u>

Spannungseinleitung, Einschraubzylinder B über Hebel A.
Drehpunkt ist C.
Anwendung bei der Bearbeitung (Schleifen) von dünnwandigen
Rahmen, Blechschutzen usw.
Das etwas ungüntige Hebelverhältnis wurde in Kauf genommen,
um dem Hebel einen großen Schwenkweg zu geben und somit
ein leichtes Herausnehmen der meist sperrigen Werkstücke
zu ermöglichen.
Drehpunkt C ist ein Stecker, so daß der Spannhebel A
jederzeit schnell ausgewechselt werden kann.

Bl. 1... von ..1....

Positionieren	Spannen	Stützen	Führen	Verbinden
0	1	2	3	4

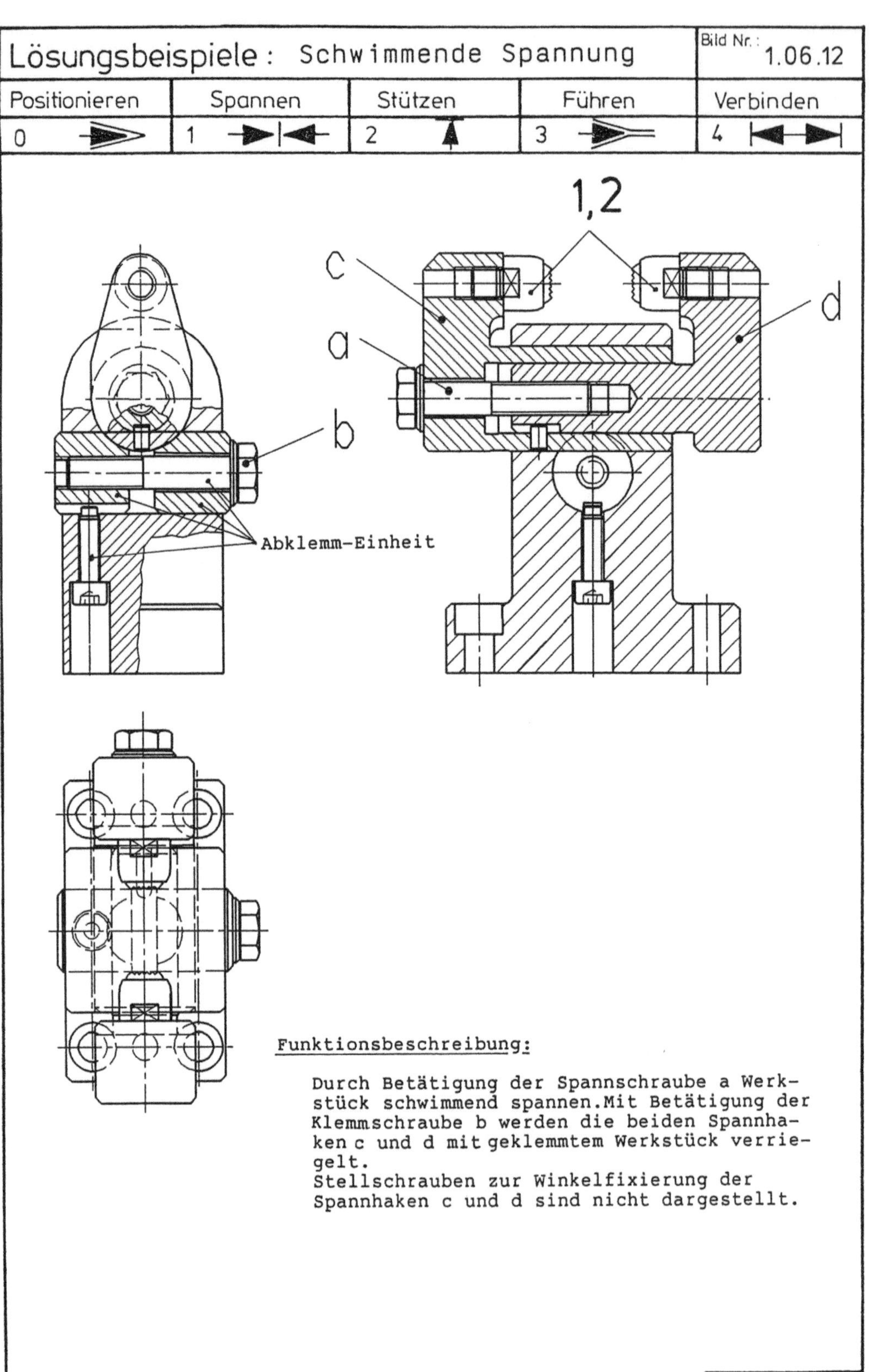

Funktionsbeschreibung:

Durch Betätigung der Spannschraube a Werkstück schwimmend spannen. Mit Betätigung der Klemmschraube b werden die beiden Spannhaken c und d mit geklemmtem Werkstück verriegelt.
Stellschrauben zur Winkelfixierung der Spannhaken c und d sind nicht dargestellt.

Bl. 1 von -

426

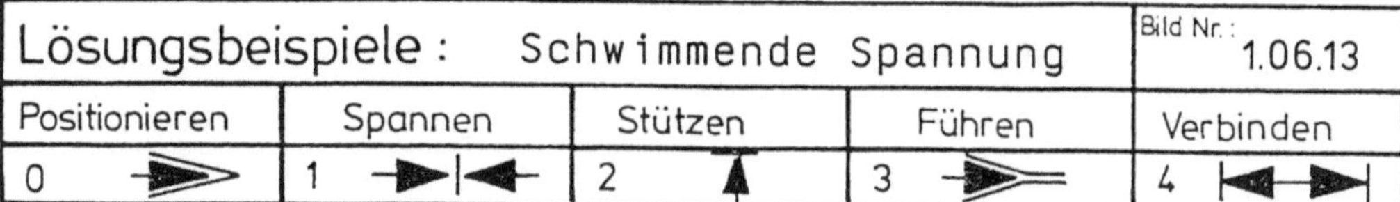

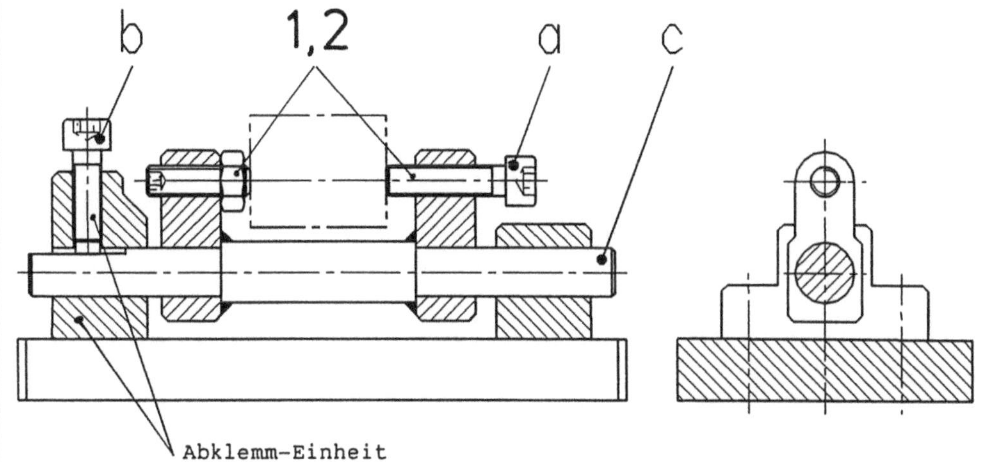

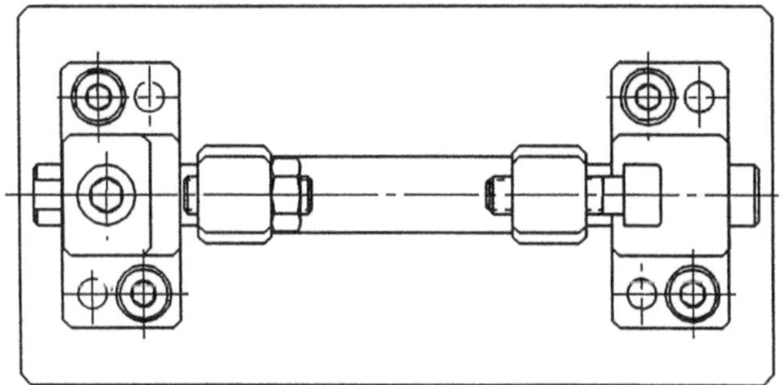

Funktionsbeschreibung:

Durch Betaetigung der Spannschraube a Werkstück
in unbestimmter Lage spannen.
[Lagerachse schwimmend!]
Mit Klemmschraube b System abklemmen und fixieren.

Bl. 1 von _

427

<table>
<tr><td rowspan="3">Lösungsbeispiele : Ausgleichsspannung</td><td>Bild Nr.: 1.06.14</td></tr>
<tr><td>Positionieren 0 | Spannen 1 | Stützen 2 | Führen 3 | Verbinden 4</td></tr>
</table>

Lösungsbeispiele : Ausgleichsspannung — Bild Nr.: 1.06.14

Positionieren 0 · Spannen 1 · Stützen 2 · Führen 3 · Verbinden 4

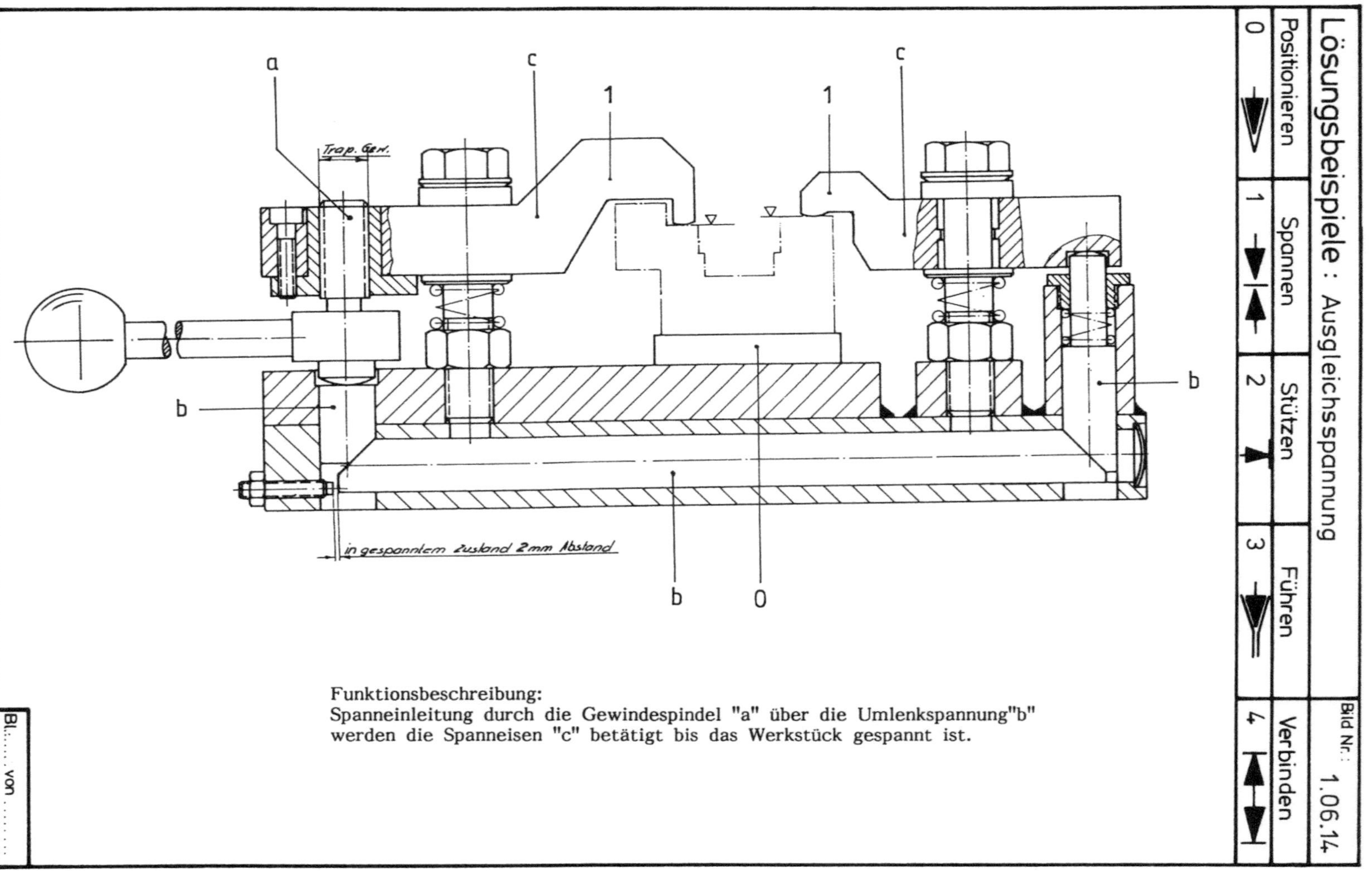

Funktionsbeschreibung:
Spanneinleitung durch die Gewindespindel "a" über die Umlenkspannung"b"
werden die Spanneisen "c" betätigt bis das Werkstück gespannt ist.

Bl.:...... von ....

428

<table>
<tr><td colspan="5">Lösungsbeispiele : Spann - Vorrichtung</td><td>Bild Nr. :
1.07.01</td></tr>
<tr><td>Positionieren</td><td>Spannen</td><td>Stützen</td><td>Führen</td><td colspan="2">Verbinden</td></tr>
<tr><td>0 ▶</td><td>1 ▶◀</td><td>2 ▲</td><td>3 ▶</td><td colspan="2">4 ◀▶</td></tr>
</table>

Funktionsbeschreibung:

Das Werkstück wird auf den hydraulischen Dehnspanndorn „a" eingeführt bis es am Positionierelement „b" zum aufliegen kommt. Durch Rechtsdrehung des Gewindestiftes „c", mittels Sechskantschraubendreher mit Griff, wird eine Axialkraft erzeugt, welche den Kolben „d" in axialer Richtung auf das Druckmedium Oel „e" bewegt. Die Axialkraft erzeugt im hydraulischen System einen Druck von $p = \frac{F}{A}$ welcher in den Ringkanälen die dünne Wand im elastischen Bereich dehnt und somit das Teil spannt.

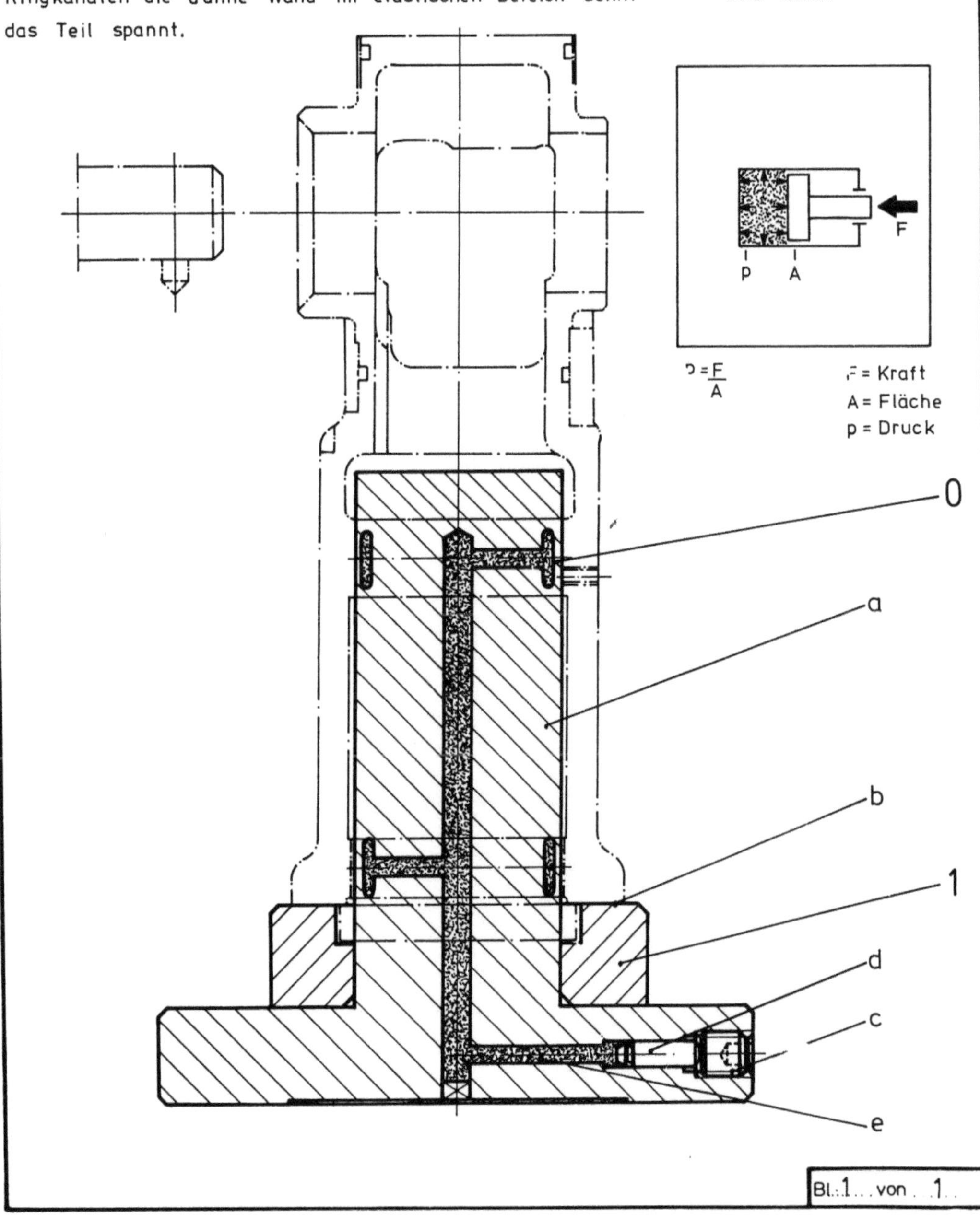

Positionieren	Spannen	Stützen	Führen	Verbinden
0	1	2	3	4

Funktionsbeschreibung:

Das Werkstück wird über 4 unverlierbare Schrauben „a" mit dem Spannbolzen „b" verbunden, und in die Klemmhülse „c" eingeführt. Die Positionierung erfolgt über ein Langloch im Werkstück und dem abgeflachten Bolzen „d". Durch Rechtsdrehung des Gewindestiftes „e" mittels Sechskantschraubendreher mit Griff, wird über einen handelsüblichen Spannsatz, welcher eine 2-fache Kraftübersetzung hat die Klemmhülse axial beaufschlagt und der Spannbolzen am Umfang geklemmt. Die Vorrichtung dient zum Ausspindeln der Lagerbuchsen.

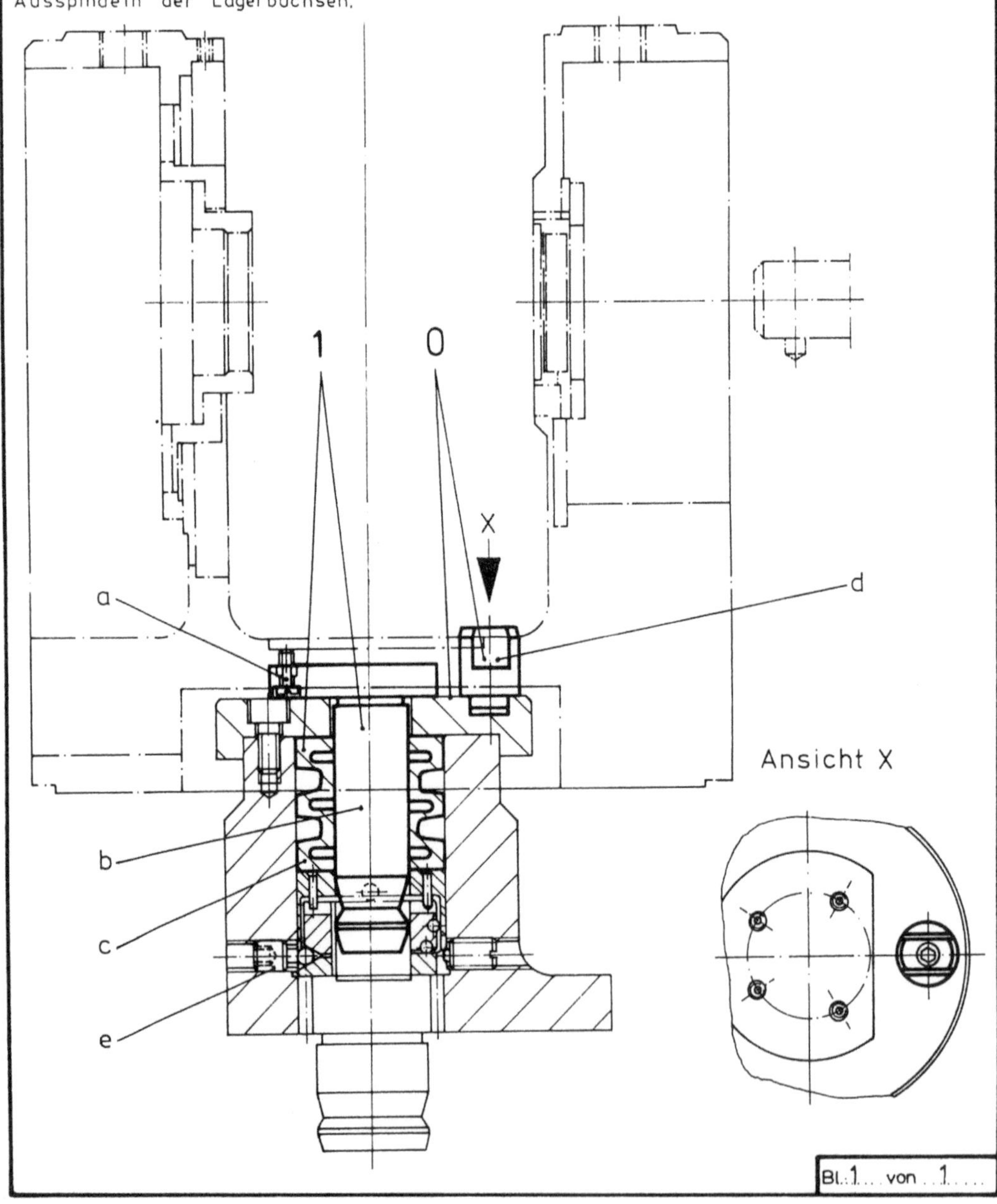

Bl. 1 ... von ..1....

430

<table>
<tr><td rowspan="2">Lösungsbeispiele :</td><td>Mech. Spanndorn mit
auswechselb. Spreizhülsen</td><td>Bild Nr. :
1. 07. 03</td></tr>
</table>

Positionieren	Spannen	Stützen	Führen	Verbinden
0	1	2	3	4

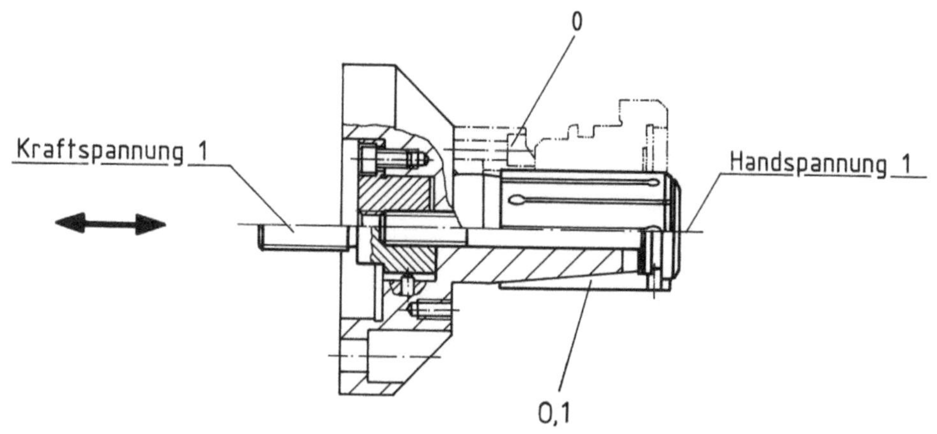

<u>Funktionsbeschreibung:</u>

Durch Handspannung (Schraube) bzw. Kraftspannung
(meist Masch.-Hydraulik) wird die Spreizhülse auf
den Kegel des Grundflansches gezogen und dadurch gedehnt.

Die Dehnbarkeit beträgt 1-2 mm je nach Durchmesser.
Überdehnung ist nicht möglich, der Hub wird in beiden
Richtungen durch Festanschläge begrenzt.

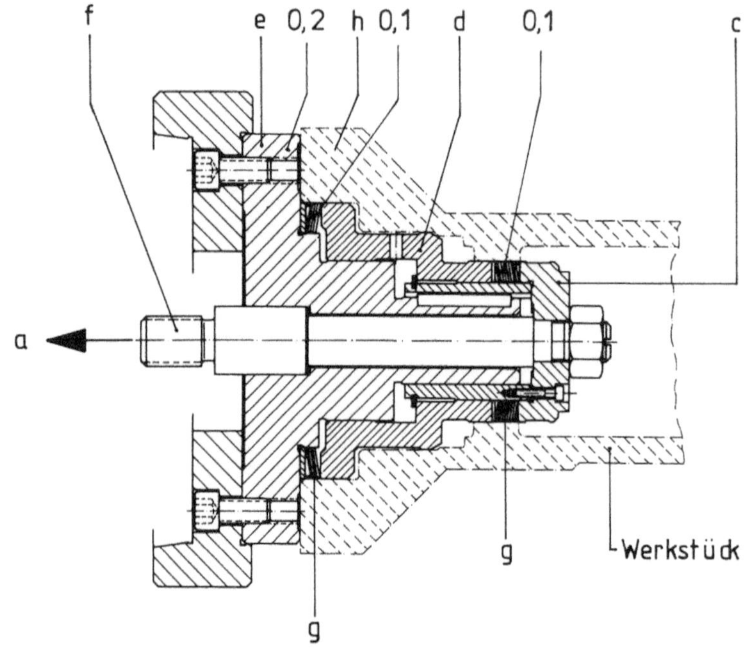

Funktionsbeschreibung:
Zugspindel "f" steht beim Einführen der Werkstücke in entspannter Stellung.
Werkstück wird in die Vorrichtung bis Anlage „e" eingeführt.
Spnnscheibe „c" und Zwischenhülse „d" dienen beim Einführen des Werk-
stückes als Werkstückvorzentrierung und gleichzeitig über die Zug-
spindel „f" in Richtung „a" zur Spannkrafteinleitung der beiden Scheiben-
blöche „g" u. „h."
Der Spannvorgang bewirkt ein Zentrieren des Werkstückes. Gleichzeitig
wird es durch die Spannelemente gegen die Planschulter „e" gepresst.
Scheibenblöcke „g" u. „h" von der Fa. Ringspann.

Lösungsbeispiele: Spanndorn	Spannen von zwei unter- schiedlichen Durchmessern	
Positionieren	Spannen	Stützen	Führen	Verbinden
0	1	2	3	4

Bl. ...... von ....

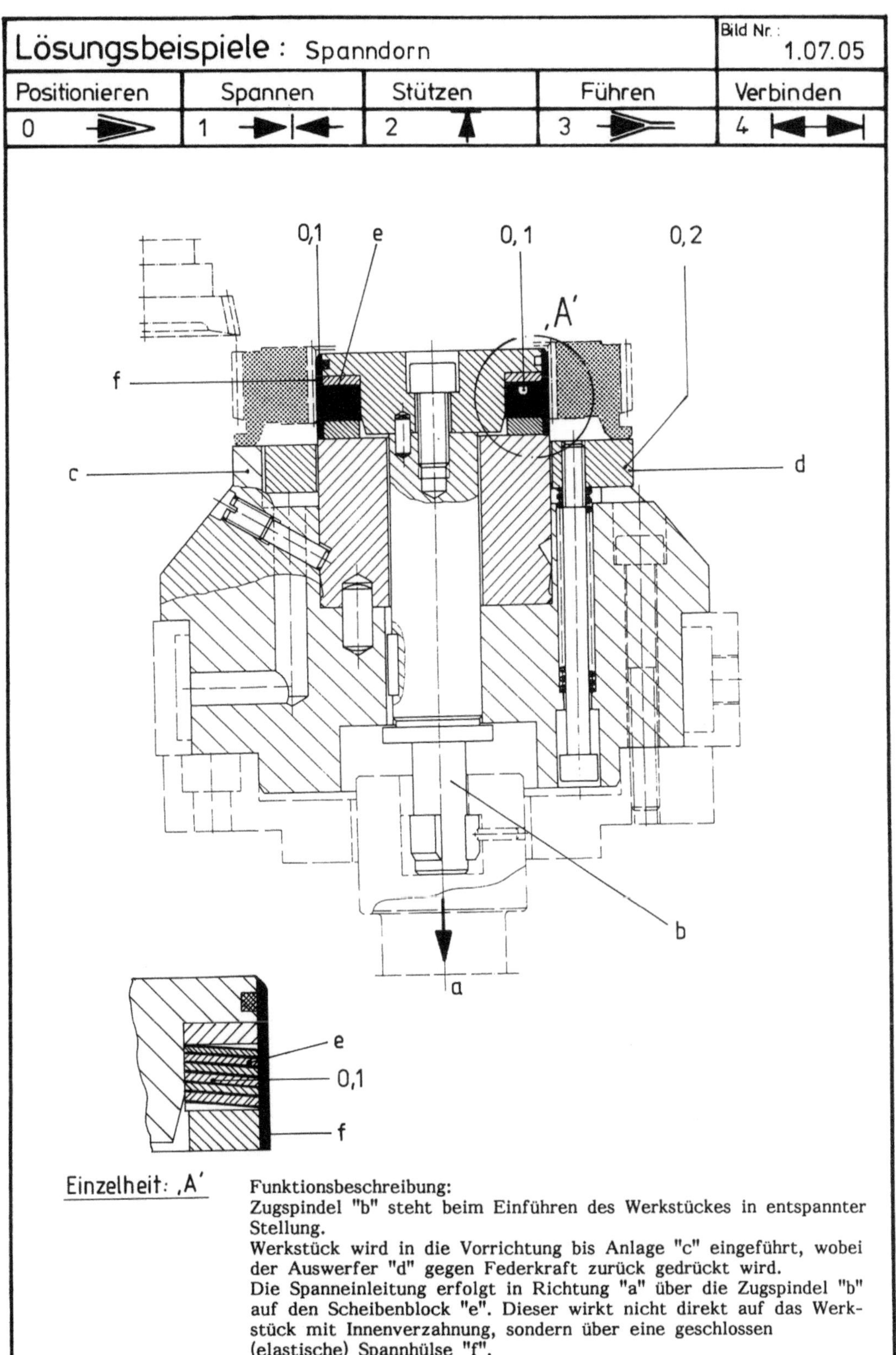

Funktionsbeschreibung:
Zugspindel "b" steht beim Einführen des Werkstückes in entspannter Stellung.
Werkstück wird in die Vorrichtung bis Anlage "c" eingeführt, wobei der Auswerfer "d" gegen Federkraft zurück gedrückt wird.
Die Spanneinleitung erfolgt in Richtung "a" über die Zugspindel "b" auf den Scheibenblock "e". Dieser wirkt nicht direkt auf das Werkstück mit Innenverzahnung, sondern über eine geschlossen (elastische) Spannhülse "f".
Scheibenblock von der Fa. Ringspann.

433

<table>
<tr><td colspan="4">Lösungsbeispiele : Spanndorn</td><td>Bild Nr.: 1.07.06</td></tr>
<tr><td>Positionieren</td><td>Spannen</td><td>Stützen</td><td>Führen</td><td>Verbinden</td></tr>
<tr><td>0</td><td>1</td><td>2</td><td>3</td><td>4</td></tr>
</table>

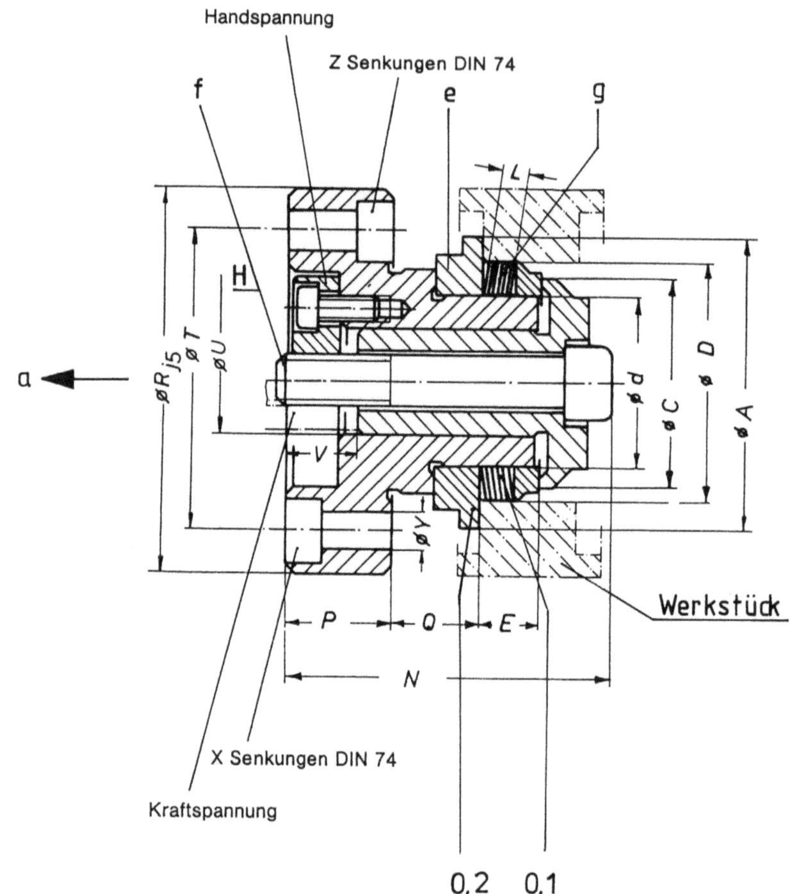

Funktionsbeschreibung:
Zugspindel "f" steht beim Einführen des Werkstückes in entspannter Stellung.
Werkstück wird in die Vorrichtung bis Anlage „e" eingeführt.
Bei Einleitung der Spannkraft in Richtung "a" wird das Werkstück zentriert, gespannt und gegen die Anlge gepreßt.
Bei Handspannung wird die Spannschraube „f" mittels Schlüssel gedreht, bei Kraftspannung mittels Zylinder bewegt.
Scheibenblock „g" von der Fa. Ringspann.

Bl.:..... von ....

434

<table>
<tr><td colspan="5">Lösungsbeispiele :   Spanndorn</td><td>Bild Nr.:
1.07.07</td></tr>
<tr><td>Positionieren</td><td>Spannen</td><td>Stützen</td><td>Führen</td><td>Verbinden</td></tr>
<tr><td>0</td><td>1</td><td>2</td><td>3</td><td>4</td></tr>
</table>

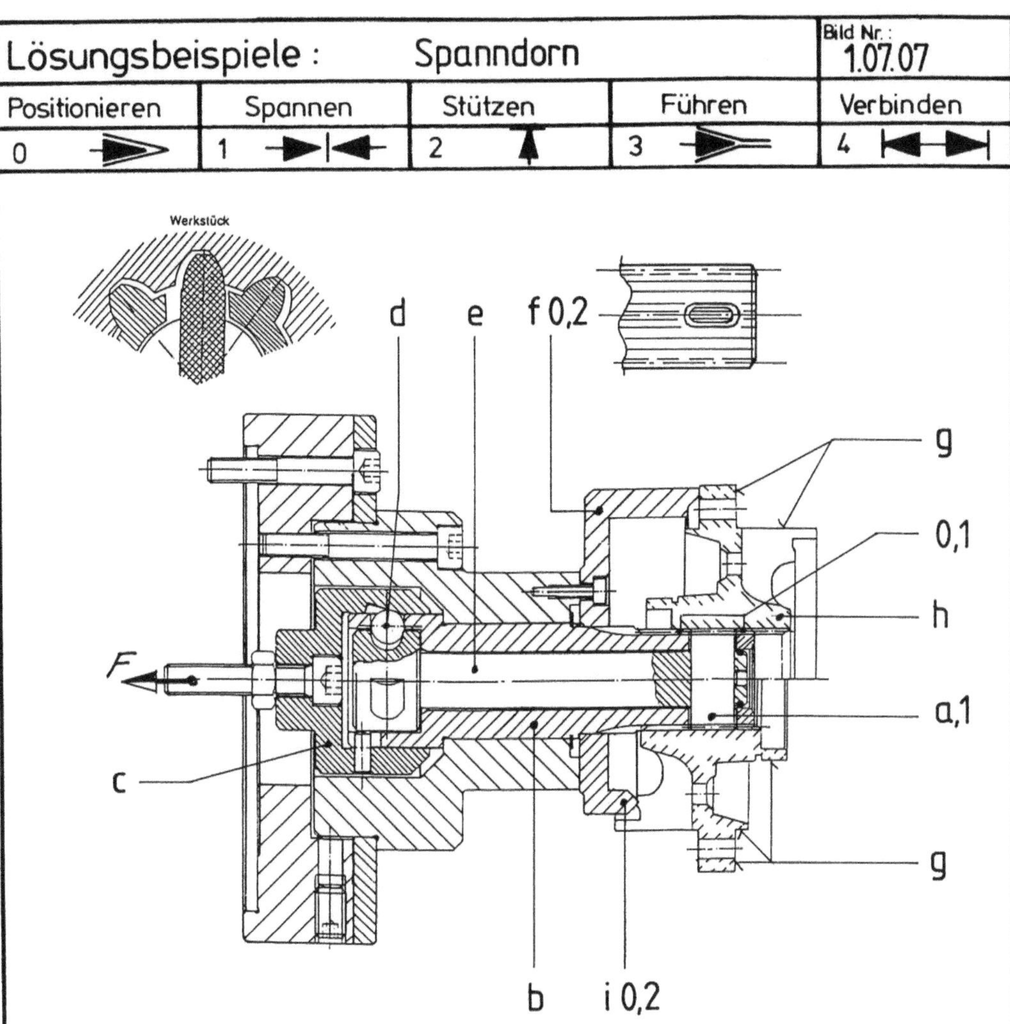

Der Spanndorn dient zur Aufnahme von Werkstücken mit profilverzanter Bohrung auf einer Drehmaschine für den Arbeitsgang schlagfreidrehen der Flächen g.

Das Werkstück h wird von der Welle e mit dem Mitnehmer a der in 2 Zahnlücken des Werkstückes eingreift, in Drehung versetzt und die Flanken der Werkstückverzahnung legen sich dabei auf ihrer gesamten Länge gegen die Flanken der Verzahnung des Aufnahmedornes b an.

Mit ddieser Methode können WErkstücke, deren Profilbohrung zylindrisch ist, zentriert und gespannt werden.

F u. i dienen als Axialanschläge für 2 um 180° versetzte Spannlagen.

<u>Spannvorgang:</u>

Durch eine Zugkraft F wird die Spannglocke C in Bewegung gesetzt und treibt dabei über Keilschrägen mehrere in Aufnahmedorn b radial geführte Kugeln d nach innen.

Die Kugeln tauchen in entsprechend geformte Taschen der Welle e ein und erzeugen dadurch ein Drehmoment an e.

Bl. 1 von 1

435

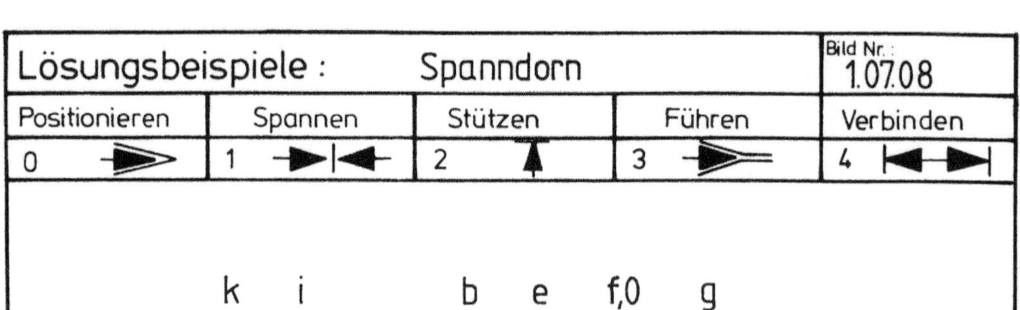

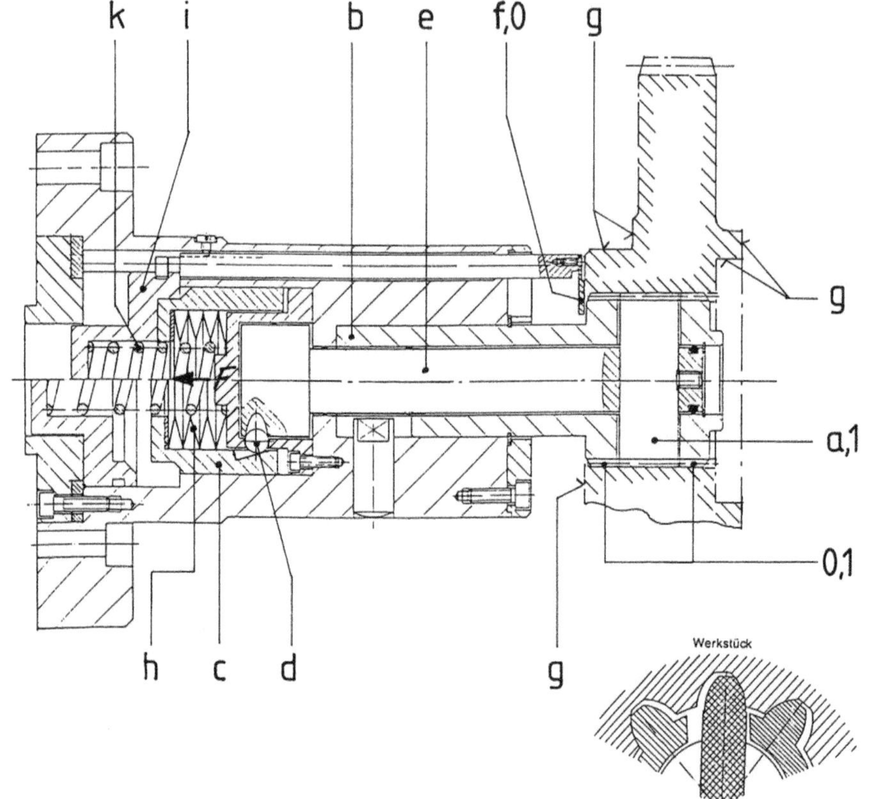

Die Funktion und Aufgabe des Spanndornes entspricht im Wesentlichen
der, des Spanndornes 1.07.07 mit dem Unterschied, daß die Spannkraft
F von Tellerfedern h auf die Spannglocke c aufgebracht wird.
Außerdem wird ein Axialanschlag f für das Werkstück beim Spannvor-
gang von der Feder K über Buchse i zurückgezogen und damit ein
Freigang für ein Drehwerkzeug geschaffen.

Das Werkstück wird an den Flächen g in einer Aufspannung schlagfrei
bearbeitet.
Beim Entspannen werden die Tellerfedern zusammengedrückt, damit das
Werkstück freigegeben und der Anschlag f in Einlegeposition gebracht.

Bl. 1 von 1

436

<table>
<tr><td colspan="5">Lösungsbeispiele :   Spanndorn</td><td>Bild Nr.:
1.07.09</td></tr>
<tr><td>Positionieren</td><td colspan="1">Spannen</td><td>Stützen</td><td>Führen</td><td colspan="2">Verbinden</td></tr>
<tr><td>0</td><td>1</td><td>2</td><td>3</td><td colspan="2">4</td></tr>
</table>

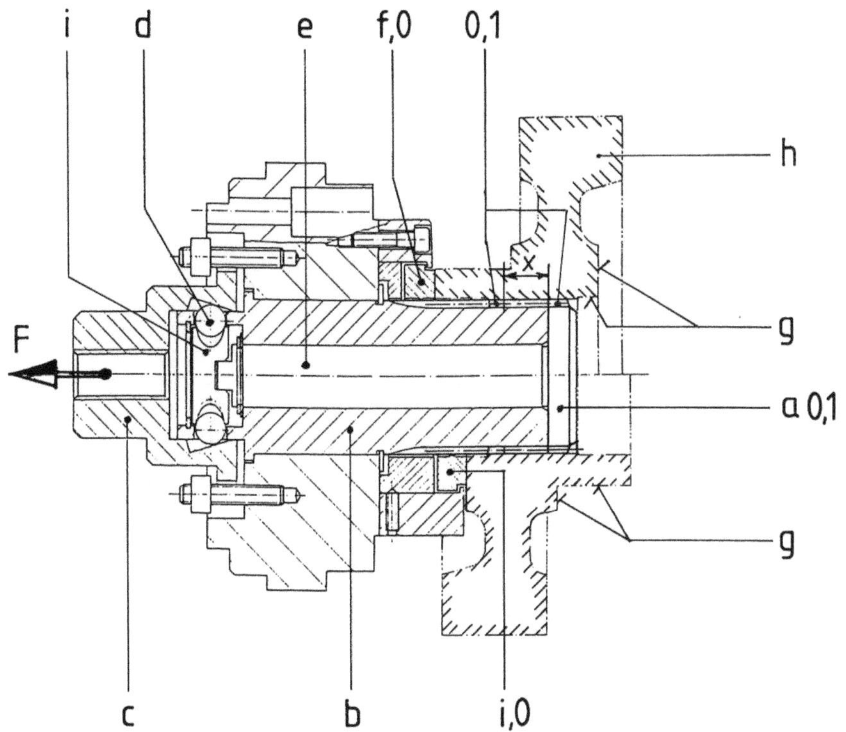

Der Spanndorn dient zur Aufnahme von Werkstücken mit profilverzahnter Bohrung auf einer Drehmaschine für den Arbeitsgang schlagfreidrehen der Flächen g.

Das Werkstück h wird von der Welle e mittels Zahnscheibe a in Drehung versetzt und die Flanken der Werkstückverzahnung legen sich dabei gegen die Flanken der Verzahnung des Aufnahmedornes b an.
Diese sind auf der Strecke "x" etwas zurückgeschliffen.

Dadurch besteht die Möglichkeit das Werkstück am Anfang und Ende der Profilbohrung, also in 2 Ebenen zu positionieren und zu spannen.

Werkstücke, deren Profilbohrung bei der Warmbehandlung konisch wurden können damit sicher aufgenommen werden.

Ring f und i sind pendelnde Axialanschläge.

<u>Spannvorgang:</u>

Durch eine Zugkraft F wird die Spannglocke C in Bewegung gesetzt und treibt dabei über Keilschrägen mehrere in Aufnahmedorn b radial geführte Kugeln d nach innen.

Die Kugeln tauchen in entsprechend geformte Taschen der Kupplung i ein und erzeugen dadurch ein Drehmoment an e.

Bl. 1 von 1

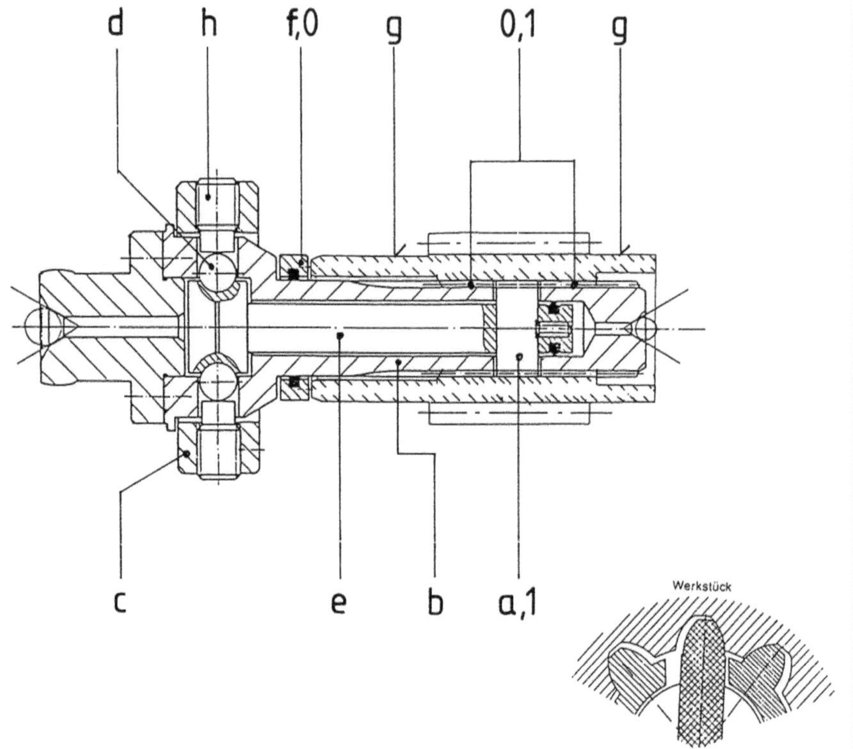

Der Spanndorn dient zum Prüfen der Lagerstellen g von Zahnrädern, ausgehend von der verzahnten Bohrung.

<u>Spannvorgang:</u>

Mit Gewindestift h werden über einen schwebenden Ring c 2 radial geführte Kugeln in entsprechend geformte Taschen der Welle e getrieben und diese dabei in Drehung versetzt.

Der Mitnehmer a greift in 2 Zahnlücken der Bohrungsverzahnung ein und nimmt das Werkstück mit, bis die Zahnflanken des Werkstückes an den Zahnflanken des Aufnahmedornes b anliegen.

Dadurch wird das Werkstück zentriert und gespannt.

Ring f ist ein pendelnder Axialanschlag.

Bl. 1 von 1

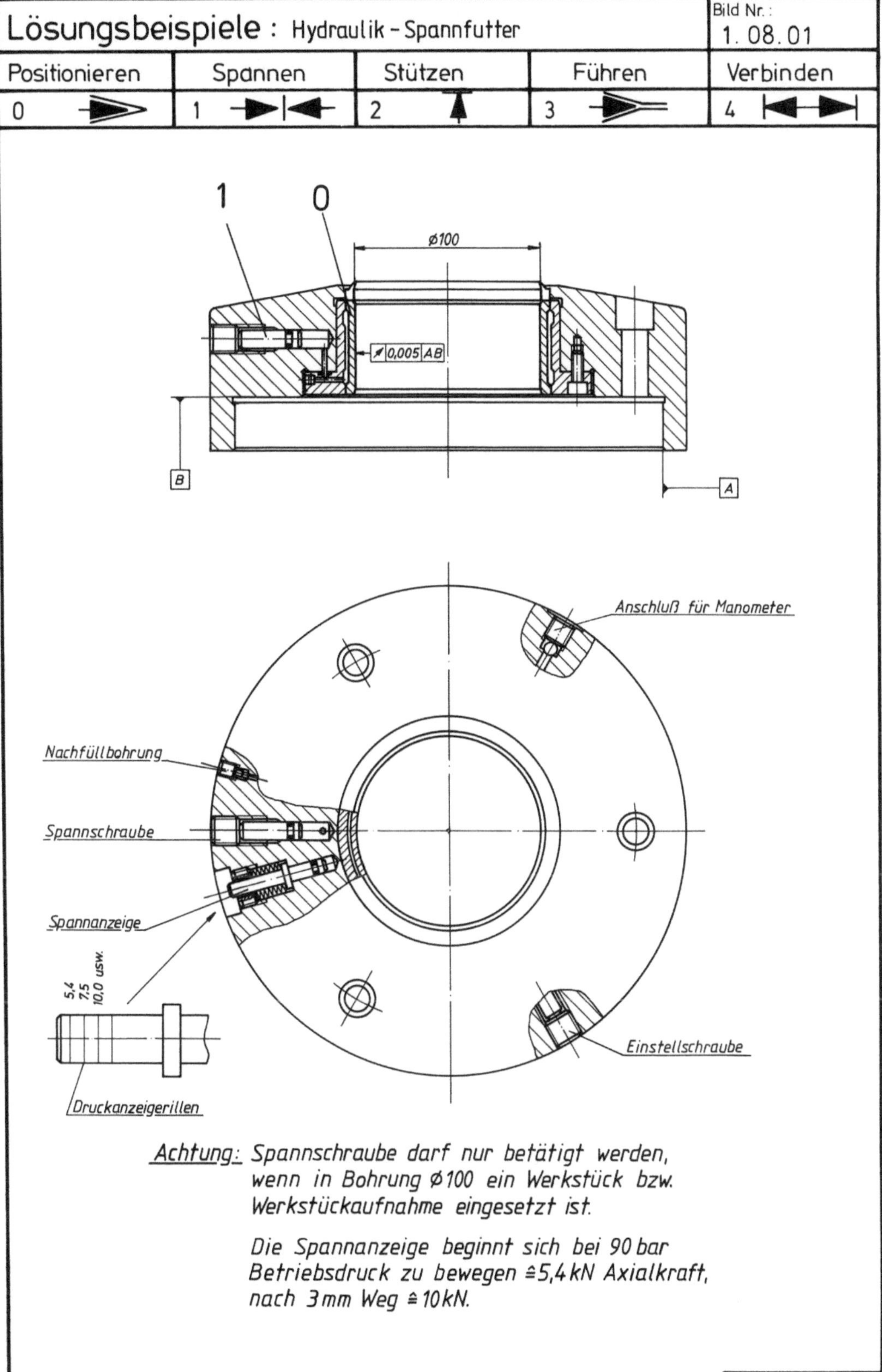

Achtung: Spannschraube darf nur betätigt werden,
wenn in Bohrung Ø100 ein Werkstück bzw.
Werkstückaufnahme eingesetzt ist.

Die Spannanzeige beginnt sich bei 90 bar
Betriebsdruck zu bewegen ≙5,4 kN Axialkraft,
nach 3 mm Weg ≙10 kN.

Funktionsbeschreibung:

Durch Verschieben eines Verdrängerkolbens mit einer Spannschraube wird
in dem mit Öl gefüllten und nach ußen abgedichteten Raum zwischen dem
Grundkörper und der eigentlichen Spannhülse Hydraulikdruck erzeugt.
Mit steigendem Druck verformt sich die Spannhülse und preßt sich an das
eingelegte Werkstück oder Werkzeug an. Mit solchen Hydraulik-Spannfuttern
können Toleranzpaarungen bis max. H9/h9 gespannt werden. Der Spannvorgang darf nur bei eingelegtem Werkstück, bzw. Werkzeug erfolgen.

Zur Druckkontrolle ist das im Bild gezeigte Spannfutter zusätzlich mit
einer Druckanzeige-Einrichtung versehen. Die tatsächliche Spann- bzw.
Haltekraft ergibt sich aus dem Spanndruck, der Wirkfläche des Spanndruckes, der Oberflächenrauheit des Werkstückes und der Toleranzpaarung.

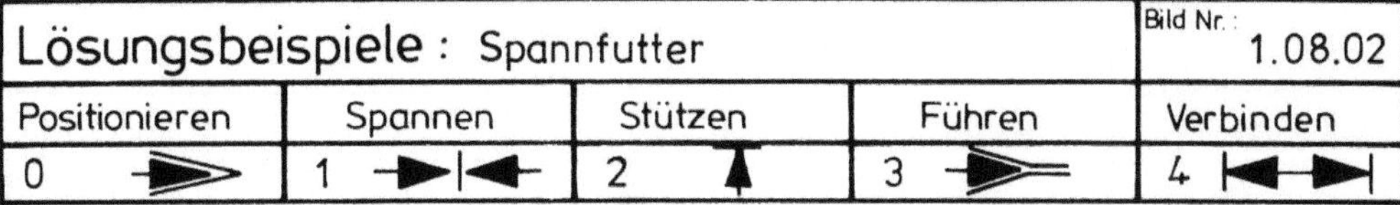

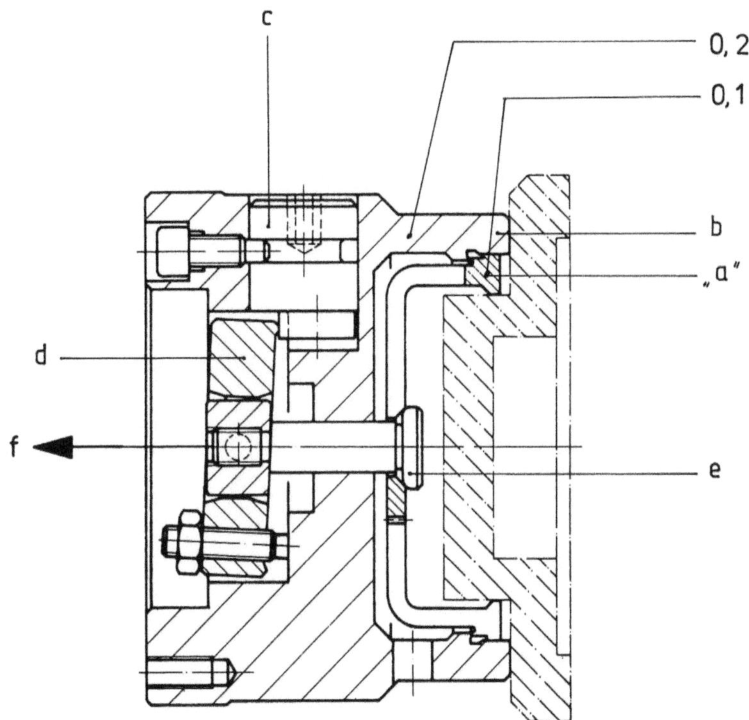

Funktionsbeschreibung:
Werkstück wird in das Korbfutter "a" bis zur Anlage am Aufnahme-körper "b" eingeführt.
Die Spanneinleitung erfolgt durch Drehung des Exzenterbolzens "c" der über den Kardanisch aufgehängten Ring "d", den Spannbolzen "e" in Richtung "f" bewegt.
Korbfutter "a" von der Fa. Ringspann.

Bl.: . . . . . von . . . .

441

<table>
<tr><td colspan="5">Lösungsbeispiele: Spannfutter   Spannen von zwei unterschiedlichen Durchmessern</td><td>Bild Nr.: 1.08.04</td></tr>
<tr><td>Positionieren</td><td>Spannen</td><td>Stützen</td><td>Führen</td><td colspan="2">Verbinden</td></tr>
<tr><td>0</td><td>1</td><td>2</td><td>3</td><td colspan="2">4</td></tr>
</table>

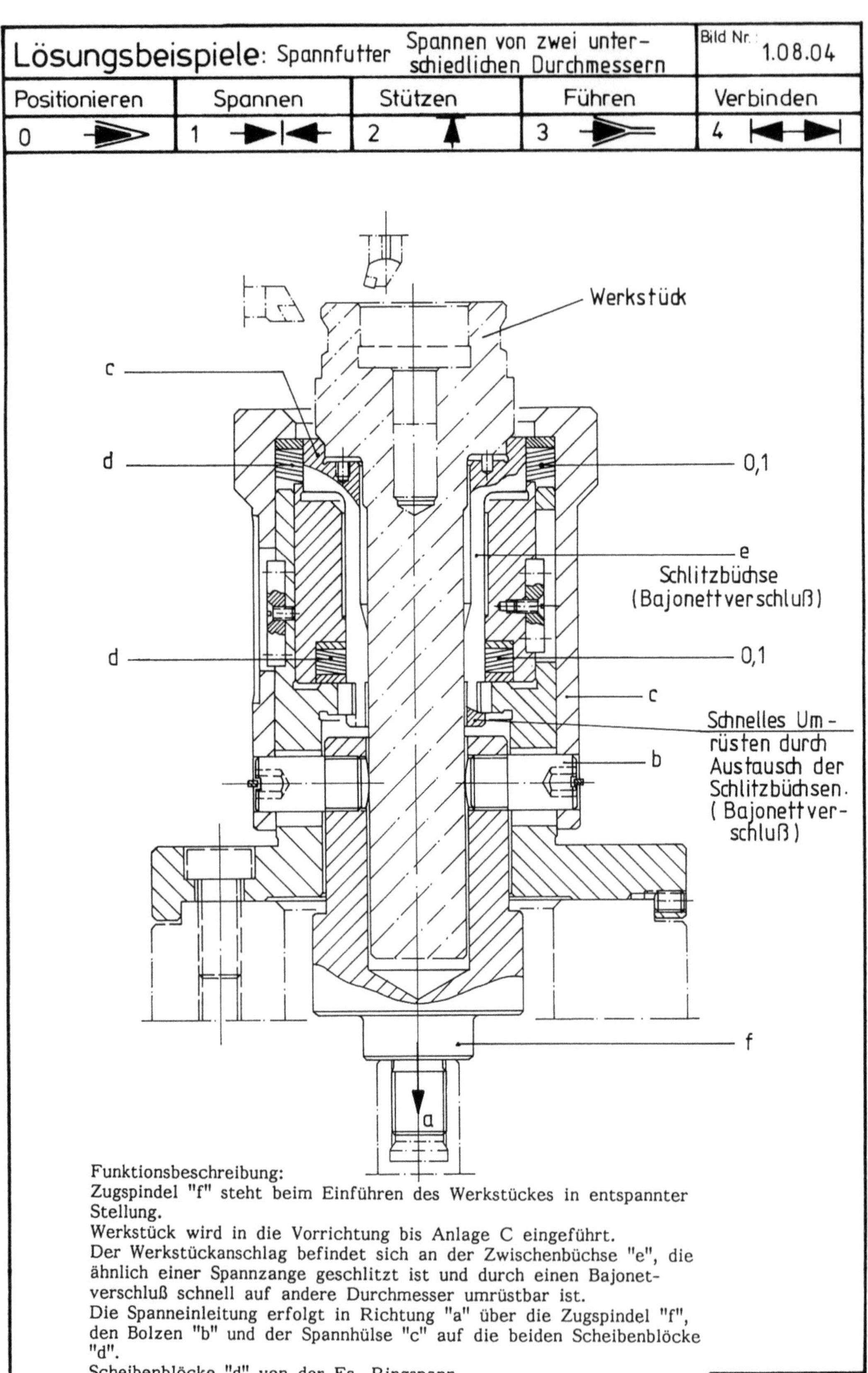

Funktionsbeschreibung:
Zugspindel "f" steht beim Einführen des Werkstückes in entspannter Stellung.
Werkstück wird in die Vorrichtung bis Anlage C eingeführt.
Der Werkstückanschlag befindet sich an der Zwischenbüchse "e", die ähnlich einer Spannzange geschlitzt ist und durch einen Bajonetverschluß schnell auf andere Durchmesser umrüstbar ist.
Die Spanneinleitung erfolgt in Richtung "a" über die Zugspindel "f", den Bolzen "b" und der Spannhülse "c" auf die beiden Scheibenblöcke "d".
Scheibenblöcke "d" von der Fa. Ringspann

Bl. ..... von ....

442

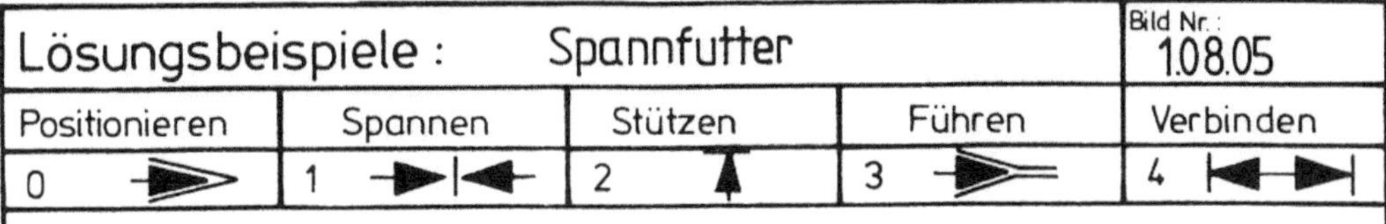

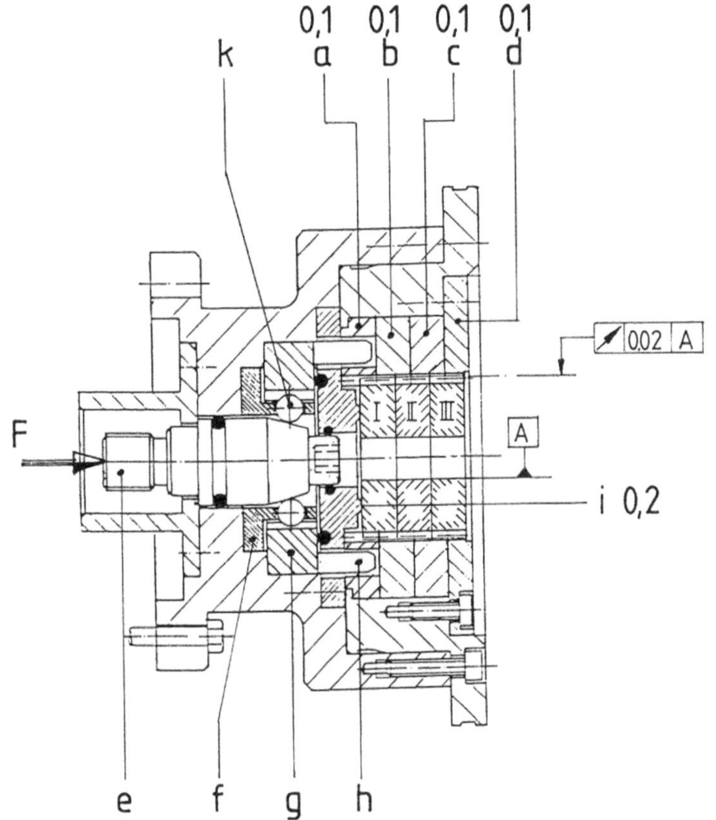

Das Spannfutter dient zum Zentrieren und Spannen von 3 Zahnrädern für den Arbeitsgang schlagfreidrehen oder -schleifen der Bohrung.
Das Futter hat 3 drehbewegliche, innenverzahnte Ringe a, b, c und einen festen, innenverzahnten Ring d.

<u>Spannvorgang:</u>

Durch eine Axialkraft F werden von Dorn e über den Kegel mehrere, in Büchse f radial geführte Kugeln k nach außen bewegt, die in entsprechend geformte Taschen des Mitnehmers g eintauchen und diesen in Drehung versetzen.

Der Zahnring a wird über den Dorn h des Mitnehmers g ebenfalls in Drehung versetzt und nimmt Zahnrad I in der Folge Ring b, Zahnrad II, Ring c, Zahnrad III bis zur spielfreien, formschlüssigen Anlage am feststehenden Ring d mit.

Durch diesen Vorgang werden gleichzeitig die 3 Zahnräder positioniert und gespannt.

Scheibe i ist der Axialanschlag.

Bl.: 1 von 1

| Positionieren | Spannen | Stützen | Führen | Verbinden |
| 0 | 1 | 2 | 3 | 4 |

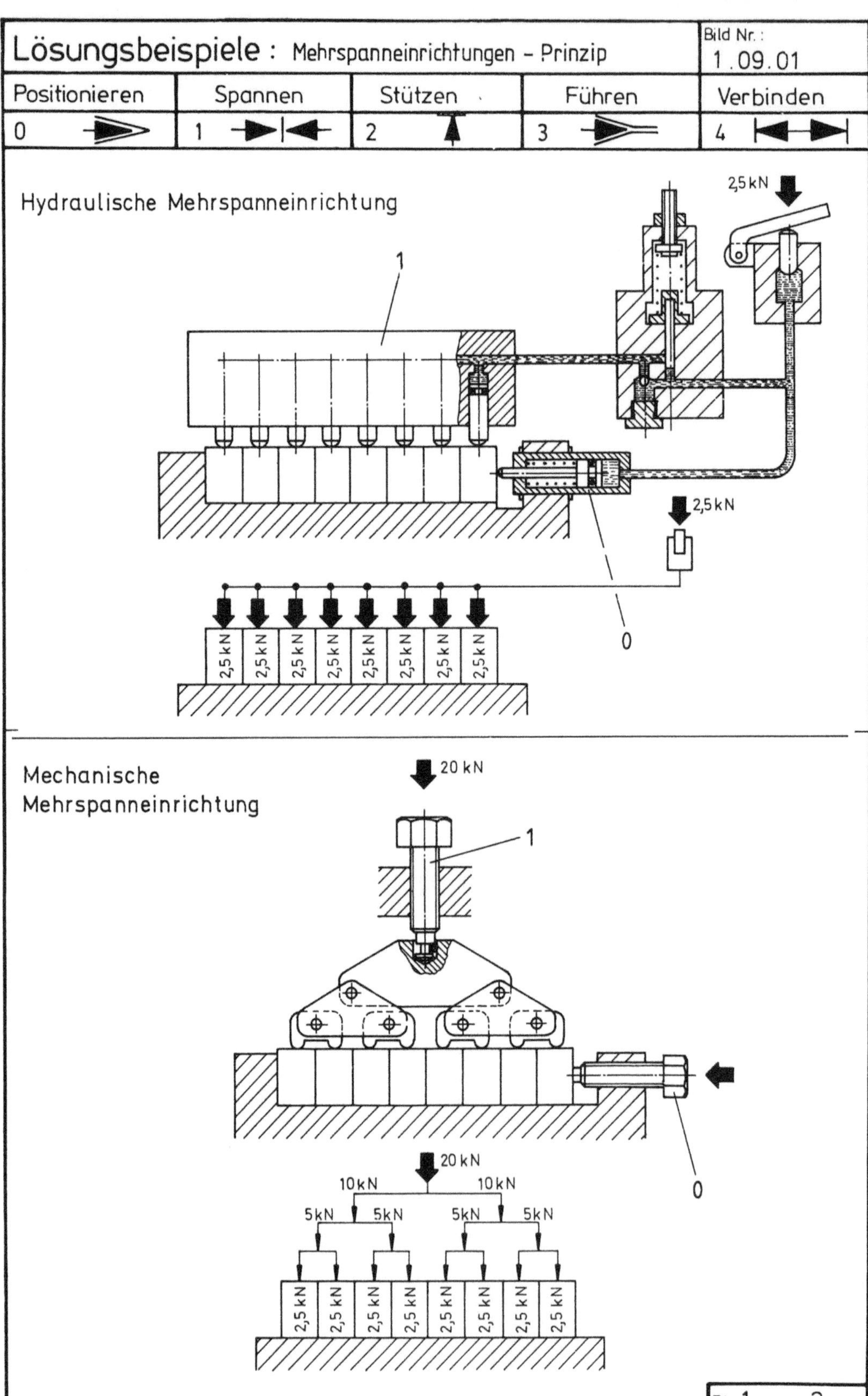

444

| Positionieren | Spannen | Stützen | Führen | Verbinden |
| 0 | 1 | 2 | 3 | 4 |

Funktionsbeschreibung:

Gegenüber der mechanischen Mehrfachspanneinrichtung bietet
die hydraulische Mehrfachspanneinrichtung folgende Vorteile:

- Aufgrund des Druckfortpflanzungsgesetzes nach Pascal ist an
  allen Stellen eines geschlossenen Hydrauliksystemes der
  gleiche Druck vorhanden. Daraus resultiert, wenn der Kolben-
  durchmesser an der Pumpe gleich ist, mit den Zylinderdurch-
  messern, die Spannkraft 2,5 kN, pro Zylinder beträgt. Bei der
  mechanischen Mehrfachspanneinrichtung müssen 20 kN eingeleitet
  werden, um pro Spannstelle 2,5 kN Spannkraft zu erreichen.

- Durch die leichte Steuer- und Regelbarkeit von hydraulischen
  Energieströmen, kann auch an entfernt liegenden und schwer
  zugänglichen Spannstellen von einer zentralen Stelle aus Spannkraft erzeugt werden.

- Durch speziell für die hydraulische Spanntechnik entwickelte
  Zuschaltventile ist es möglich, auf einfache Art und Weise
  druckabhängige Folgeschaltungen herzustellen.

Bl.: 2 von 2

445

Lösungsbeispiele : Mehrfachspannung hydr. (mit einschwenkbarem Spannbügel)
Bild Nr.:
1. 09. 02
Positionieren
0
Spannen
1
Stützen
2
Führen
3
Verbinden
4
1
1
‚X'
siehe
Blatt 2
0
Wechselteil für diverse Werkstücke
Werkstück
Bl. 1 von 2

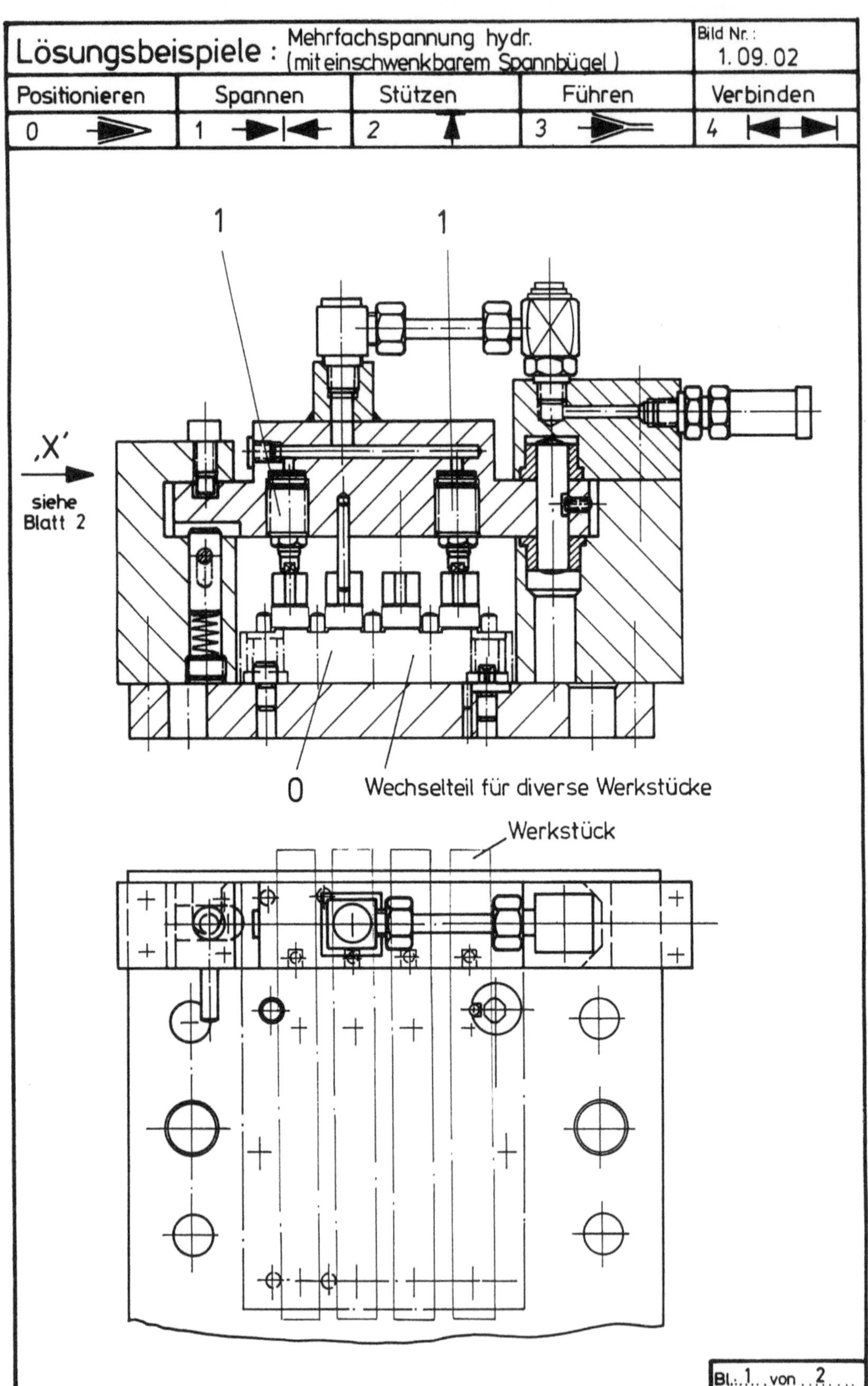

446

<table>
<tr><td>Lösungsbeispiele :</td><td>Mehrfachspannung hydr.
(mit einschwenkbarem Spannbügel)</td><td>Bild Nr.:
1.09.02</td></tr>
</table>

Positionieren	Spannen	Stützen	Führen	Verbinden
0	1	2	3	4

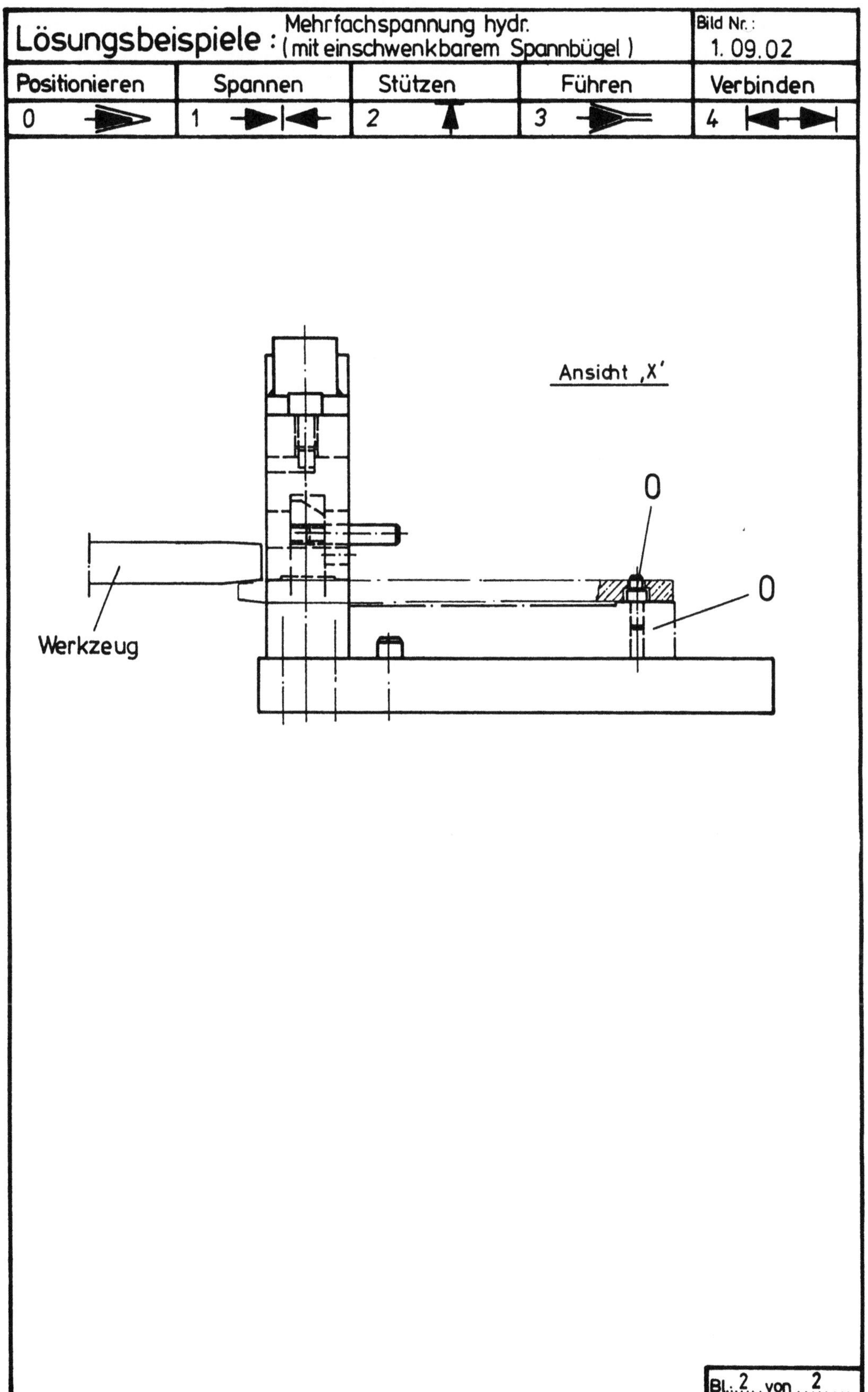

Bl. 2 von 2

447

Positionieren	Spannen	Stützen	Führen	Verbinden
0	1	2	3	4

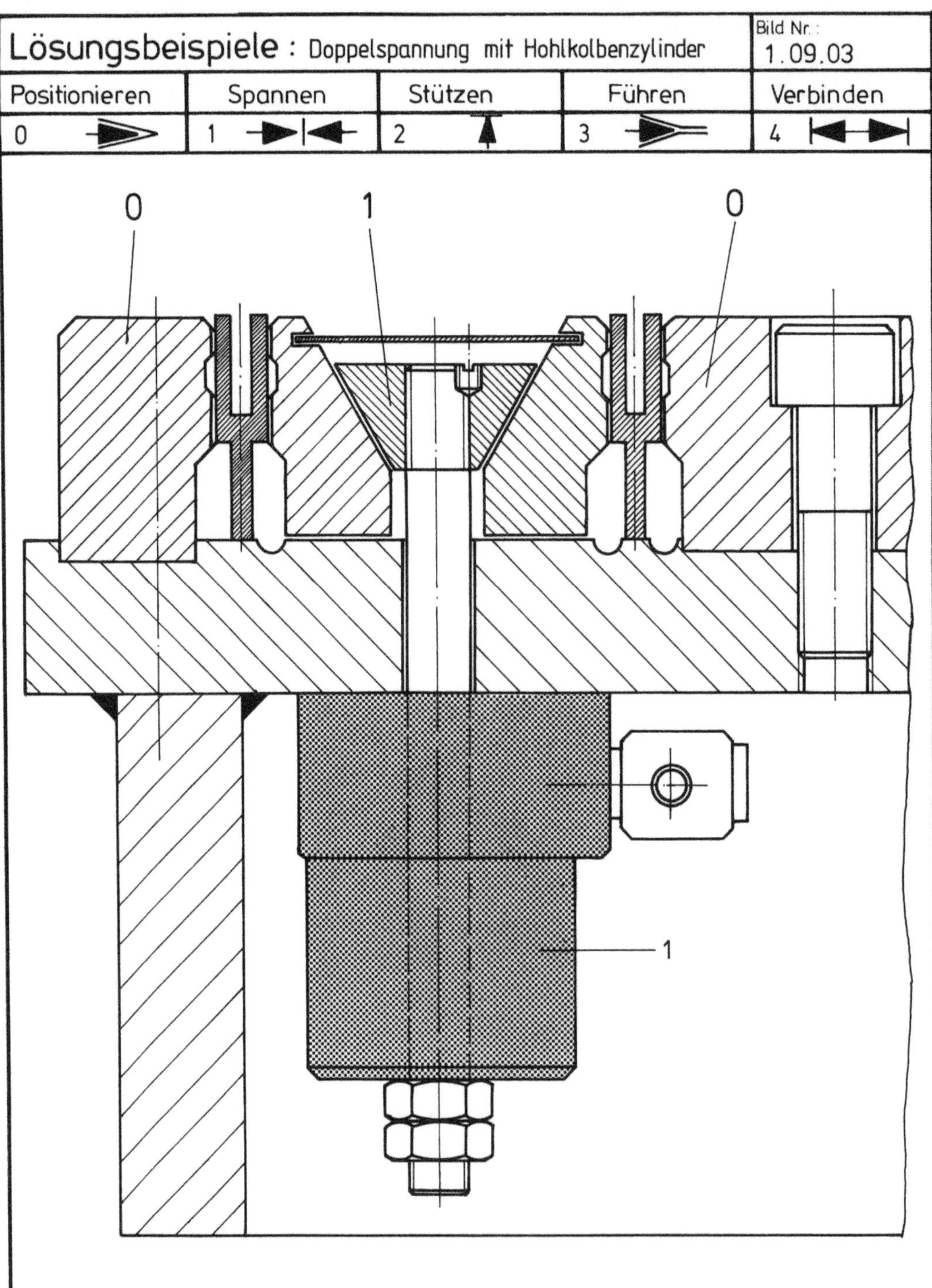

Funktionsbeschreibung:

Hohlkolbenzylinder bieten sich in Verbindung mit Zugschrauben zur Unter-
flurordnung an, dadurch sind sie außerhalb des Hantierungs- und Späne-
bereiches. Durch Verwendung von Doppelspanneisen oder, wie bei der gezeigten Anordnung, mit Formstücken, können zwei Teile gleichzeitig gespannt werden.

Bl.: 1 von 1

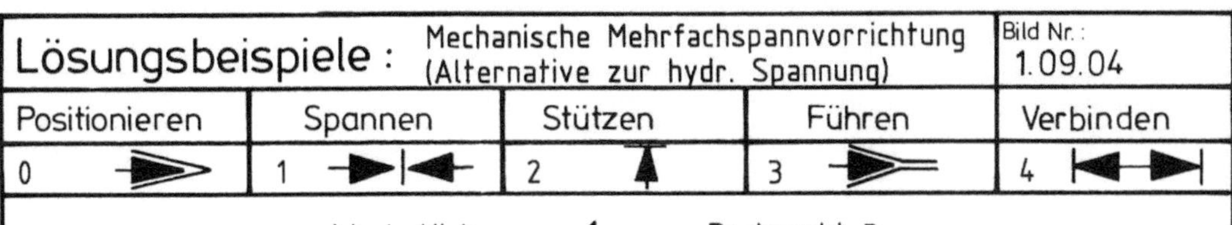

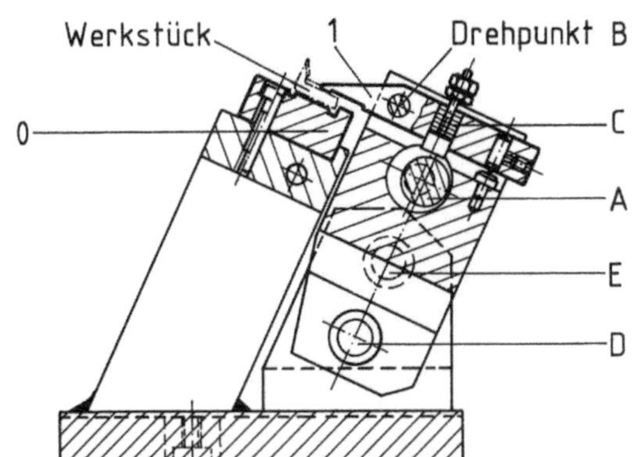

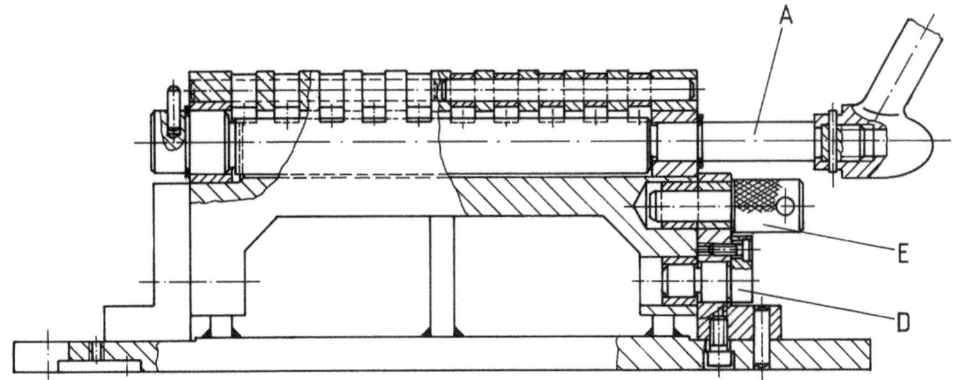

Funktionsbeschreibung:

Durch Drehen der Exzenterwelle A wird über Stößel mit
Tellerfederpaket C die Spannung um Drehpunkt B erzeugt.
Zum Einlegen und Herausnehmen des Werkstückes wird die
Spanntraverse um Punkt D durch Lösen des Steckers E weg-
geschwenkt.

Bl. 1 von 1

449

Lösungsbeispiele :
Mehrfachspannvorrichtung
Bild Nr. : 1.09.05
Positionieren
Spannen
Stützen
Führen
Verbinden
0
1
2
3
4
b/1
0
0
d
d
0
0
b/1
e
a/1
c
c
Alternativ
Vierfachspann – Vorrichtung
Bl. 1 von 2

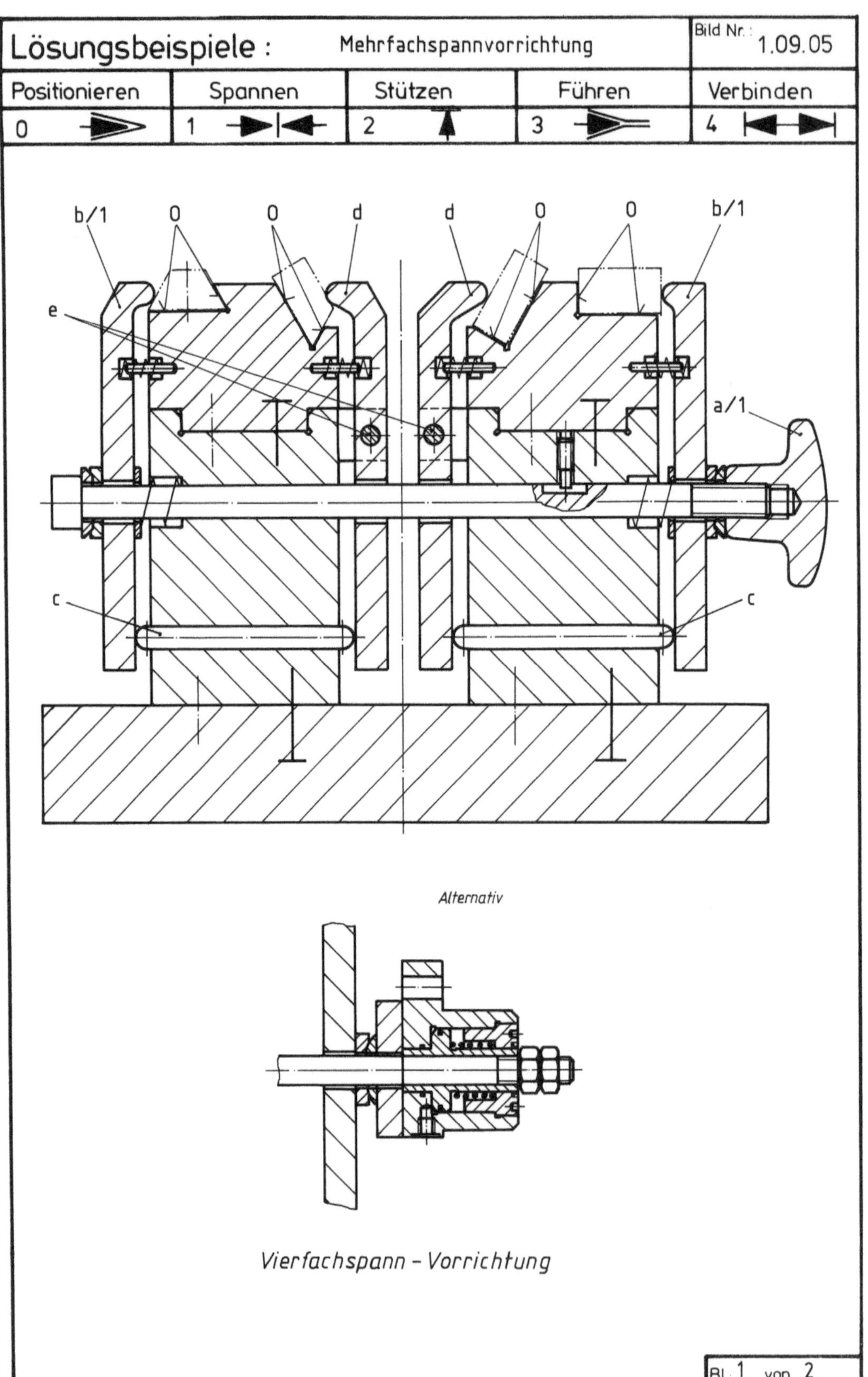

450

Bl.:2. von .2.

Funktionsbeschreibung:

Bei der Mehrfach-Spann-Vorrichtung zum Fräsen von allseitig bearbeiteten Leisten, werden alle 4 Teile mit einer Spannschraube a gleichzeitig gespannt.

An jeder Spannstelle wird eine andere Fläche gefräst, so daß nach jedem Fräsdurchgang immer ein Teil fertig ist.

Die äußeren Spanneisen b stützen sich auf dem Stößel c ab, der wiederum die inneren Spanneisen d, die über einen Stift e drehbar gelagert sind, zur Teilanlage bringen.

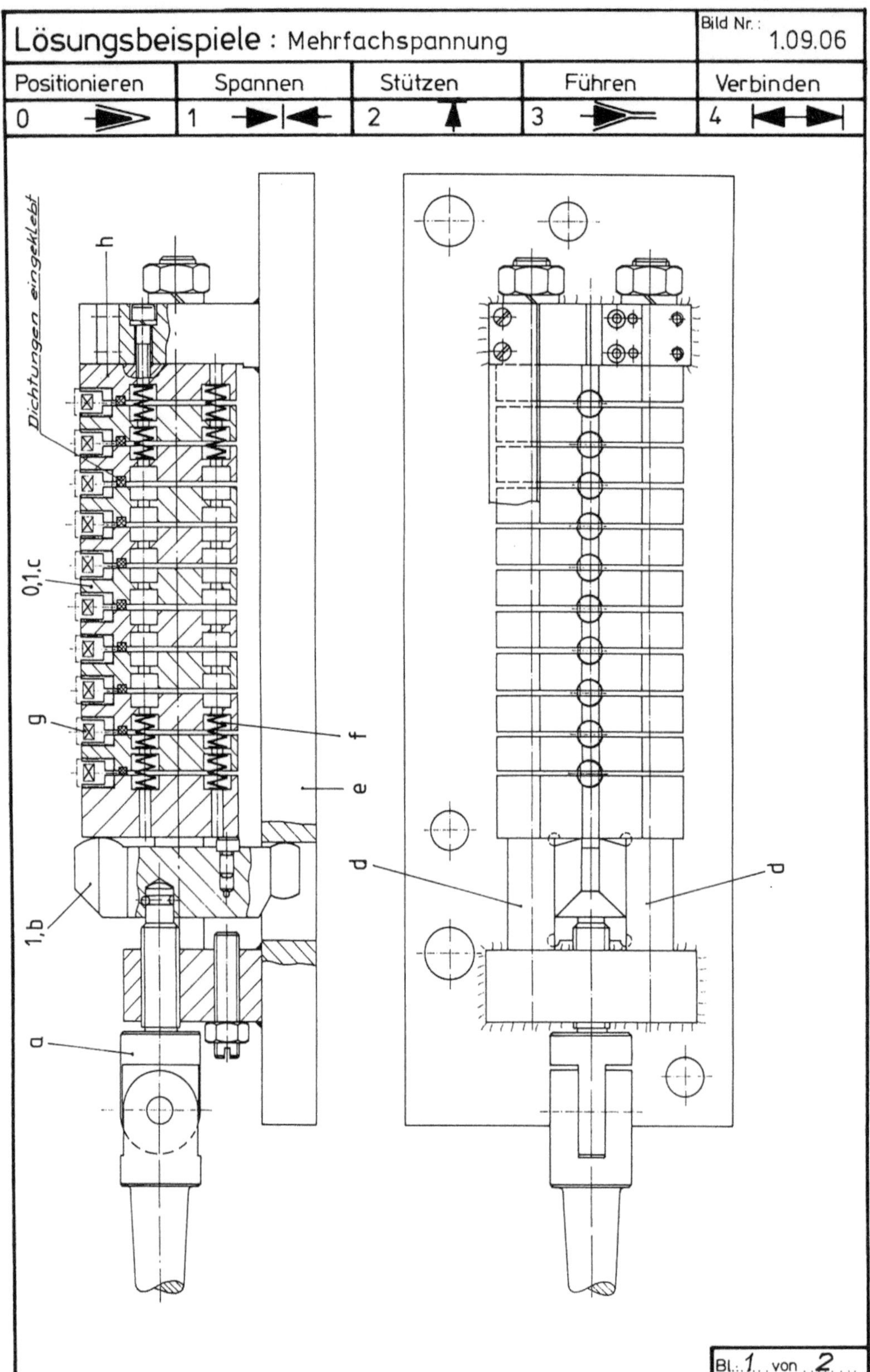

Lösungsbeispiele : Mehrfachspannung
Bild Nr. :
1.09.06
Positionieren
Spannen
Stützen
Führen
Verbinden
0
1
2
3
4
Dichtungen eingeklebt
h
0,1,c
g
f
e
d
d
1,b
a
Bl. 1 von 2

Positionieren	Spannen	Stützen	Führen	Verbinden
0	1	2	3	4

Die Vorrichtung dient zum Positionieren und Spannen von gleichzeitig 10 Werkstücken, an welchen je 2 Flächen g angebracht werden.

Gewindespindel a spannt über eine Spannpratze b, die sich einseitig im Grundkörper e abstützt, die beweglichen Platten c und die Werkstücke gegeneinander bis das letzte Werkstück an der festen Platte h anliegt.

Die beweglichen Platten werden durch die Säulen d geführt und von den Federn f beim Entnehmen der Werkstücke geringfügig auseinander gedrückt.

Positionieren	Spannen	Stützen	Führen	Verbinden
0	1	2	3	4

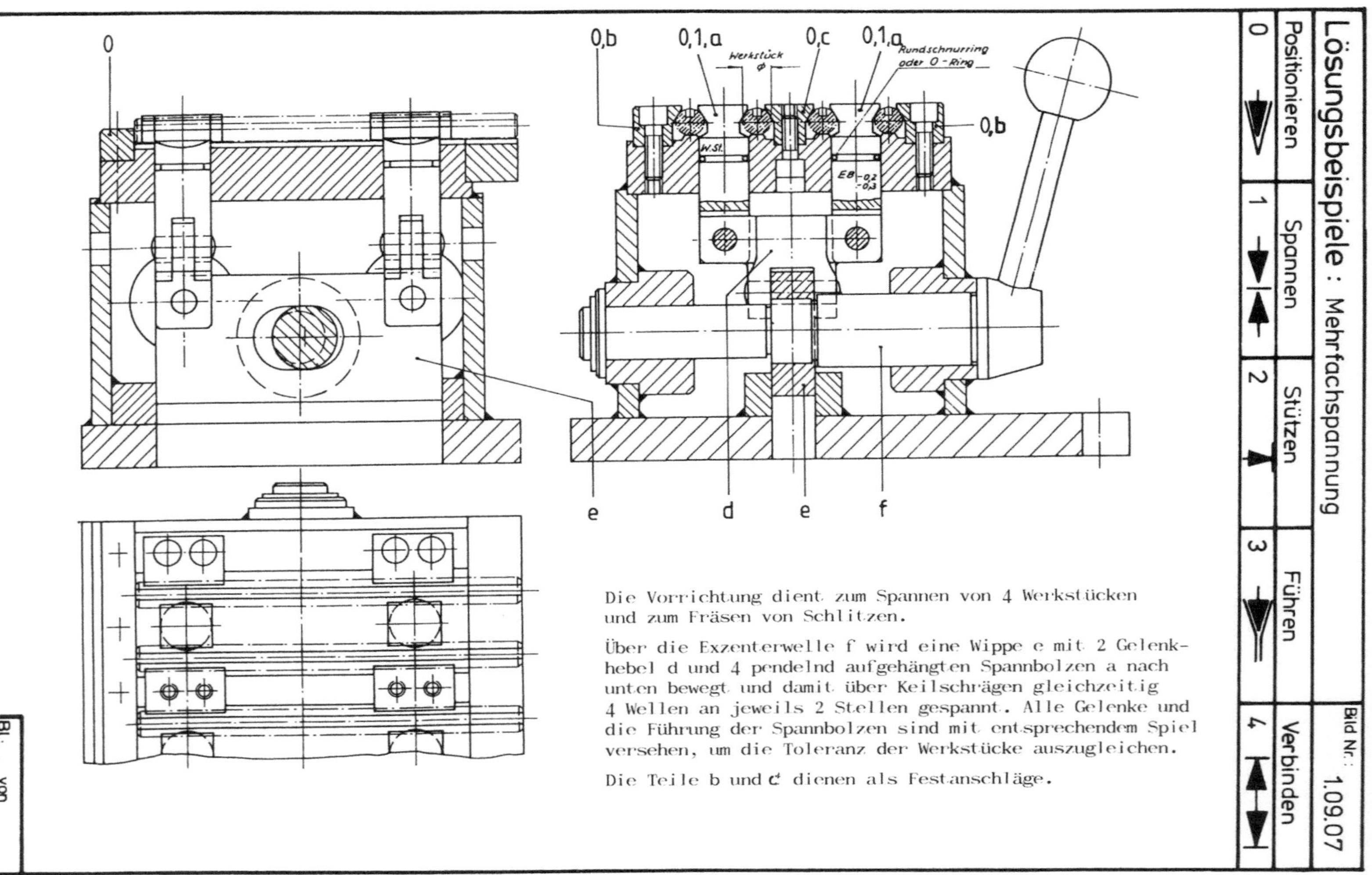

Die Vorrichtung dient zum Spannen von 4 Werkstücken und zum Fräsen von Schlitzen.

Über die Exzenterwelle f wird eine Wippe e mit 2 Gelenkhebel d und 4 pendelnd aufgehängten Spannbolzen a nach unten bewegt und damit über Keilschrägen gleichzeitig 4 Wellen an jeweils 2 Stellen gespannt. Alle Gelenke und die Führung der Spannbolzen sind mit entsprechendem Spiel versehen, um die Toleranz der Werkstücke auszugleichen.

Die Teile b und c' dienen als Festanschläge.

Positionieren	Spannen	Stützen	Führen	Verbinden
0	1	2	3	4

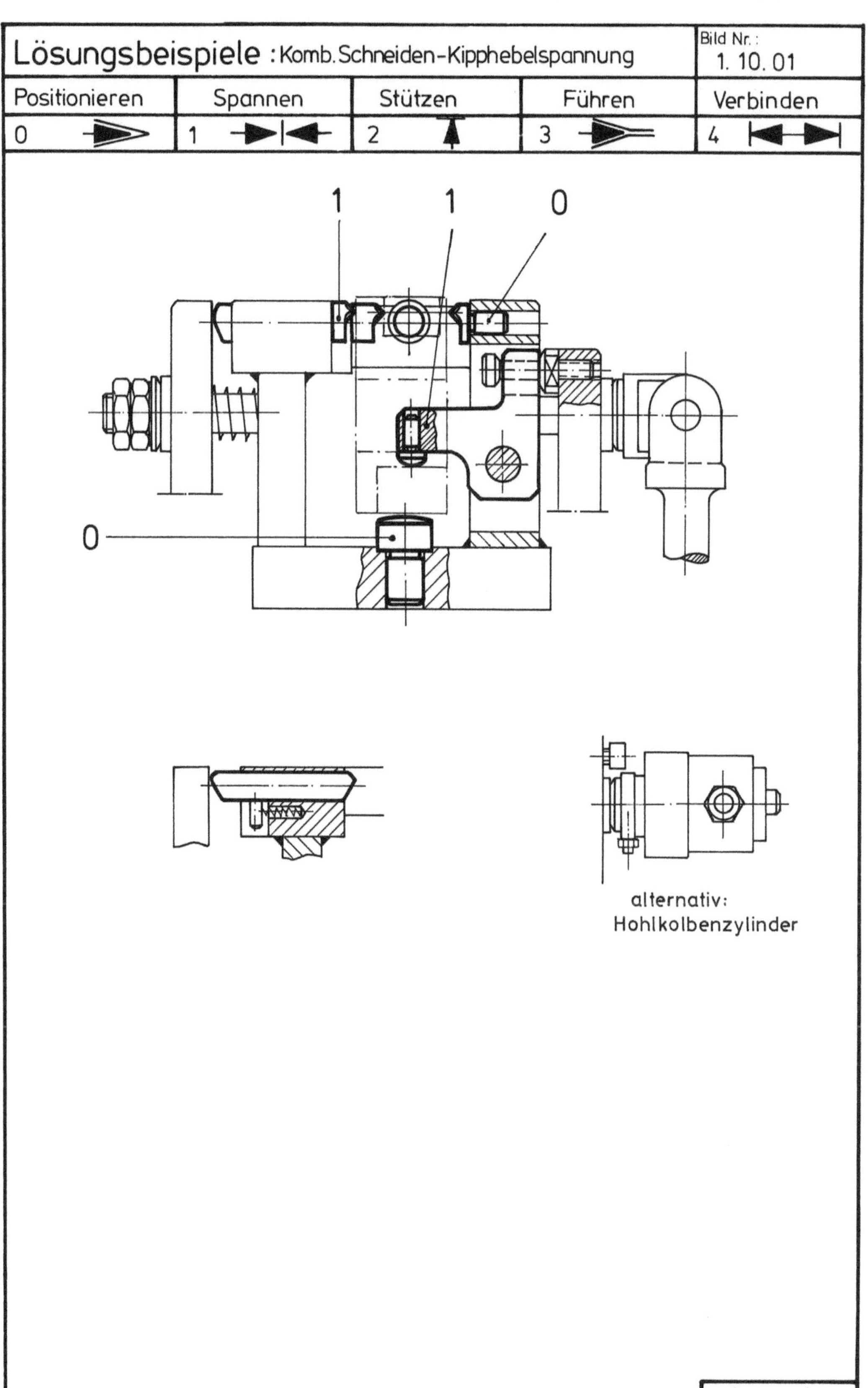

Lösungsbeispiele : Schneidenspannung: hydraulisch
Bild Nr. : 1. 10. 02
Positionieren
0
Spannen
1
Stützen
2
Führen
3
Verbinden
4
1
0
1
5
11
25
"X"
1
bei Bedarf bohren
Ansicht "X"
Bl. 1 von 1

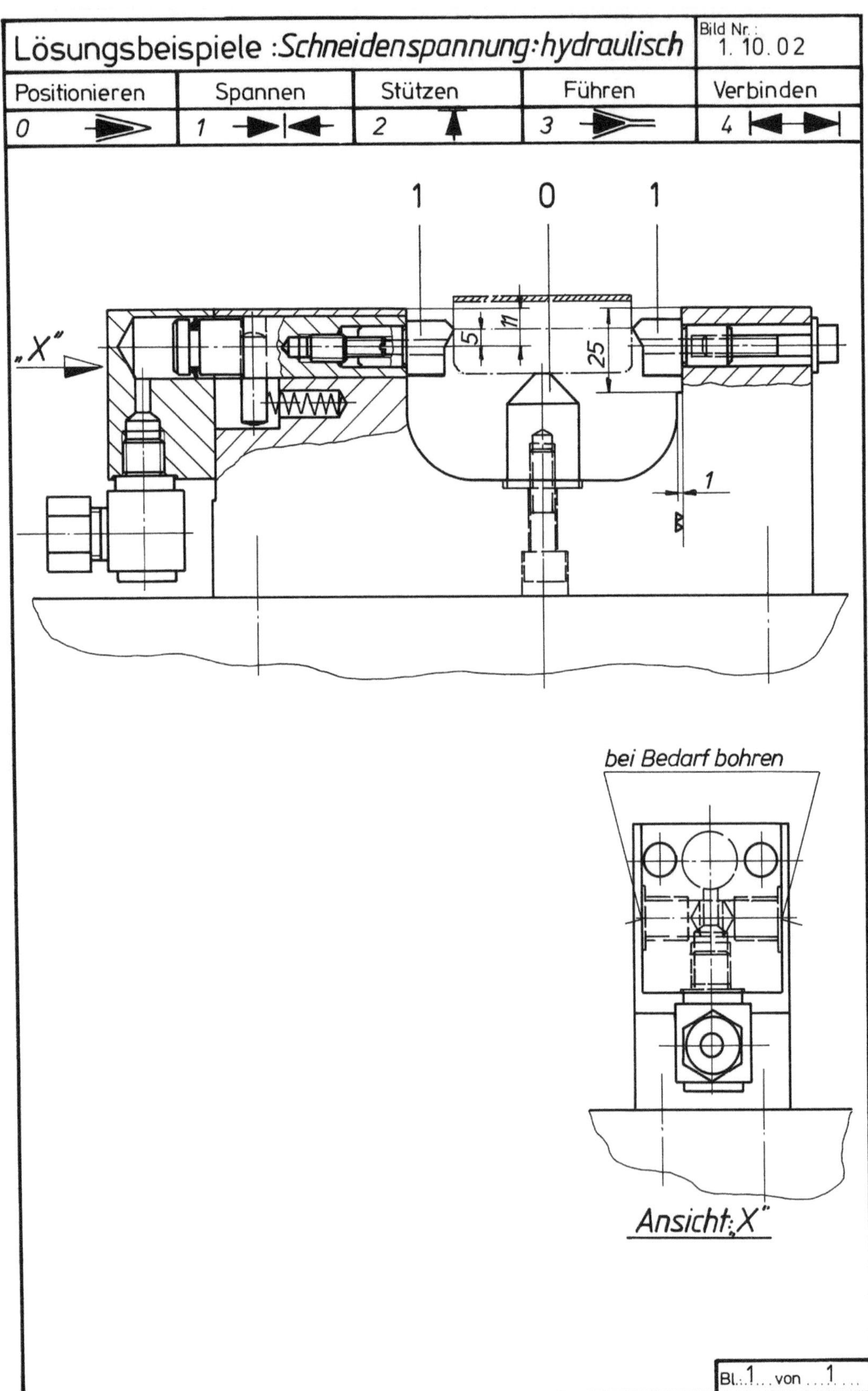

456

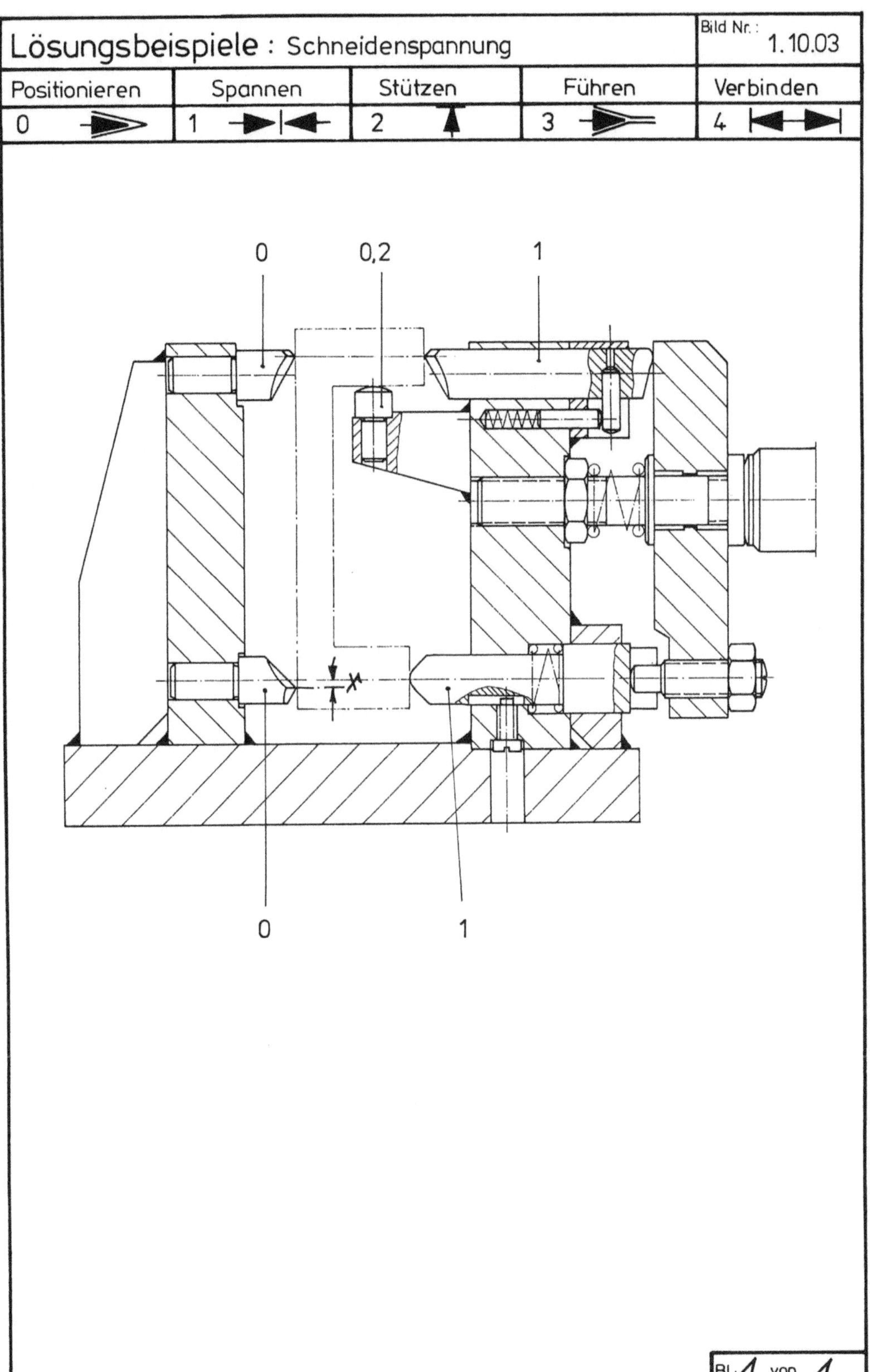

Bl. 1 von 1

457

Positionieren	Spannen	Stützen	Führen	Verbinden
0	1	2	3	4

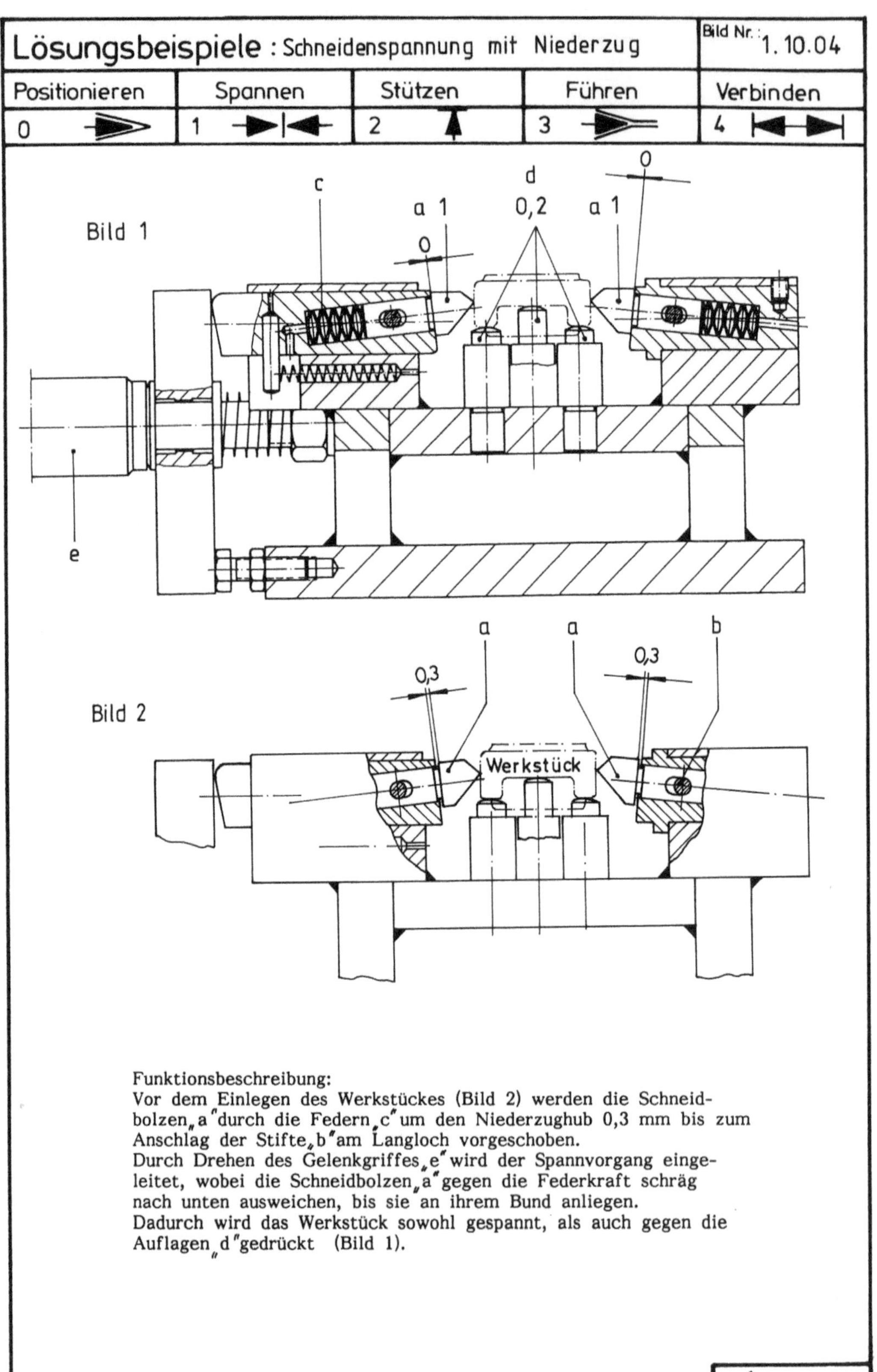

Funktionsbeschreibung:
Vor dem Einlegen des Werkstückes (Bild 2) werden die Schneid-
bolzen „a" durch die Federn „c" um den Niederzughub 0,3 mm bis zum
Anschlag der Stifte „b" am Langloch vorgeschoben.
Durch Drehen des Gelenkgriffes „e" wird der Spannvorgang einge-
leitet, wobei die Schneidbolzen „a" gegen die Federkraft schräg
nach unten ausweichen, bis sie an ihrem Bund anliegen.
Dadurch wird das Werkstück sowohl gespannt, als auch gegen die
Auflagen „d" gedrückt (Bild 1).

Bl. 1 von —

458

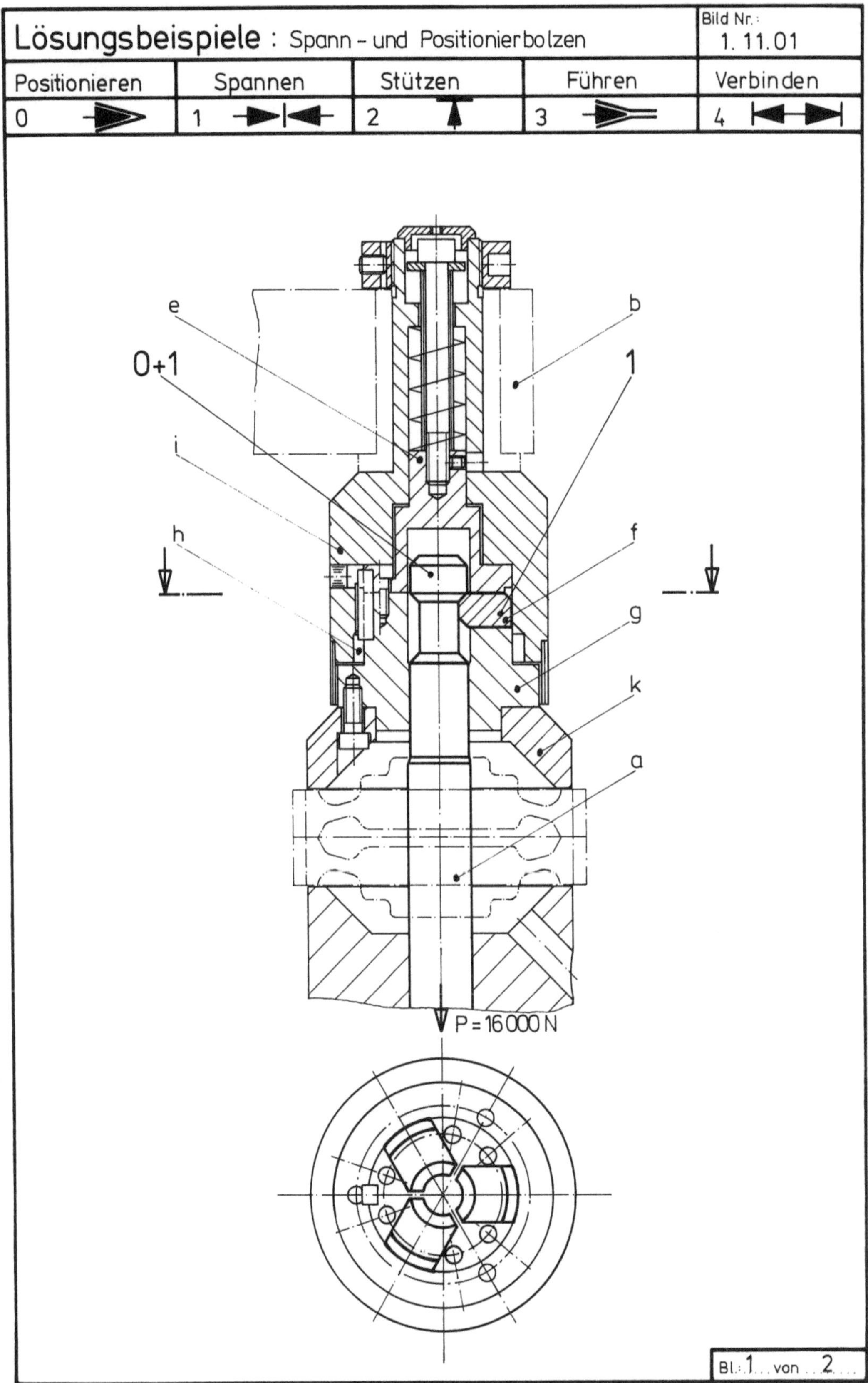

Lösungsbeispiele : Spann - und Positionierbolzen
Bild Nr.:
1. 11.01
Positionieren
Spannen
Stützen
Führen
Verbinden
0
1
2
3
4
e
b
0+1
1
i
f
h
g
k
a
P = 16 000 N
Bl. 1 von 2

<table>
<tr><td colspan="5">Lösungsbeispiele : Spann-u. Positionierbolzen</td><td>Bild Nr.:
1.11.01</td></tr>
<tr><td>Positionieren</td><td>Spannen</td><td>Stützen</td><td>Führen</td><td>Verbinden</td></tr>
<tr><td>0</td><td>1</td><td>2</td><td>3</td><td>4</td></tr>
</table>

Funktionsbeschreibung:

Die Werkstücke werden von Hand über den Spann-Positionierdorn
a in die Vorrichtung eingelegt und positioniert.
Der Gegenhalter b fährt mit den Spannteilen e - g und den in die
Ausdrehung h zurückgeschobenen 3 Spannstücken f auf das Werkstück,
dabei sind die Teile e und g durch Federkraft vorgeschoben.
Das nachlaufende Teil l schiebt über eine Schräge die Spann-
stücke f radial in eine Aussparung des Spann-Positionierdornes a,
der durch einen axialen Spannweg über die Teile f und g mit dem
Spanndecke k das Werkstück spannt.

Bl.: 2 .. von .. 2 ...

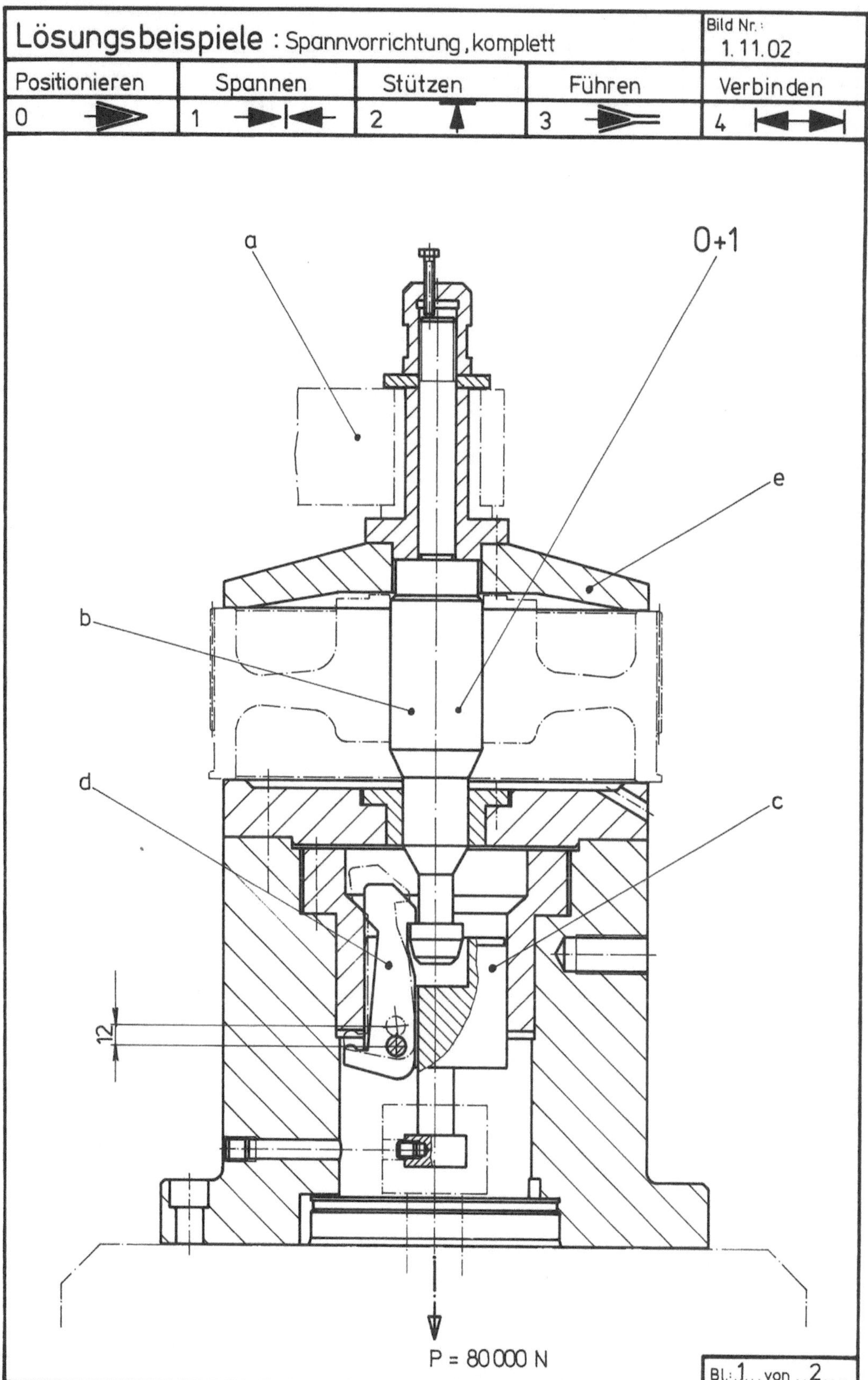

461

<table>
<tr><td colspan="5">Lösungsbeispiele : Spannvorrichtung kompl.</td><td>Bild Nr.:
1.11.02</td></tr>
<tr><td>Positionieren</td><td>Spannen</td><td>Stützen</td><td>Führen</td><td>Verbinden</td></tr>
<tr><td>0</td><td>1</td><td>2</td><td>3</td><td>4</td></tr>
</table>

<u>Funktionsbeschreibung:</u>

Der am Gegenhalter a befestigte Spann-Positionierdorn b
fährt durch die Werkstückbohrung in die Aufnahmebohrung
der Werkstückauflage und positioniert dadurch das Werkstück.
Durch Endschalter betätigt bewegt sich das Spannteil c mit
den 3 Spannklauen d nach unten, diese greifen in den Spann-
Positionierdorn ein und spannen über den Spanndeckel e das
Werkstück.

Bl. 2 von 2

462

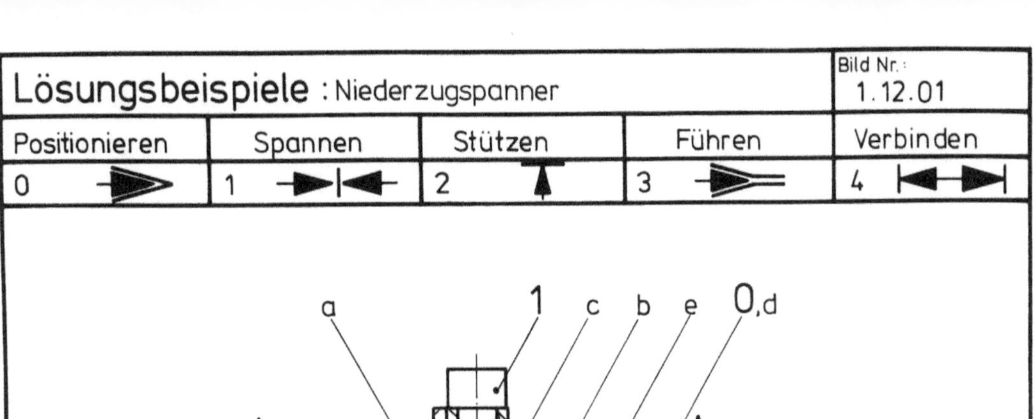

Lösungsbeispiele : Niederzugspanner
Bild Nr.:
1.12.01
Positionieren
Spannen
Stützen
Führen
Verbinden
0
1
2
3
4

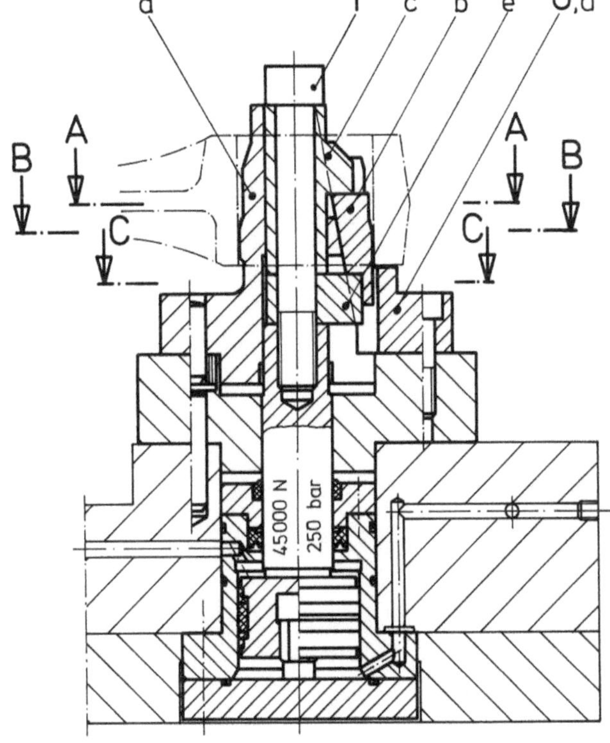

a
1
c
b
e
0,d
A
A
B
B
C
C
45000 N
250 bar

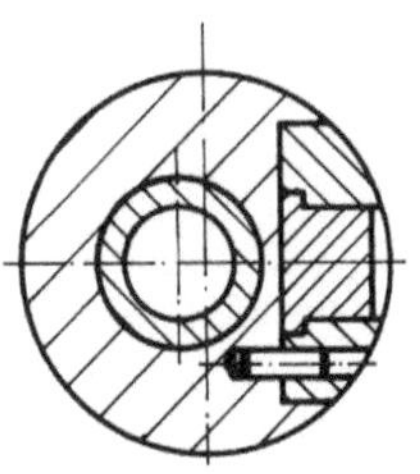

Schnitt A - A

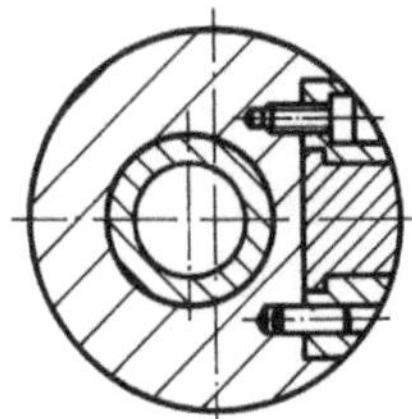

Schnitt B - B

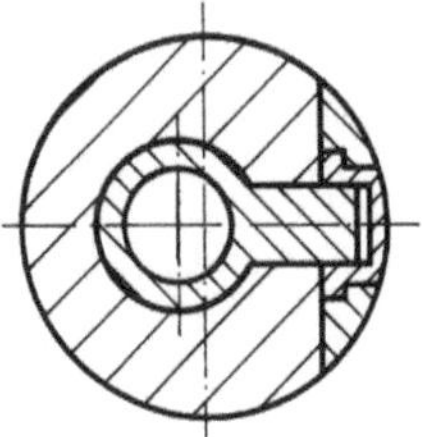

Schnitt C - C

Funktionsbeschreibung:

Das Werkstück, mit einer Passbohrung vorgearbeitet, wird auf dem
Flanschdorn a positioniert.
Durch Betätigung eines Hydr.-Spannzylinders "Spannen" wird der
Spannkeil b mittels Spannfinger c über eine Schräge von 10° flach-
geführt nach unten gezogen.
Das Werkstück wird bei gleichzeitiger radialer Spannung auf die
Auflage d gespannt.
Durch die Betätigung "Lösen" wird der Spannkeil b durch das Druck-
stück e in die Ausgangsstellung zurückgebracht.

Bl. 2 von 2

464

<table>
<tr><td colspan="4">Lösungsbeispiele : Schleifvorrichtung für 6 Teile</td><td>Bild Nr.:
1.12.02</td></tr>
<tr><td>Positionieren</td><td>Spannen</td><td>Stützen</td><td>Führen</td><td>Verbinden</td></tr>
<tr><td>0</td><td>1</td><td>2</td><td>3</td><td>4</td></tr>
</table>

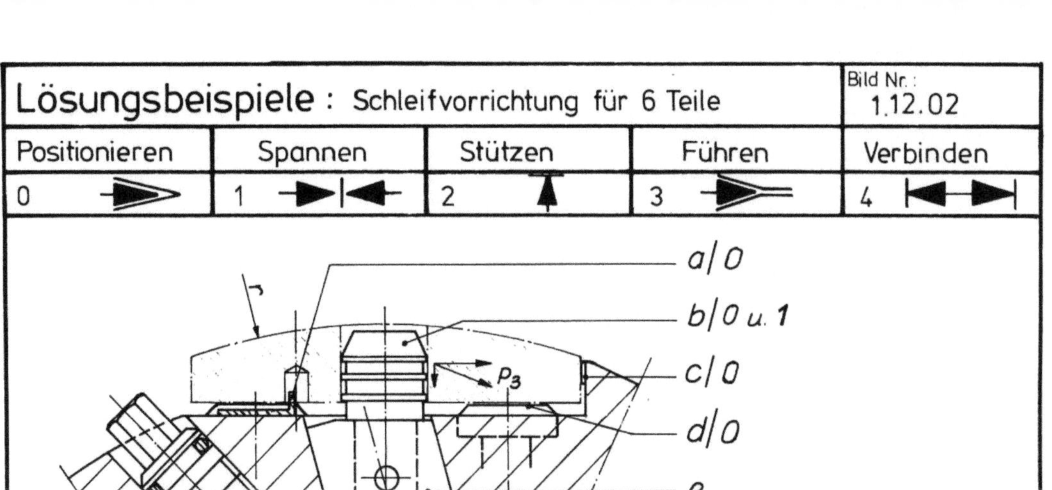

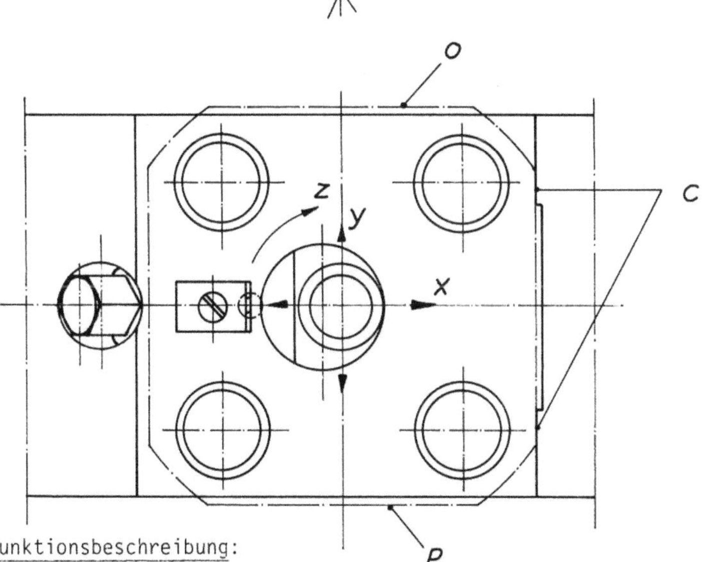

<u>Funktionsbeschreibung:</u>

Bearbeitet werden die Stirnseiten o und p und die Mantelfläche r, dabei wird das Werkstück durch die Kraft P_3 an die Flächen c und d angelegt und gleichzeitig in x, y, z-Richtung ausgerichtet.
Nase a ist eine Einlegesicherung.
Die Spannkraft P_1 wird mit Steckschlüssel von Hand erzeugt und von Kolben e in eine resultierende P_3 umgewandelt. Das Werkstück wird von Bolzen b mit Reibschluß gehalten.

Bl. 1 ... von ... 1 ...

Positionieren	Spannen	Stützen	Führen	Verbinden
0 ▶	1 ▶◀	2 ▲	3 ▶	4 ◀▶

Funktionsbeschreibung:

Durch Rechtsdrehen des Gewindestiftes „a", mittels Sechskantschraubendreher mit Griff, wird der Kolben „b" in axialerer Richtung auf das Druckmedium „c" bewegt, wobei die 3 Druckkolben „d" durch das Medium verschoben werden und somit auf die Ringmutter „e", welche das Federpaket „f" spannt, drücken. Durch diesen Vorgang wird die 6-mal geteilte Spannzange „g" geöffnet und das Einlegen der zubearbeitenden Baugruppe ermöglicht.

Durch Linksdrehen des Gewindestiftes „a" fällt der Oeldruck im System ab und das Federpaket „f" wirkt über die Ringmutter „e" und Zughülse „h" in axialer Richtung wobei eine Axialkraft auf die Spannzange „g" wirkt und somit die Baugruppe o.ä. Teile mit entsprechenden Aufnahmedurchmesser gespannt werden können.

Durch Lösen der Überwurfmutter „i" und Zughülse „h" lassen sich diverse Spannzangen auswechseln.

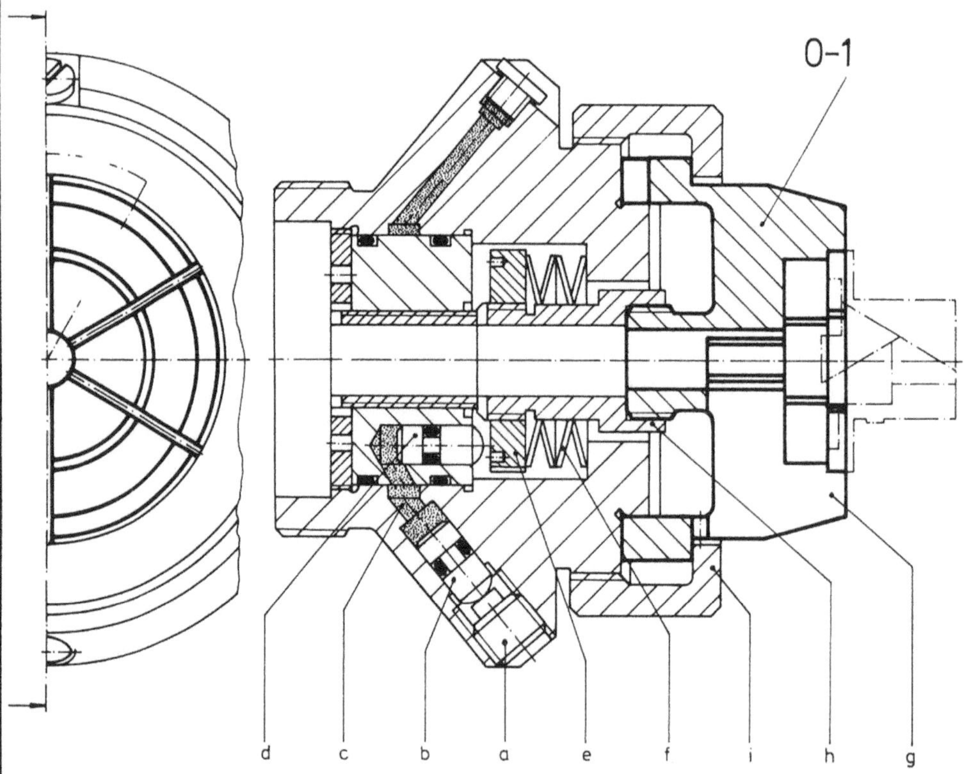

Die hydraulische Spannvorrichtung wird in einer Hochgenauigkeit-Drehmaschine, welche mit einem optischen Ausrichtsystem ausgestattet ist, eingesetzt. Hierbei läßt sich die optische Achse über ein Zentrierrichtfutter ausrichten, um danach am mechanischen Teil die Anlagefläche oder ein Paßzylinder, spanabhebend bearbeiten zu können.

Durch diesen Vorgang wird die optische und mechanische Achse oder Anlagefläche in Einklang gebracht.

| Bl. 1 von 1 |

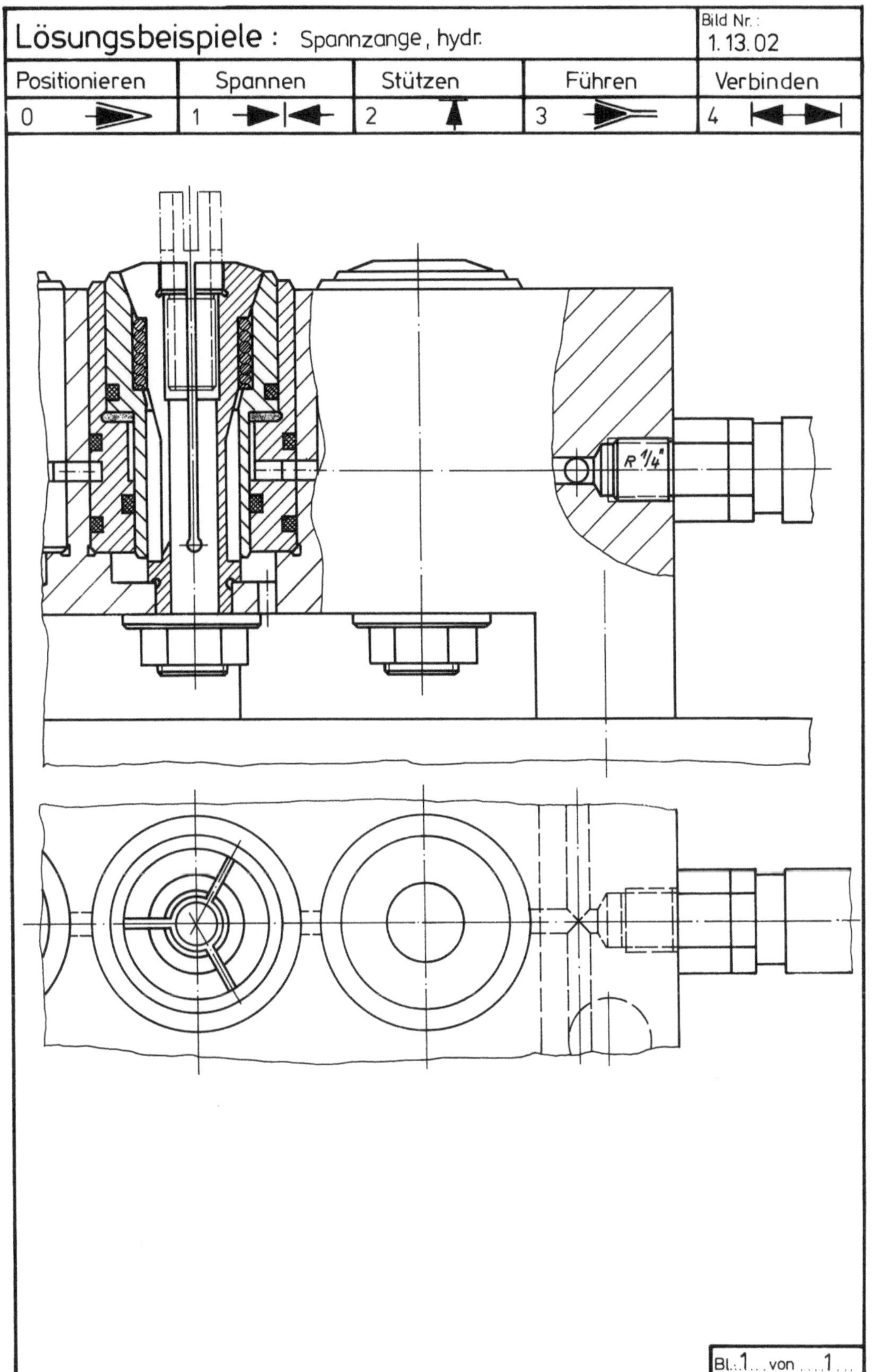

Lösungsbeispiele : Spannzange, hydr.
Bild Nr. :
1.13.02
Positionieren
Spannen
Stützen
Führen
Verbinden
0
1
2
3
4
R 1/4"
Bl. 1 von 1

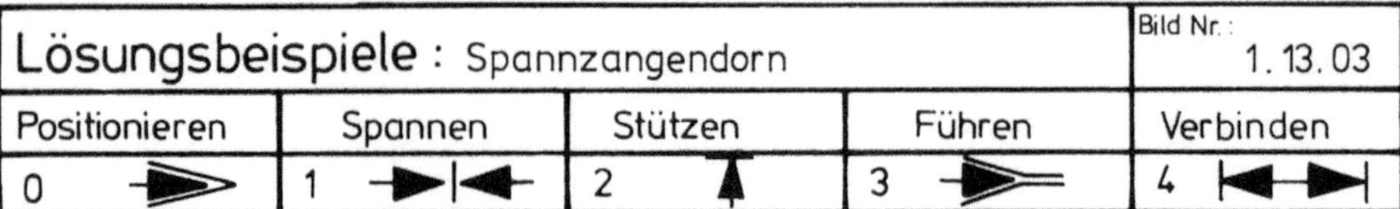

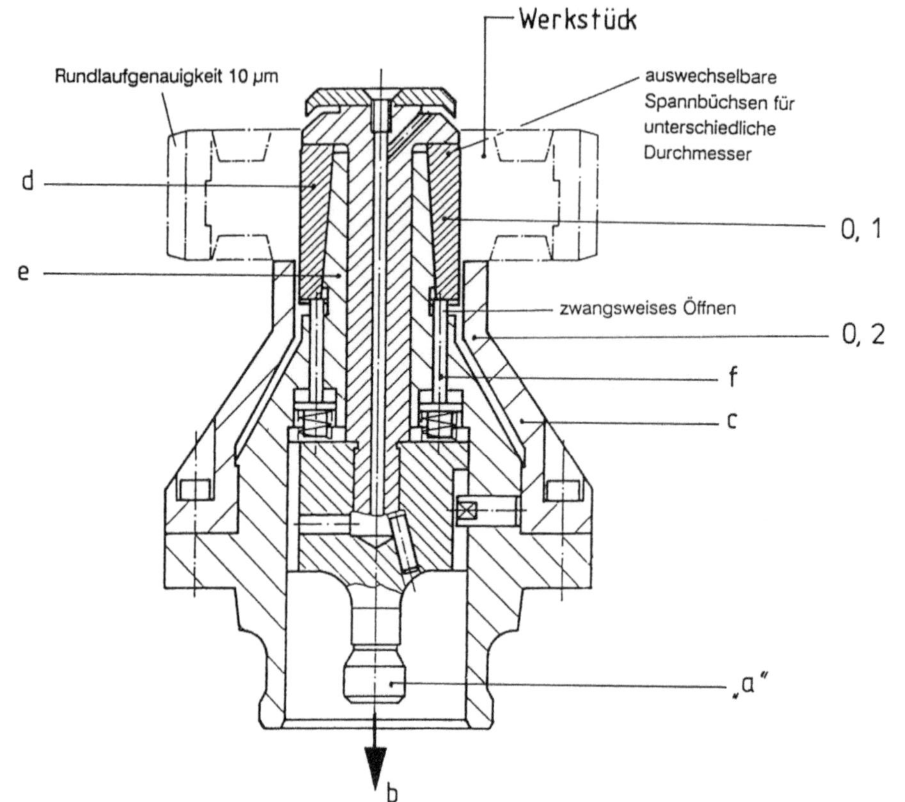

Funktionbeschreibung:
Zugspindel "a" steht beim Einführen des Werkstückes in ent-
spannter Stellung.
Werkstück wird in die Vorrichtung bis Anlage "c" eingeführt.
Durch Ziehen des Spannbolzens "a" in Richtung "b" wird Spann-
büchse "d" über den Kegel "e" gespreizt.
Beim Entspannen drückt die Zugspindel "d" gegen die Ausstoßter
"f" und öffnet damit die Spannbüchse "d".

<table>
<tr><td colspan="4">Lösungsbeispiele : Spannzangendorn</td><td>Bild Nr. 1.13.04</td></tr>
<tr><td>Positionieren</td><td>Spannen</td><td>Stützen</td><td>Führen</td><td>Verbinden</td></tr>
<tr><td>0</td><td>1</td><td>2</td><td>3</td><td>4</td></tr>
</table>

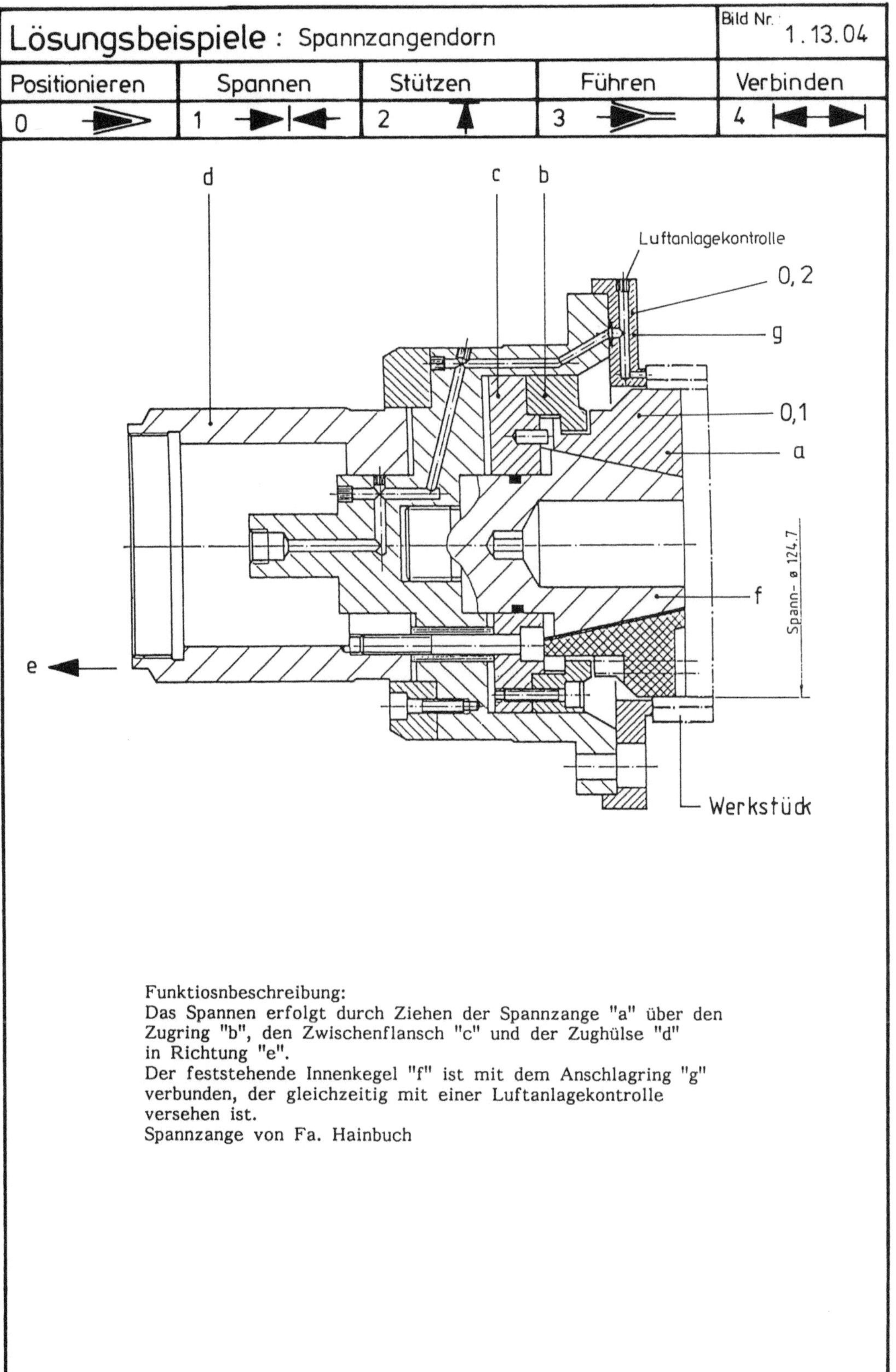

Funktiosnbeschreibung:
Das Spannen erfolgt durch Ziehen der Spannzange "a" über den
Zugring "b", den Zwischenflansch "c" und der Zughülse "d"
in Richtung "e".
Der feststehende Innenkegel "f" ist mit dem Anschlagring "g"
verbunden, der gleichzeitig mit einer Luftanlagekontrolle
versehen ist.
Spannzange von Fa. Hainbuch

Bl. ...... von ....

Positionieren	Spannen	Stützen	Führen	Verbinden
0	1	2	3	4

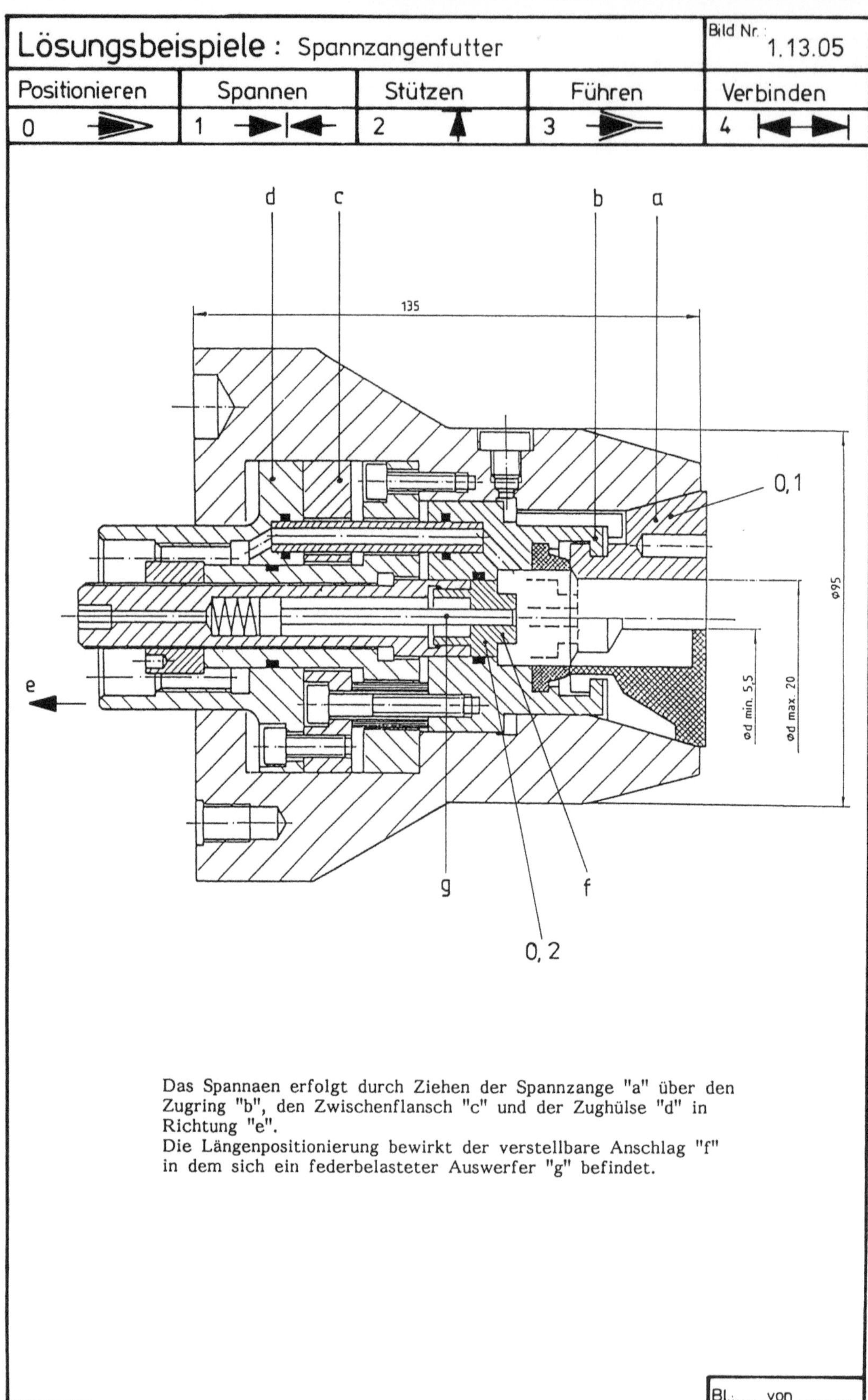

Das Spannaen erfolgt durch Ziehen der Spannzange "a" über den
Zugring "b", den Zwischenflansch "c" und der Zughülse "d" in
Richtung "e".
Die Längenpositionierung bewirkt der verstellbare Anschlag "f"
in dem sich ein federbelasteter Auswerfer "g" befindet.

Bl. ...... von ....

470

<table>
<tr><td colspan="4">Lösungsbeispiele : Spannzangenfutter</td><td>Bild Nr.:
1.13.06</td></tr>
<tr><td>Positionieren</td><td>Spannen</td><td>Stützen</td><td>Führen</td><td>Verbinden</td></tr>
<tr><td>0</td><td>1</td><td>2</td><td>3</td><td>4</td></tr>
</table>

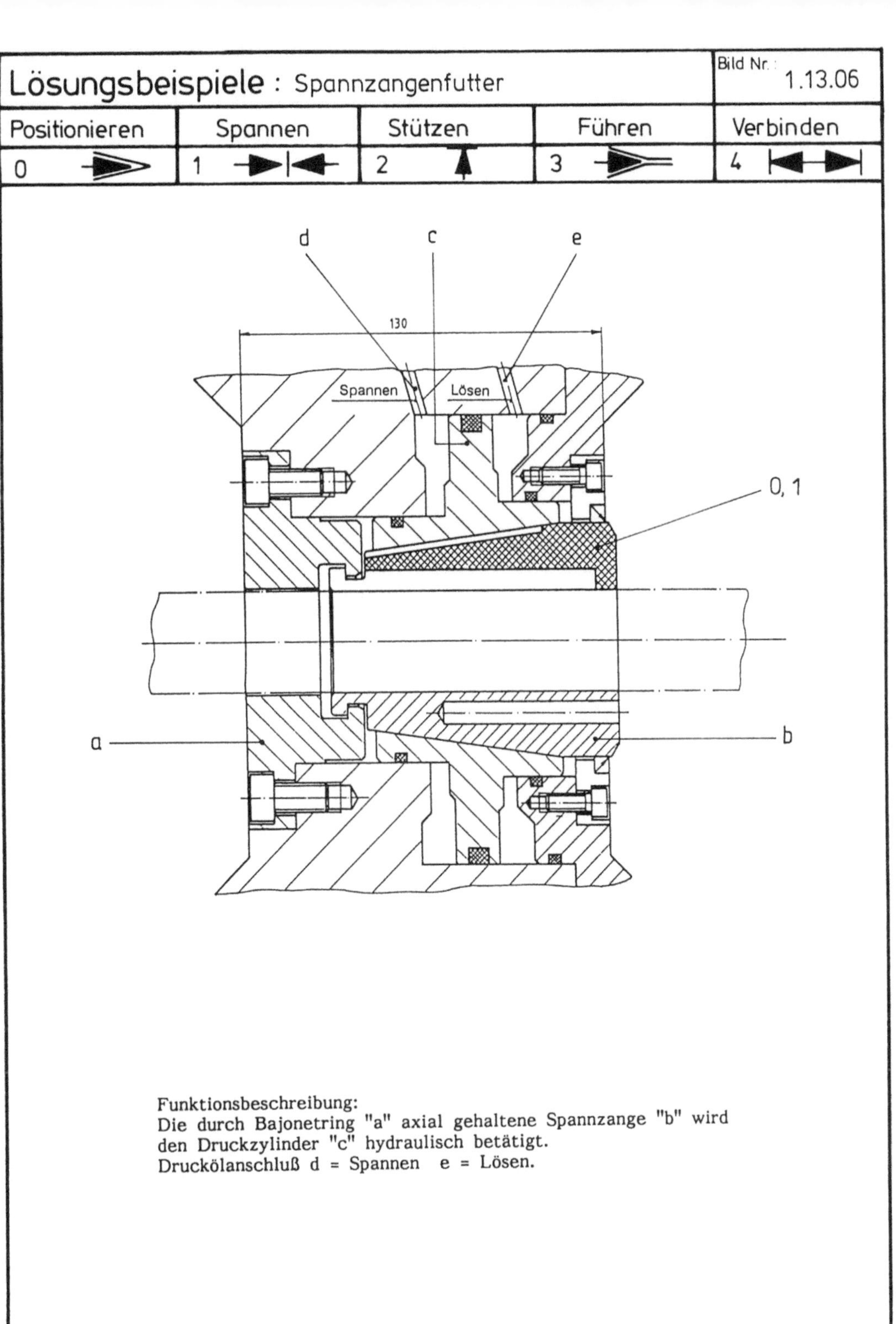

Funktionsbeschreibung:
Die durch Bajonetring "a" axial gehaltene Spannzange "b" wird
den Druckzylinder "c" hydraulisch betätigt.
Druckölanschluß d = Spannen   e = Lösen.

| Positionieren | Spannen | Stützen | Führen | Verbinden |
| 0 | 1 | 2 | 3 | 4 |

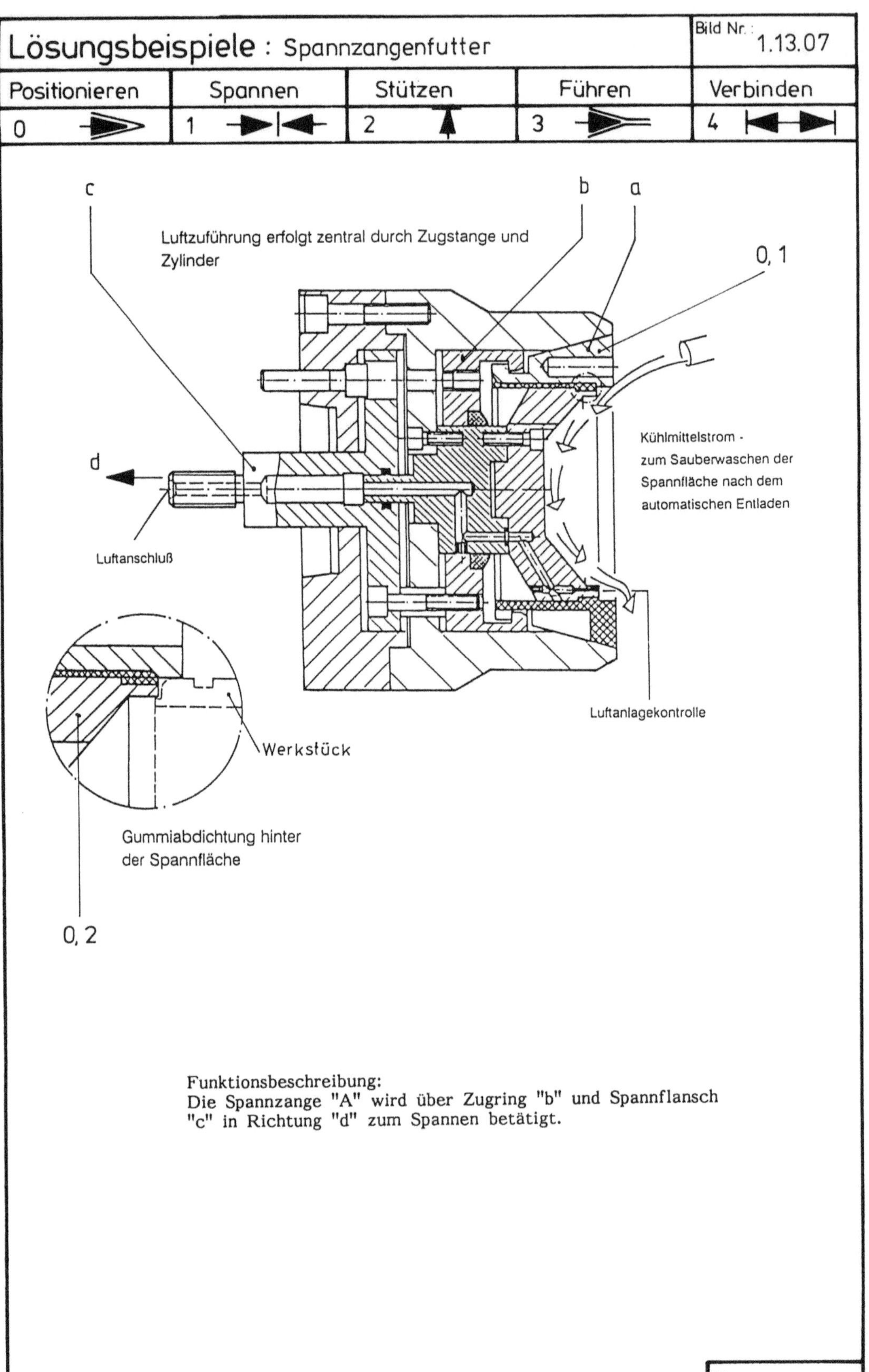

Funktionsbeschreibung:
Die Spannzange "A" wird über Zugring "b" und Spannflansch
"c" in Richtung "d" zum Spannen betätigt.

Bl.: ..... von ....

472

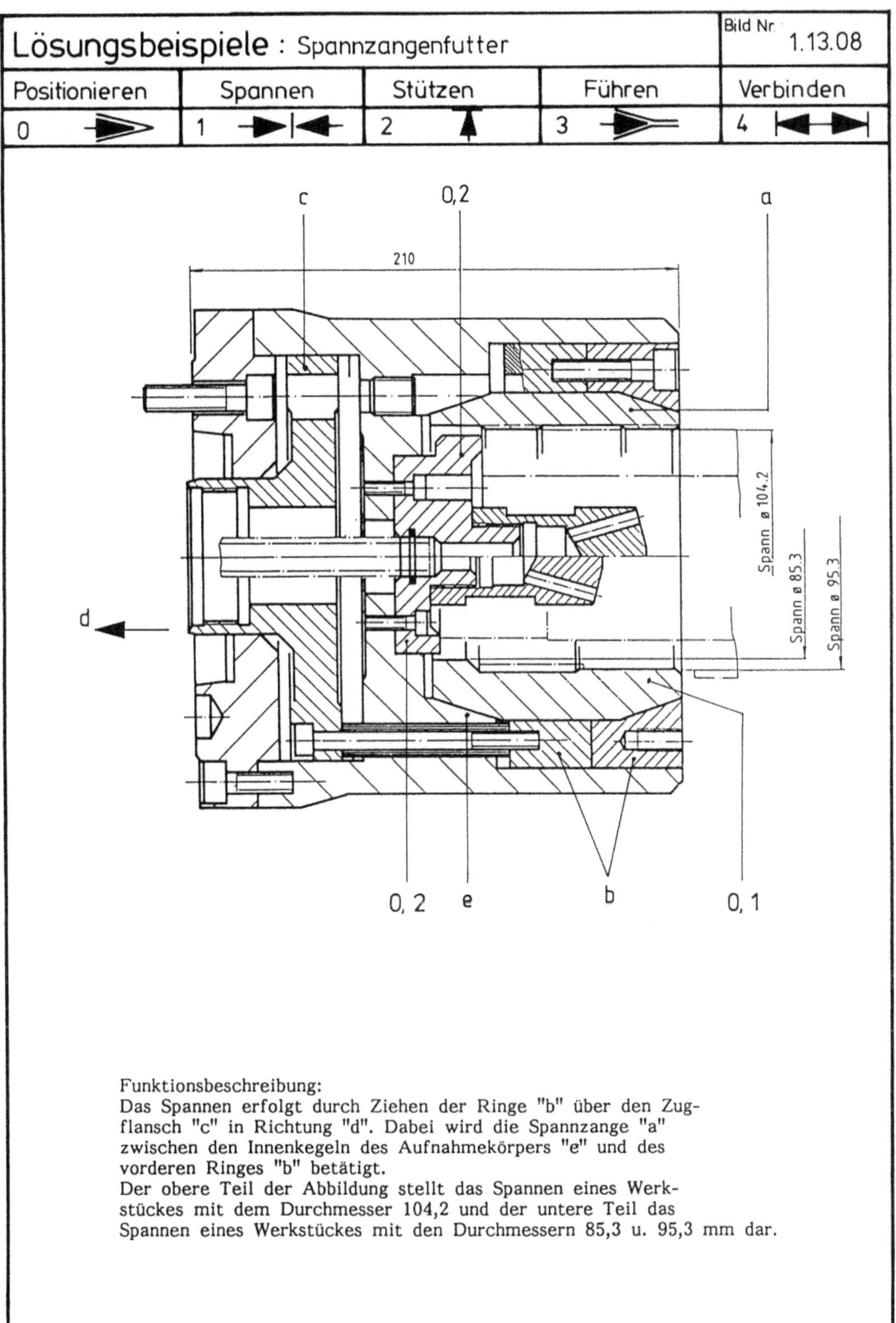

Funktionsbeschreibung:
Das Spannen erfolgt durch Ziehen der Ringe "b" über den Zug-
flansch "c" in Richtung "d". Dabei wird die Spannzange "a"
zwischen den Innenkegeln des Aufnahmekörpers "e" und des
vorderen Ringes "b" betätigt.
Der obere Teil der Abbildung stellt das Spannen eines Werkstückes mit dem Durchmesser 104,2 und der untere Teil das
Spannen eines Werkstückes mit den Durchmessern 85,3 u. 95,3 mm dar.

| Bl. ...... von .... |

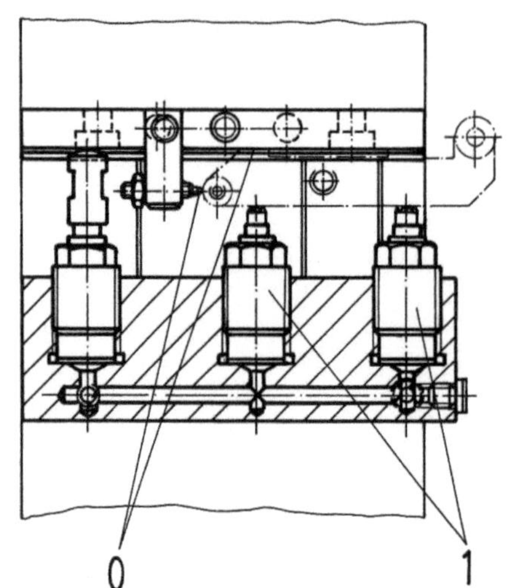

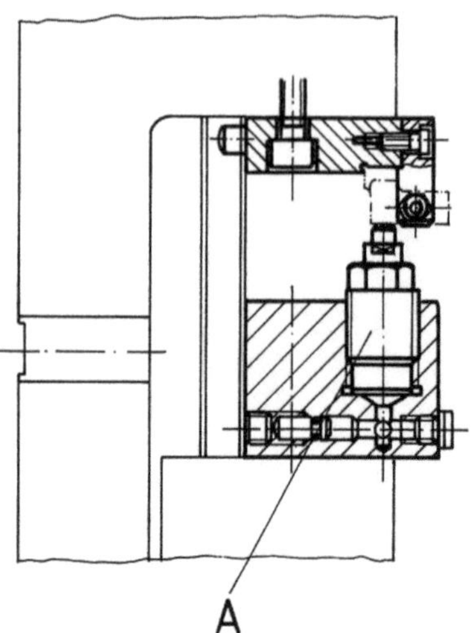

<u>Funktionsbeschreibung:</u>

Aufgrund der unbearbeiteten Spannfläche gegenüber der Auflagefläche wurde eine hydr. Ausgleichsspannung mit Hilfe von Einschraubzylindern A gewählt.
Zwei Einschraubzylinder spannen das Werkstück, der 3. dient
der gleichmäßigen Kraftverteilung am beweglichen Schraubstockbacken. Die Rückholfeder wurde aus dem Einschraubzylinder entfernt.
Beim Öleinfüllen wurden die Zylinder auf ca. halben Kolbenhub
gestellt.

| Positionieren | Spannen | Stützen | Führen | Verbinden |
| 0 | 1 | 2 | 3 | 4 |

für Kraftspannfutter

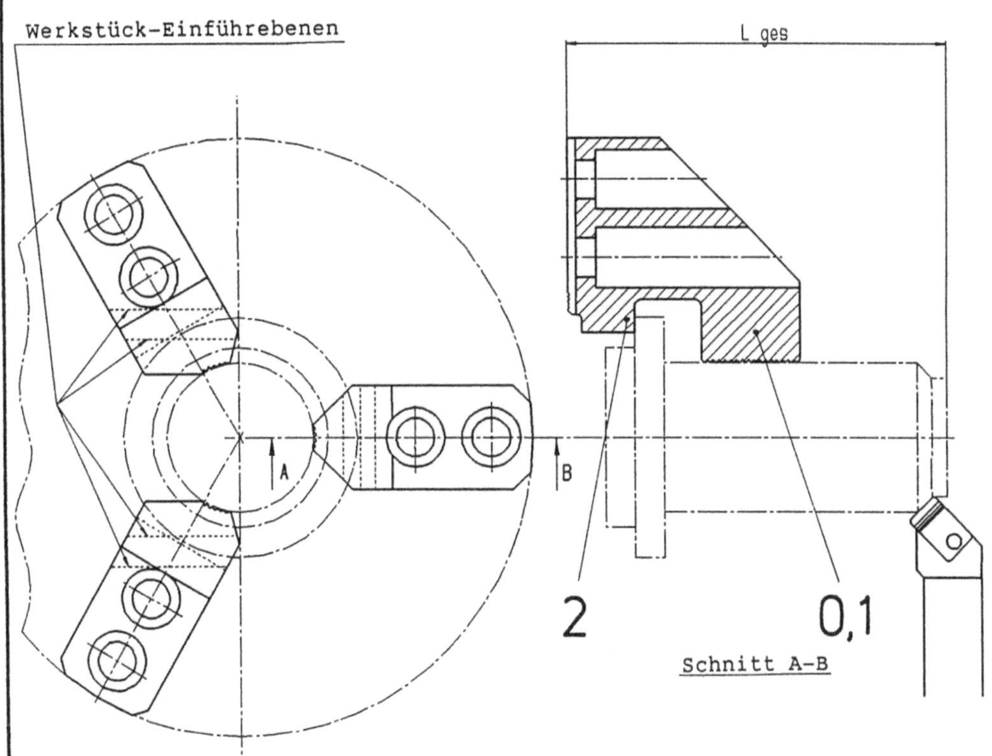

<u>Funktionsbeschreibung:</u>

Gespannt werden Werkstücke mit hintenliegendem Bund.Im Bereich
der Werkstück-Einführebenen werden die Spannbacken entsprechend
freigearbeitet.Grenzen der zu überbrückenden Durchmesserdiffe-
renzen werden durch die Lage der Befestigungsschrauben gesetzt.
Ferner müssen die Momente,welche durch Auskraglänge der Backen
in Paarung mit der Spannkraft,sowie dem Produkt der Hauptschnittkraft x Lges auf das Spannsystem rückwirken,beachtet werden.Eine
sorgfältige Berechnung ist demzufolge vor dem Einsatz unumgäng-
lich.

Bl.: 1 von -

<table>
<tr><td colspan="5">Lösungsbeispiele :   Sonderaufsatzbacken</td><td>Bild Nr.:
1.14.03</td></tr>
<tr><td>Positionieren</td><td>Spannen</td><td>Stützen</td><td>Führen</td><td>Verbinden</td></tr>
<tr><td>0</td><td>1</td><td>2</td><td>3</td><td>4</td></tr>
</table>

<u>für Kraftspannfutter</u>

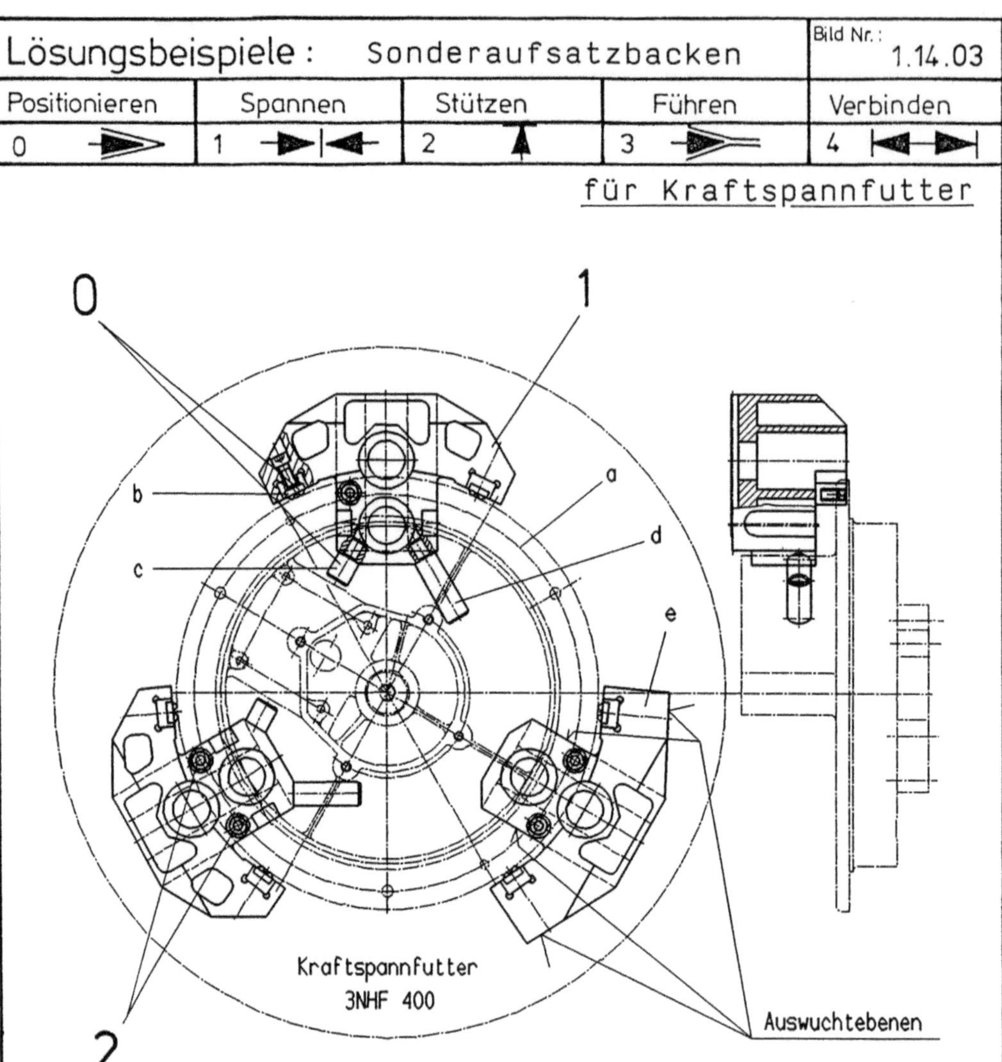

<u>Funktionsbeschreibung:</u>

Gespannt wird ein dünnwandiges,asymmetrisches Werkstück a.
Der Kraftfluß des Dreibackenfutters wird -zur Vermeidung der Beu-
lung und sonstiger Verspannungen im Werkstück- auf 6 Spannstellen
verzweigt.GRIP-ELEMENTS b sorgen für formschlüssige Mitnahme.Be-
grenzungsbolzen c sorgen für die Lagebestimmung des Werkstückes,
während die Abweiser d ein falsches Einlegen verhindern.Wegen der
asymmetrischen Geometrie des Werkstückes muß ein Massenausgleich
am Spannsystem erfolgen.Spannbacke e weicht aus diesem Grunde von
den anderen Backen ab.Die Auswuchtebenen sind gekennzeichnet.Son-
derbacken dieser Art dürfen nur nach sorgfältiger Festigkeitsberech-
nung und Analyse des dynamischen Verhaltens (mit meist notwendiger
Drehzahlreduzierung verbunden) eingesetzt werden.Neben der Auswucht-
güte sind Vorschriften für die Warmbehandlung anzugeben und zwingend
die Untersuchung auf Rißbildung (z.B.Magnetpulver-Prüfverfahren)vor-
zuschreiben.

Bl.:1...von .-....

476

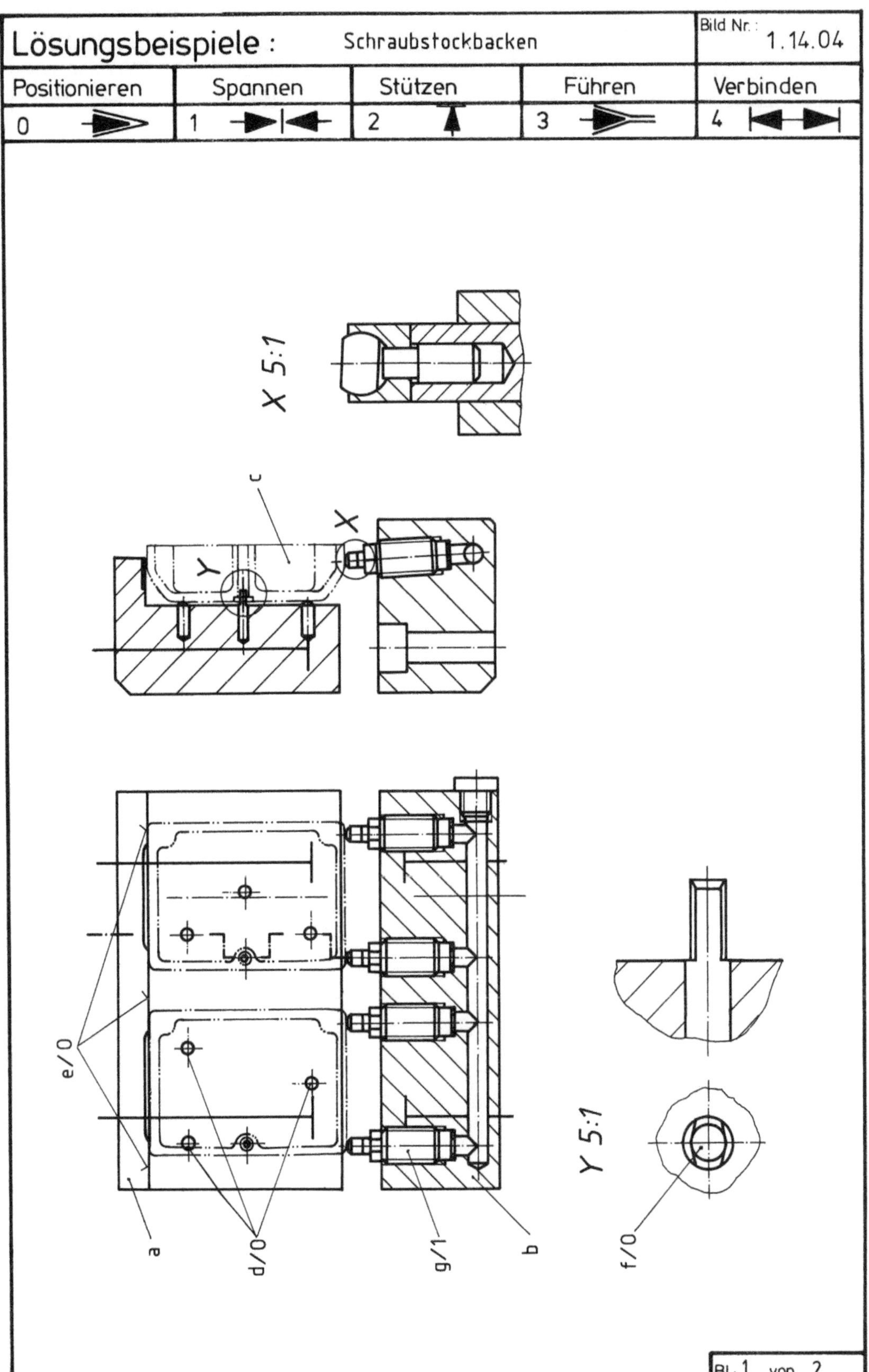

Lösungsbeispiele :
Schraubstockbacken
Bild Nr. : 1.14.04
Positionieren
0
Spannen
1
Stützen
2
Führen
3
Verbinden
4
X 5:1
c
X
Y
e/0
a
d/0
g/1
b
Y 5:1
f/0
Bl. 1 von 2

Positionieren	Spannen	Stützen	Führen	Verbinden
0	1	2	3	4

Bl.: 2. von . 2

Funktionsbeschreibung:

Die feste Spannbacke a und bewegliche b wird in einem Maschinen-
schraubstock befestigt. Das Gußteil c wird auf die Positionierelemente d aufgelegt, an die Anlage e angelegt und mit dem abgeflachten Stift f abgesteckt. Zum Spannen sind in der beweglichen
Spannbacke b hydraulische Einschraubzylinder g schwimmend miteinander verbunden.

Dadurch ist an jedem Punkt die gleiche Spannkraft vorhanden. Die
Einschraubzylinder g sind leicht schräg nach unten eingebaut,
wodurch noch ein Niederzugeffekt erreicht wird.

Positionieren	Spannen	Stützen	Führen	Verbinden
0	1	2	3	4

schnellverstellbar, 40mm Hub

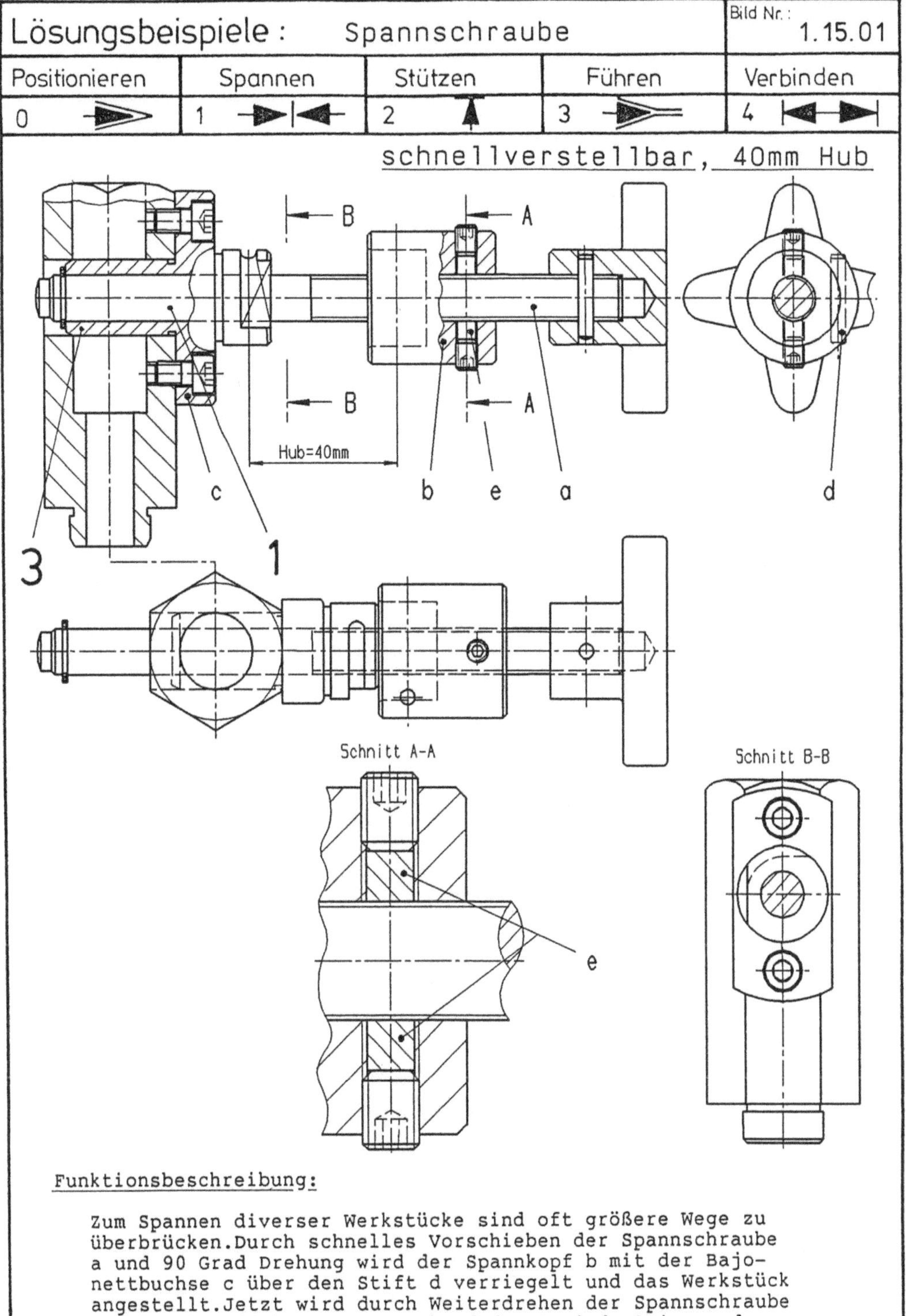

<u>Funktionsbeschreibung:</u>

Zum Spannen diverser Werkstücke sind oft größere Wege zu überbrücken. Durch schnelles Vorschieben der Spannschraube a und 90 Grad Drehung wird der Spannkopf b mit der Bajonettbuchse c über den Stift d verriegelt und das Werkstück angestellt. Jetzt wird durch Weiterdrehen der Spannschraube a 1/2 – 1 Umdrehung entsprechend der Gewindesteigung das Werkstück gespannt.

Über die Druckstücke e muß auf die Spannschraube a ein bestimmter, funktionsabhängiger Druck ausgeübt werden, der die Funktion der Spannschraube gewährleistet.

Bl.: 1 von –

Übersichtsblatt: Lösungsbeispiele		Stützen	
		2	⊤
Lösungs - Variante		Zuordnung Lösungs- Variante	Blatt-Nr. Inhalts- Verzeichn.
Stützbolzen, hydr. betätigt selbsthemmend		0 | 1	|
Stützbolzen, mech. betätigt Abklemmung selbsthemmend		0 | 2	|
Stützbolzen mech. Abklemmung hydr. nicht selbsthemmend		0 | 3	|
Abstützung u. Klemmung mech. betätigt.		0 | 4	|
Stützbolzen hydr. betätigt und abgeklemmt		0 | 5	|
		|	|
		|	|
		|	|
		|	|
		|	|
		|	|
		|	|
		|	|
		|	|
		|	|
		|	|
		|	|
		|	|
		|	|
		|	|
		|	⊤ |
		Zuordnung Lösungs-	Blatt-Nr. Inhalts- Verzeichn.
		|	|

<table>
<tr><td colspan="5">Inhaltsverzeichnis: Lösungsbeispiele</td><td>2</td><td>⊤</td></tr>
<tr><td>Positionieren</td><td>Spannen</td><td colspan="2">Stützen</td><td>Führen</td><td colspan="2">Verbinden</td><td rowspan="2">Blatt-Nr. 1</td></tr>
<tr><td>0 ▷</td><td>1 ▶◀</td><td colspan="2">2 ▲</td><td>3 ▷</td><td colspan="2">4 ◀▶</td></tr>
</table>

Lösungs-Variante	mech.	hydr.	sonst.	Weitere Funktionen sind in dem Beispiel enthalten 0	1	3	4	Bild-Nr. Funktion	Lösungs-variante	Laufende	Nummer		Seite
Stützbolzen, hydr. betätigt selbsthemmend. **01**		X		X				2	0	1	0 1		
		X		X				2	0	1	0 2		
Stützbolzen, mech. betätigt, Abklemmung selbsthemmend. **02**	X	X	X	X	X			2	0	2	0 1		
Stützbolzen, Anstellung mech. Abklemmung hydr. nicht selbsthemmend. **03**	X	X		X	X			2	0	3	0 1		
	X	X			X			2	0	3	0 2		
	X	X						2	0	3	0 3		

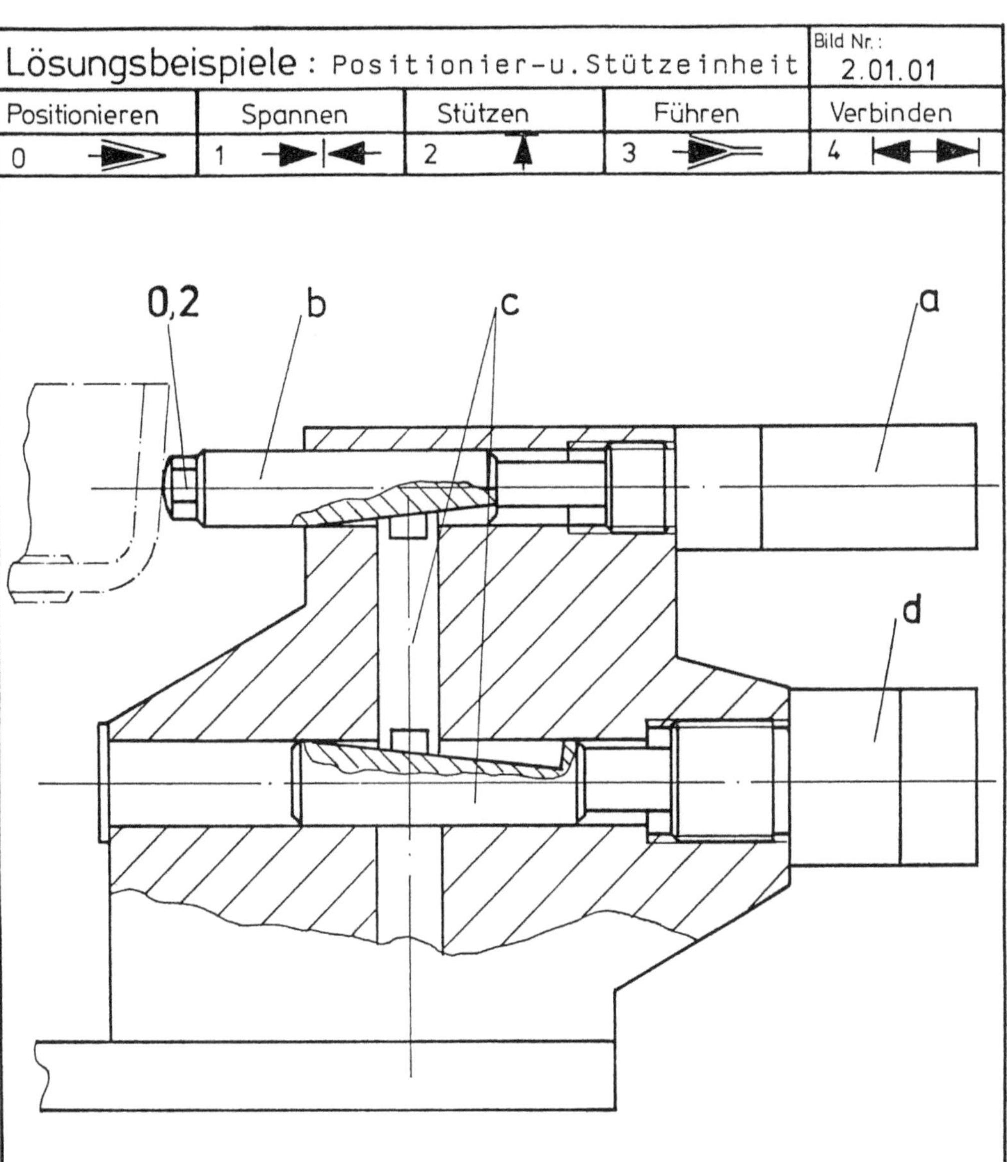

Funktionsbeschreibung:

Der Hydraulikzylinder a wird mit dosierter Kraft an das Werkstück angelegt und bringt es in der Vorrichtung vorbestimmten Position.Damit der Stützbolzen b unverrückbar seine Lage beibehält,wird er mit einem Riegelbolzenpaar c mit hydraulischer Betätigung abgeklemmt.
Der Klemmzylinder d ist so angeordnet,daß mit der kleinen Zugkraft geklemmt wird,und die größere Stoßkraft das Losbrechen besorgt.

Der Vorteil des Systems:
Die Ausweichmöglichkeit des Stützbolzens b in der Halteposition unter Bearbeitungsdruck liegt nur im Bereich der elastischen Verformung der verwendeten Materialien!

Bl.:1...von...1...

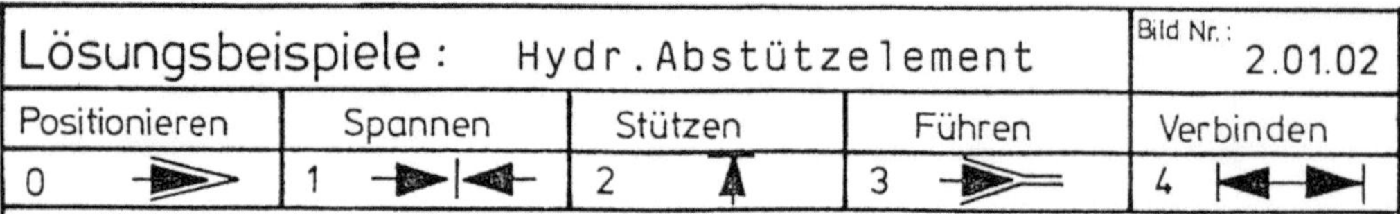

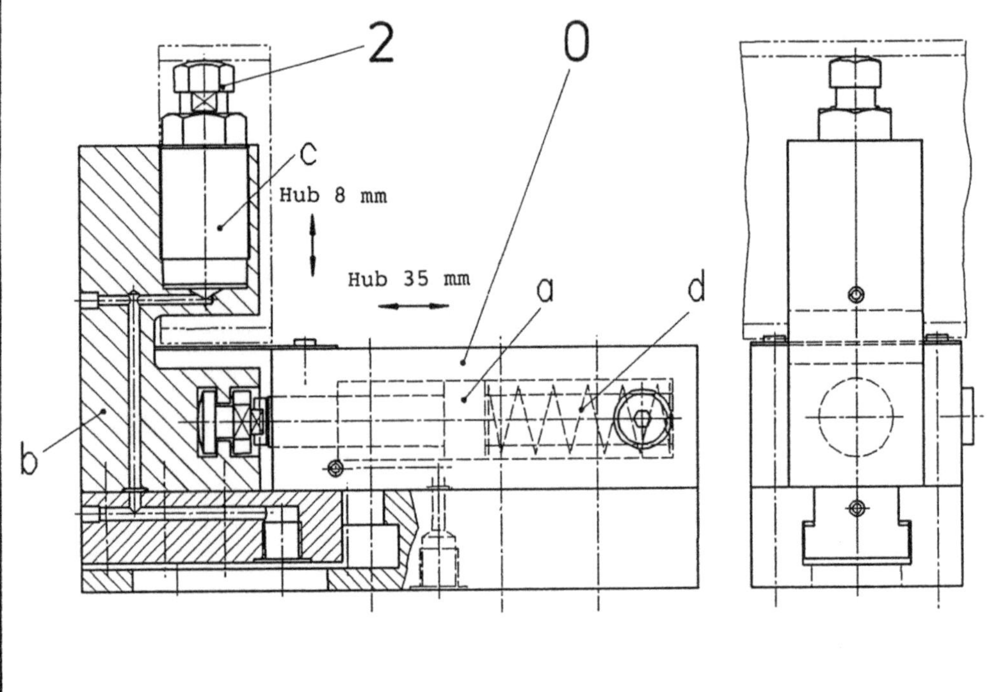

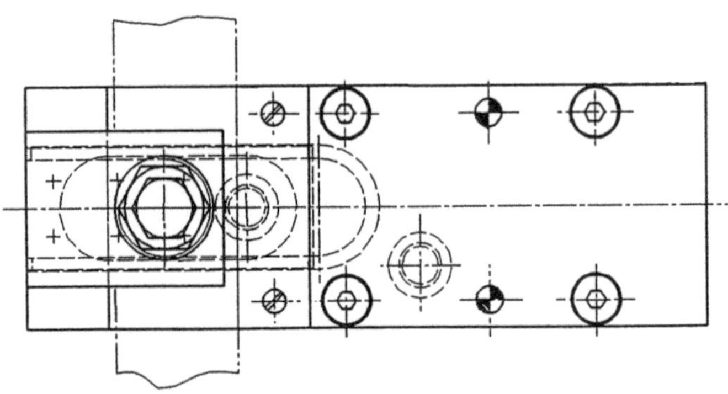

<u>Funktionsbeschreibung:</u>

Das Element ist in Arbeitsstellung gezeichnet.
Durch Beaufschlagung des Zugzylinders a wird der Schlitten
b in Position eingefahren.
Über ein Zuschaltventil mit Schlauchverbindung (nicht gezeichnet) wird das Abstützelement c beaufschlagt,in Endlage
gebracht und abgeklemmt.Beim Lösen fährt zuerst das Abstützelement c ein,und über die Druckfeder d im Zugzylinder a
wird der Schlitten b ausgefahren.

Bl.:1...von ....

484

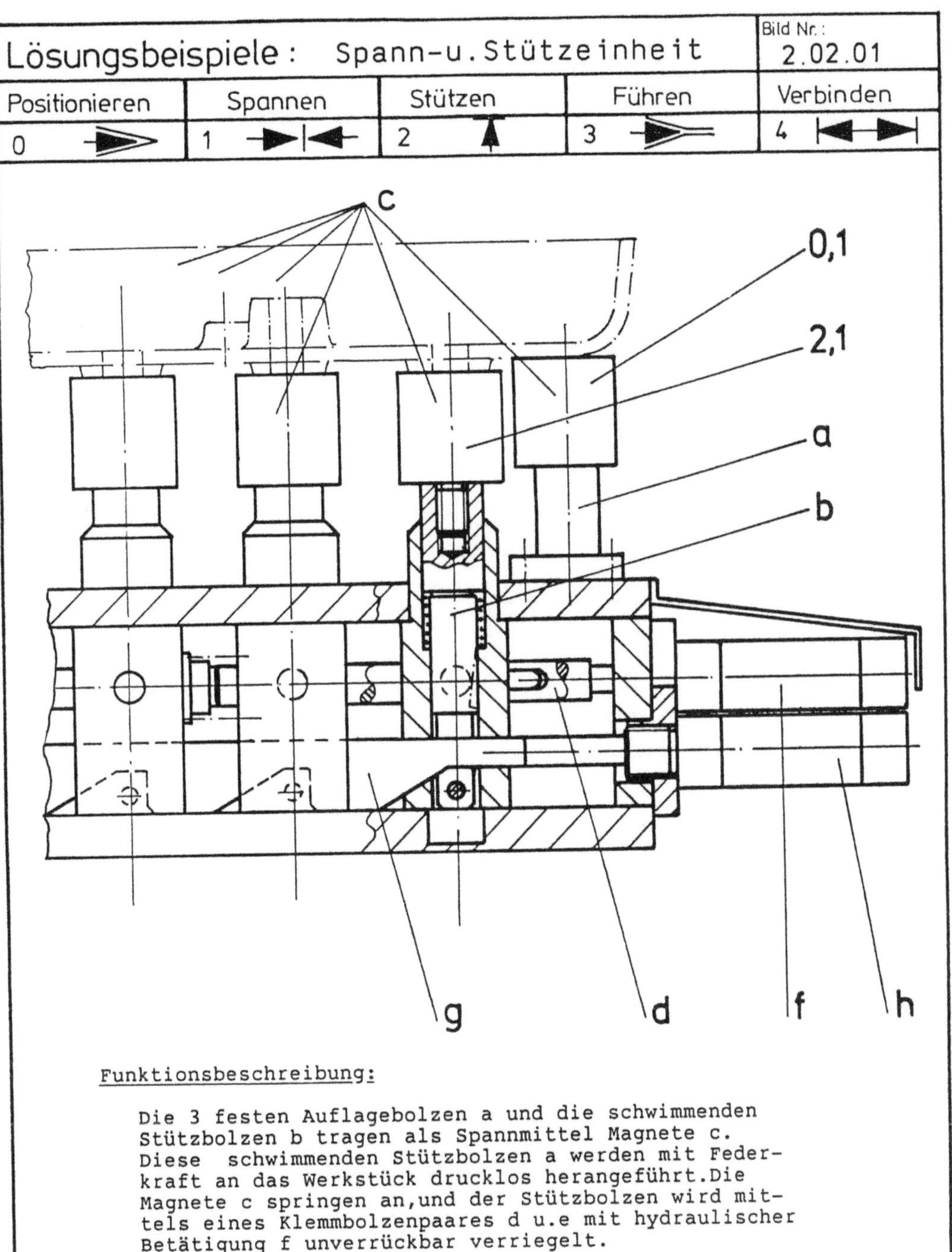

Funktionsbeschreibung:

Die 3 festen Auflagebolzen a und die schwimmenden Stützbolzen b tragen als Spannmittel Magnete c. Diese schwimmenden Stützbolzen a werden mit Federkraft an das Werkstück drucklos herangeführt.Die Magnete c springen an,und der Stützbolzen wird mittels eines Klemmbolzenpaares d u.e mit hydraulischer Betätigung f unverrückbar verriegelt.

Die Magnetkraft der Summe der Magnete hält das Werkstück während der Bearbeitung fest. Durch die schwimmend angreifenden Stützbolzen wird das Werkstück nicht verspannt. Eine sägezahnartige Leiste g zieht die Magnete mit hydraulischer Betätigung h vom Werkstück ab.

Bl.: 1... von ...2..

485

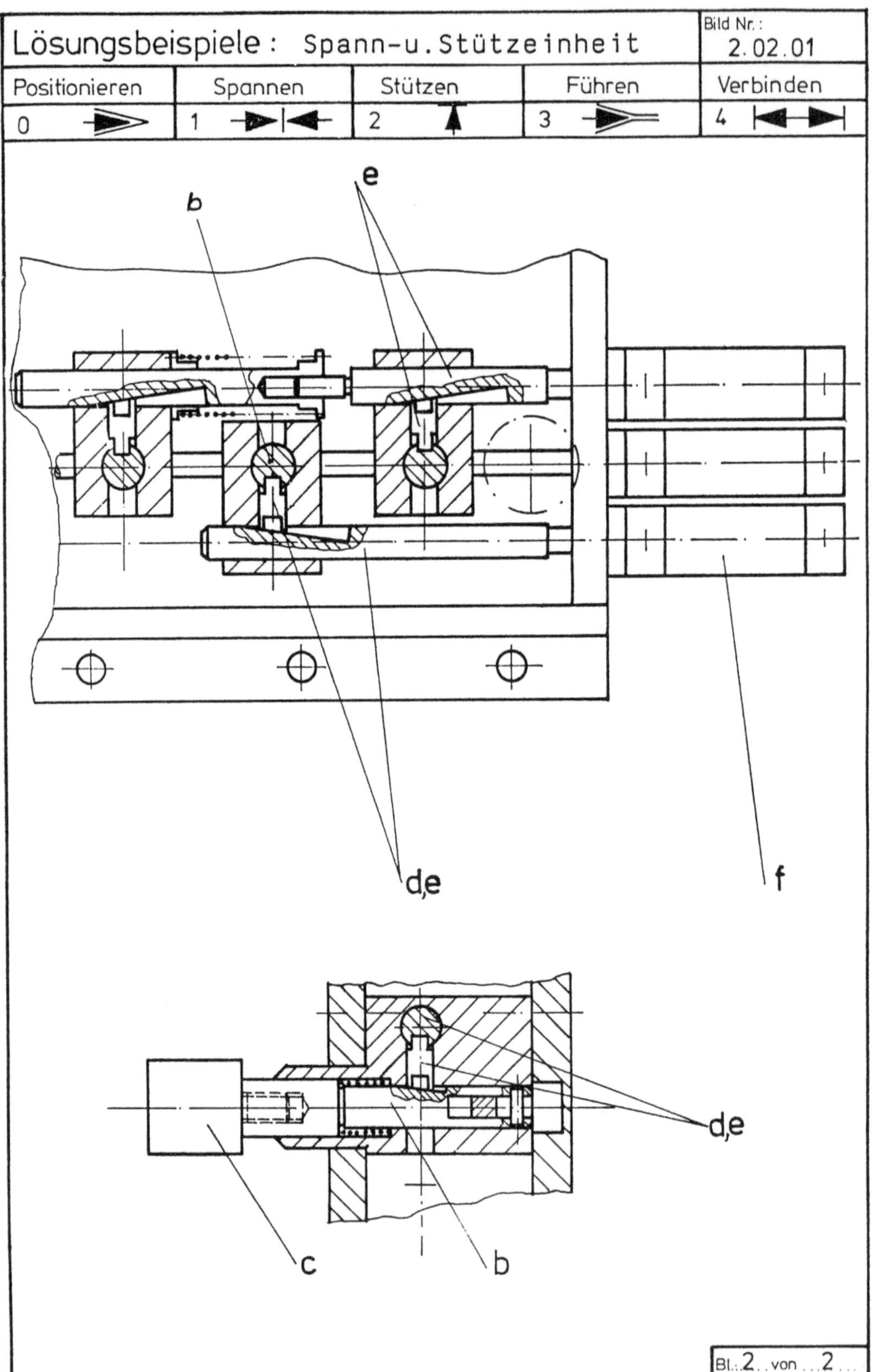

Lösungsbeispiele : Spann-u.Stützeinheit
Bild Nr.:
2.02.01
Positionieren
Spannen
Stützen
Führen
Verbinden
0
1
2
3
4
e
b
d,e
f
c
b
d,e
Bl.:2..von...2...

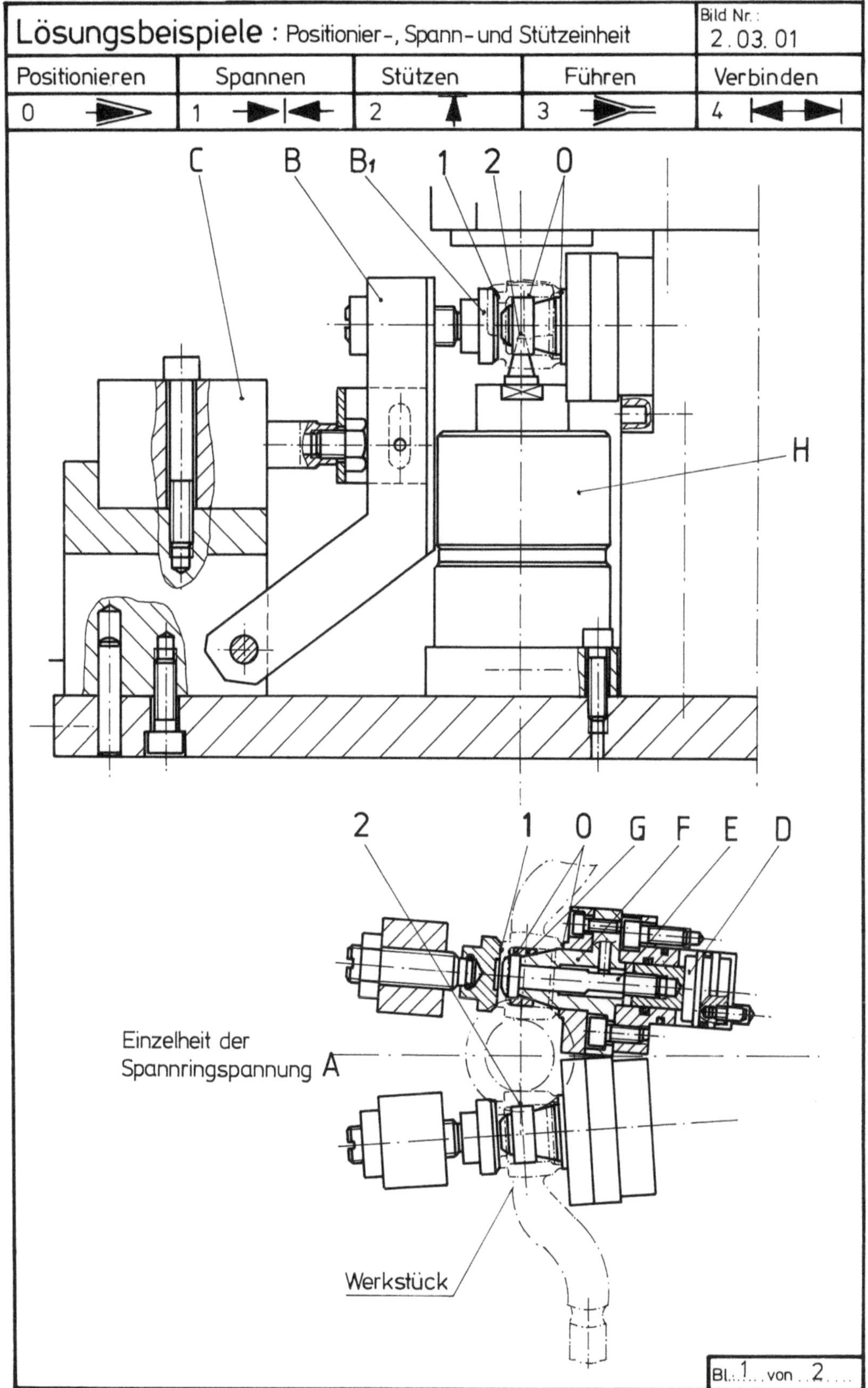

Lösungsbeispiele : Positionier-, Spann- und Stützeinheit
Bild Nr.: 2.03.01
Positionieren
Spannen
Stützen
Führen
Verbinden
0
1
2
3
4
C
B
B₁
1
2
0
H
2
1
0
G
F
E
D
Einzelheit der
Spannringspannung A
Werkstück
Bl. 1 von 2

Funktionsbeschreibung:

Das Werkstück wird mit der gefertigten Gehäusebohrung manuell
auf die hydr. Spannringspannung A aufgesteckt und gleichzeitig
das Schaftende auf einen entspr. Anschlag aufgelegt. Nach Betätigung einer Zweihand-Sicherheitsschaltung wird der Spannhebel
B mit Pendelscheibe B 1 durch den Blockzylinder C in Richtung
Gehäuseboden bewegt und spannt das Werkstück gegen Anlage 1.
Nun wird der Kolben D beaufschlagt und spreizt über den Anzugs-
bolzen E und Kegel F die Spannringe G - das Gehäuse ist in der
Bohrung gespannt und positioniert. Anschließend wird das Ab-
stützelement H betätigt und verriegelt - es unterstützt das
Hebelauge gegen die Bohrer-Vorschubkraft.

Bl. 2 von 2

Positionieren	Spannen	Stützen	Führen	Verbinden
0	1	2	3	4

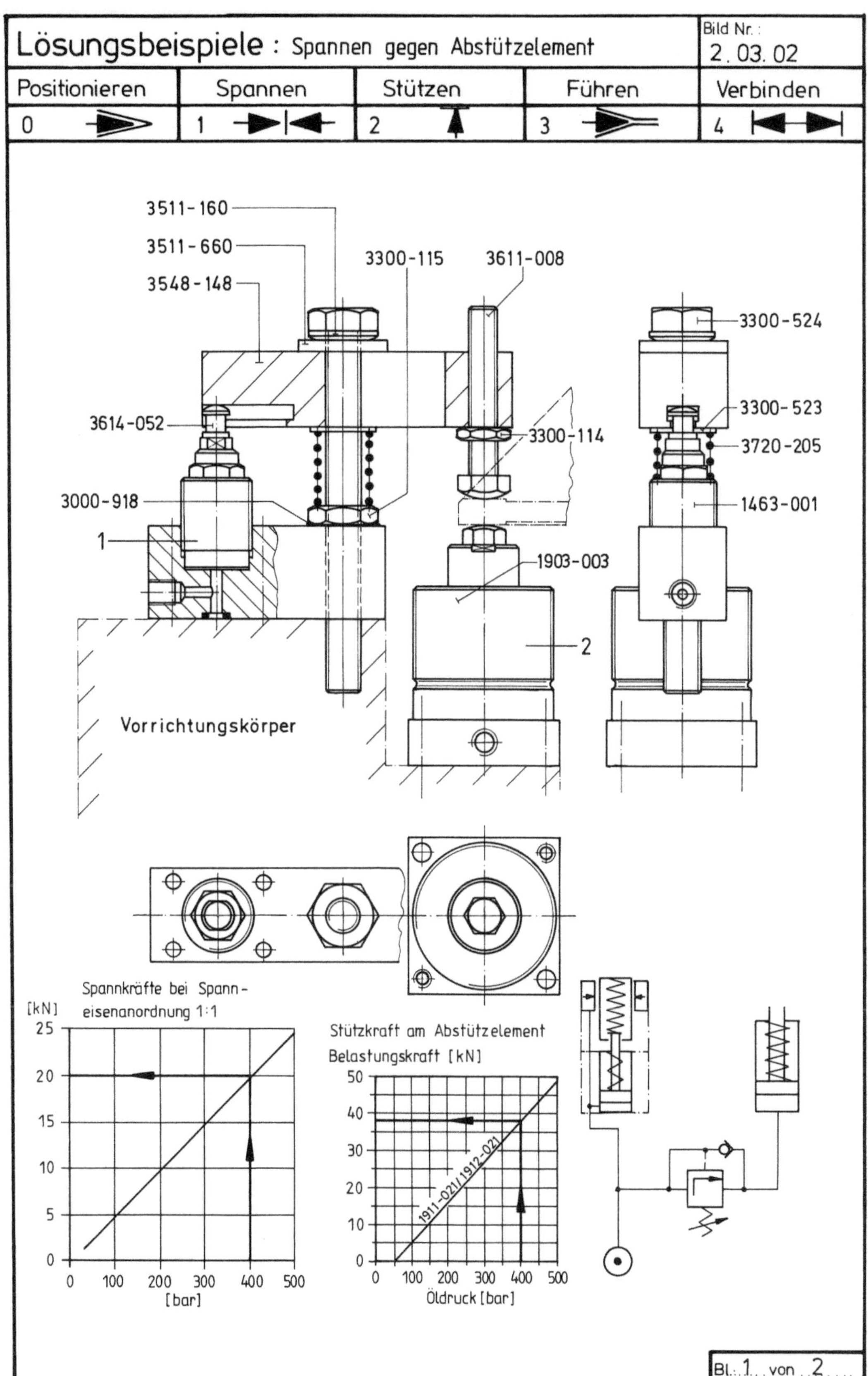

489

Funktionsbeschreibung:

In vielen Fällen reicht es nicht aus, wenn ein Werkstück an freihängenden Partien nur von einer Seite gestützt wird.
Gegen hydraulisch beaufschlagte Abstützelemente kann gespannt werden, wenn folgende Bedingungen erfüllt sind:

- Die gegen das Abstützelement eingeleitete Spannkraft darf die lt. Diagramm gewährleistete Abstützkraft selbstverständlich nicht übersteigen. Um die zusätzlich aus der Bearbeitung resultierenden Kräfte sicher aufnehmen zu können, sollte die gegen das Abstützelement eingeleitete Spannkraft unter 50% der angegebenen Haltekraft des Abstützelementes liegen.

- Durch eine Folgeschaltung, im Bild mit einem Zuschaltventil, muß gewährleistet sein, daß zuerst das Abstützelement mit Drucköl beaufschlagt wird und nachfolgend das Element, das gegen das Abstützelement Spannkräfte einleitet.

Lösungsbeispiele : Abstüzen beim Fräsen

Bild Nr.: 2.03.03

Positionieren	Spannen	Stützen	Führen	Verbinden
0	1	2	3	4

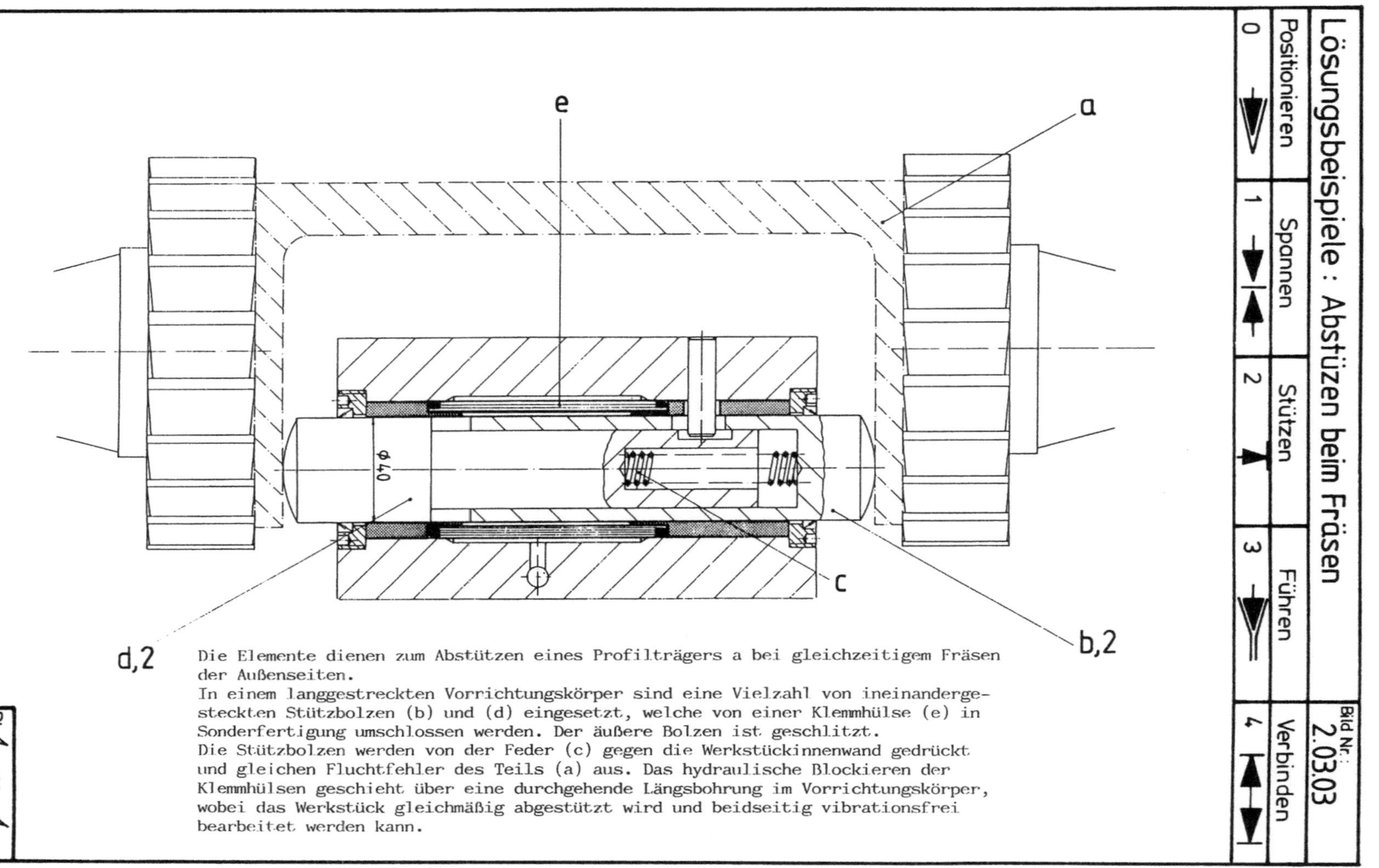

Die Elemente dienen zum Abstützen eines Profilträgers a bei gleichzeitigem Fräsen der Außenseiten.

In einem langgestreckten Vorrichtungskörper sind eine Vielzahl von ineinandergesteckten Stützbolzen (b) und (d) eingesetzt, welche von einer Klemmhülse (e) in Sonderfertigung umschlossen werden. Der äußere Bolzen ist geschlitzt.

Die Stützbolzen werden von der Feder (c) gegen die Werkstückinnenwand gedrückt und gleichen Fluchtfehler des Teils (a) aus. Das hydraulische Blockieren der Klemmhülsen geschieht über eine durchgehende Längsbohrung im Vorrichtungskörper, wobei das Werkstück gleichmäßig abgestützt wird und beidseitig vibrationsfrei bearbeitet werden kann.

Bl. 1 von 1

491

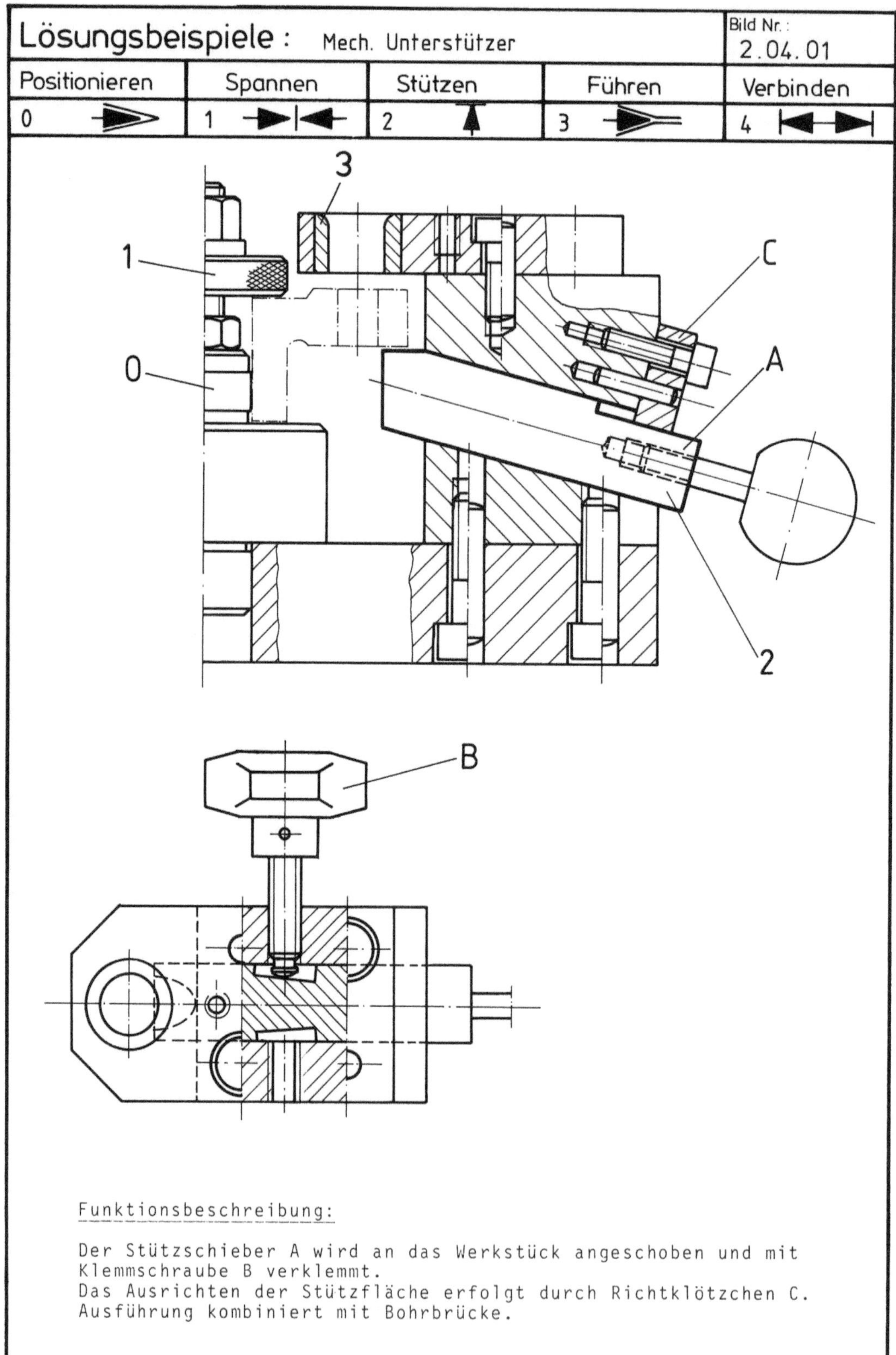

Funktionsbeschreibung:

Der Stützschieber A wird an das Werkstück angeschoben und mit
Klemmschraube B verklemmt.
Das Ausrichten der Stützfläche erfolgt durch Richtklötzchen C.
Ausführung kombiniert mit Bohrbrücke.

Bl.: 1 von 1

492

<table>
<tr><td colspan="5">Lösungsbeispiele : einfache Stütz- und Spanneinheit</td><td>Bild Nr.:
2.04.02</td></tr>
<tr><td>Positionieren
0</td><td>Spannen
1</td><td>Stützen
2</td><td>Führen
3</td><td colspan="2">Verbinden
4</td></tr>
</table>

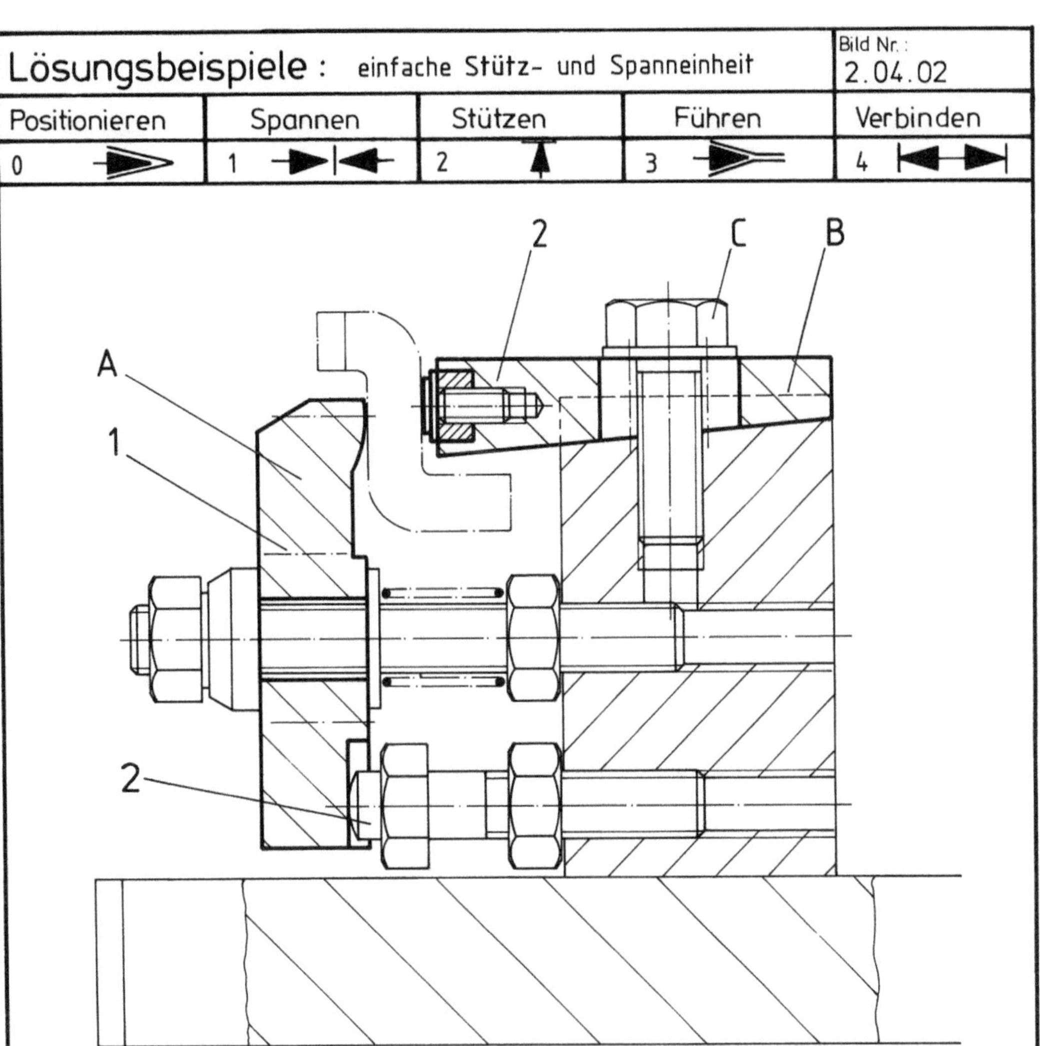

<u>Funktionsbeschreibung:</u>

Der Stützschieber B wird an das Werkstück angeschoben und
mit Spannschraube C verklemmt.
Die Spannung erfolgt mit Spanneisen A.
Diese Konstruktion wird meist bei freihängenden Stegen, Rippen
oder Hebelarmen zur Vermeidung von Bearbeitungsschwingungen
angewendet.

Bl. 1 von 1

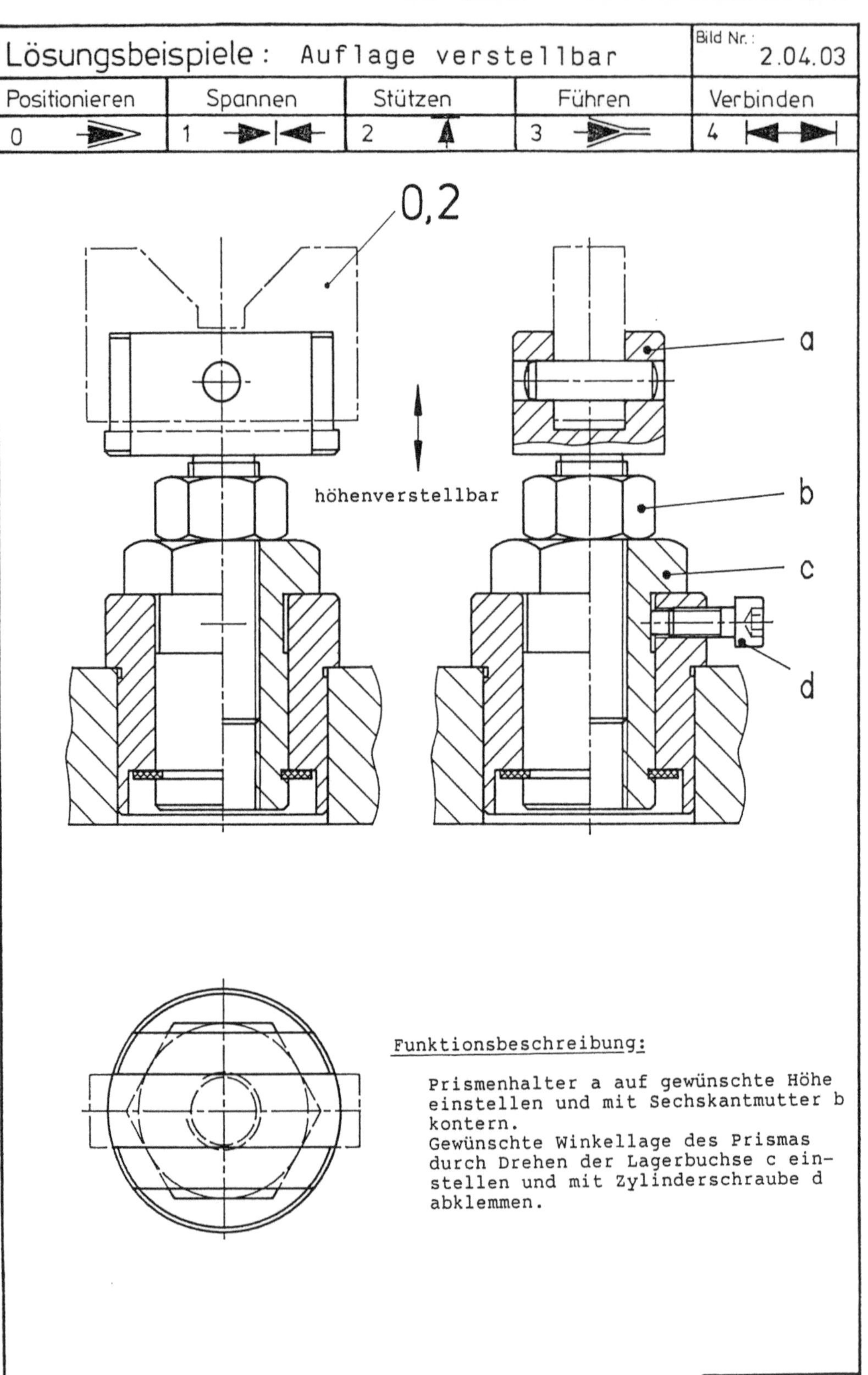

Funktionsbeschreibung:

Prismenhalter a auf gewünschte Höhe einstellen und mit Sechskantmutter b kontern.
Gewünschte Winkellage des Prismas durch Drehen der Lagerbuchse c einstellen und mit Zylinderschraube d abklemmen.

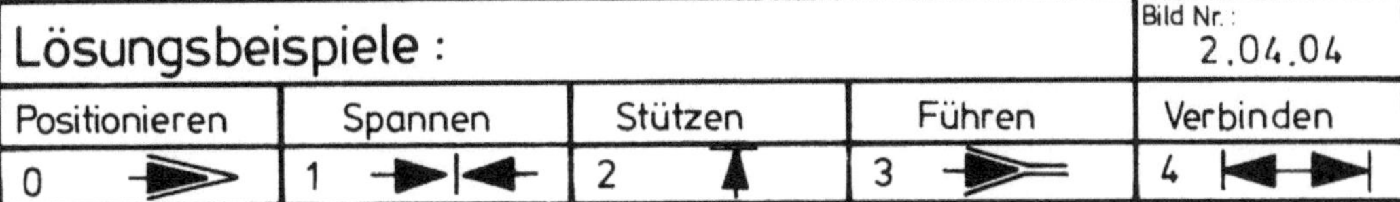

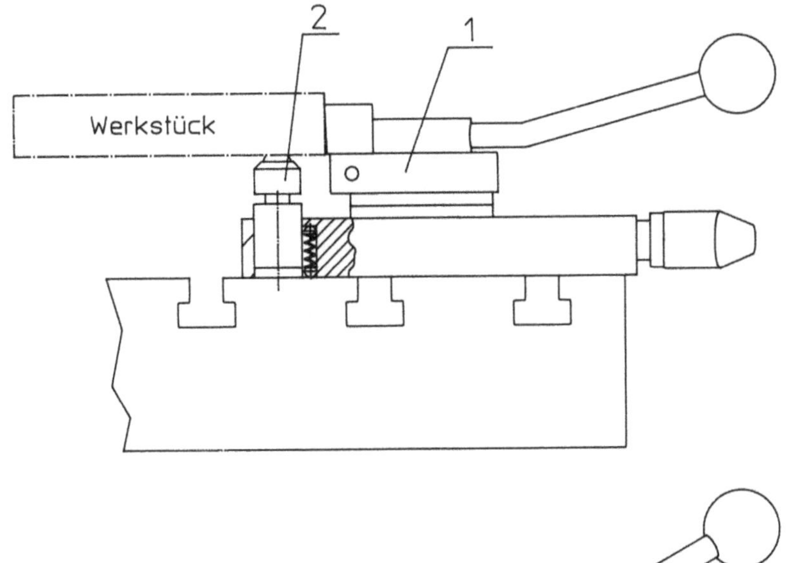

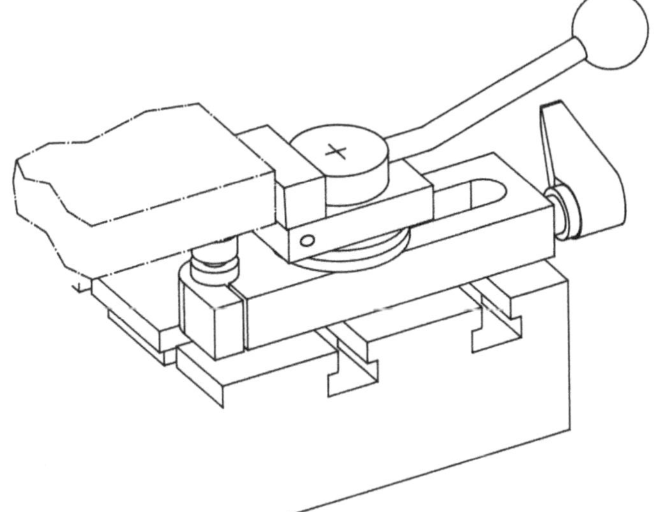

Funktionsbeschreibung:

1.) Anlegen der Auflage (Pos. 2) an das Werkstück mittels Federkraft

2.) Blockieren der Auflage

3.) Spannen des Werkstücks mit Niederzugspanner (Pos. 1)

Positionieren	Spannen	Stützen	Führen	Verbinden
0	1	2	3	4

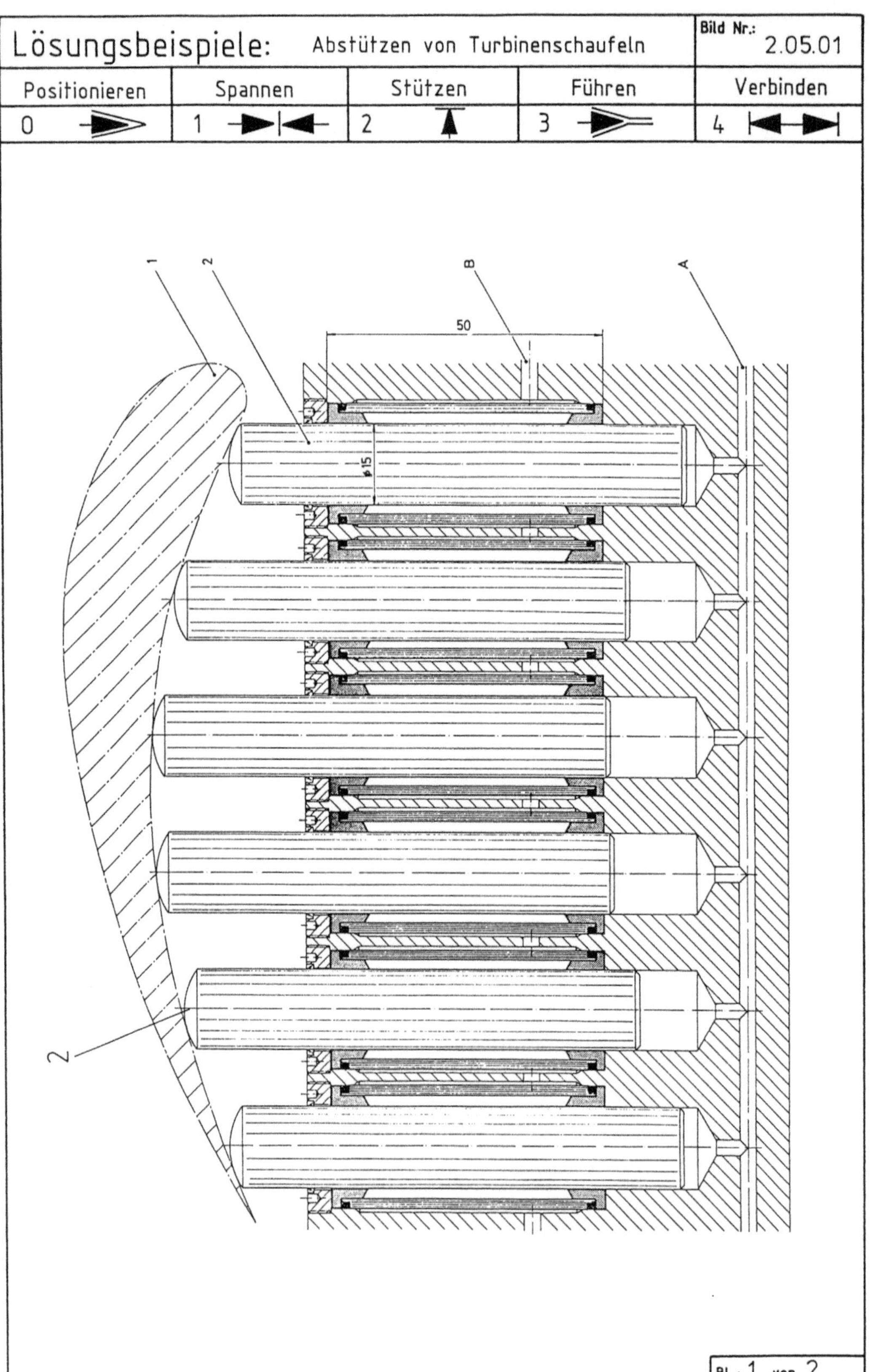

Bl.: 1. von 2.

496

Positionieren	Spannen	Stützen	Führen	Verbinden
0	1	2	3	4

Funktionsbeschreibung:

Spannen von Turbinenschaufeln. Im Vorrichtungs-Grundkörper sind eine Vielzahl von Klemmhülsen, System Kostyrka, eingesetzt, die einen frei beweglichen Stützbolzen 2 unschließen.

Nach Auflegen und Fixieren des Werkstücks 1 wird Druckluft von ca. 0,2 bar an den Anschluß A gegeben, worauf sich die Stützbolzen an die Werkstückkontur anlegen. Drucköl an Anschluß B verriegelt die Stützelemente.

Es entsteht ein unnachgiebiges Polster, welches von Differenzen in der Schaufelkontur unbeeinflußt ist. Die Teile werden immer gleichmäßig unterstützt und weichen an keiner Stelle beim Bearbeiten aus.

Austauschbare Stützbolzen gestatten das Angleichen an verschiedene Schaufelformen. Der ständig an den Bolzen entlangstreichende Luftzug verhindert das Eindringen von Spänen und Kühlmittel und hat daher eine selbstreinigende Wirkung.

Bl.: 2. von 2.

Positionieren	Spannen	Stützen	Führen	Verbinden
0	1	2	3	4

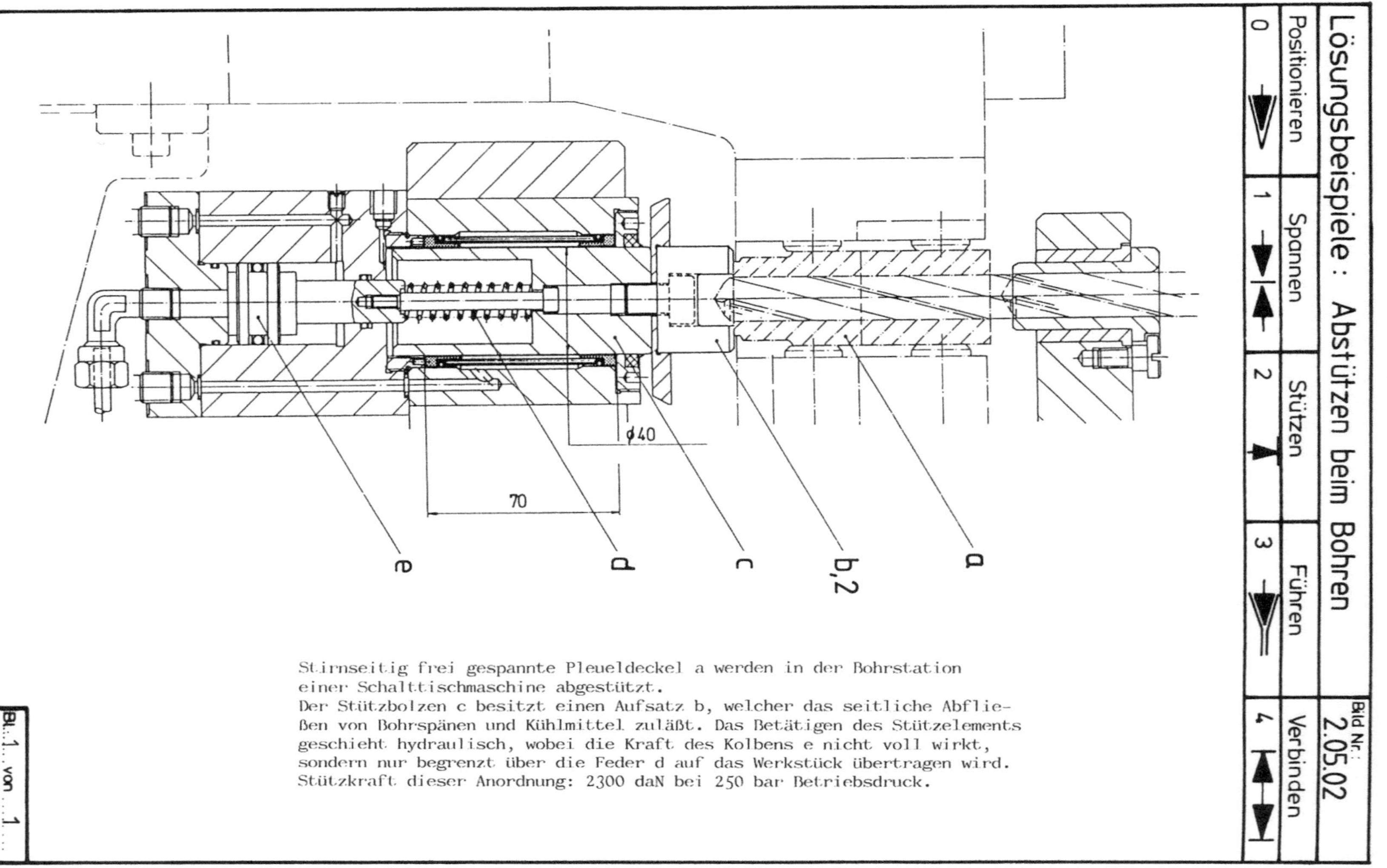

Stirnseitig frei gespannte Pleueldeckel a werden in der Bohrstation einer Schalttischmaschine abgestützt.

Der Stützbolzen c besitzt einen Aufsatz b, welcher das seitliche Abfließen von Bohrspänen und Kühlmittel zuläßt. Das Betätigen des Stützelements geschieht hydraulisch, wobei die Kraft des Kolbens e nicht voll wirkt, sondern nur begrenzt über die Feder d auf das Werkstück übertragen wird. Stützkraft dieser Anordnung: 2300 daN bei 250 bar Betriebsdruck.

Bl. 1 von 1

498

<table>
<tr><td rowspan="2">Übersichtsblatt: Lösungsbeispiele</td><td colspan="3">Führen</td></tr>
<tr><td colspan="3">3   ➤</td></tr>
<tr><td rowspan="2">Lösungs - Variante</td><td rowspan="2"></td><td>Zuordnung
Lösungs-
Variante</td><td>Blatt-Nr
Inhalts-
Verzeichn.</td></tr>
<tr></tr>
<tr><td>Mitlaufende Führungsbüchse</td><td></td><td>0 ı 1</td><td></td></tr>
<tr><td></td><td></td><td></td><td></td></tr>
<tr><td></td><td></td><td></td><td></td></tr>
<tr><td></td><td></td><td></td><td></td></tr>
<tr><td></td><td></td><td></td><td></td></tr>
<tr><td></td><td></td><td></td><td></td></tr>
<tr><td></td><td></td><td></td><td></td></tr>
<tr><td></td><td></td><td></td><td></td></tr>
<tr><td></td><td></td><td></td><td></td></tr>
<tr><td></td><td></td><td></td><td></td></tr>
<tr><td></td><td></td><td></td><td></td></tr>
<tr><td></td><td></td><td></td><td></td></tr>
<tr><td></td><td></td><td></td><td></td></tr>
<tr><td></td><td></td><td></td><td></td></tr>
<tr><td></td><td></td><td></td><td></td></tr>
<tr><td></td><td></td><td></td><td></td></tr>
<tr><td></td><td></td><td></td><td></td></tr>
<tr><td></td><td></td><td></td><td></td></tr>
<tr><td></td><td></td><td></td><td></td></tr>
<tr><td></td><td></td><td></td><td></td></tr>
<tr><td></td><td></td><td>Führen</td><td></td></tr>
<tr><td></td><td></td><td>3</td><td>➤</td></tr>
<tr><td></td><td></td><td>Zuordnung
Lösungs-
Variante</td><td>Blatt-Nr
Inhalts-
Verzeichn.</td></tr>
<tr><td>Mitlaufende Führungsbüchse</td><td></td><td>0 ı 1</td><td></td></tr>
</table>

Inhaltsverzeichnis: Lösungsbeispiele	3 ▶
	Blatt- Nr. 1

Positionieren	Spannen	Stützen	Führen	Verbinden
0 ▶	1 ▶◀	2 ▲	3 ▶	4 ◀▶

Lösungs-Variante	mech.	hydr.	sonst.	Weitere Funktionen sind in dem Beispiel enthalten				Bild-Nr.					Seite
				0	1	2	4	Funktion	Lösungs-variante	Laufende	Nummer		
Mitlaufende Führungsbüchse **01**	X							3	0	1	0	1	
	X							3	0	1	0	2	

500

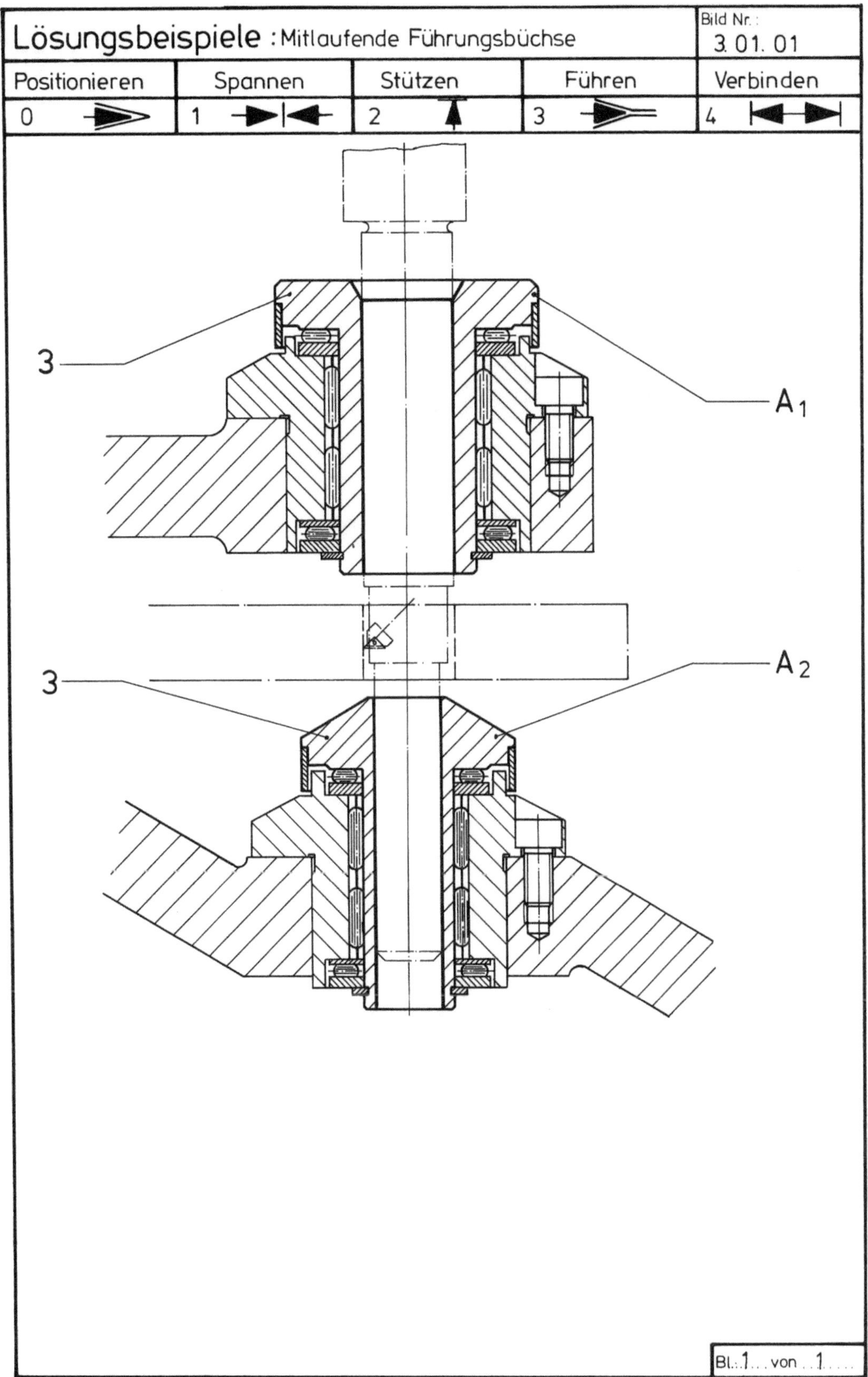

3
A 1
3
A 2

Positionieren	Spannen	Stützen	Führen	Verbinden
0	1	2	3	4

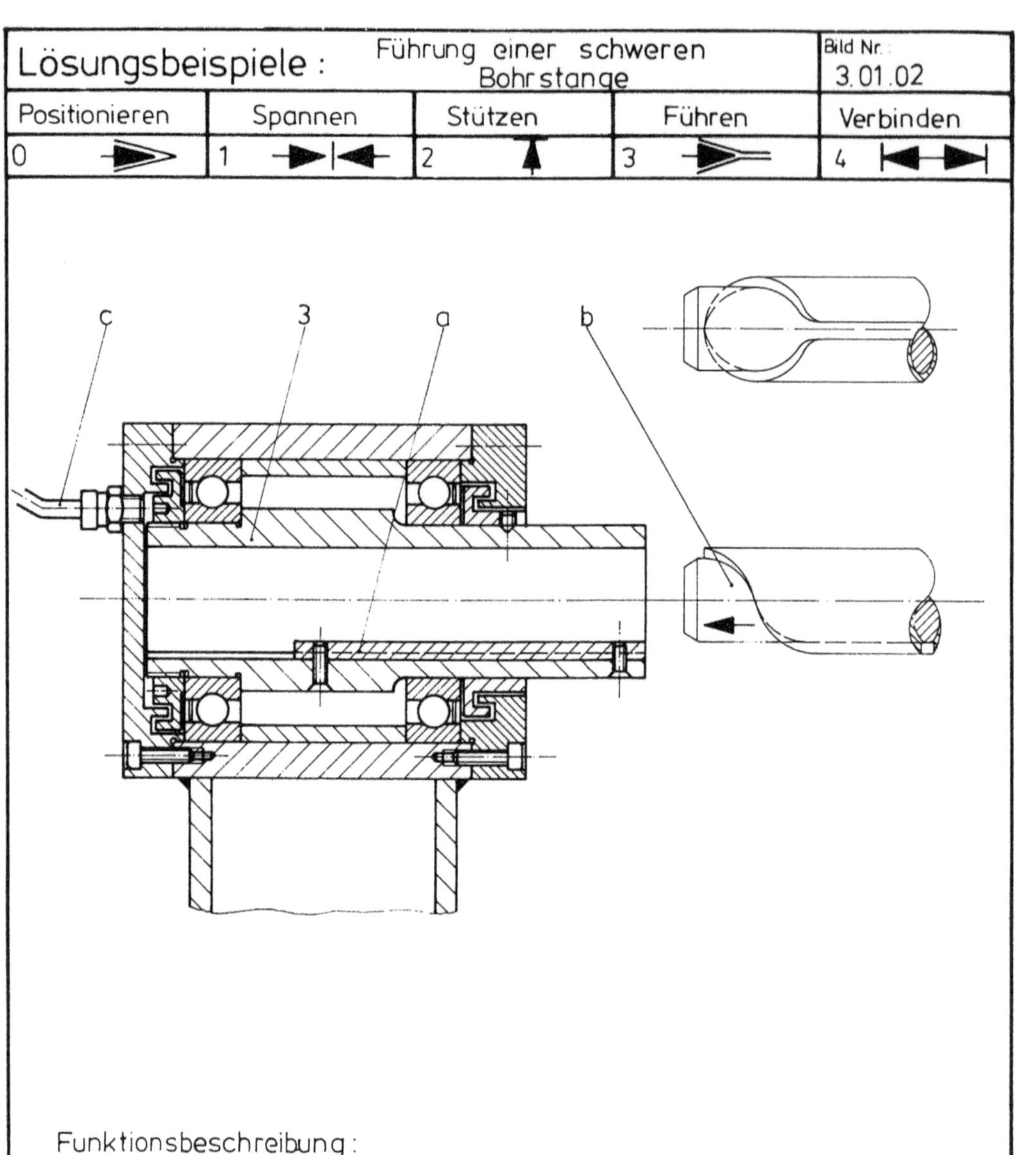

Funktionsbeschreibung :

Zur Abstützung und Führung einer langen und schweren Bohrstange b ist die wälzgelagerte Führungsbuchse 3 vorgesehen. Die Mitnahme erfolgt durch die Paßfeder a Der Kopf der Bohrstange ist so gestaltet, daß die Paßfeder während der Drehung eingefädelt wird Über einen Luftanschluß C wird im Gehäuse ein Überdruck erzeugt, der das Eindringen von Staub verhindert (Trockene Gußbearbeitung)

Bl. 1 von 1

502

11.5 Lösungsprinzipien für Vorrichtungsfunktionen

Die im Abschnitt 11.4 gezeigten Lösungsbeispiele sind teilweise aufgebaut auf Prinzipien, die auf den nachfolgenden Seiten dargestellt sind.

Die Autoren sind der Meinung, daß eine Prinzipiensammlung von bewährten Vorrichtungsfunktionen durchaus geeignet ist, um Nachwuchs-Konstrukteuren den Einstieg in die Vorrichtungskonstruktion zu erleichtern.

Übersichtsblatt:			
Prinzipien für Vorrichtungsfunktionen			
Funktionen:		Blatt Nr.:	Katalog ab Seite...
Raster, Verschlüsse, Indexierungen			
Unterstützungen			
Spannelemente allgemein			
Ausgleichende Spannungen			
Druckübersetzungen			
Schwimmende Spannungen			
Lange Spannwege			
Zentrische Spannungen			

Funktionen: Raster, Verschlüsse, Indexierungen

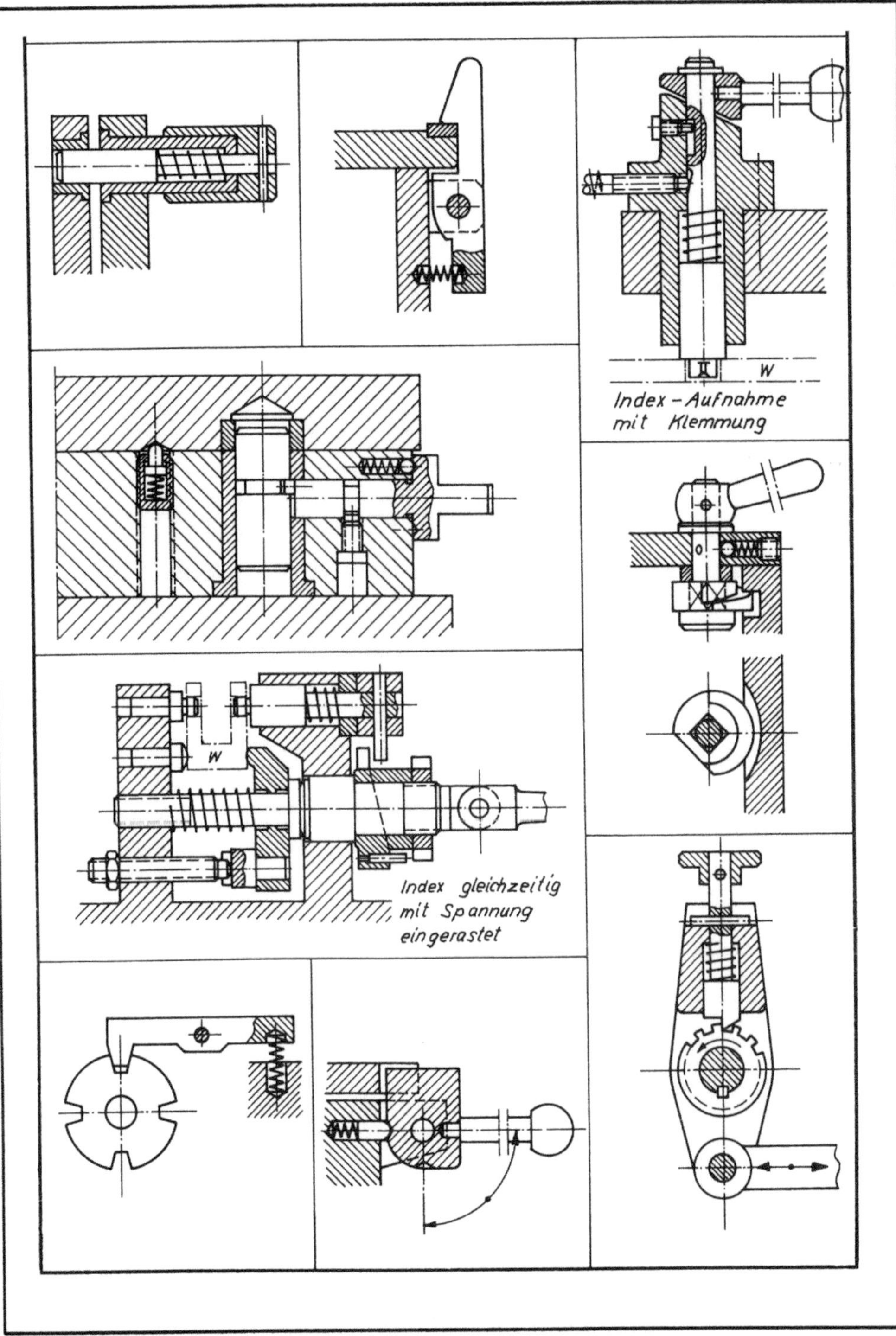

Funktionen: Raster, Verschlüsse, Indexierungen

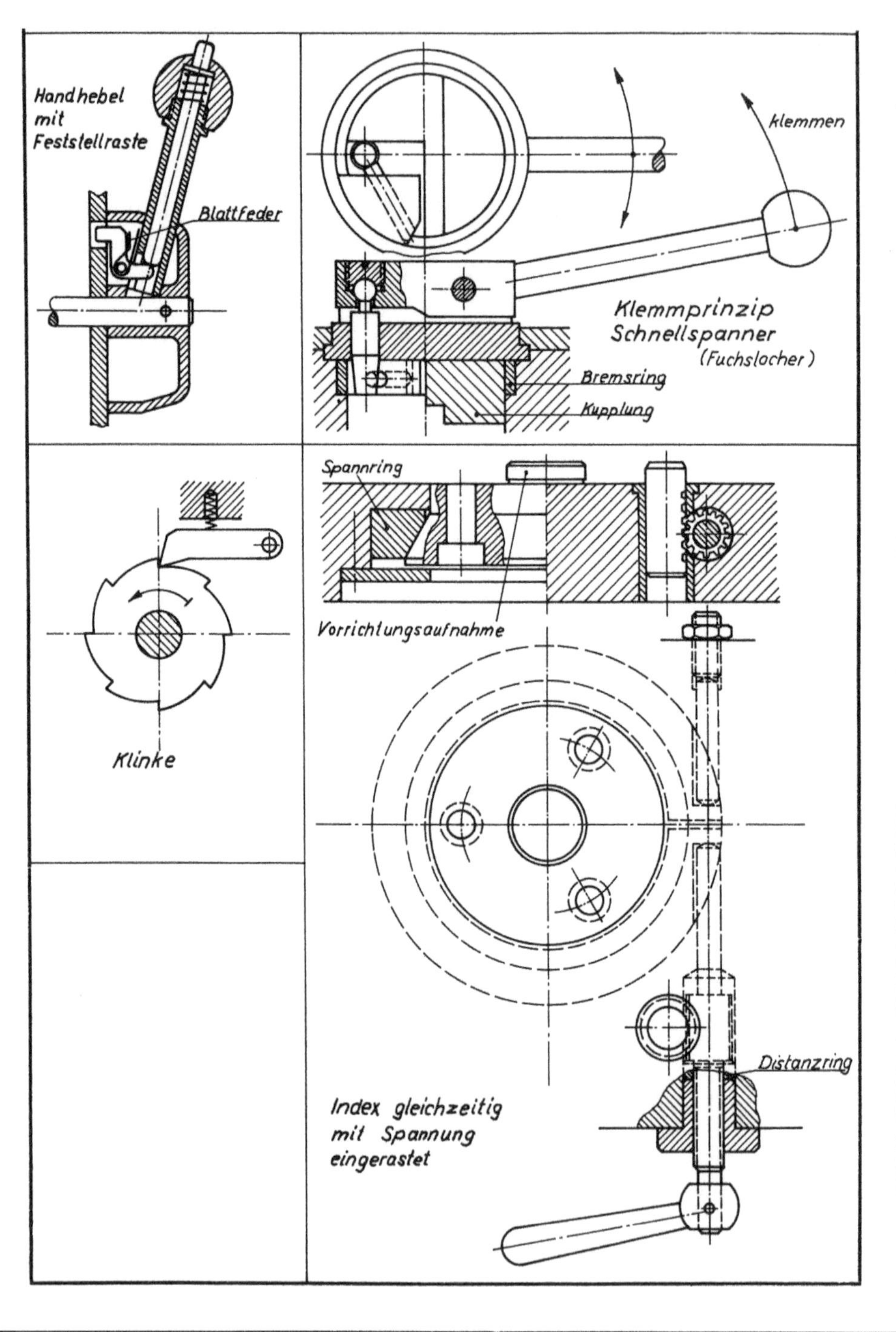

Funktionen: Unterstützungen

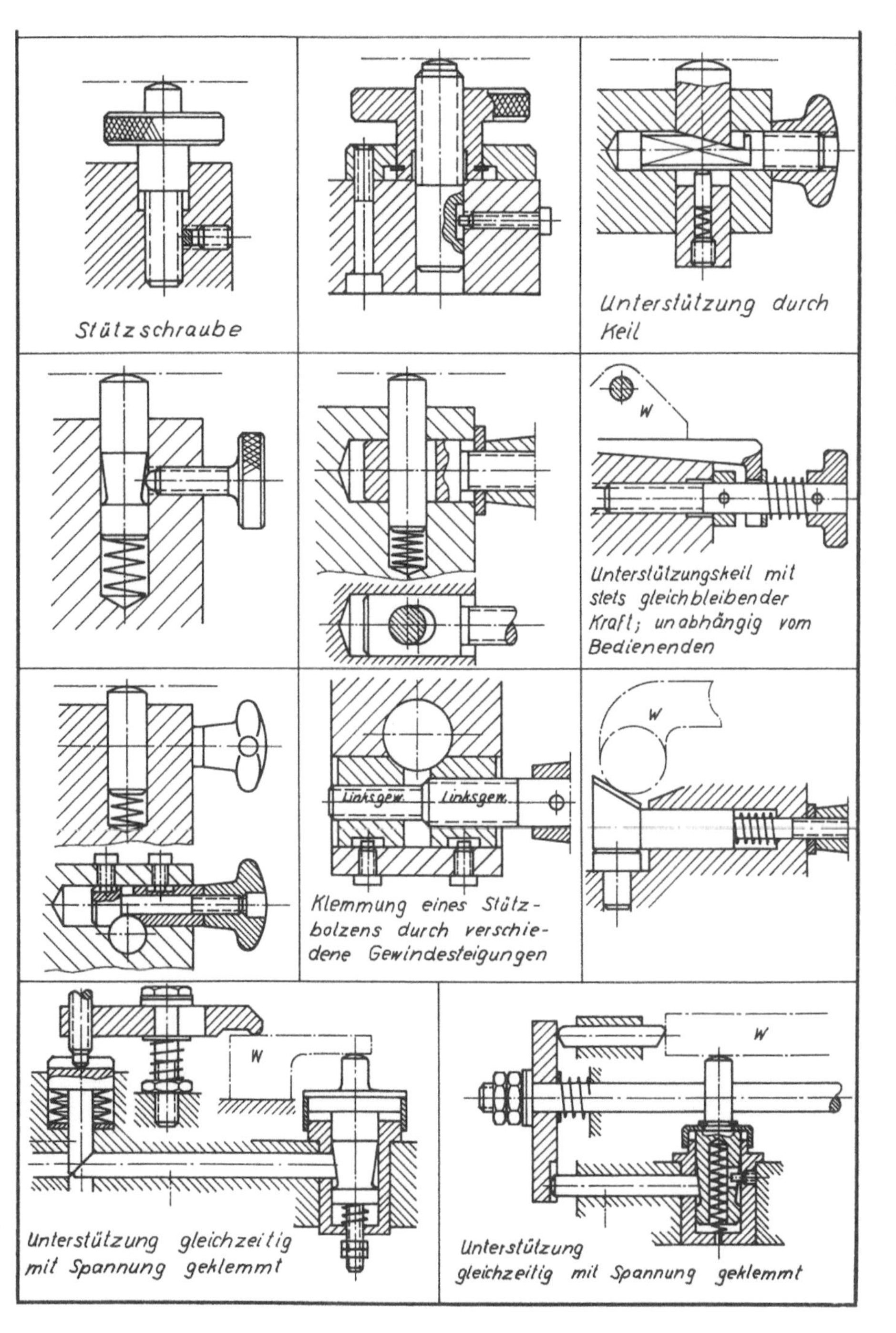

Funktionen: Unterstützungen

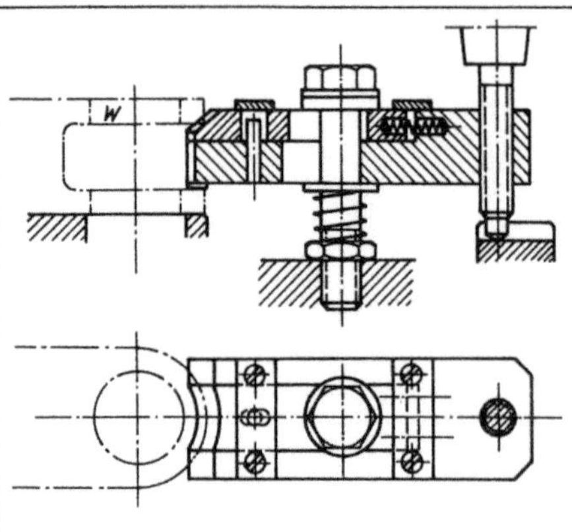

Unterstützung mit Spanneisen geklemmt

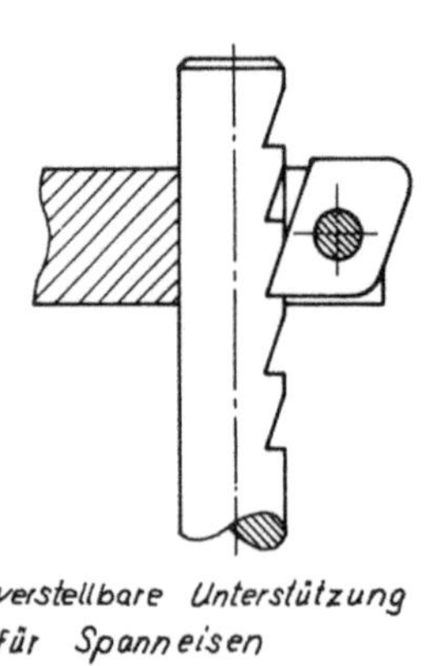

verstellbare Unterstützung
für Spanneisen

Funktionen: Spannelemente allgemein

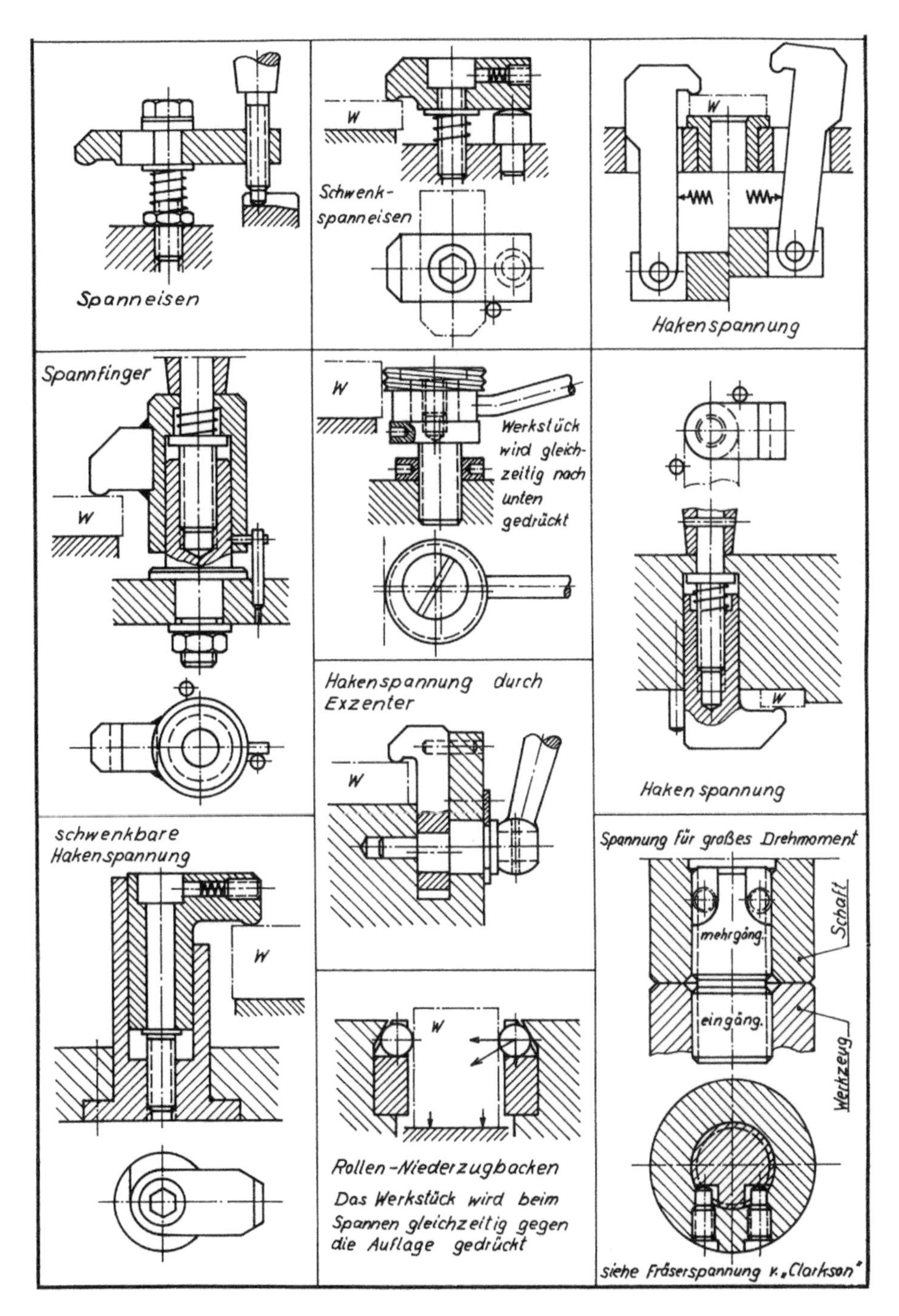

Funktionen: Spannelemente allgemein

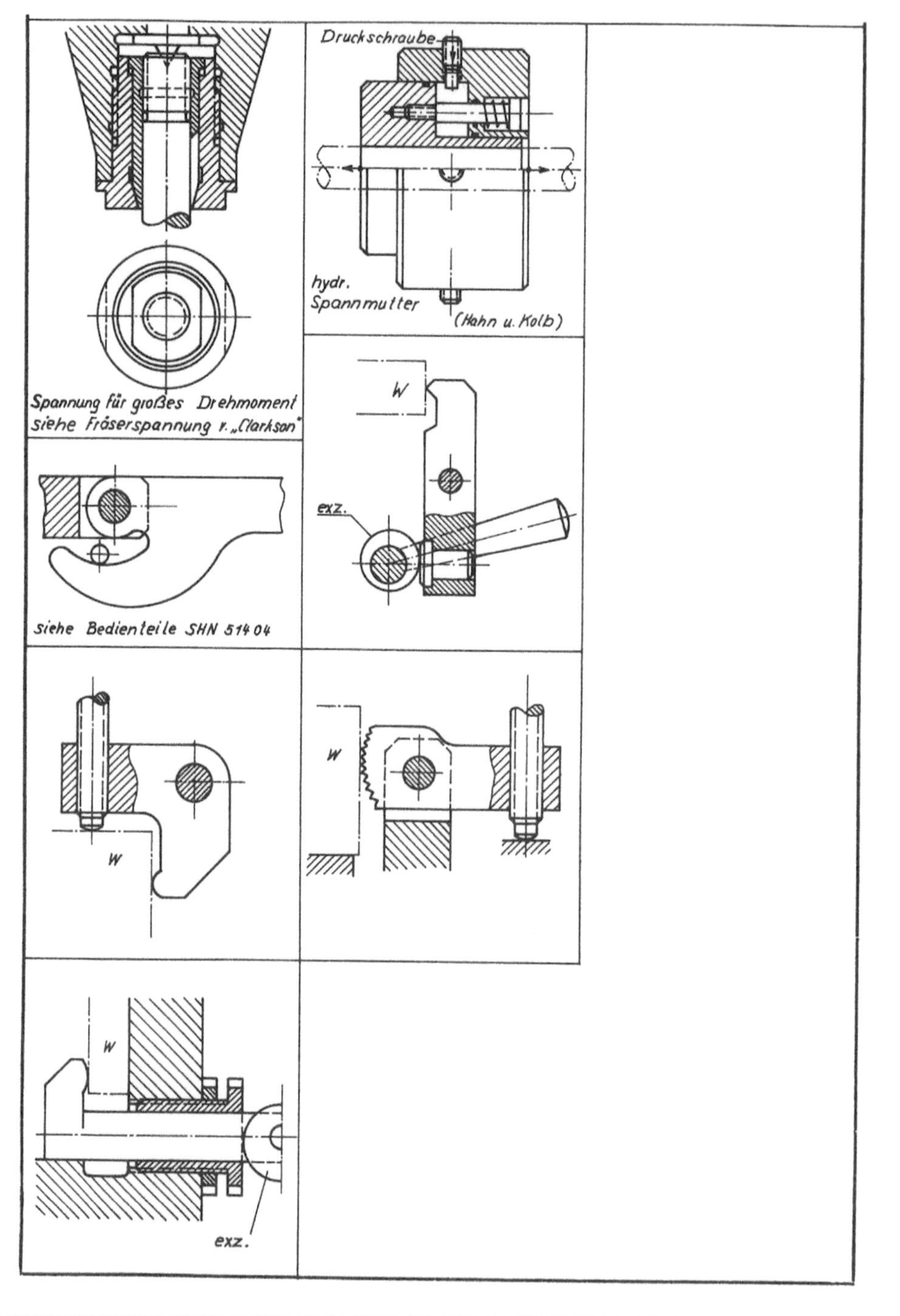

Funktionen: Ausgleichende Spannungen

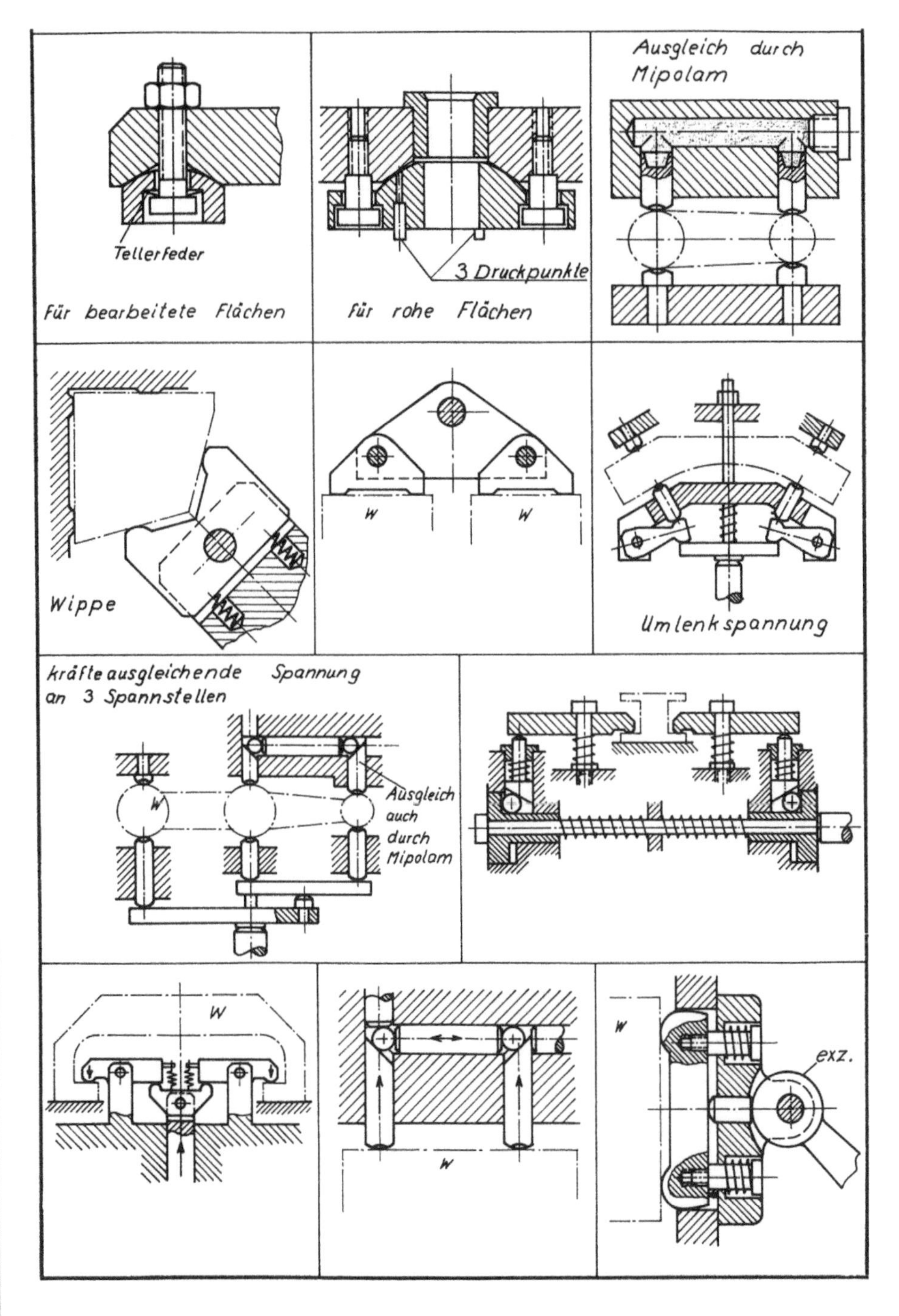

Funktionen: Ausgleichende Spannungen

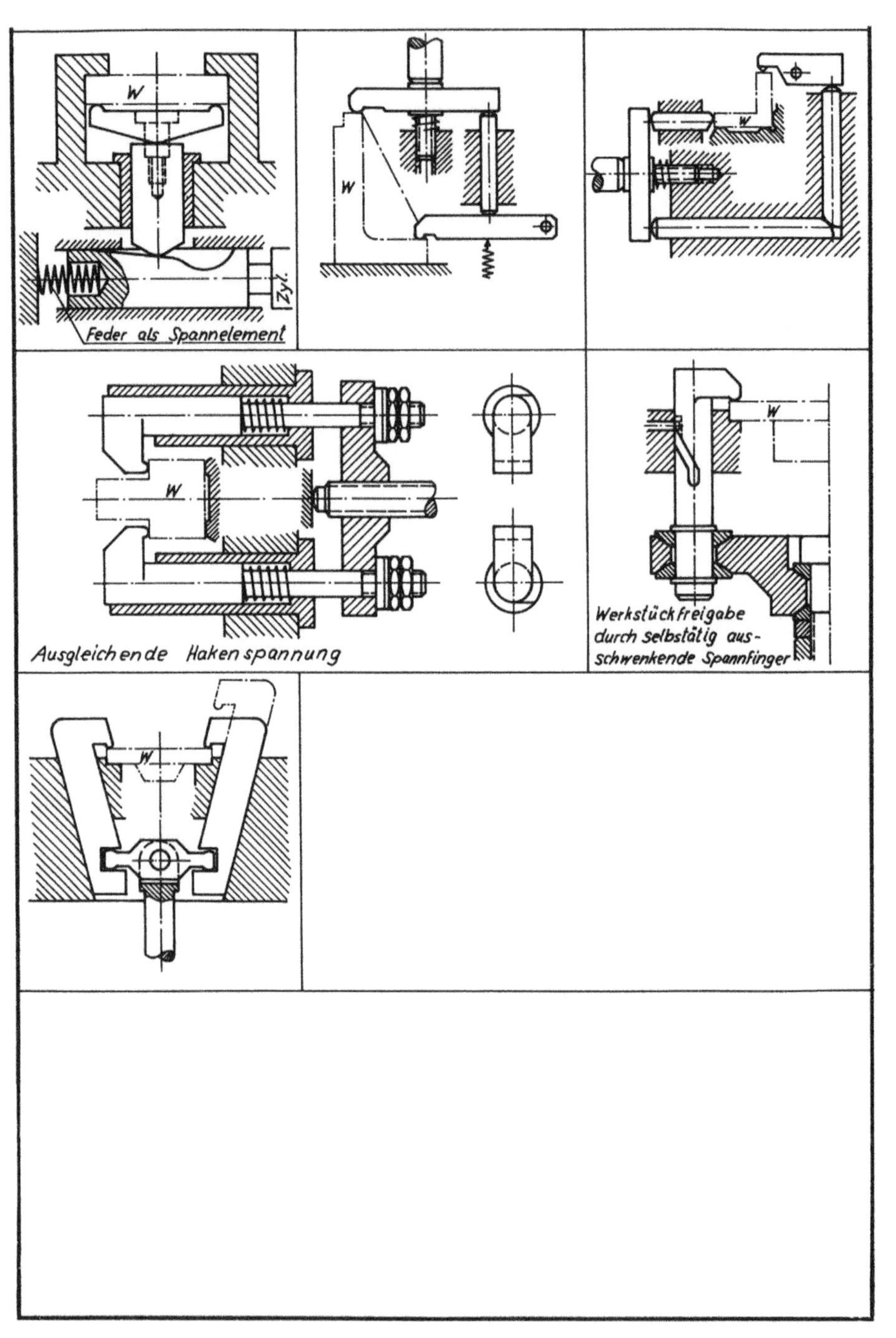

Funktionen: Druckübersetzungen

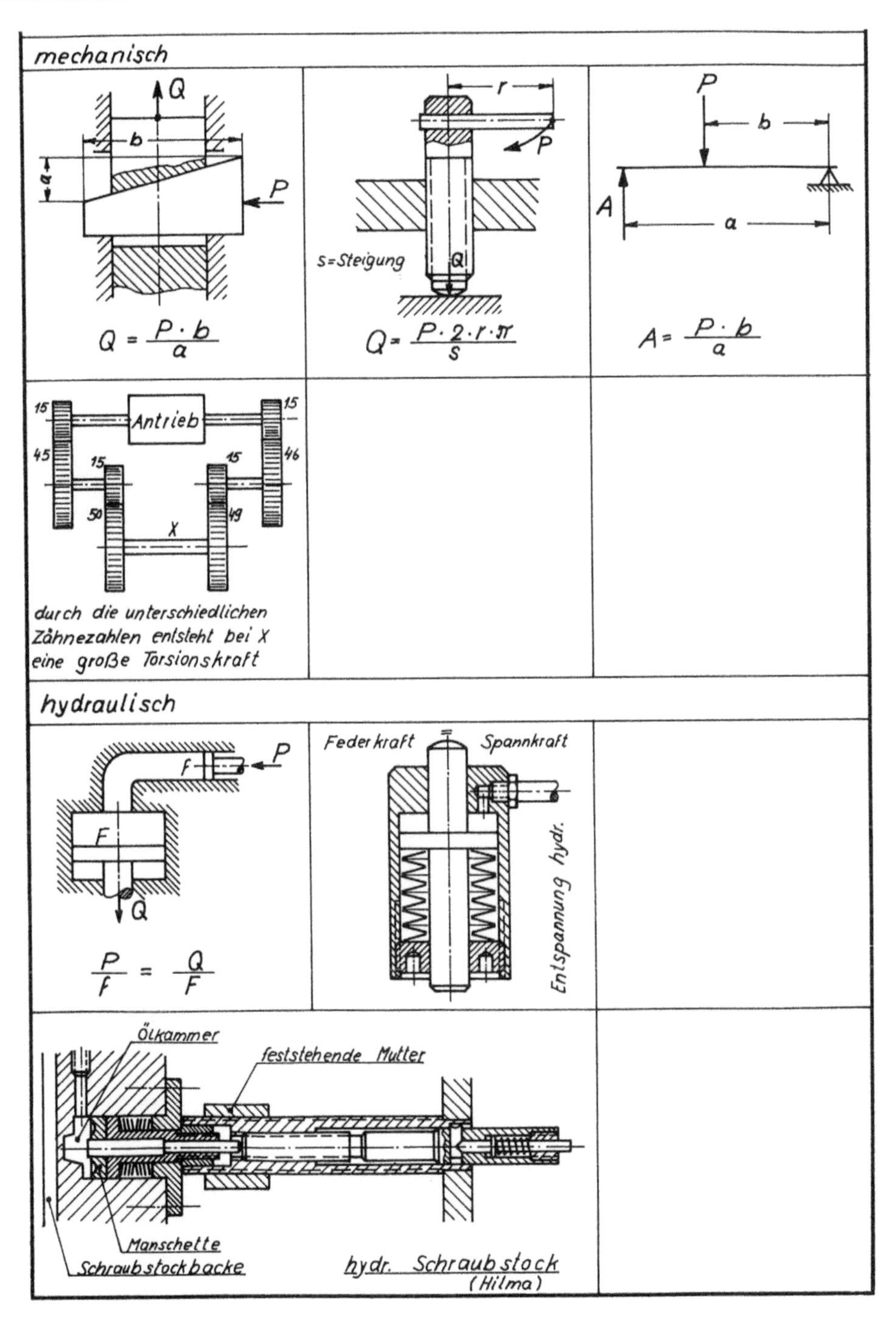

Funktionen: Schwimmende Spannungen

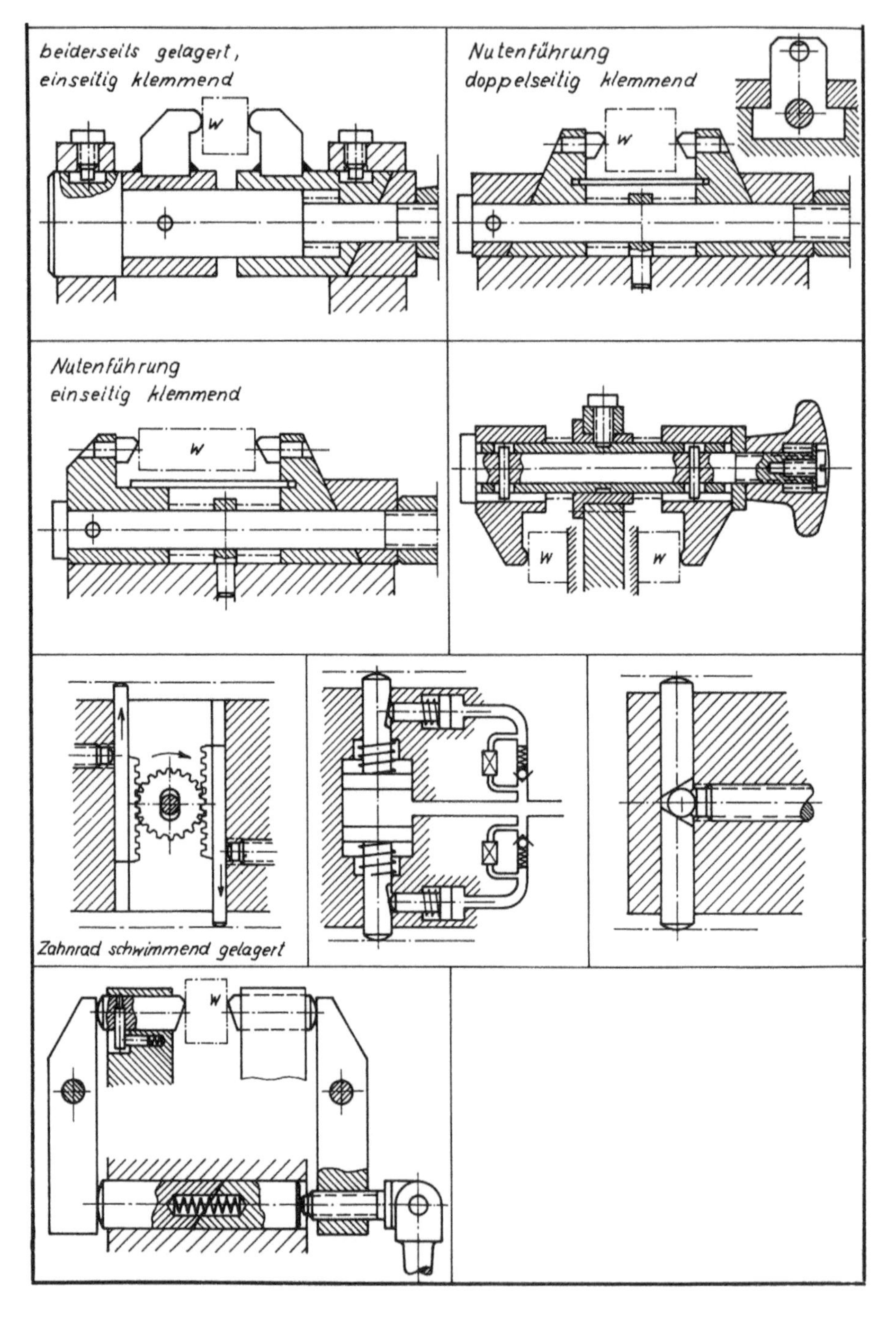

Funktionen: Lange Spannwege

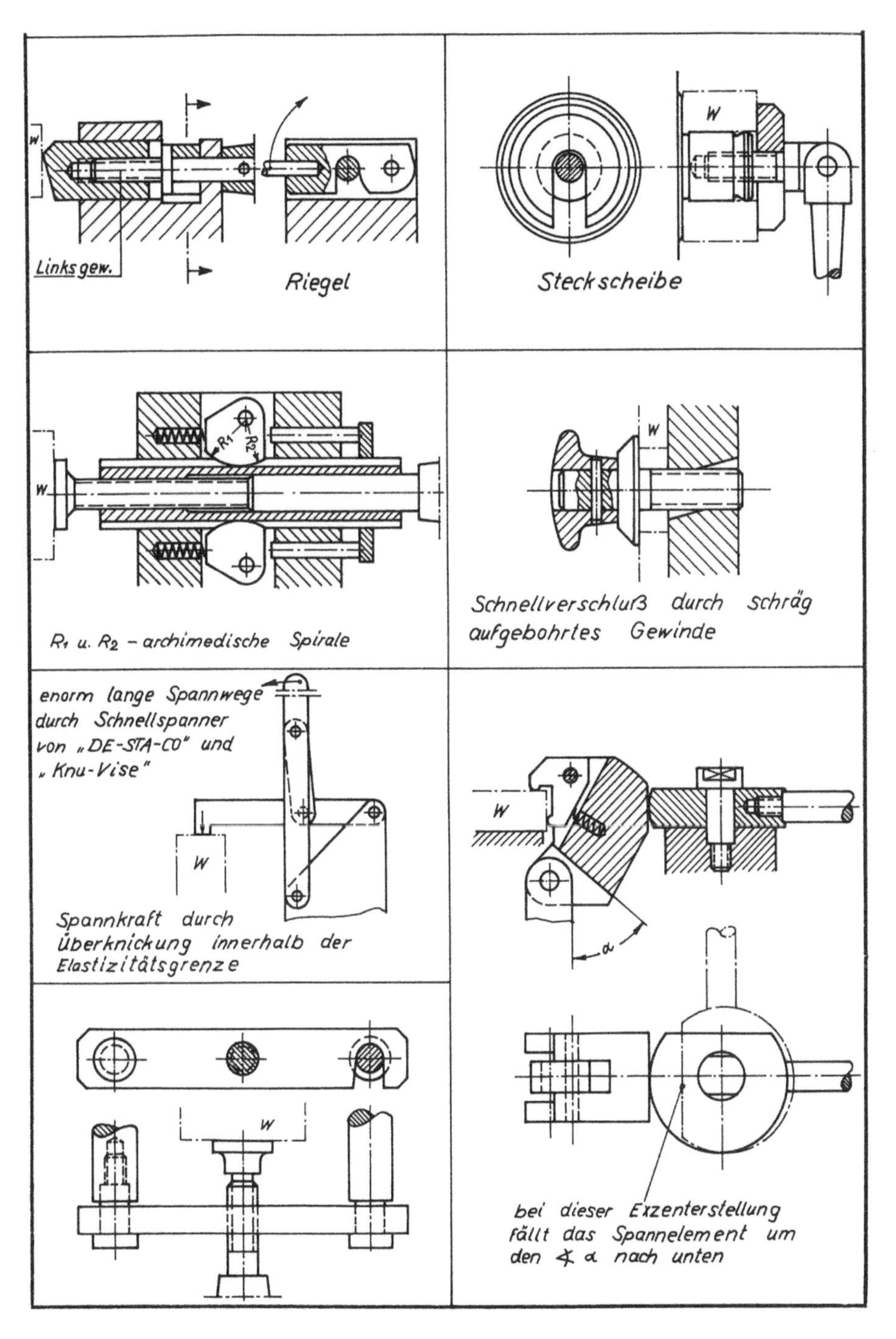

515

Funktionen: Lange Spannwege

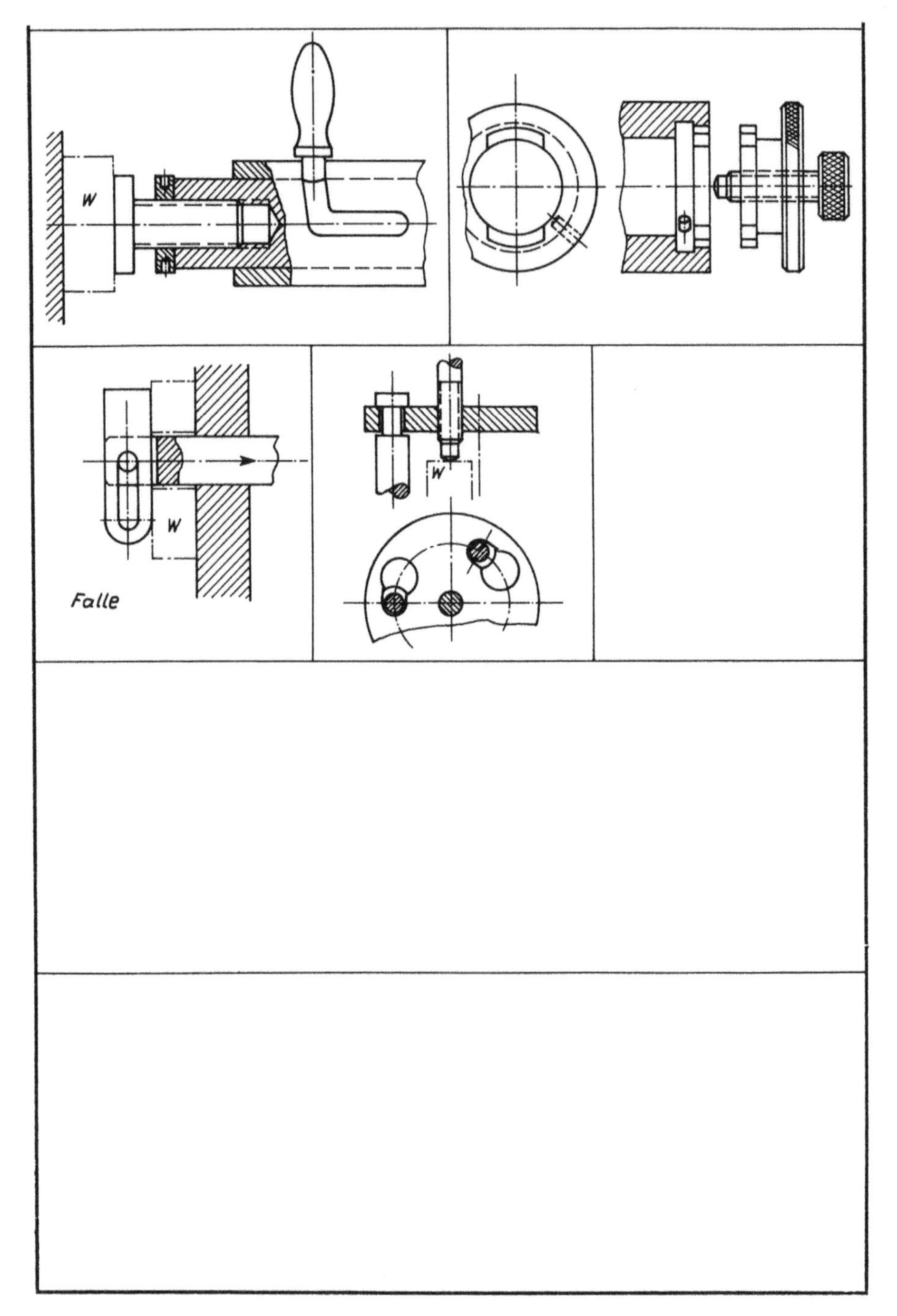

Funktionen: Zentrische Spannungen

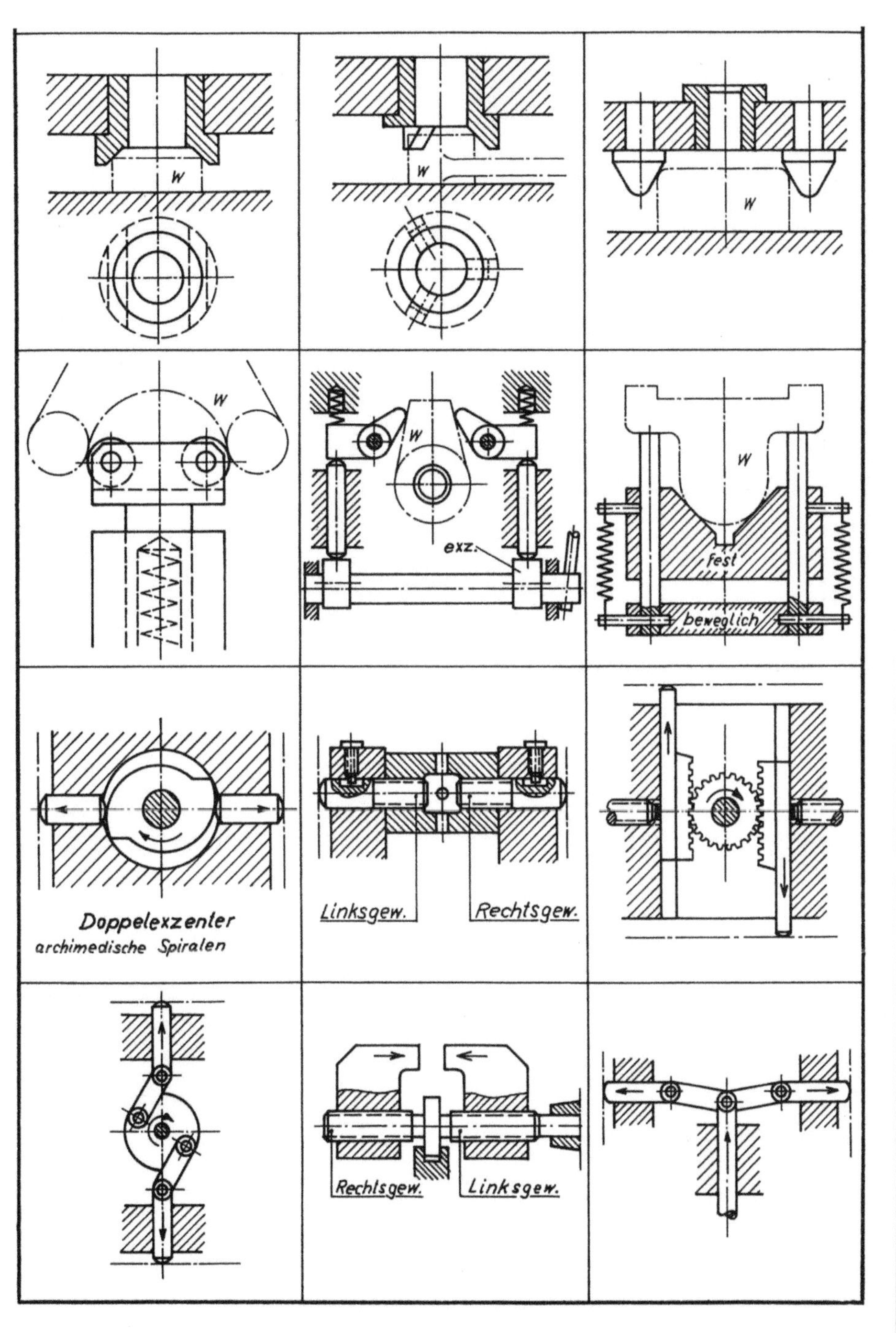

Funktionen: Zentrische Spannungen

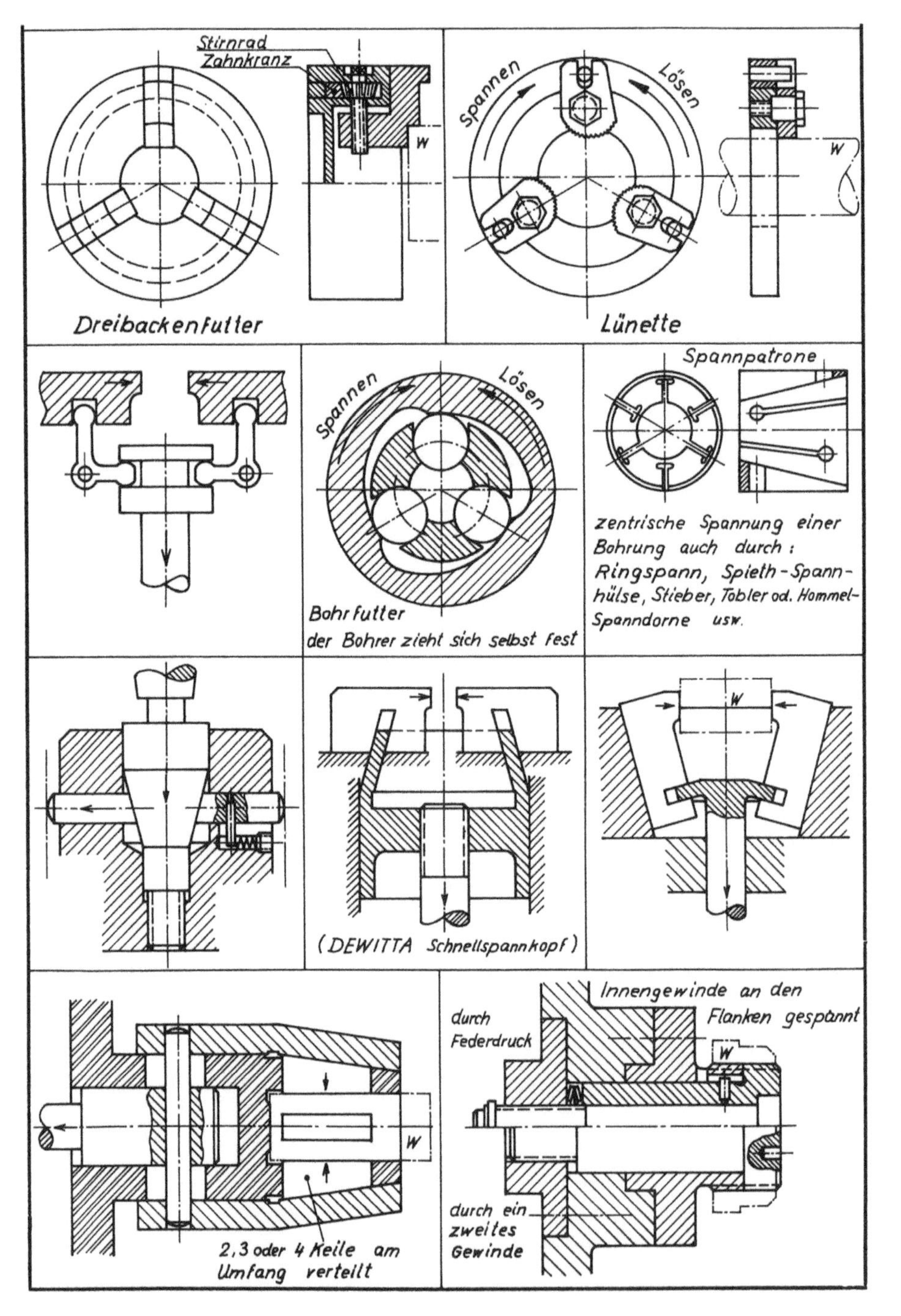

Funktionen: Zentrische Spannungen

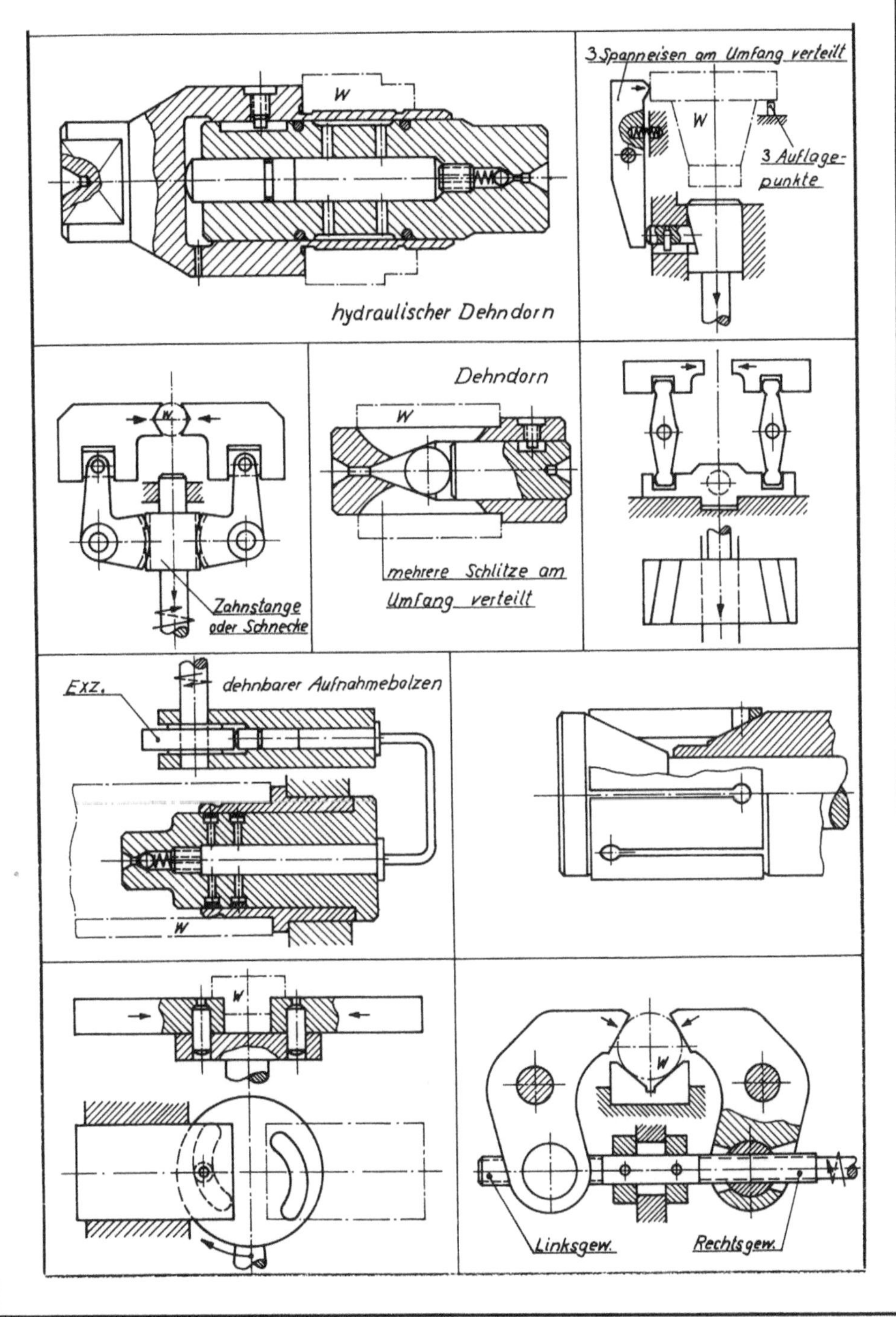

12. Relativkosten-Katalog

12.1 Entwicklung von Relativkostenkatalogen

Da der Konstrukteur in der Regel eine Vielzahl von unterschiedlichen Konstruktionsobjekten zu bearbeiten hat und zusätzlich einem hohen Termindruck unterworfen ist, wird nicht in allen Fällen die konstruktiv und wirtschaftlich günstigste Lösung ausgewählt werden.

Erste Ansätze zur Beseitigung unnötiger Kosten bietet die Beachtung von wertanalytischen Fragen (Tabelle 12-1 und [25]). Ein Großteil der Herstellkosten technischer Produkte wird bereits durch die Konstruktion festgelegt. Dies gilt sinngemäß auch für die Kosten von Vorrichtungen, über die weitgehend schon im Rahmen der Vorrichtungskonstruktion entschieden wird. Da Entwicklung und Herstellung von Vorrichtungen meist mit einem hohen Aufwand verbunden sind, werden im allgemeinen vorher Wirtschaftlichkeitsbetrachtungen durchgeführt. Sichere Regeln zur Ermittlung dieser Kosten gibt es allerdings nur in wenigen Unternehmen. Es ist deshalb erforderlich dem Vorrichtungskonstrukteur Planungsunterlagen zur Verfügung zu stellen mit deren Hilfe aus mehreren technisch gleichwertigen Lösungsalternativen schnell und sicher die kostenoptimale Lösung ausgewählt werden kann. Ein wichtiges Hilfsmittel zur Dokumentation dieser Informationen sind Relativkostenkataloge [26], [27].

Relativkosten sind als Bewertungszahlen definiert durch die das Verhältnis der Kosten alternativ möglicher Lösungen untereinander oder im Bezug auf eine Basiszahl dargestellt wird. Die Relativkosten verdeutlichen eine Relation zwischen zwei oder mehreren Gütern. Beim Einsatz von Relativkosten sind – abhängig von Objekt und vom Kalkulationsverfahren – eine Vielzahl firmenspezifischer Daten aus Arbeitsvorbereitung und Fertigung zu berücksichtigen.

Der Einsatz von Relativkostenkatalogen in der Betriebsmittelkonstruktion unterliegt den spezifischen Belangen dieses Bereiches. Es ist hier zu beachten, daß die Produkte in Einzelfertigung hergestellt werden und daß oft auf Standardteile zurückgegriffen werden kann. Die Kostenvergleichszahlen und Graphiken sollen dem Konstrukteur als Hilfe dienen, um kostengünstig konstruieren zu können.

Bei der Auswahl geeigneter Katalogobjekte kommt dem Aspekt der Benutzerfreundlichkeit eine erhöhte Bedeutung zu. Die Auswahlverfahren müssen daher gewährleisten, daß der Umfang eines Relativkostenkataloges den Ansprüchen des Betriebsmittelkonstrukteurs entgegen kommt.

Der Relativkostenkatalog ist vorwiegend auf

– eine gute Handhabbarkeit durch den Konstrukteur,

– eine breite Ausbaufähigkeit für weitere Funktionen

auszulegen.

Diese Forderungen können durch

– eine geeignete Gliederung,

– eine übersichtliche Darstellung,

– einen fest definierten Informationsinhalt,

– dezentrale Zugriffsmöglichkeiten

realisiert werden (Bild 12-1).

Tabelle 12-1. Wertanalytische Fragen.

Kaufteile, Eigenfertigungsteile	1.	Können Normteile oder handelsübliche Teile verwendet werden?
	2.	Können die gewünschten Teile aus Normteilen oder handelsüblichen Teilen hergestellt werden?
	3.	Können Eigenfertigungsteile auch von Lieferanten bezogen werden?
Werkstoffe	4.	Können kostengünstigere Werkstoffe verwendet werden?
	5.	Können Kunststoffe verwendet werden?
	6.	Kann die Zahl der verschiedenen Werkstoffe vermindert werden?
	7.	Können die Werkstoffkosten durch andere Dimensionen (Vergrößerung, Reduzierung) gesenkt werden?
	8.	Wurden die Werkstoffe unter Berücksichtigung unserer Fertigungsmöglichkeiten ausgewählt?
Toleranzen, Oberflächen	9.	Sind die angegebenen Toleranzen wirklich erforderlich?
	10.	Sind die verlangten Oberflächenqualitäten notwendig?
	11.	Kann eine andere Oberflächenbehandlung die gleiche Funktion (Schutz, Gleitfähigkeit usw.) erfüllen?
Gestaltung	12.	Lassen sich Teile symmetrisch gestalten?
	13.	Lassen sich mit Formänderungen Gewichtseinsparungen erzielen?
	14.	Mit welchem Fertigungsverfahren wird ein Teil am wirtschaftlichsten hergestellt (Schmieden, Gießen, Spanen)?
	15.	Würde eine Schweißkonstruktion Vorteile bringen (Gewicht)?
	16.	Lassen sich mehrere Teile mit verschiedenen Funktionen zu einem Teil zusammenfassen?
	17.	Wäre eine Aufteilung eines Teiles in mehrere durch Verwendung von Normteilen oder Kaufteilen wirtschaftlicher?
	18.	Ist die Konstruktion so, daß bei Fertigung der Vorrichtungsteile möglichst wenig Werkstoffabfall entsteht?
	19.	Lassen sich Bauteile nach dem Baukastensystem entwickeln?
	20.	Können vorhandene Konstruktionsteile wieder verwendet werden? (Wiederholteile)
Lebensdauer, Wartung	21.	Sind die Verschleißteile auf gleiche Lebensdauer konzipiert?
	22.	Ist die Konstruktion so ausgeführt, daß eine relativ einfache Wartung möglich ist?

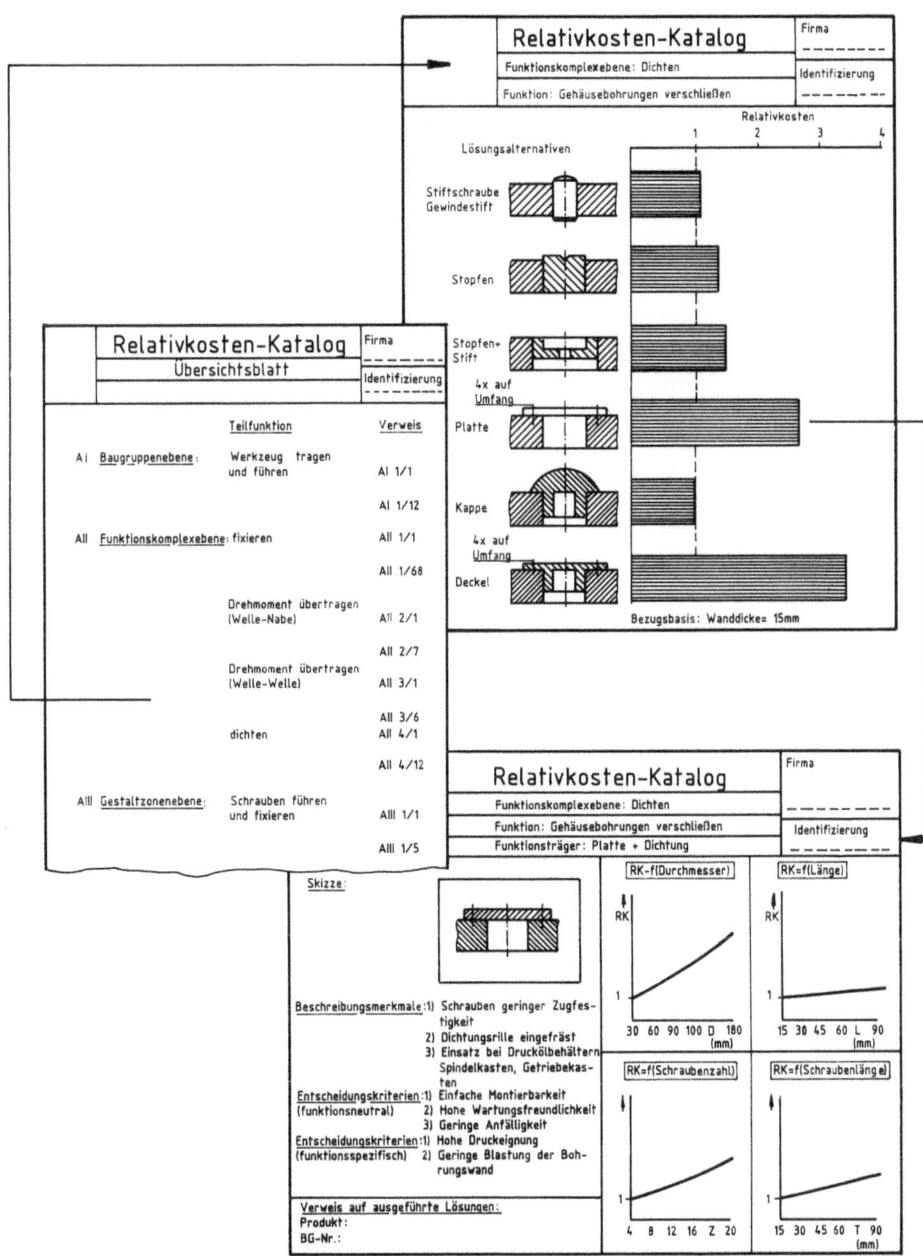

Bild 12-1. Aufbau einer Relativkosteninformation in einer Katalogebene.

12.2 Aufbau eines Relativkosten-Kataloges

Im folgenden sollen Beispiele über den Aufbau eines für den Betriebsmittelbereich anwendbaren Relativkostenkataloges gezeigt werden.

Entsprechend der Komplexität der in den Katalog aufzunehmenden Objekte können verschiedene Komplexitätsstufen unterschieden werden (Bild 12-2).

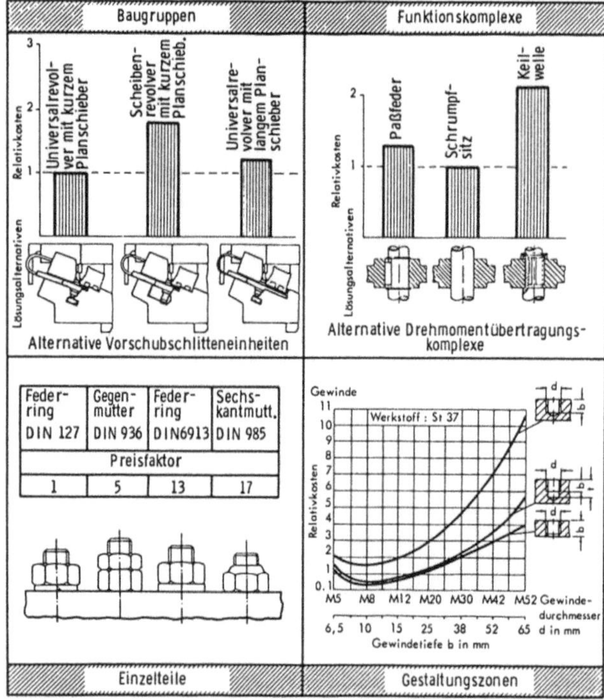

Bild 12-2. Komplexitätsebenen von Relativkosten-Objekten.

Relativkostenkataloge können sowohl erstellt werden für Maschinen, Baugruppen usw. als auch für Formelemente – auf den Vorrichtungsbereich bezogen heißt das für ganze Vorrichtungen, für Funktionsträger bis hin zu Vorrichtungselementen. Je höher die Objektkomplexität ist, desto höher sind die erreichbaren Einsparungen.

12.2.1 Funktionsträger

Für jede Teilfunktion einer Baugruppe existiert eine Vielzahl unterschiedlicher Lösungsmöglichkeiten mittlerer Komplexität. Die Vielfalt der bei der Entscheidung zu berücksichtigenden Kenndaten bewirkt einen hohen Aufwand bei der wirtschaftlichen Bewertung. Wegen der Komplexität der Baugruppen sind die Einflußgrößen nicht immer quantifizierbar. Bei der Bewertung sind statistische Gesetzmäßigkeiten zu berücksichtigen. Daher ist es erforderlich eine Ermittlung und Abgrenzung der Objekte vorzunehmen, die in Relativkostenkatalogen aufgenommen werden sollen. Wichtigstes Hilfsmittel ist dabei die funktionale Analyse von Baugruppen.

Die Funktionsbegriffe sind so zu formulieren, daß sie für den Konstrukteur verständlich sind. Die Gliederung erfolgt nach den gleichen Vorrichtungsfunktionen, wie sie bereits im Funktionsträgerkatalog für Vorrichtungen verwendet wurden. (Positionieren, Spannen, Stützen, Führen und Verbinden).

Die vergleichbaren Kosten können in Form von Balkendiagrammen (Bild 12-3) oder Kurven (Bild 12-4) dargestellt werden. In diesem Beispiel wurden jedoch nur die Kosten für die Herstellung bzw. für die Beschaffung der zu dem Funktionskomplex gehörenden Teile berücksichtigt.

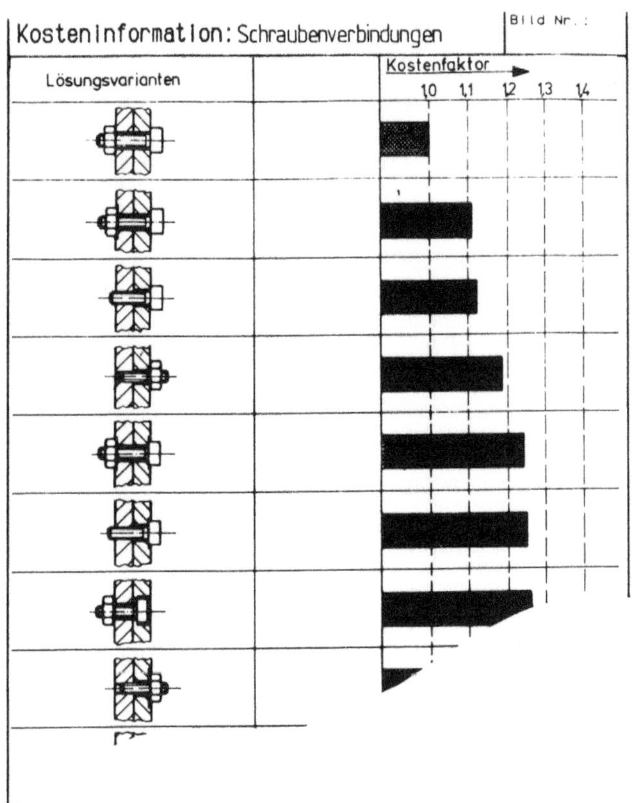

Bild 12-3. Kosteninformation durch Balkendiagramm.

Bei einer Kostenbetrachtung ist es aber auch wichtig, zu wissen, welche Folgekosten durch die einzelnen Elemente verursacht werden. Im Vorrichtungsbereich bedeutet dies, daß zusätzliche Angaben über die Einsatzkosten der Teile gemacht werden müssen. So ergeben sich für Hydraulikkomponenten verhältnismäßig hohe Anschaffungskosten, die jedoch bei der Serienfertigung durch geringere Nebenzeiten bei den Werkzeugmaschinen oft mehr als ausgeglichen werden können.

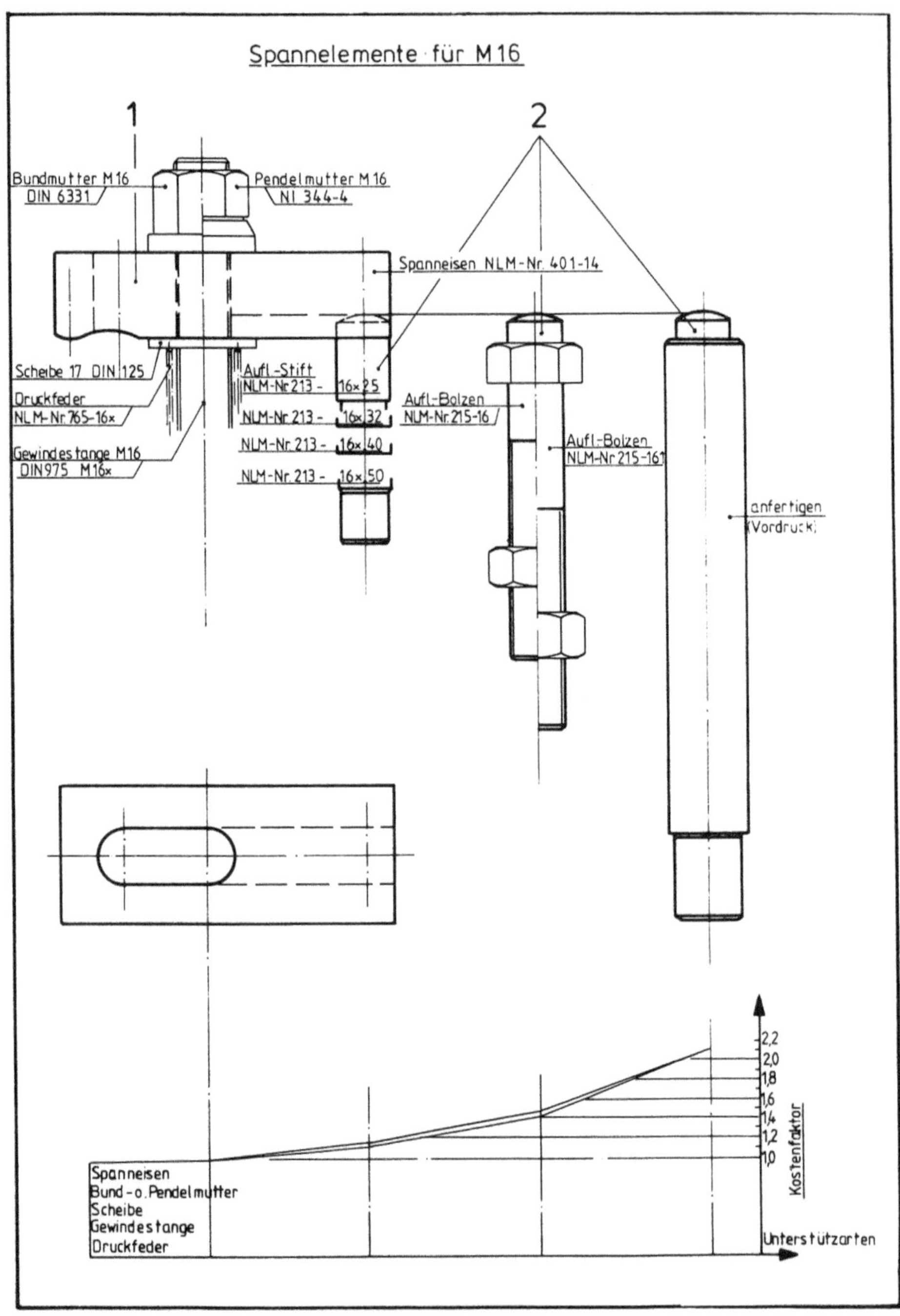

Bild 12-4. Kosteninformation durch Kurvendiagramm.

526

12.2.2 Komplette Vorrichtungen

Konstruktion und Fertigung von Vorrichtungen sind meistens mit erheblichen Kosten verbunden, die von sehr vielen Einflußgrößen abhängen (Bild 12-5) [28]. Deshalb ist im allgemeinen vor der Entscheidung zur Entwicklung einer Vorrichtung zu prüfen, ob der Bau einer Spezialvorrichtung oder der Einsatz einer Baukastenvorrichtung wirtschaftlich sinnvoll erscheint.

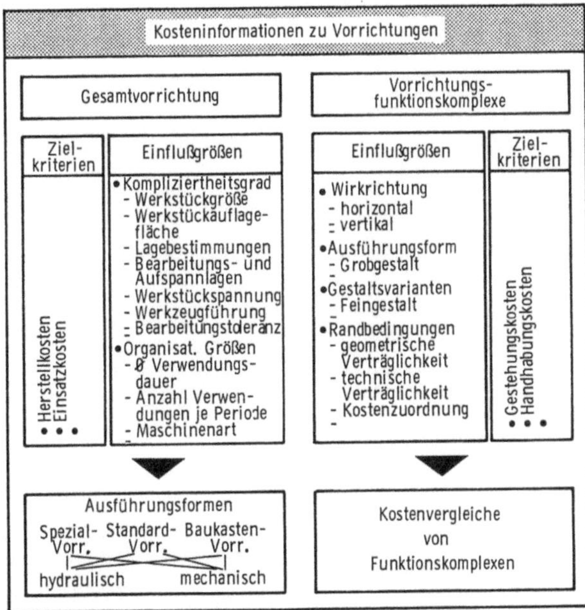

Bild 12-5.
Kostenbestimmende Einflußgrößen bei der Vorrichtungskonstruktion.

Grundlage einer solchen Wirtschaftlichkeitsbetrachtung ist die Abschätzung der erzielbaren Fertigungskosteneinsparung am Produktteil und der Gegenüberstellung des Aufwandes für Konstruktion, Material, Fertigung und Montage der Vorrichtung. Die Verkürzung der Fertigungsstückzeiten kann durch geringe Rüst- und Nebenzeiten oder deren Verlagerung in die Hauptzeit erreicht werden.

Eine weitere Aufwandsreduzierung beim Einsatz von Vorrichtungen läßt sich durch den Fortfall von Nebenarbeiten wie Anreißen, Körnen und Messen erzielen. Die möglichen Einsparungen werden auf der Grundlage von Zeitrichtwerten und Kalkulationsunterlagen ermittelt und lassen sich relativ genau abschätzen.

Schwieriger als die Ermittlung der Einsparungen in der Fertigung ist die Ermittlung der Kosten für Vorrichtungen, da in einer frühen Planungsphase nur grobe Vorstellungen über ihre konstruktive Ausführung vorliegen. In firmenspezifischer Abhängigkeit können die Herstellkosten für Vorrichtungen (nach Möglichkeit über EDV) erfaßt werden.

Grundlagen zur Ermittlung der Vorrichtungskosten enthält die Richtlinie VDI 2027 [29]. Eine Ermittlung der Kosten entsprechend dem hier vorgestellten Berechnungsgang setzt allerdings detaillierte Kenntnisse der Konstruktionslösung voraus.

Hinweise zur Bestimmung der Kosten von Vorrichtungen enthält die Arbeit von Simmel [30]. Hier werden die Vorrichtungen nach ihrer Komplexität in unterschiedliche Klassen eingeteilt und die Kosten für Vorrichtungen aus diesen Klassen mit Hilfe von spezifischen, klassenunabhängigen Richtwerten ermittelt. Über die Ermittlung des Komplexitätsgrades von Vorrichtungen versucht Thiel [31] Hinweise zur Wahl der wirtschaftlichsten Vorrichtungsart zu geben (Bild 12-6). Hier werden allerdings für die Berechnung der Kosten einer Vorrichtung relativ detaillierte Kenntnisse über die konstruktiven Ausführungen vorausgesetzt.

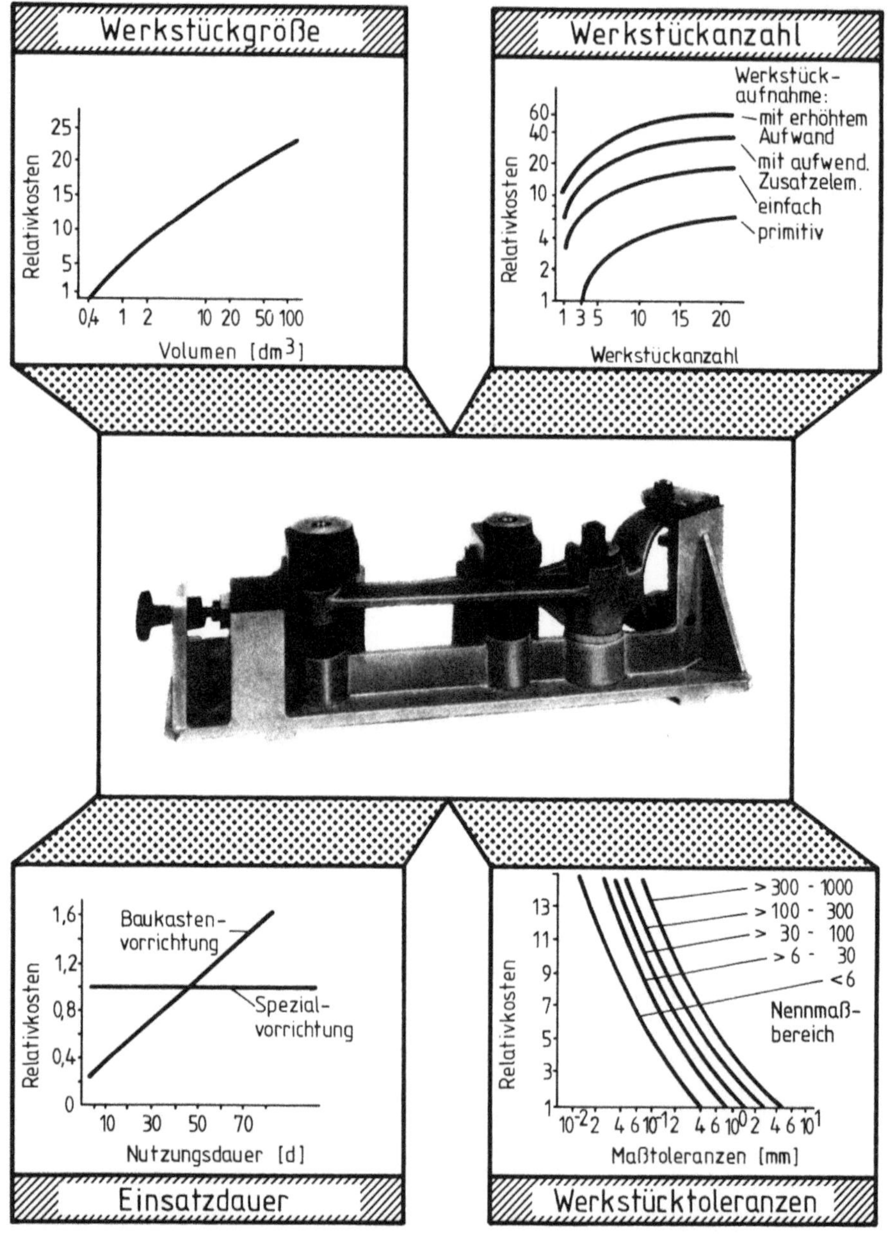

Bild 12-6. Beispiel für Relativkosten von Vorrichtungen.

528

Die aufgestellten Kennzahlen für die Auswahl von Vorrichtungen müssen die Entwicklung von numerisch gesteuerten Werkzeugmaschinen berücksichtigen. An Vorrichtungen für diese Maschinen werden spezifische Anforderungen gestellt, vor allem wird ein erheblich geringerer Umbauungsgrad verlangt, um eine Komplettbearbeitung in möglichst wenig Aufspannungen zu ermöglichen.

Zur Ermittlung signifikanter kostenbestimmender Einflußgrößen können Regressionsanalysen (Bild 12-7) durchgeführt werden [32]. Hierauf basierend lassen sich Kostenfunktionen aufstellen, die eine schnelle und genaue Kostenkalkulation von Vorrichtun-

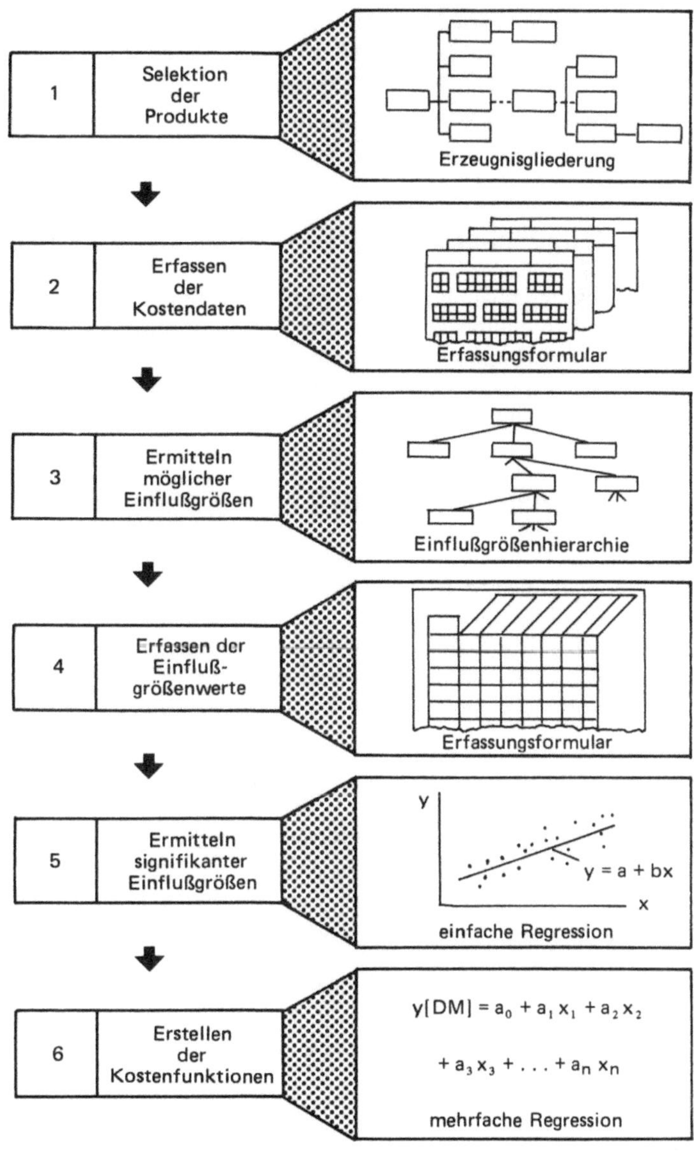

$$y[DM] = a_0 + a_1 x_1 + a_2 x_2 + a_3 x_3 + \ldots + a_n x_n$$

Bild 12-7.
Schritte bei der Erstellung
der Kostenfunktionen.

gen ermöglichen. Variationsparameter bei derartigen Abhängigkeiten können beispielsweise Form und Abmessungen der Werkstücke sein. Ebenso lassen sich Kataloge erstellen, die die Abhängigkeit der Vorrichtungskosten von bestimmten Fertigungsaufgaben zeigen. Mit Hilfe solcher Kataloge soll der Vorrichtungskonstrukteur frühzeitig über Auswirkungen bestimmter Entscheidungen informiert werden, so daß die im Vorrichtungsbau entstehenden Kosten gegebenenfalls verringert werden können.

12.2.3 Werkstoffauswahl

Bei der Wahl des Rohmaterials müssen die Bearbeitungskosten für die nachfolgenden Operationen mit berücksichtigt werden d. h. das billigste Material ist nicht unbedingt das günstigste. So können z. B. durch den Einsatz von teurem Ausgangsmaterial die Bearbeitungskosten wesentlich gesenkt werden.

Bei entsprechender Werkstoffauswahl kann unter Umständen auf teure Wärme-Oberflächenbehandlungen wie Härten, Einsatzhärten, Schleifen verzichtet werden.

12.3 Handhabung und Pflege eines Relativkosten-Kataloges

Um eine gute Nutzung des Relativkostenkataloges durch den Konstrukteur zu gewährleisten sollten nur die gängigsten Beispiele in Form von Bildern mit zugehörigen Balken- oder Kurven-Diagrammen dargestellt werden. Durch den Verzicht von Angaben wie Kosten und Stunden ist der Inhalt über einen langen Zeitraum aktuell und der Aufwand für den Änderungsdienst gering.

12.4 Auszüge aus Relativkosten-Katalogen

Die folgenden Bildbeiträge zeigen Auszüge aus verschiedenen Relativkostenkatalogen. Es empfiehlt sich, den Relativkostenkatalog für die Vorrichtungskonstruktion durch allgemeingültige Kosteninformationen zu ergänzen. Dieser in Bild 12-8 unter dem Titel „Allgemein" angefügte Katalogteil enthält Kosteninformationen, die auf alle Vorrichtungsfunktionen Einfluß nehmen können. Schon aus diesem Grunde kann der „Allgemein"-Katalogteil einen größeren Umfang annehmen als der spezielle Vorrichtungsteil.

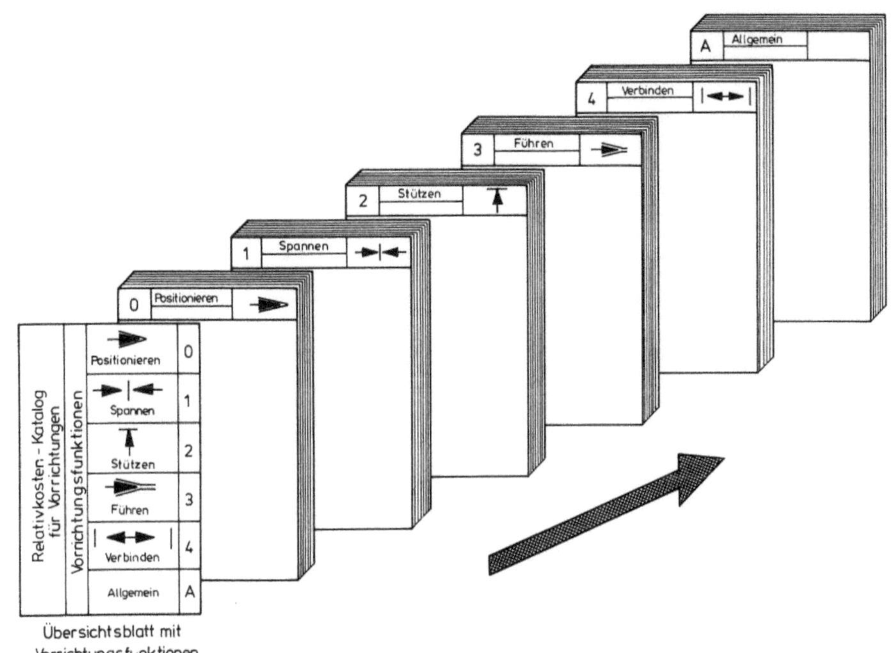

Bild 12-8. Aufbau eines Relativkosten-Kataloges für Vorrichtungen.

Inhaltsverzeichnis:Relativ Kosten-Katalog				1 ▶◀
Vorrichtungsspezifische Kosteninformationen				Blatt-Nr.:
Positionieren	Spannen	Stützen	Führen	Verbinden
0 ▶	1 ▶◀	2 ▲	3 ▶	4 ◀▶

Kosteninformation	Funktion	Lfd.-Nr	Seite
		Bild-Nr.	
Bedienungselemente für Spanneisen	1	0 1	
Spannelemente für M16	1	0 2	

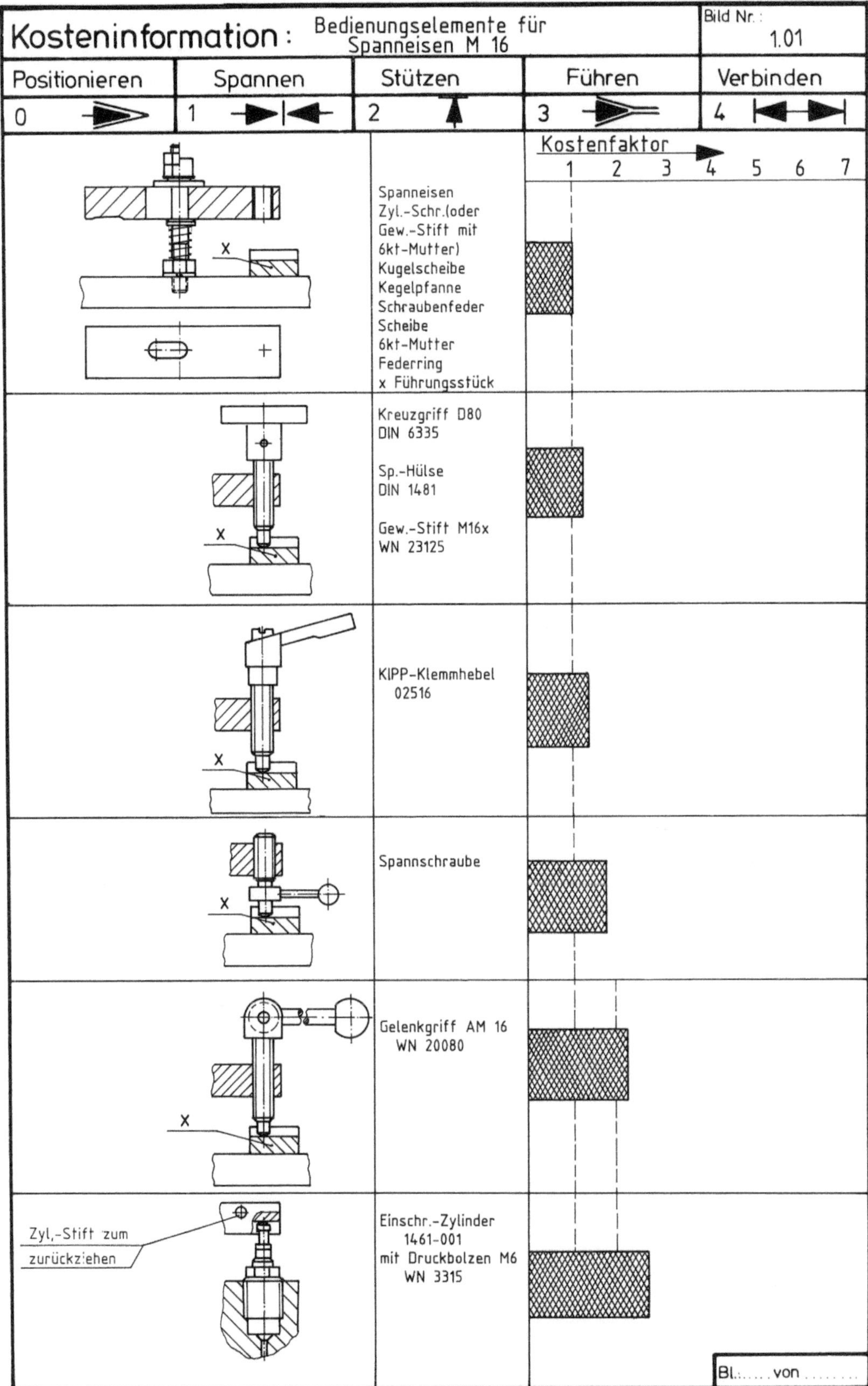

Kosteninformation :
Bedienungselemente für
Spanneisen M 16
Bild Nr. :
1.01
Positionieren
Spannen
Stützen
Führen
Verbinden
0
1
2
3
4
Kostenfaktor
1 2 3 4 5 6 7
Spanneisen
Zyl.-Schr.(oder
Gew.-Stift mit
6kt-Mutter)
Kugelscheibe
Kegelpfanne
Schraubenfeder
Scheibe
6kt-Mutter
Federring
x Führungsstück
Kreuzgriff D80
DIN 6335
Sp.-Hülse
DIN 1481
Gew.-Stift M16x
WN 23125
KIPP-Klemmhebel
02516
Spannschraube
Gelenkgriff AM 16
WN 20080
Zyl.-Stift zum
zurückziehen
Einschr.-Zylinder
1461-001
mit Druckbolzen M6
WN 3315
Bl. . . . . . . von . . . .

Positionieren	Spannen	Stützen	Führen	Verbinden
0	1	2	3	4

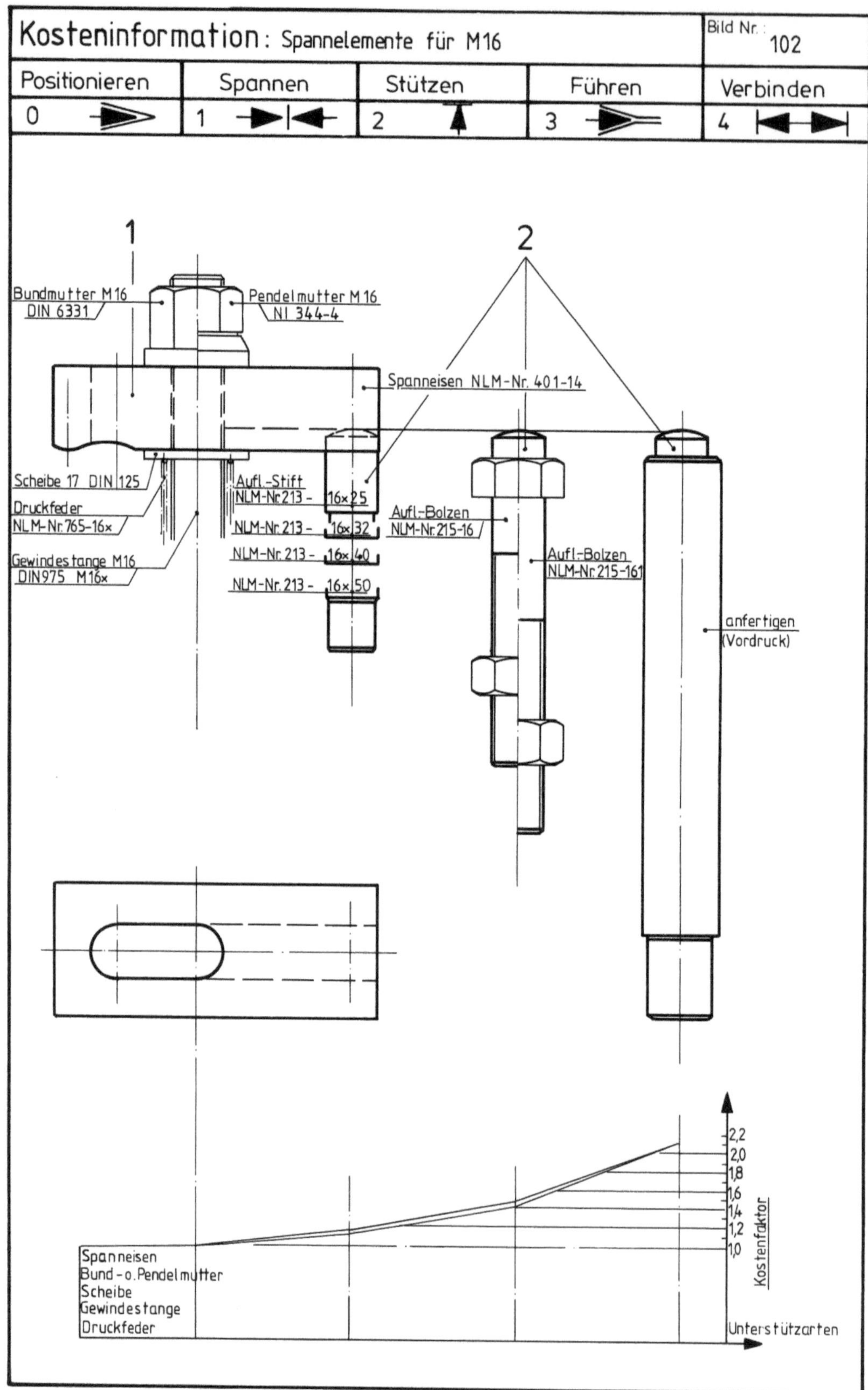

535

Kosteninformation: Werkstück-Zentrierung
Bild Nr.: 0.01
Positionieren
0
Spannen
1
Stützen
2
Führen
3
Verbinden
4
Kostenfaktor
1   1,5   2   2,5   3   3,5   4
starre
Zentrierung
Zentrierung
durch
Kugelkäfig
Zentrier-
schieber
Spannscheiben
System
Ringspann
Bl. 1 von 2

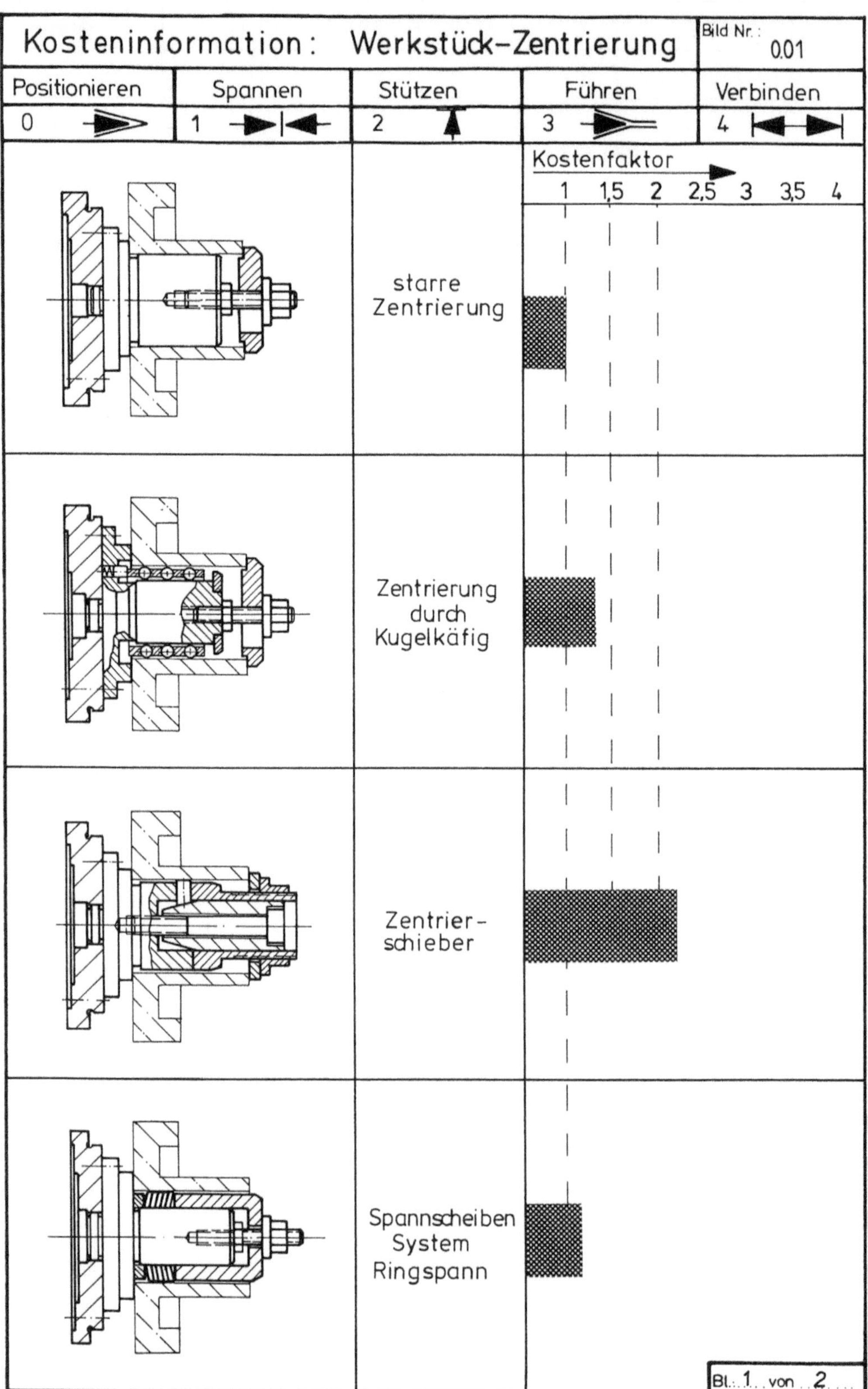

536

Kosteninformation: Werkstück–Zentrierung
Bild Nr.: 0.01
Positionieren 0
Spannen 1
Stützen 2
Führen 3
Verbinden 4
Kostenfaktor
1 1,5 2 2,5 3 3,5 4
Spreizdorn System Tobler-Flanschspann-dorn
Spannhülse System Spieth
Dehnspann-dorn Hydraulisch
Keilbolzen-Spanndorn System Römheld
Bl. 2 von 2

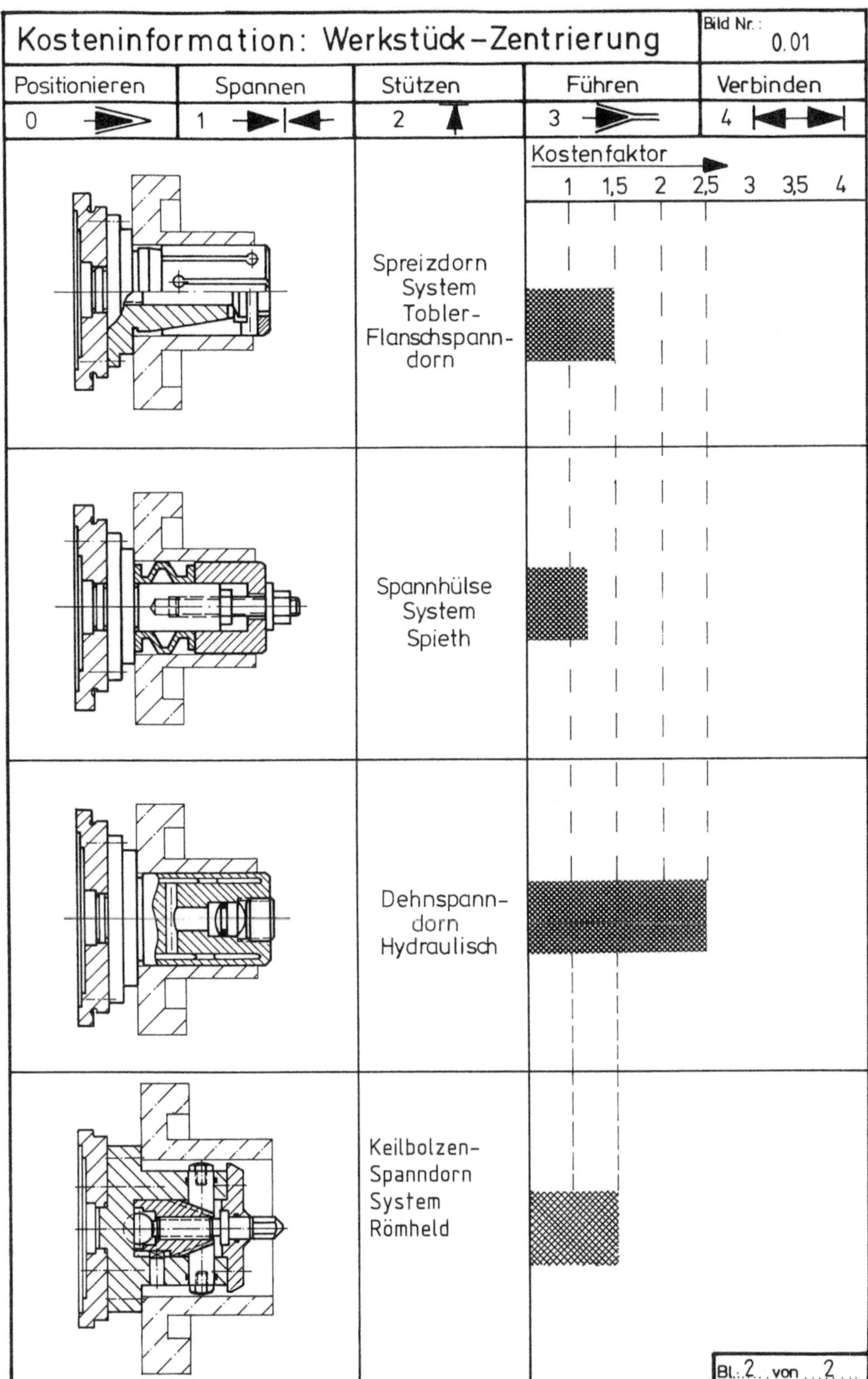

537

Inhaltsverzeichnis:Relativ Kosten-Katalog				A1
Allgemeine Kosteninformationen				Blatt-Nr.:

Kosteninformation	Bild-Nr.:			Seite
	Funk-tion	Lfd.-Nr.		
Checkliste über Grundsatzfragen	A	1	0	1	
Sicherungselemente für Schrauben	A	1	0	2	
Schraubenverbindungen	A	1	0	3	
Welle/Nabe-Verbindung	A	1	0	4	
Toleranzen	A	1	0	5	
Werkstückkanten, außen	A	1	0	6	
Werkstückkanten, innen	A	1	0	7	

Allgemein A					

	Nr.	Frage
Kaufteile, Eigenfertigungsteile	1	Können Normteile oder handelsübliche Teile verwendet werden?
	2	Können die gewünschten Teile aus Normteilen oder handelsüblichen Teilen hergestellt werden?
	3	Können Eigenfertigungsteile auch von Lieferanten bezogen werden?
Werkstoffe	4	Können billigere Werkstoffe verwendet werden?
	5	Können Kunststoffe verwendet werden?
	6	Kann die Zahl der verschiedenen Werkstoffe vermindert werden?
	7	Können die Werkstoffkosten durch andere Dimensionen (Vergrößerungen, Reduzierung) gesenkt werden?
	8	Wurden die Werkstoffe unter Berücksichtigung unserer Fertigungsmöglichkeiten ausgewählt?
Toleranzen, Oberflächen	9	Sind die angegebenen Toleranzen wirklich erforderlich? Warum genügt nicht die Allgemeintoleranz nach DIN 7168?
	10	Sind die verlangten Form- und Lagetoleranzen nicht nur zu klein, sondern sind sie überhaupt notwendig, vor allem bei Drehteilen, die in einer Aufspannung gedreht werden.
	11	Ist die verlangte Oberflächengüte notwendig?
	12	Kann eine andere Oberflächenbehandlung die gleiche Funktion (Schutz, Gleitfähigkeit, usw.) erfüllen?
Gestaltungen	13	Lassen sich Teile symetrisch gestalten?
	14	Lassen sich mit Formänderungen Gewichtseinsparungen erzielen?
	15	Mit welchem Fertigungsverfahren wird ein Teil am wirtschaftlichsten hergestellt (Schmieden, Gießen, Spanen)?
	16	Würde eine Schweißkonstruktion Vorteile bringen (Gewicht)?
	17	Lassen sich mehrere Teile mit verschiedenen Funktionen zu einem Teil zusammenfassen?
	18	Wäre eine Aufteilung eines Teiles in mehrere vorteilhaft? (Könnten dadurch Normteile eingesetzt werden?)
	19	Ist die Konstruktion so, daß möglichst wenig Werkstoffabfall entsteht?
	20	Lassen sich Bauteile nach dem Baukastensystem entwickeln?
	21	Können vorhandene Konstruktionsteile wieder verwendet werden (Wiederholteile)?

Bl.:...von..

Kosteninformation: Sicherungselemente für Schrauben				Bild Nr.: A1.02
Allgemein				
A				

Kosten- u. Anwendungsvergleiche (Material + Montage)

Diese Norm dient zur Auswahl der kostengünstigsten Konstruktionslösung, wobei von Fall zu Fall besonderen Gegebenheiten (z B Sicherheit) Vorrang zu geben ist.

Kosten-u Sicherheitsvergleich an einer Schraube M8x30 DIN 912, bei anderen Schraubensorten, z B. Sechskantschrauben, sind die gleichen Kostenrelationen zu erwarten.

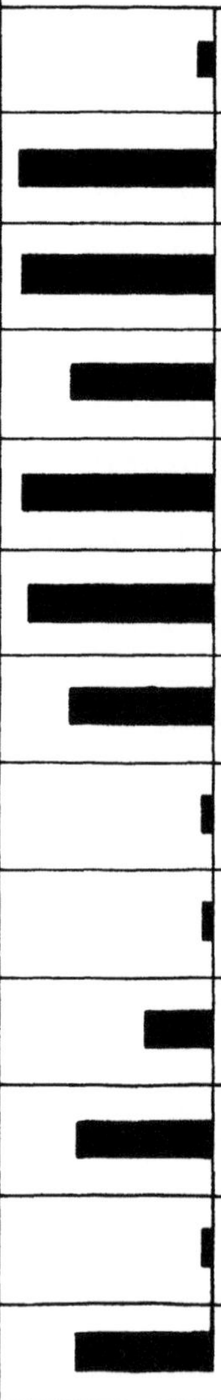

Kombination		Kosten (Material + Montage)	Unsicherheit des Sicherungselementes gegen Lösen	Montage/ Reparaturfreundlichkeit
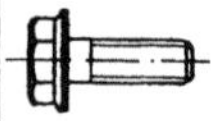	Schraube nach C 0128/01 (Flanschschraube m. Sperrzahnen)	1		gut/mäßig
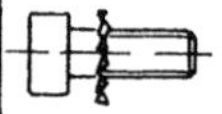	Schraube mit Zahnscheibe DIN 6797	1,7		gut/gut
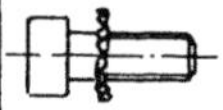	Schraube mit Fächerscheibe DIN 6798	1,7		gut/gut
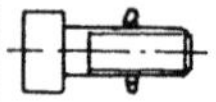	Schraube mit Sicherungsscheibe SN 260	1,7		gut/mäßig
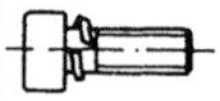	Schraube mit Federring DIN 127	2		gut/gut
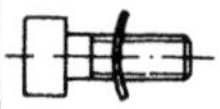	Schraube mit Federscheibe DIN 137	2,2		gut/gut
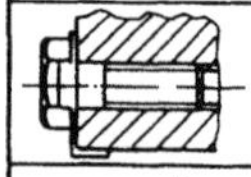	Schraube mit Sicherungsblech DIN 463	3,3		mäßig/mäßig
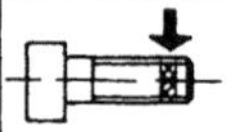	Schraube mit Flüssigkunststoff SN 604 manuell aufgetragen	4		gut/mäßig
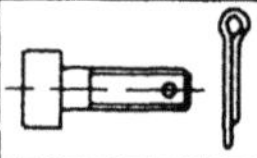	Schraube mit Splint DIN 94	9,2		mäßig/mäßig
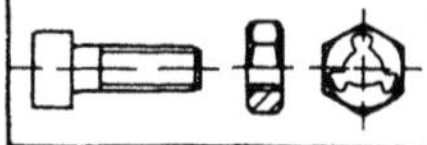	Schraube m Sicherungsmutter C 2238/01 (Gew. Durchm. verformt)	9,7		mäßig/mäßig
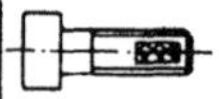	Schraube mit Loc-Wel-Beschichtung	10		mäßig/mäßig
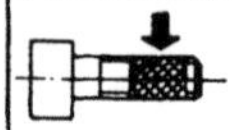	Schraube mit Kunststoffbeschichtung Ausführung „plus"	12		mäßig/mäßig
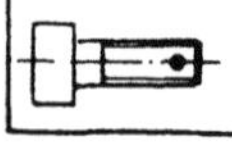	Schraube mit „Sim"-Kunststoffpfropfen	13,3		mäßig/mäßig

Bl.:..... von ....

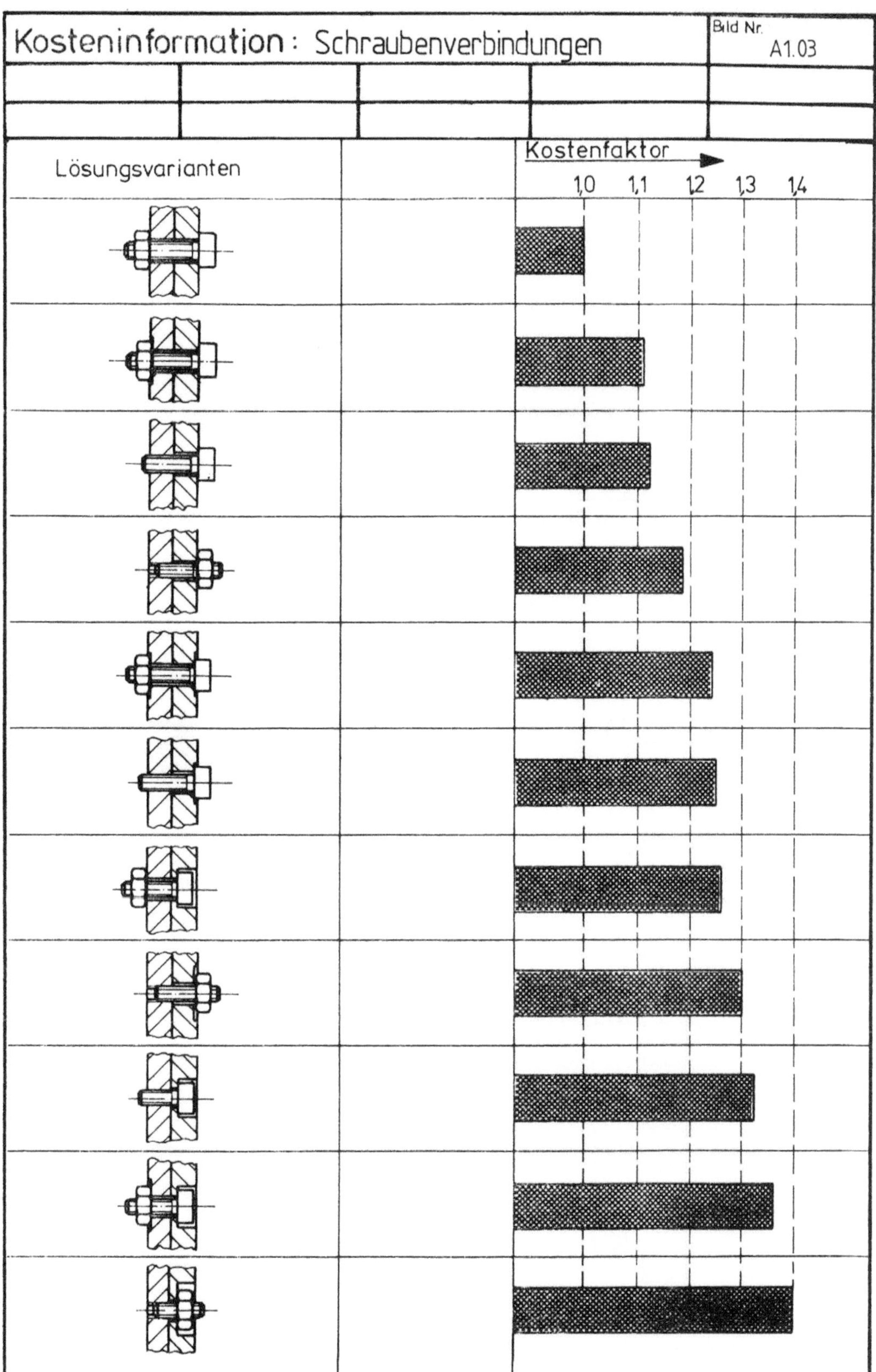

Kosteninformation : Schraubenverbindungen
Bild Nr.
A1.03
Lösungsvarianten
Kostenfaktor
1,0   1,1   1,2   1,3   1,4

Kosteninformation: Welle-Nabe-Verbindungen
Bild Nr.: A1. 04
Lösungsvarianten
Kostenfaktor
1 15 2 25 3 35
Paßfeder
Schrumpfsitz
Keilwelle
Spannhülse
Kegelstift
Bl. 1 von 2

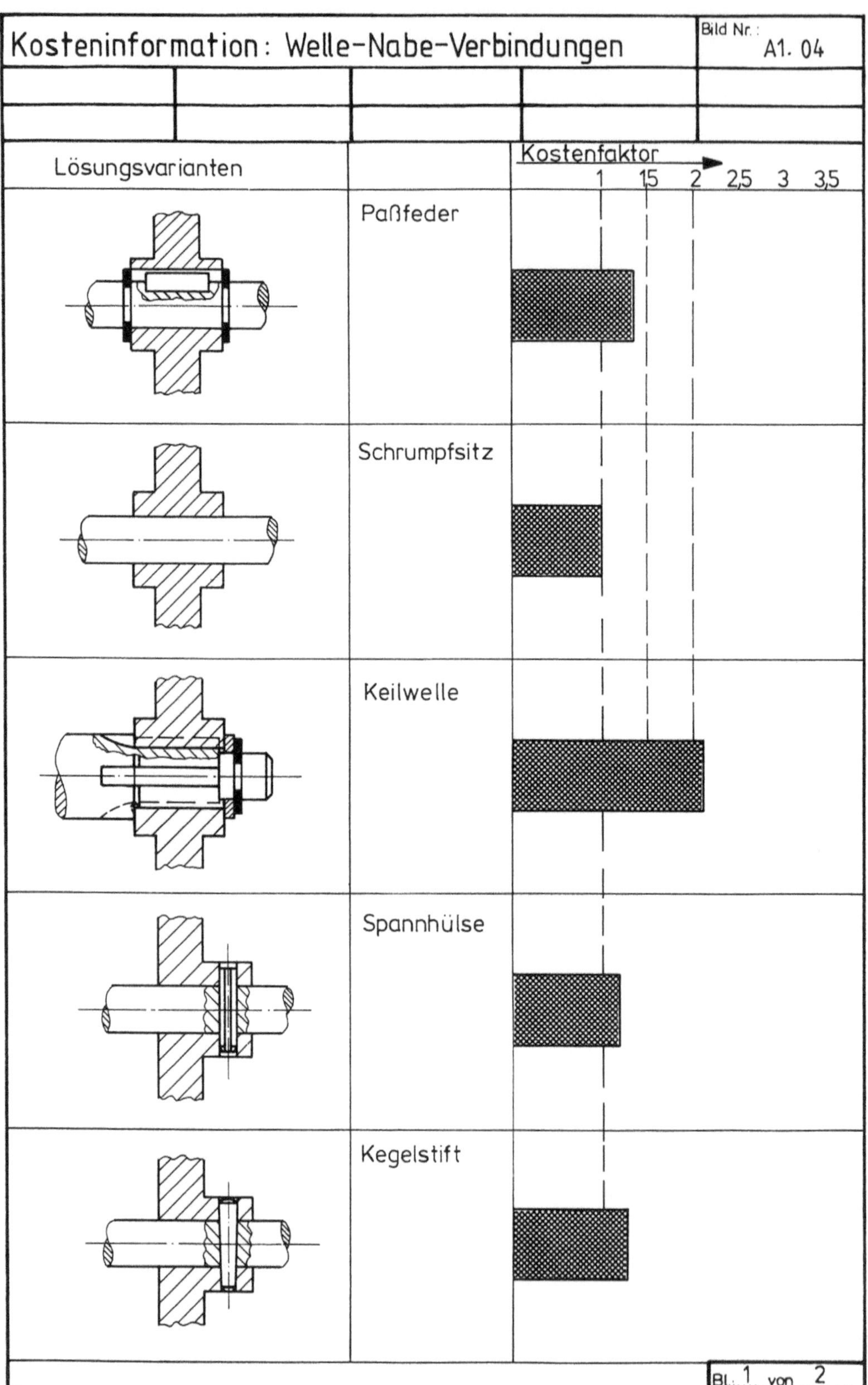

542

Bild Nr.:
A1.04

Lösungsvarianten		Kostenfaktor
		1 · 1,5 · 2 · 2,5 · 3 · 3,5
	Zylinderstift	

Bl. 2 von 2

543

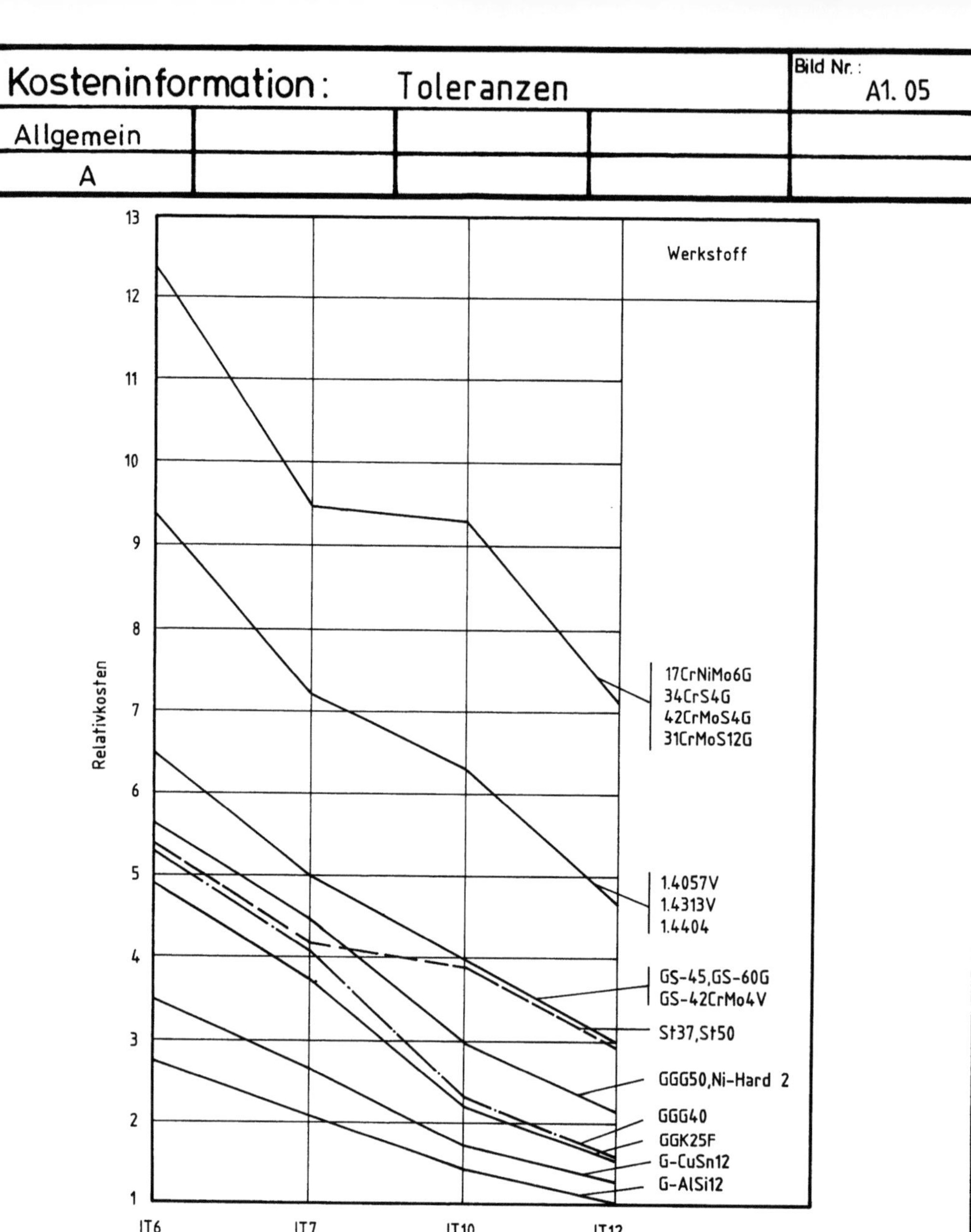

Beim Kostenvergleich verschiedener IT-Qualitäten können
nur gleiche Nennmaße,gleichartiger Werkstoffe sowie
ähnliche Fertigungs- und Prüfverfahren miteinander verglichen werden.
Die Relativkosten enthalten den Fertigungs- und Prüf-
aufwand.
In unserem Beispiel wurde auf dem Bohrwerk eine Bohrung ⌀70mm und 200mm lang in verschiedene Werkstoffe gebohrt.

Bl.:...... von ....

544

Kosteninformation: Werkstückkanten, außen — Bild Nr.: A1. 06

Allgemein

A

Außenkanten
Drehen von Radien. Drehen von Fasen 45°

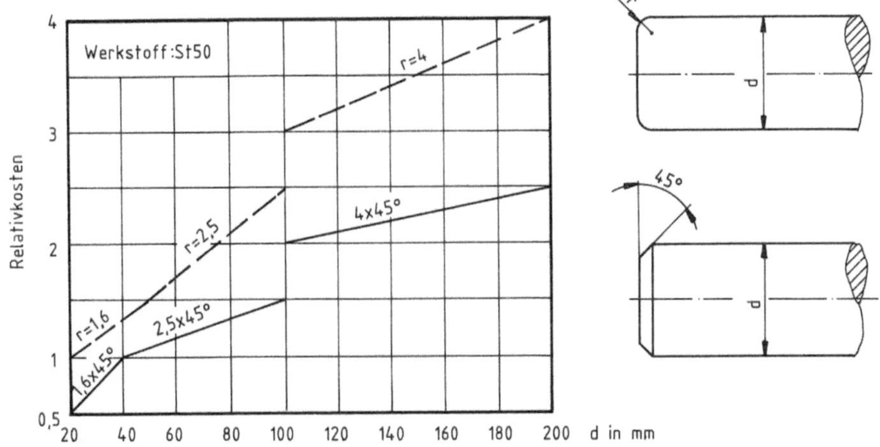

Bei NC-Fertigung kein Kostenunterschied zwischen Fase
und Radius.

Kanten entgratet (Zeichnunsangabe nach DIN 6784)

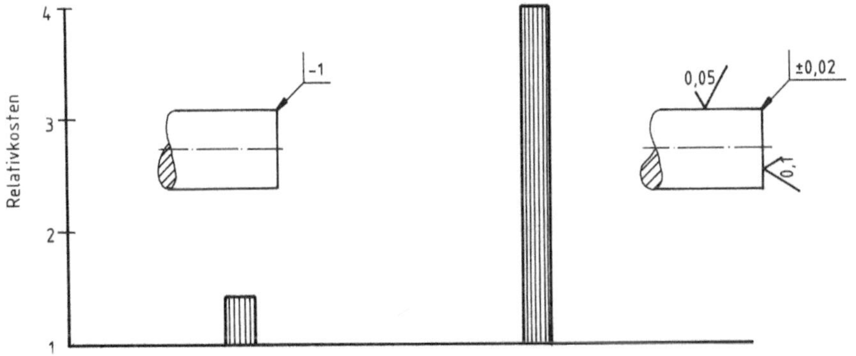

Kanten entgratet oder Kanten
gebrochen

Kanten scharf aber grat-
frei (Steuerkanten)

Textangabe in Zeichnung
erforderlich. Beteiligte
Flächen müssen entsprech-
ende Oberflächenrauheit
aufweisen.
(Auslauf der Planspirale)

Bl.:...... von ....

<table>
<tr><td colspan="4">

Kosteninformation: Werkstückkanten, innen

</td><td>

Bild Nr.:
A1. 07

</td></tr>
<tr><td>Allgemein</td><td></td><td></td><td></td><td></td></tr>
<tr><td>A</td><td></td><td></td><td></td><td></td></tr>
</table>

Innenkanten

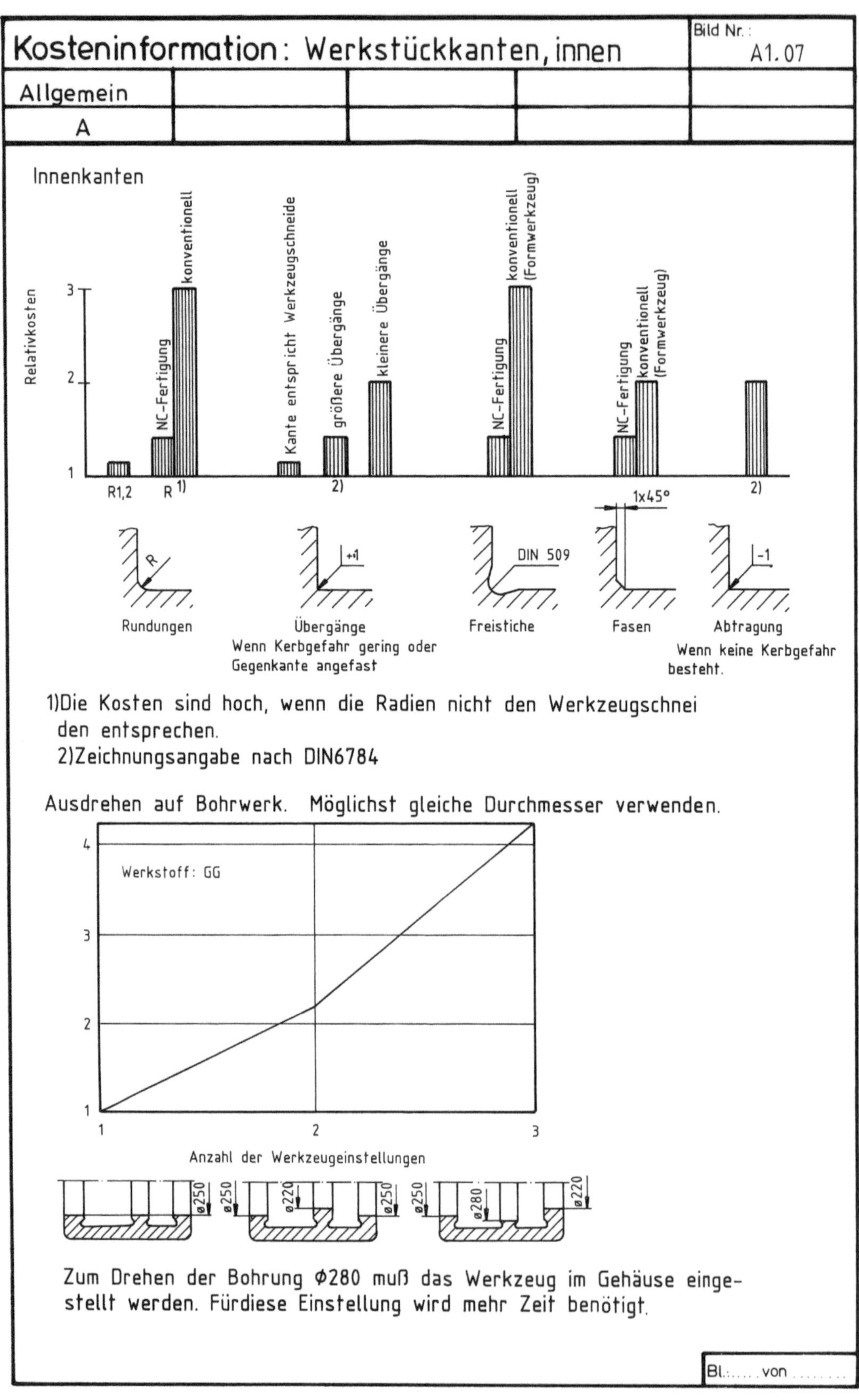

1) Die Kosten sind hoch, wenn die Radien nicht den Werkzeugschnei den entsprechen.

2) Zeichnungsangabe nach DIN6784

Ausdrehen auf Bohrwerk. Möglichst gleiche Durchmesser verwenden.

Zum Drehen der Bohrung Ø280 muß das Werkzeug im Gehäuse einge- stellt werden. Fürdiese Einstellung wird mehr Zeit benötigt.

Bl.:...... von ....

<table>
<tr><td colspan="2" rowspan="2">Kosteninformation:</td><td colspan="3">Checkliste
Spanende Bearbeitung</td><td>Bild Nr.:
A2.01</td></tr>
<tr><td>Allgemein</td><td></td><td></td><td></td></tr>
<tr><td></td><td>A</td><td></td><td></td><td></td><td></td></tr>
<tr><td rowspan="5">Spannmöglichkeiten
vorsehen</td><td>1</td><td colspan="4">Teile so gestalten, daß in einer Aufspannung bearbeitet werden kann (billiger und genauer).</td></tr>
<tr><td>2</td><td colspan="4">Spannfläche bei fliegend bearbeiteten Teilen, möglichst nahe an Bearbeitungsfläche legen.</td></tr>
<tr><td>3</td><td colspan="4">Spannfläche groß und fest genug, damit sie beim Spannen nicht zerdrückt wird.</td></tr>
<tr><td>4</td><td colspan="4">Gleichartige Teile so konstruieren, daß durch Zusammenspannen eine gemeinsame Bearbeitung der Teile möglich ist (z.B. Zahnräder).</td></tr>
<tr><td>5</td><td colspan="4">Bei schwierig zu spannenden Teilen besondere Auflagenocken und Aussparungen zum Spannen vorsehen.</td></tr>
<tr><td rowspan="4">Bearbeitungs-
erleichterungen</td><td>6</td><td colspan="4">Auslauf von Werkzeugen beachten (Schleifscheibe, Fräser, Verzahnungswerkzeuge). Auch bei kegelförmigen Flächen.</td></tr>
<tr><td>7</td><td colspan="4">An- und Auslauf von Bohrern nur auf Flächen vornehmen, die senkrecht zur Lochachse stehen.</td></tr>
<tr><td>8</td><td colspan="4">Beim Räumen von Bohrungen möglichst symmetrische Formen verwenden, damit Räumnadel nicht verläuft.</td></tr>
<tr><td>9</td><td colspan="4">Beim Bohren muß genügend Platz für das Bohrfutter vorhanden sein.</td></tr>
<tr><td rowspan="12">Kostenarm gestalten</td><td>10</td><td colspan="4">Das Teil so gestalten, daß möglichst wenig zerspant werden muß.</td></tr>
<tr><td>11</td><td colspan="4">Möglichst wenig fein bearbeiten. Oberflächen, die keine Funktionsflächen sind, rauh lassen.</td></tr>
<tr><td>12</td><td colspan="4">Bearbeitungsflächen möglichst auf einer Höhe vorsehen.</td></tr>
<tr><td>13</td><td colspan="4">Bearbeitungsflächen möglichst senkrecht aufeinander anordnen, nicht schiefwinklig.</td></tr>
<tr><td>14</td><td colspan="4">An einem Teil möglichst gleiche Lochdurchmesser, gleiche Ausrundungsradien, gleiche Gewinde vorsehen.</td></tr>
<tr><td>15</td><td colspan="4">Komplizierte Teile sind oft billiger zu bearbeiten, wenn sie geteilt konstruiert, getrennt bearbeitet und wieder montiert werden.</td></tr>
<tr><td>16</td><td colspan="4">Kegel- und Kugelflächen möglichst vermeiden.</td></tr>
<tr><td>17</td><td colspan="4">Sacklöcher vermeiden bzw. nach VN 3070 bohren.</td></tr>
<tr><td>18</td><td colspan="4">Ausrundungen (konvexe Formen) nicht an ebene oder zylindrische Flächen tangierend anschließen lassen, sondern im stumpfen Winkel. Der tangierende Übergang ist schwer herzustellen.</td></tr>
<tr><td>19</td><td colspan="4">Kerb- und Spannstifte sind günstiger als Zylinder oder Kegelstifte mit geriebenen Löchern.</td></tr>
<tr><td>20</td><td colspan="4">Zur Vermeidung von engen Toleranzen elastische oder nachstellbare Teile verwenden.</td></tr>
<tr><td>21</td><td colspan="3">Schrumpfsitze sind billiger als formschlüssige Wellen/Nabenverbindungen.</td><td>Bl.:...von..</td></tr>
</table>

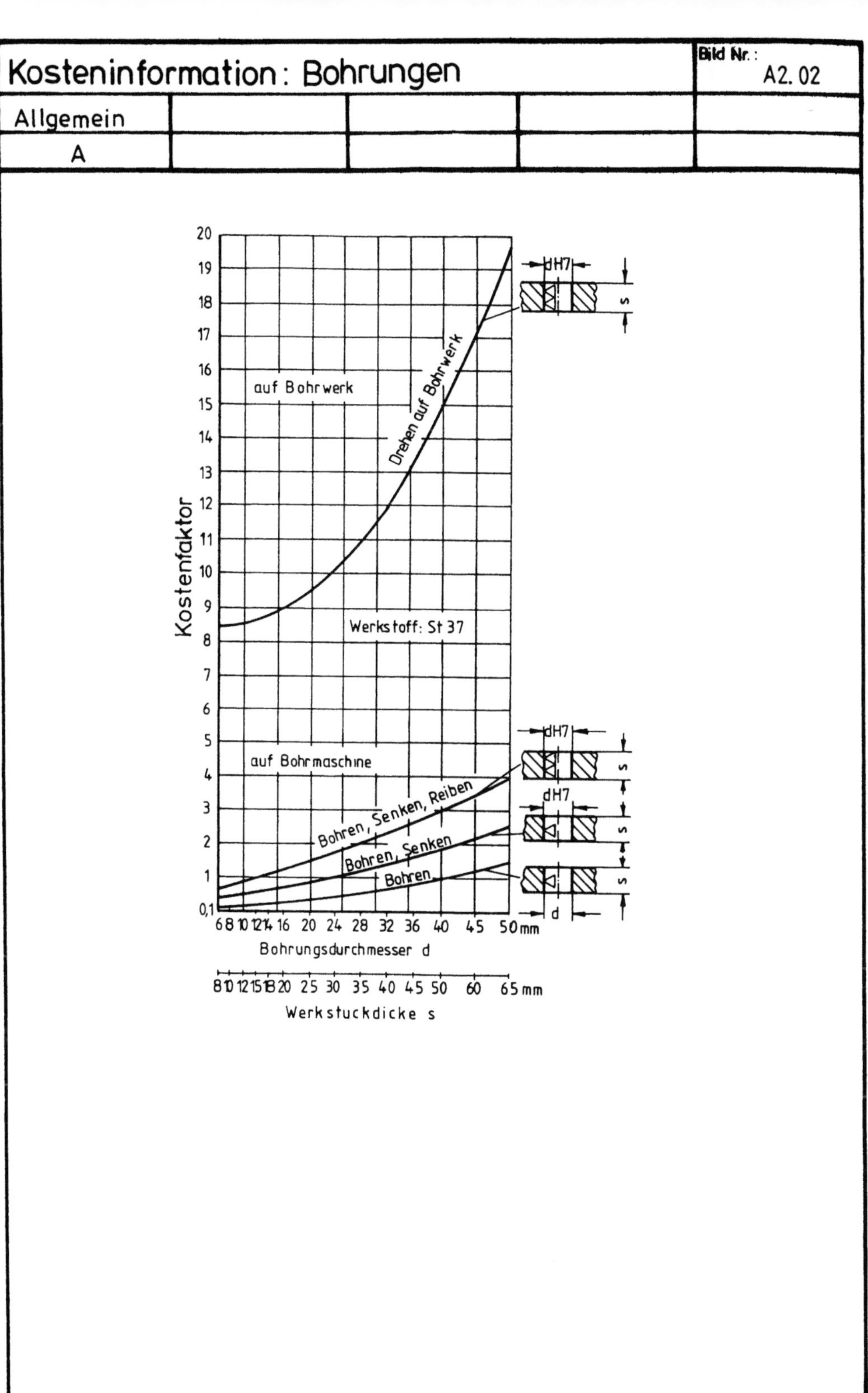

Kostenfaktor
20
19
18
17
16
15
14
13
12
11
10
9
8
7
6
5
4
3
2
1
0,1
auf Bohrwerk
Drehen auf Bohrwerk
Werkstoff: St 37
auf Bohrmaschine
Bohren, Senken, Reiben
Bohren, Senken
Bohren
dH7
s
6 8 10 12 14 16 20 24 28 32 36 40 45 50 mm
Bohrungsdurchmesser d
8 10 12 15 18 20 25 30 35 40 45 50 60 65 mm
Werkstückdicke s
d

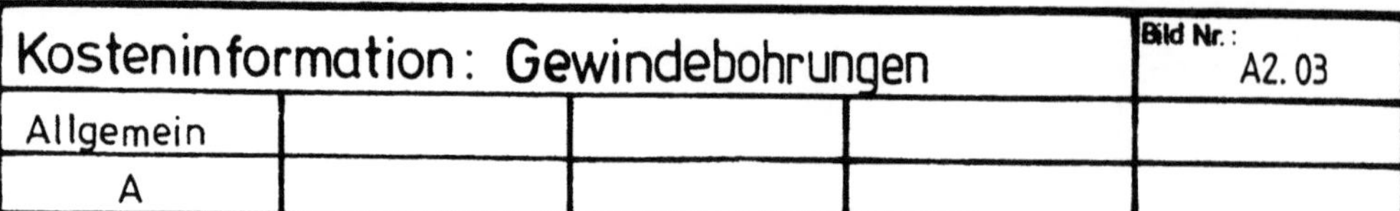

Kosteninformation: Gewindebohrungen				Bild Nr.: A2.03
Allgemein				
A				

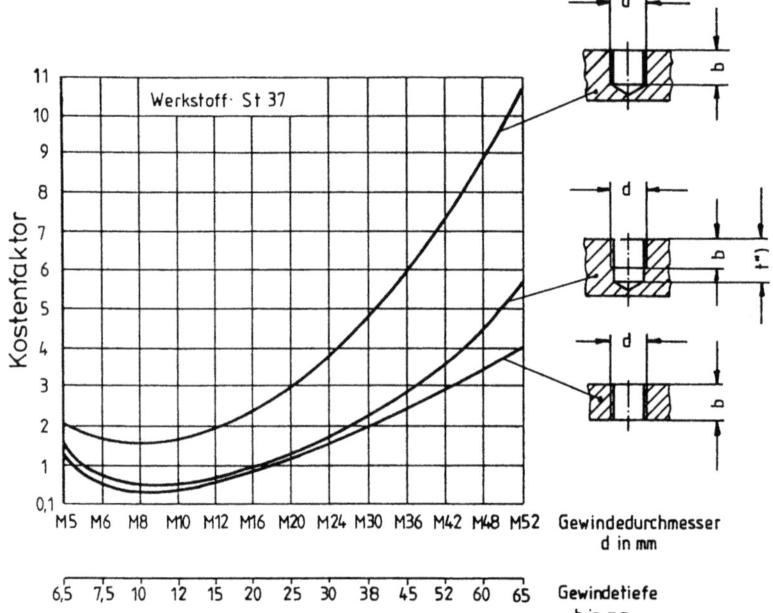

				Bl.:...... von ....

550

<table>
<tr><td>

Kosteninformation:</td><td>

Oberflächen</td><td>Bild Nr
A2.04</td></tr>
<tr><td>Allgemein</td><td></td><td></td></tr>
<tr><td>A</td><td></td><td></td></tr>
</table>

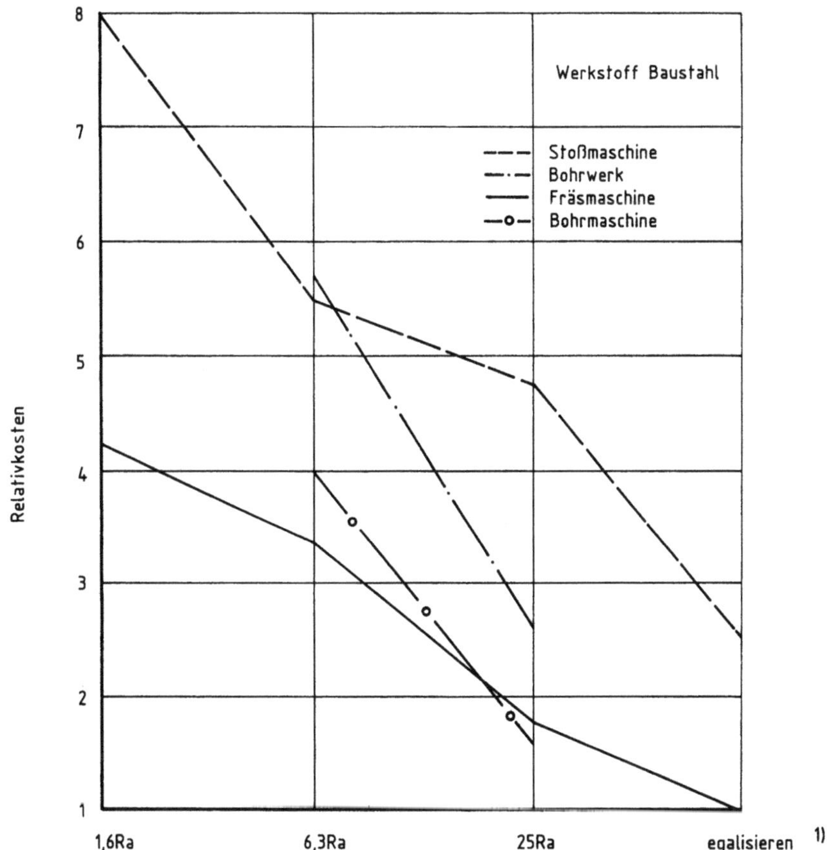

Oberflächen
Die Relativkosten ergaben sich beim Bohren auf der Bohrmaschine von einer Bohrung ⌀ 70mm und 200mm lang und
beim Herstellen einer Fläche 200x300mm auf der Stoß-
maschine, dem Bohrwerk und der Fräsmaschine.

Bl......von ....

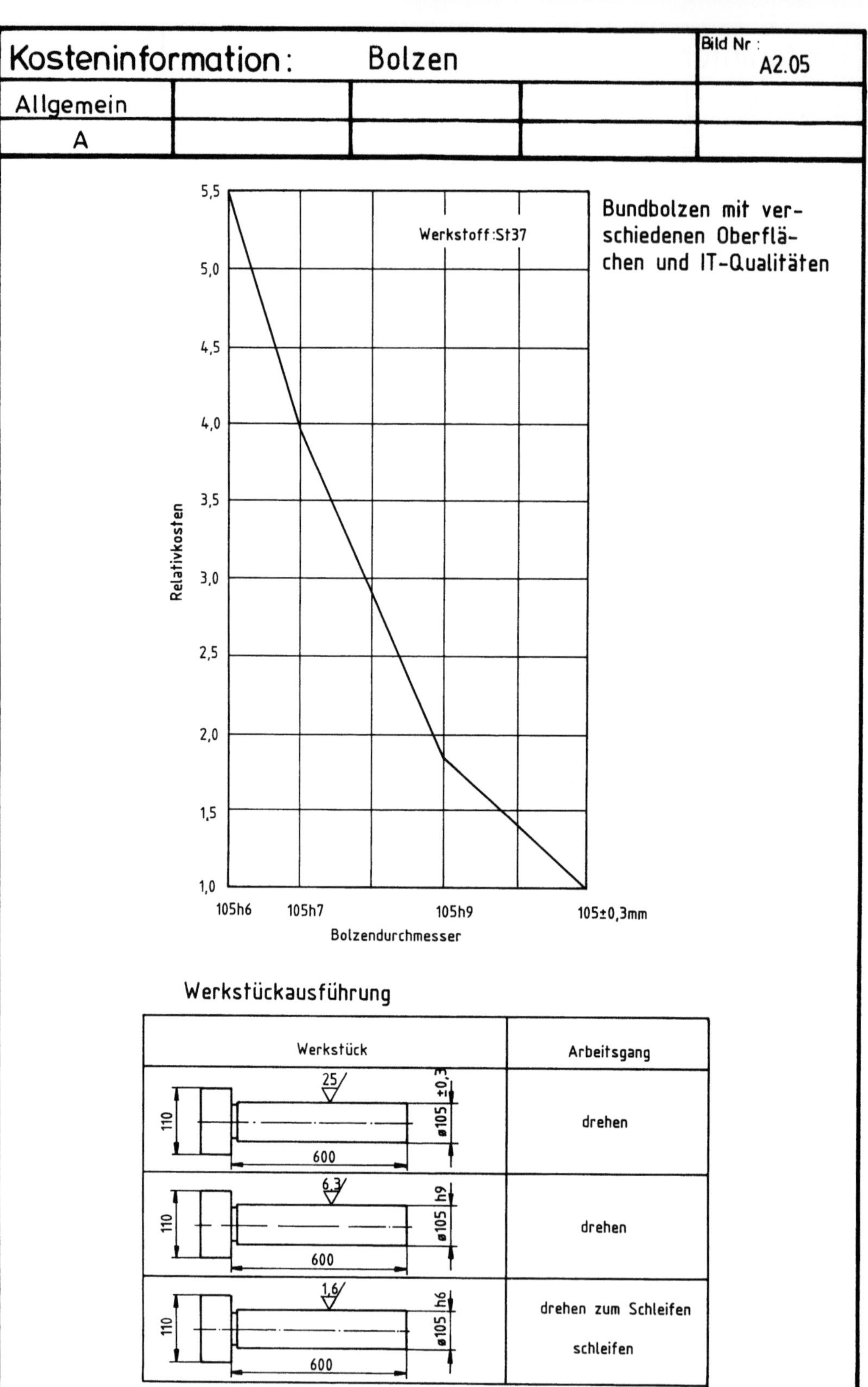

Kosteninformation: Bolzen
Bild Nr : A2.05
Allgemein
A
Werkstoff:St37
Bundbolzen mit ver-
schiedenen Oberflä-
chen und IT-Qualitäten
Relativkosten
5,5
5,0
4,5
4,0
3,5
3,0
2,5
2,0
1,5
1,0
105h6   105h7   105h9   105±0,3mm
Bolzendurchmesser
Werkstückausführung
Werkstück
Arbeitsgang
25
110
ø105 ±0,3
600
drehen
6,3
110
ø105 h9
600
drehen
1,6
110
ø105 h6
600
drehen zum Schleifen
schleifen
Bl.:......von........

<table>
<tr><td colspan="4">Kosteninformation:</td><td colspan="2">Senkungen an Flanschen</td><td>Bild Nr.
A2.06</td></tr>
<tr><td colspan="2">Allgemein</td><td></td><td></td><td></td><td></td><td></td></tr>
<tr><td colspan="2">A</td><td></td><td></td><td></td><td></td><td></td></tr>
</table>

Schraubenauflageflächen an Flanschen.

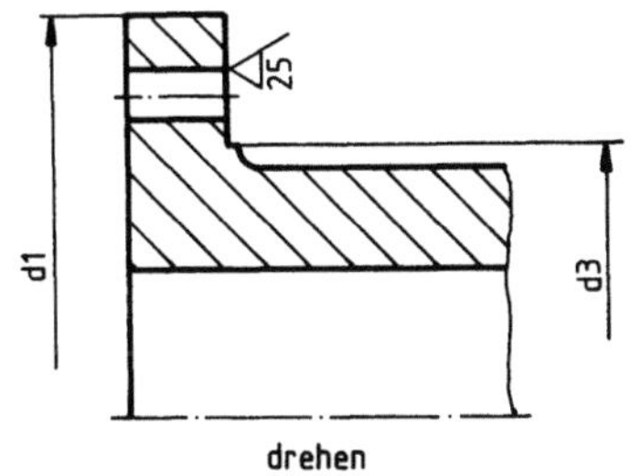

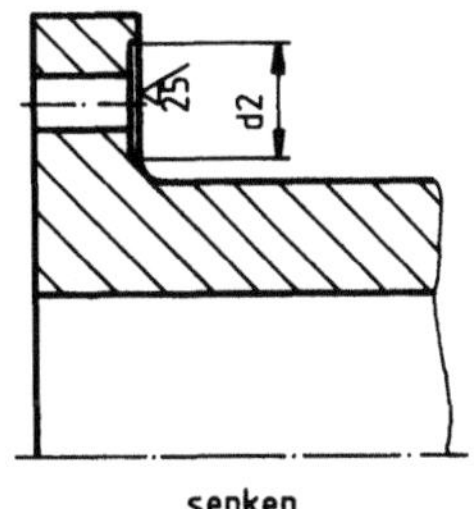

Drehen ohne umspannen. Senken von oben.

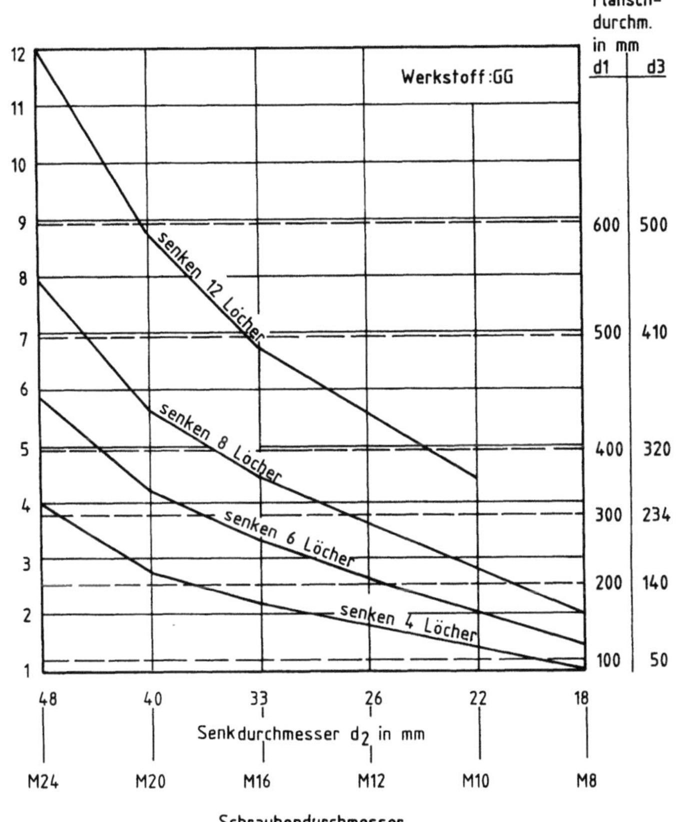

Die Kosten für das Drehen sind abhängig von der Differenz d1-d3.
Die Kosten für das Senken sind unabhängig vom Flanschdurchmesser.

<table>
<tr><td>Bl. ...von</td></tr>
</table>

553

Allgemein

A

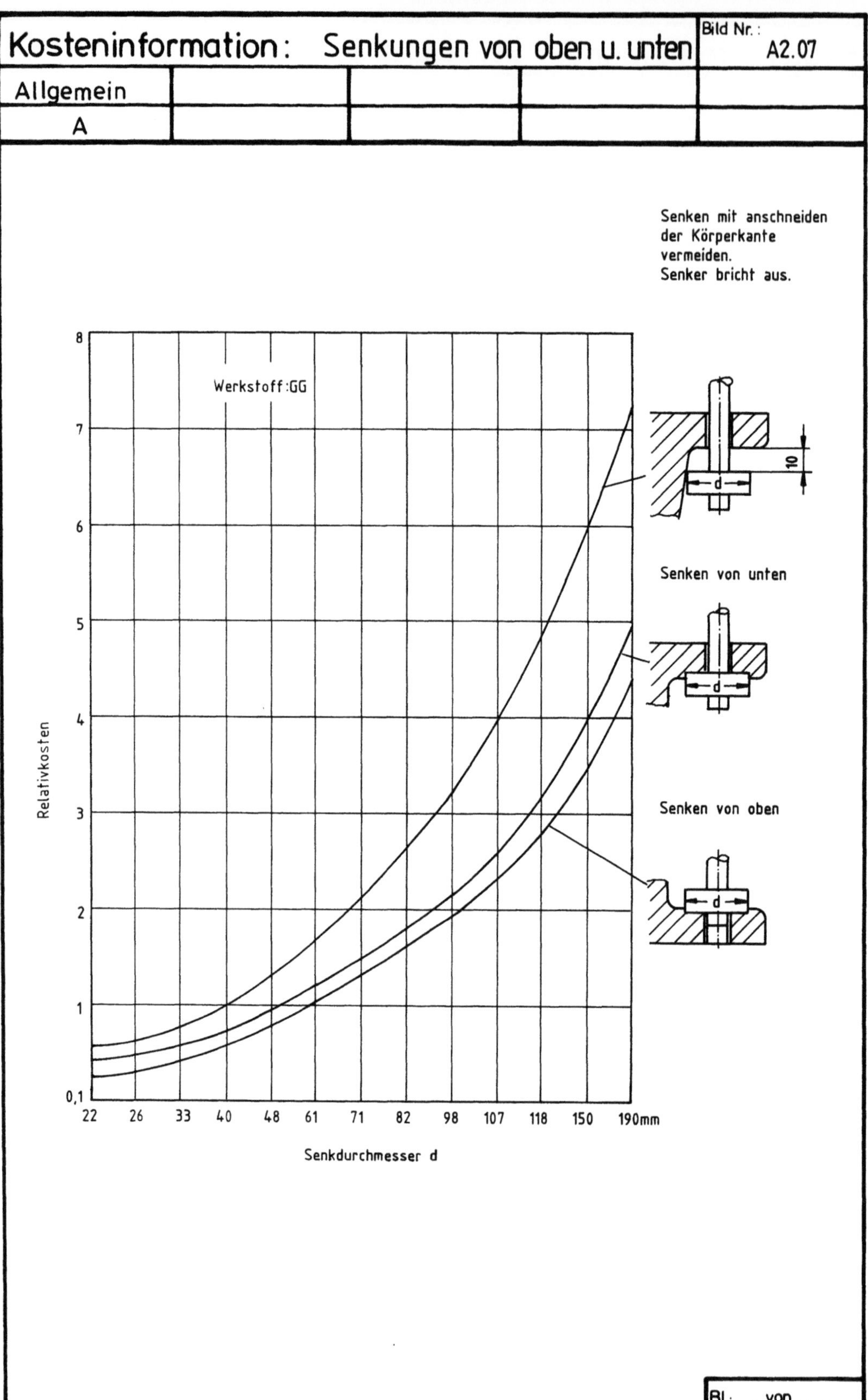

Bl.:...... von ....

554

<table>
<tr><td colspan="2">Kosteninformation:</td><td>Checkliste
Gießen</td><td>Bild Nr.:
A3.01</td></tr>
<tr><td colspan="2">Allgemein</td><td></td><td></td></tr>
<tr><td colspan="2">A</td><td></td><td></td></tr>
</table>

	Nr.	Text
Geringe Modellkosten	1	Möglichst einfache Werkstückformen verwenden (Ebenen, Zylinder). Ebene Formteilung der gebrochenen vorziehen.
	2	Wenig und einfache Kurven.
	3	Breite Kernmarken, damit die Kerne sicher aufliegen und nicht aufschwimmen.
	4	Wenig Steckteile (Augen, Hinterschneidungen). Möglichst keine Lochteile am Modell.
	5	Aushebeschrägen 1:10 bis 1:50 evtl. schon vorsehen.
	6	Rippenguß statt Hohlguß verwenden.
	7	Teilung großer, sperriger Stücke.
Gießtechnisch günstige Gestaltung	8	Keine Wandstärkensprünge, keine Materialanhäufungen, keine Knotenpunkte.
	9	Allmähliche Übergänge, Ecken ausrunden. Spitzwinklige Ecken vermeiden.
	10	Geneigte statt waagerechte Flächen in Gußform (bessere Gasblasenabfuhr).
	11	Schräge oder gekrümmte (Rad.-)Arme und Rippen, damit Risse aus Zugspannungen vermieden werden. Biegebeanspruchung läßt mehr Verformung zu.
	12	Versteifungsrippen dünner als die zu versteifende Wand. Die Rippen sollen vorher erkalten.
	13	Dünne, weit vorspringende Wände vermeiden (sprödbruch beim Transport).
	14	Werkstoff mit geringer Schwindung verwenden (s. DIN 1511). Je größer die Schwindung, desto mehr Schwierigkeiten und Aufwand beim Gießen.
	15	Lunkerarm konstruieren. Lunkerfrei kann ein Bereich nur werden, wenn der Querschnitt von unten nach oben stetig zunimmt.
	16	Flächen, die dicht und sauber sein müssen, möglichst nach unten legen.
Putzgerechte Gestaltung bei Sandguß	17	Schwer zugängliche Winkel vermeiden. Innengrat gut ausrunden.
	18	Große Öffnungen bei Hohlteilen vorsehen.
Bearbeitungsgerechte Gestaltung	19	Bearbeitungsflächen gegenüber roh bleibenden vorspringen lassen.
	20	Mehrere hintereinander angeordnete Bearbeitungsflächen auf gleiche Höhe bringen, damit durchgefräst oder -gehobelt werden kann.
	21	Auslauf für Bearbeitungswerkzeuge vorsehen.
	22	Auflage- und Spannfläche u.U. gleich mit angießen.
	23	Teilfuge so legen, daß der Gußgrat an unbearbeiteten Flächen nicht stört und daß er leicht entfernt werden kann.

556

<table>
<tr><td colspan="4">Kosteninformation: Gießen-Schweißen</td><td colspan="2">Bild Nr.
A3.02</td></tr>
<tr><td>Allgemein</td><td></td><td></td><td></td><td></td></tr>
<tr><td>A</td><td></td><td></td><td></td><td></td></tr>
</table>

Gegenüberstellung: Ständer gegossen, Ständer geschweißt

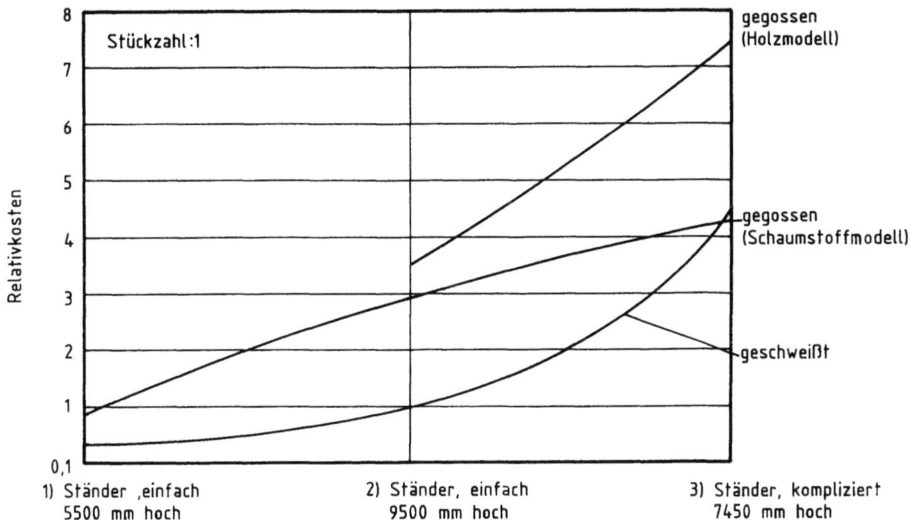

	Zeichnungs Nr	Modell	Mod.Kost. DM	Gesamtkost. DM	Ver-fahren
1) Hoher Ständer 5500 hoch	1 22-36008	Schaum-stoff	1 982,-	6 437,-	gießen
Hoher Ständer 5500 hoch	1,22-36008			4 987,-	schweißen
2) Hoher Ständer 9500 hoch	1.21-47422	Schaum-stoff	9 700,-	28 960,-	gießen
Hoher Ständer 9500 hoch	1.21-47422	Holz	15 030,-	33 648,-	gießen
Hoher Ständer 9500 hoch	1.21-47422			9 013,-	schweißen
3) Hoher Ständer 7450 hoch	1.22-38116	Schaum-stoff	15 700,-	44 590,-	gießen
Hoher Ständer 7450 hoch	1.22-38116	Holz	48 000,-	75 820,-	gießen
Hoher Ständer 7450 hoch	1.22-38116			45 659,-	schweißen

Zu1) Einfacher Ständer ohne Augen mit wenigen Flächen und Rippen in Stahl geschweißt Kosten ca.60% vom gegossenen Ständer mit Schaumstoff-Modell.(GG-22)

Zu2) Hoher aber einfcher Ständer ohne Augen mit wenigen Flächen und Rippen in Stahl geschweißt Kosten ca. 30% vom gegossenen Ständer mit Schaumstoff-Modell(GGG50).

Zu3) Großer komplizierter Ständer mit vielen Augen,Flächen und Rippen in Stahl geschweißt ca.2,5% teurer als gegossen in GG-22 mit Schaumstoff-Modell.

Der Kostenvergleich zeigt ,daß einfachere geschweißte Ständer trotz Schaumstoff-Modell erheblich billiger sind als gegossene. Komplizierte Ständer dagegen mit sehr viel Schweiß-arbeit können in Grauguß mit Schaumstoff-Modell günstiger sein,dabei ist noch zu berück-sichtigen,daß die Fertigungskosten   (mech. Fertigung) bei Grauguß ca. 5-10%niedriger sind als bei Stahl und bei geschweißten Ständern wesentlich mehr Arbeitsgänge anfallen

Inhaltsverzeichnis:Relativ Kosten-Katalog				A4	
Fertigungskosteninformationen (Schweißen)				Blatt-Nr.:	
Kosteninformation	Bild-Nr.:				
	Funk-tion	Lfd.-Nr		Seite	
Checkliste über Schweißen	A	4	0	1	
Schweißen von K-,V-und X-Nähten	A	4	0	2	
Schweißverfahren	A	4	0	3	
Kehlnähte und Komb. HV-und Kehlnähte	A	4	0	4	
Brennschneiden von Scheiben und Ringen	A	4	0	5	
Brennschneiden gerader Schnitte	A	4	0	6	

<table>
<tr><td colspan="2">Kosteninformation:</td><td>Checkliste
Schweißen</td><td>Bild Nr.:
A4.01</td></tr>
<tr><td colspan="2">Allgemein</td><td></td><td></td></tr>
<tr><td colspan="2">A</td><td></td><td></td></tr>
</table>

1	Schweißbarkeit des Werkstoffes beachten.
2	So wenig Schweißnaht wie möglich vorsehen (Kosten, Wärmeverzug). Nähte wenn möglich unterbrechen. Wenig zu verschweißende Teile vorsehen.
3	Lange dünne Schweißnähte sind bei gleicher Festigkeit billiger als kurze und dicke.
4	Schweißnahthäufungen z.B. an Rippen, Eckstößen, Nahtkreuzungen wegen Wärmespannungen vermeiden.
5	Schweißnähte leicht zugänglich machen, so legen, daß durchgehende Nähte möglichst in einer Lage geschweißt werden können.
6	Ausdehnungsmöglichkeiten gegen Schrumpfspannungen vorsehen.
7	Schweißnähte nicht in Bearbeitungsflächen legen.
8	Schweißnähte nicht in Seigerungszonen von Walzprofilen bei unberuhigten Stählen legen.
9	Schweißnähte möglichst nicht in hochbeanspruchte Zonen legen.
10	Schweißnähte nicht in vorher kaltverformte Zonen legen(Verzugsgefahr).
11	Möglichst gleiche Blechdicken an höher beanspruchten Gebieten verschweißen,evtl. Bleche anschäften, wenn wegen Festigkeit notwendig.
12	Bei Biegung Nahtwurzel nicht in Zugzonen legen.
13	Abkanten und Biegen statt Schweißen.

Bl.:...von..

MIG/MAG-Schweißen (Schutzgasschweißen)
Metall-Lichtbogenschweißen (Lichtbogenhandschweißen)
(Das Lichtbogenhandschweißen wurde weitgehenst durch das rationellere
Schutzgasschweißen abgelöst,)
Werkstoff: St37
350
300
250
200
150
100
50
0
Zeit in min/m
s
q
w
s
q
w
0   100   200   300   400   500   600 Vol. (cm³/m)   1)
Steignaht s
Quernaht q
Wannenlage w
K-Naht   a=10mm   a=14mm   a=18mm   a=20mm   a=22mm   a=25mm
V-Naht   s=12mm   s=18mm   s=22mm   s=26mm   s=28mm   s=30mm
X-Naht   s=18mm   s=26mm   s=32mm   s=36mm   s=40mm   s=45mm
1) Das Schweißvolumen entspricht den Maßen a bzw. s

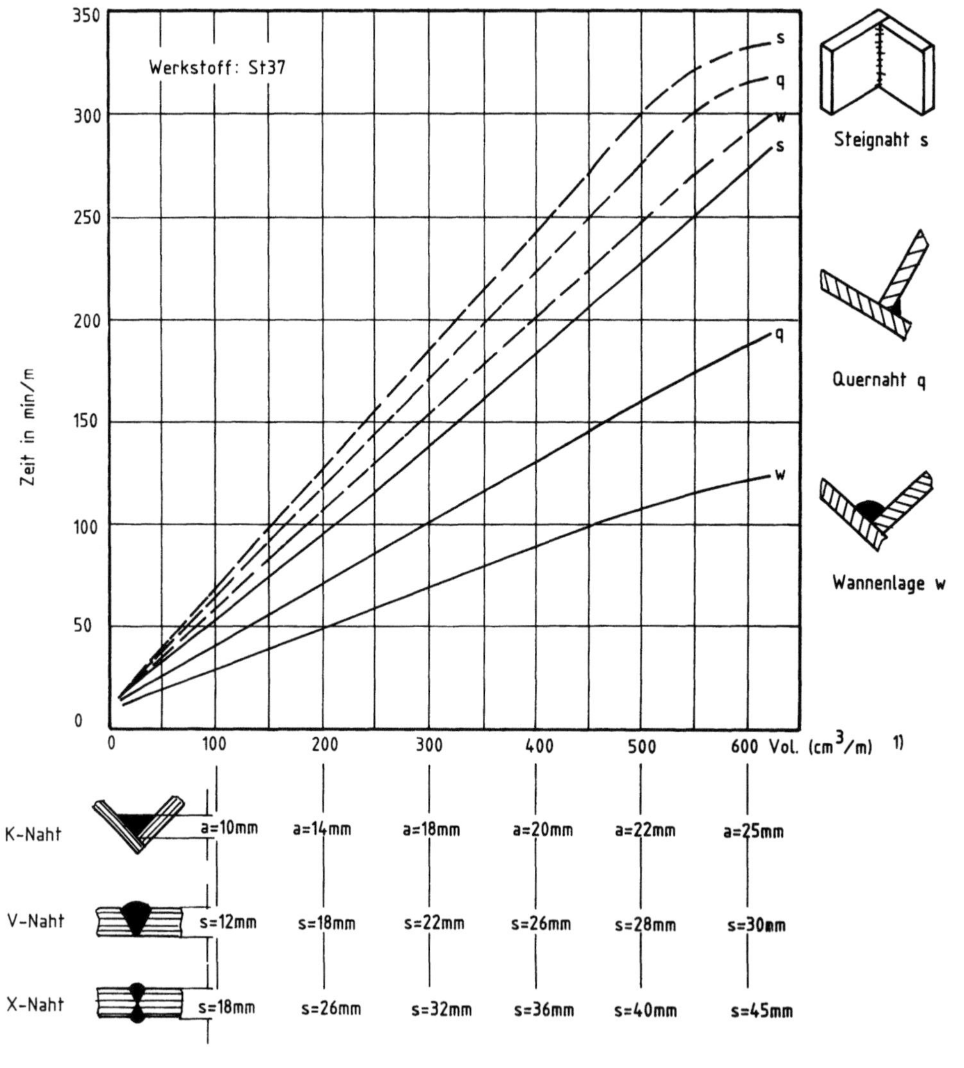

Bl.:...... von ....

Kosteninformation:	Schweißverfahren			Bild Nr.: A4.03
Allgemein				
A				

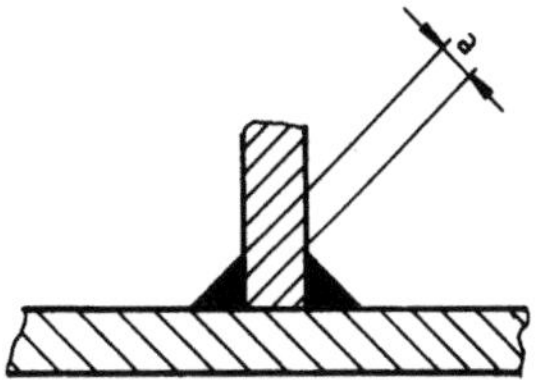

Schweißen von K-Nähten
(a=3-10mm)

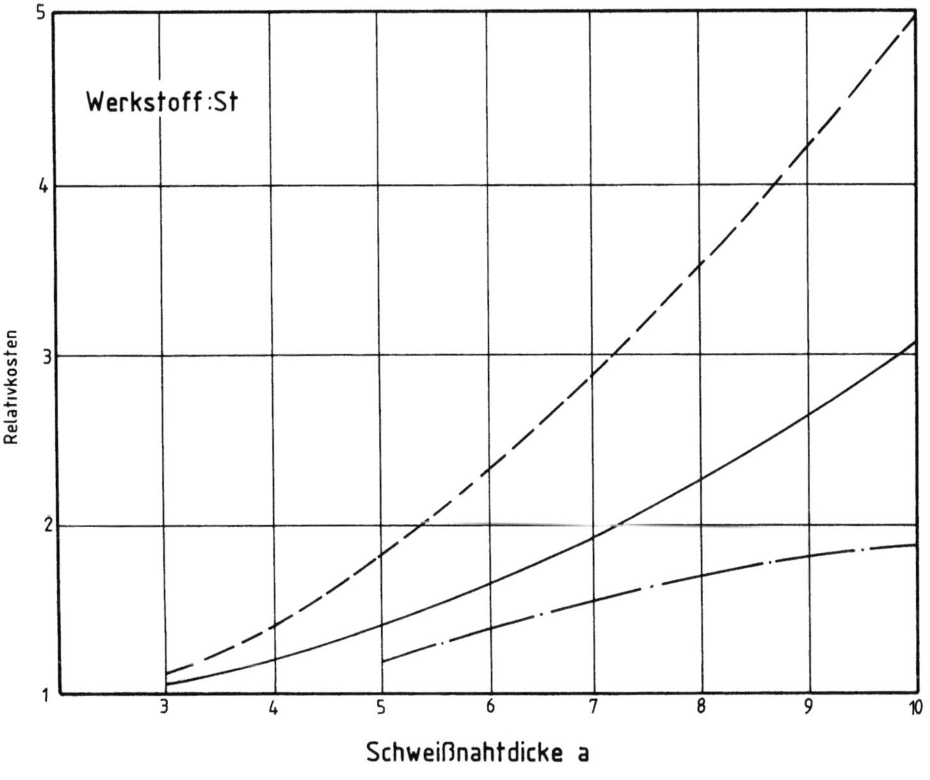

——— MIG MAG Schweißen (Schutzgasschweißen)

– – – – Metall-Lichtbogenschweißen (Lichtbogenhandschweißen)

—·—·— Unterpulverschweißen

Bl. ... von

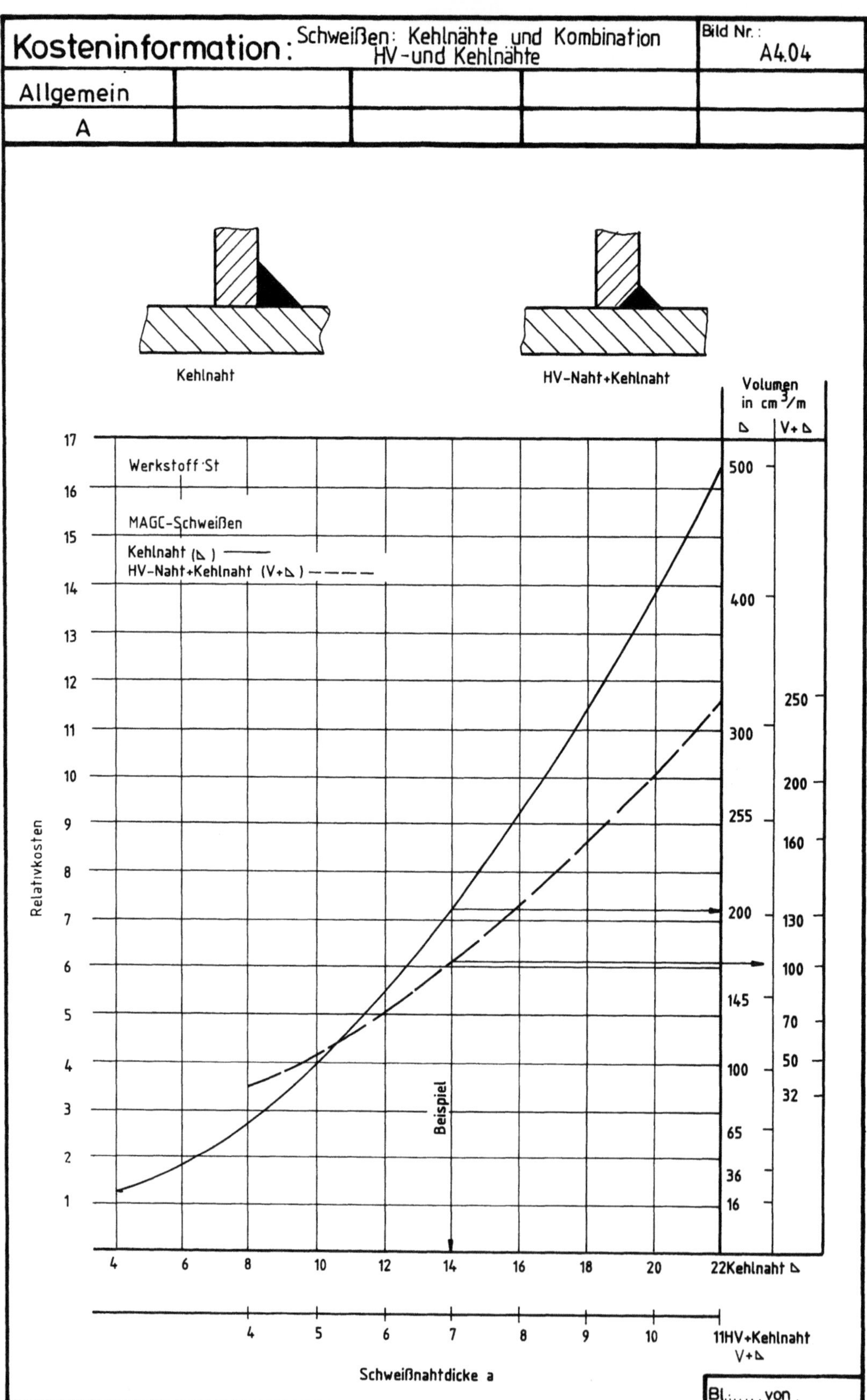

Kehlnaht
HV-Naht+Kehlnaht
Volumen in cm³/m
Δ
V+Δ
Werkstoff St
MAGC-Schweißen
Kehlnaht (Δ)
HV-Naht+Kehlnaht (V+Δ)
Relativkosten
Beispiel
Schweißnahtdicke a
Kehlnaht Δ
HV+Kehlnaht V+Δ
17 16 15 14 13 12 11 10 9 8 7 6 5 4 3 2 1
4 6 8 10 12 14 16 18 20 22
4 5 6 7 8 9 10 11
500 400 250 300 200 255 160 130 100 145 70 50 32 100 65 36 16

562

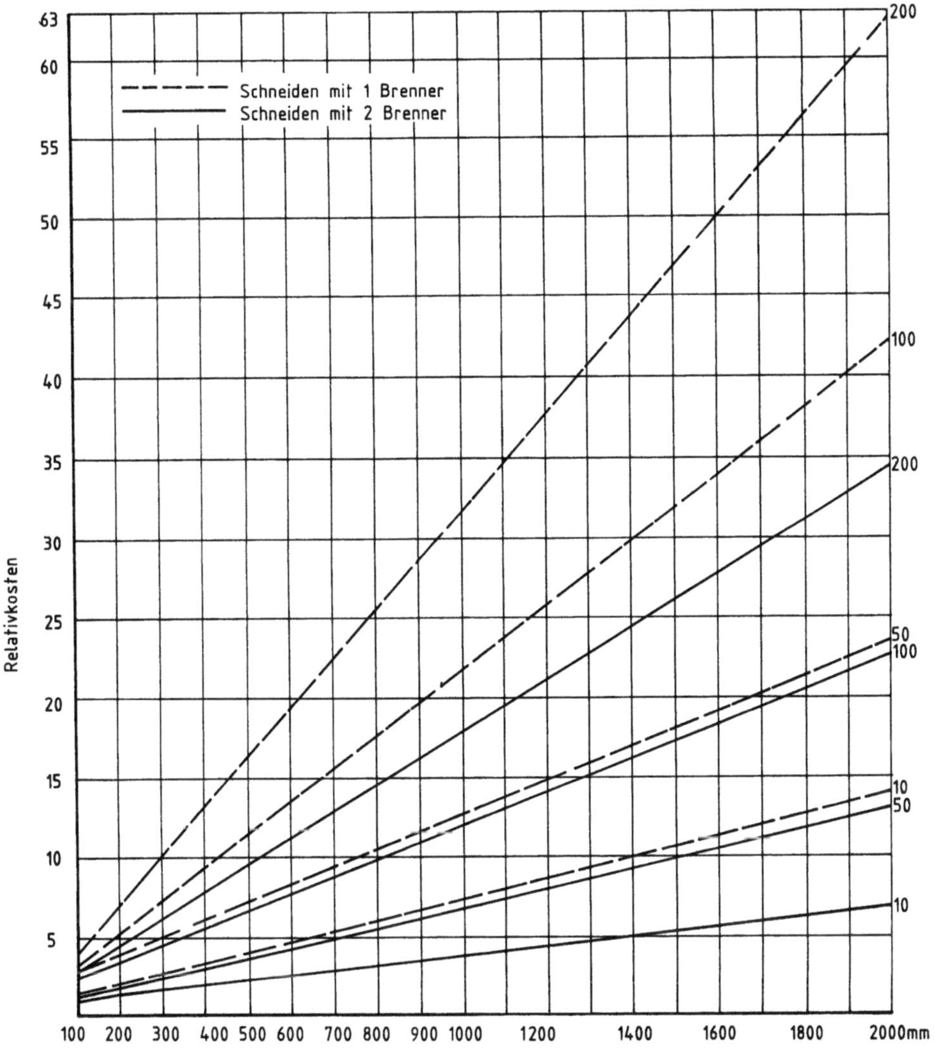

Zwei Brenner werden eingesetzt, ab einer Serie von 6Stück, wenn mindestens 2 Werkstücke auf eine Blechtafelbreite passen.

Berechnungsbeispiel:
d1=550 mm   d2=400 mm
Blechdicke=100 mm

Mit 1 Brenner: RK-Kosten für d1=12
        + RK-Kosten für d2=9
        RK-Kosten ges.   =21

Mit 2 Brenner: RK-Kosten für d1=7
        + RK-Kosten für d2=5
        RK-Kosten ges.   =12

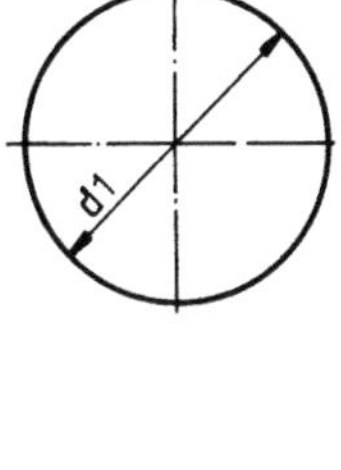

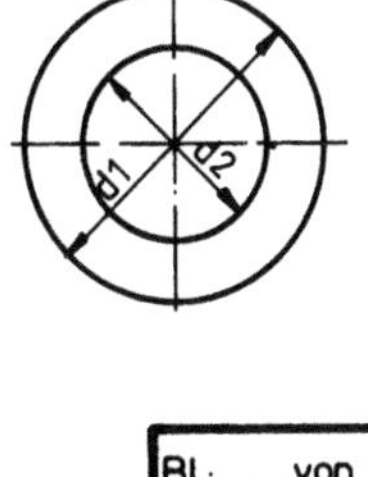

Bl.:..... von ...

<table>
<tr><td>Kosteninformation:</td><td>Brennschneiden
gerader Schnitte</td><td>Bild Nr.:
A4.06</td></tr>
<tr><td>Allgemein</td><td></td><td></td></tr>
<tr><td>A</td><td></td><td></td></tr>
</table>

Senkrechter Schnitt für alle Blechwerkstoffe.

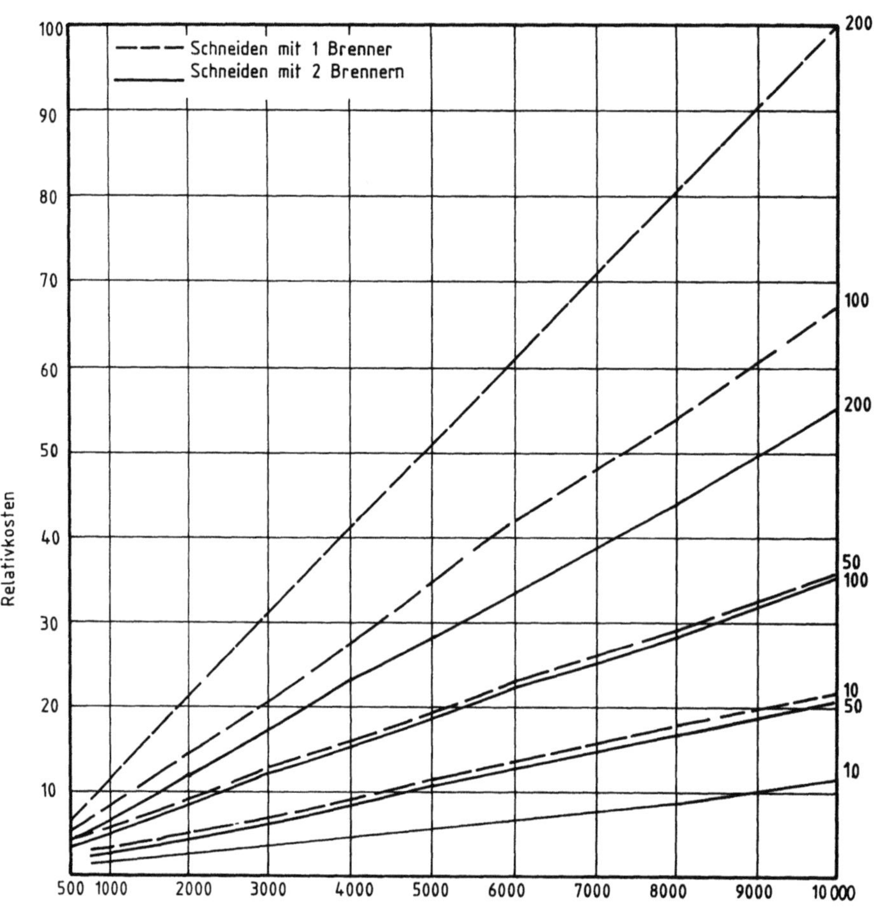

Zwei Brenner werden eingesetzt, ab einer Serie von 6 Stück,
wenn mindestens 2 Werkstücke auf eine Blechtafel gehen.

Bl.:..... von . . . .

564

Kosteninformation:	Checkliste Schmieden, Blechumformen, Stanzen, Schneiden			Bild Nr.: A5.01
Allgemein				
A				

		Schmieden	
Schmieden	1	Beim Freiformschmieden große Querschnittsänderungen vermeiden.	
	2	Keine scharfen Kanten, sondern fließende Übergänge vorsehen (teigiger Werkstoff).	
	3	Einfache Formen anstreben.	
	4	Aushebeschrägen beim Gesenkschmieden (Innenfläche 1:5, Außenfläche 1:10)	
	5	Teilfuge oder Gesenke in eine Ebene vorsehen. An leichte Gratentfernung denken.	
	6	Gleichmäßige Wandstärken vorsehen.	
	7	Große, flache (dünne) Gesenkschmiedestücke sind ungünstig herzustellen.	
	8	Keine Hinterschneidungen.	
Blechumformen, Stanzen, Schneiden	9	Dünne Bleche(z.B. <1.5mm) versteifen durch Sicken, Falze usw. (Material- und Gewichtsersparnis).	
	10	Teile so gestalten, daß beim Stanzen wenig Blechabfall entsteht(gute Ausnutzung der Blechtafel).	
	11	Geradlinige Schnittkanten vorsehen (geeignet für Tafelscheren).	
	12	Quer zur Walzrichtung oft starker Festigkeitsbefall. Biegekanten nicht parallel zur Walzrichtung legen.	

Bl.:...von..

Anpassung des Rohteils an die Fertigform

Je genauer das Gesenkrohteil der Fertigform angepaßt wird, desto geringer werden die Zerspanungskosten. Die Kosten für die Werkzeug-Erstausstattung steigen aber mit zunehmender Anpassung. Da die Werkzeugkosten über die Stückzahl amortisiert werden müssen, ist die zunehmende Anpassung eines Rohteiles an die Fertigform von der Stückzahl abhängig.

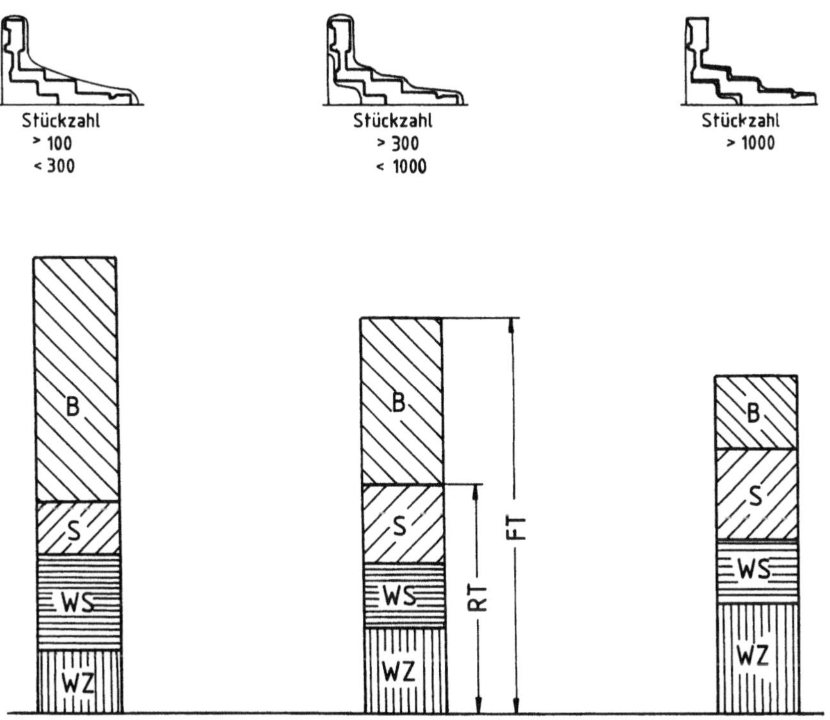

WZ=Werkzeugkosten
WS=Werkstoffkosten
S= Schmiedekosten
B=Kosten der spanenden und sonstigen Bearbeitung
RT=Kosten des Rohteiles
FT=Kosten des Fertigteiles

Bl. . . . . . von . . . . . .

567

Kosteninformation:	Checkliste Messen, Montage, Wartung	Bild Nr.: A6 01
Allgemein		
A		

Messen Prüfen	1	Normmaße und -toleranzen verwenden. Für diese Maße sind Werkzeuge und Lehren vorhanden.
	2	An Teilen, die ausgewuchtet werden, möglichst Unwucht-Wegnahmestellen vorsehen.
Montage, Demontage	3	Zentrieransätze an Deckeln sparen teure Ausricht- und Verstiftarbeit.
	4	Fast symmetrische Teile (Bohrungsabstand bei Deckeln usw.) vermeiden. Entweder klar unsymmetrische Teile zur Fixierung einer vorgesehenen Lage oder vollkommen symmetrische Anordnungen.
	5	Paßfedern so tief legen, daß andere auf die Welle zu montierende zylindrische Teile darüber weggehen.
	6	Halteoesen, Ringschrauben, Nasen, Bohrungen, Befestigungsgewinde usw. wenn notwendig für Anheben mit Kran vorsehen. (Schwerpunkt beachten)
	7	Paß- und Nacharbeit bei Montage vermeiden.
	8	Demontage-Löcher, -Nuten und dgl. vorsehen.
	9	Bei geteilten Gehäusen Abdrückgewinde oder überstehende Flansche vorsehen.
Wartung Lebensdauer	10	Verschleißteile auf gleiche Lebensdauer konzipieren.
	11	Konstruktion so ausführen, daß eine relativ einfache Wartung möglich ist.

Inhaltsverzeichnis:Relativ Kosten-Katalog				A9	
Büroorganisationsinformationen				Blatt-Nr.:	
Kosteninformation	Bild-Nr.:				
	Funk-tion	Lfd.-Nr	Seite		
Vervielfältigungsmethoden v. Zeichnungen	A	9	0	1	

Kosteninformation: Vervielfältigungsmethoden v. Zeichnungen
Bild Nr
A9.01
Allgemein
A 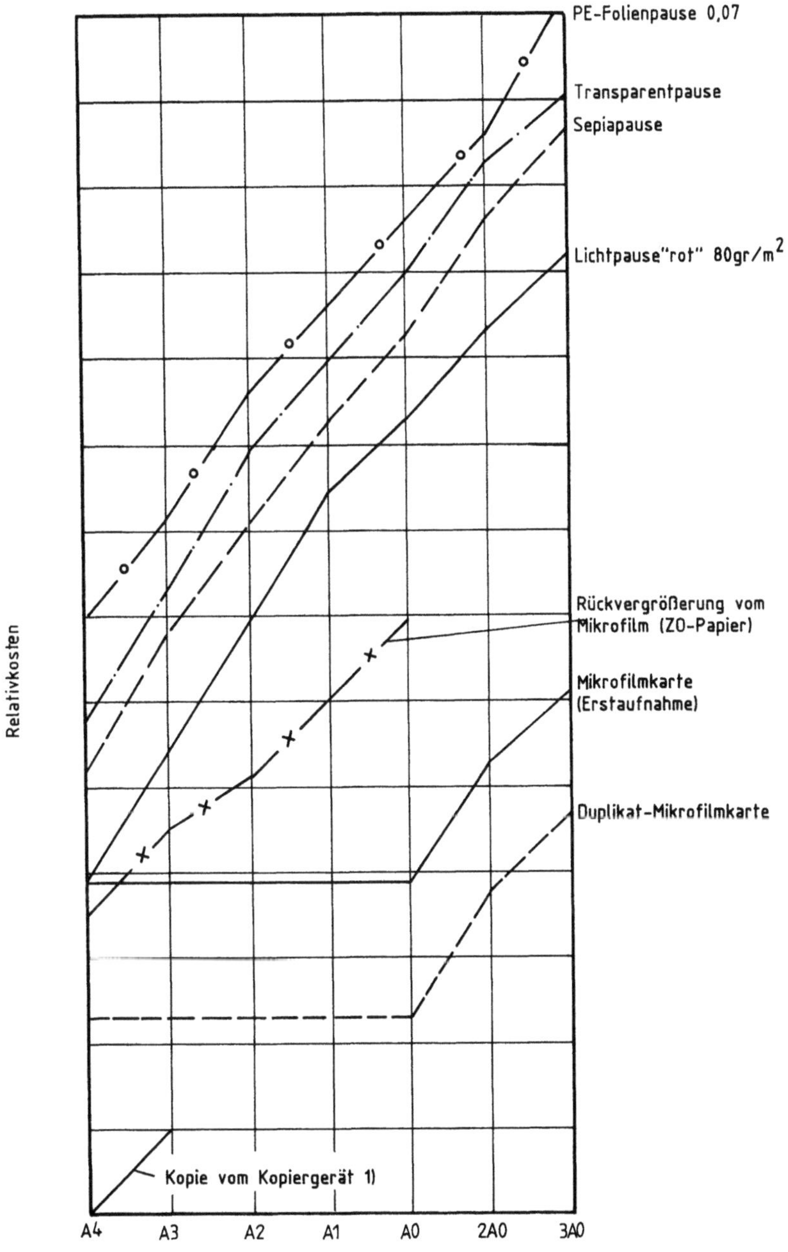
Relativkosten
PE-Folienpause 0,07
Transparentpause
Sepiapause
Lichtpause"rot" 80gr/m^2
Rückvergrößerung vom
Mikrofilm (ZO-Papier)
Mikrofilmkarte
(Erstaufnahme)
Duplikat-Mikrofilmkarte
Kopie vom Kopiergerät 1)
A4   A3   A2   A1   A0   2A0   3A0
Papier Endformate nach DIN 476
1) Die Kopierkosten enthalten keine Lohnkosten
Bl.... von

13. Schrifttum

[1] Richtlinie VDI 3247: Werkstückträger für die Fertigungskette. Hrsg. Verein Deutscher Ingenieure. Ausg. Teil 1 12/58 und Teil 2 3/64.

[2] Autorenkollektiv: Elektronische Datenverarbeitung bei der Produktionsplanung und -steuerung. Rationelle Planung von Vorrichtungen, T83. Düsseldorf, VDI-Verlag 1980.

[3] v. Bardeleben, W.: Systematische Betriebsmittelplanung. Dissertation RWTH Aachen 1972.

[4] Opitz, H.: Die richtige Sachnummer im Fertigungsbetrieb. Band 2 der Girardet-Taschenbücher-Technik. Essen, Verlag W. Girardet 1971.

[5] Roll, K. u. Heinrich, M. Hamburg. Aufsatz: Nachgiebigkeitsverhalten eingegossener Werkstücke während der Bearbeitung. Zeitschrift Werkstattstechnik Nr. 80 (1990) Seiten 633–636.

[6] REFA-Methodenlehre des Arbeitsstudiums, Teil 3: Kostenrechnung, Arbeitsgestaltung. Carl Hanser Verlag, München 1985.

[7] Hahn, E.: Planung von Betriebsmitteln mit Hilfe der Datenverarbeitung. Fertigungstechnik und Betrieb. 17 (1967) Nr. 3.

[8] Mauri, H.: Vorrichtungsbau, Teil I, II, III Werkstattbücher. Berlin/Heidelberg/New York: Springer-Verl. 1969.

[9] Stiehler, M.: Entwicklung und Anwendung von Symbolen für Spannprinzipien. Fertigungstechnik und Betrieb. 18. Jahrgang Heft 4, April 1968.

[10] Matuszewski, H.: Bildzeichen für Bestimm- und Spannprinzipien im Vorrichtungsbau. TZ f. prakt. Metallbearb. 69. Jahrgang 1975, Heft 12.

[11] Koller, R. u. H. J. Pieperhoff: Rationalisierung und Automatisierung der Vorrichtungskonstruktion mit Hilfe elektronischer Rechenanlagen. Konstruktion 30 (1978) Nr. 8, S. 319/25.

[12] Pieperhoff, H. J.: Rationalisierung der Vorrichtungskonstruktion. Industrie Anzeiger 101 (9.5.1979) Nr 37.

[13] Koller, R.: Konstruktionsmethode für den Maschinen-, Geräte- und Apparatebau. Berlin/Heidelberg/New York: Springer-Verl. 1976.

[14] Hedrich, P. u. G. Braun: Rationalisierung in der Betriebsmittelkonstruktion. ZwF 76 (1981) 3, S. 119/27. ZwF 76 (1981) 7, S. 314/20.

[15] Matuszewski, H.: Handbuch Vorrichtungen, Konstruktion und Einsatz. Braunschweig, Vieweg-Verlag 1986.

[16] Deutsche MTM-Vereinigung e.V. MEK Lehrgangsunterlagen.

[17] Anhang 2 zum Prüfgrundsatz „Be- und Verarbeitungsmaschinen für Metall". Oktober 1981, Prüfstelle der Eisen- und Stahl-Berufsgenossenschaft, Mainz.

[18] Janek, D.: Technische Zeichnungen vereinfachen. Konstruktion und Design, Februar 1980.

[19] Lüpertz, H.: Rationalisierung des Konstruktionsprozesses durch Anwendung neuer zeichnerischer Darstellungsarten. Konstruktion 23 (1971) Heft 12.

[20] Eversheim, W.: Organisation in der Produktionstechnik, Band 2, Konstruktion. Düsseldorf, VDI-Verlag 1990.

[21] Neitzel, R.: Entwicklung Wissensbasierter Systeme für die Vorrichtungskonstruktion. Dissertation RWTH Aachen, 1989.

[22] Eversheim, W. u. R. Neitzel: Wissensbasierte Konstruktion von Baukastenvorrichtungen. Industrie-Anzeiger 23, 1988.

[23] Eversheim, W. u. R. Neitzel: CAD-Expertensystem-Kopplung in der Konstruktion. VDI-Berichte Nr. 723, 1989.

[24] Brüninghaus, G. u. H. J. Pieperhoff: Rationalisierung der Vorrichtungskonstruktion. Düsseldorf: VDI-Verl. 1979.

[25] DIN 69910 „Wertanalyse". Ausg. 1973. Hrsg. Deutsches Institut für Normung

[26] Eversheim, W. u. H. Schuppar: Rechnerunterstütztes Erstellen und Aktualisieren von Relativkostenkatalogen. Industrie-Anzeiger, 99. Jahrg., Nr. 51, v. 24.6.1977.

[27] Schuppar, H.: Rechnerunterstützte Erstellung und Aktualisierung von Relativkostenkatalogen. Dissertation RWTH Aachen, 1977.

[28] Radermacher, W.: Entwicklung eines Informationssystems für den Konstruktionsbereich. Dissertation RWTH Aachen, 1982.

[29] Richtlinie VDI 2027, Blatt 1 bis 3: Einführung-Anforderungen an die Vorrichtung-Bauarten und Werkstoffe. Hrsg. Verein Deutscher Ingenieure, Ausg. 1959.

[30] Simmel, W.: Methoden der vorausschauenden Nutzeffektberechnung von Vorrichtungen der spanenden Formung. Habilitation TH Magdeburg, 1966.

[31] Autorenkollektiv: Vorrichtungen-Gestalten, Bemessen, Bewerten. Berlin: VEB Verlag Technik, 1980.

[32] Fischer, W.: Rationelle Erstellung von Angeboten, Dissertation RWTH Aachen, 1977.

14. Sachwortverzeichnis

Aktuelle Fachliteratur für den Konstrukteur

Erwin Haibach
Betriebsfestigkeit
Verfahren und Daten zur
Bauteilberechnung.
1989. X, 481 S., 224 Abb.,
24 Tab. 24 x 16,8 cm.
Gb. DM 198,00/178,20*
ISBN 3-18-400828-2
Ingenieure, Wissenschaftler
und Studenten finden in
diesem Buch die experimen-
tellen Grundlagen der
Betriebsfestigkeit sowie
erprobte und neuere
Rechenverfahren für eine
ingenieurmäßige Anwen-
dung. Verfahren nach dem
Nennspannungs-, Kerb-
grund- und Bruchmechanik-
Konzept werden vor ihrem
theoretischen Hintergrund
nach heutigem Erkenntnis-
stand abgehandelt. Für
den Betriebsfestigkeits-
Nachweis in der Konstruk-
tionspraxis gibt das Buch
konkrete Hinweise. Sie
orientieren sich an einer
Leitlinie der abzuhandeln-
den Teilaufgaben sowie
an den Erfordernissen neu-
zeitlicher Konstruktions-
methodik.

Klaus-Dieter Thoben
**CAD Sparen
durch Wiederhol-
Konstruktionen**
1990. 177 S. DIN A5. Br.
DM 48,00/43,20*
ISBN 3-18-401036-8

Joachim Raabe
**Hydraulische Maschinen
und Anlagen**
2. Aufl. 1989. XXII, 989 S.,
655 Abb., 25 Tab.
24 x 16,8 cm. Gb.
DM 298,00/268,20*
ISBN 3-18-400801-0
Die hydrodynamischen
Grundlagen, die Konstruk-
tion und der Betrieb von
Wasserturbinen und ihrer
Absperrorgane. Stauwerke,
Wehre und Krafthäuser in
Lauf-, Speicher-, Gezeiten-,
Pumpspeicher- und Klein-
kraftwerken – Pumpen aller
Bauarten vom Verdränger-,
Kreisel-, Seitenkanal-,
Strahl- und Widdertyp in
Auslegung, Konstruktion
und Betriebsverhalten.

Tomas Michael Benz
**Funktionsmodelle in
CAD-Systemen**
1990. VIII, 178 S., 57 Abb.
DIN A5. Br.
DM 48,00/43,20*
ISBN 3-18-401059-7
In diesem Buch werden, ausgehend von der Analyse
des Konstruktionsprozesses
und unter Zuhilfenahme
der Techniken der Künstlichen
Intelligenz, die Grundlagen
zur Abbildung von Funk-
tionsstrukturen und Lösungsprinzipien vorgestellt und
die Methoden der Lösungs-
findung in den frühen
Phasen der Konstruktion
beschrieben.

**Rechnerintegrierte Kon-
struktion und Produktion**
Herausgeber dieser aus
acht Bänden bestehenden
Buchreihe sind VDI-Fach-
gliederungen, die im VDI-
Gemeinschaftsausschuß
CIM zusammenarbeiten.
Die fachliche Gesamt-
betreuung liegt bei Herrn
Prof. Dr.-Ing. Joachim
Milberg VDI, Institut für
Werkzeugmaschinen
der TU München.

Band 2 **Produktdaten-
verarbeitung**
Hrsg. H. Grabowski. 1990.
XIII, 96 S., 47 Abb. DIN A5.
Gb. DM 48,00/43,20*
ISBN 3-18-401038-4

Georg Möllerke
Engineering Dictionary
Taschenwörterbuch
Maschinenbau – Elektro-
technik. Englisch/Deutsch.
1990. VI, 154 S., 10 Abb.
16,9 x 11,5 cm. Br.
DM 32,00/28,80*
ISBN 3-18-401082-1
Mit rund 6000 Begriffen
enthält dieses handliche
Wörterbuch den technischen
Grundwortschatz, den
jeder Ingenieur und Techni-
ker braucht, wenn er sich
mit englischsprachigen
Partnern verständigen will.

VDI VERLAG   Heinrichstraße 24   Telefon 02 11/61 88-0
D-4000 Düsseldorf 1   Telefax 02 11/61 88-133

Aktuelle Fachliteratur für den Konstrukteur

Manfred Weck
Werkzeugmaschinen-Atlas
1991. Ca. 400 Seiten.
DIN A4 Ringbuch-Ordner.
Lieferung in zwei Teilen zum
Vorbestellpreis von
DM 326,00/293,40*
Teil I: 148,00/133,20*,
Teil II: 178,00/160,20*
(ET. Oktober 1992).
Teil I und II bilden ein geschlossenes System und sind deshalb nicht einzeln erhältlich.
Nach Erscheinen von Teil II kostet der Werkzeugmaschinen-Atlas 398,00/358,20*
ISBN 3-18-400995-5

Der Werkzeugmaschinen-Atlas enthält Konstruktionszeichnungen heutiger Werkzeugmaschinen und Elemente dieser Maschinen mit Erläuterungen zu konstruktiven Einzelheiten und Besonderheiten. Dieses Werk wurde vom Verfasser in enger Zusammenarbeit mit der Werkzeugmaschinenindustrie geschaffen, um dem Ingenieurstudenten und dem Konstrukteur anschauliche und vollständige Muster für ihre Arbeit zu geben.

Handbuch für experimentelle Spannungsanalyse
Hrsg. Christof Rohrbach
1989. XXIV, 886 S.,
573 Abb., 81 Tab., 2 Falttaf.
24 x 16,8 cm. Gb.
DM 250,00/225,00*
ISBN 3-18-400347-7
Grundsätzliche Ausführung über Spannungen und Dehnungen und ihre Messung. Das Messen von Eigenspannungen, die Modelltechnik und die Analogietechnik. Bekannte Verfahren, wie Reißlack, mechanische und optische Messung, Spannungsoptik, Moiré, Rasterverfahren, Holographie, Speckleverfahren, Röntgenverfahren, Fluidik und alle elektrischen Verfahren, insbesondere auch Dehnungsmeßstreifen. Auch weniger eingeführte Methoden finden Berücksichtigung

Georg Möllerke
Engineering English
Der Englischkurs für Fachleute des Maschinenbaus.
Mit Sprachkassette.
1990. VII, 56 S., 42 Abb.,
2 Tab. DIN A5. Br.
DM 48,00/43,20*
ISBN 3-18-401090-2
Der Kurs bringt Themen aus der Praxis des Maschineningenieurs, wie sie im beruflichen Alltag am häufigsten vorkommen.

Uwe J. Möller/Udo Boor
Schmierstoffe im Betrieb
1987. XVIII, 679 S., 386 Abb.,
242 Tab. DIN B5. Gb.
DM 298,00/268,20*
ISBN 3-18-400739-1

Ausgehend von tribologischen und tribotechnischen Grundlagen werden Einzelaspekte der Schmierung von Maschinen und Maschinenelementen behandelt und dabei flüssige sowie konsistente Schmierstoffe aus Mineralöl und auf Synthesebasis berücksichtig.

Karl-Heinz Konka
Schraubenkompressoren
Technik und Praxis
1988. XII, 501 S., 466 Abb.
24 x 16,8 cm. Gb.
DM 148,00/133,20*
ISBN 3-18-400819-3

Schraubenkompressoren für Prozeßgase, ölfreie Druckluft sowie für Druckluft mit Öl-Einspritzkühlung und für Kältemittel mit Schmiermittel-Einspritzkühlung. Die Anwendungsmöglichkeiten als Vakuumpumpen und Schrauben-Expander.

VDI VERLAG   Heinrichstraße 24   Telefon 02 11/61 88-0
D-4000 Düsseldorf 1   Telefax 02 11/61 88-1 33